4 MATEMÀTIQUES

W0271362

SECUNDÀRIA

BAULA

El 0,7 % de la venda d'aquest llibre es destina a projectes de desenvolupament de l'ONGD SED (www.sed-ongd.org).

ET DONEM LA BENVINGUDA A

FAN FEST

BAULA

Imagina que la classe és un escenari en què la teva actuació i la de la resta d'artistes que t'acompanyen sempre mereix un aplaudiment.

No et ve de gust viure una experiència així?

No estàs desitjant que la teva rutina com a estudiant es transformi en una dinàmica sorprenent, atractiva, motivadora, útil, transformadora...?

Està a punt d'obrir-se el teló i moltes persones donaran el millor de si mateixes perquè aquestes coses passin.

Gràcies per ser-ne una!

Què esperes?

Aquí tens el teu passi de protagonista FanFest. Que comenci la festa!

CELEBRA EL TEU PROPI FESTIVAL DE L'APRENENTATGE

ATREVEIX-T'HI

Viu l'emoció de ser protagonista, puja a l'escenari i sent-te capaç de fer la millor interpretació de la teva vida.

VES PAS A PAS, AL TEU RITME, I...

Sigues conscient del que aprens i de com ho aconsegueixes.

Descobreix que el que aprens està connectat amb la vida quotidiana.

Utilitza diferents fonts d'informació per confirmar, contrastar o completar els continguts.
Aprofita les ocasions que sorgeixin per ajudar o demanar ajut amb naturalitat.
Argumenta les teves decisions amb criteris de sostenibilitat, perspectiva de gènere, democràcia...

ÍNDEX

7 PERÍMETRES, ÀREES I VOLUMS

8 SEMBLANÇA

9 TRIANGLES RECTANGLES

10 MOVIMENTS I TRANSFORMACIONS

11 ESTADÍSTICA

12 PROBABILITAT

ANNEX 1. HISTÒRIA DE LES MATEMÀTIQUES

ANNEX 2. PROGRAMACIÓ

POSA A PROVA LES TEVES COMPETÈNCIES AMB LES **SITUACIONS D'APRENENTATGE** QUE TROBARÀS AL QUADERN QUE ACOMPANYA EL LLIBRE I EN ACTIVAR LA LLICÈNCIA DIGITAL

AIXÍ ÉS EL RECORREGUT FANFEST PER UNA MATÈRIA

Tots els **SABERS** que integren la matèria estan organitzats en **unitats didàctiques**.

A sota de cada epígraf s'indiquen les activitats que permeten exercitar i consolidar els diferents continguts.

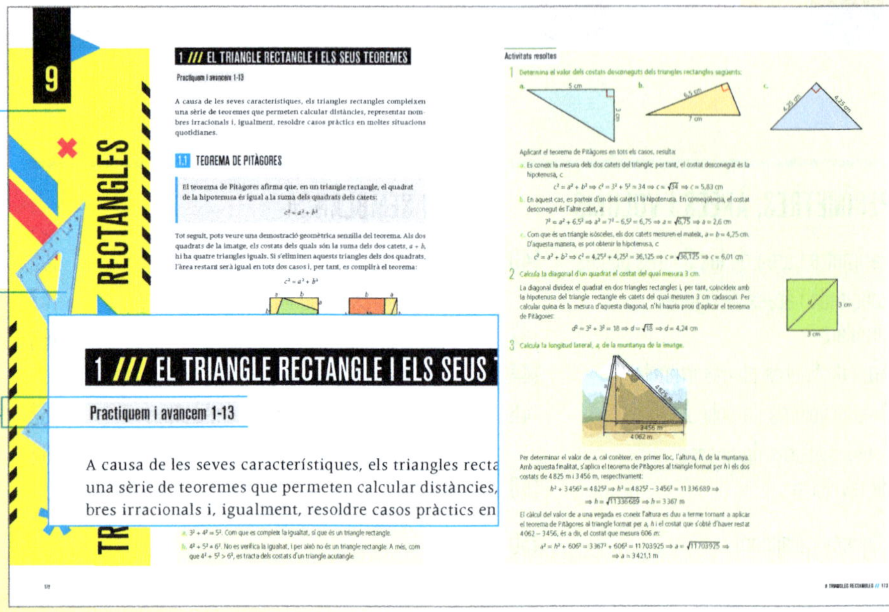

Al final de cada unitat trobaràs la secció **PRACTIQUEM I AVANCEM**. Les activitats que es plantegen en aquestes pàgines et permetran entrenar diferents destreses i habilitats, així com aplicar els sabers que s'han estudiat a la unitat.

Algunes propostes, a més, donen l'oportunitat d'aprofundir en els objectius de desenvolupament sostenible i de reflexionar sobre temes d'actualitat, qüestions de perspectiva de gènere, etc.

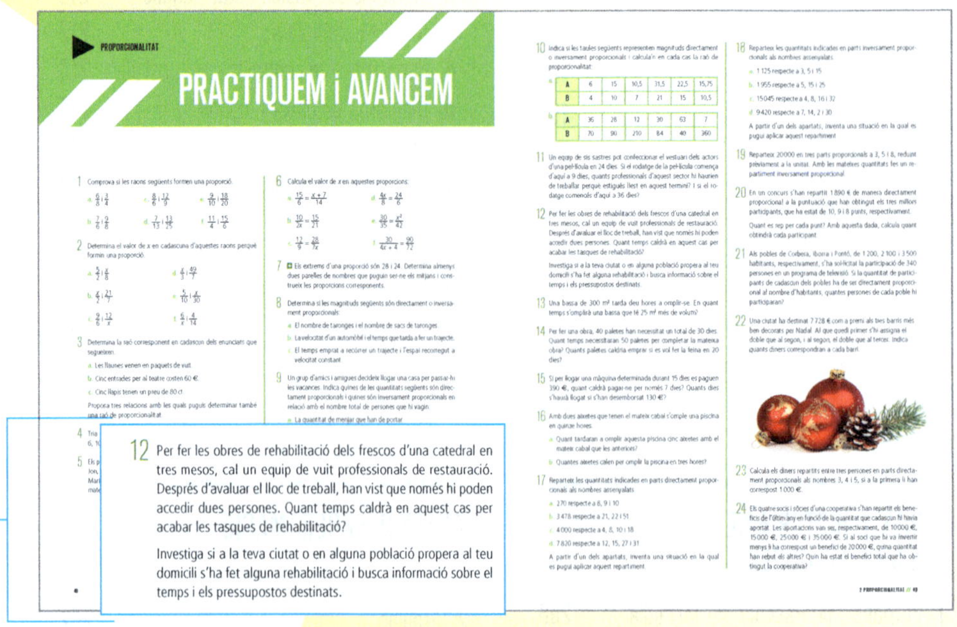

AIXÍ ÉS UNA SITUACIÓ D'APRENENTATGE FANFEST

Al projecte FanFest trobaràs una sèrie de **SITUACIONS D'APRENENTATGE** en format digital i en paper. Hi hauràs d'aplicar diferents competències, habilitats i sabers per arribar a la resolució de la tasca plantejada.

Cada situació d'aprenentatge segueix els passos següents:

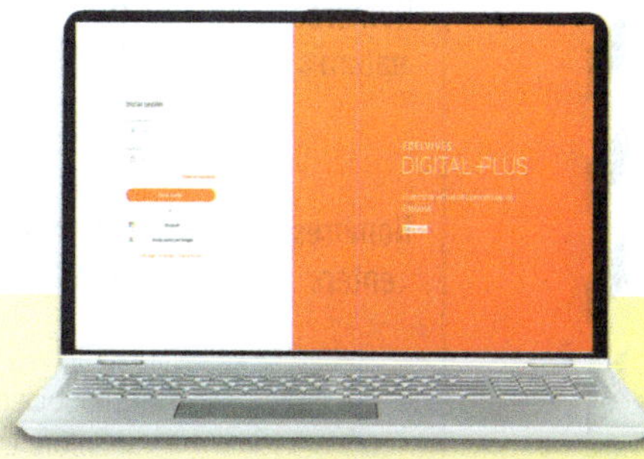

1 PRESENTACIÓ

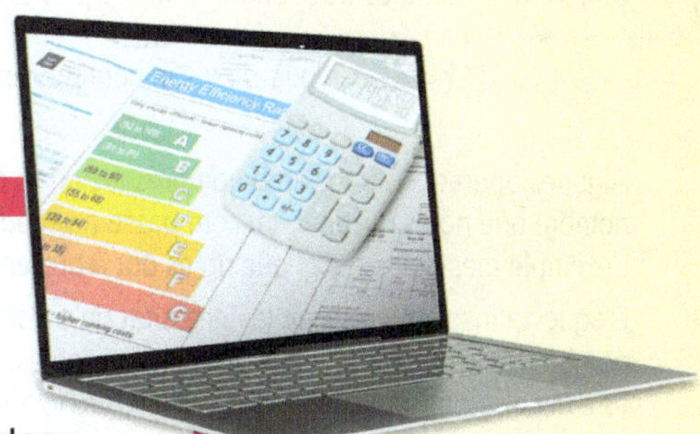

Cada situació d'aprenentatge es planteja com una tasca, un problema, una pregunta, un projecte d'investigació...

2 QUÈ EN SABEM?

Una vegada entesa la tasca, es fa una petita avaluació diagnòstica.

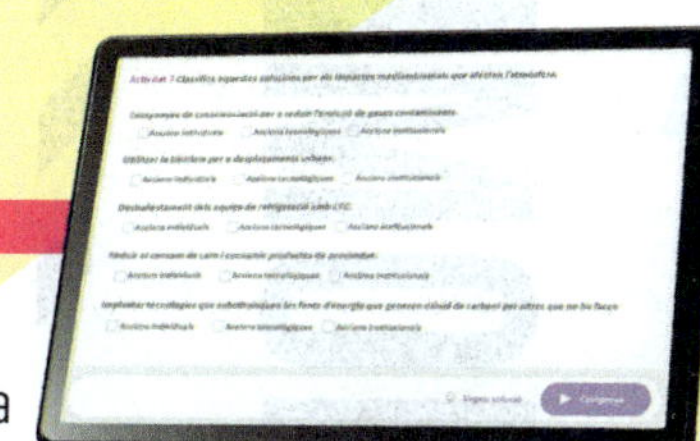

3 PER ON COMENCEM?

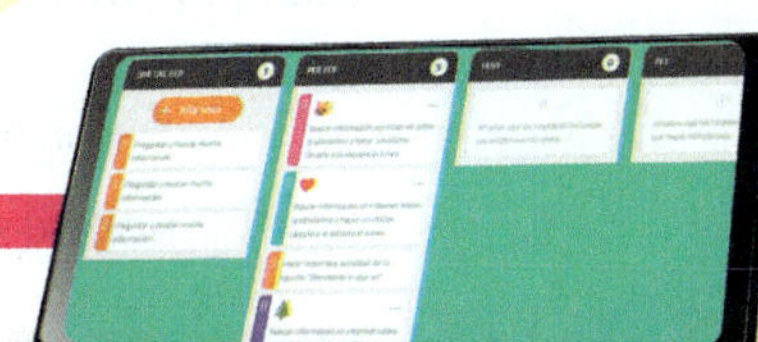

Per facilitar la planificació de les tasques es tindrà accés a un kanban a manera de taulell interactiu.

4 INVESTIGUEM I APLIQUEM

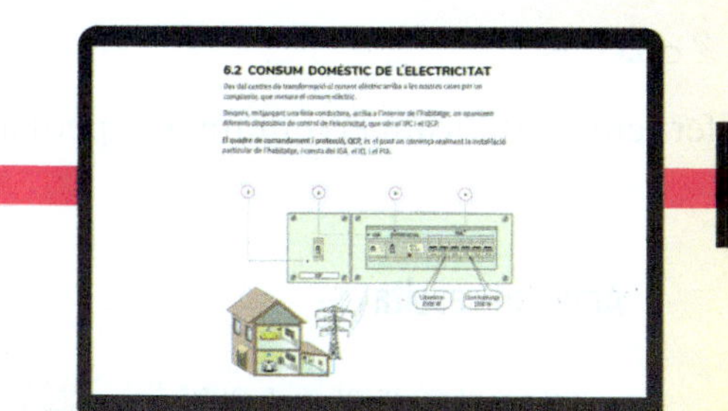

S'aborden els diferents continguts amb un enfocament pràctic i en clau competencial.

5 REFLEXIÓ I PRODUCTE FINAL

S'ofereixen indicacions per a la resolució de la tasca i es convida a fer una síntesi d'allò que s'ha après.

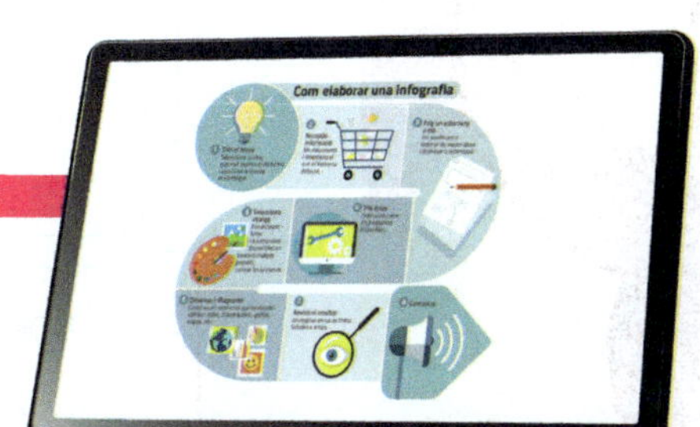

1 NOMBRES REALS

1 /// AMPLIACIONS DELS CONJUNTS NUMÈRICS

Practiquem i avancem 1-4

Els conjunts numèrics han anat apareixent al llarg de la història d'acord amb les necessitats de l'ésser humà.

Nombres naturals	$\mathbb{N}$	El primer conjunt numèric va sorgir per la necessitat de comptabilitzar elements d'un grup (nombre d'ovelles d'un ramat, per exemple) i d'ordenar elements (primer arbre, segon arbre, etc.). Són els **nombres naturals**: $\mathbb{N} = \{1, 2, 3, 4, \ldots\}$
Nombres enters	$\mathbb{Z}$	La diferència de dos nombres naturals no sempre és un nombre natural, per exemple 3 – 5. Això va provocar l'aparició dels nombres negatius, que, juntament amb els nombres naturals i el 0, donen lloc als **nombres enters**: $\mathbb{Z} = \{\ldots, -4, -3, -2, -1, 0, 1, 2, 3, 4, \ldots\}$
Nombres racionals	$\mathbb{Q}$	El quocient de dos nombres enters no sempre dona com a resultat un altre nombre enter, per exemple 8 : 3. Això va originar la necessitat de crear el conjunt dels nombres fraccionaris i, amb aquests, el dels **nombres racionals**: $\mathbb{Q} = \left\{\frac{p}{q}, \text{ en què } p \text{ i } q \text{ són nombres enters, amb } q \neq 0\right\}$
Nombres reals	$\mathbb{R}$	Algunes operacions fetes amb nombres racionals donen com a resultat un nombre que no és racional, tal com passa a vegades amb l'arrel quadrada. L'exemple més típic és $\sqrt{2}$, que no es pot representar en forma de fracció. D'aquesta manera, va sorgir la necessitat de construir un conjunt format pels nombres racionals i els nombres que no poden expressar-se com una fracció, és a dir, els nombres irracionals, $\mathbb{I}$. Es van crear, així, els **nombres reals**: $\mathbb{R} = \mathbb{Q} \cup \mathbb{I}$

Es completa, d'aquesta manera, el procés d'ampliació successiva dels diferents conjunts numèrics:

$$\mathbb{N} \subset \mathbb{Z} \subset \mathbb{Q} \subset \mathbb{R}$$

La classificació d'un nombre s'ha de fer sempre indicant el conjunt més petit al qual pertany.

NOMBRES REALS ($\mathbb{R}$)

NOMBRES RACIONALS ($\mathbb{Q}$)

$\frac{1}{2}$ $\frac{3}{5}$ $-\frac{7}{6}$

3,5 –2,004 $1,\overset{\frown}{3}$

NOMBRES ENTERS ($\mathbb{Z}$)

–5 –8 0 –123

NOMBRES NATURALS ($\mathbb{N}$)

1 3 7 8

NOMBRES IRRACIONALS ($\mathbb{I}$)

3,202 002 000 200 00

π $\sqrt{3}$ $-\sqrt{2}$ $\sqrt[3]{4}$

Activitat resolta

Indica el conjunt més petit ($\mathbb{N}$, $\mathbb{Z}$, $\mathbb{Q}$ o $\mathbb{R}$) al qual pertanyen els valors numèrics corresponents a les expressions següents:

a. $1 + \frac{1}{2}$ **b.** $2 + \sqrt{2}$ **c.** -5^2

Se simplifica cada expressió per poder determinar el conjunt a què pertany:

a. $1 + \frac{1}{2} = \frac{3}{2}$. És un nombre racional.

b. $\sqrt{2} + 2$. Com que $\sqrt{2}$ és irracional, continua sent-ho quan s'hi sumen dues unitats. Per tant, és un nombre real.

c. $-5^2 = -25$. És un nombre enter.

2 /// NOMBRES RACIONALS I IRRACIONALS

Practiquem i avancem 5-13

2.1 NOMBRES RACIONALS

A cada nombre racional li correspon una expressió decimal, que pot ser:

Decimal exacte

La part decimal del nombre resultant té una quantitat finita de xifres:

$\frac{9}{5} \Rightarrow 9 : 5 = 1{,}8$ (Part entera: 1; Part decimal: 8)

Decimal periòdic pur

La part decimal del nombre resultant té una quantitat infinita de xifres que es repeteixen indefinidament:

$\frac{8}{3} \Rightarrow 8 : 3 = 2{,}666... = 2{,}\widehat{6}$ (Part entera: 2; Període: 6)

Decimal periòdic mixt

La part decimal del nombre resultant té un nombre infinit de xifres que es repeteixen després d'una xifra determinada:

$\frac{11}{6} \Rightarrow 11 : 6 = 1{,}8333... = 1{,}8\widehat{3}$ (Part entera: 1; Anteperíode: 8; Període: 3)

Per obtenir el nombre racional que representa un nombre decimal, se'n calcula la **fracció generatriu**.

Activitat resolta

Obtingues la fracció generatriu dels nombres decimals següents:

a. 3,85 **b.** $9{,}\widehat{23}$ **c.** $2{,}1\widehat{8}$

a. S'anomena *N* el nombre decimal exacte. Com que és un nombre amb dues xifres decimals, es multiplica per 100 per aconseguir un nombre enter i s'aïlla N:

$$100N = 385 \Rightarrow N = \frac{385}{100} = \frac{77}{20}$$

b. S'anomena *N* el nombre decimal periòdic pur: $9{,}\widehat{23}$. Es multipliquen per 100 els dos costats de la igualtat (tants zeros com xifres tingui el període) i es resten els elements de cadascuna de les dues igualtats per eliminar el període:

$$\begin{array}{rcl} 100N & = & 923{,}\widehat{23} \\ N & = & 9{,}\widehat{23} \\ \hline 99N & = & 914 \end{array} \Rightarrow N = \frac{914}{99}$$

c. Es designa amb la lletra *N* el nombre decimal periòdic mixt: $N = 2{,}1\widehat{8}$. Es multiplica per 10 per eliminar l'anteperíode (ja que només té una xifra). El nombre resultant és periòdic pur, i per això s'actua com en l'apartat **b**.

$$\begin{array}{rcl} 100N & = & 218{,}\widehat{8} \\ 10N & = & 21{,}\widehat{8} \\ \hline 90N & = & 197 \end{array} \Rightarrow N = \frac{197}{90}$$

Amb la calculadora és possible obtenir la fracció generatriu d'un nombre decimal. Si es tracta d'un decimal exacte, n'hi ha prou d'escriure'l a la calculadora i prémer «igual»; si és un decimal periòdic, s'introdueix el nombre posant el període tantes vegades com permeti la calculadora i es prem «igual».

2.2 NOMBRES IRRACIONALS

Fixa't en l'expressió decimal de les igualtats següents:

$\sqrt{3} = 1{,}732\,050\,807...$ $\sqrt{7} = 2{,}645\,751\,311...$ $3\pi = 9{,}424\,777\,96...$

El conjunt dels nombres irracionals, $\mathbb{I}$, està compost pels nombres que consten d'infinites xifres decimals no periòdiques. Aquests nombres no es poden expressar mitjançant una fracció.

En alguns models de calculadora, després d'introduir el signe «igual» s'ha de prémer el botó S⇔D, amb el qual s'obté el resultat exacte o decimal, o el botó ab/c, que proporciona la fracció generatriu.

En models més actuals es pot ingressar directament el període.

3 /// REPRESENTACIÓ GRÀFICA DE NOMBRES REALS

Practiquem i avancem 14-22

Tot nombre real es pot representar com un punt d'una recta anomenada **recta real**. A cada nombre real li correspon un punt, i a cada punt de la recta real se li assigna un nombre real.

3.1 REPRESENTACIÓ DE NOMBRES RACIONALS

Per representar **nombres fraccionaris**, es fa servir el teorema de Tales.

1 Per representar $\frac{2}{3}$, es dibuixa una recta, s'hi marquen el 0 i l'1 i es traça una recta auxiliar que passi pel 0 i estigui inclinada cap a la dreta, ja que $\frac{2}{3}$ és positiu:

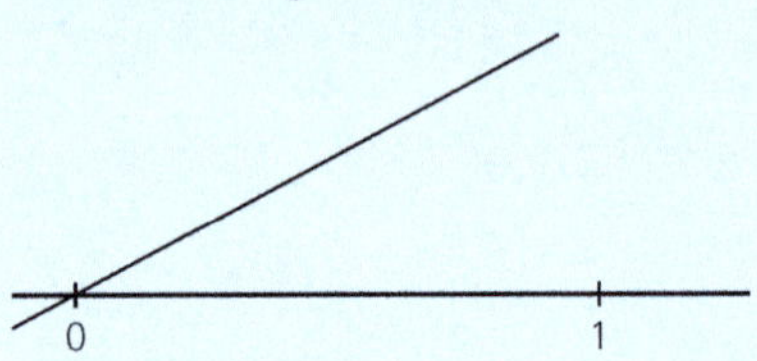

2 Sobre la recta auxiliar es marquen tres segments consecutius iguals i s'uneix l'últim amb l'1 (és a dir, s'enllaça el punt $\frac{3}{3}$ de la recta auxiliar amb l'1 de la recta real):

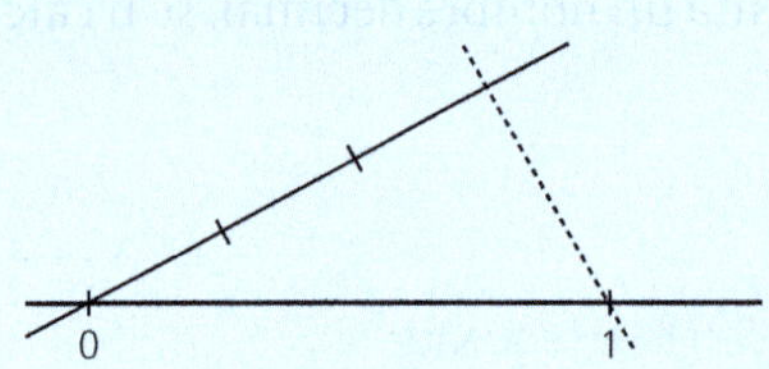

3 Es dibuixen rectes paral·leles a la traçada anteriorment que passin per cadascun dels punts de la recta auxiliar. Pel teorema de Tales, el nombre racional $\frac{2}{3}$ es correspon amb la 2a divisió a la recta real:

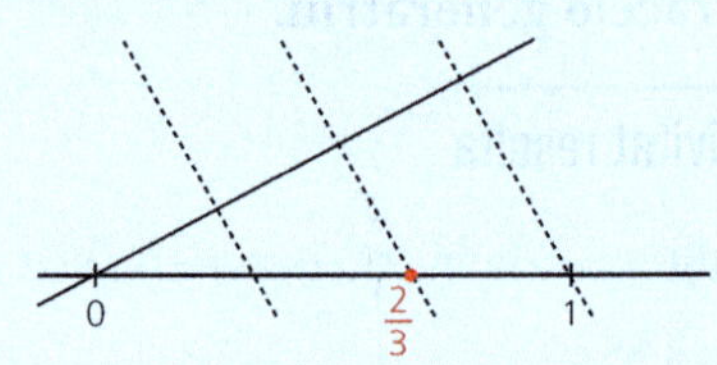

Si es vol representar una fracció impròpia, és a dir, la que té el numerador més gran o igual que el denominador, prèviament s'ha d'expressar en forma mixta. Per exemple, per representar $\frac{7}{3}$, en primer lloc s'efectua la divisió 7 : 3. S'obté 2 de quocient i 1 de residu, i per això $\frac{7}{3} = 2 + \frac{1}{3}$.

És a dir, la representació de $\frac{7}{3}$ es faria prenent dues unitats de l'eix real més una tercera part del segment entre 2 i 3.

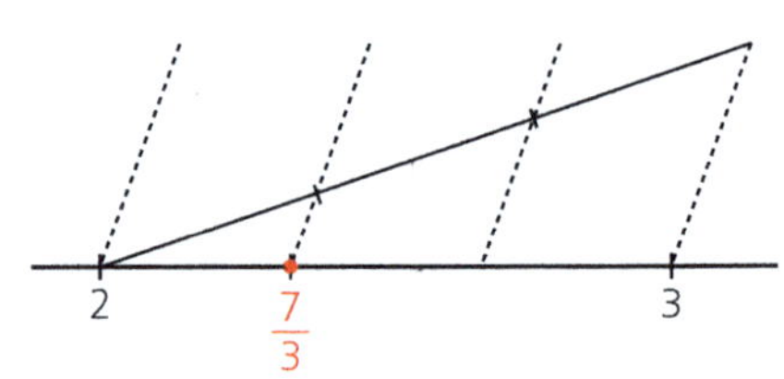

3.2 REPRESENTACIÓ DE NOMBRES IRRACIONALS

Igual que els nombres racionals, és possible representar tots els **irracionals** de manera aproximada sobre l'eix real a partir de la seva expressió decimal.

En el cas particular dels nombres irracionals procedents d'una arrel quadrada, se'n pot obtenir la representació exacta sobre la recta real utilitzant el teorema de Pitàgores.

Per representar $\sqrt{2}$, es traça la hipotenusa del triangle els catets del qual són 1 i 1:

$$\left(\sqrt{2}\right)^2 = 1^2 + 1^2$$

Per representar $\sqrt{11}$, es traça la hipotenusa del triangle els catets del qual són $\sqrt{2}$ i 3:

$$\left(\sqrt{11}\right)^2 = \left(\sqrt{2}\right)^2 + 3^2$$

I així successivament.

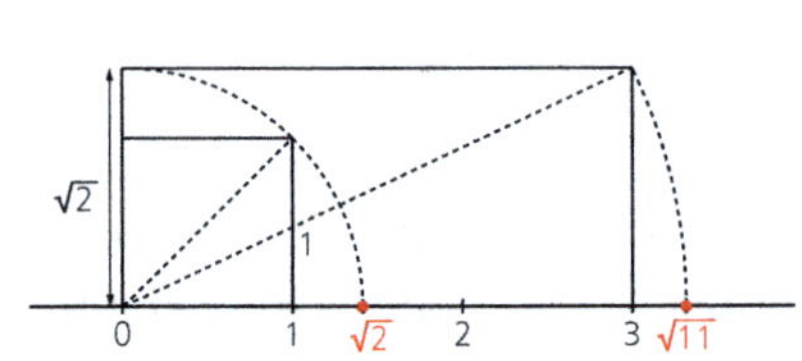

4 /// COMPARACIÓ DE NOMBRES REALS

Practiquem i avancem 23-27

- Per **comparar fraccions**, aquestes fraccions s'han de reduir prèviament a fraccions equivalents amb el mateix denominador per, després, ordenar els numeradors.
- Per **comparar nombres reals**, es representen sobre una mateixa recta numèrica, de manera que els situats més a la dreta són més grans que els que hi ha a la seva esquerra. En el cas que no es pugui fer la representació d'algun d'aquests nombres, es calculen tantes xifres decimals com calguin per establir-ne la comparació.

Activitat resolta

Compara les parelles de nombres reals següents i indica quin nombre és més gran en cada cas:

a. $\sqrt{3}$ i $\frac{5}{3}$

b. $\frac{63}{20}$ i π

a. Es representen gràficament $\sqrt{3}$ i $\frac{5}{3}$:

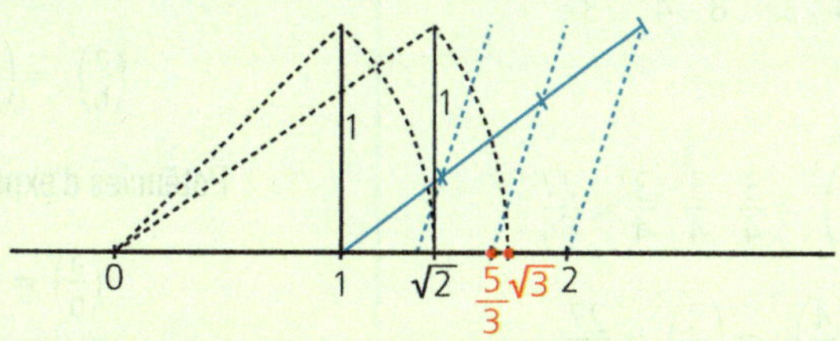

Com que $\sqrt{3}$ està situat més a la dreta que $\frac{5}{3}$, es constata que:

$$\frac{5}{3} < \sqrt{3}$$

b. S'expressen els dos nombres en forma decimal:

$$\frac{63}{20} = 3{,}15 \qquad \pi = 3{,}141\,59\ldots$$

En la segona xifra decimal s'observa que $\frac{63}{20}$ és més gran que π:

$$\pi < \frac{63}{20}$$

Activitat resolta

Compara les fraccions següents, ordenant-les de més petita a més gran:

$$-\frac{3}{4} \quad \frac{6}{5} \quad -\frac{5}{6} \quad \frac{13}{12}$$

El mínim comú múltiple de 4, 5, 6 i 12 és 60, i per això:

$$-\frac{3}{4} = -\frac{45}{60} \qquad \frac{6}{5} = \frac{72}{60}$$

$$-\frac{5}{6} = -\frac{50}{60} \qquad \frac{13}{12} = \frac{65}{60}$$

Quan s'ordenen les fraccions resultants segons els valors dels numeradors, s'obté:

$$-\frac{50}{60} < -\frac{45}{60} < \frac{65}{60} < \frac{72}{60}$$

Per tant:

$$-\frac{5}{6} < -\frac{3}{4} < \frac{13}{12} < \frac{6}{5}$$

Representació gràfica del valor de π

Es pot aconseguir una representació gràfica de π seguint aquests passos:

1. Traça, amb un compàs, un cercle d'1 cm de radi en una cartolina o en un cartró.
2. Retalla'l i assenyala un punt qualsevol de la vora.
3. Fes-lo girar sobre un full marcant la posició inicial i la final del punt.
4. La distància entre les dues marques és 2π cm; per tant, la meitat d'aquest segment mesura π cm.

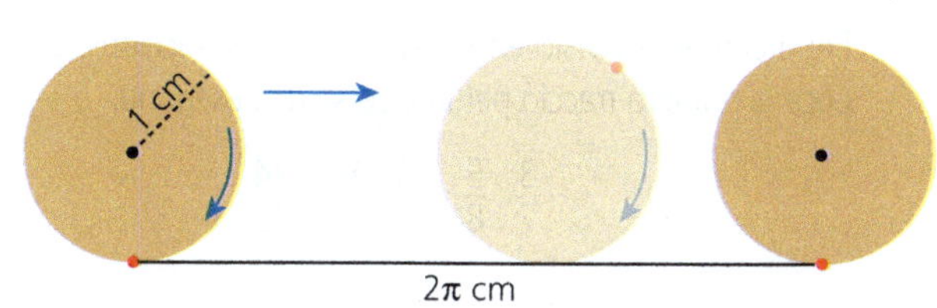

5 /// OPERACIONS AMB NOMBRES RACIONALS

Practiquem i avancem 28-31

Amb els nombres racionals es poden efectuar les mateixes operacions que amb els altres nombres.

Suma i resta

Es redueixen les fraccions a comú denominador, en cas que tinguin diferent denominador. Després, se sumen o resten els numeradors, es deixa el mateix denominador i se simplifica, si és possible, el resultat obtingut.

$$\frac{4}{9}+\frac{3}{9}=\frac{7}{9}$$

$$\frac{3}{4}-\frac{1}{8}=\frac{6}{8}-\frac{1}{8}=\frac{5}{8}$$

Multiplicació

Es multipliquen els numeradors i els denominadors i se simplifica, si és possible.

$$\frac{2}{5}\cdot\frac{3}{7}=\frac{6}{35}$$

Divisió

Es multiplica el primer per l'invers del segon i se simplifica, si és possible.

$$\frac{1}{8}:\frac{4}{3}=\frac{1}{8}\cdot\frac{3}{4}=\frac{3}{32}$$

Potència

Es multiplica cada nombre per si mateix tantes vegades com indiqui l'exponent.

$$\left(\frac{3}{4}\right)^3=\frac{3}{4}\cdot\frac{3}{4}\cdot\frac{3}{4}=\frac{27}{64}$$

$$\left(\frac{4}{3}\right)^{-3}=\left(\frac{3}{4}\right)^3=\frac{27}{64}$$

Propietats de les potències amb nombres racionals

Multiplicació amb la mateixa base

$$\left(\frac{a}{b}\right)^m\cdot\left(\frac{a}{b}\right)^n=\left(\frac{a}{b}\right)^{m+n}$$

Divisió amb la mateixa base

$$\left(\frac{a}{b}\right)^m:\left(\frac{a}{b}\right)^n=\left(\frac{a}{b}\right)^{m-n}$$

Multiplicació amb diferent base i el mateix exponent

$$\left(\frac{a}{b}\right)^m\cdot\left(\frac{c}{d}\right)^m=\left(\frac{a}{b}\cdot\frac{c}{d}\right)^m$$

Divisió amb diferent base i el mateix exponent

$$\left(\frac{a}{b}\right)^m:\left(\frac{c}{d}\right)^m=\left(\frac{a}{b}:\frac{c}{d}\right)^m$$

Potència d'una potència

$$\left[\left(\frac{a}{b}\right)^m\right]^n=\left(\frac{a}{b}\right)^{m\cdot n}$$

Potència d'exponent negatiu

$$\left(\frac{a}{b}\right)^{-n}=\left(\frac{b}{a}\right)^n$$

Potències d'exponent 1 i 0

$$\left(\frac{a}{b}\right)^1=\frac{a}{b}$$

$$\left(\frac{a}{b}\right)^0=1$$

Activitats resoltes

1 Efectua les operacions següents:

a. $\frac{5}{6}+\frac{3}{8}$ b. $\frac{4}{5}\cdot\frac{3}{2}$ c. $\frac{3}{7}:\frac{5}{8}$

a. Per sumar les fraccions, es redueix a comú denominador i se sumen els numeradors:

$$\frac{5}{6}+\frac{3}{8}=\frac{20}{24}+\frac{9}{24}=\frac{29}{24}$$

b. Amb l'objectiu de multiplicar aquestes fraccions, es multipliquen numeradors i denominadors:

$$\frac{4}{5}\cdot\frac{3}{2}=\frac{12}{10}=\frac{6}{5}$$

c. Per efectuar la divisió entre aquestes dues fraccions, es multiplica la primera fracció per la inversa de la segona:

$$\frac{3}{7}:\frac{5}{8}=\frac{3}{7}\cdot\frac{8}{5}=\frac{24}{35}$$

2 Calcula aquestes operacions:

a. $\left(\frac{3}{4}\right)^3\cdot\left(\frac{3}{4}\right)^5$ b. $\left(\frac{4}{5}\right)^7:\left(\frac{3}{2}\right)^7$ c. $\left[\left(\frac{3}{4}\right)^3\right]^2$

a. Atès que és un producte de potències amb la mateixa base, se sumen els exponents:

$$\left(\frac{3}{4}\right)^3\cdot\left(\frac{3}{4}\right)^5=\left(\frac{3}{4}\right)^8$$

b. Com que és una divisió de potències amb diferent base però amb el mateix exponent, es divideixen les bases i es deixa el mateix exponent:

$$\left(\frac{4}{5}\right)^7:\left(\frac{3}{2}\right)^7=\left(\frac{4}{5}:\frac{3}{2}\right)^7=\left(\frac{4}{5}\cdot\frac{2}{3}\right)^7=\left(\frac{8}{15}\right)^7$$

c. En aquest cas es tracta d'una potència d'una potència; per tant, es multipliquen els exponents:

$$\left[\left(\frac{3}{4}\right)^3\right]^2=\left(\frac{3}{4}\right)^6$$

5.1 JERARQUIA DE LES OPERACIONS

Quan hi ha diverses operacions combinades, s'ha de seguir aquest ordre:

1. S'efectuen les operacions que estan entre parèntesis i claudàtors, començant pel més intern.
2. Es resolen les potències i les arrels.
3. Es calculen les multiplicacions i les divisions d'esquerra a dreta.
4. Es duen a terme les sumes i les restes d'esquerra a dreta.
5. Se simplifica, si és possible.

Activitat resolta

Efectua les operacions següents:

a. $\frac{5}{2}+\frac{1}{2}\cdot\frac{5}{6}$

b. $\left(\frac{5}{2}+\frac{1}{2}\right)\cdot\frac{5}{6}$

c. $\frac{1}{4}-\frac{1}{3}\cdot\left(\frac{3}{2}\right)^2$

d. $3-\left(\frac{1}{2}+\frac{2}{5}\cdot\frac{3}{4}\right):\left(\frac{2}{5}\right)^3+\left(\frac{8}{3}\right)^{-2}\cdot\frac{8}{5}$

a. $\frac{5}{2}+\frac{1}{2}\cdot\frac{5}{6}=\frac{5}{2}+\frac{5}{12}=\frac{30}{12}+\frac{5}{12}=\frac{35}{12}$

S'efectua la multiplicació. | Es redueixen les fraccions a comú denominador. | Es calcula la suma.

b. $\left(\frac{5}{2}+\frac{1}{2}\right)\cdot\frac{5}{6}=\left(\frac{6}{2}\right)\cdot\frac{5}{6}=3\cdot\frac{5}{6}=\frac{15}{6}=\frac{5}{2}$

Es fa l'operació que hi ha entre parèntesi. | Es duu a terme la multiplicació. | Se simplifica el resultat.

Es redueixen les fraccions a comú denominador.

c. $\frac{1}{4}-\frac{1}{3}\cdot\left(\frac{3}{2}\right)^2=\frac{1}{4}-\frac{1}{3}\cdot\frac{9}{4}=\frac{1}{4}-\frac{9}{12}=\frac{1}{4}-\frac{3}{4}=-\frac{2}{4}=-\frac{1}{2}$

Es resol la potència. | S'efectua la multiplicació. | Es calcula la resta. | Se simplifica el resultat.

d. $3-\left(\frac{1}{2}+\frac{2}{5}\cdot\frac{3}{4}\right):\left(\frac{2}{5}\right)^3+\left(\frac{8}{3}\right)^{-2}\cdot\frac{8}{5}=3-\left(\frac{1}{2}+\frac{6}{20}\right):\left(\frac{2}{5}\right)^3+\left(\frac{8}{3}\right)^{-2}\cdot\frac{8}{5}=3-\left(\frac{10}{20}+\frac{6}{20}\right):\left(\frac{2}{5}\right)^3+\left(\frac{8}{3}\right)^{-2}\cdot\frac{8}{5}=3-\frac{16}{20}:\left(\frac{2}{5}\right)^3+\left(\frac{8}{3}\right)^{-2}\cdot\frac{8}{5}=$

$=3-\frac{16}{20}:\frac{8}{125}+\left(\frac{3}{8}\right)^2\cdot\frac{8}{5}=3-\frac{16}{20}:\frac{8}{125}+\frac{9}{64}\cdot\frac{8}{5}=3-\frac{16\cdot125}{20\cdot8}+\frac{9\cdot8}{64\cdot5}=3-\frac{2\,000}{160}+\frac{72}{320}=$

S'efectuen la divisió i la multiplicació d'esquerra a dreta. | Es duen a terme les sumes i restes, reduint les fraccions a comú denominador.

$=\frac{960}{320}-\frac{4\,000}{320}+\frac{72}{320}=\frac{-2\,968}{320}=\frac{-1484}{160}=\frac{-742}{80}=\frac{-371}{40}$

Se simplifica el resultat.

6 /// RADICALS. OPERACIONS AMB RADICALS

Practiquem i avancem 32-36

Quan una arrel no és exacta, es pot deixar indicada, sense suprimir l'arrel. Aleshores rep la denominació de **radical**.

> **L'arrel enèsima** d'un nombre real, *a*, que es designa mitjançant $\sqrt[n]{a}$, és un altre nombre real, *b*, que, elevat a la potència *n*, dona com a resultat *a*, és a dir:
>
> $$\sqrt[n]{a} = b \Leftrightarrow b^n = a$$

Recorda

índex de l'arrel

$\sqrt[n]{a} = b$

radicand — arrel

A partir de la definició es pot deduir que les arrels d'índex parell només admeten solució real si el radicand és positiu, mentre que les arrels d'índex senar admeten solució per a qualsevol nombre real:

$\sqrt[4]{16} = \pm 2$ $\quad\quad$ $\sqrt[3]{-8} = -2$ $\quad\quad$ $\sqrt{-4}$ No existeix solució real.

Activitat resolta

Efectua les operacions següents ajudant-te de la calculadora:

a. $\sqrt[3]{343}$ $\quad$ **b.** $\sqrt[6]{729}$ $\quad$ **c.** $\sqrt{0{,}0529}$ $\quad$ **d.** $\sqrt[3]{\frac{1}{216}}$

Seleccionant l'opció específica a la calculadora s'obté:

a. $\sqrt[3]{343} = 7$

b. $\sqrt[6]{729} = 3$. com que és una arrel d'índex parell, es dona per vàlid: ± 3.

c. $\sqrt{0{,}0529} = 0{,}23$. com que és una arrel d'índex parell, es dona per vàlid: $\pm 0{,}23$.

d. $\sqrt[3]{\frac{1}{216}} = \frac{1}{6}$

Depenent dels models, en una calculadora científica es poden trobar diferents alternatives per calcular un radical:

Relació entre radicals i potències

Un radical es pot expressar com una potència d'exponent fraccionari:

$$\sqrt[n]{a^m} = a^{\frac{m}{n}}$$

De fet, la forma analítica que es té per donar el resultat d'una potència d'exponent fraccionari és transformant-la a expressió radical.

$$9^{\frac{3}{2}} = \sqrt{9^3} = \sqrt{729} = 27$$

Activitat resolta

Expressa en forma de potència els radicals següents:

a. $\sqrt[3]{2^5}$ $\quad$ **b.** $\sqrt{3^5}$ $\quad$ **c.** $\sqrt[6]{2^{15}}$

A partir de l'expressió $\sqrt[n]{a^m} = a^{\frac{m}{n}}$:

a. $\sqrt[3]{2^5} = 2^{\frac{5}{3}}$ $\quad$ b. $\sqrt{3^5} = 3^{\frac{5}{2}}$ $\quad$ c. $\sqrt[6]{2^{15}} = 2^{\frac{15}{6}} = 2^{\frac{5}{2}}$

6.1 POTÈNCIA D'UN RADICAL

Si s'eleva un radical a una potència, s'obté un altre radical amb el mateix índex i el radicand elevat a aquesta potència:

$$\left(\sqrt[n]{a}\right)^m = \sqrt[n]{a^m}$$

$$\left(\sqrt[5]{2}\right)^3 = \sqrt[5]{2^3}$$

6.2 RADICAL D'UN RADICAL

Quan es calcula el radical d'un altre radical, el resultat és un altre radical amb el mateix radicand i que té per índex el producte dels índexs:

$$\sqrt[m]{\sqrt[n]{a}} = \sqrt[m \cdot n]{a}$$

$$\sqrt[3]{\sqrt[2]{2}} = \sqrt[3 \cdot 2]{2} = \sqrt[6]{2}$$

6.3 RADICALS EQUIVALENTS

L'expressió $\sqrt[n]{a^m}$ no varia si es multipliquen l'índex de l'arrel i l'exponent per la mateixa quantitat:

$$\sqrt[n]{a^m} = \sqrt[n \cdot p]{a^{m \cdot p}}$$

S'obté, d'aquesta manera, el que s'anomena un *radical equivalent*:

$$\sqrt[5]{2^2} = \sqrt[5 \cdot 3]{2^{2 \cdot 3}} = \sqrt[15]{2^6}$$

És possible comprovar aquest resultat expressant els dos radicals en forma de potència:

$$\sqrt[n]{a^m} = a^{\frac{m}{n}} = a^{\frac{m \cdot p}{n \cdot p}} = \sqrt[n \cdot p]{a^{m \cdot p}}$$

Observa

Expressant els radicals en forma de potència, es poden provar les propietats donades:

$$\left(\sqrt[n]{a}\right)^m = \left(a^{\frac{1}{n}}\right)^m = a^{\frac{m}{n}} = \sqrt[n]{a^m}$$

$$\sqrt[m]{\sqrt[n]{a}} = \sqrt[m]{a^{\left(\frac{1}{n}\right)}} = \left(a^{\left(\frac{1}{n}\right)}\right)^{\frac{1}{m}} = a^{\frac{1}{m \cdot n}} = \sqrt[m \cdot n]{a}$$

$$\sqrt[n]{a^m} = a^{\frac{m}{n}} = a^{\frac{m \cdot p}{n \cdot p}} = \sqrt[n \cdot p]{a^{m \cdot p}}$$

Activitat resolta

Efectua les operacions següents i simplifica:

a. $\left(\sqrt[5]{2^2}\right)^2$

b. $\left(\sqrt{2^3}\right)^2$

c. $\sqrt{\sqrt[3]{64}}$

d. $\sqrt[3]{\sqrt[5]{3}}$

e. $\sqrt[6]{2^8}$

f. $\sqrt[12]{27}$

S'introdueix la potència en el radicand:

a. $\left(\sqrt[5]{2^2}\right)^2 = \sqrt[5]{2^4} = \sqrt[5]{16}$

b. $\left(\sqrt{2^3}\right)^2 = \sqrt{2^6} = \sqrt{64} = 8$

Es multipliquen els índexs de les dues arrels:

c. $\sqrt{\sqrt[3]{64}} = \sqrt[2 \cdot 3]{64} = \sqrt[6]{64} = \sqrt[6]{2^6} = 2^{\frac{6}{6}} = 2^1 = 2$

d. $\sqrt[3]{\sqrt[5]{3}} = \sqrt[3 \cdot 5]{3} = \sqrt[15]{3}$

Se simplifica l'índex de l'arrel i l'exponent del radicand com si es tractés d'una fracció:

e. $\sqrt[6]{2^8} = 2^{\frac{8}{6}} = 2^{\frac{4}{3}} = \sqrt[3]{2^4} = \sqrt[3]{16}$

f. $\sqrt[12]{27} = \sqrt[12]{3^3} = 3^{\frac{3}{12}} = 3^{\frac{1}{4}} = \sqrt[4]{3}$

6.4 INTRODUCCIÓ DE FACTORS EN UN RADICAL

Per introduir factors en un radical, cal que els factors s'elevin a l'índex d'aquest radical:

$$x \cdot \sqrt[n]{a} = \sqrt[n]{x^n \cdot a}$$

$$2 \cdot \sqrt[3]{5} = \sqrt[3]{2^3 \cdot 5} = \sqrt[3]{40}$$

Activitat resolta

Introdueix tots els factors dins del radical:

a. $2\sqrt[5]{2}$ **b.** $5^3\sqrt{2^3}$ **c.** $x^2y\sqrt[3]{xy}$

a. $2\sqrt[5]{2} = \sqrt[5]{2^5 \cdot 2} = \sqrt[5]{2^6}$

b. $5^3\sqrt{2^3} = \sqrt{(5^3)^2 \cdot 2^3} = \sqrt{5^6 \cdot 2^3}$

c. $x^2y\sqrt[3]{xy} = \sqrt[3]{(x^2)^3 \cdot y^3 \cdot xy} = \sqrt[3]{x^6 \cdot y^3 \cdot xy} = \sqrt[3]{x^7 \cdot y^4}$

6.5 EXTRACCIÓ DE FACTORS D'UN RADICAL

Per extreure factors d'un radical, l'exponent d'aquests factors ha de coincidir amb l'índex del radical:

$$\sqrt[n]{x^n \cdot a} = x \cdot \sqrt[n]{a}$$

$$\sqrt[5]{3^5 \cdot 2} = 3\sqrt[5]{2} \qquad \sqrt[5]{3^7 \cdot 2} = \sqrt[5]{3^5 \cdot 3^2 \cdot 2} = 3\sqrt[5]{3^2 \cdot 2}$$

Quan es fan operacions amb radicals, convé expressar el resultat de manera simplificada, és a dir, cal extreure tots els factors possibles i simplificar els índexs sempre que es pugui.

Activitat resolta

Extreu tots els factors possibles dels radicals següents:

a. $\sqrt[3]{2^4}$ **b.** $\sqrt{5^7}$ **c.** $\sqrt{x^4y^3}$ **d.** $\sqrt[3]{512}$ **e.** $\sqrt{16\,200}$ **f.** $\sqrt[3]{81x^5y^8}$

S'extreuen tots els factors elevats a la mateixa potència que l'índex de l'arrel:

a. $\sqrt[3]{2^4} = \sqrt[3]{2^3 \cdot 2} = 2\sqrt[3]{2}$

b. $\sqrt{5^7} = \sqrt{5^2 \cdot 5^2 \cdot 5^2 \cdot 5} = 5 \cdot 5 \cdot 5\sqrt{5} = 125\sqrt{5}$

c. $\sqrt{x^4y^3} = \sqrt{x^2 \cdot x^2 \cdot y^2 \cdot y} = x \cdot x \cdot y\sqrt{y} = x^2y\sqrt{y}$

Es fa la descomposició factorial del radicand i s'extreuen els factors possibles:

d. $\sqrt[3]{512} = \sqrt[3]{2^9} = \sqrt[3]{2^3 \cdot 2^3 \cdot 2^3} = 2 \cdot 2 \cdot 2 = 8$

e. $\sqrt{16\,200} = \sqrt{2^3 \cdot 3^4 \cdot 5^2} = \sqrt{2^2 \cdot 2 \cdot 3^2 \cdot 3^2 \cdot 5^2} = 2 \cdot 3 \cdot 3 \cdot 5\sqrt{2} = 90\sqrt{2}$

f. $\sqrt[3]{81x^5y^8} = \sqrt[3]{3^4x^5y^8} = \sqrt[3]{3^3 \cdot 3 \cdot x^3 \cdot x^2 \cdot y^3 \cdot y^3 \cdot y^2} = 3xy^2 \cdot \sqrt[3]{3x^2y^2}$

Si el radicand està elevat a un exponent gran s'efectua la divisió de l'exponent entre l'índex de l'arrel per obtenir el quocient i el residu. Així, sabrem quants factors es poden extreure.

$$\sqrt[5]{2^{48}} = \sqrt[5]{2^{9 \cdot 5 + 3}} = \sqrt[5]{2^{9 \cdot 5} \cdot 2^3} = \sqrt[5]{(2^9)^5 \cdot 2^3} = 2^9 \cdot \sqrt[5]{2^3}$$

Observa

En l'exemple es resol la divisió següent per poder extreure els factors:

48	5
3	9

6.6 SUMA I RESTA DE RADICALS

Només es poden sumar o restar els radicals que tinguin el mateix índex i el mateix radicand i, per aquest motiu, per poder efectuar una d'aquestes operacions, caldrà simplificar cada terme. D'aquesta manera, serà possible identificar aquests termes i operar.

$$p\sqrt[n]{a} + q\sqrt[n]{a} = (p+q)\sqrt[n]{a}$$

Activitat resolta

Efectua les operacions següents:

a. $\sqrt{27} + \sqrt{3} + \sqrt{12}$

b. $\sqrt[3]{2} + \sqrt{18} + \sqrt{50} + \sqrt[3]{16}$

Se simplifica cada radical i se sumen tots els que tinguin el mateix índex i el mateix radicand:

a. $\sqrt{27} + \sqrt{3} + \sqrt{12} = \sqrt{3^3} + \sqrt{3} + \sqrt{2^2 \cdot 3} = 3\sqrt{3} + \sqrt{3} + 2\sqrt{3} = (3+1+2)\sqrt{3} = 6\sqrt{3}$

b. $\sqrt[3]{2} + \sqrt{18} + \sqrt{50} + \sqrt[3]{16} = \sqrt[3]{2} + \sqrt{2 \cdot 3^2} + \sqrt{2 \cdot 5^2} + \sqrt[3]{2^4} = \sqrt[3]{2} + 3\sqrt{2} + 5\sqrt{2} + 2\sqrt[3]{2} =$

$= \sqrt[3]{2} + 2\sqrt[3]{2} + 3\sqrt{2} + 5\sqrt{2} = 3\sqrt[3]{2} + 8\sqrt{2}$

6.7 MULTIPLICACIÓ I DIVISIÓ DE RADICALS

Només es poden multiplicar i dividir radicals amb el mateix índex i, per aquesta raó, prèviament s'han de transformar tots els radicals en uns altres d'equivalents amb un índex comú. Una vegada fet això, s'apliquen les fórmules:

$$\sqrt[n]{a} \cdot \sqrt[n]{b} = \sqrt[n]{a \cdot b} \qquad \frac{\sqrt[n]{a}}{\sqrt[n]{b}} = \sqrt[n]{\frac{a}{b}}$$

De manera alternativa, es poden expressar els radicals en forma de potència i operar aplicant les seves propietats sempre que les bases coincideixin.

Activitat resolta

Efectua les operacions següents:

a. $\dfrac{\sqrt[3]{2^2} \cdot \sqrt[6]{2^5}}{\sqrt{2^5}}$

b. $\sqrt[3]{4} \cdot \sqrt[5]{16} \cdot \sqrt{2}$

c. $\sqrt[4]{12} \cdot \sqrt{30} \cdot \sqrt[3]{4}$

a. Atès que es poden expressar com a potències de la mateixa base, s'indica cada arrel en forma de potència i s'opera:

$$\frac{\sqrt[3]{2^2} \cdot \sqrt[6]{2^5}}{\sqrt{2^5}} = \frac{2^{\frac{2}{3}} \cdot 2^{\frac{5}{6}}}{2^{\frac{5}{2}}} = 2^{\frac{2}{3}+\frac{5}{6}-\frac{5}{2}} = 2^{\frac{4}{6}+\frac{5}{6}-\frac{15}{6}} = 2^{-\frac{6}{6}} = 2^{-1} = \frac{1}{2}$$

S'expressen els índexs de les arrels amb un índex comú, utilitzant el mínim comú múltiple, i se simplifica:

b. $\sqrt[3]{4} \cdot \sqrt[5]{16} \cdot \sqrt{2} = \sqrt[30]{4^{10}} \cdot \sqrt[30]{16^6} \cdot \sqrt[30]{2^{15}} = \sqrt[30]{4^{10} \cdot 16^6 \cdot 2^{15}} = \sqrt[30]{2^{20} \cdot 2^{24} \cdot 2^{15}} =$

$= \sqrt[30]{2^{59}} = \sqrt[30]{2^{30} \cdot 2^{29}} = 2 \cdot \sqrt[30]{2^{29}}$

c. $\sqrt[4]{12} \cdot \sqrt{30} \cdot \sqrt[3]{4} = \sqrt[12]{12^3} \cdot \sqrt[12]{30^6} \cdot \sqrt[12]{4^4} = \sqrt[12]{12^3 \cdot 30^6 \cdot 4^4} = \sqrt[12]{(2^2 \cdot 3)^3 \cdot (2 \cdot 3 \cdot 5)^6 \cdot (2^2)^4} =$

$= \sqrt[12]{2^6 \cdot 3^3 \cdot 2^6 \cdot 3^6 \cdot 5^6 \cdot 2^8} = \sqrt[12]{2^{20} \cdot 3^9 \cdot 5^6} = 2\sqrt[12]{2^8 \cdot 3^9 \cdot 5^6}$

7 /// RACIONALITZACIÓ

Practiquem i avancem 37-39

Les fraccions amb un radical al denominador admeten una simplificació amb l'objectiu de poder-hi operar o de representar-les gràficament.

> **Racionalitzar** una fracció consisteix a trobar una altra fracció que sigui equivalent a la primera i que no tingui radicals al denominador.

Tingues-ho en compte

En alguns models de calculadora és possible racionalitzar introduint la fracció i prement la tecla «igual».

7.1 FRACCIONS AMB UNA ARREL AL DENOMINADOR

Per racionalitzar fraccions amb una arrel quadrada al denominador, es multipliquen el numerador i el denominador per l'arrel del denominador:

$$\frac{a}{\sqrt{b}}=\frac{a\cdot\sqrt{b}}{\sqrt{b}\cdot\sqrt{b}}=\frac{a\cdot\sqrt{b}}{(\sqrt{b})^2}=\frac{a\cdot\sqrt{b}}{b}$$

Per racionalitzar fraccions amb una arrel d'índex n al denominador, es multipliquen el numerador i el denominador per l'arrel del mateix índex que la del denominador, de manera que s'obtingui un radicand elevat a n:

$$\frac{a}{\sqrt[n]{b^m}}=\frac{a\cdot\sqrt[n]{b^{n-m}}}{\sqrt[n]{b^m}\cdot\sqrt[n]{b^{n-m}}}=\frac{a\cdot\sqrt[n]{b^{n-m}}}{\sqrt[n]{b^n}}=\frac{a\cdot\sqrt[n]{b^{n-m}}}{b}$$

Activitats resoltes

1 Racionalitza les expressions següents:

a. $\frac{4}{\sqrt{6}}$ **b.** $\frac{6}{\sqrt[5]{2^3}}$ **c.** $\frac{1}{\sqrt[3]{5^7}}$

a. $\frac{4}{\sqrt{6}}=\frac{4\cdot\sqrt{6}}{\sqrt{6}\cdot\sqrt{6}}=\frac{4\cdot\sqrt{6}}{(\sqrt{6})^2}=\frac{4\cdot\sqrt{6}}{6}=\frac{2\cdot\sqrt{6}}{3}$

b. $\frac{6}{\sqrt[5]{2^3}}=\frac{6\cdot\sqrt[5]{2^2}}{\sqrt[5]{2^3}\cdot\sqrt[5]{2^2}}=\frac{6\cdot\sqrt[5]{2^2}}{\sqrt[5]{2^3\cdot 2^2}}=\frac{6\cdot\sqrt[5]{2^2}}{\sqrt[5]{2^5}}=\frac{6\cdot\sqrt[5]{2^2}}{2}=3\cdot\sqrt[5]{2^2}$

c. $\frac{1}{\sqrt[3]{5^7}}=\frac{1}{\sqrt[3]{5^3\cdot 5^3\cdot 5}}=\frac{1}{5\cdot 5\cdot\sqrt[3]{5}}=\frac{1}{25\cdot\sqrt[3]{5}}=\frac{\sqrt[3]{5^2}}{25\cdot\sqrt[3]{5}\cdot\sqrt[3]{5^2}}=\frac{\sqrt[3]{5}}{25\cdot\sqrt[3]{5^3}}=\frac{\sqrt[3]{5}}{25\cdot 5}=\frac{\sqrt[3]{5}}{125}$

2 Efectua l'operació següent: $\frac{3}{\sqrt{2}}+\frac{1}{\sqrt{6}}+\frac{\sqrt{2}}{2\sqrt{3}}$.

Es racionalitza cada terme de l'expressió:

$$\frac{3}{\sqrt{2}}+\frac{1}{\sqrt{6}}+\frac{\sqrt{2}}{2\sqrt{3}}=\frac{3\cdot\sqrt{2}}{\sqrt{2}\cdot\sqrt{2}}+\frac{\sqrt{6}}{\sqrt{6}\cdot\sqrt{6}}+\frac{\sqrt{2}\cdot\sqrt{3}}{2\sqrt{3}\cdot\sqrt{3}}=\frac{3\cdot\sqrt{2}}{2}+\frac{\sqrt{6}}{6}+\frac{\sqrt{6}}{6}=\frac{9\sqrt{2}+\sqrt{6}+\sqrt{6}}{6}=\frac{9\sqrt{2}+2\sqrt{6}}{6}$$

3 Representa el nombre $\frac{1}{\sqrt{3}}$ a la recta real.

Prèviament es racionalitza l'expressió: $\frac{1}{\sqrt{3}}=\frac{\sqrt{3}}{\sqrt{3}\cdot\sqrt{3}}=\frac{\sqrt{3}}{3}$

Per representar el nombre $\frac{1}{\sqrt{3}}$ es pren la tercera part de la representació de $\sqrt{3}$.

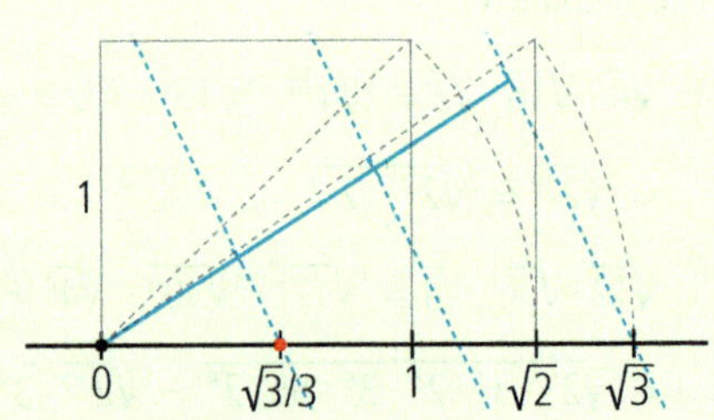

8 /// NOTACIÓ CIENTÍFICA

Practiquem i avancem 40-44

Hi ha nombres molt grans, com la distància entre les estrelles o l'edat de les galàxies, i també molt petits, com la mida d'un virus o la massa d'un electró.

Per poder-hi treballar, és possible expressar aquest tipus de nombres gràcies a la notació científica.

Un nombre s'expressa en **notació científica** com el producte d'un nombre decimal amb una sola xifra diferent de zero a la part entera per una potència de base 10 i d'exponent enter:

$$a{,}bcde... \cdot 10^k$$

En l'expressió anterior, *k* és l'ordre de magnitud.

D'aquesta manera, els nombres següents s'expressarien així:

- Massa del Sol: 1 989 000 000 000 000 000 000 000 000 000 kg = $1{,}989 \cdot 10^{30}$ kg
- Percentatge de iode al cos humà: 0,000 04 % = $4 \cdot 10^{-5}$ %

Tingues-ho en compte

Una altra manera de treballar amb aquest tipus de quantitats és triar una unitat que s'ajusti a la seva dimensió.

Per exemple, el prefix *tera* equival a 10^{12} vegades la unitat de mesura que acompanyi, i *nano*, a 10^{-9}:

3,2 terabytes = $3{,}2 \cdot 10^{12}$ bytes

1,5 nanòmetres = $1{,}5 \cdot 10^{-9}$ m

8.1 SUMA I RESTA DE NOMBRES EN NOTACIÓ CIENTÍFICA

Per sumar o restar nombres expressats en notació científica, han de tenir el mateix ordre de magnitud. Per aquest motiu, cal seguir aquests passos:

1. S'expressen tots els nombres en el mateix ordre de magnitud.
2. Es treu factor comú de l'ordre de magnitud i se sumen o es resten les parts decimals dels nombres.
3. Finalment, s'expressa el resultat en notació científica.

8.2 MULTIPLICACIÓ I DIVISIÓ EN NOTACIÓ CIENTÍFICA

Per multiplicar o dividir dos nombres en notació científica, se'n multipliquen o se'n divideixen les parts decimals, d'una banda, i les potències de 10, de l'altra. Finalment, s'ajusta el resultat per presentar-lo en notació científica.

Activitat resolta

Efectua l'operació següent: $4{,}03 \cdot 10^5 + 1{,}11 \cdot 10^7 - 2{,}4 \cdot 10^6$.

S'expressen tots els nombres en forma de potències en l'ordre superior, es treu factor comú i s'opera amb els nombres decimals:

$$4{,}03 \cdot 10^5 + 1{,}11 \cdot 10^7 - 2{,}4 \cdot 10^6 = 0{,}0403 \cdot 10^7 + 1{,}11 \cdot 10^7 - 0{,}24 \cdot 10^7 =$$
$$= (0{,}0403 + 1{,}11 - 0{,}24) \cdot 10^7 = 0{,}9103 \cdot 10^7 = 9{,}103 \cdot 10^6$$

Activitat resolta

Efectua l'operació següent i indica'n el resultat en notació científica:

$$(3 \cdot 10^{12}) \cdot (5 \cdot 10^{21})$$

Es multipliquen, d'una banda, les parts decimals i, de l'altra, les potències de 10:

$$(3 \cdot 10^{12}) \cdot (5 \cdot 10^{21}) =$$
$$= (3 \cdot 5) \cdot (10^{12} \cdot 10^{21}) = 15 \cdot 10^{12+21} =$$
$$= 15 \cdot 10^{33} = 1{,}5 \cdot 10^{34}$$

El resultat s'ha d'expressar en notació científica. Amb aquesta finalitat, es divideix 15 entre 10 i, perquè la quantitat sigui la mateixa, es multiplica 10^{33} per 10.

9 /// APROXIMACIONS I ERRORS

Practiquem i avancem 45-48

Alguns nombres reals s'expressen amb una quantitat infinita de xifres decimals i, per això, és impossible escriure'ls de manera exacta. En aquests casos s'utilitza un valor aproximat del nombre, procediment que comporta un cert error.

9.1 APROXIMACIONS

> **Aproximar** un nombre real consisteix a substituir-lo per un altre nombre racional l'expressió decimal del qual contingui un nombre finit de xifres decimals.

Si el nombre aproximat resultant és més petit que el nombre original, es tracta d'una **aproximació per defecte**; si, per contra, és més gran, és una **aproximació per excés**. Els nombres reals es poden aproximar mitjançant dos procediments:

- **Truncament.** El nombre real es talla en un lloc determinat (aproximació sempre per defecte).
- **Arrodoniment.** S'eliminen les xifres decimals a partir d'una posició determinada, tenint en compte que:
  - Si la primera xifra que s'elimina és més petita que 5, aleshores l'última xifra decimal es manté com estava (es tracta d'una aproximació per defecte).
  - Si la primera xifra que s'elimina és més gran o igual que 5, aleshores l'última xifra decimal s'incrementa una unitat (es tracta d'una aproximació per excés).

Activitats resoltes

1 Aproxima el nombre 52,261 572 a les dècimes i a les centèsimes per truncament i per arrodoniment.

- **Per truncament.** Es fa el tall a la xifra indicada, sense tenir en compte la xifra posterior:
  - Aproximació a les dècimes: $52{,}261\,572 \approx 52{,}2$
  - Aproximació a les centèsimes: $52{,}261\,572 \approx 52{,}26$
- **Per arredoniment.** Es fa el tall en la xifra indicada, que es manté com aquesta si la xifra posterior és menor que 5 o s'incrementa una unitat si la xifra és major o igual que 5:
  - Aproximació a les dècimes. Com la xifra de les centèsimes és major o igual que 5: $52{,}261\,572 \approx 52{,}3$.
  - Aproximació a les centèsimes. Com que la xifra de les mil·lèsimes és menor que 5: $52{,}261\,572 \approx 52{,}26$.

2 Aproxima el nombre $\pi = 3{,}141\,592\,4\ldots$ per arrodoniment prenent, d'una banda, dues xifres decimals i, de l'altra, quatre xifres decimals. Indica si aquests arrodoniments són per excés o per defecte. Després, aproxima'l a les mil·lèsimes per truncament.

$\pi = 3{,}141\,592\,4\ldots \approx 3{,}14$. Es tracta d'un arrodoniment amb dues xifres decimals (aproximació per defecte, ja que la xifra de les mil·lèsimes és 1).

$\pi = 3{,}141\,592\,4\ldots \approx 3{,}141\,6$. En aquest cas és un arrodoniment amb quatre xifres decimals (aproximació per excés, perquè la xifra de les centmil·lèsimes és 9).

Per aproximar el nombre a les mil·lèsimes per truncament, es fa el tall a la xifra indicada:

$$\pi = 3{,}141\,592\,4\ldots \approx 3{,}141$$

9.2 ERRORS

La quantificació de l'error comès quan s'aproxima un nombre es pot fer de dues maneres: mitjançant l'error absolut o mitjançant l'error relatiu.

L'error absolut, Δ, és la diferència entre el nombre i la seva aproximació:

$$\Delta = |\text{Nombre} - \text{Nombre aproximat}|$$

Quan el que es vol és comparar aproximacions, l'error absolut no és una eina adequada, perquè mesura una simple diferència. És per aquesta raó, que es fa servir l'error relatiu, que té en compte, a més de la diferència entre valors, la magnitud.

L'error relatiu, ε, és el quocient entre l'error absolut i el nombre:

$$\varepsilon = \frac{\Delta}{\text{Nombre}}$$

Recorda

El valor absolut d'un nombre real és aquest mateix nombre, però amb signe positiu.

Tingues-ho en compte

Quan s'efectuen càlculs a partir de dades aproximades, s'obté una estimació del resultat.

De manera més genèrica, una estimació no s'ha de basar necessàriament en un mètode determinat; es pot obtenir de l'observació, per exemple, quan s'estima l'estatura o l'edat d'una persona, les dimensions d'una habitació, etc.

Activitats resoltes

1 **S'afirma d'una persona d'1,78 m que mesura aproximadament 1,80 m. Calcula l'error absolut i l'error relatiu que s'està cometent.**

L'error absolut és $\Delta = |1{,}78 - 1{,}80| = 0{,}02$.

Així, doncs, s'ha comès un error de 0,02 m = 2 cm, però aquesta dada, malgrat que és exacta, no és significativa, perquè depèn de la mesura: no és el mateix un error de 2 cm en una estatura d'1,78 m que un error de 2 cm en un objecte que mesura 10 cm.

Per establir un error que indiqui amb més claredat com és d'ajustada l'aproximació, s'ha de calcular l'error relatiu:

$$\varepsilon = \frac{|1{,}78 - 1{,}80|}{1{,}78} = \frac{0{,}02}{1{,}78} \approx 0{,}011$$

S'expressa en forma de percentatge per entendre millor aquesta dada: «L'estatura és d'1,80 m, amb un 1,1 % d'error.»

2 **La massa d'una persona adulta és de 74,5 kg, i la d'un nadó, de 8,5 kg. Si s'aproximen les masses a 75 kg i 8 kg, respectivament, en quin cas es fa una aproximació més dolenta?**

En tots dos casos, l'error absolut és de 0,5 kg: $|74{,}5 - 75| = 0{,}5$; $|8{,}5 - 8| = 0{,}5$.

Tanmateix, quan es calcula l'error relatiu, es pot establir que l'aproximació respecte de la massa de la persona adulta és millor:

$$\varepsilon_{\text{adult}} = \frac{|74{,}5 - 75|}{74{,}5} = \frac{0{,}5}{74{,}5} = 0{,}00671\ldots$$

$$\varepsilon_{\text{nadó}} = \frac{|8{,}5 - 8|}{8{,}5} = \frac{0{,}5}{8{,}5} = 0{,}05882\ldots$$

Si es comparen percentualment els dos errors:

$$\varepsilon_{\text{adult}} \approx 0{,}67\,\% \qquad \varepsilon_{\text{nadó}} \approx 5{,}88\,\%$$

Podem concloure, doncs, que un error de 0,5 kg comès sobre una quantitat de 74,5 kg és més petit que el mateix error comès sobre una quantitat de 8,5 kg.

10 /// INTERVALS I SEMIRECTES A LA RECTA REAL

Practiquem i avancem 49-56

Tot nombre real es pot representar mitjançant un punt de la recta real. A la recta és possible definir-hi una sèrie de subconjunts de nombres reals: intervals i semirectes.

> Un **interval** en ℝ és el conjunt de nombres compresos entre dos nombres donats, a i b, tals que $a < b$, anomenats *extrems*, que poden pertànyer a l'interval o no.

Si un punt pertany a l'interval, es representa amb el símbol «•»; si, per contra, no hi pertany, es representa com a «◦».

Segons si els extrems pertanyen a l'interval o no hi pertanyen, poden ser:

Interval tancat

Els extrems, a i b, estan inclosos a l'interval:

[a , b]

$\{x \in \mathbb{R} / a \leq x \leq b\}$

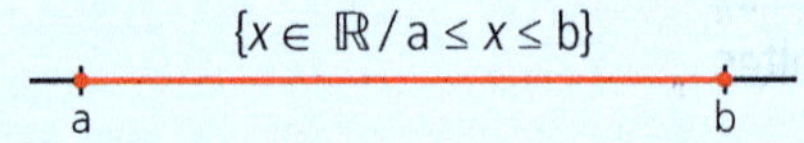

Interval obert

Els extrems, a i b, no estan inclosos a l'interval:

(a , b)

$\{x \in \mathbb{R} / a < x < b\}$

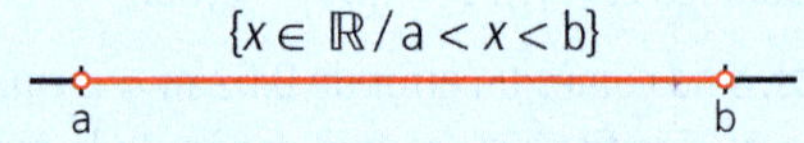

Interval semiobert

Un dels extrems, a o b, hi està inclòs, i l'altre no:

[a , b)   (a , b]

$\{x \in \mathbb{R} / a \leq x < b\}$

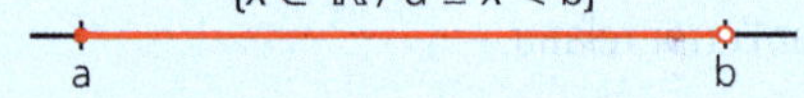

$\{x \in \mathbb{R} / a < x \leq b\}$

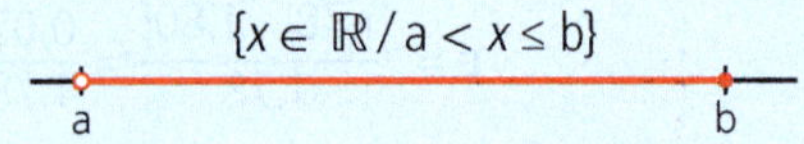

Activitats resoltes

1 Defineix els intervals següents i representa'ls sobre la recta real:

a. (3 , 5]

b. [9 , 12]

c. (–5 , –3)

a. $(3 , 5] = \{x \in \mathbb{R} / 3 < x \leq 5\}$

b. $[9 , 12] = \{x \in \mathbb{R} / 9 \leq x \leq 12\}$

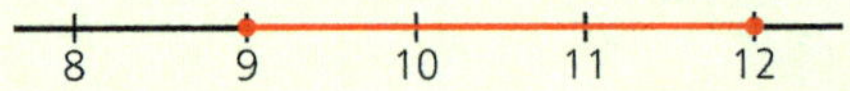

c. $(-5 , -3) = \{x \in \mathbb{R} / -5 < x < -3\}$

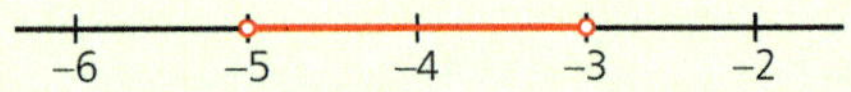

2 Expressa l'interval representat en cada cas:

a.

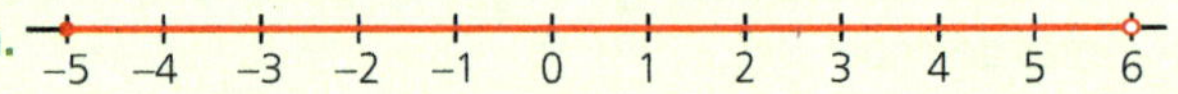

b.

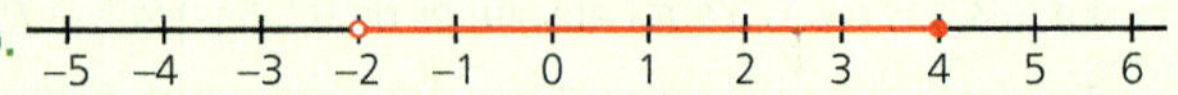

c.

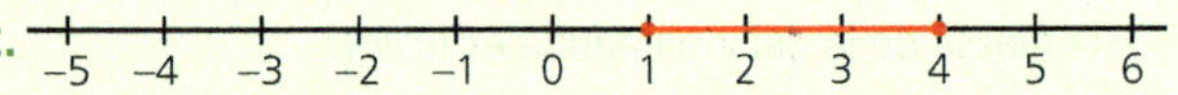

a. L'interval està definit entre –5 i 6, però aquest últim no hi està inclòs. Per tant:

$$[-5 , 6) = \{x \in \mathbb{R} / -5 \leq x < 6\}$$

b. En aquest cas l'interval no inclou l'extrem –2, però sí el 4. Així, doncs:

$$(-2 , 4] = \{x \in \mathbb{R} / -2 < x \leq 4\}$$

c. Estan inclosos els dos extrems a l'interval definit entre 1 i 4. Aleshores: $[1 , 4] = \{x \in \mathbb{R} / 1 \leq x \leq 4\}$.

Una semirecta en ℝ és el conjunt de nombres més grans o més petits que un nombre donat, *a*, anomenat *origen*, que pot pertànyer a la semirecta o no.

Semirecta tancada per l'esquerra

$$[a\ ,+\infty) = \{x \in \mathbb{R} \,/\, x \geq a\}$$

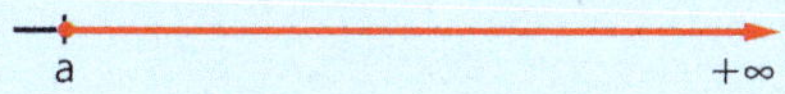

Semirecta tancada per la dreta

$$(-\infty\ , a] = \{x \in \mathbb{R} \,/\, x \leq a\}$$

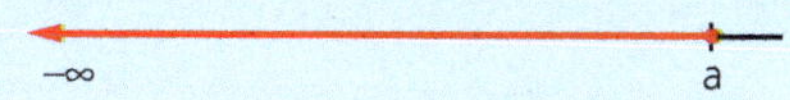

Semirecta oberta per l'esquerra

$$(a\ ,+\infty) = \{x \in \mathbb{R} \,/\, x > a\}$$

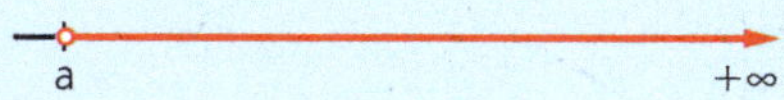

Semirecta oberta per la dreta

$$(-\infty\ , a) = \{x \in \mathbb{R} \,/\, x < a\}$$

Activitat resolta

Defineix les semirectes següents i representa-les a la recta real:

a. $(2\ ,+\infty)$ **b.** $(-\infty\ ,-5]$ **c.** $[9\ ,+\infty)$

a. $(2\ ,+\infty) = \{x \in \mathbb{R} \,/\, x > 2\}$

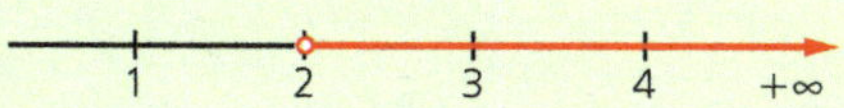

b. $(-\infty\ ,-5] = \{x \in \mathbb{R} \,/\, x \leq -5\}$

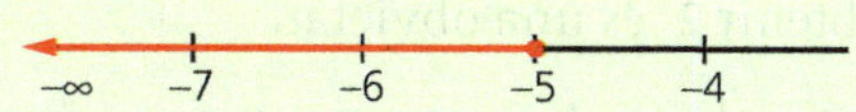

c. $[9\ ,+\infty) = \{x \in \mathbb{R} \,/\, x \geq 9\}$

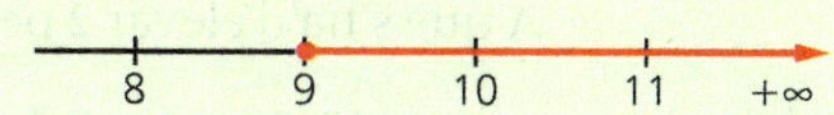

10.1 OPERACIONS AMB INTERVALS I SEMIRECTES

Les dues operacions més habituals amb intervals o semirectes són la unió i la intersecció.

Unió

Donats dos intervals o semirectes, *A* i *B*, es defineix la unió de *A* i *B*, i es representa com a $A \cup B$, com el conjunt de punts que hi ha en *A* o en *B*, és a dir, el conjunt de punts comuns i no comuns de tots dos:

$$A \cup B = \{x \in \mathbb{R} \,/\, x \in A \ \text{ o } \ x \in B\}$$

Intersecció

Donats dos intervals o semirectes, *A* i *B*, es defineix la intersecció de *A* i *B*, i es representa com a $A \cap B$, com el conjunt de punts que hi ha en *A* i en *B*, és a dir, el conjunt de punts comuns a tots dos:

$$A \cap B = \{x \in \mathbb{R} \,/\, x \in A \ \text{ i } \ x \in B\}$$

Activitats resoltes

1 Calcula la unió dels intervals $A = [1\ ,4]$ i $B = (-3\ ,2)$.

Es representa la unió sobre la recta real. La solució es correspondrà amb l'interval que comprengui tant *A* com *B*:

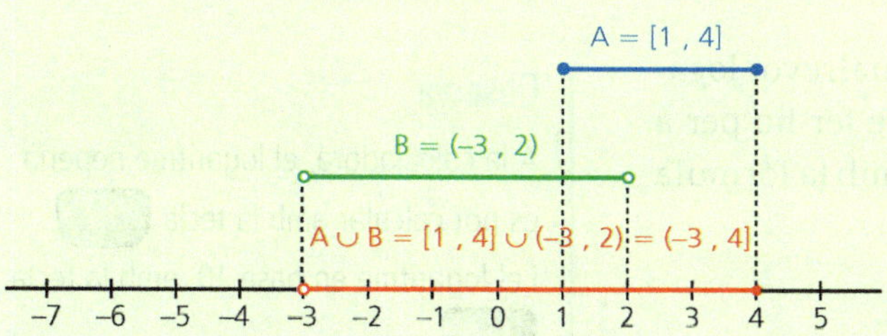

2 Calcula la intersecció de $A = (-3\ ,2)$ amb $B = (-\infty\ ,4)$.

Es representa la intersecció sobre la recta real. La solució serà l'interval en què *A* i *B* coincideixen:

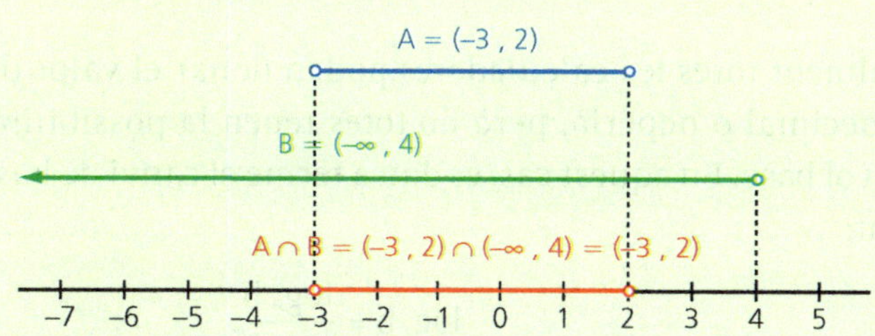

11 /// LOGARITMES

Practiquem i avancem 57-62

Des d'un punt de vista aritmètic, el logaritme és l'operació inversa de l'exponencial, de la mateixa manera que la resta ho és de la suma, o la divisió de la multiplicació.

Si $2^3 = 8$, aleshores resulta $\log_2 8 = 3$

El **logaritme en base** ***a*** d'un nombre positiu, *b*, és un altre nombre, *x*, tal que la base *a* elevada a aquest nombre *x* és igual al nombre *b*, i en què *a* és un nombre positiu diferent de la unitat:

$$\log_a (b) = x \Leftrightarrow a^x = b$$

A la pràctica, per calcular, per exemple, el valor del logaritme de 8 en base 2, s'haurà d'expressar 8 com una potència de 2:

$$\log_2 8 = \log_2 2^3 = 3$$
$$\uparrow$$

A què s'ha d'elevar 2 per obtenir 2^3 és una obvietat.

El logaritme en base 10 s'anomena *logaritme decimal* i es representa sense indicar-ne la base:

$$\log_{10} b = \log b$$

$$\log 1\,000 = \log 10^3 = 3$$

El logaritme en base *e* s'anomena *logaritme neperià* i es representa com a *ln*:

$$\log_e b = \ln b$$

$$\ln e^2 = 2$$

Tingues-ho en compte

El nombre *e* és un nombre irracional present en moltes situacions naturals i processos matemàtics.

El seu valor aproximat és:

$$e = 2{,}718\,281\ldots$$

Activitat resolta

Calcula els logaritmes següents:

a. $\log_2 16$ **b.** $\log_3 9^{-2}$ **c.** $\log \sqrt[3]{10\,000}$ **d.** $\log_5 \dfrac{5}{\sqrt{125}}$

a. $\log_2 16 = \log_2 2^4 = 4$

b. $\log_3 9^{-2} = \log_3 (3^2)^{-2} = \log_3 3^{-4} = -4$

c. $\log \sqrt[3]{10\,000} = \log \sqrt[3]{10^4} = \log 10^{\frac{4}{3}} = \dfrac{4}{3}$

d. $\log_5 \dfrac{5}{\sqrt{125}} = \log_5 \dfrac{5}{5^{\frac{3}{2}}} = \log_5 5^{1-\frac{3}{2}} = -\dfrac{1}{2}$

Normalment totes les calculadores poden donar el valor de qualsevol logaritme decimal o neperià, però no totes tenen la possibilitat de fer-ho per a qualsevol base. En aquest cas, es duu a terme el canvi de base amb la fórmula següent:

$$\log_a b = \frac{\log_c b}{\log_c a}$$

Observa

A la calculadora, el logaritme neperià es pot calcular amb la tecla ln i el logaritme en base 10, amb la tecla log.

11.1 PROPIETATS DELS LOGARITMES

De la definició de logaritme se n'extreuen les propietats bàsiques següents:

Propietats bàsiques
$\log_a 1 = 0$
$\log_a a = 1$
$\log_a a^n = n$

Suma i resta de logaritmes

Donats dos nombres reals, *x* i *y*, es poden aplicar les propietats següents, en què *a* és la base del logaritme:

Suma de logaritmes	Resta de logaritmes
$\log_a x + \log_a y = \log_a (x \cdot y)$	$\log_a x - \log_a y = \log_a \frac{x}{y}$

És tan comú fer servir aquestes propietats en el sentit donat com en sentit contrari, és a dir, separant el logaritme del producte o del quocient com a suma o resta de dos logaritmes.

Producte d'un nombre per un logaritme

Un nombre qualsevol multiplicat per un logaritme compleix la propietat que segueix:

Producte per un nombre
$n \cdot \log_a x = \log_a x^n$

Activitats resoltes

1 **Expressa les operacions següents com un sol logaritme i indica'n el valor:**

a. $\log_3 5 + 2\log_3 3 - \log_3 15$ **b.** $\log_5 50 - 3\log_5 2 + \frac{1}{2}\log_5 16$

a. $\log_3 5 + 2\log_3 3 - \log_3 15 = \log_3 5 + \log_3 3^2 - \log_3 15 = \log_3 (5 \cdot 9) - \log_3 15 =$

$= \log_3 45 - \log_3 15 = \log_3 \frac{45}{15} = \log_3 3 = 1$

b. $\log_5 50 - 3\log_5 2 + \frac{1}{2}\log_5 16 = \log_5 50 - \log_5 2^3 + \log_5 16^{\frac{1}{2}} =$

$= \log_5 \frac{50}{8} + \log_5 4 = \log_5 \left(\frac{50}{8} \cdot 4\right) = \log_5 25 = \log_5 5^2 = 2$

2 **Tenint en compte que log 2 = 0,301, calcula:**

a. $\log 16$ **b.** $\log 200$

a. $\log 16 = \log 2^4 = 4 \cdot \log 2 = 4 \cdot 0{,}301 = 1{,}204$

b. $\log 200 = \log (2 \cdot 100) = \log 2 + \log 100 = \log 2 + \log 10^2 = 0{,}301 + 2 = 2{,}301$

Activitat resolta

Calcula els logaritmes següents amb ajuda de les propietats:

a. $\log_4 4$

b. $\log_7 7^6$

c. $\log 25 + \log 4$

d. $3 \cdot \log_5 5$

a. $\log_4 4 = 1$

b. $\log_7 7^6 = 6$

c. $\log 25 + \log 4 = \log (25 \cdot 4) =$
$= \log 100 = \log 10^2 = 2$

d. $3 \cdot \log_5 5 = \log_5 5^3 = 3$

12 /// APLICACIONS

Practiquem i avancem 63-70

Les operacions aritmètiques que hem vist en aquesta situació d'aprenentatge són la base del càlcul que s'efectua tant en qualsevol circumstància de la vida quotidiana com en els processos propis de totes les ciències. Totes aquestes operacions, des de les multiplicacions més bàsiques fins als logaritmes més complexos, constitueixen les eines fonamentals amb les quals es treballa dia a dia en qualsevol àmbit.

En el camp econòmic, per exemple, les potències són fonamentals per fer càlculs d'interessos, amortitzacions de préstecs, etc.

12.1 NOTACIÓ CIENTÍFICA

La Terra tarda 365 dies i gairebé 6 hores a recórrer els aproximadament 930 milions de quilòmetres de distància que mesura la seva òrbita al voltant del Sol. Per calcular a quina velocitat mitjana fa aquest recorregut en metres per segon, convé emprar la notació científica.

Per fer-ho, s'expressen primer les quantitats en les mesures demanades:

$$930 \text{ milions de km} = 9{,}3 \cdot 10^{11} \text{ m}$$

$$365 \text{ dies i 6 hores} = 31\,557\,600 \text{ s} = 3{,}156 \cdot 10^{7} \text{ s}$$

Després es calcula la velocitat com el quocient entre l'espai i el temps:

$$\text{Velocitat mitjana} = \frac{9{,}3 \cdot 10^{11}}{3{,}156 \cdot 10^{7}} = \frac{9{,}3}{3{,}156} \cdot \frac{10^{11}}{10^{7}} = 2{,}95 \cdot 10^{4} \text{ m/s}$$

12.2 APROXIMACIONS I ESTIMACIONS

És senzill comptabilitzar el nombre de persones que assisteixen a un esdeveniment en un entorn tancat i amb control d'accés: un concert, un camp de futbol, etc. En canvi, quan es tracta d'un espai obert i sense aquest control, cal fer una estimació de la quantitat de persones que hi pot haver.

Si es volen comptabilitzar les persones que han anat a una manifestació en una plaça de 12 000 m^2, s'ha de multiplicar el nombre de persones que caben en un metre quadrat per 12 000. Si s'estableix que a cada metre quadrat hi cap una persona, es podrà estimar que hi ha unes 12 000 persones; no obstant això, depenent del tipus d'esdeveniment, aquesta estimació pot variar.

A la taula següent s'estableix una estimació segons la densitat de persones per metre quadrat.

Persones per metre quadrat	Estimació total
1	12 000
2	24 000
2,5	30 000
4	48 000

12.3 ESCALES LOGARÍTMIQUES

Suposem que una malaltia es contagia exponencialment de manera que es va propagant al ritme que es recull a la taula següent, que mostra el nombre de contagis en cada fase analitzada.

Fase de contagi	Noves persones contagiades
1	5
2	22
3	130
4	638
5	3068
6	16035

Si es representen aquestes dades en una gràfica, s'observa que, a causa de la rapidesa del creixement, aquesta informació no és còmoda d'analitzar. Per això, el més habitual és utilitzar una gràfica en la qual l'eix Y s'ajusti a aquest creixement.

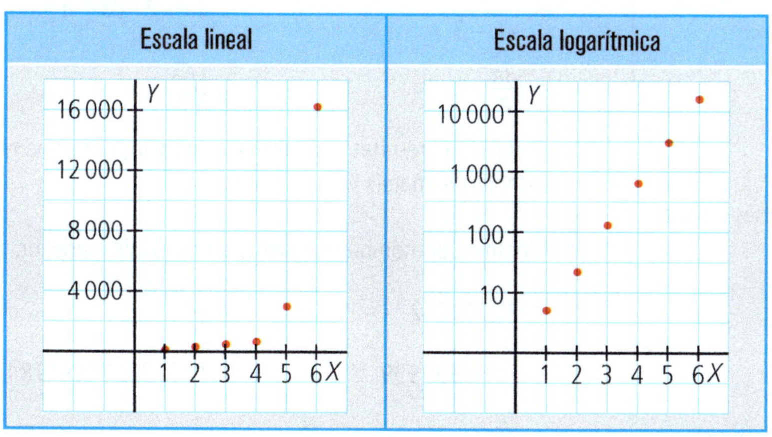

Una escala en la qual la graduació no varia de manera lineal, sinó com una potència d'una base determinada, és anomenada **escala logarítmica.**

Aquesta representació permet observar la tendència real de creixement. Malgrat que les dades creixen, la corba tendeix a estabilitzar-se. Amb l'escala lineal no seria possible dur a terme aquesta valoració.

Representar un punt en una escala logarítmica

Si es volgués representar el punt $A = (5\ ,\ 15000)$ en aquesta gràfica, l'ordenada 15 000 se situaria en el valor del seu logaritme decimal, ja que l'escala triada ha estat de potències en base 10:

$$\log 15000 = 4{,}2$$

Per tant, es col·locaria en aquests casos on, de manera lineal, aniria representat aquest valor, és a dir, el punt de coordenades: $(5\ ;\ 4{,}2)$.

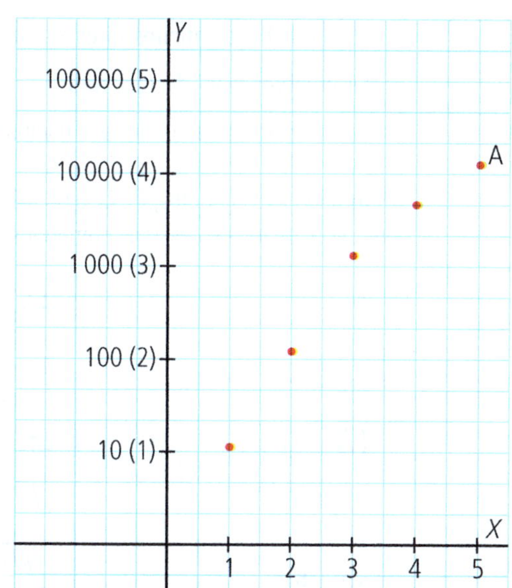

PRACTIQUEM i AVANCEM

1 Indica en cada cas un nombre que verifiqui les afirmacions que segueixen:

a. Es tracta d'un nombre que pertany alhora als nombres racionals, als enters i als naturals.

b. És negatiu i irracional.

c. És el nombre natural més gran situat entre $\frac{13}{2}$ i $\frac{46}{5}$.

d. És un nombre racional no enter que es troba entre $\frac{3}{4}$ i $\frac{5}{2}$.

e. Es tracta d'un nombre irracional situat entre 6 i 7.

f. És un nombre irracional localitzat entre –3 i –2.

g. És el nombre enter més gran situat entre –3,4 i $\frac{1}{3}$.

2 Assenyala quines de les afirmacions següents són falses i raona la teva resposta amb un exemple.

a. Els nombres irracionals són reals.

b. Tots els nombres decimals són racionals.

c. Un nombre racional no pot ser natural.

d. En el conjunt que formen els nombres enters hi ha nombres naturals.

e. Si un nombre té infinites xifres, és irracional.

f. Els nombres reals són racionals.

g. Totes les arrels quadrades són nombres irracionals.

3 Determina el conjunt ($\mathbb{N}$, $\mathbb{Z}$, $\mathbb{Q}$ o $\mathbb{R}$) més petit al qual pertanyen els valors de les expressions numèriques següents:

a. $3-\frac{1}{2}$

b. $3\sqrt{32}:\sqrt{2}$

c. $(\sqrt{2}+1)^2$

d. $-5^2+3\cdot 2^3$

e. $\sqrt{\pi}+8$

f. $\frac{\sqrt[3]{4}\cdot\sqrt[3]{2}}{3}$

g. $\frac{1}{6}+\frac{1}{3}+\frac{1}{2}$

h. 2π

i. $(\sqrt{2}-\sqrt{3})\cdot(\sqrt{2}+\sqrt{3})$

j. $\frac{\sqrt[3]{27}}{4+\sqrt{4}}$

4 ⊞ Calcula un valor de *a* perquè les expressions numèriques següents siguin nombres racionals.

a. $\frac{\sqrt{2a+5}}{4}$

b. $3\sqrt{a}:\sqrt{5}$

c. $\frac{\sqrt{500}}{\sqrt{a+1}}$

d. $\frac{7}{\sqrt{a-3}}$

e. $\frac{3a}{\pi}$

f. $\sqrt{3}\cdot\sqrt{a-5}$

g. $\frac{\sqrt{3}-5\sqrt{a}}{\sqrt{a}}$

h. $\sqrt{42}:\sqrt{2a+1}\cdot\sqrt{6}$

i. $\sqrt{a+2}\cdot\sqrt{6-a}$

j. $\sqrt[4]{\frac{a}{21}}$

Compara el resultat amb diversos companys i companyes. Heu establert el mateix valor per a *a*?

5 Classifica els nombres següents en racionals o irracionals.

a. 25,252 252

b. 3,189 999 999…

c. $\sqrt{6}$

d. 2,5

e. 0,333 333 333…

f. $\frac{1}{5}$

g. 1,783 903 849 619 843 089…

h. $\frac{\pi}{2}$

i. 1,111 222 222 222…

j. $\sqrt{7}-\sqrt{3}$

6 Determina de quin tipus és l'expressió decimal dels nombres racionals següents:

a. $\frac{16}{27}$

b. $\frac{43}{15}$

c. $\frac{30}{32}$

d. $\frac{131}{180}$

e. $\frac{73}{90}$

f. $\frac{20}{36}$

g. $\frac{46}{108}$

h. $\frac{53}{424}$

7 Fes servir la calculadora per classificar el resultat d'aquestes expressions numèriques en racionals o irracionals:

a. $3\sqrt{3}-4\sqrt{2}$

b. $\sqrt[3]{27}$

c. $\sqrt[3]{17}$

d. $\sqrt{625}+\sqrt[3]{64}$

e. $\sqrt[3]{27\,000}+5$

f. $\sqrt[4]{8}$

8 Calcula la fracció generatriu d'aquests nombres decimals:

a. 23,14
b. 23,144 444 4...
c. 23,141 414 14...
d. –3,455 656 56...
e. 8,012 012 012...
f. 0,919 999 99...
g. 8,012 222 2...
h. 8,012

9 Expressa cada nombre decimal com a fracció i opera.

a. $0,\overset{\frown}{3} + 1,5$
b. $0,1\overset{\frown}{6} - 2,\overset{\frown}{3}$
c. $3,\overset{\frown}{4} + 1,2 - 0,\overset{\frown}{1}$
d. $0,\overset{\frown}{5} \cdot 1,8$
e. $\left(3 + 1,\overset{\frown}{2}\right) \cdot 4,5$
f. $1,\overset{\frown}{3} : \left(0,04 + 2,\overset{\frown}{5}\right)$

10 Els antics grecs van atribuir al nombre auri propietats relacionades amb l'harmonia i la bellesa. Aquest nombre es representa amb la lletra ϕ, i el seu valor és $\phi = \dfrac{1+\sqrt{5}}{2}$. Determina si el nombre auri és racional o irracional.

Cerca més informació sobre aquest nombre i fes una llista d'elements naturals o de creació humana on es trobi.

11 Escriu sis nombres irracionals que estiguin localitzats entre $\frac{1}{3}$ i 0,355 5...

12 Escriu tres nombres racionals situats entre els dos nombres irracionals 4,567 891 011... i 4,578 910 11...

13 Expressa com a fracció cada nombre decimal i opera. Escriu el resultat final en forma de fracció.

$$0,3\overset{\frown}{4} - 4,\overset{\frown}{5} + \frac{4,\overset{\frown}{1}}{0,9} - 5,4$$

14 Expressa les fraccions següents com a suma d'un nombre enter més una fracció pròpia (és a dir, amb el numerador més petit que el denominador) i determina entre quins nombres enters es troben.

a. $\frac{3}{2}$
b. $\frac{16}{3}$
c. $\frac{29}{8}$
d. $\frac{155}{6}$

15 Assenyala el valor de la hipotenusa dels triangles que tenen per catets.

a. 2 i 1
b. 4 i 2
c. $\sqrt{15}$ i 5
d. $\sqrt{5}$ i 1
e. $\sqrt{10}$ i 2
f. 24 i $\sqrt{6}$

16 Esbrina, en cada cas, el valor dels catets d'un triangle que té per hipotenusa:

a. $\sqrt{10}$
b. $\sqrt{20}$
c. $\sqrt{13}$
d. $\sqrt{18}$

17 Indica entre quins nombres enters hi ha les arrels que es proposen tot seguit:

a. $\sqrt{13}$
b. $\sqrt{30}$
c. $\sqrt{75}$
d. $\sqrt{98}$
e. $\sqrt{44}$
f. $\sqrt{102}$

18 Representa a la recta real les fraccions següents i explica els passos que has seguit.

a. $\frac{4}{9}$
b. $-\frac{1}{5}$
c. $-\frac{6}{7}$
d. $\frac{9}{4}$

19 Determina a quins nombres reals corresponen els punts *A*, *B*, *C* i *D* que hi ha dibuixats a la gràfica següent:

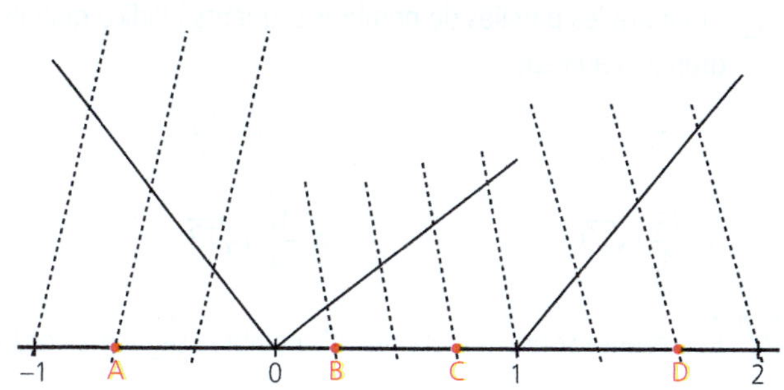

20 Determina el punt *A* de les representacions a la recta real que hi ha a continuació:

a.

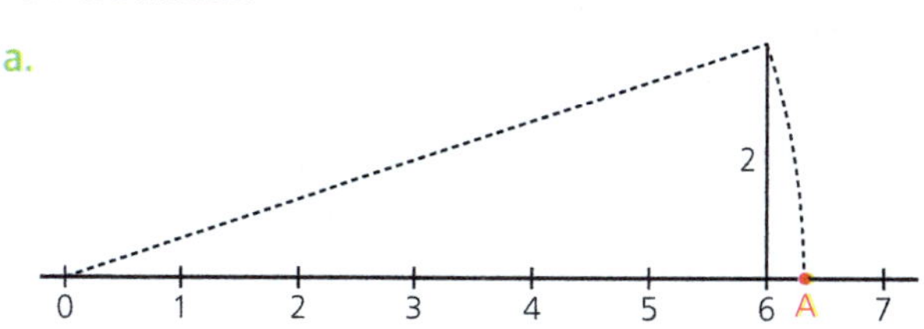

b.

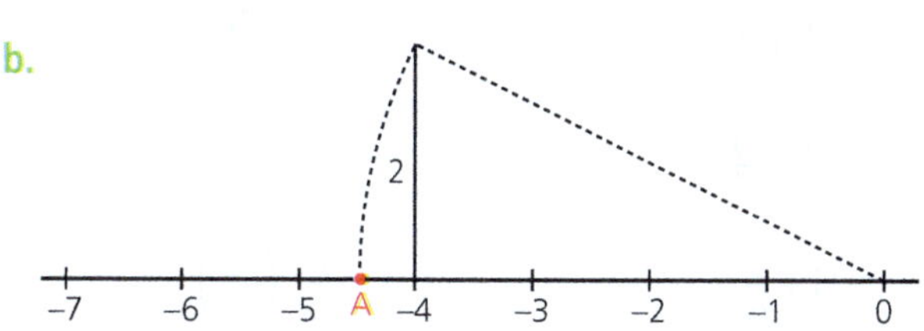

21 Representa a la recta real aquests nombres reals:

a. $\sqrt{72}$, tenint en compte que $\left(\sqrt{72}\right)^2 = 6^2 + 6^2$

b. $\sqrt{74}$, tenint en compte que $\left(\sqrt{74}\right)^2 = 7^2 + 5^2$

c. $\sqrt{149}$, tenint en compte que $\left(\sqrt{149}\right)^2 = 10^2 + 7^2$

d. $\sqrt{125}$, tenint en compte que $\left(\sqrt{125}\right)^2 = 10^2 + 5^2$

22 Expressa cada nombre com una suma de quadrats i representa'ls a la recta real.

a. $\sqrt{50}$

b. $\sqrt{45}$

c. $\sqrt{109}$

d. $\sqrt{53}$

23 Ordena de més petita a més gran les fraccions següents sense fer operacions.

$$\frac{23}{17} \qquad -\frac{9}{4} \qquad \frac{23}{36} \qquad -\frac{14}{17}$$

24 Ordena de més petita a més gran aquestes fraccions:

$$\frac{19}{12} \qquad \frac{7}{4} \qquad \frac{3}{2} \qquad \frac{9}{8} \qquad \frac{7}{6}$$

25 Amb ajuda de la calculadora, ordena de més gran a més petit aquests nombres:

$$\sqrt{7} \qquad \sqrt{3}+\sqrt{2} \qquad \sqrt{\frac{29}{2}} \qquad \sqrt{2\pi}$$

$$\sqrt{\pi^2-7} \qquad \sqrt{\frac{\pi}{2}}+5 \qquad \sqrt{\frac{27}{4}}-\frac{1}{6} \qquad \sqrt{15}+\sqrt{6}$$

26 Compara les parelles de nombres següents i indica quin és més gran en cada cas.

a. $\sqrt{10}$ i $\frac{16}{5}$

b. $\frac{23}{4}$ i $\sqrt{29}$

c. $\sqrt{45}$ i $\frac{13}{2}$

d. $\frac{14}{5}$ i $\sqrt{13}$

27 Representa sobre la recta real els nombres següents i ordena'ls de més petit a més gran.

$$-\frac{5}{4} \qquad \frac{6}{7} \qquad -1 \qquad 4,\widehat{4}$$

$$\sqrt{17} \qquad \frac{5}{6} \qquad \sqrt{26} \qquad 2,3\widehat{9}$$

28 Calcula i simplifica les operacions proposades.

a. $\frac{2}{3}+\frac{5}{2}$

b. $\frac{1}{2}+2$

c. $\frac{3}{4}-\frac{9}{4}$

d. $1+\frac{5}{4}$

e. $\frac{3}{4}\cdot\frac{2}{3}$

f. $-\frac{4}{5}\cdot\frac{25}{2}$

g. $\frac{4}{3}:\frac{2}{3}$

h. $\frac{1}{15}:\left(-\frac{3}{5}\right)$

29 Opera i simplifica els resultats.

a. $\frac{3}{5}+\frac{1}{10}-\frac{7}{2}$

b. $-\frac{4}{3}+\frac{7}{6}+\frac{5}{9}$

c. $1+\frac{6}{7}-\frac{5}{3}$

d. $\frac{3}{4}+\frac{2}{5}\cdot\frac{9}{4}$

e. $\frac{4}{3}:\frac{4}{7}-\frac{4}{9}+5\cdot\frac{2}{6}$

f. $\frac{3}{5}-4:\frac{2}{3}+5+2\cdot\frac{7}{9}$

g. $2+3:\frac{3}{5}+\frac{5}{6}-\frac{1}{6}\cdot 3$

h. $\frac{1}{2}+\frac{1}{2}:\frac{1}{2}-\frac{3}{4}\cdot\frac{1}{3}-\frac{1}{4}$

30 Calcula i simplifica.

a. $\frac{7}{3}-\left(\frac{2}{3}+\frac{5}{9}\right):5$

b. $\frac{5}{3}-\left[2-\left(\frac{3}{5}+\frac{1}{10}\right)\right]$

c. $\left[\frac{1}{2}-\left(\frac{3}{5}-2\right)\right]:\left(\frac{3}{4}-1\right)$

d. $\left(\frac{4}{5}-\frac{2}{3}:\frac{2}{4}\right):\left(2-\frac{7}{15}\right)$

e. $\frac{2}{3}\cdot\left(\frac{2}{3}-\frac{4}{2}\right):\frac{6}{5}\cdot\left(\frac{1}{6}+\frac{1}{3}\right)$

f. $\frac{1}{2}\cdot\left[\frac{3}{2}:\left(1-\frac{2}{3}\right)\right]\cdot\left(\frac{1}{3}-3\right)$

31 Fes les operacions següents i simplifica'n el resultat.

a. $\left(\frac{3}{5}-\frac{1}{2}\cdot\frac{4}{3}\right)^2+\frac{3}{5}:5-\left(\frac{3}{2}\cdot\frac{7}{5}+\frac{1}{3}\right)$

b. $\frac{5}{9}-\left(-\frac{3}{4}+\frac{1}{2}\cdot 3\right)-\frac{1}{3}:\left(\frac{1}{4}\right)^2$

c. $\left[\left(\frac{1}{4}+\frac{1}{5}\right)\cdot\left(\frac{1}{5}-\frac{1}{6}\right)\right]^2:\left[\left(\frac{1}{6}-4\right)\cdot\left(\frac{1}{4}+\frac{1}{2}\right)^2\right]$

d. $\dfrac{\left(1-\frac{1}{3}\right)\cdot\left(1+\frac{1}{2}\right)\cdot\left(1-\frac{1}{5}\right)\cdot\left(1+\frac{1}{4}\right)}{\left(1+\frac{1}{3}\right)\cdot\left(1-\frac{1}{2}\right)\cdot\left(1+\frac{1}{5}\right)\cdot\left(1-\frac{1}{4}\right)}:\frac{2}{5}$

e. $\left(\frac{1}{4}-\frac{7}{12}\right)^{-2}\cdot\left(\frac{1}{3}-\frac{7}{9}\right)^{-1}+\left(\frac{2}{3}-1\right)^2$

f. $\left[\left(\frac{3}{4}\right)^{-4}:\left(\frac{4}{3}\right)^{-2}:\left(\frac{3}{4}\right)\right]^3:\left[\left(\frac{4}{5}\right)^5\cdot\left(\frac{5}{4}\right)^{-3}:\left(\frac{4}{3}\right)^2\right]^2$

g. $\left[\left(\frac{1}{6}\right)^3:\left(\frac{6}{5}\right)^{-2}\right]^4\cdot\left[\left(\frac{1}{2}\right)^3\cdot\left(\frac{5}{6}\right)^{-2}:\left(\frac{1}{3}\right)^6\right]^{-2}$

32 Efectua les operacions següents i simplifica'n el resultat.

a. $\sqrt[3]{2^4}$

b. $\sqrt[5]{3^3}$

c. $\sqrt[4]{7^3}$

d. $\sqrt{5^7}$

e. $\sqrt[3]{\left(\frac{1}{3}\right)^2}$

f. $\sqrt[6]{2^8}$

33 Escriu en forma de radical les potències següents:

a. $3^{\frac{2}{3}}$

b. $3^{\frac{3}{2}}$

c. $\left(\frac{4}{3}\right)^{\frac{7}{12}}$

d. $5^{\frac{1}{5}}$

e. $\left(\frac{2}{5}\right)^{\frac{3}{7}}$

f. $\left(-\frac{1}{7}\right)^{\frac{3}{5}}$

34 Extreu tots els factors possibles, numèrics i literals, d'aquests radicals:

a. $\sqrt[3]{2^5}$

b. $\sqrt[5]{5^{12}}$

c. $\sqrt{2^7}$

d. $\sqrt[3]{24}$

e. $\sqrt[4]{128}$

f. $\sqrt{180}$

g. $\sqrt{x^2y}$

h. $\sqrt[4]{x^5y^8z}$

i. $\sqrt[3]{54x^3y^4z^{12}}$

j. $\sqrt[5]{972x^7y^5z^{10}}$

35 Calcula el resultat de les operacions següents:

a. $\sqrt[3]{81} + \sqrt[3]{3} + \sqrt[3]{24}$

b. $\sqrt{8} + \sqrt{2} - \sqrt{18}$

c. $\sqrt{12} - 3\sqrt{27} + 5\sqrt{3} + \sqrt{75}$

d. $\sqrt[3]{40} + \sqrt{50} - 3\sqrt{28} + 2\sqrt{2} - 2\sqrt[3]{5} + 2\sqrt[3]{125}$

36 Efectua les operacions proposades.

a. $\sqrt[3]{2^2} \cdot \sqrt[3]{2^5}$

b. $\sqrt[4]{3^3} \cdot \sqrt[4]{3^5}$

c. $\sqrt[5]{5^{12}} : \sqrt[5]{5^8}$

d. $\sqrt[3]{2^{11}} : \sqrt[3]{2^5}$

e. $\sqrt[3]{5^2} \cdot \sqrt[6]{5} \cdot \sqrt{5}$

f. $\sqrt{\left(\frac{1}{5}\right)^3} : \sqrt[3]{\left(\frac{1}{5}\right)^5} \cdot \sqrt[4]{\frac{1}{5}}$

g. $\sqrt[3]{9} \cdot \sqrt{27} \cdot \sqrt[3]{3}$

h. $\sqrt{\sqrt[4]{2}} \cdot \left(\sqrt[5]{2}\right)^2$

i. $\sqrt[3]{a^2} \cdot \sqrt[3]{a^4}$

j. $\sqrt[5]{ab^4} \cdot \sqrt[5]{a^7b}$

k. $\sqrt{\sqrt[3]{a^{20}}} : \sqrt[6]{a^8}$

l. $\sqrt[4]{a^7b^4} : \sqrt{\sqrt{a^3b^4}}$

37 Racionalitza i simplifica.

a. $\frac{2}{\sqrt{3}}$

b. $\frac{1}{\sqrt{5}}$

c. $-\frac{3}{\sqrt{6}}$

d. $\frac{1}{2\sqrt{3}}$

e. $\frac{1}{5\sqrt{5}}$

f. $\frac{4}{3\sqrt{8}}$

38 Racionalitza i simplifica.

a. $\frac{3}{\sqrt[3]{2^2}}$

b. $\frac{3}{\sqrt[7]{3^5}}$

c. $\frac{9}{2\sqrt[5]{3^2}}$

d. $\frac{1}{\sqrt[5]{81}}$

e. $\frac{-8}{\sqrt[5]{64}}$

f. $\frac{2}{\sqrt[7]{8}}$

39 Efectua les operacions següents:

a. $-\frac{5}{\sqrt{2}} + \frac{3}{\sqrt{3}}$

b. $\frac{5}{\sqrt{7}} + \frac{6}{\sqrt{2}}$

c. $\frac{5}{\sqrt{3}} + \frac{2}{\sqrt{6}} - \frac{1}{\sqrt{8}}$

d. $\frac{3}{\sqrt{5}} - \frac{1}{\sqrt{2}} + \frac{3}{\sqrt{10}}$

40 Expressa els nombres següents en notació científica.

a. 347 000 000 000 000 000 000 000 000

b. 12 345 000 000 000 000 000

c. 0,000 000 004 84

d. 0,000 000 000 000 125

e. 0,000 020 04

f. 409 000 000 000

g. 0,000 000 013 000 3

41 Identifica quins dels nombres següents no estan expressats en notació científica i escriu-los correctament.

a. $345{,}9 \cdot 10^{12}$

b. $97\,823{,}43 \cdot 10^{7}$

c. $0{,}0345 \cdot 10^{15}$

d. $1\,563{,}87 \cdot 10^{-6}$

e. $3{,}456 \cdot 10^{-10}$

f. $0{,}0678 \cdot 10^{-14}$

g. $43{,}001\,75 \cdot 10^{13}$

42 Expressa en notació decimal aquests nombres:

a. $5{,}91 \cdot 10^{7}$

b. $3{,}87 \cdot 10^{-7}$

c. $1{,}435 \cdot 10^{9}$

d. $8{,}4352 \cdot 10^{-10}$

43 Calcula les operacions següents i expressa'n el resultat en notació científica.

a. $2{,}3 \cdot 10^{12} + 5{,}2 \cdot 10^{12}$

b. $4{,}14 \cdot 10^{34} - 2{,}92 \cdot 10^{34}$

c. $1{,}7 \cdot 10^{-6} + 3{,}2 \cdot 10^{-6}$

d. $5{,}63 \cdot 10^{21} + 7{,}92 \cdot 10^{21}$

e. $9{,}3 \cdot 10^{-18} + 5{,}5 \cdot 10^{-18}$

f. $1{,}5 \cdot 10^{10} + 3{,}2 \cdot 10^{8}$

g. $4 \cdot 10^{23} + 2{,}5 \cdot 10^{25} + 3{,}5 \cdot 10^{20}$

h. $7{,}5 \cdot 10^{-8} + 3{,}8 \cdot 10^{-7}$

i. $3{,}74 \cdot 10^{-11} + 7{,}19 \cdot 10^{-15} - 3{,}32 \cdot 10^{-14}$

44 Opera i expressa el resultat en notació científica.

a. $(5 \cdot 10^{12}) \cdot (3{,}5 \cdot 10^{8})$

b. $(4{,}1 \cdot 10^{-21}) \cdot (2{,}5 \cdot 10^{-12})$

c. $(7{,}25 \cdot 10^{-8}) \cdot (3{,}8 \cdot 10^{17})$

d. $(3{,}6 \cdot 10^{11}) : (2{,}4 \cdot 10^{-15})$

e. $(4{,}9 \cdot 10^{23}) : (7 \cdot 10^{31})$

f. $(8{,}1 \cdot 10^{-3}) : (1{,}2 \cdot 10^{-14})$

g. $(35{,}4 \cdot 10^{5}) \cdot (103{,}51 \cdot 10^{4})$

h. $(471{,}3 \cdot 10^{9}) : (77{,}3 \cdot 10^{-2})$

45 Aproxima els nombres següents a les dècimes, les centèsimes i les mil·lèsimes per truncament.

a. 5,184 501 38
b. 0,055 192
c. 23,649 120 049
d. 89,915 304
e. 43,223 496
f. 4,002 003 5

46 Aproxima aquests nombres a les dècimes, les centèsimes i les mil·lèsimes per arrodoniment.

a. 5,184 501 38
b. 0,055 192
c. 23,649 120 049
d. 89,915 304
e. 43,223 496
f. 4,002 003 5

47 Amb ajuda de la calculadora, arrodoneix els nombres següents amb la quantitat de xifres decimals que s'assenyalen.

a. $\sqrt{8} - \sqrt{3}$ (amb tres xifres decimals)

b. $3\pi - \sqrt[3]{3}$ (amb quatre xifres decimals)

48 Aproxima per arrodoniment a les mil·lèsimes i determina els errors absolut i relatiu de les aproximacions d'aquests nombres reals:

a. $\sqrt{37}$
b. $\sqrt[3]{42}$
c. π^3
d. $2\sqrt[5]{6}$
e. $\sqrt[3]{29}$
f. $5\pi^2$
g. $5 \cdot \sqrt[3]{15}$
h. $\dfrac{1+\sqrt{5}}{2}$

49 Escriu aquestes expressions en forma d'interval.

a. $\{x \in \mathbb{R} / 2 \le x \le 9\}$
b. $\{x \in \mathbb{R} / -3 \le x \le 3\}$
c. $\{x \in \mathbb{R} / -1 < x \le 5\}$
d. $\{x \in \mathbb{R} / 2 < x < 9\}$
e. $\{x \in \mathbb{R} / x \le 9\}$
f. $\{x \in \mathbb{R} / x > -3\}$
g. $\{x \in \mathbb{R} / x \ge 0\}$
h. $\{x \in \mathbb{R} / x < 10\}$

50 Expressa en cada cas mitjançant un interval els conjunts numèrics següents:

a. Nombres reals més grans que 14.
b. Nombres reals més petits o iguals que –5.
c. Nombres reals més grans o iguals que 18.
d. Nombres reals més petits que 0.
e. Nombres reals més grans que 1 i més petits que 9.
f. Nombres reals més petits o iguals que –2 i més grans que –6.

51 Escriu en forma de desigualtat els intervals i les semirectes següents i representa'ls a la recta real.

a. $(-5\,,\,3]$
b. $[3\,,\,7]$
c. $(-\infty\,,\,6)$
d. $(7\,,\,+\infty)$
e. $[6\,,\,12)$
f. $[-3\,,\,+\infty)$

52 Efectua aquestes operacions amb intervals.

a. $(-\infty\,,\,5) \cap [3\,,\,5]$
b. $(-7\,,\,4) \cap [0\,,\,5)$
c. $[5\,,\,8) \cap [8\,,\,10]$
d. $[2\,,\,+\infty) \cap (5\,,\,+\infty)$
e. $(-\infty\,,\,5) \cup [3\,,\,+\infty)$
f. $[5\,,\,7] \cap [7\,,\,9)$
g. $(3\,,\,9) \cup [-3\,,\,+\infty)$
h. $(-\infty\,,\,0) \cup (-2\,,\,+\infty)$

53 Observa els conjunts que s'indiquen i efectua les operacions proposades tot seguit.

$A = (3\,,\,9] \quad B = [-1\,,\,8) \quad C = [-5\,,\,14] \quad D = (1\,,\,\infty)$

a. $A \cup B$
b. $A \cap C$
c. $B \cap D$
d. $A \cup D$
e. $B \cup C$
f. $C \cap A$
g. $C \cup D$
h. $D \cap A$
i. $D \cup B$

54 Resol les operacions següents amb intervals.

a. $((-\infty\,,\,5) \cap (3\,,\,6]) \cup (-2\,,\,4)$
b. $([1\,,\,2) \cap [2\,,\,3)) \cup ((-\infty\,,\,4] \cup (-8\,,\,2])$
c. $([2\,,\,7) \cap (3\,,\,9)) \cup ((-1\,,\,5] \cap (4\,,\,+\infty))$
d. $((-7\,,\,0) \cup [-2\,,\,+\infty)) \cap ([2\,,\,4) \cup [4\,,\,5))$

55 Determina els valors de *a* i *b* perquè es compleixin les operacions següents amb intervals i semirectes.

a. $[-3\,,\,a) \cap (b\,,\,2) = (-1\,,\,1)$
b. $[-2\,,\,5] \cap (a\,,\,b) = (-1\,,\,4)$
c. $(-2\,,\,a) \cup [b\,,\,+\infty) = [-5\,,\,+\infty)$
d. $(a\,,\,+\infty) \cap (-\infty\,,\,b] = (2\,,\,4]$
e. $(-\infty\,,\,a] \cup (0\,,\,b) = (-\infty\,,\,4)$
f. $(-3\,,\,a) \cap [b\,,\,5) = \varnothing$

Són úniques les solucions en cada cas? En quins apartats la solució és única?

Comprova la teva resposta amb la resta de companys i companyes.

56 Escriu en forma d'interval o semirecta els conjunts de nombres representats en aquestes rectes numèriques:

a.
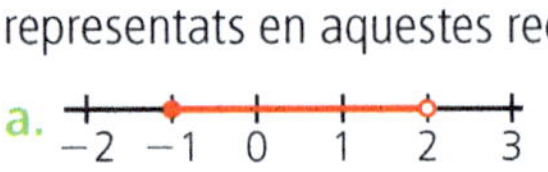

e.
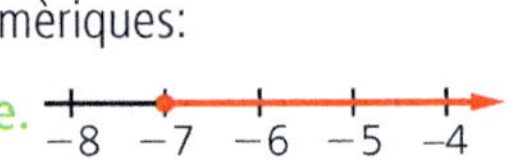

b.
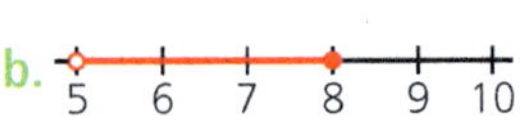

f.
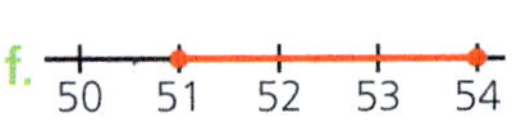

c.

g.
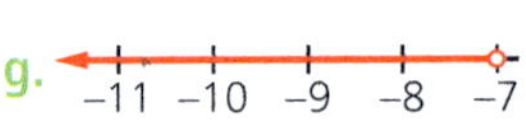

d.

h.
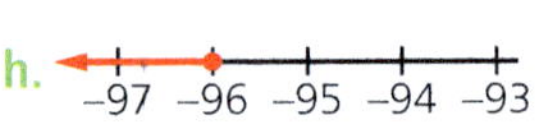

57 Calcula els logaritmes següents:

a. $\log_2 8$
b. $\log_3 \sqrt{27}$
c. $\log_5 \dfrac{1}{5}$
d. $\log_3 \dfrac{1}{\sqrt[3]{9}}$
e. $\log_5 \sqrt[3]{125}$
f. $\log_3 \dfrac{3}{\sqrt[3]{3}}$

58 Determina, amb l'ajuda de la calculadora, el valor dels logaritmes següents:

a. log 20
b. $\log_3 5$
c. ln 10
d. $\log_2 3$

59 Escriu les expressions següents com un sol logaritme i indica'n el valor.

a. $\log_2 5 + 2\log_2 20 - \log_2 500$

b. $2\log_3 2 - \frac{1}{2}\log_3 12 + \log_3 \frac{1}{2}$

c. $\log_2 30 + 2\log_2 3 + \log_2 \frac{1}{15} - \log_2 18$

d. $\log_5 8 + 2\log_5 6 - \log_5 3$

60 Determina, en cada cas, el valor de x.

a. $\log_x 36 = 2$
b. $\log_2 x = 6$
c. $\log x = 5$
d. $\log_2 x = -2$
e. $\log_x 27 = x$
f. $\log_5 x = 0$
g. $\log x^3 = 3$
h. $\log_{1/2} x = 2$

61 Calcula el valor d'aquests logaritmes amb la calculadora, fent prèviament un canvi a base 10.

a. $\log_2 10$
b. $\log_3 5$
c. $\log_2 0{,}000\,2$
d. $\log_5 25$

62 Sabent que log 2 = 0,301 i log 3 = 0,477, calcula els logaritmes següents:

a. log 6
b. $\log \frac{3}{2}$
c. log 12
d. $\log \sqrt[3]{4}$
e. $\log \frac{1}{9}$
f. log 20
g. log 0,000 2
h. $\log \frac{\sqrt{3}}{800}$

63 La distància de la Terra al Sol és de 149 600 000 km. Quant temps tarda a arribar a la Terra un raig de Sol?

(Dada: velocitat de la llum = $3 \cdot 10^8$ m/s)

64 Per produir 1 kg de carn fresca de boví, calen 10^3 L d'aigua. Expressa en notació científica quants litres d'aigua es consumeixen per produir 5 t de carn.

Elabora un estudi sobre carns fresques i carns processades, en el qual expliquis quines en són les característiques principals, i també els avantatges i els inconvenients principals.

65 En cada inspiració introduïm aproximadament 1 L d'aire als pulmons. Quantes molècules d'aire hi entren en una inspiració, si en 22,4 L d'aire hi ha $6{,}02 \cdot 10^{23}$ molècules?

Cerca informació sobre què conté l'aire que respirem.

66 Considera una superfície quadrada de 2 035 dm de diagonal i obtingues la longitud del costat en mil·límetres amb un error màxim d'1 mm.

67 La distància entre Elx i Vielha és de 663,50 km, i la que hi ha entre Barcelona i Alcoi és de 374,51 km. Si s'aproximen les dues distàncies a 664 km i 374 km, respectivament, quin percentatge d'error es comet en cada cas? En quin cas s'ha fet una aproximació millor?

68 La diagonal d'un rectangle mesura $\sqrt{12}$ m. Si l'altura del rectangle és de 2 m, calcula els metres quadrats que té l'àrea amb una aproximació per arrodoniment de 6 xifres decimals. Calcula l'error que es comet en centímetres quadrats.

69 El pH de l'aigua es calcula mitjançant la fórmula: pH = log [H_3O^+], en què [H_3O^+] representa la concentració d'ions hidroni, en mols per litre (M).

A les dues piscines del club de natació de la Berta, la concentració és de $2{,}5 \times 10^{-2}$ i $2{,}5 \times 10^{-8}$, respectivament. Determina si és possible banyar-s'hi, tenint en compte que el pH de l'aigua ha d'estar entre 7 i 8,2 mols/litre.

Elabora un treball en equip amb l'objectiu d'exposar algunes de les solucions que s'han plantejat per l'escassetat d'aigua. Quina et sembla la millor opció? Per què?

70 Donats els punts següents del pla (2 , 10 000), (3 , 100 000), (4 , 10^{-5}) i (5 , 25 000 000):

a. Determina les coordenades que s'utilitzen per representar-los en una escala logarítmica.

b. Dibuixa'ls sobre una gràfica i debat amb els teus companys i companyes si seria possible representar-los sobre un eix de coordenades en una escala lineal.

2

PROPORCIONALITAT

1 /// RAÓ I PROPORCIÓ

Practiquem i avancem 1-7

> La **raó** entre dues magnituds, *a* i *b*, és el quocient indicat d'aquestes magnituds, és a dir, $\frac{a}{b}$.

Per exemple, la raó entre 3 i 4 és $\frac{3}{4}$.

Totes les fraccions equivalents tenen la mateixa raó. D'aquesta manera, la raó entre 6 i 8 coincideix amb la raó entre 3 i 4, ja que $\frac{6}{8} = \frac{3}{4}$. En aquest cas es diu que 6, 8, 3 i 4 formen una proporció.

> Dues raons, $\frac{a}{b}$ i $\frac{c}{d}$, formen una **proporció** si $\frac{a}{b} = \frac{c}{d}$.

Les proporcions verifiquen la propietat fonamental següent:

$$\frac{a}{b} = \frac{c}{d} \Rightarrow a \cdot d = b \cdot c$$

Activitats resoltes

1 Comprova si les raons següents formen una proporció.

a. $\frac{2}{5}$ i $\frac{4}{10}$

b. $\frac{3}{2}$ i $\frac{7}{5}$

La comprovació es fa mitjançant la propietat fonamental.

a. $\frac{2}{5}$ i $\frac{4}{10} \Rightarrow 2 \cdot 10 = 5 \cdot 4 = 20$. Les raons sí que formen una proporció.

b. Procedint com en l'apartat anterior: $3 \cdot 5 = 15$; $2 \cdot 7 = 14$

És a dir, les raons no formen una proporció.

2 Determina el valor de x perquè la raó següent formi una proporció.

$$\frac{2}{5} = \frac{6}{x}$$

S'aplica la propietat fonamental de les proporcions i s'aïlla x:

$$\frac{2}{5} = \frac{6}{x} \Rightarrow 2 \cdot x = 5 \cdot 6 \Rightarrow 2 \cdot x = 30 \Rightarrow x = \frac{30}{2} \Rightarrow x = 15$$

3 Si 5 kg de fruita valen 3 €, determina quina és la raó d'aquesta proporció i utilitza-la per calcular el preu de 7 kg d'aquesta mateixa fruita.

La raó d'aquesta proporció és $\frac{5}{3}$, ja que cada 5 kg de fruita valen 3 €.

Aplicant aquesta proporció a la nova quantitat de fruita, s'ha de complir que:

$$\frac{\text{quantitat (kg)}}{\text{preu (€)}} \begin{matrix} \rightarrow \\ \rightarrow \end{matrix} \frac{5}{3} = \frac{7}{x}$$

$$5 \cdot x = 3 \cdot 7 \Rightarrow 5 \cdot x = 21 \Rightarrow x = \frac{21}{5} \Rightarrow x = 4{,}20 \text{ €}$$

Així, 7 kg de fruita valen 4,20 €.

2 /// MAGNITUDS DIRECTAMENT I INVERSAMENT PROPORCIONALS

Practiquem i avancem 8-16

2.1 MAGNITUDS DIRECTAMENT PROPORCIONALS

Dues magnituds són **directament proporcionals** si, quan augmenta una, l'altra s'incrementa en la mateixa proporció, i viceversa.

Quantitats homòlogues

Magnitud A	a	b	c	...
Magnitud B	a'	b'	c'	...

Es compleix que $\frac{a}{a'} = \frac{b}{b'} = \frac{c}{c'} = ... = k$. El quocient o raó de les quantitats homòlogues s'anomena **constant de proporcionalitat directa, *k*.**

Per resoldre problemes amb magnituds directament proporcionals es pot aplicar la regla de tres directa.

Recorda

Regla de tres directa

Temps		Preu
7 nits	→	560 €
10 nits	→	x €

D'aquesta manera, s'obté que:

$$\frac{7}{10} = \frac{560}{x} \Rightarrow x = \frac{10 \cdot 560}{7} = 800 \text{ €}$$

2.2 MAGNITUDS INVERSAMENT PROPORCIONALS

Dues magnituds són **inversament proporcionals** si, quan augmenta una, l'altra es redueix en la mateixa proporció, i viceversa.

Quantitats homòlogues

Magnitud A	a	b	c	...
Magnitud B	a'	b'	c'	...

Es compleix que $a \cdot a' = b \cdot b' = c \cdot c' = ... = k$. El quocient o raó de les quantitats homòlogues s'anomena **constant de proporcionalitat inversa, *k*.**

Per resoldre problemes amb magnituds directament proporcionals es pot aplicar la regla de tres inversa.

Recorda

Regla de tres inversa

Amics		Temps
3	→	12 dies
4	→	x dies

D'això s'obté que:

$$\frac{4}{3} = \frac{12}{x} \Rightarrow x = \frac{3 \cdot 12}{4} = 9 \text{ dies}$$

Activitats resoltes

1 Un grup de tres persones pot acabar un treball de classe en dotze dies. Si en lloc de ser tres persones en fossin quatre, quants dies tardarien?

En aquest cas, com més persones hi participin, menys temps tardaran a fer el treball. Per tant, es tracta d'una proporció inversa. Cal resoldre l'equació que iguala el producte dels valors de cada proporció o fer servir una regla de tres inversa:

$$\text{persones} \cdot \text{dies} \Rightarrow 3 \cdot 12 = 4 \cdot x \Rightarrow x = 9 \text{ dies}$$

Si fossin quatre persones, tardarien nou dies.

2 La família d'en David ha pagat 560 € per passar set nits a l'habitació d'un hotel. Quant haurien de pagar si s'hi volguessin quedar deu nits?

Com més nits estiguin allotjats a l'hotel, més alt serà el preu. Podem concloure, doncs, que es tracta d'una proporció directa.

S'hi utilitzen proporcions o una regla de tres directa:

$$\frac{\text{temps (nits)}}{\text{preu (€)}} \begin{matrix} \rightarrow \\ \rightarrow \end{matrix} \frac{7}{560} = \frac{10}{x} \Rightarrow 7 \cdot x = 560 \cdot 10 \Rightarrow x = 800 \text{ €}$$

Haurien de pagar 800 € si s'hi volguessin estar deu nits.

3 /// REPARTIMENTS DIRECTAMENT I INVERSAMENT PROPORCIONALS

Practiquem i avancem 17-27

3.1 REPARTIMENTS DIRECTAMENT PROPORCIONALS

Es diu que un repartiment és directament proporcional si, donades unes magnituds d'un mateix tipus, a, b i c, i una magnitud total, M, a cada receptor li correspon una part de la magnitud total directament proporcional a la magnitud aportada.

Per fer un **repartiment en parts directament proporcionals** als nombres *a*, *b*, *c*... d'una quantitat *M*, se segueixen aquests passos:

1 Se sumen les quantitats donades:

$$S = a + b + c + \ldots$$

2 S'assigna a cada nombre la seva proporció:

$$\frac{a}{S}, \frac{b}{S}, \frac{c}{S}, \ldots$$

3 Es calcula la fracció de la quantitat *M* corresponent:

$$\frac{a}{S} \text{ de M}, \frac{b}{S} \text{ de M}, \frac{c}{S} \text{ de M}\ldots$$

Activitat resolta

Es repartiran 200 arbres entre tres poblacions que tenen un territori d'11 km^2, 14 km^2 i 15 km^2, respectivament, de manera directament proporcional a aquesta extensió. Quants exemplars correspondran a cada població?

Entre les tres poblacions sumen 40 km^2, i això significa que a cadascuna li correspondrà una de les proporcions següents:

$$\frac{11}{40}, \frac{14}{40} \text{ i } \frac{15}{40}$$

Es calculen, doncs, aquestes fraccions de 200 arbres:

$$\frac{11}{40} \text{ de } 200 = \frac{11 \cdot 200}{40} = 55 \quad \frac{14}{40} \text{ de } 200 = \frac{14 \cdot 200}{40} = 70 \quad \frac{15}{40} \text{ de } 200 = \frac{15 \cdot 200}{40} = 75$$

Així, doncs, a cada població li correspondran 55, 70 i 75 arbres, respectivament.

És possible fer un repartiment proporcional utilitzant la **reducció a la unitat**. Per això, s'ha de determinar quina seria la quantitat assignada a una part i, a partir d'aquesta quantitat, multiplicar per les parts proporcionals.

Activitat resolta

Reparteix 100 unitats en quatre parts proporcionals a 2, 3, 5 i 6, reduint prèviament a la unitat.

Se sumen les quantitats: $S = 2 + 3 + 5 + 6 = 16$.

Com que s'han de repartir 100 unitats en 16 parts, resulta que a cada unitat li correspon:

$$\frac{100}{16} = 6{,}25$$

S'assigna a cada nombre la seva proporció:

$2 \rightarrow 2 \cdot 6{,}25 = 12{,}5$ $\quad$ $3 \rightarrow 3 \cdot 6{,}25 = 18{,}75$

$5 \rightarrow 5 \cdot 6{,}25 = 31{,}25$ $\quad$ $6 \rightarrow 6 \cdot 6{,}25 = 37{,}5$

Aquestes quantitats equivalen al resultat que s'hauria obtingut si s'hagués fet el repartiment mitjançant fraccions:

$$\frac{2}{16} \text{ de } 100 = \frac{2 \cdot 100}{16} = 12{,}5 \qquad \frac{3}{16} \text{ de } 100 = \frac{3 \cdot 100}{16} = 18{,}75$$

$$\frac{5}{16} \text{ de } 100 = \frac{5 \cdot 100}{16} = 31{,}25 \qquad \frac{6}{16} \text{ de } 100 = \frac{6 \cdot 100}{16} = 37{,}5$$

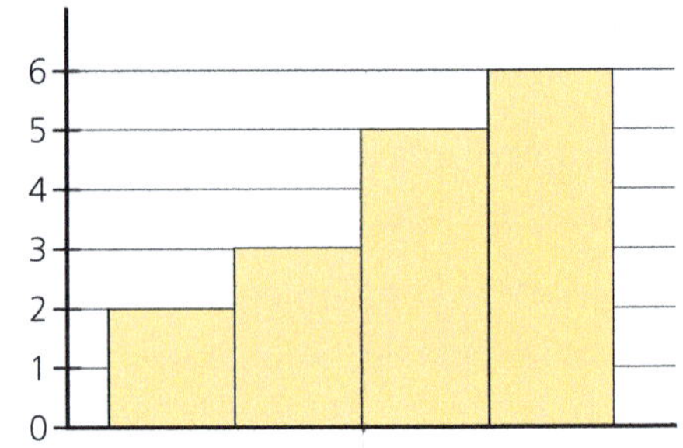

Proporcions indicades

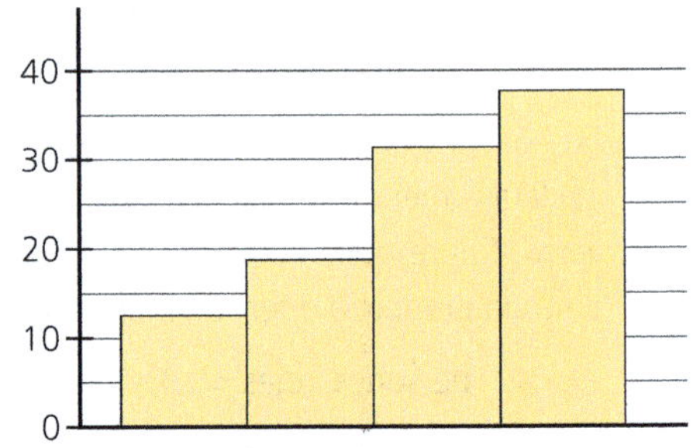

Repartiment directament proporcional

3.2 REPARTIMENTS INVERSAMENT PROPORCIONALS

Es diu que un repartiment és inversament proporcional quan, donades unes magnituds d'un mateix tipus i una magnitud total, a cada receptor li correspon una part de la magnitud total inversament proporcional a la magnitud aportada.

Per fer un repartiment en parts inversament proporcionals als nombres *a*, *b*, *c*... d'una quantitat *M*, es procedeix així:

1 Es calculen els inversos de cada nombre, $\frac{1}{a}, \frac{1}{b}, \frac{1}{c}, \ldots$, i es redueixen les fraccions a comú denominador.

2 Es divideixen les fraccions en parts directament proporcionals, assignant el valor corresponent als numeradors.

Observa

Repartir una quantitat, *M*, de manera inversament proporcional a unes quantitats *a*, *b* i *c* és el mateix que repartir *M* de manera directament proporcional a $\frac{1}{a}$, $\frac{1}{b}$ i $\frac{1}{c}$.

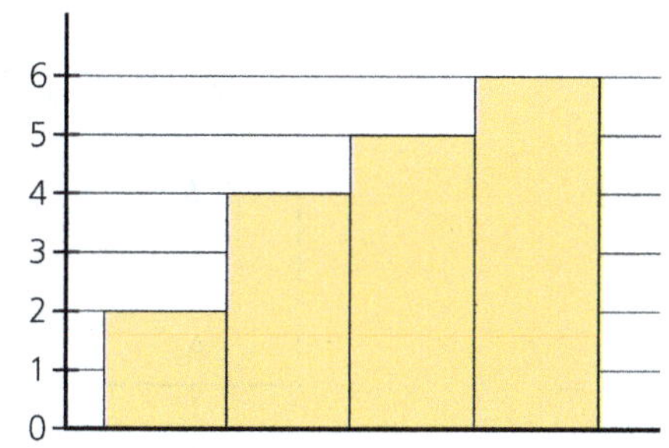

Proporcions indicades

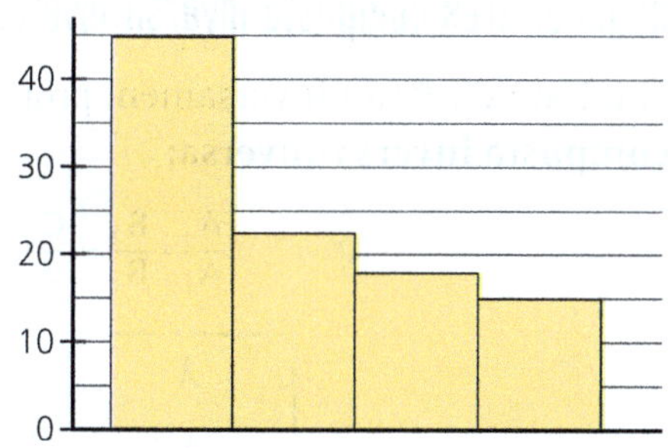

Repartiment inversament proporcional

Activitats resoltes

1 **Reparteix 100 unitats en quatre parts inversament proporcionals a 2, 4, 5 i 6.**

1 Es determinen els inversos $\frac{1}{2}, \frac{1}{4}, \frac{1}{5}$ i $\frac{1}{6}$, i es redueixen a comú denominador:

$$\frac{1}{2} = \frac{30}{60}, \quad \frac{1}{4} = \frac{15}{60}, \quad \frac{1}{5} = \frac{12}{60}, \quad \frac{1}{6} = \frac{10}{60}$$

2 Se sumen les quantitats per poder fer el repartiment de 100 directament proporcional a 30, 15, 12 i 10.

$$S = 30 + 15 + 12 + 10 = 67$$

Es pot reduir a la unitat o assignar a cada nombre la seva proporció:

$$\frac{30}{67}, \ \frac{15}{67}, \ \frac{12}{67} \text{ i } \frac{10}{67}$$

$2 \rightarrow \frac{30}{67}$ de $100 = \frac{30 \cdot 100}{67} = 44{,}8$ $\qquad 4 \rightarrow \frac{15}{67}$ de $100 = \frac{15 \cdot 100}{67} = 22{,}4$

$5 \rightarrow \frac{12}{67}$ de $100 = \frac{12 \cdot 100}{67} = 17{,}9$ $\qquad 6 \rightarrow \frac{10}{67}$ de $100 = \frac{10 \cdot 100}{67} = 14{,}9$

2 **L'Andreu té la intenció de repartir 210 € entre els seus tres nets de 3, 5 i 6 anys, respectivament, però de manera inversament proporcional a les seves edats. Quina quantitat correspondrà a cada net?**

Com que el repartiment és invers, a cada net li correspondrà:

3 anys $\rightarrow \frac{1}{3}$ $\qquad$ 5 anys $\rightarrow \frac{1}{5}$ $\qquad$ 6 anys $\rightarrow \frac{1}{6}$

Per comparar aquestes quantitats, es redueixen a denominador comú:

3 anys $\rightarrow \frac{1}{3} = \frac{10}{30}$ $\qquad$ 5 anys $\rightarrow \frac{1}{5} = \frac{6}{30}$ $\qquad$ 6 anys $\rightarrow \frac{1}{6} = \frac{5}{30}$

Els numeradors representen la quantitat que s'assigna a cada net de manera directament proporcional, 10, 6 i 5, respectivament: $10 + 6 + 5 = 21$.

3 anys: $\frac{10}{21}$ de $210 = 100$ $\qquad$ 5 anys: $\frac{6}{21}$ de $210 = 60$ $\qquad$ 6 anys: $\frac{5}{21}$ de $210 = 50$

D'aquesta manera, els nets de l'Andreu rebran 100 €, 60 € i 50 €, respectivament. Per comprovar que la solució és correcta, recorda que la suma de les quantitats que corresponen als nets de l'Andreu ha de ser el total, és a dir, 210 €. En aquest cas, en efecte, $100 + 60 + 50 = 210$.

4 /// PROPORCIONALITAT COMPOSTA

Practiquem i avancem 28-37

S'anomenen **problemes de proporcionalitat composta** aquells en els quals intervenen tres magnituds o més vinculades dues a dues per una relació de proporcionalitat directa o inversa. Per resoldre'ls, s'utilitza la regla de tres composta, que resulta d'aplicar successivament diverses regles de tres simples.

Vegem, tot seguit, els tres casos de regla de tres composta, considerant per fer-ho les magnituds *A*, *B* i *C*. Aquesta última, *C*, serà la incògnita del problema.

Regla de tres composta directa-directa

Si *C* i *A*, i *C* i *B* són directament proporcionals, aleshores es tracta d'una **regla de tres composta directa-directa**:

$$\frac{A_1}{A_2}\cdot\frac{B_1}{B_2}=\frac{C_1}{x}\Rightarrow x=\frac{A_2\cdot B_2\cdot C_1}{A_1\cdot B_1}$$

A	B	C
A_1	B_1	C_1
A_2	B_2	x

Directa

Directa

Regla de tres composta inversa-inversa

Si *C* i *A*, i *C* i *B* són inversament proporcionals, som davant una **regla de tres composta inversa-inversa**:

$$\frac{A_2}{A_1}\cdot\frac{B_2}{B_1}=\frac{C_1}{x}\Rightarrow x=\frac{A_1\cdot B_1\cdot C_1}{A_2\cdot B_2}$$

A	B	C
A_1	B_1	C_1
A_2	B_2	x

Inversa

Inversa

Regla de tres composta directa-inversa

Si *C* i *A* són inversament proporcionals, i *C* i *B* són directament proporcionals, o viceversa, es tracta d'una **regla de tres composta directa-inversa**:

$$\frac{A_2}{A_1}\cdot\frac{B_1}{B_2}=\frac{C_1}{x}\Rightarrow x=\frac{A_1\cdot B_2\cdot C_1}{A_2\cdot B_1}$$

A	B	C
A_1	B_1	C_1
A_2	B_2	x

Directa

Inversa

Observa

Per recordar amb facilitat les relacions en cada cas, tingues en compte que les raons que intervenen queden en l'ordre de la fracció on hi ha la incògnita si la relació és directa, i s'inverteixen quan la relació és inversa:

DIRECTA-DIRECTA

$$\frac{A_1}{A_2}\cdot\frac{B_1}{B_2}=\frac{C_1}{x}$$

INVERSA-INVERSA

$$\frac{A_2}{A_1}\cdot\frac{B_2}{B_1}=\frac{C_1}{x}$$

DIRECTA-INVERSA

$$\frac{A_2}{A_1}\cdot\frac{B_1}{B_2}=\frac{C_1}{x}$$

Activitats resoltes

1 **Un grup musical de tres membres ha compost dotze cançons en vint dies. Si se sumen dos membres més al grup i tots fan la mateixa quantitat de feina, quantes cançons compondran en quinze dies?**

Si augmenta el nombre de membres del grup, s'incrementarà el nombre de cançons. D'aquesta manera, la proporció és directa.

D'altra banda, si disminueix el nombre de dies, es reduirà també el nombre de cançons, i per això la proporció també és directa.

En conseqüència, la regla de tres és composta directa-directa.

S'aplica la regla de tres composta:

Nre. de membres	Nre. de dies	Nre. de cançons
3	20	12
5	15	x

Directa (Nre. de dies – Nre. de cançons); Directa (Nre. de membres – Nre. de cançons)

$$\frac{3}{5}\cdot\frac{20}{15}=\frac{12}{x}\Rightarrow x=\frac{5\cdot 15\cdot 12}{3\cdot 20}\Rightarrow x=15$$

Així, si són cinc membres compondran quinze cançons en quinze dies.

2 **Dotze obrers, treballant tres hores diàries, caven una rasa en vint dies. Quant tardaran vuit obrers a excavar la mateixa rasa si treballen deu hores diàries?**

Si disminueix el nombre d'obrers, augmenta el nombre de dies. Per tant, la proporció és inversa.

Si s'incrementa el nombre d'hores, es redueix el nombre de dies. La proporció és, així, també inversa.

Per tant, es tracta d'una regla de tres composta inversa-inversa.

S'aplica la regla de tres composta corresponent:

Nre. d'obrers	Nre. d'hores	Nre. de dies
12	3	20
8	10	x

Inversa (Nre. d'hores – Nre. de dies); Inversa (Nre. d'obrers – Nre. de dies)

$$\frac{8}{12}\cdot\frac{10}{3}=\frac{20}{x}\Rightarrow x=\frac{12\cdot 3\cdot 20}{8\cdot 10}\Rightarrow x=9$$

Els vuit obrers, treballant deu hores diàries, tardaran nou dies.

3 **Una companyia d'automòbils fabrica 1 500 cotxes treballant cinc hores diàries durant vint dies. Quant temps tardarà a produir 1 200 cotxes treballant deu hores diàries?**

Si es redueix el nombre de cotxes, disminuirà el nombre de dies. Es tracta, doncs, d'una proporció directa.

Si augmenta el nombre d'hores, serà més petit el nombre de dies. Aleshores, la proporció és inversa.

En conseqüència, som davant una regla de tres composta directa-inversa.

S'aplica la regla de tres composta:

Nre. de cotxes	Nre. d'hores	Nre. de dies
1 500	5	20
1 200	10	x

Inversa (Nre. d'hores – Nre. de dies); Directa (Nre. de cotxes – Nre. de dies)

$$\frac{1500}{1200}\cdot\frac{10}{5}=\frac{20}{x}\Rightarrow x=\frac{1200\cdot 5\cdot 20}{1500\cdot 10}\Rightarrow x=8$$

Per fabricar 1 200 cotxes treballant deu hores diàries, calen vuit dies.

5 /// PERCENTATGES

Practiquem i avancem 38-59

És molt freqüent sentir o llegir notícies relacionades amb situacions de la vida quotidiana que inclouen percentatges, com, per exemple: «La població de linxs ha augmentat el 3 % aquest últim any», «El primer diumenge de cada mes, els llibres estan rebaixats el 15 %», «L'equip local va encertar el 84 % de les passades», etc. Quin significat tenen aquestes expressions? Totes fan comparacions de quantitats amb el nombre 100.

> Un **percentatge** o **tant per cent** és una raó en la qual el denominador és 100. Es representen mitjançant el símbol %.

En tant per cent	En forma de fracció	En forma decimal	Explicació
3 %	$\frac{3}{100}$	0,03	Per cada 100 linxs que hi havia abans, n'hi ha tres més aquest any.
15 %	$\frac{15}{100}=\frac{3}{20}$	0,15	Per cada 100 € que costi un llibre, cal aplicar-hi una rebaixa de 15 €.
84 %	$\frac{84}{100}=\frac{21}{25}$	0,84	Per cada 100 passades efectuades, 84 han estat encertades.

5.1 CÀLCUL DEL PERCENTATGE D'UNA QUANTITAT TOTAL

Per calcular el percentatge (%) d'una quantitat total (Q), s'aplica l'expressió que segueix:

$$\% \text{ de } Q = \frac{\% \cdot Q}{100}$$

Activitats resoltes

1 En una localitat, el nombre de persones aturades era de 350, però aquesta xifra ha baixat el 2 % el darrer mes. Calcula el nombre de persones que han trobat feina.

Es determina el 2 % de 350:

$$2\,\% \text{ de } 350 = \frac{2 \cdot 350}{100} = 7$$

Per tant, han trobat feina set persones.

2 En una botiga de roba es practica un descompte del 30 % en tots els articles. Si uns pantalons valen 40 €, quin descompte faran al Jan per aquests pantalons?

Es determina el 30 % de 40:

$$30\,\% \text{ de } 40 = \frac{30 \cdot 40}{100} = 12$$

Al Jan, li faran un descompte de 12 €.

3 Un grup de 60 estudiants es presenta a una prova oficial d'un idioma determinat. Si aproximadament el 80 % supera aquesta prova, quin és el nombre estimat de persones aprovades? Si s'estima que el 25 % dels qui suspenen aprovaran en la convocatòria següent, a quant pujarà el nombre d'estudiants aprovats en aquesta convocatòria?

Es calcula el 80 % de 60:

$$80\,\% \text{ de } 60 = \frac{80 \cdot 60}{100} = 48$$

S'estima, doncs, que 48 dels alumnes i les alumnes que s'han presentat a la prova la superaran. És a dir, hi ha dotze persones que no han superat la prova.

Es calcula el 25 % de 12: $25\,\% \text{ de } 12 = \frac{25 \cdot 12}{100} = 3$

Així, doncs, tres estudiants aprovaran l'examen en la segona convocatòria.

5.2 QUANTITATS PROPORCIONALS I PERCENTATGES

En el càlcul d'un percentatge, hi intervenen diverses quantitats: la quantitat total (Q), part del total que representa, el percentatge (%) i el nombre 100.

Amb aquestes quantitats s'estableix la proporció següent: $\frac{\text{part}}{Q} = \frac{\%}{100}$

- A partir d'aquesta proporció, i si es coneixen la part i la quantitat total, es pot obtenir el percentatge: $\% = \frac{\text{part}}{Q} \cdot 100$.

La fracció donada com a $\frac{\text{part}}{Q}$ representa la part del total sobre la unitat. Multiplicada per 100, dona com a resultat la part del total sobre 100, el percentatge.

Activitats resoltes

1 Indica el percentatge que representen les fraccions següents:

a. Un de cada quatre

b. Cinc de cada vint

c. Tres quarts

d. 350 de cada 5 000

Es multiplica per 100 cadascuna d'aquestes proporcions:

a. Fracció: $\frac{1}{4} \rightarrow \frac{1}{4} \cdot 100 = 25\,\%$

b. Fracció: $\frac{5}{20} \rightarrow \frac{5}{20} \cdot 100 = 25\,\%$

c. Fracció: $\frac{3}{4} \rightarrow \frac{3}{4} \cdot 100 = 75\,\%$

d. Fracció: $\frac{350}{5\,000} \rightarrow \frac{350}{5\,000} \cdot 100 = 7\,\%$

Fixa't que, com que $\frac{1}{4}$ i $\frac{5}{20}$ són fraccions equivalents, el percentatge que representen coincideix.

2 Fa 10 anys, l'Oliver es va comprar un pis que li va costar 120 000 €. Si fins ara ha pagat 96 000 €, quin percentatge ha abonat del total? Quin percentatge li queda per pagar?

Aplicant la fórmula:

$$\frac{96\,000}{120\,000} = \frac{\%}{100} \Rightarrow \% = \frac{96\,000}{120\,000} \cdot 100 = 80$$

Ha pagat el 80 % del pis i, per tant, li queda per abonar el 20 %.

- També és possible calcular la quantitat total si es coneix el percentatge aplicat i la part resultant: $Q = \frac{100 \cdot \text{part}}{\%}$

Activitat resolta

La Natàlia ha recorregut 129,22 km en una etapa de la volta ciclista. Tenint en compte que aquesta distància representa el 70 % del total, quants quilòmetres té l'etapa?

Si s'anomena Q la distància total de l'etapa, resulta:

$$\frac{129{,}22}{Q} = \frac{70}{100} \Rightarrow Q = \frac{129{,}22 \cdot 100}{70} = 184{,}6$$

L'etapa té 184,6 km.

5.3 AUGMENT I DISMINUCIÓ PERCENTUALS

Una de les situacions més habituals en les quals intervenen percentatges és aplicar un augment o una disminució percentual a una quantitat determinada. Si a una quantitat inicial, $Q_{inicial}$, s'hi aplica un augment o una disminució percentual, %, s'obté una quantitat final, Q_{final}, aplicant les fórmules següents:

Augment percentual

$$Q_{final} = Q_{inicial} \cdot \underbrace{\left(1 + \frac{\%}{100}\right)}_{\text{iv = índex de variació}}$$

$$Q_{final} = Q_{inicial} \cdot \text{iv}$$

Disminució percentual

$$Q_{final} = Q_{inicial} \cdot \underbrace{\left(1 - \frac{\%}{100}\right)}_{\text{iv = índex de variació}}$$

$$Q_{final} = Q_{inicial} \cdot \text{iv}$$

Tingues-ho en compte

No s'ha de confondre l'augment o la disminució aplicada a una quantitat amb l'índex de variació.

Si a un article de 30 € s'hi aplica un descompte del 20 %, resulta:

- Descompte (quantitat estalviada):

  20 % de 30 = 0,2 · 30 = 6 €

- Preu (quantitat que s'abona):

  30 − 20 % de 30 = 0,8 · 30 = 24 €

Activitats resoltes

1 A les rebaixes d'uns grans magatzems, el Marc s'ha comprat uns pantalons que inicialment costaven 40 €, però que ara estan rebaixats el 10 %. Quin és l'índex de variació d'aquesta rebaixa? Quin és el preu final dels pantalons?

Com que es tracta d'una disminució, l'índex de variació és: $\text{iv} = 1 - \frac{10}{100} = 0{,}9$.

$$Q_{final} = Q_{inicial} \cdot \text{iv} = 40 \cdot 0{,}9 = 36$$

El preu final dels pantalons és, per tant, de 36 €.

2 Les despeses d'energia d'una empresa han pujat el 12 % aquest mes. Si el mes passat van ser de 450 €, quin és l'índex de variació de la pujada? Quina ha estat la despesa d'aquest mes?

Com que es tracta d'un augment, l'índex de variació és $Q_{final} = Q_{inicial} \cdot \text{iv} = 1 + \frac{12}{100} = 1{,}12$:

$$Q_{final} = Q_{inicial} \cdot \text{iv} = 450 \cdot 1{,}12 = 504$$

La despesa d'aquest mes ha estat, per tant, de 504 €.

3 Al cap d'un any, el valor d'un compte d'estalvi ha passat de 12 000 € a 12 600 €.

a. Quin ha estat l'índex de variació?

b. En aquest mateix període, quin ha estat el benefici d'un altre compte que hagi estat en el mateix pla d'estalvi si inicialment disposava de 5 300 €?

a. Aplicant la fórmula $Q_{final} = Q_{inicial} \cdot \text{iv}$, es té:

$$12\,600 = 12\,000 \cdot \text{iv}$$

Aïllant, s'obté l'índex de variació:

$$\text{iv} = \frac{12\,600}{12\,000} = 1{,}05$$

b. Com que iv = 1,05, resulta que l'augment (benefici obtingut durant aquest any) ha estat del 5 %, perquè $1{,}05 = 1 + 0{,}05 = 1 + \frac{5}{100} = 1 + \frac{\%}{100}$.

Per tant, el benefici obtingut per 5 300 € pujarà al 5 % de 5 300 = 265 €.

5.4 CÀLCUL AMB AUGMENTS I DISMINUCIONS PERCENTUALS ENCADENATS

Quan s'encadenen diversos augments i disminucions sobre una mateixa quantitat, n'hi ha prou amb multiplicar els índexs de variació associats de manera successiva:

$$Q_{final} = Q_{inicial} \cdot iv_1 \cdot iv_2 \cdot iv_3 \cdot ... \cdot iv_n$$

Activitat resolta

El preu d'un ordinador ha oscil·lat amb el pas del temps. El mes de gener va tenir un descompte del 5 %, al febrer va augmentar el 15 %, al març es va rebaixar el 10 % i a l'abril es va tornar a rebaixar el 20 %. Si el preu al principi del mes de gener era de 1 300 €:

a. Determina el percentatge d'augment o disminució que ha experimentat després de totes les oscil·lacions.

b. Calcula el preu de l'ordinador al final d'abril.

a. L'índex de variació associat a un descompte del 5 % és $iv_1 = 0{,}95$.

L'índex de variació associat a un augment del 15 % és $iv_2 = 1{,}15$.

L'índex de variació associat a una rebaixa del 10 % és $iv_3 = 0{,}9$.

L'índex de variació associat a una rebaixa del 20 % és $iv_4 = 0{,}8$.

L'índex de variació total és $iv = iv_1 \cdot iv_2 \cdot iv_3 \cdot iv_4 = 0{,}95 \cdot 1{,}15 \cdot 0{,}9 \cdot 0{,}8 = 0{,}7866$.

Tenint en compte que l'índex de variació ha estat més petit que 1, es tracta d'una disminució percentual.

S'ha produït, doncs, una disminució percentual de $100 - 78{,}66 = 21{,}34$ %.

b. $Preu_{final} = Preu_{inicial} \cdot iv = 1\,300 \cdot 0{,}7866 = 1\,022{,}58$

El preu de l'ordinador al final d'abril és de 1 022,58 €.

Busca regularitats

La Carla és propietària d'una botiga d'instruments musicals i des de fa molt temps té a la venda un piano que no aconsegueix vendre. S'ha proposat fer una oferta definitiva per desfer-se'n. Cada mes en reduirà el preu el 10 %. Si l'import del piano és de 2 400 €, quant caldrà pagar pel piano quan hagi passat un any si no ha aconseguit vendre'l fins aleshores?

Es calcula el preu del piano cada mes:

- Inicialment: $P_0 = 2400$
- Primer mes: $P_1 = P_0 \cdot iv = 2400 \cdot 0{,}9 = 2\,160$
- Segon mes: $P_2 = P_1 \cdot iv = P_0 \cdot iv \cdot iv = P_0 \cdot iv^2 = 2\,400 \cdot 0{,}9^2 = 1\,944$
- Tercer mes: $P_3 = P_2 \cdot iv = P_0 \cdot iv^2 \cdot iv = P_0 \cdot iv^3 = 2\,400 \cdot 0{,}9^3 = 1\,749{,}6$

S'observa que, per calcular el preu que tindrà el piano al cap d'un any, no cal determinar l'import dels onze mesos anteriors d'un en un:

$$P_{12} = P_0 \cdot iv^{12} = 2\,400 \cdot 0{,}9^{12} = 677{,}83$$

Un cop transcorregut un any, el piano costarà 677,83 €.

6 /// INTERÈS SIMPLE I COMPOST

Practiquem i avancem 60-73

Una aplicació pràctica dels percentatges es troba en el rendiment que produeix un capital inicial, C_i, en un període de temps, t. El capital final, C_f, varia depenent de si s'ofereix un tipus d'interès simple o compost.

- **Capital inicial (*C_i*).** És la quantitat de diners que inicialment es diposita al banc.
- **Interessos (*i*).** Són els beneficis que el banc abona al client per haver-hi dipositat els seus diners.
- **Tipus d'interès anual o rèdit (*r*).** Es tracta del percentatge que el banc aplica per pagar el benefici al client.
- **Període de durada del dipòsit o del préstec o temps (*t*).** Pot estar expressat en anys, mesos o dies.
- **Capital final (*C_f*).** És la quantitat que es rep al final del dipòsit, que inclou el capital inicial i els interessos.

6.1 INTERÈS SIMPLE

El càlcul de l'interès simple consisteix en un augment percentual, en el qual cal tenir en compte que l'índex de variació també depèn del temps.

L'**interès simple** que produeix un capital inicial, C_i, amb un rèdit del r % durant un temps, t, expressat en anys, és donat per l'expressió:

$$i = \frac{C_i \cdot r \cdot t}{100}$$

El capital final, C_f, que s'obté quan es diposita un capital inicial, C_i, a un interès simple del r % anual durant un període de temps, t, expressat en anys, serà:

$$C_f = C_i + i = C_i + \frac{C_i \cdot r \cdot t}{100} = C_i \cdot \left(1 + \frac{r \cdot t}{100}\right)$$

Tingues-ho en compte

L'expressió de l'interès simple també pot ser:

- $i = \dfrac{C_i \cdot r \cdot t}{1200}$ si *t* s'expressa en mesos.
- $i = \dfrac{C_i \cdot r \cdot t}{36\,000}$ si *t* s'expressa en dies.

Activitat resolta

A partir d'un dipòsit de 2 000 € en un banc que abona un interès simple del 5 % anual, calcula:

a. El capital final que es té un cop transcorreguts els 3 primers anys.

b. L'interès produït per aquest dipòsit al cap de 6 anys i el capital final.

Es parteix d'un $C_i = 2000$ i un $r = 5\,\%$.

a. S'aplica la fórmula per a $t = 3$:

$$C_f = C_i \cdot \left(1 + \frac{r \cdot t}{100}\right) = 2000 \cdot \left(1 + \frac{5 \cdot 3}{100}\right) = 2300$$

El capital final que s'obté al cap dels primers 3 anys és de 2 300 €.

b. Per a l'interès produït en 6 anys, s'aplica la fórmula:

$$i = \frac{C_i \cdot r \cdot t}{100} = \frac{2000 \cdot 5 \cdot 6}{100} = 600$$

Així, doncs: $C_f = C_i + i = 2000 + 600 = 2600$

El capital final al cap de 6 anys és de 2 600 €.

6.2 INTERÈS COMPOST

A diferència de l'interès simple, quan un capital està dipositat a un interès compost, els beneficis que produeix anualment s'acumulen en el capital, que, durant el període següent, torna a generar interessos directament proporcionals al capital obtingut després del primer període.

El **capital final**, C_f, que s'obté quan es diposita un capital inicial, C_i, a un interès compost del r % anual durant un període de temps, t, d'anys s'expressa mitjançant la fórmula:

$$C_f = C_i \cdot \left(1 + \frac{r}{100}\right)^t$$

La fórmula del capital final també pot ser:

- $C_f = C_i \cdot \left(1 + \frac{r}{1200}\right)^t$ si *t* està expressat en mesos.
- $C_f = C_i \cdot \left(1 + \frac{r}{36000}\right)^t$ si *t* està expressat en dies.

Activitats resoltes

1 Calcula el capital final, un cop han transcorregut els 3 primers anys, d'un dipòsit de 2 000 € en un banc que abona un interès compost del 5 % anual. No utilitzis la fórmula de l'interès compost; en lloc d'això, aplica reiteradament la fórmula de l'interès simple.

Tal com pots comprovar, aquí es reprodueixen les dades de l'activitat resolta anterior: allà també es partia d'un capital inicial de 2 000 € dipositats al 5 % anual amb un interès simple, i s'ha vist que el capital final que s'obté al cap de 3 anys és de 2 300 €.

Vegem què passa si es calculen els interessos reinvertint cada any els interessos del període anterior.

Al cap d'un any:

$$C_f = C_i \cdot \left(1 + \frac{5}{100}\right) = C_i \cdot 1,05 = 2000 \cdot 1,05 = 2\,100\ €$$

Si es reinverteix tot el capital, el capital inicial per al segon any serà de 2 100 €. Es torna a aplicar un interès del 5 % i s'obté:

$$C_f = C_i \cdot \left(1 + \frac{5}{100}\right) = C_i \cdot 1,05 = 2\,100 \cdot 1,05 = 2\,205\ €$$

El capital inicial per al tercer any és, doncs, de 2 205 €. Es considera altra vegada un interès del 5 %:

$$C_f = C_i \cdot \left(1 + \frac{5}{100}\right) = C_i \cdot 1,05 = 2\,205 \cdot 1,05 = 2\,315,25\ €$$

Es constata que hi ha una diferència entre el capital que s'obté aplicant un interès simple i el que resulta d'aplicar un interès compost:

$$2\,315,25 - 2\,300 = 15,25\ €$$

2 S'han dipositat 1 200 € en una entitat bancària a un interès compost del 3 % anual durant 2 anys. Calcula'n el capital final. Estudia la diferència amb aquest mateix dipòsit, però a un interès simple.

Es té un $C_i = 1\,200$ i un $r = 3\ \%$.

En primer lloc, s'aplica la fórmula de l'interès compost per a $t = 2$:

$$C_f = C_i \cdot \left(1 + \frac{r}{100}\right)^t = 1200 \cdot \left(1 + \frac{3}{100}\right)^2 = 1\,273,08\ €$$

Per tal de calcular el capital final amb un interès simple, s'utilitza la fórmula:

$$C_f = C_i \cdot \left(1 + \frac{r \cdot t}{100}\right) = 1200 \cdot \left(1 + \frac{3 \cdot 2}{100}\right) = 1\,272\ €$$

La diferència del capital final entre aplicar un interès compost i un interès simple és:

$$1\,273,08 - 1\,272 = 1,08\ €$$

3 Quan es diposita en un banc un capital inicial determinat al 5 % d'interès compost durant 8 anys, s'obté un capital final de 17 729,47 €. Quin era el capital inicial dipositat?

A partir de l'expressió que calcula el capital final, resulta:

$$C_f = C_i \cdot \left(1 + \frac{r}{100}\right)^t \Rightarrow 17\,729,47 = C_i \cdot \left(1 + \frac{5}{100}\right)^8 \Rightarrow$$

$$\Rightarrow 17\,729,47 = C_i \cdot 1,477455 \Rightarrow C_i = \frac{17\,729,47}{1,477455} = 12\,000\ €$$

Així, el capital inicial dipositat era de 12 000 €.

7 /// APLICACIONS

Practiquem i avancem 74-79

Tal com has pogut observar al llarg de la unitat, els repartiments proporcionals, les regles de tres, els percentatges i totes les formes en les quals es pot aplicar la proporcionalitat són molt presents en la nostra vida. És una eina tan utilitzada que, de vegades, es fa de manera intuïtiva.

7.1 LA RELACIÓ D'ASPECTE

Cada vegada que es fa una fotografia o s'enregistra un vídeo, s'està fent amb unes proporcions determinades. Aquesta relació entre l'amplada i l'alçària de la imatge és el que s'anomena **relació d'aspecte**.

La relació d'aspecte es dona amb dos nombres separats per dos punts, *a:b*, i indica que:

$$\frac{a}{b} = \frac{\text{amplada de la imatge}}{\text{alçària de la imatge}}$$

Relació 3:2

Aquesta relació és la més habitual en fotografia. L'ús d'aquesta relació pretén recollir la màxima informació possible. Les fotografies impreses més comunes són de 15 cm × 10 cm. Així, doncs:

$$\frac{3}{2} = \frac{15}{10}$$

Relació 16:9

Els televisors actuals utilitzen aquesta relació, també anomenada *panoràmica*. Quan la imatge s'aixampla, es poden mostrar més elements de la imatge i emmarcar escenes de tot tipus.

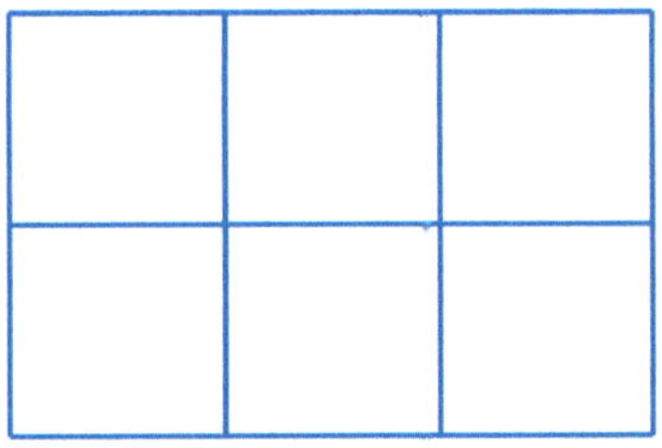

Relació 3:2

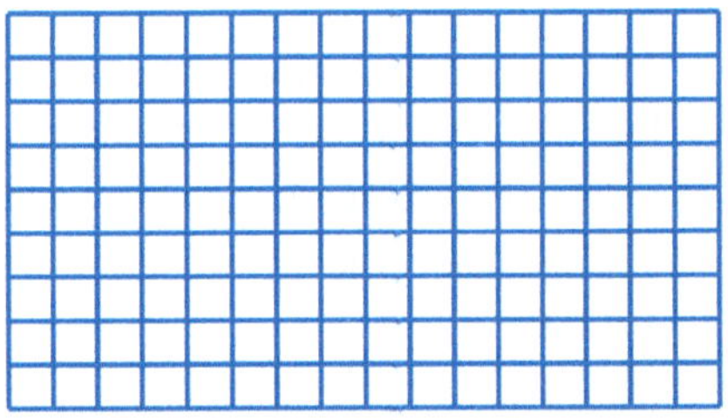

Relació 16:9

Activitat resolta

De quantes polzades és un televisor que té una relació d'aspecte 16:9 si l'amplada és de 110,7 cm?

Com que la relació d'aspecte és 16:9, es compleix que $\frac{16}{9} = \frac{110{,}7}{\text{alçària de pantalla}}$.

Aïllant, s'obté que l'alçada de la pantalla mesura, aproximadament, 62,3 cm.

Es calcula la diagonal aplicant el teorema de Pitàgores:

$$x^2 = 110{,}7^2 + 62{,}3^2 \rightarrow x = 127 \text{ cm}$$

Per passar de centímetres a polzades, es divideix entre 2,54 → 127 : 2,54 = 50 polzades.

Hi ha moltes més relacions d'aspecte d'ús comú, per exemple la relació 14:6, que és més panoràmica que la 16:9 i que s'utilitza al cinema: el cinemascop.

Amb l'ús de les xarxes socials, el màrqueting i els diferents tipus de dispositius per visualitzar imatges i vídeos, es poden trobar tota mena de relacions que s'adapten a cada necessitat.

Tingues-ho en compte

La mida d'una pantalla es defineix per la longitud de la diagonal, mesurada en polzades.

Una polzada equival a 2,54 cm.

7.2 PROPORCIONS I GRÀFIQUES

Estacionar un cotxe en un pàrquing per 2 € cada hora és una relació de proporcionalitat directa. Si es considera x = temps i y = preu, es pot dir que:

$$y = 2x$$

La relació de proporcionalitat directa ens porta a una funció lineal, també anomenada *funció de proporcionalitat*.

Si, a més dels 2 € cada hora, s'ha d'abonar 1 € per utilitzar el pàrquing, la funció passaria a ser:

$$y = 2x + 1$$

Aquesta última rep el nom de *funció afí* i, encara que aparegui la proporció en la seva expressió, aquestes magnituds ja no són proporcionals.

Gràficament, les funcions de proporcionalitat són línies rectes que passen per l'origen de coordenades, el punt (0 , 0).

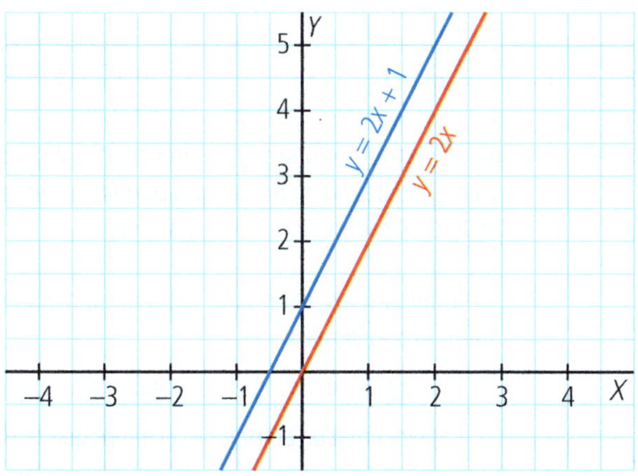

Tingues-ho en compte

Una funció afí no estableix una proporció a causa del terme independent, ja que aquesta quantitat no es modifica proporcionalment amb la variable x.

La proporció serveix d'ajuda

Moltes vegades, gràcies a una fotografia feta amb una càmera de seguretat, s'han pogut determinar els trets aproximats d'una persona, com, per exemple, l'estatura.

La tècnica emprada en aquests casos es basa en la proporcionalitat. Només cal una fotografia en la qual aparegui algun objecte recognoscible al costat de la persona de la qual es vol determinar l'alçada. El procediment és el següent:

1. Es localitza dins de la fotografia algun element, *a*, que estigui en el mateix pla que la persona, *b*.
2. Es mesura a la fotografia la mida d'aquest element i de la persona.
3. S'aplica la proporció $\frac{a}{a'} = \frac{b}{b'}$, en què *a'* és la mesura real de l'objecte conegut, i *b'*, l'estatura real de la persona de la fotografia.

A la imatge s'ha comparat l'estatura del jove amb l'alçària de la bicicleta, que mesura 84 cm d'alçària en la realitat. Així, doncs:

$$\frac{2{,}7}{84} = \frac{5{,}4}{b'} \Rightarrow b' = 168 \text{ cm}$$

PRACTIQUEM i AVANCEM

1 Comprova si les raons següents formen una proporció.

a. $\frac{6}{8}$ i $\frac{3}{4}$ c. $\frac{8}{6}$ i $\frac{12}{9}$ e. $\frac{9}{10}$ i $\frac{18}{20}$

b. $\frac{7}{6}$ i $\frac{9}{8}$ d. $\frac{7}{13}$ i $\frac{13}{25}$ f. $\frac{11}{4}$ i $\frac{15}{6}$

2 Determina el valor de x en cadascuna d'aquestes raons perquè formin una proporció.

a. $\frac{5}{2}$ i $\frac{x}{8}$ d. $\frac{x}{3}$ i $\frac{49}{7}$

b. $\frac{x}{2}$ i $\frac{21}{7}$ e. $\frac{5}{10}$ i $\frac{x}{30}$

c. $\frac{9}{6}$ i $\frac{12}{x}$ f. $\frac{6}{x}$ i $\frac{4}{14}$

3 Determina la raó corresponent en cadascun dels enunciats que segueixen:

a. Les llaunes venen en paquets de vuit.

b. Cinc entrades per al teatre costen 60 €.

c. Cinc llapis tenen un preu de 80 ct.

Proposa tres relacions amb les quals puguis determinar també una raó de proporcionalitat.

4 Tria quatre d'aquests sis nombres per formar una proporció: 6, 10, 14, 15, 25, 35. Pots trobar una altra proporció diferent?

5 Els pares de la Maria li donen cada setmana 5 €, i al seu germà Jon, 3 €. Si la setmana vinent tenen pensat donar 8 € a la Maria, quina quantitat correspondrà a en Jon, si es manté la mateixa proporció?

6 Calcula el valor de x en aquestes proporcions:

a. $\frac{15}{6} = \frac{x+7}{14}$ d. $\frac{4x}{8} = \frac{24}{6}$

b. $\frac{10}{2x} = \frac{15}{21}$ e. $\frac{30}{35} = \frac{x^2}{42}$

c. $\frac{12}{9} = \frac{28}{7x}$ f. $\frac{30}{4x+4} = \frac{90}{72}$

7 ⊞ Els extrems d'una proporció són 28 i 24. Determina almenys dues parelles de nombres que puguin ser-ne els mitjans i construeix les proporcions corresponents.

8 Determina si les magnituds següents són directament o inversament proporcionals:

a. El nombre de taronges i el nombre de sacs de taronges.

b. La velocitat d'un automòbil i el temps que tarda a fer un trajecte.

c. El temps emprat a recórrer un trajecte i l'espai recorregut a velocitat constant.

9 Un grup d'amics i amigues decideix llogar una casa per passar-hi les vacances. Indica quines de les quantitats següents són directament proporcionals i quines són inversament proporcionals en relació amb el nombre total de persones que hi vagin:

a. La quantitat de menjar que han de portar.

b. L'espai del qual disposarà cadascú a la casa.

c. El preu del lloguer de la casa.

d. Els quilograms de l'equipatge que portaran en total.

Alguna vegada has estat en una situació semblant amb amistats o familiars? Exposa en què consistia el repartiment i com es va resoldre.

10 Indica si les taules següents representen magnituds directament o inversament proporcionals i calcula'n en cada cas la raó de proporcionalitat:

a.

A	6	15	10,5	31,5	22,5	15,75
B	4	10	7	21	15	10,5

b.

A	36	28	12	30	63	7
B	70	90	210	84	40	360

11 Un equip de sis sastres pot confeccionar el vestuari dels actors d'una pel·lícula en 24 dies. Si el rodatge de la pel·lícula comença d'aquí a 9 dies, quants professionals d'aquest sector hi haurien de treballar perquè estigués llest en aquest termini? I si el rodatge comencés d'aquí a 36 dies?

12 Per fer les obres de rehabilitació dels frescos d'una catedral en tres mesos, cal un equip de vuit professionals de restauració. Després d'avaluar el lloc de treball, han vist que només hi poden accedir dues persones. Quant temps caldrà en aquest cas per acabar les tasques de rehabilitació?

Investiga si a la teva ciutat o en alguna població propera al teu domicili s'ha fet alguna rehabilitació i busca informació sobre el temps i els pressupostos destinats.

13 Una bassa de 300 m^3 tarda deu hores a omplir-se. En quant temps s'omplirà una bassa que té 25 m^3 més de volum?

14 Per fer una obra, 40 paletes han necessitat un total de 30 dies. Quant temps necessitaran 50 paletes per completar la mateixa obra? Quants paletes caldria emprar si es vol fer la feina en 20 dies?

15 Si per llogar una màquina determinada durant 15 dies es paguen 390 €, quant caldrà pagar-ne per només 7 dies? Quants dies s'haurà llogat si s'han desemborsat 130 €?

16 Amb dues aixetes que tenen el mateix cabal s'omple una piscina en quinze hores.

a. Quant tardaran a omplir aquesta piscina cinc aixetes amb el mateix cabal que les anteriors?

b. Quantes aixetes calen per omplir la piscina en tres hores?

17 Reparteix les quantitats indicades en parts directament proporcionals als nombres assenyalats.

a. 270 respecte a 8, 9 i 10

b. 3 478 respecte a 21, 22 i 51

c. 4 000 respecte a 4, 8, 10 i 18

d. 7 820 respecte a 12, 15, 27 i 31

A partir d'un dels apartats, inventa una situació en la qual es pugui aplicar aquest repartiment.

18 Reparteix les quantitats indicades en parts inversament proporcionals als nombres assenyalats.

a. 1 125 respecte a 3, 5 i 15

b. 1 955 respecte a 5, 15 i 25

c. 15 045 respecte a 4, 8, 16 i 32

d. 9 420 respecte a 7, 14, 2 i 30

A partir d'un dels apartats, inventa una situació en la qual es pugui aplicar aquest repartiment.

19 Reparteix 20 000 en tres parts proporcionals a 3, 5 i 8, reduint prèviament a la unitat. Amb les mateixes quantitats fes un repartiment inversament proporcional.

20 En un concurs s'han repartit 1 890 € de manera directament proporcional a la puntuació que han obtingut els tres millors participants, que ha estat de 10, 9 i 8 punts, respectivament.

Quant es rep per cada punt? Amb aquesta dada, calcula quant obtindrà cada participant.

21 Als pobles de Corbera, Iborra i Pontó, de 1 200, 2 100 i 3 500 habitants, respectivament, s'ha sol·licitat la participació de 340 persones en un programa de televisió. Si la quantitat de participants de cadascun dels pobles ha de ser directament proporcional al nombre d'habitants, quantes persones de cada poble hi participaran?

22 Una ciutat ha destinat 7 728 € com a premi als tres barris més ben decorats per Nadal. Al que quedi primer s'hi assigna el doble que al segon, i al segon, el doble que al tercer. Indica quants diners correspondran a cada barri.

23 Calcula els diners repartits entre tres persones en parts directament proporcionals als nombres 3, 4 i 5, si a la primera li han correspost 1 000 €.

24 Els quatre socis i sòcies d'una cooperativa s'han repartit els beneficis de l'últim any en funció de la quantitat que cadascun hi havia aportat. Les aportacions van ser, respectivament, de 10 000 €, 15 000 €, 25 000 € i 35 000 €. Si al soci que hi va invertir menys li ha correspost un benefici de 20 000 €, quina quantitat han rebut els altres? Quin ha estat el benefici total que ha obtingut la cooperativa?

25 Quatre germans han heretat unes terres amb una superfície de 77 520 m^2 i se les han de repartir en proporció al nombre de membres de les famílies respectives. Si la unitat familiar de cadascun dels hereus està formada per dos, quatre, cinc i sis persones, respectivament, quants metres quadrats correspondran a cada família?

26 ⊞ Càritas ha de repartir entre quatre barris d'una localitat 6 600 kg d'aliments. El repartiment es farà emprant unes claus numèriques de proporcionalitat que depenen de la població i la situació social de les famílies. Aquestes claus són $\frac{1}{3}$, 3, $\frac{2}{9}$ i $\frac{4}{3}$, respectivament; quants quilograms d'aliments rebrà cada barri?

27 Una llibreria de llibres de segona mà ha decidit premiar amb un lot d'exemplars els tres guanyadors d'un concurs de relats curts. Per fer-ho, ha resolt repartir els llibres de manera inversament proporcional a l'edat dels guanyadors: la Júlia, de 8 anys; l'Albert, de 12 anys, i l'Andrea, de 7 anys. A la Júlia li han correspost 42 llibres; quina quantitat en rebran l'Albert i l'Andrea? Quants volums integren en total el lot de llibres?

28 Determina si les magnituds següents són directament proporcionals en cada situació proposada i, en cas afirmatiu, representa gràficament la relació.

a. El preu respecte al temps de lloguer d'una bicicleta, si puja a 3 € cada hora.

b. El cost de l'enviament d'un paquet respecte a la seva massa, si l'embalatge costa 2 € i es paga 1,3 € per cada kg.

c. El temps que tarda una màquina a polir una superfície en funció de la seva extensió, si necessita un quart d'hora per metre quadrat.

29 Assenyala si les magnituds dels problemes següents verifiquen la regla de tres composta directa-directa, inversa-inversa o directa-inversa:

a. Set persones han portat 3 kg de menjar a una protectora i amb aquest pinso es podran alimentar 42 animals. Quants animals es podrien alimentar si fossin sis persones i cadascuna portés 5 kg de menjar?

b. Un llenç d'1,40 m × 0,50 m val 20 €. Quina és la longitud d'un altre llenç que mesura 70 cm d'amplada i val 40 €?

30 Siguin A, B i C tres magnituds entre les quals s'estableix una relació de proporcionalitat composta. Tenint en compte que A és directament proporcional a C, i que B és directament proporcional a C, calcula la incògnita de les taules següents, aplicant la regla de tres composta:

a.

Magnitud A	Magnitud B	Magnitud C
13	62	54
27	26	x

b.

Magnitud A	Magnitud B	Magnitud C
84	15	20
56	10	x

c.

Magnitud A	Magnitud B	Magnitud C
63	56	42
120	28	x

31 Siguin A, B i C tres magnituds entre les quals s'estableix una relació de proporcionalitat composta. Tenint en compte que A és directament proporcional a C, i que B és inversament proporcional a C, calcula la incògnita de les taules següents, utilitzant la regla de tres composta:

a.

Magnitud A	Magnitud B	Magnitud C
9	21	45
18	14	x

b.

Magnitud A	Magnitud B	Magnitud C
46	23	50
47	25	x

c.

Magnitud A	Magnitud B	Magnitud C
4	5	18
8	10	x

32 Quatre recol·lectores han collit en cinc hores un camp de cereals de 36 ha. Quantes recol·lectores caldran per recollir en dues hores un camp de cereals de 18 ha?

33 Siguin A, B i C tres magnituds entre les quals s'estableix una relació de proporcionalitat composta. Tenint en compte que A és inversament proporcional a C, i que B és inversament proporcional a C, calcula la incògnita de les taules següents, aplicant la regla de tres composta:

a.

Magnitud A	Magnitud B	Magnitud C
105	28	49
140	21	x

b.

Magnitud A	Magnitud B	Magnitud C
50	70	13
26	35	x

c.

Magnitud A	Magnitud B	Magnitud C
24	7	40
12	8	x

34 Llogar un cotxe durant deu dies costa 250 €; quant valdrà llogar tres cotxes durant cinc dies?

35 Treballant vuit hores diàries, sis professionals de la programació necessitaran dotze dies per acabar una aplicació informàtica. Quantes persones caldrien per completar la mateixa aplicació en sis dies treballant sis hores diàries?

36 Els tretze hostes d'un hotel fan un consum energètic de 590 € durant setze dies. Quant gastarien deu hostes durant vuit dies en les mateixes condicions?

37 Un servei de paqueteria cobra a la Montserrat 21 € per enviar un paquet de 8 kg a una ciutat que és a 130 km de distància. Quant li cobrarien si el paquet pesés 9 kg i calgués enviar-lo a 150 km de distància? I per enviar un paquet de 18 kg a 75 km de distància?

38 Calcula els percentatges següents:

a. 31 % de 1 200

b. 1,5 % de 1 350

c. 135 % de 876

d. 0,5 % de 2 540

39 Un embassament té una capacitat màxima de 450 hm^3, però actualment està al 3 % de la seva capacitat; quants litres d'aigua conté?

40 A l'etiqueta d'uns pantalons de 36 € s'indica que estan rebaixats el 25 %; quant cal pagar pels pantalons?

41 Després d'aplicar un descompte del 35 % sobre el preu d'un moble, s'hi ha d'aplicar un impost del 21 %. Quin n'és el preu final si inicialment valia 480 €?

42 Calcula el percentatge que representen les quantitats següents:

a. 702 respecte de 5 850

b. 90,72 respecte de 7 560

c. 4 de cada 6

d. 3 de cada 25

e. Dos terços

f. Un quart

Entre els resultats obtinguts, hi ha coincidències? Interpreta aquest fet.

43 L'Ainhoa s'ha llegit el 35 % d'un llibre i encara li falten 325 pàgines. Quantes pàgines té el llibre?

44 L'últim partit de futbol que s'ha jugat en un estadi ha tingut només 9 360 assistents. Si aquesta quantitat representa el 12 % de l'aforament total, quina és la capacitat màxima de l'estadi?

45 La Laura ha tornat al seu germà 240 € dels diners que li va deixar per comprar-se un ordinador, i encara li falta pagar-li el 20 %. De quant ha estat el préstec?

46 Calcula els índexs de variació associats a aquests augments o disminucions percentuals:

a. Augment del 8 %

b. Disminució del 5 %

c. Augment del 0,1 %

d. Augment del 7,4 %

e. Disminució de l'1 %

f. Disminució del 0,1 %

47 Calcula l'augment o la disminució percentual associat als índexs de variació següents:

a. 0,7

b. 3

c. 1,05

d. 0,005

e. 0,04

f. 2,04

48 Calcula aquests augments percentuals utilitzant els índexs de variació associats:

a. 17 % a 3 450
b. 25 % a 1 240
c. 30 % a 34 000
d. 1,3 % a 4 500

49 Calcula les disminucions percentuals següents aplicant els índexs de variació associats:

a. 40 % a 9 000
b. 12 % a 15 400
c. 3,5 % a 5 000
d. 0,5 % a 7 400

50 Una ampolla de 2 L té $\frac{4}{10}$ parts del seu contingut, mentre que una garrafa de 5 L en té $\frac{7}{15}$. Quin percentatge del contingut queda als recipients? Quants litres hi ha a cadascun?

51 Calcula l'índex de variació aplicat a la població d'un municipi que ha passat de 1 110 habitants a 1 286 en un any. A quin percentatge correspon?

52 El nombre d'aprovats i aprovades en el primer curs d'una carrera universitària que té sempre la mateixa quantitat d'alumnat matriculat ha experimentat una baixada de 250 a 220. Quin índex de variació representa aquest descens? A quin percentatge d'estudiants correspon?

53 En una botiga d'electrodomèstics tenen tots els productes rebaixats un 10 %. El Gabriel s'ha comprat una batedora que valia 56 € abans del descompte. Quin és l'índex de variació d'aquesta rebaixa? Quant ha costat finalment la batedora? En aquestes mateixes rebaixes, la Martina s'ha comprat una rentadora per un preu ja rebaixat de 459 €; quant costava la rentadora abans de les rebaixes?

54 L'Aina va adquirir un vehicle per 8 500 €. Ara se'l voldria vendre i l'han informat que el seu valor s'ha depreciat el 35 %; a més, ha de pagar el 3 % d'impostos sobre el preu de venda. Quina és la quantitat bruta que rebrà finalment?

55 El cafè ha experimentat diferents variacions de preu al llarg del desembre. A primers de mes valia 7,50 €/kg; després, va baixar a 7,35 €/kg; finalment, a final de mes, el preu va augmentar a 7,62 €/kg. Calcula els percentatges d'augment i disminució que ha patit el cafè, i també el percentatge total.

56 És el mateix fer una rebaixa del 50 % que una del 20 % i després aplicar-ne una altra del 30 %? Explica per què.

57 ⊞ Comprova si és cert el que afirma el Marcel: «Fa uns quants dies vaig anar a una perfumeria a mirar el preu d'un paquet de cosmètics i vaig veure que valia 60 €. Al cap d'uns quants dies em vaig quedar sorprès perquè el mateix article costava un 10 % més car. Vaig entrar a la botiga i vaig preguntar al dependent si no em podria fer un descompte. El dependent em va dir que, com que es tractava de mi, em faria un descompte del 10 %. He tingut sort: al final he pagat 60 €, el mateix import que marcava fa alguns dies.»

58 L'any passat el preu dels productes A, B i C en un comerç determinat era de 30 €, 36,25 € i 62,50 €, respectivament. Si enguany els mateixos productes valen 33 €, 40,60 € i 67,50 €, respectivament:

a. Indica quant ha augmentat percentualment el preu de cada un dels productes.

b. Quin ha experimentat una pujada més gran?

59 ⊞⊞ En un banc d'aliments, les reserves de productes peribles han experimentat diferents oscil·lacions segons la demanda i les donacions rebudes durant els últims mesos. Al final de desembre, el banc tenia un total de 2 500 kg d'aliments de reserva. Al principi del gener, aquesta quantitat s'havia incrementat un 13 %. Al febrer va tornar a augmentar la reserva el 10 %. Al març va descendir el 25 %, però a l'abril va experimentar un increment nou, aquesta vegada del 8 %.

a. En quina situació està la reserva d'aliments al final del mes d'abril respecte al mes de desembre? Hi ha hagut un augment o una disminució percentual? Quina n'és la variació?

b. Quina quantitat d'aliments hi ha a l'abril?

c. Si al maig es vol tenir un total de 3 500 kg d'aliments, quin percentatge cal que augmenti la reserva des de l'abril?

60 Calcula el capital final que s'obté quan es dipositen en una entitat bancària 10 000 € a un interès simple anual del 4 % durant:

a. 3 anys
b. 5 anys
c. 10 anys
d. 12 anys
e. 15 anys
f. 20 anys

61 Calcula els interessos que s'obtenen si es dipositen 1 500 € durant 6 anys a un interès simple del:

a. 1,5 %
b. 4,7 %
c. 6,25 %
d. 8,45 %

62 Calcula els interessos aconseguits per dipositar 9 000 € durant 10 anys a un interès compost del:

a. 5 %
b. 4,5 %
c. 7 %
d. 3,75 %

63 Calcula el capital final que es rep si es dipositen en una entitat bancària 5 000 € durant 10 anys:

a. A un interès simple del 3 %.
b. A un interès compost del 3 %.

64 Calcula el capital final que s'obté si s'inverteixen 25 000 € durant 7 anys:

a. A un interès simple anual del 4,5 %.
b. A un interès compost del 4,5 %.

65 Un capital de 60 000 € es va col·locar a un interès simple anual del 8 % i s'ha obtingut un capital final de 108 000 €. Quant de temps ha estat el capital al dipòsit?

66 Calcula l'interès i el capital final que s'obtenen quan es dipositen en un banc 12 000 € a un interès simple anual del 4,75 % durant 10 anys.

67 Calcula en cada cas el capital final que s'aconsegueix si es dipositen en una entitat bancària 1 000 € durant 5 anys a un interès simple anual del:

a. 2 %
b. 3 %
c. 5 %
d. 7 %

68 Quan es diposita un capital inicial determinat al 7 % d'interès simple durant 6 anys, s'obté un capital final de 1 746,60 €. Quin ha estat el capital inicial dipositat?

69 Un capital de 7 000 € va ser dipositat durant 6 anys a un interès simple anual. Si s'han obtingut uns interessos de 1 050 €, quin ha estat el tipus d'interès aplicat?

70 Després de dipositar 120 000 € a un interès compost durant 10 anys, s'ha obtingut un capital final de 236 058,16 €. Quin ha estat el tipus d'interès aplicat?

71 Si s'ha obtingut un capital final de 23 152,50 € en haver dipositat una certa quantitat en un banc al 5 % d'interès compost durant 3 anys, quin era el capital inicial?

72 S'han dipositat 28 000 € al 7 % d'interès compost i s'han obtingut 42 020,45 €; quants anys ha durat la inversió?

73 La Susanna vol dipositar 8 000 € al banc i ha rebut diversos tipus d'oferta:

- Dipòsit A: interès simple anual del 5 % durant 8 anys
- Dipòsit B: interès simple anual del 8 % durant 10 anys
- Dipòsit C: interès compost del 4 % durant 8 anys
- Dipòsit D: interès compost del 5 % durant 7 anys

Quina de les ofertes produeix més interessos?

74 De quantes polzades és un monitor amb una relació d'aspecte de 16:9 si mesura 39,8 cm d'alçària? Quant mesurarà l'amplada del monitor?

75 La Carola es proposa adquirir per a la seva habitació un televisor amb una relació d'aspecte de 16:9. Vol posar-lo damunt d'un moble de 50 cm d'amplada, sense que en sobresurti. De quantes polzades se'l podrà comprar com a màxim?

76 Mesura les pantalles de diferents dispositius que tinguis a prop i estudia quina és la relació d'aspecte de cadascuna. Investiga a les seves fitxes tècniques per comprovar-ho.

Fes un treball en equip sobre l'anomenada *obsolescència programada* d'un producte. Et sembla que és una bona pràctica? Raona la resposta.

77 Fes un treball sobre els diferents formats utilitzats en cinema i televisió al llarg dels anys. Busca seqüències de pel·lícules, sèries o programes en què puguis mostrar les diverses relacions d'aspecte aplicades.

78 La càmera de seguretat d'un banc ha captat la imatge d'un lladre que acaba de cometre un robatori al costat d'un cotxe aparcat a la porta. En aquesta fotografia, l'alçària del vehicle és de 12 cm, i la del delinqüent, de 14 cm. Esbrina'n l'estatura real sabent que aquest model de cotxe mesura 1,56 m d'alçària.

79 La fotografia que es mostra tot seguit correspon a una pedra prehistòrica:

Respon les qüestions següents:

a. Amb quina intenció s'ha deixat un bolígraf al costat de la pedra?
b. Podries estimar la longitud aproximada d'aquesta pedra? Quines dades necessitaries conèixer per poder-la estimar?

3 POLINOMIS

1 /// POLINOMIS

Practiquem i avancem 1-10

Un **monomi** és una expressió algebraica formada per una part numèrica (coeficient) i una altra amb lletres (part literal): $3x^2$; $-5x^2y^3$

Un **polinomi** és una expressió algebraica que s'obté quan se sumen o es resten dos monomis o més. Es representa amb una lletra majúscula seguida, entre parèntesi, de la variable o les variables que tingui el polinomi. Per exemple:

$P(x)$, amb una sola variable: $P(x) = 4x^3 + 5x^2 - 3x + 8$

$Q(x, y)$, amb dues variables: $Q(x, y) = 5xy^3 - 3x^2y^2 - 2x^4y + 9x$

Donat un polinomi qualsevol, $-3x^4 + x^3 - 5x^2 + 8$, els seus elements són:

- **Coeficient principal (−3).** És la part numèrica del monomi de grau més alt.
- **Grau (4).** És el més alt dels graus dels monomis del polinomi.
- **Terme ($-3x^4$, x^3, $-5x^2$ i 8).** És com s'anomena cadascun dels monomis que formen el polinomi.
- **Coeficients del polinomi (−3, 1, −5, 0 i 8).** És la part numèrica de cada monomi. El 0 correspon al monomi de grau 1.
- **Terme independent (8).** És el terme que no té part literal.

Els polinomis es poden classificar de la manera següent:

Polinomi reduït

Es tracta d'un polinomi que no té termes semblants (monomis amb la mateixa part literal).

$P(x) = 2x^3 + x^2 + 3x^3 - 2x \rightarrow P(x) = 5x^3 + x^2 - 2x$ (reduït)

Polinomi complet

És un polinomi en el qual apareixen tots els termes de grau inferior al grau del polinomi; en cas contrari, és incomplet.

$P(x) = 25x^4 + 4x + 3$ (incomplet) $\qquad P(x) = x^3 + x^2 - 2x + 5$ (complet)

Polinomi ordenat

És un polinomi els termes del qual estan ordenats segons el valor dels seus graus, habitualment de manera descendent.

$P(x) = x^2 + 5x^4 - 1 - 4x \rightarrow P(x) = 5x^4 + x^2 - 4x - 1$ (ordenat)

Activitat resolta

Donat el polinomi $P(x) = -x + \frac{3}{2}x^3 - \frac{1}{3} - 5x^5$, ordena'l i indica'n el grau, el terme independent i els coeficients.

El polinomi ordenat és $P(x) = -5x^5 + \frac{3}{2}x^3 - x - \frac{1}{3}$. És de grau 5, el terme independent és $-\frac{1}{3}$ i els coeficients són $-5, 0, \frac{3}{2}, 0, -1, -\frac{1}{3}$.

Activitats resoltes

1 Indica si els polinomis següents són reduïts, complets i ordenats.

a. $3x^2 + 4x - 3x^3 - 3 + 2x^2$

b. $x^4 + 3x^2 + x - 6$

c. $-2x^4 + x^3 - 5x^2 + 7x - 1$

a. No és un polinomi reduït, però sí que és complet i està desordenat.

b. És un polinomi reduït, no és complet i està ordenat.

c. És un polinomi reduït, és complet i està ordenat.

2 Escriu un polinomi complet i ordenat de grau 3 el coeficient principal del qual sigui 1 i que tingui per terme independent –1.

El polinomi podria ser $P(x) = x^3 + x^2 + x - 1$.

Els coeficients dels termes de grau 2 i grau 1 podrien ser qualsevol nombre excepte el 0, perquè el polinomi ha de ser complet.

Com que és un polinomi ordenat, s'ha d'escriure amb els termes en ordre segons el valor dels seus graus.

1.1 VALOR NUMÈRIC D'UN POLINOMI

Depenent del valor que s'assigni a les variables d'un polinomi, el polinomi pot prendre diferents valors.

El **valor numèric** d'un polinomi, $P(x)$, per a $x = a$, és el valor que s'obté quan se substitueix la variable x pel valor a. Es designa mitjançant $P(a)$.

Si el valor numèric obtingut prenent $x = a$ és zero, es diu que a és una **arrel del polinomi**.

Activitats resoltes

1 Calcula el valor numèric del polinomi $P(x) = 2x^3 - 5x - 3$ per als valors de la variable indicats.

a. $x = 1$
b. $x = 3$
c. $x = 0$
d. $x = -1$
e. $x = -2$
f. $x = 2$

Se substitueixen els valors assenyalats en el polinomi $P(x)$:

a. $P(1) = 2 \cdot (1)^3 - 5 \cdot (1) - 3 = 2 - 5 - 3 = -6$

b. $P(3) = 2 \cdot (3)^3 - 5 \cdot (3) - 3 = 54 - 15 - 3 = 36$

c. $P(0) = 2 \cdot (0)^3 - 5 \cdot (0) - 3 = -3$

d. $P(-1) = 2 \cdot (-1)^3 - 5 \cdot (-1) - 3 = -2 + 5 - 3 = 0$

$x = -1$ és una arrel del polinomi, ja que $P(-1) = 0$.

e. $P(-2) = 2 \cdot (-2)^3 - 5 \cdot (-2) - 3 = -16 + 10 - 3 = -9$

f. $P(2) = 2 \cdot (2)^3 - 5 \cdot (2) - 3 = 16 - 10 - 3 = 3$

2 Fixa't en aquests valors: –1, 0, –2, 2, –3. Indica quins són arrels del polinomi següent:

$$P(x) = x^4 - 15x^2 - 10x + 24$$

Se substitueixen els valors indicats en el polinomi $P(x)$:

- $P(-1) = (-1)^4 - 15 \cdot (-1)^2 - 10 \cdot (-1) + 24$
  $= 1 - 15 + 10 + 24 = 20$
- $P(0) = (0)^4 - 15 \cdot (0)^2 - 10 \cdot (0) + 24 =$
  $= 0 - 0 - 0 + 24 = 24$
- $P(-2) = (-2)^4 - 15 \cdot (-2)^2 - 10 \cdot (-2) + 24 =$
  $= 16 - 60 + 20 + 24 = 0$
- $P(2) = (2)^4 - 15 \cdot (2)^2 - 10 \cdot (2) + 24 =$
  $= 16 - 60 - 20 + 24 = -40$
- $P(-3) = (-3)^4 - 15 \cdot (-3)^2 - 10 \cdot (-3) + 24 =$
  $= 81 - 135 + 30 + 24 = 0$

Els valors obtinguts indiquen que $x = -2$ i $x = -3$ són arrels de $P(x)$.

2 /// SUMA I RESTA DE POLINOMIS

Practiquem i avancem 11-13

Per **sumar** o **restar** polinomis, se sumen o es resten entre ells els monomis que tinguin la mateixa part literal, és a dir, els monomis semblants.

- La **suma** es duu a terme agrupant els monomis semblants dels dos polinomis de manera ordenada i efectuant la suma dels coeficients d'aquests monomis.

  Per exemple, la suma $P(x) = 5x^3 + 3x^2 - 6x + 5$ i $Q(x) = 2x^3 + 4x - 4$ és:

  $P(x) + Q(x) = (5x^3 + 3x^2 - 6x + 5) + (2x^3 + 4x - 4) =$

  $= (5x^3 + 2x^3) + (3x^2) + (-6x + 4x) + (5 - 4) = 7x^3 + 3x^2 - 2x + 1$

- La **resta** es duu a terme efectuant la suma del primer polinomi amb l'oposat del segon.

> Donat un polinomi, $P(x)$, el **polinomi oposat**, $-P(x)$, és aquell els coeficients del qual són els oposats dels coeficients de $P(x)$.

Per exemple, per restar $P(x) = 5x^3 + 3x^2 - 6x + 5$ i $Q(x) = 2x^3 + 4x - 4$, cal procedir així:

$P(x) - Q(x) = P(x) + [-Q(x)] = (5x^3 + 3x^2 - 6x + 5) + (-2x^3 - 4x + 4) =$

$= (5x^3 - 2x^3) + (3x^2) + (-6x - 4x) + (5 + 4) = 3x^3 + 3x^2 - 10x + 9$

Un altre mètode consisteix a col·locar un polinomi sobre l'altre, procurant que coincideixin els monomis semblants:

$$\begin{array}{rrrrr} P(x) = & 5x^3 & +3x^2 & -6x & +5 \\ +\quad Q(x) = & 2x^3 & & +4x & -4 \\ \hline P(x)+Q(x) = & 7x^3 & +3x^2 & -2x & +1 \end{array}$$

De manera anàloga, es poden restar polinomis situant-los l'un sobre l'altre:

$$\begin{array}{rrrrr} P(x) = & 5x^3 & +3x^2 & -6x & +5 \\ +\quad -Q(x) = & -2x^3 & & -4x & +4 \\ \hline P(x)-Q(x) = & 3x^3 & +3x^2 & -10x & +9 \end{array}$$

Activitat resolta

Efectua les operacions que s'indiquen amb els polinomis següents:

$P(x) = x^2 + x + 2$ $\qquad Q(x) = -3x^2 + 5$ $\qquad R(x) = 2x^3 - 3x^2 + x - 2$

a. $P(x) + Q(x)$ $\qquad$ **c.** $P(x) - R(x)$

b. $Q(x) + R(x)$ $\qquad$ **d.** $R(x) + P(x) - Q(x)$

a. S'agrupen els monomis semblants i se'n fa la suma:

$P(x) + Q(x) = (x^2 + x + 2) + (-3x^2 + 5) = (x^2 - 3x^2) + x + (2 + 5) = -2x^2 + x + 7$

b. De la mateixa manera, s'agrupen els monomis amb la mateixa part literal i se sumen:

$Q(x) + R(x) = (-3x^2 + 5) + (2x^3 - 3x^2 + x - 2) = 2x^3 + (-3x^2 - 3x^2) + x + (5 - 2) =$

$= 2x^3 - 6x^2 + x + 3$

c. Se suma a $P(x)$ l'oposat de $R(x)$:

$P(x) - R(x) = P(x) + [-R(x)] = (x^2 + x + 2) + (-2x^3 + 3x^2 - x + 2) =$

$= -2x^3 + (x^2 + 3x^2) + (x - x) + (2 + 2) = -2x^3 + 4x^2 + 4$

d. Se suma $R(x) + P(x)$ i al resultat s'hi suma l'oposat de $Q(x)$:

$R(x) + P(x) - Q(x) = (2x^3 - 3x^2 + x - 2) + (x^2 + x + 2) - (-3x^2 + 5) =$

$= 2x^3 + (-3x^2 + x^2) + (x + x) + (-2 + 2) - (-3x^2 + 5) =$

$= (2x^3 - 2x^2 + 2x) - (-3x^2 + 5) = (2x^3 - 2x^2 + 2x) + (3x^2 - 5) =$

$= 2x^3 + (-2x^2 + 3x^2) + 2x - 5 = 2x^3 + x^2 + 2x - 5$

Sempre s'intenta donar el resultat de les operacions com un polinomi ordenat.

Propietats de la suma

Donats els polinomis $A(x)$, $B(x)$ i $C(x)$, es verifiquen les propietats següents:

Commutativa
$A(x) + B(x) = B(x) + A(x)$
Associativa
$[A(x) + B(x)] + C(x) = A(x) + [B(x) + C(x)]$
Element neutre
$A(x) + 0 = A(x)$
Element oposat
$A(x) + [-A(x)] = 0$

3 /// MULTIPLICACIÓ DE POLINOMIS

Practiquem i avancem 14-20

La multiplicació més senzilla és la d'un **monomi per un altre monomi**. Per dur-la a terme, n'hi ha prou de multiplicar els coeficients per una banda i les parts literals per l'altra. Per exemple:

$$(2x^3)\cdot(5x^4) = (2\cdot 5)\cdot(x^3\cdot x^4) = 10x^7$$

Per multiplicar un **monomi per un polinomi**, es multiplica el monomi per tots els termes del polinomi:

$$(2x^3)\cdot(5x^2-3x+2) = (2x^3)\cdot(5x^2)+(2x^3)\cdot(-3x)+(2x^3)\cdot(2) = 10x^5-6x^4+4x^3$$

Per **multiplicar dos polinomis**, es multipliquen tots els termes d'un dels polinomis per tots els termes de l'altre polinomi i després se sumen els termes semblants. El resultat és un altre polinomi el grau del qual és igual a la suma dels graus dels polinomis.

$$(3x^2+x-1)\cdot(-2x^2+4) = 3x^2\cdot(-2x^2+4)+x\cdot(-2x^2+4)-1\cdot(-2x^2+4) =$$
$$= -6x^4+12x^2-2x^3+4x+2x^2-4 = -6x^4-2x^3+14x^2+4x-4$$

Recorda

Propietats de les potències:

$$a^n\cdot a^m = a^{n+m}$$
$$a^n : a^m = a^{n-m}$$
$$(a^n)^m = a^{n\cdot m}$$
$$a^1 = a$$
$$a^0 = 1$$

Una altra manera de multiplicar polinomis consisteix a ordenar-los en forma descendent, col·locar-los l'un sobre l'altre i multiplicar els termes del segon polinomi pels del primer, de dreta a esquerra. Finalment, se sumen els monomis semblants:

$$\begin{array}{rrrrr} & 5x^3 & -4x^2 & +x & +3 \\ \times & & & -3x^2 & +5x \\ \hline & 25x^4 & -20x^3 & +5x^2 & +15x \\ -15x^5 & +12x^4 & -3x^3 & -9x^2 & \\ \hline -15x^5 & +37x^4 & -23x^3 & -4x^2 & +15x \end{array}$$

Activitat resolta

Efectua les multiplicacions següents:

a. $(4x^3)\cdot(-2x^5)$

b. $(-3x^2)\cdot(3x^3-2x+1)$

c. $(3x^2+x+3)\cdot(2x^2+5)$

d. $(5x^3-4x^2+x+3)\cdot(-3x^2+5x)$

a. Es multipliquen els coeficients per una banda i les parts literals per l'altra, tenint en compte les propietats de les potències:

$(4x^3)\cdot(-2x^5) = -8x^8$

b. En aquest cas, es multiplica el monomi per cadascun dels termes del polinomi:

$(-3x^2)\cdot(3x^3-2x+1) = (-3x^2)\cdot(3x^3)+(-3x^2)\cdot(-2x)+(-3x^2)\cdot(1) = -9x^5+6x^3-3x^2$

c. Tenint en compte que és una multiplicació d'un polinomi per un altre polinomi, es multiplica cada terme del primer polinomi per cada terme del segon i s'agrupen els termes semblants:

$$(3x^2+x+3)\cdot(2x^2+5) = (3x^2)\cdot(2x^2+5)+x\cdot(2x^2+5)+3\cdot(2x^2+5) =$$
$$= 6x^4+15x^2+2x^3+5x+6x^2+15 =$$
$$= 6x^4+2x^3+21x^2+5x+15$$

Com que es tracta d'una multiplicació de dos polinomis de grau 2, el resultat és un polinomi de grau 4.

d. Es multiplica cada terme del primer polinomi per cada terme del segon i se simplifica, agrupant els termes semblants que resultin:

$$(5x^3-4x^2+x+3)\cdot(-3x^2+5x) =$$
$$= (5x^3)\cdot(-3x^2+5x)-4x^2\cdot(-3x^2+5x)+x\cdot(-3x^2+5x)+3\cdot(-3x^2+5x) =$$
$$= -15x^5+25x^4+12x^4-20x^3-3x^3+5x^2-9x^2+15x =$$
$$= -15x^5+37x^4-23x^3-4x^2+15x$$

En aquest cas, com que és una multiplicació d'un polinomi de grau 3 per un altre de grau 2, el resultat és un polinomi de grau 5.

Propietats de la multiplicació de polinomis

Activitats resoltes

1 Efectua les multiplicacions següents i indica quina propietat es compleix.

a. $(x^2 + 3x) \cdot (x - 4)$

b. $(x - 4) \cdot (x^2 + 3x)$

a. $(x^2 + 3x) \cdot (x - 4) = x^2 \cdot (x - 4) + 3x \cdot (x - 4) = x^3 - 4x^2 + 3x^2 - 12x = x^3 - x^2 - 12x$

b. $(x - 4) \cdot (x^2 + 3x) = x \cdot (x^2 + 3x) - 4 \cdot (x^2 + 3x) = x^3 + 3x^2 - 4x^2 - 12x = x^3 - x^2 - 12x$

La propietat que es compleix és la commutativa, ja que no influeix l'ordre dels factors en el producte.

2 Comprova la propietat distributiva respecte de la suma, resolent les operacions indicades a partir dels polinomis següents:

$P(x) = x^2 + 2 \qquad Q(x) = -3x^2 + 5 \qquad R(x) = 2x^3 + 3x^2 + 1$

a. $P(x) \cdot [Q(x) + R(x)]$

b. $P(x) \cdot Q(x) + P(x) \cdot R(x)$

a. $P(x) \cdot [Q(x) + R(x)] = (x^2 + 2) \cdot [(-3x^2 + 5) + (2x^3 + 3x^2 + 1)] =$

$= (x^2 + 2) \cdot (2x^3 + 6) = 2x^5 + 6x^2 + 4x^3 + 12 = 2x^5 + 4x^3 + 6x^2 + 12$

b. $P(x) \cdot Q(x) + P(x) \cdot R(x) = (x^2 + 2) \cdot (-3x^2 + 5) + (x^2 + 2) \cdot (2x^3 + 3x^2 + 1) =$

$= (-3x^4 + 5x^2 - 6x^2 + 10) + (2x^5 + 3x^4 + x^2 + 4x^3 + 6x^2 + 2) = 2x^5 + 4x^3 + 6x^2 + 12$

Propietats de la multiplicació

Donats els polinomis A (x), B (x) i C (x), es verifiquen les propietats següents:

Commutativa
$A(x) \cdot B(x) = B(x) \cdot A(x)$
Associativa
$[A(x) \cdot B(x)] \cdot C(x) =$ $= A(x) \cdot [B(x) \cdot C(x)]$
Element neutre
$A(x) \cdot 1 = A(x)$
Distributiva respecte de la suma
$A(x) \cdot [B(x) + C(x)] =$ $= A(x) \cdot B(x) + A(x) \cdot C(x)$
Distributiva respecte de la resta
$A(x) \cdot [B(x) - C(x)] =$ $= A(x) \cdot B(x) - A(x) \cdot C(x)$

Factor comú

Aplicar la propietat distributiva en l'ordre invers és el que habitualment anomenem **«treure factor comú»**. Donat un polinomi qualsevol, es tracta d'extreure els factors comuns a tots els monomis que el conformen.

Activitat resolta

Extreu el factor comú en les expressions següents:

a. $15x^3 + 3x^2 + 12x$

b. $6a^2b^3 + 12a^3b - 9a^2b^5$

c. $3x^2y + 3x^2z + 3x^2$

d. $4ab \cdot (x + 1) + 4ac \cdot (x + 1)$

Es descomponen els coeficients i s'identifiquen els elements coincidents de cadascun dels factors. Tot seguit, s'aplica la propietat distributiva en ordre invers:

a. $15x^3 + 3x^2 + 12x = 3 \cdot 5 \cdot x \cdot x \cdot x + 3 \cdot x \cdot x + 2 \cdot 2 \cdot 3 \cdot x = 3x \cdot (5x^2 + x + 4)$

b. $6a^2b^3 + 12a^3b - 9a^2b^5 =$

$2 \cdot 3 \cdot a \cdot a \cdot b \cdot b \cdot b + 2 \cdot 2 \cdot 3 \cdot a \cdot a \cdot a \cdot b - 3 \cdot 3 \cdot a \cdot a \cdot b \cdot b \cdot b \cdot b \cdot b =$

$= 3a^2b \cdot (2b^2 + 4a - 3b^4)$

c. $3x^2y + 3x^2z + 3x^2 = 3x^2y + 3x^2z + 3x^2 = 3x^2 (y + z + 1)$

En aquest cas, cal observar que, atès que el factor comú coincideix amb l'últim terme del polinomi, l'últim valor de l'expressió del parèntesi es correspon amb un 1.

d. $4ab \cdot (x + 1) + 4ac \cdot (x + 1) = 4ab \cdot (x + 1) + 4ac \cdot (x + 1) = 4a \cdot (x + 1) \cdot (b + c)$

4 /// POTÈNCIA D'UN POLINOMI. IDENTITATS NOTABLES

Practiquem i avancem 21-26

Potències

Per elevar un polinomi a una potència, es multiplica el polinomi per si mateix tantes vegades com indiqui la potència:

$$[P(x)]^n = \underbrace{P(x) \cdot P(x) \cdot \ldots \cdot P(x)}_{n \text{ vegades}}$$

Activitat resolta

Calcula les potències següents:

a. $(x+3)^3$ **b.** $(x^2+3x-1)^2$

a. $(x+3)^3 = (x+3)\cdot(x+3)\cdot(x+3) = (x^2+3x+3x+9)\cdot(x+3) = (x^2+6x+9)\cdot(x+3) =$
$= x^3+3x^2+6x^2+18x+9x+27 = x^3+9x^2+27x+27$

b. $(x^2+3x-1)^2 = (x^2+3x-1)\cdot(x^2+3x-1) =$
$= x^4+3x^3-x^2+3x^3+9x^2-3x-x^2-3x+1 = x^4+6x^3+7x^2-6x+1$

Identitats notables

Algunes potències d'expressions algebraiques compleixen unes regles determinades que permeten calcular-les sense efectuar-ne les multiplicacions. Aquests productes s'anomenen **identitats notables**.

Quadrat de la suma de dos monomis	$(a+b)^2 = a^2+2ab+b^2$	$(2x+3)^2 = (2x)^2+2\cdot 2x\cdot 3+3^2 = 4x^2+12x+9$
Quadrat de la diferència de dos monomis	$(a-b)^2 = a^2-2ab+b^2$	$(x-5)^2 = x^2-2\cdot x\cdot 5+5^2 = x^2-10x+25$
Suma per diferència	$(a+b)\cdot(a-b) = a^2-b^2$	$(2+3x)\cdot(2-3x) = 2^2-(3x)^2 = 4-9x^2$

Activitats resoltes

1 Aplica les identitats notables en les expressions següents:

a. $(x+1)^2$

S'aplica la fórmula del quadrat de la suma:

a. $(x+1)^2 = x^2+2\cdot x\cdot 1+1^2 = x^2+2x+1$

b. $(x-2)^2$

S'aplica la fórmula del quadrat de la diferència de dos monomis:

b. $(x-2)^2 = x^2-2\cdot x\cdot 2+2^2 = x^2-4x+4$

c. $(x-2)\cdot(x+2)$

S'aplica la fórmula de la suma per la diferència:

c. $(x-2)\cdot(x+2) = x^2-2^2 = x^2-4$

2 Expressa com a identitats notables els polinomis següents:

a. $9x^2+24x+16$

Com que el segon terme és positiu, es tracta d'un quadrat de la suma de dos monomis:

a. $9x^2+24x+16 =$
$= (3x)^2+2\cdot 3x\cdot 4+4^2 = (3x+4)^2$

b. x^4-6x^2+9

Atès que el segon terme és negatiu, som davant el quadrat de la diferència de dos monomis:

b. $x^4-6x^2+9 = (x^2)^2-2\cdot x^2\cdot 3+3^2 =$
$= (x^2-3)^2$

c. $4x^2-25$

Com que aquest polinomi únicament té dos termes, es tracta d'un cas de suma per diferència:

c. $4x^2-25 = (2x)^2-5^2 =$
$= (2x-5)\cdot(2x+5)$

Activitat resolta

Resol aquesta operació tenint en compte la jerarquia d'operacions.

$(2x^2 + 1) + (x - 1) \cdot [(2x^2 + 3x + 1) - (2x^2 - x + 2)]^2$

Es comença per desenvolupar l'operació que hi ha dins el claudàtor:

$(2x^2 + 1) + (x - 1) \cdot [(2x^2 + 3x + 1) - (2x^2 - x + 2)]^2 =$

$= (2x^2 + 1) + (x - 1) \cdot (4x - 1)^2 = (2x^2 + 1) + (x - 1) \cdot (16x^2 - 8x + 1) =$

Es desenvolupa la **potència**.

S'efectua la **multiplicació**.

$= (2x^2 + 1) + (16x^3 - 8x^2 + x - 16x^2 + 8x - 1) =$

$= (2x^2 + 1) + (16x^3 - 24x^2 + 9x - 1) = 16x^3 - 22x^2 + 9x$

Finalment, es fa la **suma**.

Recorda

Jerarquia d'operacions

Si en una operació apareixen sumes i restes combinades amb multiplicacions i divisions i potències de polinomis, s'han d'aplicar els criteris habituals de jerarquia d'operacions a l'hora de resoldre-la:

1. Parèntesis o claudàtors
2. Potències
3. Multiplicacions i divisions
4. Sumes i restes

Construcció del triangle de Pascal-Tartaglia

La fórmula que es fa servir per calcular les potències successives d'un binomi rep el nom de **binomi de Newton**. Les primeres potències són:

$$(a + b)^2 = a^2 + 2ab + b^2$$

$$(a + b)^3 = a^3 + 3a^2b + 3ab^2 + b^3$$

$$(a + b)^4 = a^4 + 4a^3b + 6a^2b^2 + 4ab^3 + b^4$$

Si s'analitzen les parts literals de cadascun dels monomis, s'observa una relació clara amb la potència calculada:

$$(a + b)^n \rightarrow a^n \quad a^{(n-1)}b \quad a^{(n-2)}b^2 \quad \dots \quad a^2b^{(n-2)} \quad ab^{(n-1)} \quad b^n$$

- Els exponents de *a* van disminuint, d'un en un, des de *n* fins a 0.
- Els exponents de *b* van augmentant, d'un en un, des de 0 fins a *n*.

Els coeficients responen a una seqüència que apareix al triangle de **Pascal-Tartaglia**, que es construeix de la manera següent:

1 Se situa un 1 a la part superior del triangle.

2 Cada fila té un element més que la fila superior

3 Totes les files tenen un 1 als dos extrems.

4 Els altres nombres de cada fila s'obtenen de sumar els dos nombres que tenen damunt.

Els coeficients de la potència $(a + b)^n$ es corresponen amb la fila $n + 1$ del triangle de Pascal-Tartaglia.

Per exemple, per desenvolupar $(x + 2)^5$, es procedeix de la manera següent:

$$(a + b)^5 = a^5 + 5a^4b + 10a^3b^2 + 10a^2b^3 + 5ab^4 + b^5$$

$$(x + 2)^5 = x^5 + 5 \cdot x^4 \cdot 2 + 10 \cdot x^3 \cdot 2^2 + 10 \cdot x^2 \cdot 2^3 + 5 \cdot x \cdot 2^4 + 2^5 =$$
$$= x^5 + 10x^4 + 40x^3 + 80x^2 + 80x + 32$$

a. Construeix el triangle de Pascal-Tartaglia fins a la fila 8.

b. Calcula la potència $(x + 1)^6$.

c. Desenvolupa $(x - 1)^6$. Què observes?

5 /// DIVISIÓ DE POLINOMIS

Practiquem i avancem 27-32

Per dividir un polinomi, D (x), entre un altre polinomi no nul, d (x), cal que el grau de D (x) sigui més alt o igual que el grau de d (x). Aquests dos polinomis s'anomenen, respectivament, **polinomi dividend** i **polinomi divisor**.

Quan s'efectua la divisió, s'obté un **polinomi quocient**, Q (x), i un **polinomi residu**, R (x).

Activitat resolta

Efectua la divisió de D (x) = $4x^4 + 3x^2 + 3x + 6$ entre d (x) = $x^2 - x + 2$.

1 Es col·loquen el dividend i el divisor ordenats de manera decreixent. Si el dividend no està complet, es deixa un buit en els termes que hi faltin.

$$\begin{array}{lllll|l} 4x^4 & & +\,3x^2 & +\,3x & +\,6 & x^2 - x + 2 \\ \hline \end{array}$$

2 Es calcula el primer terme del quocient, dividint el terme de grau més alt del dividend entre el de grau més alt del divisor: $4x^4 : x^2 = 4x^2$.

Es multiplica el resultat pels monomis del divisor i es disposa el resultat nou sota els termes del dividend que tinguin el mateix grau, però canviant-ne el signe. Tot seguit, se sumen els termes.

$$\begin{array}{lllll|l} \cancel{4x^4} & & +\,3x^2 & +\,3x & +\,6 & x^2 - x + 2 \\ \cline{6-6} -\cancel{4x^4} & +\,4x^3 & -\,8x^2 & & & 4x^2 \\ \cline{1-3} & 4x^3 & -\,5x^2 & & & \end{array}$$

3 Es baixa el terme següent del dividend i es repeteix el procés, dividint el terme de grau més alt del residu entre el de grau més alt del divisor: $4x^3 : x^2 = 4x$.

$$\begin{array}{lllll|l} \cancel{4x^4} & & +\,3x^2 & +\,3x & +\,6 & x^2 - x + 2 \\ \cline{6-6} -\cancel{4x^4} & +\,4x^3 & -\,8x^2 & \downarrow & & 4x^2 + 4x \\ \cline{1-3} & \cancel{4x^3} & -\,5x^2 & +\,3x & & \\ & -\,\cancel{4x^3} & +\,4x^2 & -\,8x & & \\ \cline{2-4} & & -\,x^2 & -\,5x & & \end{array}$$

4 Es torna a dividir el terme de grau més alt del residu entre el de grau més alt del divisor: $-x^2 : x^2 = -1$.

$$\begin{array}{lllll|l} \cancel{4x^4} & & +\,3x^2 & +\,3x & +\,6 & x^2 - x + 2 \\ \cline{6-6} -\cancel{4x^4} & +\,4x^3 & -\,8x^2 & \downarrow & & 4x^2 + 4x - 1 \\ \cline{1-3} & \cancel{4x^3} & -\,5x^2 & +\,3x & & \uparrow \\ & -\,\cancel{4x^3} & +\,4x^2 & -\,8x & \downarrow & \text{Quocient} \\ \cline{2-4} & & -\,\cancel{x^2} & -\,5x & +\,6 & \\ & & \cancel{x^2} & -\,x & +\,2 & \\ \cline{3-5} & & & -\,6x & +\,8 & \leftarrow \text{Residu} \end{array}$$

La divisió s'acaba quan el grau del residu és més petit que el grau del divisor. Es pot comprovar que la divisió de l'activitat ja està resolta del tot, perquè el grau del residu és 1, i el del divisor, 2.

Si el residu de la divisió és zero, R (x) = 0, la divisió és exacta; si R (x) $\neq$ 0, la divisió és entera.

Prova de la divisió

Per comprovar que una divisió s'ha fet correctament, s'ha de complir que el dividend, D (x), sigui igual al producte del divisor, d (x), pel quocient, Q (x), més el residu, R (x):

$$D(x) = Q(x) \cdot d(x) + R(x)$$

Per exemple, en el cas de l'activitat resolta:

$$(4x^2 + 4x - 1) \cdot (x^2 - x + 2) + (-6x + 8) = 4x^4 + 3x^2 + 3x + 6$$

6 /// REGLA DE RUFFINI. TEOREMA DEL RESIDU I DEL FACTOR

Practiquem i avancem 33-46

Quan el polinomi divisor és un binomi de la forma $(x - a)$, en què a és qualsevol nombre real, es pot calcular la divisió per la **regla de Ruffini**.

Activitat resolta

Efectua la divisió de $D(x) = 3x^4 - 2x^3 - 5x - 2$ entre el binomi $d(x) = (x - 2)$ aplicant la regla de Ruffini.

1 S'ordenen els coeficients del polinomi del dividend disposats en ordre descendent a la part superior. Si hi falta algun terme, es posa un zero al seu lloc. A sota, a l'esquerra, se situa el valor de a. Tot seguit, es baixa el primer coeficient, 3.

	3	−2	0	−5	−2
2	↓				
	3				

2 Es multiplica el coeficient que s'ha baixat pel valor de a, i el resultat se situa sota el segon coeficient. Se sumen els dos valors i s'escriu el resultat a la part inferior.

	3	−2	0	−5	−2
2		6			
	3	4			

3 Es repeteix el procés fins a completar la fila inferior. En aquesta fila, el valor de la dreta és el residu, mentre que els valors situats a la seva esquerra són els coeficients del quocient. El quocient és un polinomi d'un grau més baix que el dividend.

	3	−2	0	−5	−2
2		6	8	16	22
	3	4	8	11	20

quocient residu

Quocient: $Q(x) = 3x^3 + 4x^2 + 8x + 11$

Residu: $R(x) = 20$

$$3x^4 - 2x^3 - 5x - 2 = (3x^3 + 4x^2 + 8x + 11) \cdot (x - 2) + 20$$

Teorema del residu

El residu que resulta de dividir un polinomi, $P(x)$, entre un binomi del tipus $(x - a)$ coincideix amb el valor numèric del polinomi $P(x)$ per al valor $x = a$.

Això significa que, en l'exemple de l'activitat resolta que acabem d'analitzar, el valor numèric del polinomi $P(x) = 3x^4 - 2x^3 - 5x - 2$ per a $x = 2$, aplicant la regla de Ruffini, és 20.

Activitat resolta

Calcula el residu que resulta de dividir el polinomi $P(x) = -2x^5 + x^3 - 5x^2 - 3x - 12$ entre $(x + 2)$ sense fer-ne la divisió.

N'hi hauria prou de determinar el valor numèric del polinomi $P(x)$ per a $x = -2$:

$$P(-2) = -2 \cdot (-2)^5 + (-2)^3 - 5 \cdot (-2)^2 - 3 \cdot (-2) - 12 = 64 - 8 - 20 + 6 - 12 = 42$$

Per tant, el residu de la divisió és 42.

Teorema del factor

Si un polinomi es pot expressar com a producte d'altres polinomis, es diu de cadascun que són *factors* (o divisors) d'aquest polinomi.

A partir del teorema del residu, i tenint en compte la definició d'arrel d'un polinomi, s'obtenen els factors d'aquest polinomi, resultat que es recull a l'anomenat teorema del factor:

> Si a és una arrel d'un polinomi, P (x), aleshores $(x - a)$ és un factor de P (x), i al revés:
>
> a és arrel de P $(x) \Leftrightarrow (x - a)$ és factor de P (x)

Tingues-ho en compte

Si a és una arrel d'un polinomi, el residu de la divisió d'aquest polinomi entre $(x - a)$ serà zero, i, per tant, $(x - a)$ serà un divisor de P (x).

Activitat resolta

Indica si algun dels binomis $(x - 1)$, $(x - 3)$, $(x + 2)$, $(x + 5)$ són factors del polinomi P $(x) = x^2 - x - 6$.

Perquè $(x - a)$ sigui un factor de P (x), a ha de ser una arrel d'aquest polinomi.

Per a $(x - 1) \longrightarrow x = 1$: $P(1) = 1^2 - 1 - 6 = -6 \neq 0 \Longrightarrow x = 1$ no és una arrel de P (x).

Per a $(x - 3) \longrightarrow x = 3$: $P(3) = 3^2 - 3 - 6 = 0 \Longrightarrow x = 3$ és una arrel de P (x).

Per a $(x + 2) \longrightarrow x = -2$: $P(-2) = (-2)^2 - (-2) - 6 = 0 \Longrightarrow x = -2$ és una arrel de P (x).

Per a $(x + 5) \longrightarrow x = -5$: $P(-5) = (-5)^2 - (-5) - 6 = 24 \neq 0 \Longrightarrow x = -5$ no és una arrel de P (x).

És a dir, $(x - 3)$ i $(x + 2)$ són factors de P (x).

Eines tecnològiques

Determina alguna arrel del polinomi següent:

$$P(x) = 4x^4 - 16x^3 + x^2 + 39x - 18$$

Per esbrinar les arrels d'un polinomi, s'han de substituir valors en aquest polinomi i avaluar si el resultat és zero. Aquesta tasca pot arribar a ser molt laboriosa, i per això es pot utilitzar alguna aplicació que ens ajudi a trobar aquestes arrels:

GeoGebra

S'introdueix el polinomi a la barra d'entrada (l'exponent s'insereix amb l'accent circumflex, ^).

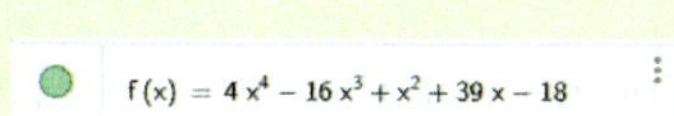

Directament s'obté una vista gràfica d'aquest polinomi.

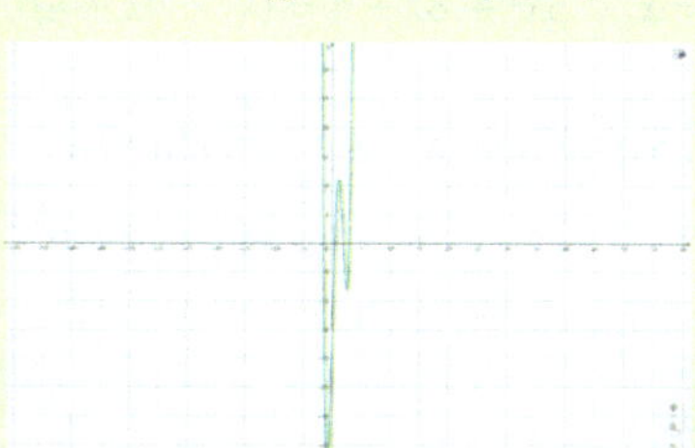

Les arrels coincideixen amb els punts de tall amb l'eix X:

$x = -1{,}5$ $\quad x = 0{,}5$ $\quad x = 2$ $\quad x = 3$

Photomath

Amb aquesta aplicació, simplement s'enfoca el polinomi amb la càmera del mòbil o de la tauleta, se'n fa la captura i automàticament s'obtenen els valors de les seves arrels.

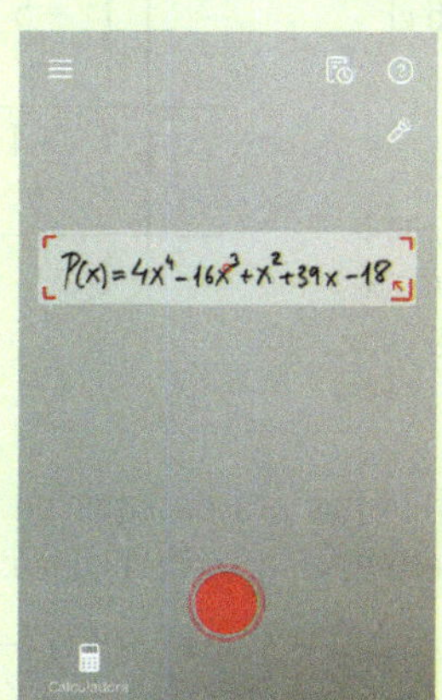

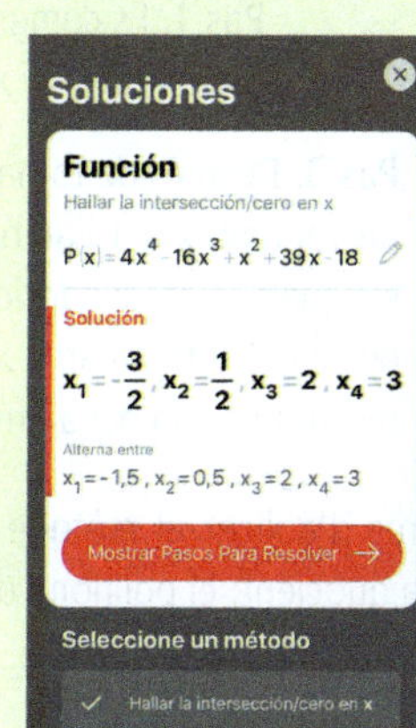

7 /// FACTORITZACIÓ DE POLINOMIS

Practiquem i avancem 47-57

Factoritzar un polinomi és expressar-lo com una multiplicació de polinomis irreductibles de grau més petit.

Tenint en compte el teorema del factor, per factoritzar un polinomi, cal buscar quins valors de la variable x són arrels del polinomi. Aquestes arrels, si són enteres, es troben en els divisors del terme independent.

Per factoritzar un polinomi de grau superior a 1, se segueixen aquests passos:

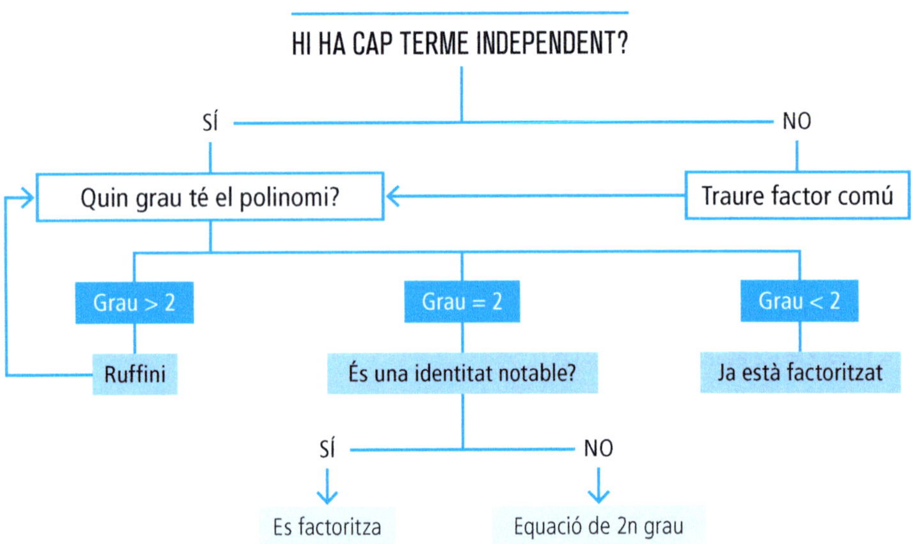

Tingues-ho en compte

Per triar els nombres que donin zero com a residu aplicant la regla de Ruffini, considera que:

- Si la suma de tots els coeficients del polinomi és zero, cal provar-ho amb $x = 1$, perquè és una arrel del polinomi.
- Si tots els coeficients del polinomi tenen el mateix signe, només s'ha de provar amb els nombres negatius.

Activitat resolta

Factoritza el polinomi $P(x) = x^3 - 5x^2 + 8x - 4$.

Les arrels del polinomi $P(x) = x^3 - 5x^2 + 8x - 4$ es trobarien entre els divisors de 4; és a dir, ±1, ±2 i ±4.

Per estudiar quines són, s'aplica la regla de Ruffini amb aquests divisors, provant fins a trobar les arrels, que són les que donen com a residu 0.

En aquest cas, com que la suma dels coeficients és 0, es pot assegurar que una de les arrels serà 1, i per això es comença per aquest nombre.

Pas 1. Es comença amb el primer divisor, $x = 1$.

Pas 3. Després de tornar-ho a provar amb $x = 1$ i amb $x = -1$, amb els quals s'obtenen residus diferents de zero, s'intenta amb $x = 2$ i el resultat és una nova arrel.

	1	−5	8	−4
1		1	−4	4
	1	−4	4	0
2		2	−4	
	1	−2	0	

Pas 2. Com que el residu és 0, $(x - 1)$ és un factor del polinomi:
$P(x) = x^3 - 5x^2 + 8x - 4 = (x^2 - 4x + 4) \cdot (x - 1)$

Pas 4. S'obté que $(x - 2)$ és un altre factor:
$P(x) = x^3 - 5x^2 + 8x - 4 = (x^2 - 4x + 4) \cdot (x - 1) =$
$= (x - 2) \cdot (x - 2) \cdot (x - 1)$

Després d'aplicar el mètode de Ruffini fins a aconseguir un polinomi de primer grau com a quocient, el polinomi donat s'expressa factoritzat com a:

$$P(x) = x^3 - 5x^2 + 8x - 4 = (x - 2)^2 \cdot (x - 1)$$

L'aparició del factor $(x - 2)$ dues vegades indica que l'arrel $x = 2$ és doble.

Activitat resolta

Descompon en factors els polinomis següents, i indica quines són les seves arrels i la multiplicitat d'aquestes arrels:

a. $A(x) = x^3 - x^2 - 8x + 12$

b. $B(x) = x^4 - 6x^3 + x^2 + 24x - 20$

a. S'aplica la regla de Ruffini, utilitzant els divisors del terme independent fins a aconseguir reduir el polinomi de grau 1. Les arrels possibles són ±1, ±2, ±3, ±4, ±6 i ±12.

	1	−1	−8	12
2		2	2	−12
	1	1	−6	0
2		2	6	
	1	3	0	

$A(x) = x^3 - x^2 - 8x + 12 = (x-2)^2 \cdot (x+3)$

Arrels: $x = 2$ (doble) i $x = -3$

L'arrel $x = -3$ s'extreu del factor $(x + 3)$ si:

$$x + 3 = 0 \rightarrow x = -3$$

b. Les arrels possibles són ±1, ±2, ±4, ±5, ±10, ±20.

	1	−6	1	24	−20
1		1	−5	−4	20
	1	−5	−4	20	0
2		2	−6	−20	
	1	−3	−10	0	
−2		−2	10		
	1	−5	0		

$B(x) = x^4 - 6x^3 + x^2 + 24x - 20 =$
$= (x-1) \cdot (x-2) \cdot (x+2) \cdot (x-5)$

Arrels: $x = 1$, $x = 2$, $x = -2$ i $x = 5$

L'arrel $x = 5$ s'extreu del factor $(x - 5)$ si:

$$x - 5 = 0 \rightarrow x = 5$$

En l'activitat resolta s'ha reduït cada polinomi amb l'ajuda del mètode de Ruffini fins a obtenir-ne totes les arrels, però a la pràctica és més recomanable utilitzar la fórmula de l'equació de segon grau quan s'aconsegueixen tres termes al quocient, ja que el polinomi podria tenir arrels de nombres enters.

Recorda

L'equació de segon grau $ax^2 + bx + c = 0$ es resol aplicant aquesta expressió:

$$x = \frac{-b \pm \sqrt{b^2 - 4ac}}{2a}$$

Activitat resolta

Descompon en factors el polinomi següent: $A(x) = 3x^3 + 4x^2 - 49x + 30$.

S'aplica la regla de Ruffini prenent com a candidats els divisors del terme independent. Per tant, les arrels poden ser ±1, ±2, ±3, ±5, ±6, ±10, ±15 i ±30.

	3	4	−49	30
3		9	39	−30
	3	13	−10	0

$$A(x) = (x-3) \cdot (3x^2 + 13x - 10)$$

Es determinen les arrels del polinomi $3x^2 + 13x - 10$ amb la fórmula de l'equació de segon grau:

$$x = \frac{-13 \pm \sqrt{169 + 120}}{6} = \frac{-13 \pm \sqrt{289}}{6} = \frac{-13 \pm 17}{6} = \begin{cases} \frac{4}{6} = \frac{2}{3} \\ -\frac{30}{6} = -5 \end{cases}$$

Arrels: $x = 3$, $x = \frac{2}{3}$ i $x = -5$

$$A(x) = 3 \cdot (x-3) \cdot \left(x - \frac{2}{3}\right) \cdot (x+5)$$

Observa

El coeficient principal s'ha d'incloure en la descomposició.

Si s'ha de factoritzar:

$$P(x) = x^2 - 5x + 6$$
$$\text{i } Q(x) = 2x^2 - 10x + 12$$

Tots dos tenen les mateixes arrels: $x = 2$ i $x = 3$. Així, doncs:

$$P(x) = (x-2) \cdot (x-3)$$
$$\text{i } Q(x) = 2 \cdot (x-2) \cdot (x-3)$$

8 /// FRACCIONS ALGEBRAIQUES

Practiquem i avancem 58-61

Una **fracció algebraica** és una expressió donada com el quocient de dos polinomis, $\frac{P(x)}{Q(x)}$, en què Q (x) ha de ser de grau més alt o igual a 1.

Les expressions següents són fraccions algebraiques:

$$\frac{3x}{4x^2+3x-1}, \frac{x^2-1}{x+2} \text{ i } \frac{5}{x^2+x+1}$$

Tingues-ho en compte

El denominador de l'expressió $\frac{2x^2-3x}{2}$ és un nombre (no hi ha variable), de manera que en realitat és un polinomi:

$$\frac{2x^2-3x}{2}=\frac{2x^2}{2}-\frac{3x}{2}=x^2-\frac{3}{2}x$$

Fraccions algebraiques equivalents

És possible obtenir fraccions algebraiques equivalents, dividint o multiplicant el numerador i el denominador pel mateix polinomi. Donat $R(x) \neq 0$:

$$\frac{P(x)}{Q(x)}=\frac{P(x)\cdot R(x)}{Q(x)\cdot R(x)} \qquad \frac{P(x)}{Q(x)}=\frac{P(x):R(x)}{Q(x):R(x)}$$

Es pot comprovar que dues fraccions algebraiques són equivalents de la mateixa manera que es fa amb les fraccions numèriques:

$$\frac{P(x)}{Q(x)}=\frac{P'(x)}{Q'(x)} \Leftrightarrow P(x)\cdot Q'(x)=Q(x)\cdot P'(x)$$

Activitat resolta

Comprova si les fraccions $\frac{3x+6}{x^2-x-6}$ i $\frac{9x-3}{3x^2-10x+3}$ són equivalents.

Es verifica si els productes $(3x+6)\cdot(3x^2-10x+3)$ i $(x^2-x-6)\cdot(9x-3)$ coincideixen:

$$(3x+6)\cdot(3x^2-10x+3)=9x^3-12x^2-51x+18$$

$$(x^2-x-6)\cdot(9x-3)=9x^3-12x^2-51x+18$$

Si no existeix cap divisor comú al numerador i al denominador d'una fracció algebraica, es tracta d'una fracció irreductible.

El procediment per obtenir una fracció irreductible consisteix a factoritzar el numerador i el denominador i eliminar els factors comuns.

Activitat resolta

Simplifica $\frac{x^3-5x^2+7x-3}{x^3-4x^2+3x}$ fins a obtenir una fracció equivalent irreductible.

Es factoritzen el numerador i el denominador:

$x^3-5x^2+7x-3=(x-1)^2\cdot(x-3)$ $\qquad$ $x^3-4x^2+3x=x\cdot(x-1)\cdot(x-3)$

S'eliminen els factors comuns:

$$\frac{x^3-5x^2+7x-3}{x^3-4x^2+3x}=\frac{(x-1)^{\cancel{2}}\cdot\cancel{(x-3)}}{x\cdot\cancel{(x-1)}\cdot\cancel{(x-3)}}=\frac{x-1}{x}$$

9 /// SUMA I RESTA DE FRACCIONS ALGEBRAIQUES

Practiquem i avancem 62-64

La suma i la resta de fraccions algebraiques segueix el mateix procediment emprat en les fraccions numèriques. Així, caldrà reduir prèviament totes les fraccions a comú denominador amb el càlcul del m. c. m. dels denominadors.

Activitat resolta

Redueix a comú denominador les fraccions algebraiques següents:

a. $\frac{x-3}{x^3-3x+2}$ i $\frac{2}{x^2-x}$

b. $\frac{1}{x-1}$, $\frac{x-1}{x+1}$ i $\frac{-1}{x^2-1}$

a. Es factoritzen els denominadors i es calcula el m. c. m., que serà el denominador comú:

$$\left.\begin{array}{l} x^3-3x+2=(x-1)^2\cdot(x+2) \\ x^2-x=x\cdot(x-1) \end{array}\right\} \rightarrow \text{m. c. m. }(x^3-3x+2,\ x^2-x)=x\cdot(x-1)^2\cdot(x+2)$$

El quocient entre el m. c. m. i el denominador dona el polinomi pel qual s'ha de multiplicar per reduir les fraccions a comú denominador:

$$\frac{x\cdot\cancel{(x-1)^2\cdot(x+2)}}{\cancel{(x-1)^2\cdot(x+2)}}=x \qquad \frac{\cancel{x}\cdot(x-1)^{\cancel{2}}\cdot(x+2)}{\cancel{x\cdot(x-1)}}=(x-1)\,(x+2)$$

Es multipliquen numerador i denominador pels factors obtinguts:

$$\frac{x-3}{x^3-3x+2}=\frac{x-3}{(x-1)^2\cdot(x+2)}=\frac{x\cdot(x-3)}{x\cdot(x-1)^2\cdot(x+2)}$$

$$\frac{2}{x^2-3}=\frac{2}{x\cdot(x-1)}=\frac{2\cdot(x-1)\cdot(x+2)}{x\cdot(x-1)^2\cdot(x+2)}$$

b. De la mateixa manera:

$$\text{m.c.m. }(x-1,\ x+1,\ x^2-1)=\text{m.c.m. }[x-1,\ x+1,\ (x-1)\cdot(x+1)]=(x-1)\cdot(x+1)$$

Es redueixen a comú denominador:

$$\frac{1}{x-1}=\frac{x+1}{(x-1)\cdot(x+1)} \qquad \frac{x-1}{x+1}=\frac{(x-1)^2}{(x+1)\cdot(x-1)} \qquad \frac{-1}{x^2-1}=\frac{-1}{(x-1)\cdot(x+1)}$$

Donades dues fraccions algebraiques amb el mateix denominador, la suma o resta s'efectua operant en els numeradors i mantenint el denominador comú.

Activitat resolta

Calcula les sumes i les restes següents:

a. $\frac{x-3}{x^3-3x+2}+\frac{2}{x^2-x}$

b. $\frac{1}{x-1}-\frac{x-1}{x+1}+\frac{-1}{x^2-1}$

Es redueix a denominador comú i se sumen els numeradors:

a. $$\frac{x-3}{x^3-3x+2}+\frac{2}{x^2-x}=\frac{x\cdot(x-3)}{x\cdot(x-1)^2\cdot(x+2)}+\frac{2\cdot(x-1)\cdot(x+2)}{x\cdot(x-1)^2\cdot(x+2)}=$$

$$=\frac{x\cdot(x-3)+2\cdot(x-1)\cdot(x+2)}{x\cdot(x-1)^2\cdot(x+2)}=\frac{3x^2-x-4}{x\cdot(x-1)^2\cdot(x+2)}$$

b. $$\frac{1}{x-1}-\frac{x-1}{x+1}+\frac{-1}{x^2-1}=\frac{x+1}{(x-1)\cdot(x+1)}-\frac{(x-1)^2}{(x-1)\cdot(x+1)}+\frac{-1}{(x-1)\cdot(x+1)}=$$

$$=\frac{x+1-(x-1)^2-1}{(x-1)\cdot(x+1)}=\frac{-x^2+3x-1}{(x-1)\cdot(x+1)}$$

10 /// APLICACIONS

Practiquem i avancem 65-73

Si el llenguatge algebraic és l'idioma de les matemàtiques, es podria afirmar que els polinomis són les paraules d'aquest llenguatge. L'ús d'incògnites, juntament amb nombres i les seves relacions, permet modelitzar situacions per tal de resoldre problemes i, d'aquesta manera, entendre millor el nostre entorn. En la majoria dels casos, aquesta modelització ve donada per un polinomi.

El **llenguatge algebraic** simplifica la tasca de plantejar enunciats matemàtics. Observa'n alguns exemples a la taula següent:

Un nombre qualsevol	x
Dos nombres consecutius	x, $x + 1$
El doble d'un nombre	$2x$
La meitat d'un nombre	$\frac{x}{2}$
Un nombre incrementat tres unitats	$x + 3$
La suma de dos nombres	$x + y$
La diferència de dos nombres	$x - y$
La suma de tres nombres consecutius	$x + (x + 1) + (x + 2)$
Un nombre senar	$2x + 1$
Un múltiple de 5	$5x$
El 20 % d'un nombre	$0{,}2 \cdot x$
El producte de dos nombres consecutius	$x \cdot (x + 1)$

Tingues-ho en compte

A més de les variables i les operacions, en matemàtiques hi ha molts altres símbols que ajuden a relacionar conceptes. Alguns d'aquests símbols són els següents:

$\forall$	Qualsevol (per a tot)
$\exists$	Existeix
$\in$	Pertany
/	Tal que
$\rightarrow$	Llavors
$\leftrightarrow$	Si i només si

Activitats resoltes

1 Expressa amb llenguatge algebraic els enunciats següents:

a. El triple d'un nombre més el seu quadrat.

b. El producte de tres nombres parells consecutius.

c. El cub de la suma de dos nombres incrementat tres unitats.

d. El triple del quadrat de la diferència del quadrat d'un nombre i la seva cinquena part.

e. L'àrea d'un rectangle que és tres unitats més ample que alt.

a. El triple d'un nombre més el seu quadrat: $3x + x^2$

b. El producte de tres nombres parells consecutius:

$$2x \cdot (2x + 2) \cdot (2x + 4)$$

c. El cub de la suma de dos nombres incrementat tres unitats: $(x + y)^3 + 3$.

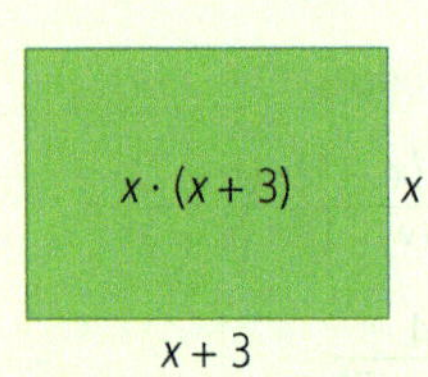

d. El triple del quadrat de la diferència del quadrat d'un nombre i la seva cinquena part: $3 \cdot \left(x^2 - \frac{x}{5}\right)^2$.

e. L'àrea d'un rectangle que és tres unitats més ample que alt: $x \cdot (x + 3)$

2 El preu d'un producte va pujar un 20 % després d'estar una setmana en venda. La setmana següent va experimentar un descens de 5 €, i la tercera setmana, un augment del 3 %. Si s'anomena x el preu inicial del producte, expressa amb llenguatge algebraic el valor del preu quan hagin passat aquestes tres setmanes.

S'analitzen els preus setmana rere setmana:

- Primera setmana:

$$P_1 = x + 20\,\% \text{ de } x = x + 0{,}2x = 1{,}2x$$

- Segona setmana:

$$P_2 = P_1 - 5 = 1{,}2x - 5$$

- Tercera setmana:

$$P_3 = P_2 + 3\,\% \text{ de } P_2 = (1{,}2x - 5) + 0{,}03 \cdot (1{,}2x - 5) = 1{,}236x - 5{,}15$$

Activitats resoltes

1 **Actualment, l'Arnau té el triple d'edat que la seva germana, la Carla. Expressa com un polinomi d'una variable el producte de les seves edats d'aquí a 5 anys.**

Si anomenem x l'edat de Carla, aleshores $3x$ és l'edat de l'Arnau actualment.

Per tant, d'aquí a 5 anys:

- Edat de la Carla $\rightarrow x + 5$
- Edat de l'Arnau $\rightarrow 3x + 5$

Així, doncs, l'expressió que es demana és $P(x) = (x + 5) \cdot (3x + 5) = 3x^2 + 20x + 25$.

2 **El nombre de persones que accedeixen a un comerç cada hora es pot estimar a partir de l'expressió $P(x)= -x^2 + 8x$, i el nombre de persones que en surt, amb l'expressió $Q(x) = -0{,}25x^2 + 2x$, en què x representa el nombre d'hores des que s'ha obert, tenint en compte que $0 \leq x \leq 8$.**

a. Indica quantes persones entren al comerç durant la segona hora i quantes en surten.

b. Indica l'expressió que permet calcular el nombre de persones que hi ha a l'interior del comerç a qualsevol hora.

c. Quantes persones hi ha al comerç durant la quarta hora?

a. Substituint $x = 2$ en els dos polinomis, s'obté:

- Hi entren $\rightarrow P(2) = -2^2 + 8 \cdot 2 = -4 + 16 = 12$
- En surten $\rightarrow Q(2) = -0{,}25 \cdot 2^2 + 2 \cdot 2 = -1 + 4 = 3$

Per tant, a la segona hora hi entren dotze persones i en surten tres.

b. Les persones que hi ha a l'interior del començ es calculen com la diferència entre les que hi entren i les que en surten:

$$R(x) = P(x) - Q(x) = (-x^2 + 8x) - (-0{,}25x^2 + 2x) = -0{,}75x^2 + 6x$$

c. El nombre de persones que hi ha a l'interior a la quarta hora es calcula amb l'expressió que hem obtingut a l'apartat anterior, $R(x)$:

$$R(4) = -0{,}75 \cdot 4^2 + 6 \cdot 4 = -12 + 24 = 12$$

Així, a la quarta hora hi haurà dotze persones a dins del comerç.

3 **Una botiga de fruita i verdura té una varietat de tomàquets a la venda, amb un preu inicial de 20 €/kg. No obstant això, com que es tracta d'un producte perible, cada dia que passa el preu baixa 20 cèntims. El primer dia se n'han venut 80 kg i cada dia que passa se n'han venut 5 kg més.**

Si es designa com a x el nombre de dies transcorreguts, calcula, en funció de x:

a. El preu diari.

b. La quantitat de tomàquets venuda cada dia.

c. Els beneficis obtinguts, expressats com un polinomi.

a. Preu diari (preu inicial menys 20 cèntims per dia transcorregut, x):

$$P(x) = 20 - 0{,}2x$$

b. Quantitat diària venuda (quantitat inicial més 5 kg per dia transcorregut, x):

$$Q(x) = 80 + 5x$$

c. El benefici es determina mitjançant el producte del preu diari per la quantitat venuda:

$$B(x) = P(x) \cdot Q(x) = (20 - 0{,}2x) \cdot (80 + 5x) = -x^2 + 84x + 1\,600$$

PRACTIQUEM i AVANCEM

1 Assenyala si les oracions següents són veritables o falses i corregeix les que siguin falses.

a. El terme independent del polinomi $x^3 + 3x - 2$ és x^3.

b. El polinomi $x^5 + 3$ és de grau 5.

c. El coeficient principal del polinomi $x^2 + 5x^3 - 4$ és 1.

d. El polinomi $x^2 - x + 8$ està ordenat.

e. Tots els polinomis de grau 4 són complets.

Investiga quin és l'origen de les paraules *àlgebra* i *algorisme*.

2 Indica la variable, el grau, el terme principal i el terme independent dels polinomis següents:

a. $A(x) = 6x^2 - x^4 + 4x - 9 + 16x^3$

b. $B(t) = -2t^5 + 5t^3 + 6t$

c. $C(y) = 5y^3 - 2y^2 + 7y + 1$

d. $D(z) = 5 - z^2 - 6z$

3 Posa un exemple de polinomi ordenat i complet de grau 5, el coeficient principal del qual sigui –3, i que tingui per terme independent, 6.

4 Escriu un exemple de polinomi ordenat i complet de grau 4, el coeficient principal del qual sigui 5 i que no disposi de terme independent.

5 Posa un exemple de polinomi ordenat i incomplet de grau 5, el coeficient principal del qual sigui –1, que tingui per terme independent 2 i que no inclogui termes de grau parell.

6 Donat el polinomi $P(x) = -4x^2 + 5x - 4x^5 + 6x^3 - 1$, resol les qüestions següents:

a. Es tracta d'un polinomi reduït?

b. És un polinomi complet?

c. Escriu-lo com un polinomi ordenat.

d. Determina'n el grau.

e. Assenyala'n els coeficients.

f. Indica'n el coeficient principal i el terme independent.

7 Calcula el valor numèric dels polinomis següents per als valors de la variable que s'indiquen:

a. $P(x) = x^2 + x + 1$, per a $x = 2$

b. $P(x) = x^2 + 2x + 3$, per a $x = -3$

c. $P(x) = x^3 - 3x^2 + x - 2$, per a $x = -1$

d. $P(x) = -2x^3 - 7x + 8$, per a $x = -2$

8 Indica quins dels valors, +4, –2, +3, +1, 0, són arrels del polinomi $P(x) = x^3 - 2x^2 - 5x + 6$.

9 ⊞ Determina el valor de *k* en el polinomi $P(x) = kx^2 + 3x - 5$, en cada cas.

a. $P(-3) = 13$

b. $P(2) = 9$

c. $P(1) = 4$

d. $P(3) = 58$

10 ⊞ Calcula el valor de *a* perquè el valor de la variable que s'indica a cadascun dels polinomis que segueixen sigui una arrel d'aquest polinomi:

a. $P(x) = ax^2 - x + 2$, per a $x = -2$

b. $Q(x) = 2x^2 - ax - 3$, per a $x = -3$

11 Efectua les operacions de polinomis següents:

a. $(3x^2 + 5x - 1) + (2x^3 - 3x + 3)$

b. $(x^3 - 2x^2 + x + 1) + (3x^3 + 3x^2 + 3x - 1)$

c. $(4x^3 - 3x^2 + 5x + 3) - (2x^3 - 2x + 1)$

d. $(5x^3 - 2x^2 + x + 1) - (x^3 - 2x^2 + x + 3)$

e. $(5x^4 + 3x^2 + x) - (3x^3 - 2x^2 + 5x - 6)$

12 Donats aquests polinomis, efectua les operacions indicades:

$$A(x) = 2x^3 - 6x^2 + x + 1$$

$$B(x) = 5x^3 + 4x - 2$$

$$C(x) = x^2 - 5x + 7$$

a. $B(x) - A(x)$

b. $A(x) + B(x) + C(x)$

c. $A(x) - B(x) + C(x)$

d. $B(x) - [C(x) - A(x)]$

e. $[A(x) - B(x)] - [C(x) + B(x)]$

f. $[A(x) + B(x)] - [C(x) - B(x)]$

13 Donats els polinomis:

$$A(x) = x^3 + 2x^2 + 5$$
$$B(x) = x^2 + x + 1$$
$$C(x) = 2x^3 - 2x^2 + x + 1$$

a. Comprova'n la propietat commutativa: $A(x) + B(x) = B(x) + A(x)$

b. Comprova'n la propietat associativa: $[A(x) + B(x)] + C(x) = A(x) + [B(x) + C(x)]$

c. Calcula $A(x) - C(x)$ i $C(x) - A(x)$. Amb els resultats obtinguts, indica si es compleix la propietat commutativa per a la resta.

14 Efectua les multiplicacions següents:

a. $(5x^3) \cdot (3x^5)$

b. $(-x^2) \cdot (4x^2 - 5x + 2)$

c. $(3x + 5) \cdot (6x^8)$

d. $(-2x + 9) \cdot (3x^2 + x + 1)$

15 Multiplica de dues maneres diferents les parelles de polinomis que s'indiquen tot seguit:

a. $A(x) = 2x + 3$ i $B(x) = x^2 + 3x - 2$

b. $C(x) = 3x^2 - 2x$ i $D(x) = 6x^2 + 10x$

c. $E(x) = x^2 + 3x - 2$ i $F(x) = 2x^2 - x + 3$

16 Duu a terme aquestes operacions amb polinomis.

a. $2 \cdot (x^2 - 5x + 1) - 3x \cdot (x + 2)$

b. $(-2) \cdot [(6x^2 - 3x - 5) + (x - 1)]$

c. $(-3) \cdot (x^2 - 3x) - 4 \cdot (4x^2 - 7)$

d. $5x \cdot [(2x^2 + x - 1) - 3 \cdot (x^2 - x - 5)]$

e. $4x^2 \cdot (3x - 5x^2) - (x^2 + 5x - 1) \cdot (x^2 + 1)$

17 Resol les operacions següents:

a. $(5x + 1) \cdot [(x^3 + 3x^2 - 2x + 5) - (x^3 + 3x - 1)]$

b. $(x^3 - 2x^2 + 4x - 6) - (x^2 - x - 6) \cdot (2x + 1)$

c. $(x + 2) \cdot (3x^2 + 5) - (4x^3 + x - 9)$

d. $[(5x^2 - 7x + 1) - 6 \cdot (x^2 - 2)] - 2x \cdot (-4x + 3)$

e. $(3x^2 - 4) \cdot (x + 2) - 3x \cdot (x + 3x^2)$

f. $(4x^3 + 2x) \cdot x^2 - (x + 2) \cdot (x^2 + 2x - 8)$

18 Donats els polinomis:

$$A(x) = x^2 + 1 \quad B(x) = 3x - 4 \quad C(x) = 2x^2 + x - 5$$

a. Comprova que es compleix la propietat commutativa amb els polinomis $A(x)$ i $B(x)$.

b. Comprova que es compleix la propietat associativa respecte a la multiplicació.

c. Comprova que es compleix la propietat distributiva, tant respecte de la suma com respecte de la resta.

19 Efectua les multiplicacions d'aquests polinomis:

a. $S(x) = 2x^4 + x^2 - 5x + 3$ i $R(x) = 3x^2 - 2x^3$

b. $S(x) = 4x^3 - 6x + x^2 - 5$ i $R(x) = 7x^2 - x$

c. $S(x) = x + x^3 - 5x^4 + 3$ i $R(x) = 3x^2 - 5$

20 Treu factor comú a les expressions següents:

a. $5m^3 - 10m^2 + 20m$

b. $6x^2y - 4xy^2 - 10x^2y^2 + 2xy$

c. $21a^4b^3 - 14a^2b^2 + 7ab^2 + 28a^3b^2$

d. $8 \cdot (m + n) - 12 \cdot (m + n)$

e. $a^2 \cdot (x - y) - 2a \cdot (x - y)$

f. $6x \cdot (a + b) - 3x \cdot (a + b)$

g. $10xy \cdot (3a + b) - 5xy \cdot (3a + b)$

h. $7ab \cdot (m - n) - ab \cdot (m - n)$

i. $ab \cdot (b^2 - a^2) - ab \cdot (a^2 - b^2)$

j. $2xy \cdot (ab^2 - ab) - 6xy \cdot (ab^2 - ab)$

21 Efectua les operacions següents:

a. $(x^2 + 2x + 3)^2$

b. $(2x^2 - 3)^3$

c. $(x^3 - x + 1)^2$

d. $(x^2 + 1)^4$

e. $(x^4 - 2x^2 + 3)^2$

f. $(2x^2 - 1)^5$

22 Desenvolupa aquestes identitats notables:

a. $(3x + 2)^2$

b. $(a - 4b)^2$

c. $(5m + 3) \cdot (5m - 3)$

d. $(3m^2 - 4n)^2$

e. $(x^4 - 2y) \cdot (x^4 + 2y)$

f. $(ab^2 + 3)^2$

g. $(6x^5 - 5y^6)^2$

h. $(a^3 + 7b) \cdot (a^3 - 7b)$

23 Calcula aquestes identitats notables:

a. $\left(\frac{x}{2} + 3\right)^2$

b. $\left(4 - \frac{x}{4}\right)^2$

c. $\left(\frac{x}{5} + \frac{y}{2}\right) \cdot \left(\frac{x}{5} - \frac{y}{2}\right)$

d. $\left(\frac{3x}{2} + 1\right)^2$

e. $\left(3x^2 - \frac{x}{6}\right)^2$

f. $\left(x^2 - \frac{y^3}{5}\right) \cdot \left(x^2 + \frac{y^3}{5}\right)$

24 Raona si les expressions proposades corresponen a alguna identitat notable. En cas afirmatiu, escriu la identitat de què es tracta.

a. $81 - 4x^2$

b. $a^2 - 2a + 4$

c. $x^2 + 10xy + 25y^2$

d. $36m^2 + n^2$

e. $a^4 - 4b^2$

f. $9x^2 - 12x + 16$

g. $25x^6 - y^2$

h. $4m^2 + m + \frac{1}{16}$

i. $36a^2 - 2a + \frac{1}{36}$

j. $x^2 + 3x + \frac{9}{4}$

25 Efectua aquestes operacions amb polinomis, tenint en compte la jerarquia d'operacions.

a. $x^3 \cdot [(x^2 + 7) - (x^2 + x - 1)] + (x^2 - 2x)^2$

b. $(x^2 - 5) \cdot (x^2 + 1) + [(3x^2 - x + 1) - (x^2 - 3x)]^2$

c. $(x + 1) \cdot (5x^2 + 3x - 2) - (x^3 + 7x^2 - 2x + 6)$

d. $[(x^2 - 3x + 1) - (x^2 - 1)]^2 - (2x - 4) \cdot (3x + 6)$

e. $3x \cdot [(x^2 - 1) - (x^2 - x - 1)] \cdot (x - 3)^2$

f. $[(3x - 1) \cdot (3x + 1) - (3x + 2)^2] \cdot (2x^3 - 4x + 6)$

26 ++ Resol les operacions que s'indiquen, desenvolupant les identitats notables que hi apareixen.

a. $(2x - 4)^2 - (x + 1)^2 - 5 \cdot (x + 2) \cdot (x - 2)$

b. $(4x - 5) \cdot (4x + 5) - (4x - 5)^2$

c. $[(x - 1)^2 + (x + 1)^2]^2$

d. $(x^2 - 2)^2 - (x^2 + 2) \cdot (x^2 - 2)$

e. $(x^2 + x)^2 - (x^2 - x) \cdot (x^2 + x) + (x^2 - x)^2$

f. $(2 - 3x^2)^2 + (2 + 3x^2)^2$

27 Calcula el polinomi quocient i el polinomi residu de les divisions següents:

a. $(x^3 - 8x^2 + 2x + 5) : (x - 3)$

b. $(6x^3 - 6x^2 - x - 1) : (x + 2)$

c. $(2x^4 - 8x^3 - 10x^2 - 15x + 100) : (x - 5)$

d. $(x^4 + 7x^3 + 6x^2 - x + 4) : (x + 4)$

e. $(4x^5 - 100x^3 + 50x + 100) : (x + 5)$

f. $(5x^5 - 2x^4 + 3x^2 + x - 10) : (x - 2)$

28 Efectua aquestes divisions:

a. $(2x^3 + 4x^2 - x + 5) : (x^2 - 3x + 1)$

b. $(3x^3 - 4x^2 + 5x - 1) : (x + 2)$

c. $(6x^4 - x^3 + 4x^2 + 2x - 7) : (x^2 - 2x - 1)$

d. $(5x^4 + 2x^3 - 3x - 8) : (x^2 - x + 3)$

e. $(6x^4 - x^3 - 5x^2 + 3x + 6) : (x^2 + x + 2)$

f. $(-3x^5 + x^2 - 4x + 7) : (x^2 + 2x + 4)$

29 Comprova si aquestes divisions són enteres o exactes.

a. $(4x^2 - 2x + 5) : (2x - 3)$

b. $(3x^2 + 5x - 2) : (3x - 1)$

c. $(6x^3 + 5x^2 + 2x - 3) : (2x - 1)$

d. $(2x^3 - 8x^2 - 3x + 5) : (2x^2 + 3)$

e. $(9x^3 - 6x^2 - 3) : (3x^2 + x + 1)$

f. $(6x^4 - 3x^3 - x^2 + 4x - 1) : (3x^2 - 5)$

g. $(10x^4 + 7x^3 + 6x^2 + 4x - 1) : (5x^2 + x + 1)$

h. $(4x^5 - 5x^3 - 3x - 4) : (2x^2 + 3x)$

i. $(8x^6 + 2x^5 - x^3 - 2x + 12) : (4x^2 + 9)$

30 Utilitza la propietat fonamental de la divisió per esbrinar en cada cas l'expressió que es demana.

a. Un polinomi, $P(x)$, tal que, en dividir-lo entre $(x + 1)$, doni com a quocient $(x^2 + 3x + 1)$, i com a residu, 2.

b. Un polinomi, $P(x)$, tal que, en dividir-lo entre $x^2 + 3$, doni com a resultat una divisió exacta de quocient $(x + 3)$.

c. El residu que resulta de dividir el polinomi $(x^3 + x + 8)$ entre el polinomi $(x - 3)$, tenint en compte que s'obté de quocient $x^2 + 3x + 10$.

31 Calcula el valor de $Q(x)$ a les igualtats següents:

a. $(x^3 + x^2 - x - 1) = (x + 4) \cdot Q(x) - 45$

b. $(x^3 - 2x^2 + x + 6) = (x^2 + 1) \cdot Q(x) + 8$

c. $(x^4 - 5x^2 + 4) = (x^2 + x + 2) \cdot Q(x) + (8x + 16)$

d. $(x^5 + 6x^3 + x^2 - 9) = (x^2 + 4) \cdot Q(x) + (x^2 - 8x - 9)$

32 + Indica quin ha de ser el valor de *a* perquè les divisions següents siguin exactes.

a. $(2x^5 - x^4 + 7x^3 + 2x^2 + 5x + a) : (x^2 + 1)$

b. $(5x^4 - 8x^3 + x^2 - 3x + a) : (5x + 2)$

c. $(4x^4 + 7x^3 - 18x^2 + 40x - a) : (4x - 1)$

d. $(12x^4 + 8x^3 + 65x^2 + 90x + a) : (6x + 7)$

33 Utilitza la regla de Ruffini per dividir aquests polinomis:

a. $(x^3 + 3x^2 - 4x + 2) : (x + 1)$

b. $(-2x^3 + x^2 + 3x - 1) : (x - 1)$

c. $(3x^4 + 6x^3 + x^2 - 2x + 4) : (x + 2)$

d. $(4x^4 + 8x^3 + 3x - 9) : (x + 3)$

e. $(-4x^5 + 35x^3 - 3x - 4) : (x - 3)$

f. $(x^5 - 3x^4 - x^2 - 11x - 16) : (x - 4)$

34 A partir dels resultats obtinguts en l'activitat anterior, determina els valors numèrics següents:

a. $A(-1)$, si $A(x) = x^3 + 3x^2 - 4x + 2$

b. $B(1)$, si $B(x) = -2x^3 + x^2 + 3x - 1$

c. $C(-2)$, si $C(x) = 3x^4 + 6x^3 + x^2 - 2x + 4$

d. $D(-3)$, si $D(x) = 4x^4 + 8x^3 + 3x - 9$

e. $E(3)$, si $E(x) = -4x^5 + 35x^3 - 3x - 4$

f. $F(4)$, si $F(x) = x^5 - 3x^4 - x^2 - 11x - 16$

35 Fes servir la regla de Ruffini per determinar el valor numèric dels polinomis següents en els valors de *x* indicats.

a. $P(x) = x^5 + 3x^3 - 2x^2 + 3$, per a $x = -2$

b. $P(x) = x^6 - 2x + 1$, per a $x = 2$

c. $P(x) = x^3 - 3x^2 - x + 8$, per a $x = 3$

d. $P(x) = 2x^4 + 2x^3 - 5x + 6$, per a $x = 4$

e. $P(x) = -x^4 + x^3 - 4x^2 - 3x + 2$, per a $x = 5$

36 Utilitza la regla de Ruffini per determinar el valor de m en cadascun dels casos següents:

a. El residu de dividir el polinomi $P(x) = 2x^2 + 5x + m$ entre $(x + 2)$ és 3.

b. El residu de dividir el polinomi $P(x) = x^2 + mx + 3$ entre $(x - 1)$ és 1.

37 Determina el valor de m en el polinomi $P(x) = -x^2 - x + m$ perquè sigui divisible entre $(x - 4)$.

38 Determina quin és el valor que ha de tenir a en el polinomi $P(x) = x^3 + 2x^2 - x + a$ perquè el valor numèric a $x = 2$ sigui 10.

39 Esbrina quin és el valor que ha de prendre a en el polinomi $P(x) = -2x^3 + ax - 1$ perquè $P(-1) = 3$.

40 Determina el valor que ha de tenir a en el polinomi $P(x) = ax^2 - 3x + 2$ perquè $x = 2$ sigui una arrel del polinomi.

41 Indica quins dels binomis següents són factors del polinomi $P(x) = x^3 + 3x^2 - 4x - 12$.

$(x - 1)$, $(x + 2)$, $(x - 4)$, $(x - 2)$, $(x + 3)$, $(x + 1)$

42 Determina el residu de la divisió $(3x^5 - 3x^3 + x^2 - 1) : (x + 3)$, utilitzant:

a. La divisió de polinomis

b. La regla de Ruffini

c. El teorema del residu

43 Troba un polinomi de grau 2 que tingui per arrels 4 i –1. És únic? Justifica la resposta.

44 Quina expressió té un polinomi de grau 2 les arrels del qual són –3 i –1?

45 Determina l'expressió d'un polinomi de grau 3 suposant que tingui per arrels –4, 1 i 0.

46 Ajudant-te del teorema del factor, escriu un polinomi el coeficient principal del qual sigui 4 i que només tingui per arrels 3, –1 i 2. És únic? Justifica la resposta.

47 Factoritza aquests polinomis i indica quines en són les arrels:

a. $A(x) = x^2 + 2x - 35$

b. $B(x) = x^2 + 11x + 30$

c. $C(x) = x^3 - 8x^2 + 9x + 18$

d. $D(x) = x^3 - 6x^2 - 9x + 4$

e. $E(x) = x^4 + 2x^3 - 13x^2 - 14x + 24$

f. $F(x) = x^4 + 10x^3 + 35x^2 + 50x + 24$

48 Descompon en factors aquests polinomis i indica quines en són les arrels:

a. $P(x) = 2x^5 - 16x^2 - 18x$

b. $Q(x) = 3x^4 - 24x^3 - 3x^2 + 24x$

c. $R(x) = -5x^4 - 30x^3 + 5x^2 + 30x$

d. $S(x) = 6x^4 + 6x^3 - 24x^2 - 24x$

e. $T(x) = x^4 + 16x^2 + 64$

49 Escriu la descomposició factorial dels polinomis següents, indica quines en són les arrels i assenyala la multiplicitat d'aquestes arrels:

a. $P(x) = x^5 + x^4 - 4x^3 - 4x^2$

b. $Q(x) = x^5 - 9x^4 + 7x^3 + 9x^2 - 8x$

c. $R(x) = x^6 + 7x^5 + 4x^4 - 14x^3 - 11x^2 + 7x + 6$

d. $S(x) = x^6 - 7x^5 - 17x^4 - 9x^3$

e. $T(x) = x^4 + 5x^3 - 3x^2 - 45x - 54$

f. $U(x) = x^6 - 3x^5 - 9x^4 + 51x^3 - 84x^2 + 60x - 16$

g. $V(x) = x^6 - 7x^5 + 14x^4 - 2x^3 - 15x^2 + 9x$

h. $W(x) = x^6 - 12x^4 + 16x^3$

50 Els polinomis següents presenten arrels fraccionàries. Esbrina la descomposició factorial de cadascun i indica quines en són les arrels.

a. $A(x) = x^4 - \frac{1}{9}$

b. $B(x) = 4x^2 + 27x - 7$

c. $C(x) = 5x^2 - 44x - 9$

d. $D(x) = 3x^3 - 7x^2 - 3x + 7$

e. $E(x) = 6x^4 - 11x^3 - x^2 + 11x - 5$

f. $F(x) = 9x^4 + 20x^3 - 32x^2 - 80x - 16$

51 Determina un polinomi de segon grau que tingui per arrels –2 i 3.

52 Troba un polinomi de tercer grau les arrels del qual siguin 1 (doble) i 2.

53 Quin polinomi de tercer grau té per arrels –3, 2 i 0, i per coeficient principal, 2?

54 Esbrina l'expressió d'un polinomi de cinquè grau que tingui per arrels 5, –2 (doble), 1 i 0.

55 Determina l'expressió d'un polinomi de cinquè grau que tingui per arrels 0 (doble), 1 (doble) i –1 i el coeficient principal de la qual sigui 3.

56 Posa un exemple d'un polinomi de quart grau amb una arrel triple.

57 Escriu un polinomi de tercer grau que tingui com a arrels 2, $\frac{1}{2}$ i –3 i el valor numèric del qual per a $x = 3$ sigui 30.

58 Indica si les fraccions algebraiques proposades tot seguit són equivalents.

a. $\frac{x-1}{x}$ i $\frac{x^2-2x+1}{x^2-x}$

b. $\frac{(x-1)^3}{x^2-3x}$ i $\frac{(x-3)^2}{x^2-x}$

c. $\frac{(x-2)\cdot(x+3)}{(x+3)}$ i $\frac{(x-2)\cdot(x+3)}{(x-3)}$

d. $\frac{x^2+x+1}{x+3}$ i $\frac{x^3+1}{x^2-1}$

59 Esbrina fraccions algebraiques equivalents a $\frac{x-1}{x^2+2}$ que tinguin:

a. Com a numerador un polinomi de grau 2

b. Com a denominador un polinomi de grau 4

Compara les teves solucions amb les dels teus companys i companyes. Són totes iguals?

60 Simplifica aquestes fraccions algebraiques:

a. $\frac{(x-3)\cdot(x+1)^2}{(x+1)\cdot(x-1)\cdot(x-3)}$

b. $\frac{x^3\cdot(x+2)^3\cdot(x-1)}{(x-1)^2\cdot(x+2)\cdot x^5}$

c. $\frac{(x-1)\cdot(x+2)\cdot(x-3)^3}{(x+2)\cdot(x-1)\cdot(x-3)^4}$

d. $\frac{(x+2)^3\cdot(x-5)\cdot(x+3)^3\cdot(x-2)}{(x-2)\cdot(x+2)^2\cdot(x-5)\cdot(x+3)^4}$

e. $\frac{(x-1)\cdot(x+2)\cdot(x+1)^2\cdot x^4}{(x^2+1)\cdot(x-1)\cdot x^5}$

f. $\frac{(x-1)\cdot x\cdot(x+4)^3\cdot(x+5)^2}{x^5\cdot(x-1)^6\cdot(x+4)^2\cdot(x^2+5)}$

61 Factoritza i simplifica les fraccions algebraiques següents:

a. $\frac{x+1}{x^2-1}$

b. $\frac{x^2+x}{x^3+x^2+x}$

c. $\frac{x^3+x^2}{x^3-2x^2+x}$

d. $\frac{x^2-4}{(x-2)^2}$

e. $\frac{x^2+6x+9}{x^2+4x+3}$

f. $\frac{x^2+x-2}{x^3+2x^2-x-2}$

g. $\frac{x^3+6x^2+3x-10}{x^3+2x^2-13x+10}$

h. $\frac{x^3-3x^2-x+3}{x^4-4x^3+2x^2+4x-3}$

62 Calcula el m. c. m. dels polinomis següents:

a. $x\cdot(x-1)^2$ i $x^3\cdot(x-1)$

b. $(x+3)\cdot(x+1)$ i $(x+5)\cdot(x+3)$

c. $x\cdot(x+1)$ i $(x+5)\cdot(x+3)$

d. $(x-1)^3\cdot(x+1)$, $(x-1)^2\cdot(x+1)$ i $(x+2)\cdot(x+1)^2\cdot(x-1)$

63 Redueix aquestes fraccions algebraiques a comú denominador:

a. $\frac{x}{x^2+3x}, \frac{1}{x^2}$

b. $\frac{1}{x-1}, \frac{x}{x+2}, \frac{x}{x^2+x-2}$

c. $\frac{x}{x^2-1}, \frac{3}{x-1}, \frac{1}{x\cdot(x+1)}$

d. $\frac{1}{x^2-3x+2}, \frac{3}{x^2-2x}, \frac{-x}{x^2-4x+4}$

64 Efectua les operacions següents:

a. $\frac{1}{x}-\frac{1}{x^2}$

b. $\frac{2}{x+1}-\frac{x}{x-1}-\frac{1}{x}$

c. $-\frac{2}{x-1}+\frac{x+1}{(x-1)^2}+\frac{1}{x}$

d. $\frac{1}{x+2}+\frac{1}{x+3}-\frac{2\cdot(x+2)}{x^2+5x+6}$

e. $\frac{x-1}{x+2}-\frac{1}{x+3}+\frac{2}{(x+2)^2}$

f. $\frac{x^2+x-2}{x^2+1}-\frac{x-1}{x}+\frac{3x^3-1}{x^3+x}$

g. $\frac{1}{x+2}-\frac{1}{x-2}+\frac{4}{x^2-4x+4}$

h. $\frac{2x}{x^2-25}-\frac{5}{x^2}+\frac{1}{x+5}-\frac{3}{x}$

65 ⊞ Determina l'àrea de les figures següents:

a.
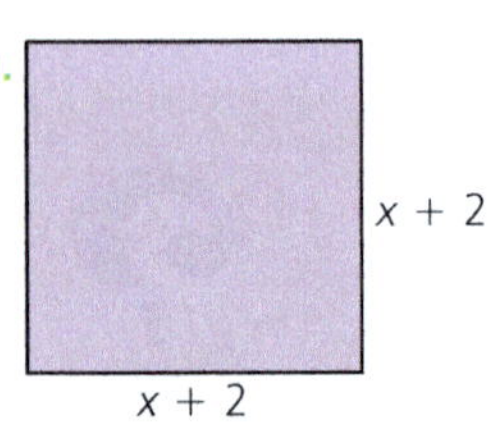

d.
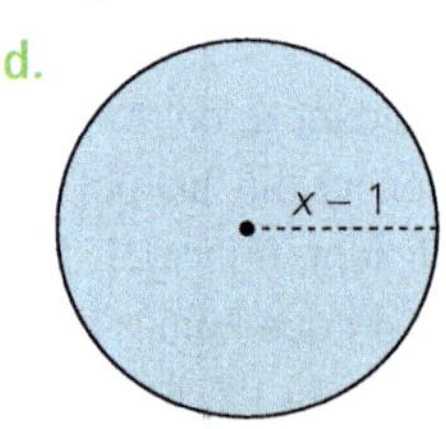

b.
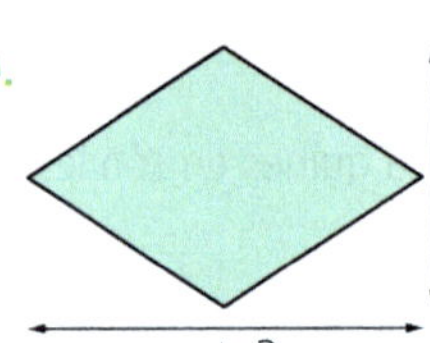

e.
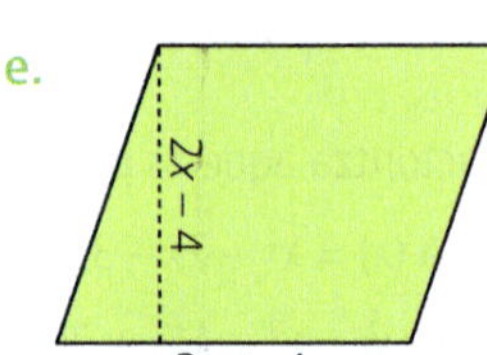

c.
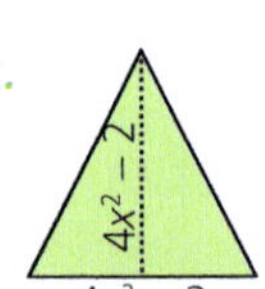

f.
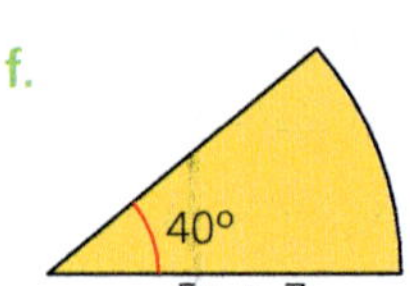

66 Calcula l'àrea i el volum del prisma següent:

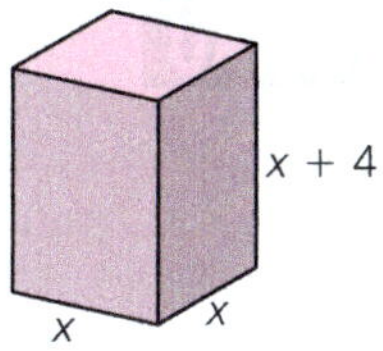

67 Amb una cartolina de dimensions 30 cm × 40 cm es vol construir una capsa sense tapa. Per fer-ho, es retallen quatre quadrats iguals de x cm de costat a cadascuna de les cantonades. Determina l'expressió algebraica de l'àrea total i del volum de la capsa en funció del costat del quadrat.

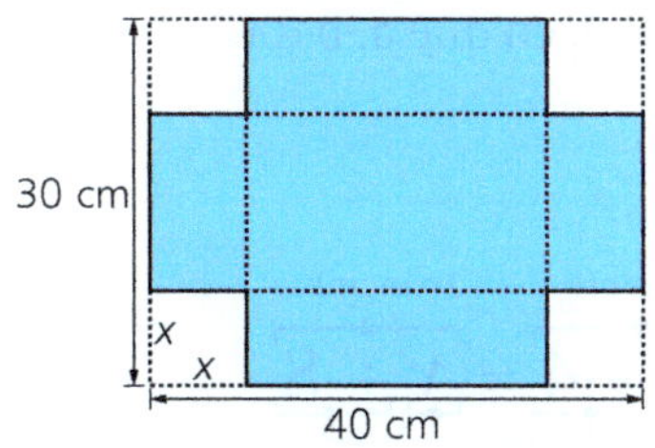

68 El nombre d'assistents a un teatre durant quatre setmanes consecutives ha seguit l'expressió $P(x) = -40x^2 + 250x + 540$, en què x representa el número de setmana.

a. Quantes persones van anar al teatre la tercera setmana?

b. Determina en quina setmana es va registrar un nombre més alt d'assistents.

69 Una companyia tecnològica va presentar fa un any una tauleta digital a un preu de 750 €. Recentment, un estudi de mercat ha arribat a la conclusió que, amb aquest preu, la tauleta es vendria a 2 000 clients al mes, i que, per cada euro de descompte sobre el preu inicial, seria adquirida per un client més.

a. Determina l'expressió polinòmica que relaciona els ingressos mensuals en funció del descompte aplicat.

b. Fes un estudi sobre les tauletes digitals, investigant quins són els materials utilitzats per fabricar-les i quins són els llocs on es produeixen. Expressa la teva opinió sobre la cadena logística del subministrament de materials, i també sobre les cadenes de producció i distribució d'aquest tipus de dispositius.

70 Una empresa de joguines pot vendre x unitats al mes d'un model determinat de tren elèctric, al preu de $518 - x^2$ € per unitat. El fabricant, d'altra banda, té un seguit de despeses mensuals: unes fixes de 225 € i unes altres de $275x$ € que depenen del nombre, x, d'unitats fabricades. Calcula:

a. Les expressions polinòmiques que determinen els ingressos, les despeses i els beneficis per la fabricació i la venda de x unitats de trens.

b. Les pèrdues produïdes si l'empresa no pogués fabricar cap tren durant un mes a causa d'una avaria en la maquinària de producció.

71 L'altitud on està situat un avió de fusta ve donada per l'expressió $h(t) = -20t^2 + 200t$, en què el temps, t, ve donat en segons, i l'altitud, $h(t)$, en centímetres.

a. Quina altitud assoleix al cap d'1, 2 i 4 segons?

b. I passats 10 segons?

c. És $t = 10$ una arrel del polinomi $h(t)$?

d. Determina l'expressió factoritzada del polinomi $h(t)$.

72 S'ha observat que l'expressió que determina l'alçada, en centímetres, a la qual es troba un salmó respecte al nivell de l'aigua és $h(t) = t^4 - 15t^3 + 68t^2 - 84t$, en què t és la variable associada al temps mesurat en segons.

a. Determina en quins segons el salmó és al nivell de l'aigua.

b. A quina alçada és el salmó en el segon 4?

c. En quin segon el salmó és 36 cm per sobre de l'aigua? I en quin segon està a 30 cm?

73 L'expressió polinòmica següent representa el percentatge d'agents contaminants en un llac durant cinc dies consecutius d'anàlisi:

$$C(t) = \frac{1}{100} \cdot (-4t^4 + 110t^2 + 24)$$

En què t és el nombre de dies analitzats i es compleix que $1 \leq t \leq 5$.

Calcula el percentatge de contaminació de cada dia i indica com varia.

4

EQUACIONS I SISTEMES D'EQUACIONS. INEQUACIONS

1 /// EQUACIONS DE PRIMER GRAU

Practique i avancem 1-4

Una equació és una igualtat de dues expressions algebraiques que es compleix per a determinats valors de les variables o incògnites que hi apareixen. El cas més senzill és l'equació de primer grau amb una incògnita.

> **Una equació de primer grau amb una incògnita** és una equació de la forma:
>
> $$ax + b = 0, \text{ en què } a, b \in \mathbb{R}$$

Els elements d'una equació són:

1r membre — 2n membre

$$5x - 4 = x + 8$$

Termes

- **Membres.** Són les expressions algebraiques que hi ha a cada costat del signe igual.
- **Termes.** Són els sumands de cadascun dels membres de l'equació.
- **Incògnites.** Són les lletres que apareixen en els termes. En l'exemple, la incògnita és la x.
- **Grau.** És el més alt dels graus dels termes dels seus membres.

Les solucions d'una equació són els valors que han de prendre les incògnites perquè la igualtat sigui certa. Depenent del nombre de solucions, una equació pot ser:

Incompatible	Compatible determinada	Compatible indeterminada
No té solució.	Té una única solució.	Té infinites solucions.
$x + 3 = x - 2$	$x + 3 = 4$	$3x - 1 = x - 1 + 2x$

Una equació compatible indeterminada rep el nom d'**identitat**, perquè es compleix per a qualsevol valor de x.

Les **regles d'equivalència** ens permeten modificar una equació fins a aconseguir aïllar-ne la incògnita x. Cada pas genera equacions amb les mateixes solucions que l'anterior: es tracta d'**equacions equivalents**.

Regla de la suma

Si als dos membres de l'equació s'hi suma o se'n resta un mateix nombre o expressió algebraica, s'obté una equació equivalent:

$$x + 5 = 9 \Rightarrow x + 5 - 5 = 9 - 5 \Rightarrow x = 4$$

Regla del producte

Si els dos membres de l'equació es multipliquen o es divideixen per un mateix nombre diferent de zero o per una mateixa expressió algebraica no nul·la, el resultat és una equació equivalent:

$$3x = 15 \Rightarrow \frac{3x}{3} = \frac{15}{3} \Rightarrow x = 5$$

Activitat resolta

Resol l'equació de primer grau següent: $3x + 6 = 0$.

1 Es resta 6 a tots dos membres de l'equació: $3x + 6 - 6 = 0 - 6 \Rightarrow 3x = -6$.

2 Es divideixen entre 3 els dos membres de l'equació: $\frac{3x}{3} = -\frac{6}{3} \Rightarrow x = -2$.

1.1 EQUACIONS DE PRIMER GRAU AMB PARÈNTESIS

Si en una equació de primer grau apareixen parèntesis, primer convé eliminar-los. Per fer-ho, s'apliquen aquests criteris:

- Si davant hi ha un signe «+», s'elimina el parèntesi i es deixen invariables els termes que conté:

$$3x + (2x - 5) \Rightarrow 3x + 2x - 5$$

- Si davant hi ha un signe «–», es treu el parèntesi, però tots els termes que conté canvien de signe:

$$3x - (2x - 5) \Rightarrow 3x - 2x + 5$$

- Si davant hi ha un nombre multiplicant, s'aplica la propietat distributiva del producte respecte de la suma o de la resta, és a dir, el nombre multiplica tots els termes que conté el parèntesi:

$$3x + 4 \cdot (2x - 5) \Rightarrow 3x + 8x - 20$$

Activitat resolta

Resol l'equació $5 + (3x - 5) + 2x = 3x - (2x + 4)$.

1 S'eliminen els parèntesis:

$$5 + 3x - 5 + 2x = 3x - 2x - 4$$

2 Es resol l'equació pel procediment habitual:

$$3x + 2x - 3x + 2x = -4 - 5 + 5 \Rightarrow 4x = -4 \Rightarrow x = -1$$

Tingues-ho en compte

Opcionalment, es pot comprovar la validesa de la solució. Així seria en el cas de l'activitat resolta de l'esquerra:

$$5 + [3 \cdot (-1) - 5] + 2 \cdot (-1) =$$
$$= 3 \cdot (-1) - [2 \cdot (-1) + 4] \Rightarrow$$
$$\Rightarrow 5 + (-3 - 5) - 2 =$$
$$= -3 - (-2 + 4) \Rightarrow$$
$$\Rightarrow 5 - 8 - 2 = -3 - 2 \Rightarrow$$
$$\Rightarrow -5 = -5$$

Si en l'equació hi ha identitats notables, es desenvolupen abans de procedir a eliminar els parèntesis.

Activitat resolta

Resol l'equació $x + (x + 1)^2 = (x + 4) \cdot (x + 1) - 1$.

1 Es desenvolupa la identitat notable i s'efectua el producte dels monomis:

$$x + x^2 + 2x + 1 = x^2 + x + 4x + 4 - 1$$

2 Com que hi apareixen termes de segon grau, es passa tot al mateix membre de l'equació per agrupar termes semblants:

$$x + x^2 + 2x + 1 - x^2 - x - 4x - 4 + 1 = 0 \Rightarrow -2x - 2 = 0$$

3 Es resol l'equació pel procediment habitual:

$$-2x - 2 = 0 \Rightarrow -2x = 2 \Rightarrow x = -1$$

En les equacions poden aparèixer tot tipus d'operacions combinades. Per resoldre-les, es recorre a la jerarquia d'operacions que ja coneixes.

1.2 EQUACIONS DE PRIMER GRAU AMB FRACCIONS

Per resoldre equacions de primer grau en les quals hi hagi fraccions, primer s'han d'eliminar els denominadors per després aplicar el procediment habitual. Es redueixen les fraccions a comú denominador i se suprimeix aquest denominador de tota l'equació.

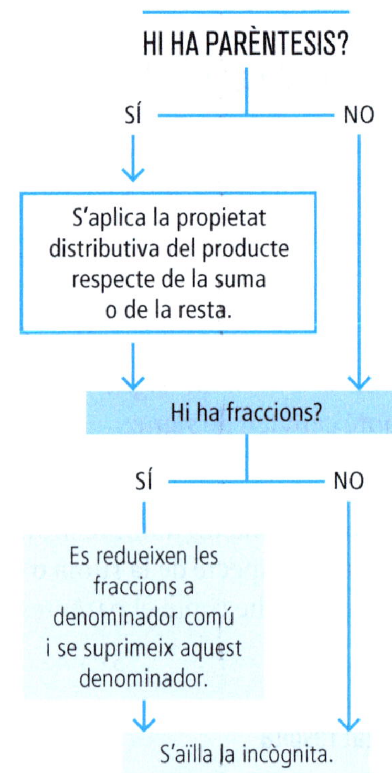

Activitat resolta

Resol l'equació de primer grau següent:

$$\frac{3 \cdot (x+3)}{2} - \frac{2 \cdot (x+1)}{3} = 3$$

1 S'eliminen els parèntesis: $\frac{3x+9}{2} - \frac{2x+2}{3} = 3$.

2 Es redueixen les fraccions a denominador comú i se suprimeix aquest denominador:

$$\text{m. c. m. } (2, 3) = 6 \Rightarrow \frac{3 \cdot (3x+9)}{6} - \frac{2 \cdot (2x+2)}{6} = \frac{6 \cdot 3}{6} \Rightarrow$$

$$\Rightarrow 3 \cdot (3x+9) - 2 \cdot (2x+2) = 6 \cdot 3$$

3 Es resol l'equació pel procediment habitual:

$$9x + 27 - 4x - 4 = 18 \Rightarrow 9x - 4x = 18 - 27 + 4 \Rightarrow 5x = -5 \Rightarrow x = -1$$

1.3 INTERPRETACIÓ GRÀFICA DE LA SOLUCIÓ D'UNA EQUACIÓ DE PRIMER GRAU

A partir de l'equació $ax + b = 0$, és possible fer la representació gràfica de la recta $y = ax + b$. El punt de tall d'aquesta recta amb l'eix X coincideix amb la solució de l'equació.

Activitat resolta

Resol l'equació $2x - 3 = 1$ pel mètode gràfic.

1 S'expressa l'equació donada a l'enunciat de la forma $ax + b = 0$, aplicant les regles d'equivalència: $2x - 4 = 0$.

2 Es considera el polinomi de primer grau $P(x) = 2x - 4$, és a dir, el polinomi els termes del qual coincideixen amb els del membre de l'equació que és diferent de 0. Es calcula el valor numèric del polinomi $P(x)$ per a dos valors qualssevol de x, per exemple: $x = 0$ i $x = 1$.

$$P(0) = 2 \cdot 0 - 4 = -4 \qquad P(1) = 2 \cdot 1 - 4 = -2$$

3 Es representen en uns eixos cartesians els punts $(0, -4)$ i $(1, -2)$ i es traça la recta que passa pels dos. Els punts d'aquesta recta estan determinats per l'expressió $(x, P(x))$.

4 El punt on la recta talla l'eix x és el punt $(2, 0)$, és a dir, el punt on el valor numèric del polinomi $P(x)$ és igual a 0 i, per tant, on $2x - 4 = 0$. El valor de x en aquest punt, $x = 2$, és la solució de l'equació donada a l'enunciat, $2x - 3 = 1$.

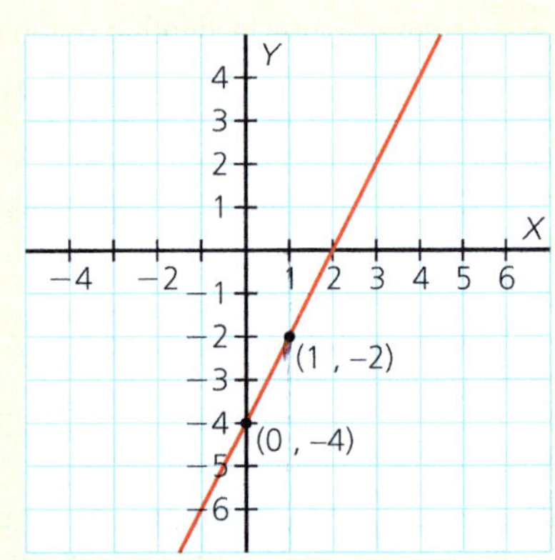

2 /// EQUACIONS DE SEGON GRAU

Practiquem i avancem 5-16

Quan l'expressió algebraica que defineix una equació és un polinomi de grau dos, es tracta d'una equació de segon grau. També rep el nom d'*equació quadràtica*.

> Una **equació de segon grau** amb una incògnita és una equació de la forma:
>
> $$ax^2 + bx + c = 0, \text{ en què a, b, c} \in \mathbb{R}, \text{ i } a \neq 0$$

Aquesta expressió s'anomena **expressió general** de l'equació de segon grau. Tal com passa en les equacions de primer grau, es poden aplicar els principis d'equivalència fins a arribar a una equació que sigui equivalent i ens permeti resoldre-la.

2.1 RESOLUCIÓ ALGEBRAICA D'EQUACIONS DE SEGON GRAU COMPLETES

Una equació de segon grau és **completa** si $b \neq 0$ i $c \neq 0$. La solució ve donada per l'expressió:

$$x = \frac{-b \pm \sqrt{b^2 - 4ac}}{2a}$$

L'expressió que hi ha dins de l'arrel, $b^2 - 4ac$, s'anomena **discriminant de l'equació** de segon grau i es representa mitjançant la lletra grega Δ:

- Si $\Delta < 0$, l'equació no té solució real.
- Si $\Delta = 0$, l'equació té una solució real (doble).
- Si $\Delta > 0$, l'equació té dues solucions reals.

Activitat resolta

Resol l'equació de segon grau següent: $x^2 - 7 = -2x^2 - 5 \cdot (x + 1)$.

Aplicant els principis d'equivalència, s'obté:

$$x^2 - 7 = -2x^2 - 5 \cdot (x + 1) \Rightarrow x^2 - 7 = -2x^2 - 5x - 5 \Rightarrow 3x^2 + 5x - 2 = 0$$

Es tracta d'una equació de segon grau completa en la qual $a = 3$, $b = 5$ i $c = -2$.

$$x = \frac{-5 \pm \sqrt{5^2 - 4 \cdot 3 \cdot (-2)}}{2 \cdot 3} = \frac{-5 \pm \sqrt{25 + 24}}{6} = \frac{-5 \pm 7}{6} \Rightarrow \begin{cases} x_1 = \frac{-5+7}{6} = \frac{2}{6} = \frac{1}{3} \\ x_2 = \frac{-5-7}{6} = \frac{-12}{6} = -2 \end{cases}$$

És a dir, les solucions de l'equació són:

$$x_1 = \frac{1}{3} \text{ i } x_2 = -2$$

Activitat resolta

Indica si les expressions següents defineixen equacions de segon grau:

a. $3x^2 + 4x - 3 = 5 - x$

b. $x^2 - 5x + 3 = x + x^2$

c. $-x + 2x^2 + 3 = -x + x^2$

S'apliquen els principis d'equivalència fins a obtenir-ne l'expressió general:

a. $3x^2 + 5x - 8 = 0$. Per tant, és una equació de segon grau.

b. $-6x + 3 = 0$. Com que no té terme de segon grau, no es tracta d'una equació quadràtica.

c. $x^2 + 3 = 0$. Aquesta també és una equació de segon grau, però no és completa, perquè no té cap terme associat a x.

Activitat resolta

Determina quantes solucions tenen les equacions següents sense resoldre-les prèviament:

a. $x^2 - 6x + 9 = 0$ **b.** $x^2 - 5x + 4 = 0$ **c.** $2x^2 - 3x + 4 = 0$

Es calcula el discriminant de les equacions i se n'analitza el signe:

a. Com que $a = 1$, $b = -6$ i $c = 9$:

$$\Delta = (-6)^2 - 4 \cdot 1 \cdot 9 = 36 - 36 = 0$$

Té una solució doble.

b. Com que $a = 1$, $b = -5$ i $c = 4$:

$$\Delta = (-5)^2 - 4 \cdot 1 \cdot 4 = 25 - 16 = 9 > 0$$

Té dues solucions.

c. Com que $a = 2$, $b = -3$ i $c = 4$:

$$\Delta = (-3)^2 - 4 \cdot 2 \cdot 4 = 9 - 32 = -23 < 0$$

No té solució.

2.2 EQUACIÓ DE SEGON GRAU INCOMPLETA

Una equació de segon grau és **incompleta** si $b = 0$ i/o $c = 0$.

- Si $b = 0$ i $c = 0$, es té l'equació $ax^2 = 0$. Totes tenen com a solució $x = 0$.

  Exemple: $5x^2 = 0 \Rightarrow x^2 = 0 \Rightarrow x = \pm\sqrt{0} \Rightarrow x_1 = x_2 = 0$

- Si $b = 0$, l'equació és $ax^2 + c = 0$. Es resol aïllant la incògnita x.

  Exemple: $2x^2 - 8 = 0 \Rightarrow 2x^2 = 8 \Rightarrow x^2 = 4 \Rightarrow x = \pm\sqrt{4}$

  D'aquesta equació s'obtenen dues solucions: $x_1 = 2$ i $x_2 = -2$.

- Si $c = 0$, es té l'equació $ax^2 + bx = 0$. Es resol traient factor comú x.

  Exemple: $x^2 + 3x = 0 \Rightarrow x \cdot (x + 3) = 0 \Rightarrow \begin{cases} x = 0 \\ x + 3 = 0 \Rightarrow x = -3 \end{cases}$

  D'aquesta equació s'obtenen dues solucions: $x_1 = 0$ i $x_2 = -3$.

2.3 INTERPRETACIÓ GRÀFICA DE LES SOLUCIONS D'UNA EQUACIÓ DE SEGON GRAU

A partir d'una equació de segon grau, $ax^2 + bx + c = 0$, és possible fer la representació gràfica de la corba $y = ax^2 + bx + c$. Els punts de tall amb l'eix X coincideixen amb la solució de l'equació.

Als gràfics següents s'han representat les tres funcions que s'obtenen de les equacions de l'activitat resolta anterior:

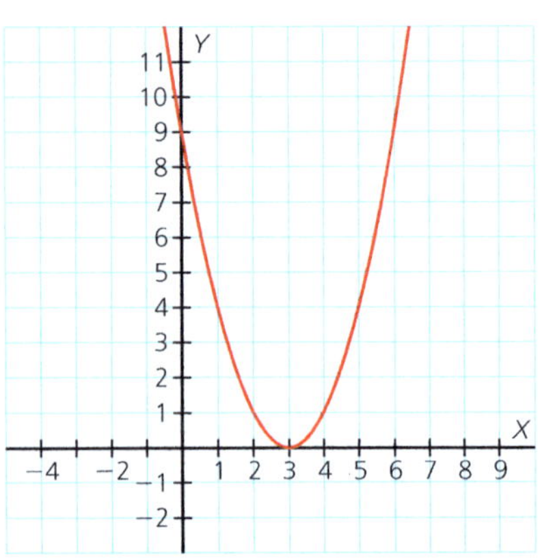

A la gràfica s'observa que la funció $x^2 - 6x + 9 = 0$ només té una solució, que és el punt on es talla amb l'eix X, $(3, 0)$.

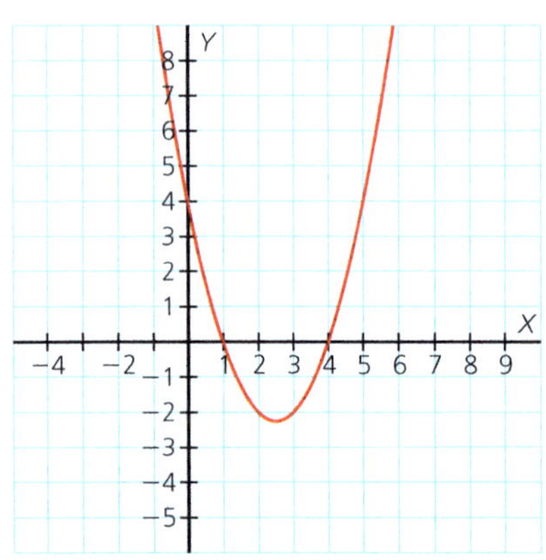

La funció $x^2 - 5x + 4 = 0$ té dues solucions, que són els punts de l'eix de coordenades on es tallen la paràbola i l'eix X, $(1, 0)$ i $(4, 0)$.

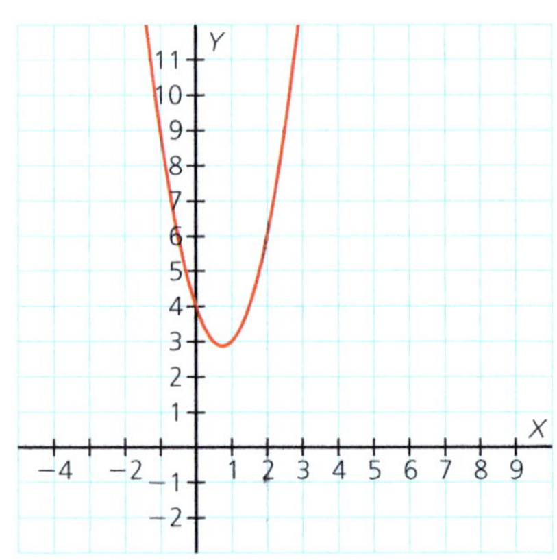

En aquest cas, la paràbola no talla en cap punt l'eix X. Per tant, la funció $2x^2 - 3x + 4 = 0$ no té cap solució.

2.4 FACTORITZACIÓ D'UNA EQUACIÓ DE SEGON GRAU

Factoritzar una equació de segon grau és convertir-la en una multiplicació de dos binomis de primer grau.

La **factorització d'una equació** de la forma $ax^2 + bx + c = 0$ és:

$$a \cdot (x - x_1) \cdot (x - x_2) = 0$$

en què x_1 i x_2 són les solucions de l'equació.

Tingues-ho en compte

Si l'equació només té una solució, x_1, la factorització és:

$$a \cdot (x - x_1)^2 = 0$$

Si l'equació no té solucions, no és possible factoritzar-la.

Activitat resolta

Factoritza les equacions següents:

a. $2x^2 + 4x - 6 = 0$

b. $x^2 - 2x + 1 = 0$

a. S'aplica la fórmula general de l'equació de segon grau per obtenir-ne la solució:

$$x = \frac{-4 \pm \sqrt{4^2 - 4 \cdot 2 \cdot (-6)}}{2 \cdot 2} = \frac{-4 \pm \sqrt{16 + 48}}{4} = \frac{-4 \pm 8}{4}$$

$$\Rightarrow \begin{cases} \dfrac{-4+8}{4} = \dfrac{4}{4} = 1 \\ \dfrac{-4-8}{4} = \dfrac{-12}{4} = -3 \end{cases}$$

L'equació factoritzada és $2 \cdot (x - 1) \cdot (x + 3) = 0$.

b. S'aplica la fórmula general de l'equació de segon grau per obtenir-ne la solució:

$$x = \frac{-(-2) \pm \sqrt{(-2)^2 - 4 \cdot 1 \cdot 1}}{2 \cdot 1} = \frac{2 \pm \sqrt{4 - 4}}{2} = \frac{2 \pm 0}{2} = 1$$

Per tant, té una única solució, que és doble, $x = 1$.

L'equació factoritzada és $(x - 1)^2 = 0$.

2.5 RELACIONS DE CARDANO-VIETA

Les **relacions de Cardano-Vieta** estableixen que, per a una equació de segon grau del tipus $x^2 + bx + c = 0$, les solucions de la qual són x_1 i x_2:

- La suma de les solucions és $-b$: $x_1 + x_2 = -b$.
- El producte de les solucions és c: $x_1 \cdot x_2 = c$.

Aquesta relació es pot fer servir per resoldre equacions de segon grau senzilles o per comprovar les solucions obtingudes a partir de la fórmula.

Activitat resolta

Resol l'equació $x^2 - 7x + 10 = 0$. Tot seguit, comprova que es compleixen les relacions de Cardano-Vieta:

A partir de la fórmula general:

$$x = \frac{7 \pm \sqrt{49 - 4 \cdot 1 \cdot 10}}{2} = \frac{7 \pm \sqrt{9}}{2} = \frac{7 \pm 3}{2} \Rightarrow \begin{cases} x_1 = 5 \\ x_2 = 2 \end{cases}$$

Efectivament, es compleixen les relacions de Cardano-Vieta:

- La suma de les solucions és $-b = 7 \Rightarrow x_1 + x_2 = 5 + 2 = 7$.
- El producte de les solucions és $c = 10 \Rightarrow x_1 \cdot x_2 = 5 \cdot 2 = 10$.

Observa

Si el valor de *a* de l'equació de segon grau no és igual a 1, es pot dividir tota l'equació entre *a* per aplicar aquestes relacions.

3 /// EQUACIONS BIQUADRADES

Practiquem i avancem 17-20

Reben la denominació d'*equació biquadrada* les equacions polinòmiques de quart grau que no tenen termes a x^3 i a x.

L'expressió general d'una **equació biquadrada** és definida per:

$$ax^4 + bx^2 + c = 0 \text{ si a, b, c} \in \mathbb{R}, \text{ en què } a \neq 0$$

Per resoldre una equació biquadrada, se segueixen aquests passos:

1 S'hi aplica un canvi de variable: $x^2 = t \Rightarrow t^2 = x^4$.

$ax^4 + bx^2 + c = 0 \Rightarrow a(x^2)^2 + bx^2 + c = 0 \Rightarrow at^2 + bt + c = 0$

D'aquesta manera s'ha transformat l'equació biquadrada en una equació de segon grau amb una incògnita, t.

$$x^4 - 5x^2 + 4 = 0$$

Canvi de variable: $x^2 = t$.

$$(x^2)^2 - 5x^2 + 4 = 0 \Rightarrow t^2 - 5t + 4 = 0$$

2 S'obtenen les solucions t_1 i t_2, que resolen l'equació de segon grau.

$$t = \frac{-(-5) \pm \sqrt{(-5)^2 - 4 \cdot 1 \cdot 4}}{2 \cdot 1} = \frac{5 \pm 3}{2} = \begin{cases} 4 \\ 1 \end{cases} \Rightarrow t_1 = 4 \text{ i } t_2 = 1$$

3 Per calcular els valors de x, es desfà el canvi de variable: $x = \pm\sqrt{t_1}$ i $x = \pm\sqrt{t_2}$, i això dona com a resultat les solucions de l'equació.

$$x = \pm\sqrt{t_1} = \pm\sqrt{4} = \pm 2 \qquad x = \pm\sqrt{t_2} = \pm\sqrt{1} = \pm 1$$

Les quatre solucions de l'equació biquadrada són:

$$x_1 = 2 \qquad x_2 = -2 \qquad x_3 = 1 \qquad x_4 = -1$$

Existeixen altres equacions, a més de les biquadrades, que permeten fer un canvi de variable semblant, del tipus $x^n = t$. La solució de x existeix depenent del signe de t i de la paritat de n.

Tingues-ho en compte

El nombre de solucions d'una arrel varia segons si l'índex és parell o senar:

$$\sqrt[n]{t} = \begin{cases} n \text{ parell} \begin{cases} t > 0 \Rightarrow 2 \text{ arrels} \begin{cases} + \\ - \end{cases} \\ t < 0 \Rightarrow \text{No hi ha arrel.} \end{cases} \\ n \text{ senar} \begin{cases} t > 0 \Rightarrow 1 \text{ arrel } + \\ t < 0 \Rightarrow 1 \text{ arrel } - \end{cases} \end{cases}$$

Activitat resolta

Resol l'equació següent: $(x^2 - 2)^2 - 1 = 4 \cdot (x^2 + 3)$.

Es desenvolupa l'expressió aplicant els principis d'equivalència:

$$(x^2 - 2)^2 - 1 = 4 \cdot (x^2 + 3) \Rightarrow x^4 - 4x^2 + 4 - 1 = 4x^2 + 12 \Rightarrow x^4 - 8x^2 - 9 = 0$$

Se segueixen els passos per resoldre l'equació biquadrada obtinguda:

1 Es fa el canvi de variable: $x^2 = t$.

$$(x^2)^2 - 8x^2 - 9 = 0 \Rightarrow t^2 - 8t - 9 = 0$$

2 Es resol l'equació de segon grau amb incògnita t:

$$t = \frac{-(-8) \pm \sqrt{(-8)^2 - 4 \cdot 1 \cdot (-9)}}{2 \cdot 1} = \frac{8 \pm 10}{2} = \begin{cases} 9 \\ -1 \end{cases} \Rightarrow t_1 = 9 \text{ i } t_2 = -1$$

3 Es desfà el canvi per determinar les solucions de l'equació biquadrada, però només s'obté la solució de l'arrel positiva:

$$x = \pm\sqrt{9} = \pm 3 \qquad x = \pm\sqrt{-1} \notin \mathbb{R}$$

L'equació biquadrada té dues solucions:

$$x_1 = 3 \text{ i } x_2 = -3$$

4 /// EQUACIONS EXPONENCIALS

Practiquem i avancem 21-23

> **Les equacions en les quals hi ha una incògnita a l'exponent reben el nom d'equacions exponencials.**

Les equacions exponencials que estudiarem només tenen dos termes, de manera que podrem situar cada terme en un membre de la igualtat:

$$a^{f(x)} = b^{g(x)}$$

Si les bases coincideixen, la resolució es redueix a igualar els exponents:

$$a^{f(x)} = a^{g(x)} \Rightarrow f(x) = g(x)$$

Activitat resolta

Resol les equacions exponencials següents:

a. $2^x = 2^{3x-6}$ **b.** $3^{x^2-1} = 27$

a. Com que les bases dels dos membres de la igualtat coincideixen, s'igualen els exponents: $2^x = 2^{3x-6} \Rightarrow x = 3x - 6$.

Es resol l'equació resultant, en aquest cas, una equació de primer grau:

$$x = 3x - 6 \Rightarrow -2x = -6 \Rightarrow x = 3$$

b. Les bases no coincideixen, però 27 es pot expressar com una potència de base 3, de manera que $3^{x^2-1} = 27 \Rightarrow 3^{x^2-1} = 3^3$.

S'igualen els exponents i es resol l'equació resultant, en aquest cas una equació de segon grau incompleta:

$$3^{x^2-1} = 3^3 \Rightarrow x^2 - 1 = 3 \Rightarrow x^2 = 4 \Rightarrow x = \pm\sqrt{4} = \pm 2$$

Quan les bases de cada membre són diferents, s'apliquen logaritmes.

Activitat resolta

Resol les equacions exponencials següents:

a. $2^x = 3$ **b.** $3^{x+3} = 5$

a. Com que les bases dels dos membres de la igualtat no coincideixen, es prenen logaritmes a banda i banda:

$$2^x = 3 \Rightarrow \log 2^x = \log 3 \Rightarrow x \cdot \log 2 = \log 3 \Rightarrow x = \frac{\log 3}{\log 2} \approx 1{,}58$$

L'exponent passa multiplicant per la propietat següent:

$$\log_a x^n = n \cdot \log_a x$$

b. Es prenen logaritmes per transformar l'equació exponencial en una equació de primer grau:

$$3^{x+3} = 5 \Rightarrow \log 3^{x+3} = \log 5 \Rightarrow (x+3) \cdot \log 3 = \log 5 \Rightarrow$$

$$\Rightarrow x + 3 = \frac{\log 5}{\log 3} \Rightarrow x = \frac{\log 5}{\log 3} - 3 \approx -1{,}54$$

Tingues-ho en compte

A l'hora de transformar les equacions exponencials mitjançant logaritmes, no té importància la base que es triï. Tanmateix, per facilitar la resolució de les operacions amb la calculadora, es fa servir el logaritme en base 10.

5 /// SISTEMES DE DUES EQUACIONS LINEALS AMB DUES INCÒGNITES

Practiquem i avancem 24-31

> Una **equació lineal amb dues incògnites**, x i y, és una expressió del tipus $ax + by = c$, en què a, b i c són nombres reals.

Un **sistema de dues equacions lineals amb dues incògnites** planteja el problema de trobar el valor o els valors de x i y que compleixin simultàniament les dues equacions, en què cada parell (x, y) sigui una solució d'aquest sistema:

$$\begin{cases} ax + by = c \\ a'x + b'y = c' \end{cases}$$

en què a, b, c, a', b' i $c' \in \mathbb{R}$, mentre que x i y són les incògnites.

Recorda

L'equació lineal $ax + by = c$ es representa gràficament mitjançant una recta. Cada punt de la recta és una solució de l'equació.

5.1 CLASSIFICACIÓ DELS SISTEMES D'EQUACIONS LINEALS

Gràficament, la solució d'un sistema és el punt de tall entre les dues rectes que determinen les equacions. Els sistemes poden ser:

	Sistema compatible determinat	Sistema compatible indeterminat	Sistema incompatible
Nombre de solucions	Té una única solució.	Té infinites solucions.	No té solució.
Gràficament	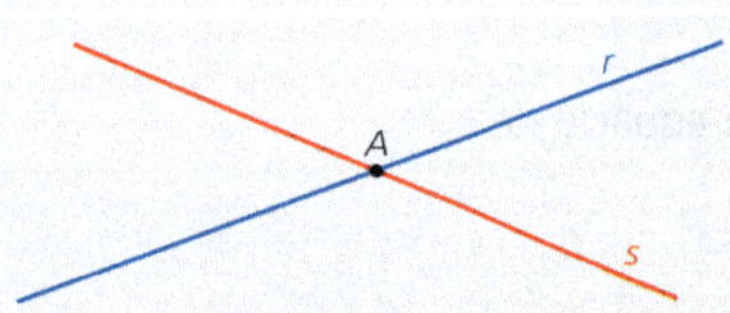 Rectes secants: es tallen en un punt.	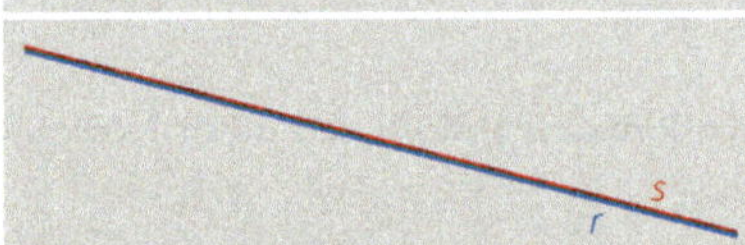 Rectes coincidents: es tallen en infinits punts.	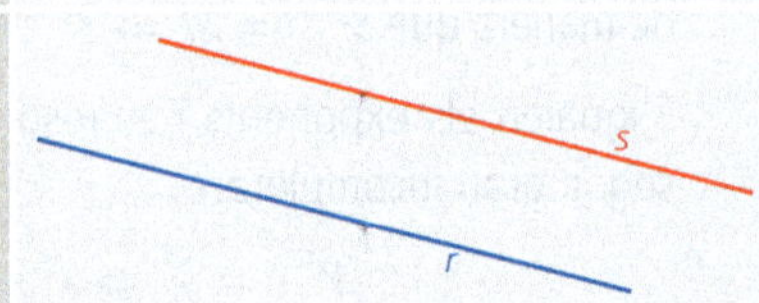 Rectes paral·leles: no es tallen a cap punt.
Algebraicament	$\frac{a}{a'} \neq \frac{b}{b'}$	$\frac{a}{a'} = \frac{b}{b'} = \frac{c}{c'}$	$\frac{a}{a'} = \frac{b}{b'} \neq \frac{c}{c'}$

Activitat resolta

Resol gràficament el sistema següent: $\begin{cases} 2x + y = 6 \\ x + 3y = -2 \end{cases}$.

Es construeixen taules de valors i es representen als mateixos eixos de coordenades:

x	2	3	4
$y = 6 - 2x$	2	0	−2

x	−2	1	4
$y = \frac{-2 - x}{3}$	0	−1	−2

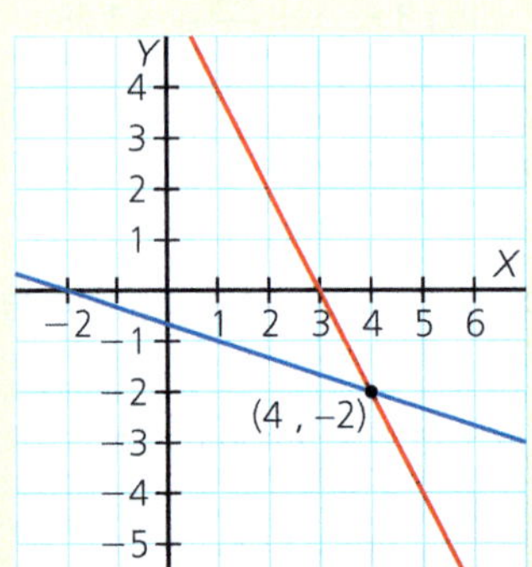

La solució del sistema és el punt de tall de les dues rectes, és a dir, $(4, -2)$. Per tant, $x = 4$ i $y = -2$.

Activitat resolta

Classifica els sistemes d'equacions que segueixen:

a. $\begin{cases} -2x + 2y = 7 \\ x + 5y = -3 \end{cases}$ b. $\begin{cases} 2x + 6y = 1 \\ x + 3y = -2 \end{cases}$

a. Com que $\frac{-2}{1} \neq \frac{2}{5}$, es tracta d'un sistema compatible determinat. Té una única solució.

b. Com que $\frac{2}{1} = \frac{6}{3} \neq \frac{1}{-2}$, es tracta d'un sistema incompatible. Per tant, no té cap solució.

5.2 MÈTODES DE RESOLUCIÓ D'UN SISTEMA DE DUES EQUACIONS LINEALS

Per determinar el valor de les incògnites, x i y, d'un sistema d'equacions lineals, hi ha tres mètodes numèrics de resolució.

Mètode de substitució

Consisteix a aïllar una incògnita d'una de les equacions i **substituir-la** a l'altra per transformar-la en una equació amb una incògnita.

1. S'aïlla una de les incògnites en una de les equacions.
2. Se substitueix l'expressió de la incògnita aïllada a l'altra equació i es resol l'expressió resultant.
3. El valor de la incògnita que s'ha obtingut se substitueix en una de les equacions inicials, i així es determina el valor de l'altra incògnita.
4. Se'n comprova la solució.

Activitat resolta

Resol pel mètode de substitució aquest sistema d'equacions: $\begin{cases} 2x + y = 1 \\ 4x + 3y = -1 \end{cases}$.

1. S'aïlla una incògnita en una de les equacions:

$$y = 1 - 2x$$

2. Se substitueix la incògnita a l'altra equació i es resol:

$$4x + 3 \cdot (1 - 2x) = -1 \Rightarrow 4x + 3 - 6x = -1 \Rightarrow -2x = -4 \Rightarrow x = 2$$

3. Aquest valor de x se substitueix en una de les equacions inicials per obtenir el valor de y:

$$2 \cdot 2 + y = 1 \Rightarrow y = 1 - 4 = -3$$

4. Se'n comprova la solució substituint els valors de x i y a les dues equacions:

$$x = 2;\ y = -3 \Rightarrow \begin{cases} 2x + y = 1 \Rightarrow 2 \cdot 2 - 3 = 1 \Rightarrow 1 = 1 \\ 4x + 3y = -1 \Rightarrow 4 \cdot 2 + 3 \cdot (-3) = -1 \Rightarrow -1 = -1 \end{cases}$$

Mètode d'igualació

Consisteix a aïllar la mateixa incògnita a les dues equacions, **igualar** les expressions obtingudes i resoldre l'equació de primer grau amb una incògnita.

1. S'aïlla la mateixa incògnita a les dues equacions.
2. S'igualen les dues expressions aïllades i es resol l'equació obtinguda.
3. El valor resultant de la incògnita se substitueix a qualsevol de les equacions inicials, i això permet determinar el valor de l'altra incògnita.
4. Se'n comprova la solució.

Activitat resolta

Resol pel mètode d'igualació aquest sistema d'equacions: $\begin{cases} x + 3y = 7 \\ 2x - 5y = 3 \end{cases}$.

1. S'aïlla la mateixa incògnita a les dues equacions:

$$\begin{cases} x + 3y = 7 \\ 2x - 5y = 3 \end{cases} \Rightarrow \begin{cases} x = 7 - 3y \\ x = \dfrac{3 + 5y}{2} \end{cases}$$

2. S'igualen les expressions resultants i es resol l'equació:

$$7 - 3y = \frac{3 + 5y}{2} \Rightarrow 14 - 6y = 3 + 5y \Rightarrow -11y = -11 \Rightarrow y = 1$$

3. Aquest valor de y se substitueix en una de les equacions inicials per obtenir el valor de x:

$$x + 3 \cdot 1 = 7 \Rightarrow x = 7 - 3 = 4$$

4. Se'n comprova la solució substituint els valors de x i y a les dues equacions:

$$x = 4;\ y = 1 \Rightarrow \begin{cases} x + 3y = 7 \Rightarrow 4 + 3 \cdot 1 = 7 \Rightarrow 7 = 7 \\ 2x - 5y = 3 \Rightarrow 2 \cdot 4 - 5 \cdot 1 = 3 \Rightarrow 3 = 3 \end{cases}$$

Mètode de reducció

Consisteix a obtenir un sistema equivalent tal que, quan se sumin les equacions, es **redueixi** eliminant una de les incògnites i doni com a resultat una equació de primer grau amb una incògnita.

Activitat resolta

Resol pel mètode de reducció el sistema d'equacions següent: $\begin{cases} 5x + 3y = 4 \\ 2x + y = 1 \end{cases}$.

1 S'observen les dues equacions per decidir per quins nombres s'han de multiplicar o dividir per tal d'aconseguir que els coeficients d'una de les incògnites siguin iguals, però de signe contrari. En aquest cas, el més còmode és multiplicar per (–3) la segona equació per eliminar la incògnita *y*:

$$\begin{cases} 5x + 3y = 4 \\ 2x + y = 1 \end{cases} \xrightarrow{\cdot(-3)} \begin{cases} 5x + 3y = 4 \\ -6x - 3y = -3 \end{cases}$$

2 Se sumen les equacions i es resol l'equació resultant:

$$\begin{array}{l} \begin{cases} \ \ 5x + 3y = \ \ 4 \\ -6x - 3y = -3 \end{cases} \\ \hline -x \qquad = 1 \Rightarrow x = -1 \end{array}$$

3 El valor resultant de *x* se substitueix en una de les equacions inicials per obtenir el valor de *y*:

$$5 \cdot (-1) + 3 \cdot y = 4 \Rightarrow 3y = 9 \Rightarrow y = 3$$

4 Se'n pot comprovar la solució substituint els valors de *x* i *y* a les dues equacions:

$$x = -1;\ y = 3 \Rightarrow \begin{cases} 5x + 3y = 4 \Rightarrow 5 \cdot (-1) + 3 \cdot 3 = 4 \Rightarrow 4 = 4 \\ 2x + y = 1 \Rightarrow 2 \cdot (-1) + 3 = 1 \Rightarrow 1 = 1 \end{cases}$$

1 Es multipliquen les equacions pels nombres necessaris per obtenir equacions equivalents que tinguin una incògnita amb coeficients iguals, però de signe contrari, és a dir, coeficients que siguin nombres oposats.

2 Se sumen les equacions, i així s'obté una equació amb una sola incògnita, que es resol.

3 El valor de la incògnita que s'ha obtingut se substitueix a qualsevol de les dues equacions per determinar el valor de l'altra incògnita.

4 Se'n comprova la solució.

Representar un sistema sobre un pla cartesià

En la introducció d'aquest apartat s'ha vist que, des d'un punt de vista gràfic, un sistema d'equacions lineals equival al punt de tall de dues rectes en el pla.

Vegem com es representa el sistema d'equacions següent:

$$\begin{cases} 2x + y = 6 \\ x + 3y = -2 \end{cases}$$

1 Es localitzen els punts de tall de cadascuna de les rectes amb els eixos de coordenades:

- Punts de tall de la primera equació: $2x + 1y = 6$
  - Punt de tall amb l'eix *X*: $x = \frac{6}{2} = 3$
  - Punt de tall amb l'eix *Y*: $y = \frac{6}{1} = 6$
- Punts de tall de la segona equació: $1x + 3y = -2$
  - Punt de tall amb l'eix *X*: $x = \frac{-2}{1} = -2$
  - Punt de tall amb l'eix *Y*: $y = \frac{-2}{3}$

2 Es representen els punts sobre els eixos i es tracen les rectes que els uneixen:

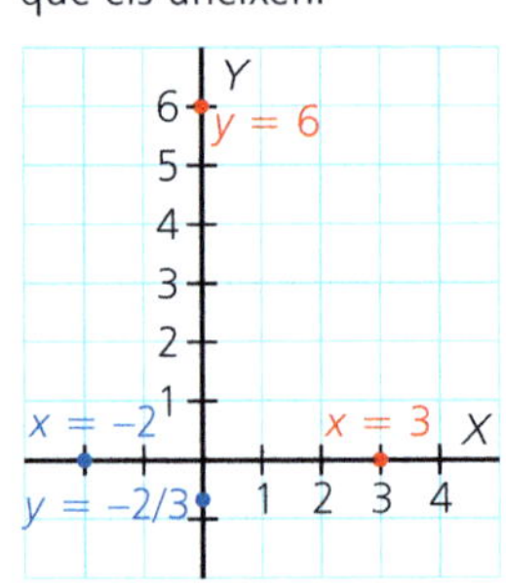

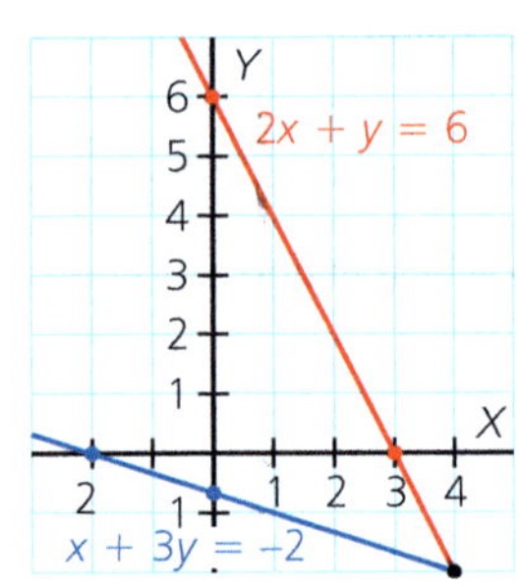

3 Es localitza el punt de tall, que serà la solució del sistema d'equacions:

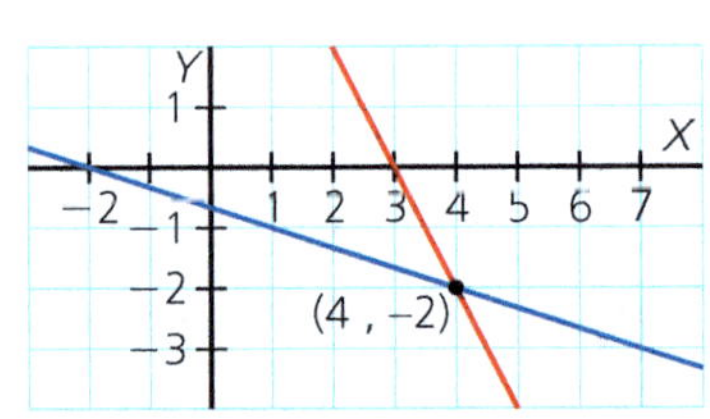

Per tant, la solució del sistema és $x = 4$ i $y = -2$.

6 /// INEQUACIONS

Practiquem i avancem 32-35

La relació entre els termes d'una expressió algebraica no sempre està definida per una igualtat.

Per exemple, si la capacitat d'un autobús és de 50 places i anomenem x el nombre de viatgers i viatgeres, es pot afirmar que $x \leq 50$. I, si el preu de dos productes supera els 10 euros, i anomenem x i y el valor d'aquests productes, resulta $x + y > 10$.

> Una **inequació** és una desigualtat algebraica en la qual els dos membres estan relacionats per un signe de desigualtat: <, ≤, >, ≥.

Alguns exemples d'inequacions són:

$$x \geq 3 \qquad 2x + 4 < 5 \qquad x + y > 1 \qquad 2x < y - 3$$

Les inequacions poden tenir infinites solucions. Si només tenen una incògnita, es representen mitjançant un **interval**, i si tenen dues incògnites, mitjançant una **regió del pla**.

La resolució d'una inequació consisteix a determinar el conjunt de solucions que compleixen la desigualtat plantejada.

Tal com passa amb les equacions, el grau d'una inequació és determinat per l'exponent més alt que hi aparegui. En aquest curs només resoldrem inequacions de primer grau.

Recorda

< més petit que

≤ més petit o igual que

\> més gran que

≥ més gran o igual que

Inequacions equivalents

En el procés de resolució d'una inequació cal aplicar canvis que vagin transformant la inequació inicial en d'altres d'equivalents, fins a aconseguir una desigualtat que proporcioni la solució.

Regla de la suma

Es pot sumar o restar el mateix nombre als dos membres de la inequació, tal com passa amb les equacions:

$$x + 3 < 5 \Rightarrow x + 3 - 3 < 5 - 3 \Rightarrow x < 2$$

Regla de la multiplicació

Es pot multiplicar o dividir pel mateix nombre els dos membres de la inequació:

$$2x \geq 8 \Rightarrow \frac{2x}{2} \geq \frac{8}{2} \Rightarrow x \geq 4$$

$$\frac{x}{3} \leq -5 \Rightarrow 3 \cdot \frac{x}{3} \leq 3 \cdot (-5) \Rightarrow x \leq -15$$

Si multipliquem o dividim per un nombre negatiu, la desigualtat canvia de sentit:

$$-3x > 6 \Rightarrow \frac{-3x}{-3} < \frac{6}{-3} \Rightarrow x < -2$$

Tingues-ho en compte

«Passar dividint» una quantitat negativa implica un canvi en el sentit de la desigualtat.

7 /// INEQUACIONS DE PRIMER GRAU AMB UNA INCÒGNITA

Practiquem i avancem 36-37

El mètode de resolució d'una inequació de primer grau amb una incògnita és semblant al procediment de resolució d'equacions de primer grau, amb l'única excepció dels passos en els quals la regla de la multiplicació exigeixi un canvi en el sentit de la desigualtat.

La solució, en el cas que existeixi, s'haurà d'expressar en forma de l'interval que inclogui les infinites solucions.

Activitat resolta

Resol les inequacions següents:

a. $2x - 3 \leq x + 3 \cdot (3 - x)$

b. $3 \cdot (x - 2) + x > 2x + 5 \cdot (x - 2) - 2$

c. $\frac{x}{4} + \frac{x+2}{6} < x - \frac{x-1}{2}$

a. Es desenvolupen els parèntesis i es redueixen els termes semblants:

$$2x - 3 \leq x + 3 \cdot (3 - x) \Rightarrow 2x - 3 \leq x + 9 - 3x \Rightarrow$$

$$\Rightarrow 2x - x + 3x \leq 9 + 3 \Rightarrow$$

$$\Rightarrow 4x \leq 12 \Rightarrow x \leq 3$$

Així, doncs, la solució són tots els nombres més petits o iguals que 3: $(-\infty\,, 3]$

b. Es desenvolupen els parèntesis i es redueixen els termes semblants:

$$3 \cdot (x - 2) + x > 2x + 5 \cdot (x - 2) - 2 \Rightarrow 3x - 6 + x > 2x + 5x - 10 - 2 \Rightarrow$$

$$\Rightarrow 3x + x - 2x - 5x > -10 - 2 + 6 \Rightarrow$$

$$\Rightarrow -3x > -6$$

Es passa el –3 que acompanya la x a l'altre membre dividint, però, com que és negatiu, es canvia el sentit de la desigualtat:

$$x < \frac{-6}{-3} \Rightarrow x < 2$$

Per tant, la solució és donada per l'interval $(-\infty\,, 2)$.

c. S'eliminen els denominadors, i per fer-ho es redueixen a comú denominador:

$$\frac{x}{4} + \frac{x+2}{6} < x - \frac{x-1}{2} \Rightarrow \frac{3x}{12} + \frac{2 \cdot (x+2)}{12} < \frac{12x}{12} - \frac{6 \cdot (x-1)}{12} \Rightarrow$$

$$\Rightarrow 3x + 2 \cdot (x + 2) < 12x - 6 \cdot (x - 1)$$

Es desenvolupen els parèntesis i es redueixen els termes semblants:

$$3x + 2x + 4 < 12x - 6x + 6 \Rightarrow$$

$$\Rightarrow 3x + 2x - 12x + 6x < 6 - 4 \Rightarrow$$

$$\Rightarrow -x < 2$$

Multipliquem per –1 a totes dues bandes, per la qual cosa cal canviar el sentit de la desigualtat:

$$x > -2$$

S'obté com a solució l'interval $(-2\,, +\infty)$.

8 /// INEQUACIONS DE PRIMER GRAU AMB DUES INCÒGNITES

Practiquem i avancem 38-39

La forma general a la qual es pot reduir una inequació de primer grau amb dues incògnites, depenent de la desigualtat, és:

$ax + by + c < 0$ $\quad ax + by + c \leq 0$ $\quad ax + by + c > 0$ $\quad ax + by + c \geq 0$

El mètode de resolució es duu a terme en dos passos:

1 Es representa la recta $ax + by + c = 0$, que divideix el pla en dos semiplans.

2 Se substitueix en la inequació inicial qualsevol punt d'un d'aquests semiplans (que no pertanyi a la recta):

- Si compleix la inequació, la solució és el semiplà on hi hagi el punt.
- Si no compleix la inequació, la solució és el semiplà contrari.

A les desigualtats de tipus ≤ o ≥, la recta mateixa pertany a la solució, mentre que, si la inequació és del tipus < o >, la recta no pertany a la solució i es representa amb traç discontinu.

Activitat resolta

Resol les inequacions següents:

a. $2x - y \leq 6$ **b.** $4x + 3y > 8$

a. **1** Es representa la recta $2x - y = 6$, mitjançant una taula de valors.

x	y
0	□
□	0

→

x	y
0	−6
3	0

2 El punt (0 , 0) verifica la inequació: $2 \cdot 0 - 0 \leq 6$. Per tant, la solució és el semiplà on es troba, incloent-hi la recta $2x - y = 6$.

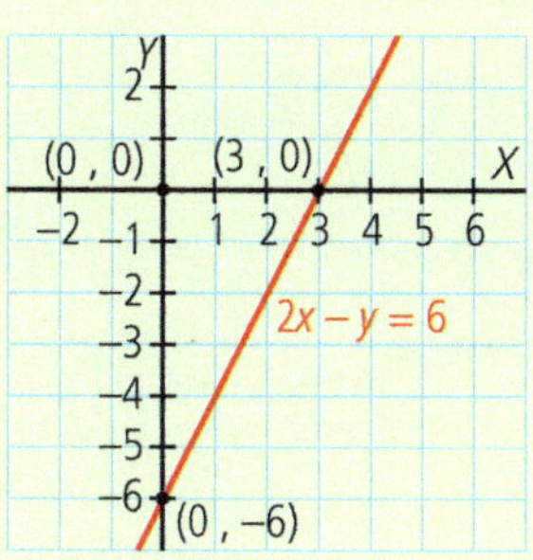

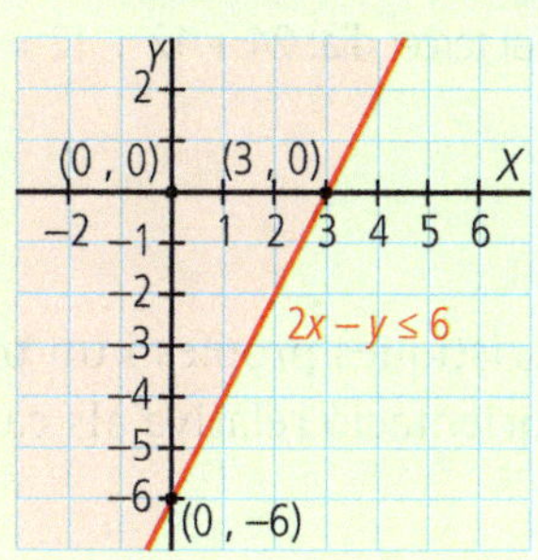

b. **1** Es representa la recta $4x + 3y = 8$.

x	y
0	□
□	0

→

x	y
0	2,67
2	0

2 El punt (0 , 0) no verifica la inequació: $0 > 8$. Per tant, la solució és el semiplà oposat, sense incloure-hi la recta, perquè és una desigualtat estricta.

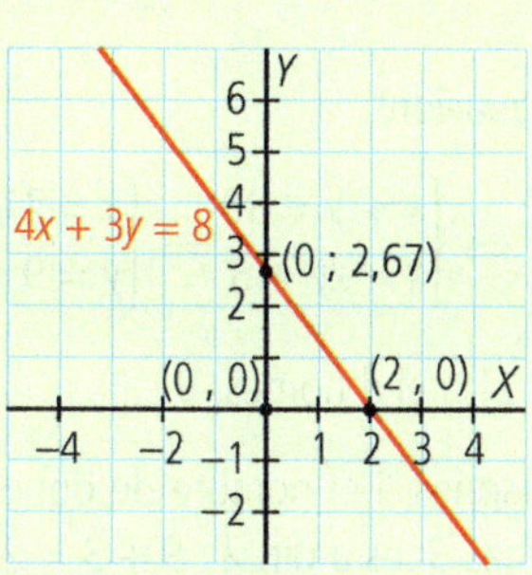

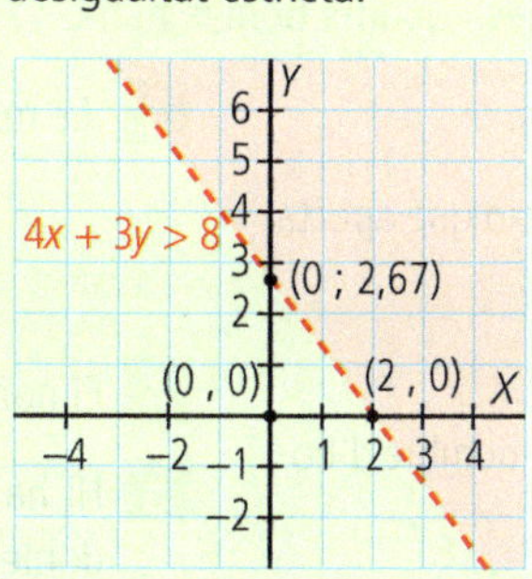

Practiquem i avancem 40-75

Tant les equacions com els sistemes d'equacions són molt útils a l'hora de resoldre problemes en els quals intervenen relacions numèriques amb quantitats desconegudes.

Després de llegir atentament el problema i tenir la seguretat que s'ha entès, es procedeix a la resolució, que s'articula en els passos següents:

1. S'identifiquen les dades i les incògnites que apareixen al problema.
2. S'expressen les relacions numèriques mitjançant el llenguatge algebraic i es planteja una equació o un sistema d'equacions.
3. Es resol l'equació o el sistema plantejat.
4. S'expressa la solució obtinguda en les unitats adequades.
5. Se'n comprova la validesa i s'interpreta la coherència de la solució obtinguda.

Activitat resolta

En una fruiteria s'han venut durant un dia la meitat de les pomes que hi havia en estoc. L'endemà, els clients i les clientes n'han comprat la meitat de les que quedaven, i el tercer dia s'han acabat els 12 kg que quedaven. Calcula la quantitat de pomes que hi havia a la venda el primer dia.

Després de llegir detingudament el problema, hi identifiquem la incògnita.

1. S'anomena x la quantitat de pomes que la fruiteria tenia en estoc.

   Les vendes que s'han fet els tres dies han de sumar el nombre total de quilos de pomes:

   Primer dia: $\frac{x}{2}$ Segon dia: $\frac{1}{2}$ de $\frac{x}{2} = \frac{x}{4}$ Tercer dia: 12 kg

2. Les quantitats venudes han de sumar x:

$$\frac{x}{2} + \frac{x}{4} + 12 = x$$

3. Es resol l'equació:

$$\frac{x}{2} + \frac{x}{4} + 12 = x \Rightarrow \frac{2x}{4} + \frac{x}{4} + \frac{48}{4} = \frac{4x}{4} \Rightarrow 2x + x + 48 = 4x \Rightarrow 48 = x$$

4. Així, doncs, el primer dia s'havien posat a la venda 48 kg de pomes.
5. S'analitza si la solució compleix les condicions del problema. Si hi havia 48 kg de pomes: el primer dia se n'han venut 24 (la meitat) i l'endemà 12 (la meitat de les que quedaven), de manera que n'han quedat 12 per al tercer dia: 24 + 12 + 12 = 48.

Problemes de relacions aritmètiques

Cada problema d'aquest tipus té unes característiques pròpies i un plantejament específic. Tanmateix, es pot donar una orientació relativa als casos més comuns.

Activitat resolta

El nombre de dones que assisteixen a una reunió de 30 persones supera de tres el doble del nombre d'homes. Calcula quantes dones i quants homes hi ha.

1. S'anomena x el nombre de dones, i y, el d'homes.
2. Es plantegen les equacions a partir de la informació que aporta l'enunciat:
   - A la reunió hi ha 30 persones: $x + y = 30$.
   - El nombre de dones supera de tres el doble del nombre d'homes: $x = 2y + 3$.
3. Es resol el sistema d'equacions:

$$\begin{cases} x + y = 30 \\ x = 2y + 3 \end{cases} \Rightarrow \begin{cases} x + y = 30 \\ x - 2y = 3 \end{cases} \Rightarrow \begin{cases} x = 21 \\ y = 9 \end{cases}$$

4. El nombre de dones és 21, i el d'homes, 9.
5. Hi ha 21 + 9 = 30 persones, i el nombre de dones, 21, és el doble que el d'homes més 3, és a dir, $2 \cdot 9 + 3 = 21$.

Problemes temporals

Activitat resolta

Actualment, la Zoe té 7 anys menys que l'Andreu, i d'aquí a 4 anys, l'edat de l'Andreu duplicarà la de la Zoe. Calcula l'edat actual de la Zoe i l'Andreu.

1 S'anomenen x i y les edats actuals de la Zoe i l'Andreu, respectivament.

2 Es fa una línia temporal per comparar els anys que tenen tots dos en cada moment. D'aquesta manera s'estableixen les relacions en cada espai temporal:

Actualment	D'aquí a 4 anys
Edat de la Zoe: x	Edat de la Zoe: $x + 4$
Edat de l'Andreu: y	Edat de l'Andreu: $y + 4$

La Zoe té set anys menys que l'Andreu: $x = y - 7$

D'aquí a quatre anys, l'edat de l'Andreu duplicarà la de la Zoe: $y + 4 = 2 \cdot (x + 4)$

3 Se simplifiquen les equacions i es resol el sistema:

$$\begin{cases} x = y - 7 \\ y + 4 = 2 \cdot (x + 4) \end{cases} \Rightarrow \begin{cases} x - y = -7 \\ -2x + y = 4 \end{cases} \Rightarrow \begin{cases} x = 3 \\ y = 10 \end{cases}$$

4 La Zoe té actualment 3 anys, i l'Andreu, 10.

5 Es comprova que la Zoe és 7 anys més petita, i d'aquí a 4 anys, la Zoe tindrà 7 anys i l'Andreu en tindrà 14 (el doble).

Problemes d'intercanvis

El millor suport per a aquests problemes consisteix a elaborar una taula en la qual es representin les variables després de cada intercanvi.

Activitat resolta

Si el Marco donés 2 cromos a la Lucía, els dos amics tindrien el mateix nombre de cromos. Però si fos la Lucía qui oferís 25 cromos al Marco, ell en tindria el triple que la Lucía. Calcula quants cromos té cadascú.

1 S'anomenen x i y el nombre de cromos del Marco i la Lucía, respectivament.

2

	Marco	Lucía	
1r intercanvi	$x - 2$	$y + 2$	→ El Marco i la Lucía tenen el mateix nombre de cromos: $x - 2 = y + 2$.
2n intercanvi	$x + 25$	$y - 25$	→ El Marco tindria el triple de cromos que la Lucía: $x + 25 = 3 \cdot (y - 25)$.

3 Es resol el sistema d'equacions:

$$\begin{cases} x - 2 = y + 2 \\ x + 25 = 3 \cdot (y - 25) \end{cases} \Rightarrow \begin{cases} x - y = 4 \\ x - 3y = -100 \end{cases} \Rightarrow \begin{cases} y = 52 \\ x = 56 \end{cases}$$

4 Així, doncs, el Marco té 56 cromos, i la Lucía, 52.

5 Si el Marco dona 2 cromos a la Lucía, els dos amics en tindran 54 cadascun. D'altra banda, si és la Lucía qui lliura 25 cromos al Marco, aleshores ell en tindrà 81 i a la Lucía li'n quedaran 27, de manera que el nombre de cromos del Marco seria, en efecte, el triple que el de la Lucía.

Problemes de nombres

Activitat resolta

Reparteix 376 en dos sumands de manera que, si es divideix el gran entre el petit, s'obtingui 3 de quocient i 8 de residu.

1 S'anomena x el més gran dels dos sumands, i y, el més petit.

2 Es plantegen les equacions a partir de la informació de l'enunciat:

- Es reparteix 376 en dos sumands:

$$x + y = 376$$

- El gran dividit entre el petit dona com a quocient 3, i com a residu, 8:

$$x = 3 \cdot y + 8$$

3 Es resol el sistema d'equacions:

$$\begin{cases} x + y = 376 \\ x = 3 \cdot y + 8 \end{cases} \Rightarrow \begin{cases} x + y = 376 \\ x - 3y = 8 \end{cases} \Rightarrow \begin{cases} y = 92 \\ x = 284 \end{cases}$$

4 Els nombres que buscàvem són 284 i 92.

5 Es comprova que la suma dels dos nombres és 92 + 284 = 376, i que, si es divideix 284 entre 92, s'obté 3 de quocient i 8 de residu.

Problemes de mescles

Tal com passa amb els problemes d'intercanvis, en els de mescles es pot elaborar una taula que reculli la informació proporcionada per plantejar l'equació que relaciona les quantitats amb les incògnites.

Activitat resolta

Es barregen flocs de blat de moro a 2 €/kg amb fruita seca i fruits vermells a 5 €/kg per obtenir 100 kg de preparat de cereals per esmorzar. Quants quilograms s'han de posar de cada ingredient perquè el preu de la barreja sigui de 2,75 €/kg?

1 S'anomenen x i y la quantitat de quilograms de flocs de blat de moro i la de fruites seques i fruits vermells, respectivament.

2

	Flocs de blat de moro	Fruita seca i fruits vermells	Barreja de cereals
Quantitat	x	y	100 kg
Preu	2 €/kg	5 €/kg	2,75 €/kg

→ Equació de la quantitat: $x + y = 100$

→ Equació del cost: $2x + 5y = 2{,}75 \cdot 100$

3 Es resol el sistema d'equacions:

$$\begin{cases} x + y = 100 \\ 2x + 5y = 2{,}75 \cdot 100 \end{cases} \Rightarrow \begin{cases} x + y = 100 \\ 2x + 5y = 275 \end{cases} \Rightarrow \begin{cases} x = 75 \\ y = 25 \end{cases}$$

4 S'han de barrejar 75 kg de flocs de blat de moro i 25 kg de fruita seca i fruits vermells.

5 La suma de les dues quantitats són 100 kg i l'equació del cost es compleix:

$$2 \cdot 75 + 5 \cdot 25 = 2{,}75 \cdot 100$$

Problemes amb percentatges

Activitat resolta

Al 50 % de l'alumnat d'una classe només li agrada el futbol, i el 20 % és aficionat únicament al bàsquet. Les altres sis persones no mostren interès per cap d'aquests esports. Esbrina quants alumnes hi ha a la classe.

1 S'anomena x el nombre total d'estudiants de la classe.

2 S'escriuen amb llenguatge algebraic les quantitats que es descriuen per a cada grup d'estudiants:

- Aficionats i aficionades al futbol: 50 % de $x = \frac{50x}{100} = 0{,}5x$
- Aficionats i aficionades al bàsquet: 20 % de $x = \frac{20x}{100} = 0{,}2x$
- Estudiants sense interès en cap d'aquests esports: 6

3 Es planteja l'equació. La suma total d'estudiants és x; per tant:

$$0{,}5x + 0{,}2x + 6 = x$$

Per treballar amb nombres enters, es multiplica per 10: $5x + 2x + 60 = 10x$.

Es resol:

$$5x + 2x + 60 = 10x \Rightarrow 5x + 2x - 10x = -60 \Rightarrow -3x = -60 \Rightarrow x = 20$$

4 Així, doncs, a la classe hi ha un total de 20 alumnes.

5 Es constata, efectivament, que el 50 % de 20 (10) més el 20 % de 20 (4) més 6 dona com a resultat 20.

Problemes d'inequacions

Activitat resolta

Un magatzem agrícola disposa de capacitat per a 200 sacs de fertilitzant de tipus A i per a 300 sacs de tipus B. Entre els dos fertilitzants, el magatzem ha de mantenir sempre un estoc de 100 sacs. Representa gràficament les diferents opcions d'emmagatzematge dels dos fertilitzants.

1 S'anomena x el nombre de sacs de fertilitzant de tipus A, i y, el nombre de sacs de tipus B.

2 S'escriu amb llenguatge algebraic cadascuna de les inequacions amb les dades que aporta l'enunciat:

- La capacitat de sacs de fertilitzant de tipus A és 200: $x \leq 200$.
- La capacitat de sacs de fertilitzant de tipus B és 300: $y \leq 300$.
- L'estoc mínim total ha de ser de 100 sacs: $x + y \geq 100$.

3 Les tres inequacions plantejades es representen sobre els mateixos eixos de coordenades. Malgrat que no s'indiqui explícitament a l'enunciat, el nombre de sacs de cada tipus ha de ser més gran o igual que zero, i per això es restringeix la solució al primer quadrant.

4 Qualsevol parell de punts de coordenades que estigui inclòs a la regió ombrejada és una possible solució del problema.

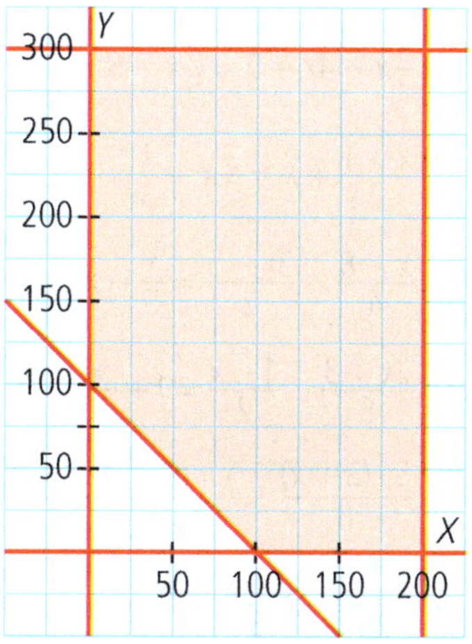

PRACTIQUEM i AVANCEM

1 Esbrina si les igualtats següents són identitats o equacions.

a. $2x + 5 - 3 \cdot (x + 1) = 5x - 4$

b. $4x - 2 \cdot (4 + x) + 9 = 1 + 2x$

c. $-3x + 5 \cdot (1 - 2x) + 6x - 1 = 0$

d. $3x + 9 - 2 \cdot (x + 1) + x - (5x - 1) = x$

e. $-2 \cdot (x - 2) + 3 \cdot (x - 1) - 4 \cdot (x + 1) = -3 \cdot (1 + x)$

f. $5x - (x + 3) - 2 = 2 \cdot (3x - 1) + 8$

2 Resol les equacions de primer grau següents:

a. $2 \cdot (3x + 2) - 5 \cdot (1 - x) - 3 = (5x + 2) - 3 \cdot (2x - 6)$

b. $3 - 4 \cdot (2x + 3) - 6x + 5 \cdot (1 - 2x) = 0$

c. $(3x + 2) \cdot (3x - 2) - 6 = 9 \cdot (x + 1) \cdot (x - 1)$

d. $(x - 1)^2 + 3x - 2 = x^2 + 5x - 1$

e. $2 - 3x + 5 \cdot (x - 1) + x^2 - 1 + (x - 2) \cdot (x + 2) = 2x^2 - 3$

f. $5x^2 - (3x - 2)^2 - x \cdot (9 - 4x) = 1$

3 Esbrina el valor de x en aquestes equacions de primer grau:

a. $\frac{9x - 2}{4} = 3 - x$

b. $\frac{3x + 7}{3} - 1 = 4x + 3$

c. $\frac{4}{5}x - 6 = 1 + \frac{3}{2}x$

d. $\frac{3}{2}x - 4x + 9 = \frac{4}{5}x + 6$

e. $\frac{x + 1}{2} + x = \frac{3}{2}x + \frac{1}{3}$

f. $\frac{x - 8}{4} - \frac{3x - 5}{2} = \frac{1}{5} - x$

g. $\frac{2x + 3}{5} - \frac{1 - x}{2} = 1 + \frac{x}{10}$

h. $\frac{5 \cdot (3 + x)}{6} - \frac{x - 6}{4} + \frac{1 - x}{2} = 2$

i. $\frac{x - 2}{20} - \frac{2 - x}{5} = \frac{x - 2}{4}$

4 Resol gràficament les equacions de primer grau següents:

a. $3x + 2 = 0$

b. $4x + 3 = 5$

c. $9x - 2 = x + 4$

d. $7 - x = x + 7$

e. $3x + 1 - x = 5x + 8 - 3$

5 Determina el nombre de solucions que tenen les equacions següents sense resoldre-les prèviament.

a. $x^2 + 3x - 2 = 0$

b. $x - 3 = x^2$

c. $4x^2 - 9 = 0$

d. $2 + 8x^2 = x$

e. $3x^2 - 4x + 5 = 0$

f. $4x^2 + 2x + 1 = 0$

g. $-2x^2 = 5x$

h. $-5x^2 + x + 3 = 0$

6 Resol algebraicament aquestes equacions de segon grau:

a. $x^2 - 5x + 6 = 0$

b. $-5 = 4x - x^2$

c. $x^2 + 7x + 12 = 0$

d. $2x^2 - 3x = -1$

e. $3x^2 - 7x - 6 = 0$

f. $-6x^2 + 3 = -7x$

7 ⊞ Soluciona les equacions de segon grau següents:

a. $(x + 1)^2 - 9 = 16$

b. $(x - 3)^2 + 11 = 36$

c. $36 + (4x + 6)^2 = 100$

d. $(x - 1)^2 - 6x = 1$

e. $(4x - 2)^2 - 4 = (3x + 1) \cdot (3x - 1) + 1$

f. $4x - (1 + 2x)^2 = 5x^2 - 10$

8 Indica el nombre de solucions d'aquestes equacions de segon grau sense resoldre-les, fent servir el discriminant:

a. $x^2 - 8x + 16 = 0$

b. $-6x^2 + x - 7 = 0$

c. $3x^2 - 9x + 6 = 0$

d. $8x^2 + 7x + 2 = 0$

e. $-x^2 + 10x - 25 = 0$

f. $x^2 + 10x - 25 = 0$

9 Indica les solucions de les equacions de segon grau proposades a partir de la representació gràfica donada.

a. $x^2 + x - 6 = 0$

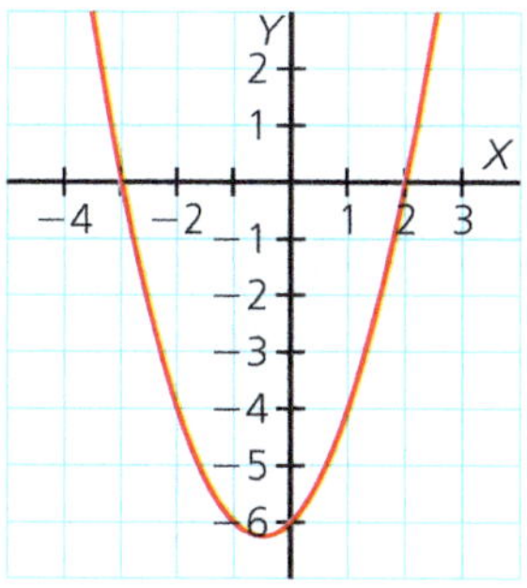

d. $-x^2 - x = 0$

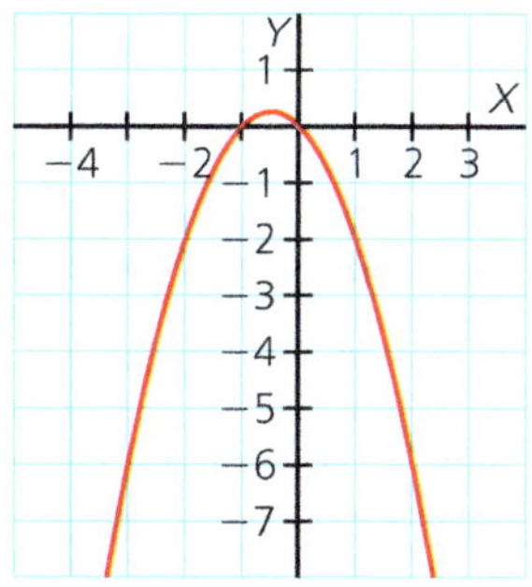

b. $-x^2 + 8x - 16 = 0$

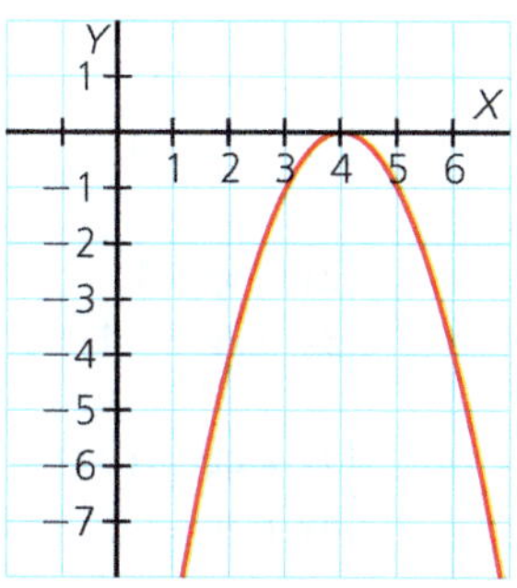

e. $x^2 - 3x + 5 = 0$

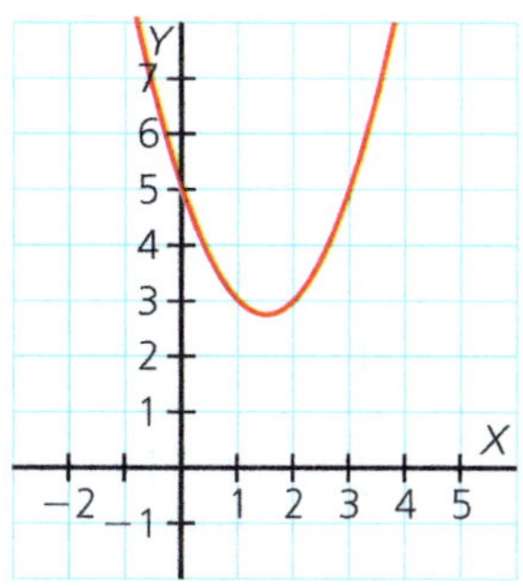

c. $x^2 + x + 8 = 0$

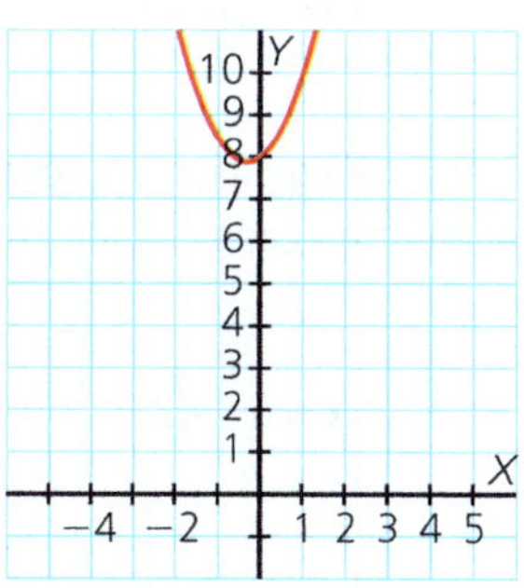

f. $-2x^2 + x = 0$

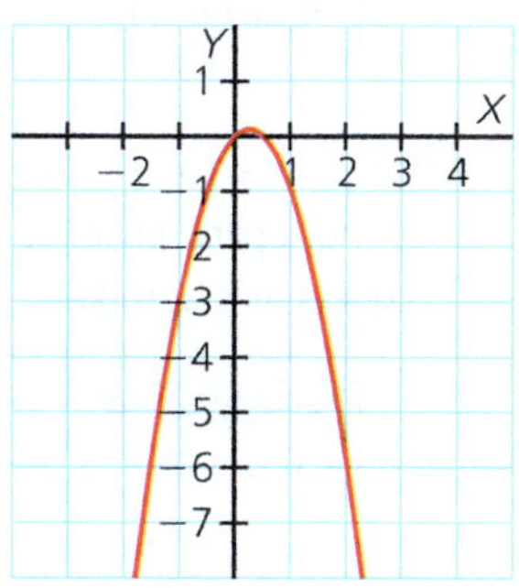

10 Calcula aquestes equacions de segon grau.

a. $5x^2 - 4x - 1 = 0$

b. $225x^2 - 16 = 0$

c. $12x^2 + 5x = 0$

d. $9 - \frac{144}{25}x^2 = 0$

e. $\frac{5}{2}x - \frac{3}{4}x^2 = 0$

f. $6x^2 - 13x + 6 = 0$

g. $\frac{5}{16}x + \frac{5}{4}x^2 = 0$

h. $\frac{5}{16} - \frac{4}{5}x^2 = 0$

i. $x^2 + 1 = \frac{10}{3}x$

j. $\frac{81}{100}x^2 - 25 = 0$

11 Determina les solucions d'aquestes equacions sense resoldre-les.

a. $3 \cdot (x + 3) \cdot (x - 4) = 0$

b. $(x - 1) \cdot x = 0$

c. $5 \cdot (x + 9)^2 = 0$

d. $-(x - 2) \cdot (x + 2) = 0$

12 ⊞ Factoritza les equacions de segon grau següents:

a. $3x^2 + 11x - 4 = 0$

b. $x^2 + 6x + 9 = 0$

c. $9x^2 - 16 = 0$

d. $5x^2 + 6x = 0$

e. $2x^2 - 7x - 15 = 0$

f. $16x^2 + 8x + 1 = 0$

13 ⊞ Escriu una equació de segon grau que tingui per solucions $x_1 = \frac{1}{3}$ i $x_2 = -4$. Després, resol l'equació.

14 ⊞ Assenyala una equació de segon grau que tingui aquestes solucions: $x_1 = -3$ i $x_2 = -\frac{1}{4}$.

15 ⊞ La suma de les solucions d'una equació de segon grau és −6, i el seu producte és 8. De quina equació es tracta?

16 ⊞ Determina les solucions d'una equació de segon grau sabent que la seva suma és 2, i el seu producte, $\frac{3}{4}$.

17 Resol les equacions biquadrades següents:

a. $x^4 - 4 = -3x^2$

b. $x^4 - 10x^2 + 9 = 0$

c. $x^4 - 13x^2 + 36 = 0$

d. $x^4 + 8x^2 = 9$

e. $-25 = 24x^2 - x^4$

f. $x^4 + 5x^2 + 4 = 0$

g. $16x^4 - 81 = 0$

h. $16x^4 - 81x^2 = 0$

18 Amb l'ajuda d'alguna eina digital, representa alguna de les gràfiques de les expressions que es poden extreure d'una equació biquadrada de l'activitat anterior. Què tenen en comú?

19 ⊞⊞ Resol les equacions següents:

a. $x^2 + (x^2 - 1)^2 - 13 = 0$

b. $(x^2 - 2) \cdot (x^2 + 2) + x^4 - 5x^2 + 1 = 0$

c. $2 \cdot (x^4 - 6x^2) - (x^2 - 6) \cdot (x^2 + 6) - x^2 = 0$

20 Investiga a internet com podries resoldre l'equació següent i indica la relació que hi ha amb les equacions biquadrades:

$$x^6 - 7x^3 - 8 = 0$$

21 Indica quines de les equacions següents són exponencials:

a. $x^3 = (x - 2)^4$

b. $5x = x^{10}$

c. $53 = x^2$

d. $2 = 3^{(x-3)^4}$

e. $4^x = 64$

f. $23 = (x^2 - 1)^5$

22 Resol aquestes equacions:

a. $2^x = 2^{4-x}$

b. $3^{x-1} = 27$

c. $9 = 3^{5-x}$

d. $25 - 5^{3x-1} = 0$

e. $3^{x^2+x+2} = 9$

f. $16^x = \frac{1}{8^4}$

g. $2^{x^2-2x} = \frac{1}{2}$

h. $\frac{1}{125^x} = 5^{x^2+2}$

23 Resol les equacions següents i indica quina funció matemàtica has utilitzat per resoldre-les.

a. $2^x = 5$

b. $3 = 2^{x+1}$

c. $3^x = 10$

d. $2 = 9^{3x-1}$

e. $2^{x^2} = 3$

f. $5 = 4^{2x+1}$

24 Associa cadascun dels sistemes següents amb les gràfiques representades a continuació:

a. $\begin{cases} 2x - y = 3 \\ x + 2y = 4 \end{cases}$

b. $\begin{cases} 2x + 3y = 1 \\ -6x - 9y = -3 \end{cases}$

c. $\begin{cases} 2x - y = 3 \\ -4x + 2y = 1 \end{cases}$

I.

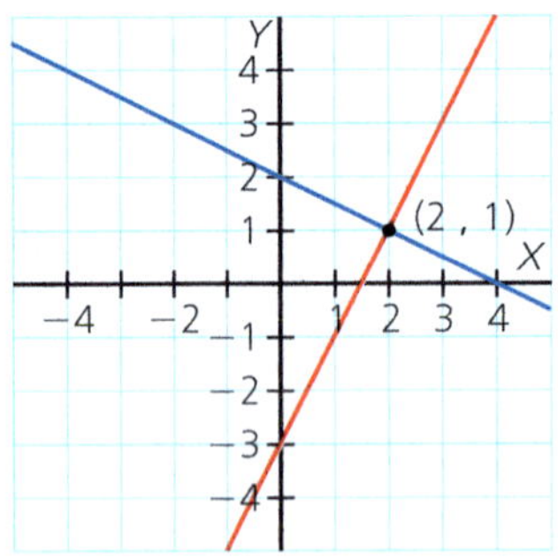

II.

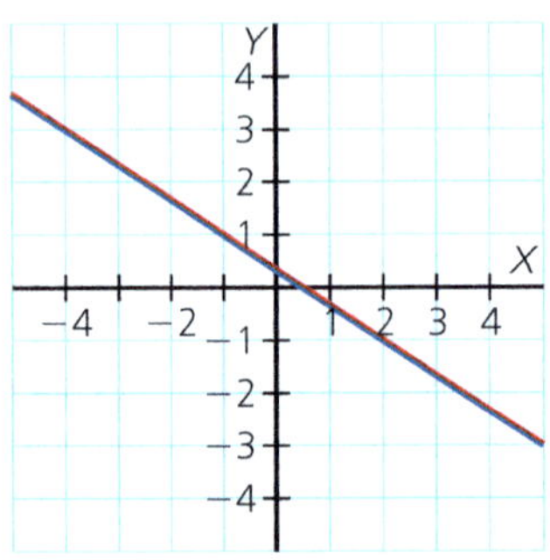

III.

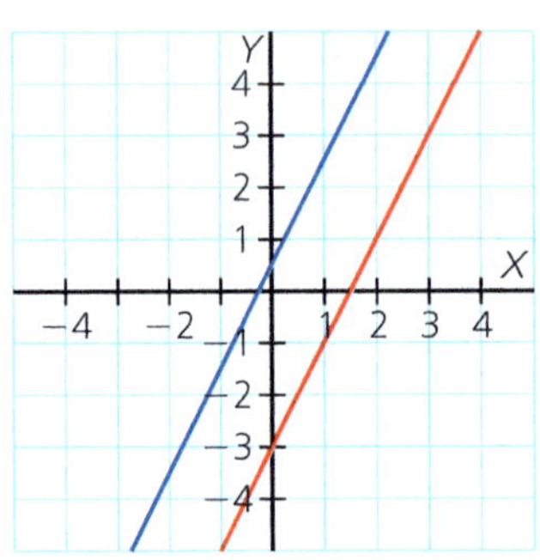

25 Calcula, pel mètode de substitució, la solució d'aquests sistemes d'equacions lineals:

a. $\begin{cases} x + 2y = 1 \\ 2x + y = 2 \end{cases}$

b. $\begin{cases} 2x + y = 4 \\ x + y = 3 \end{cases}$

c. $\begin{cases} 2x - y = 1 \\ 3x - y = 3 \end{cases}$

d. $\begin{cases} x + 4y = 6 \\ -2x + 3y = 2 \end{cases}$

e. $\begin{cases} 2x - 5y = 7 \\ 3x + 2y = 1 \end{cases}$

f. $\begin{cases} x - 3y = 5 \\ 3x - 2y = 1 \end{cases}$

g. $\begin{cases} 5x - 2y = 3 \\ 3x + 2y = 1 \end{cases}$

h. $\begin{cases} 2x - 4y = 1 \\ 6x - y = -8 \end{cases}$

26 Fent servir el mètode d'igualació, resol els sistemes següents:

a. $\begin{cases} x + 3y = 7 \\ x - y = -1 \end{cases}$

b. $\begin{cases} 3x + y = 1 \\ 5x - y = -9 \end{cases}$

c. $\begin{cases} 4x + 2y = -8 \\ x - y = 1 \end{cases}$

d. $\begin{cases} 5x + y = 3 \\ 8x + 2y = -6 \end{cases}$

e. $\begin{cases} x - 4y = 6 \\ 5x + y = -6 \end{cases}$

f. $\begin{cases} -2x + 5y = 4 \\ x - 2y = -2 \end{cases}$

g. $\begin{cases} 3x - y = -2 \\ x + 2y = 1 \end{cases}$

h. $\begin{cases} 11x - 10y = 11 \\ 10x - 11y = -11 \end{cases}$

27 Resol per reducció aquests sistemes d'equacions lineals.

a. $\begin{cases} x + 2y = 4 \\ x - y = -5 \end{cases}$

b. $\begin{cases} 3x + 4y = -1 \\ x + y = 2 \end{cases}$

c. $\begin{cases} 2x + 3y = 1 \\ 3x - 2y = 0 \end{cases}$

d. $\begin{cases} 5x - 15y = -3 \\ 15x + 5y = 6 \end{cases}$

e. $\begin{cases} x + 2y = 3 \\ 3x - 4y = 4 \end{cases}$

f. $\begin{cases} 2x + 6y = 1 \\ 3x - 2y = -4 \end{cases}$

g. $\begin{cases} 3x + 4y = 3 \\ 4x + 2y = -1 \end{cases}$

h. $\begin{cases} 7x - 9y = 1 \\ 9x - 7y = 1 \end{cases}$

28 Esbrina la solució dels sistemes d'equacions proposats. Per fer-ho, aplica un mètode diferent en cada cas, procurant que sigui el més apropiat.

a. $\begin{cases} 2x - 3y = -4 \\ x + 3y = 7 \end{cases}$

b. $\begin{cases} y = 3x - 1 \\ y = 7 - x \end{cases}$

c. $\begin{cases} 3 - 2x = y \\ 3x + 4y = 2 \end{cases}$

d. $\begin{cases} x = 5y - 7 \\ x + 2y = 0 \end{cases}$

e. $\begin{cases} 4x + 5y = 9 \\ -4x + 10y = 6 \end{cases}$

f. $\begin{cases} 5y + x = 3 \\ -5y + x = -5 \end{cases}$

29 Classifica els sistemes proposats segons el nombre de solucions. Resol els que siguin compatibles determinats.

a. $\begin{cases} 2x - 3y = 1 \\ 3x - 2y = 1 \end{cases}$

b. $\begin{cases} 6x - 4y = 2 \\ 9x - 6y = 4 \end{cases}$

c. $\begin{cases} 10x - 5y = 15 \\ 4x - 2y = 6 \end{cases}$

d. $\begin{cases} 4x - 2y = 1 \\ 6x + 3y = 3 \end{cases}$

e. $\begin{cases} 7x - 2y = 2 \\ 14x - 4y = 4 \end{cases}$

f. $\begin{cases} 5x - y = 2 \\ 10x + 2y = 7 \end{cases}$

g. $\begin{cases} 5x + 10y = 4 \\ 6x + 12y = 6 \end{cases}$

h. $\begin{cases} -x + 7y = -1 \\ 7x - y = 7 \end{cases}$

30 Calcula, pel mètode que consideris més oportú, les solucions d'aquests sistemes d'equacions lineals:

a. $\begin{cases} (x-2)-(y-6)=1 \\ 4x-3\cdot(2-y)=-7 \end{cases}$

b. $\begin{cases} 5x-3\cdot(y+1)=6 \\ 4\cdot(x-y)-(5+y)=10 \end{cases}$

c. $\begin{cases} y-(x-2y)=-1 \\ (2x-3y)-3\cdot(x-y)=2 \end{cases}$

d. $\begin{cases} 3\cdot(y-2)-(x+2)=5 \\ x-2y=0 \end{cases}$

e. $\begin{cases} 3\cdot(x+y)=1+3\cdot(2x-y) \\ 2\cdot(x+9)=y-(3x+4y)-1 \end{cases}$

31 Resol, pel mètode que consideris més senzill, aquests sistemes d'equacions lineals:

a. $\begin{cases} \dfrac{x}{3}-\dfrac{y}{4}=5 \\ x+y=1 \end{cases}$

b. $\begin{cases} \dfrac{x+1}{2}-y=1 \\ 2\cdot(x-y)+3y=6 \end{cases}$

c. $\begin{cases} 2x-y=3 \\ \dfrac{x-3}{6}-\dfrac{y-1}{2}=4 \end{cases}$

d. $\begin{cases} \dfrac{y}{6}+\dfrac{x}{3}=\dfrac{2}{12} \\ -\dfrac{y+7}{15}+\dfrac{x}{3}=-1 \end{cases}$

e. $\begin{cases} x-\dfrac{y}{2}=-3 \\ y-\dfrac{x+y}{5}=2 \end{cases}$

f. $\begin{cases} \dfrac{x-5}{2}-\dfrac{y-7}{5}=0 \\ \dfrac{2\cdot(x-3)}{5}-y=1 \end{cases}$

g. $\begin{cases} \dfrac{x}{5}+\dfrac{y}{2}=1 \\ \dfrac{x+2y}{2}-\dfrac{y-2x}{5}=-10 \end{cases}$

h. $\begin{cases} \dfrac{x}{6}-\dfrac{y}{8}=\dfrac{1}{12} \\ -18x-24y=36 \end{cases}$

32 Indica si $x=2$ és solució de les inequacions següents:

a. $x+3>0$

b. $1\leq 2-x$

c. $3x-5<1-x$

d. $-2\geq 2\cdot(7-4x)$

33 Expressa com un interval aquestes inequacions:

a. $x\leq 3$

b. $x>-2$

c. $x<-\dfrac{4}{5}$

d. $x\geq \dfrac{1}{2}$

e. $x<-5$

f. $x\geq 0$

34 Indica si el punt de coordenades $(x\,,\,y)=(-1\,,\,3)$ pertany al conjunt de solucions de les inequacions següents:

a. $x+y>0$

b. $2x+y\leq 1$

c. $x-2y+2\geq 0$

d. $3x+y<-2$

35 Indica quina de les inequacions proposades és equivalent a la inequació $x\leq 3$.

a. $3x-x+5\cdot(x-1)\leq 5-x+2\cdot(x+1)$

b. $4-(x+3)-2\cdot(x+3)\geq 4$

c. $2x+4-(3+x)\geq -1+x-(1-x)$

36 Resol les inequacions següents:

a. $x-4+8x-3\leq x+1$

b. $x-10-x+5\cdot(x+2)-3<2x-3$

c. $2x-1+5\cdot(2x-1)+2-8x\geq -2\cdot(1-x)$

d. $-3x-2\cdot(-1+3x)-x-2\geq x+3\cdot(x-1)$

e. $x-1+8x-5\cdot(4-3x)-x>-4-5\cdot(1+x)$

37 Escriu la solució d'aquestes inequacions amb fraccions.

a. $\dfrac{x-1}{3}+\dfrac{2x+3}{2}+\dfrac{7-x}{6}\geq 0$

b. $1+\dfrac{x-3}{2}+\dfrac{x-3}{5}+x<5x-\dfrac{11+x}{10}$

c. $3x-\dfrac{-2x-2}{2}+\dfrac{x-1}{4}+1\leq \dfrac{x-1}{2}-3x$

d. $2+\dfrac{x+2}{3}-x>\dfrac{2x-2}{6}+\dfrac{5x-1}{2}$

e. $\dfrac{x-1}{2}+\dfrac{x-2}{4}\leq \dfrac{2x-3}{8}-x-1$

38 Representa l'interval o la regió del pla solució de les inequacions que es proposen tot seguit:

a. $x\geq 3$

b. $y\leq -2$

c. $x\geq 0$

d. $y\geq 0$

e. $x+y>1$

f. $x-y<1$

g. $x\geq y$

h. $x<2y$

39 Resol les inequacions que segueixen, fent-ne les representacions gràfiques.

a. $2x+y\geq 6$

b. $5x-2y\geq 8$

c. $-3x+5y>5$

d. $-12x-4y<8$

e. $3x+2\cdot(y-1)\geq x-2$

f. $-2y+2x-4+3\cdot(y+2x)\geq -x+2y-1$

40 Troba un nombre que compleixi que la seva tercera part és 15 unitats més petit que el seu doble.

41 Si d'un nombre se'n resta 9, se n'obté la seva quarta part; quin nombre és?

42 Esbrina el nombre que, augmentant-lo un 12 %, es converteix en 56.

43 Observa, en cada cas, la inequació i la representació gràfica de la recta i indica si el semiplà que conté el punt (0 , 0) és solució de la inequació:

a. $2x - y \geq 4$

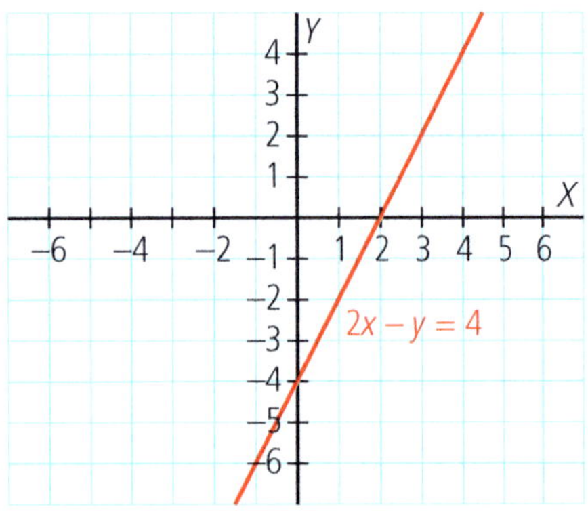

b. $x + 3y < 6$

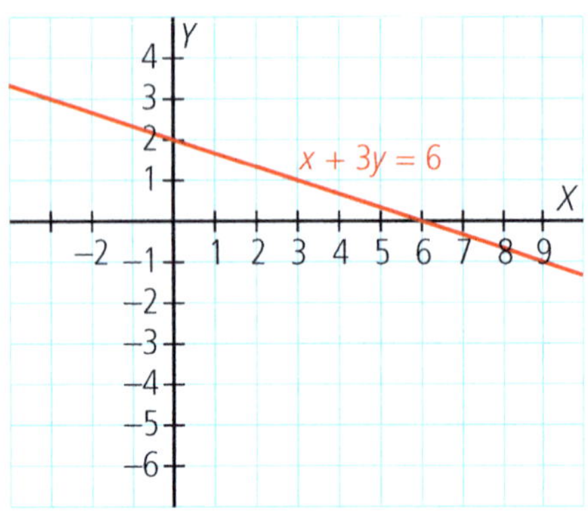

c. $-2x + 5y \geq -10$

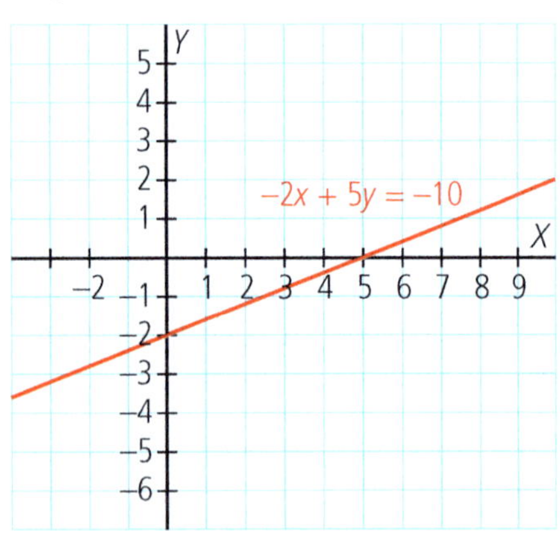

d. $-2x - 3y > 5$

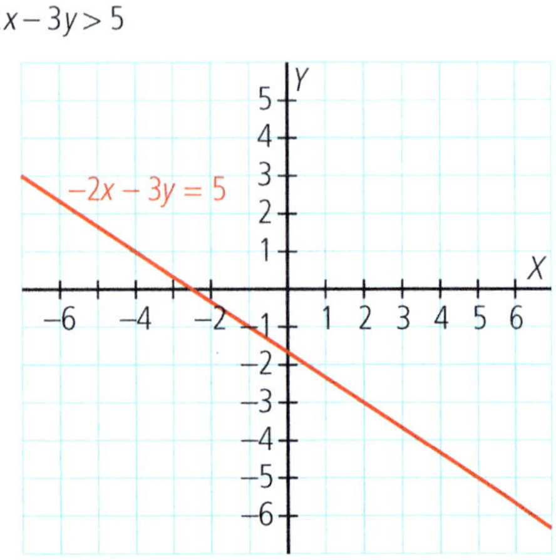

44 Calcula el nombre que, disminuint-lo en un 20 %, es converteix en el 144.

Inventa un problema que es pugui adaptar a les situacions plantejades en aquesta activitat i en la 42.

45 D'un dipòsit ple d'oli, se'n treu la meitat del contingut i, després, un terç de la resta, de manera que hi queden 1 000 L. Calcula la capacitat del dipòsit.

46 L'Ona, la Txell i el Pere han guanyat 2 000 € en una rifa del seu poble i se'ls repartiran de la manera següent: l'Ona rebrà 200 € menys que la Txell, i el Pere, 300 € menys que l'Ona. Calcula els diners que correspondran a cadascú.

47 ⊞ Es treu un terç de farina d'un sac i, tot seguit, la meitat del que hi queda, de manera que ara en conté 50 kg. Determina quants quilograms de farina hi havia al sac inicialment.

El blat és una de les matèries primeres més utilitzades al món. Fes un estudi per conèixer on es produeix i en quines quantitats.

48 ⊞ El Carles fa $\frac{3}{5}$ parts d'un viatge en automòbil, $\frac{7}{8}$ de la resta amb bicicleta, i els últims 10 km a peu. Quants quilòmetres ha recorregut el Carles en total?

49 La suma de les edats de tres amics és de 49 anys. Esbrina l'edat de cadascun si el gran té 4 anys més que el mitjà, i aquest, 3 anys més que el petit.

50 La Núria té 40 anys, i les seves tres filles, 10 anys, 7 anys i 3 anys, respectivament. D'aquí a quants anys l'edat de la Núria serà igual a la suma de les edats de les seves tres filles?

51 El producte de dos nombres parells consecutius és 224. Indica quins nombres són.

Abans de plantejar una equació per resoldre l'activitat, series capaç de descobrir aquests nombres per tanteig? Explica com ho faries.

52 Escriu dos nombres naturals consecutius tals que la suma dels seus quadrats sigui 13.

53 Esbrina tres nombres parells consecutius que sumin 36.

54 La diferència dels quadrats de dos nombres consecutius és 23. De quins nombres es tracta?

55 Tres germans ajunten els seus diners i comproven que la seva «fortuna» és de 70 €. Calcula quants diners té cadascú si el primer hi aporta 10 € més que el segon, i aquest, el doble que el tercer.

56 La biblioteca d'una escola es compon de 850 llibres distribuïts en novel·les, enciclopèdies i còmics. Calcula quants exemplars hi ha de cada classe si el nombre de còmics supera en 150 el d'enciclopèdies, i el de novel·les dobla el de còmics.

57 En una competició de voleibol, cada equip rep 2 punts si guanya i 1 si perd. L'equip de la Berta ha disputat 23 partits i ha obtingut 38 punts. Quants partits ha guanyat el seu equip? Quants n'ha perdut?

Cerca una taula d'alguna competició esportiva on puguis analitzar-ne els resultats. Compara el nombre de victòries amb el nombre de punts i valora'n el repartiment. Variarien les posicions si els punts atorgats per cada victòria fossin diferents?

58 En una llibreria es venen novel·les a 16 € i guies de viatge a 10 €. Si avui s'han venut 37 llibres en total amb una recaptació de 508 €, calcula el nombre d'exemplars venuts de cada categoria.

59 ⊞ En un teatre es poden adquirir dos tipus d'entrades: les de sala, a 20 €, i les de llotja, a 28 €. Si el cap de setmana passat van anar al teatre un total de 250 espectadors i hi va haver una recaptació de 5 800 €, quantes entrades es van vendre de cada tipus?

60 A l'aparcament d'una estació hi ha 61 vehicles entre cotxes i motos. Determina el nombre de vehicles de cada tipus si en total es comptabilitzen 196 rodes.

61 L'Eloi ha fet un cop d'ull a la seva cartera i ha comprovat que té, en bitllets de 5 € i de 10 €, fins a un total de 100 €. Ha vist, a més, que el nombre total de bitllets que té és 13. Quants bitllets de cada classe porta l'Eloi a la cartera?

62 Una papereria ven dos tipus de capses de retoladors. La capsa petita conté la meitat de retoladors que la gran. La Lídia n'ha comprat tres capses petites i una de gran per tenir 70 retoladors. Quants retoladors conté cada capsa?

63 En un examen de tipus test, per cada resposta encertada se sumen 0,05 punts i per cada resposta fallada es resten 0,02 punts. Si l'examen té 200 preguntes i l'Unai, que les ha contestades totes, ha tret una nota de 7,76, quantes preguntes ha encertat? Quantes n'ha fallat?

64 L'edat de l'Adrià és el doble que la del Lluís, el seu nebot, més 12 anys. Calcula l'edat que té cadascú si entre els dos sumen 42 anys.

65 ⊞ Fa 3 anys, l'edat de la Cèlia era el triple que la de la Diana, però d'aquí a 7 anys serà només el doble. Calcula les edats actuals de la Cèlia i la Diana.

66 ⊞ Fa 10 anys, l'edat d'un pare era quatre vegades la del seu fill, però d'aquí a 10 anys serà només el doble. Calcula l'edat actual del pare i del fill.

67 ⊞ La suma de les edats d'una mare i la seva filla és 58. D'altra banda, si es divideix l'edat de la mare entre la de la filla, s'obté 2 de quocient, i 7, de residu. Quina edat tenen les dues?

68 ⊞ Fa 12 anys, l'edat de la Sara era el doble que la de la seva germana petita. Ara, l'edat de la germana petita és $\frac{5}{6}$ de la de Sara. Calcula les edats actuals de totes dues.

69 ⊞ La Sandra i el Roger fan recompte dels seus discos de música. Si la Sandra donés tres discos al Roger, aleshores els dos en tindrien la mateixa quantitat. En canvi, si el Roger donés cinc discos a la Sandra, ella en tindria el doble que el seu amic. Indica els discos que té cadascú.

70 En un barri s'han format dos equips de futbol, A i B. Si l'equip A cedís tres jugadors a l'equip B, aleshores els dos tindrien el mateix nombre de jugadors. Per contra, si fos l'equip B el que cedís cinc jugadors a l'equip A, aquest equip tindria el doble de jugadors que l'equip B. Quants jugadors formen cada equip?

71 ⊞ La Raquel té els seus cromos guardats en dues capses, una de verda i una altra de vermella. Si passa quatre cromos de la verda a la vermella, aleshores té el mateix nombre de cromos a les dues capses. Ara bé, si passa cinc cromos de la capsa vermella a la verda, en aquesta hi haurà el triple de cromos que a l'altra. Quants cromos té guardats a cada capsa?

72 Per pintar una paret de l'institut de l'Elisabet, s'ha mesclat pintura vermella (a un preu de 4,40 €/L) amb pintura blanca (a 1,40 €/L), per obtenir 20 L de pintura rosa. Quants litres de pintura cal posar-hi de cada tipus perquè la pintura rosa surti a un preu de 2,30 €/L?

73 El Martí ha comprat una bossa de 3 kg que inclou dos tipus de pipes diferents. Les de carabassa valen 6 €/kg, i les de gira-sol, 3,40 €/kg. Si per la bossa de mescla ha pagat 4,96 €/kg, quants quilograms ha comprat de cada varietat de pipes?

74 En una dieta s'han de prendre almenys 20 g d'un aliment, A, i almenys 30 g d'un altre aliment, B. La quantitat total dels dos aliments no pot excedir de 100 g. Indica la regió del pla on es representen les possibles solucions d'aquesta dieta.

75 En un transport de mercaderies, un vehicle ha de portar una càrrega d'almenys 300 kg, i un altre vehicle n'ha de portar més. Si entre tots dos no poden transportar més de 800 kg, indica la regió del pla que inclogui els possibles repartiments de càrregues que es poden fer.

5 CARACTERÍSTIQUES GLOBALS DE LES FUNCIONS

1 /// FUNCIONS

Practiquem i avancem 1-14

En la vida quotidiana hi ha innombrables situacions en les quals dues magnituds es relacionen l'una amb l'altra: per exemple, la quantitat de fruita i el seu preu, la velocitat a la qual circula un vehicle i el temps que tarda a fer un recorregut, el valor del costat d'un quadrat i la seva àrea, etc. Cadascuna de les relacions anteriors determina una funció.

> S'anomena **funció,** *f*, la relació entre dues variables, x i y, tal que a cada valor de la variable x, anomenada **variable independent,** hi associa un únic valor de la variable y, anomenada **variable dependent.**
>
> Aquesta relació s'expressa així:
>
> $$y = f(x)$$

Una funció es pot representar de quatre maneres diferents:

Amb un enunciat

Es descriu col·loquialment com es calcula la variable y a partir de la variable x:

«El cost d'encendre una màquina és de dos cèntims
i va augmentant tres cèntims per minut.»

En aquest exemple, x és el temps, i y, el preu.

Amb una expressió algebraica

S'indica per mitjà d'una expressió algebraica, associant cada valor de x a un únic valor de y. Es representa mitjançant $y = f(x)$, que es llegeix «y és funció de x»:

$$f(x) = 3x + 2$$

Amb una taula de valors

És un conjunt de parells de punts, (x, y), que satisfan l'expressió algebraica:

x	0	1	2	3	4	5
y	2	5	8	11	14	17

Amb una gràfica

Es tracta de la gràfica que inclou els parells de punts que satisfan l'expressió algebraica representats sobre uns eixos de coordenades:

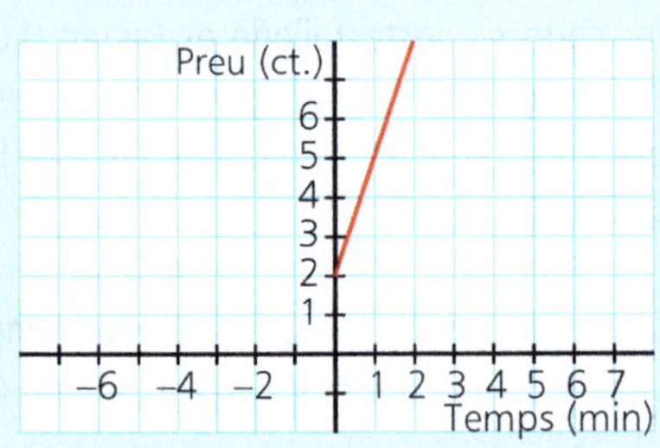

1.1 DOMINI I RECORREGUT D'UNA FUNCIÓ

Per analitzar una funció donada, f (x), cal conèixer quins valors prenen les variables x i y.

Recorda

El punt • pertany a la funció.

El punt ∘ no pertany a la funció.

Domini d'una funció

> El **domini** d'una funció, f (x), que es designa com a D (f), és el conjunt de valors que pot prendre la variable independent, x. Gràficament és l'interval en l'eix X on la funció està representada.

Per obtenir el domini d'una funció, es tracen mentalment segments verticals que uneixin cadascun dels punts de la gràfica de la funció amb l'eix X.

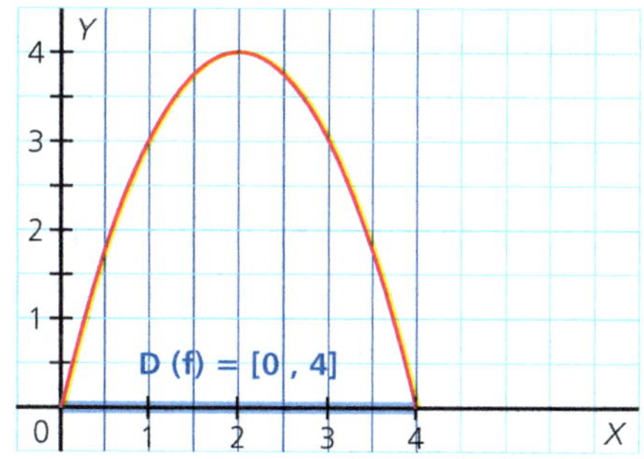

Recorregut d'una funció

> El **recorregut** d'una funció, R (f), o **imatge** d'una funció, I (f), és el conjunt de valors que pren la variable y, obtinguts a partir dels valors del domini de la funció. Gràficament és l'interval de l'eix Y on la funció està representada.

Per obtenir la imatge d'una funció, es tracen mentalment segments horitzontals que uneixin cadascun dels punts de la gràfica de la funció amb l'eix Y.

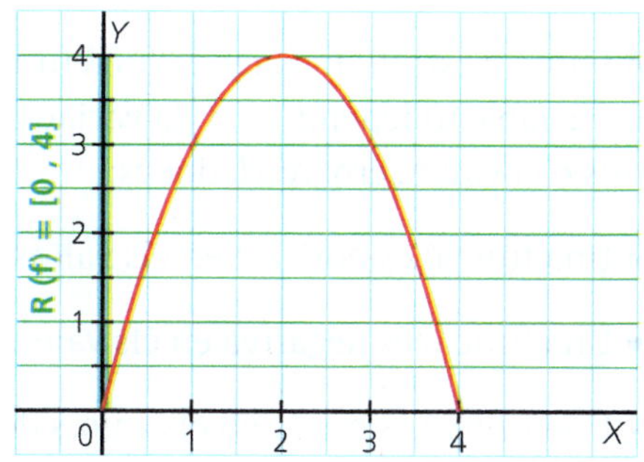

Activitat resolta

Determina el domini i el recorregut de la funció corresponent a les gràfiques.

a.

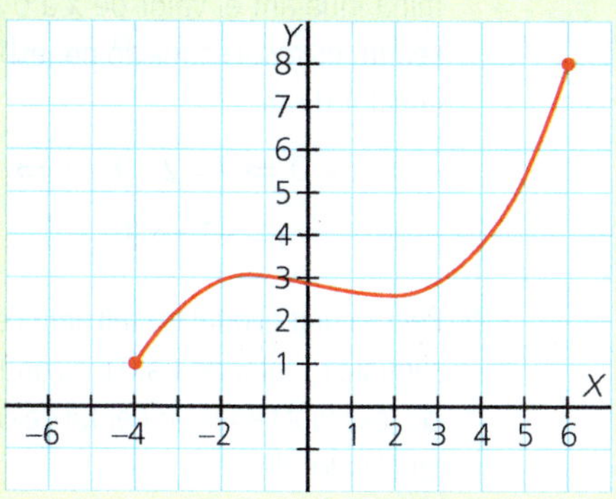

b.

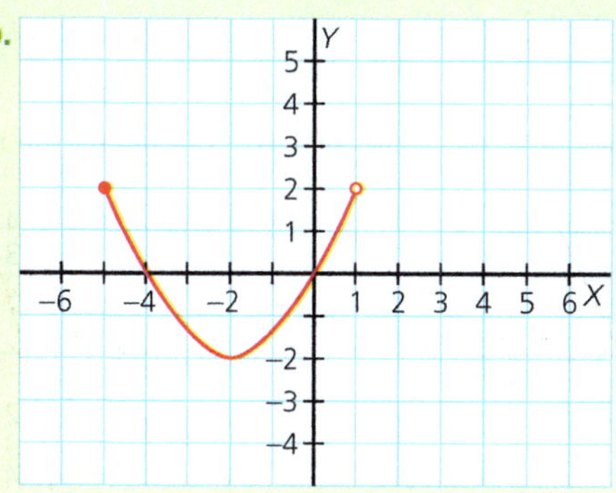

a. Observant l'eix X, la funció està representada entre els punts $x = -4$ i $x = 6$, tots dos inclosos, i per això el domini de la funció és:

$$D(f) = [-4, 6]$$

Si ara s'observa l'eix Y, els valors que hi ha inclosos a la representació van des de $y = 1$ fins a $y = 8$, de manera que el recorregut de la funció és:

$$R(f) = [1, 8]$$

b. Traçant mentalment els segments verticals que uneixen cada punt de la funció amb l'eix X, s'obté l'interval comprès entre $x = -5$ i $x = 1$. En el nostre cas, $x = -5$ pertany al domini de la funció; tanmateix, $x = 1$ no pertany al domini. Per tant:

$$D(f) = [-5, 1)$$

Si es tracen mentalment els segments horitzontals que uneixen cada punt de la funció amb l'eix Y, s'obté l'interval que queda inclòs entre $y = -2$ i $y = 2$. Tenint en compte que f $(-2) = -2$ i f $(-5) = 2$, els dos punts són al recorregut de la funció. En conseqüència:

$$R(f) = [-2, 2]$$

1.2 PUNTS DE TALL AMB ELS EIXOS I SIGNE D'UNA FUNCIÓ

Punts de tall amb els eixos de coordenades

Els punts de tall d'una funció són els punts d'intersecció de la seva gràfica amb els eixos de coordenades X i Y:

- Els punts de tall d'una funció amb l'eix d'abscisses, X, són els parells $(x\ ,\ y)$ que tenen per ordenada $y = 0$, és a dir, els parells del tipus $(x\ ,\ 0)$. La coordenada x s'obté resolent l'equació $f(x) = 0$.
- El punt de tall d'una funció amb l'eix d'ordenades, Y, és el parell $(x\ ,\ y)$ que té per abscissa $x = 0$, és a dir, un parell del tipus $(0\ ,\ y)$. La coordenada y es determina calculant $f(0)$.

Tingues-ho en compte

Si existeix punt de tall amb l'eix Y, aquest punt és únic.

Signe d'una funció

A l'hora d'estudiar el signe d'una funció, s'ha d'analitzar per a quins valors de la variable independent, x, la variable dependent, y, pren valors positius, negatius o el valor zero. Així, doncs:

- Una funció és positiva en els valors de x en què $f(x) > 0$.
- Una funció és negativa en els valors de x en què $f(x) < 0$.
- Una funció és nul·la en els valors de x en què $f(x) = 0$.

En els intervals del domini on la funció és positiva, la gràfica queda per sobre de l'eix X, mentre que en aquells on la funció és negativa, queda per sota. Els punts on la funció és nul·la coincideixen amb els punts de tall amb l'eix X.

Activitat resolta

Observa la gràfica de les funcions de l'activitat del marge i analitza'n el signe.

a.

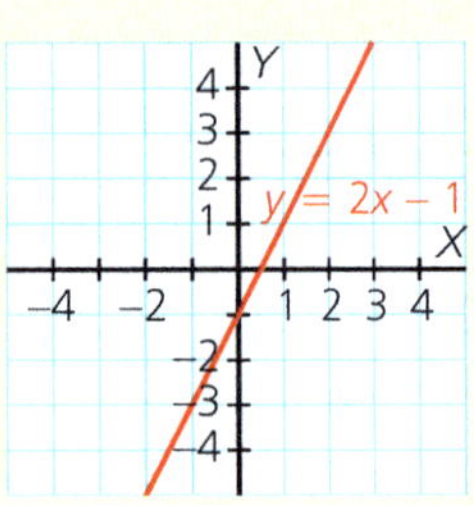

b.

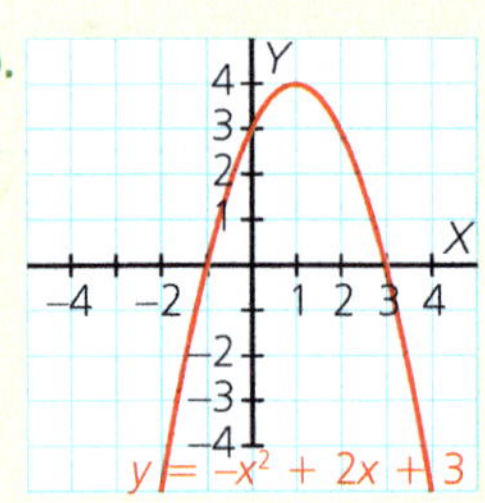

a. Es pot comprovar que la funció $f(x) = 2x - 1$ talla l'eix X quan $x = \frac{1}{2}$. S'observa que $f(x) = 2x - 1$ és negativa a l'esquerra de $x = \frac{1}{2}$ i positiva a la dreta.

És a dir, és negativa a $\left(-\infty\ ,\ \frac{1}{2}\right)$ i positiva a $\left(\frac{1}{2}\ ,\ +\infty\right)$.

b. Anàlogament, es pot observar que la funció $f(x) = -x^2 + 2x + 3$ talla l'eix X quan $x = -1$ i $x = 3$. Pren valors negatius a l'esquerra de $x = -1$ i a la dreta de $x = 3$, i valors positius entre $x = -1$ i $x = 3$.

En conseqüència, la funció és negativa a $(-\infty\ ,\ -1) \cup (3\ ,\ +\infty)$, i és positiva a l'interval $(-1\ ,\ 3)$.

Activitat resolta

Calcula els punts de tall amb els eixos de les funcions següents:

a. $f(x) = 2x - 1$

b. $f(x) = -x^2 + 2x + 3$

a. Per calcular el punt de tall amb l'eix X, s'iguala el valor de y a 0 i, després, es resol l'equació per tal de conèixer el valor de x:

$$y = 0 \Rightarrow 0 = 2x - 1 \Rightarrow$$
$$\Rightarrow x = \frac{1}{2} \Rightarrow \left(\frac{1}{2}\ ,\ 0\right)$$

El punt de tall amb l'eix Y es determina igualant el valor de x a 0 i, tot seguit, es resol l'equació per esbrinar el valor de y:

$$x = 0 \Rightarrow y = 2 \cdot 0 - 1 \Rightarrow$$
$$\Rightarrow y = -1 \Rightarrow (0\ ,\ -1)$$

b. Per calcular el punt de tall amb l'eix X, s'iguala el valor de y a 0 i, a continuació, es resol l'equació per tal de calcular el valor de x:

$$y = 0 \Rightarrow 0 = -x^2 + 2x + 3 \Rightarrow$$
$$\Rightarrow x = \frac{-2 \pm \sqrt{4 + 12}}{-2} = \begin{cases} -1 \\ 3 \end{cases} \Rightarrow$$
$$\Rightarrow x = \begin{cases} (-1, 0) \\ (3, 0) \end{cases}$$

El punt de tall amb l'eix Y es localitza igualant el valor de x a 0 i, després, resolent l'equació per determinar el valor de y:

$$x = 0 \Rightarrow y = -0^2 + 2 \cdot 0 + 3 \Rightarrow$$
$$\Rightarrow y = 3 \Rightarrow (0\ ,\ 3)$$

1.3 SIMETRIA D'UNA FUNCIÓ

Una funció pot tenir simetria respecte a l'eix d'ordenades o respecte a l'origen de coordenades o pot no tenir simetria.

> Una funció, *f*, és **simètrica respecte de l'eix d'ordenades**, *Y*, si per a qualsevol punt del domini es verifica que:
>
> $$f(-x) = f(x)$$

Les funcions simètriques respecte a l'eix d'ordenades s'anomenen **funcions parelles**.

> Una funció, *f*, és **simètrica respecte de l'origen de coordenades**, (0 , 0), si per a qualsevol punt del domini es verifica que:
>
> $$f(-x) = -f(x)$$

Les funcions simètriques respecte a l'origen de coordenades es coneixen com a **funcions senars**.

Les funcions que no són parelles i tampoc són senars reben el nom de **funcions asimètriques**.

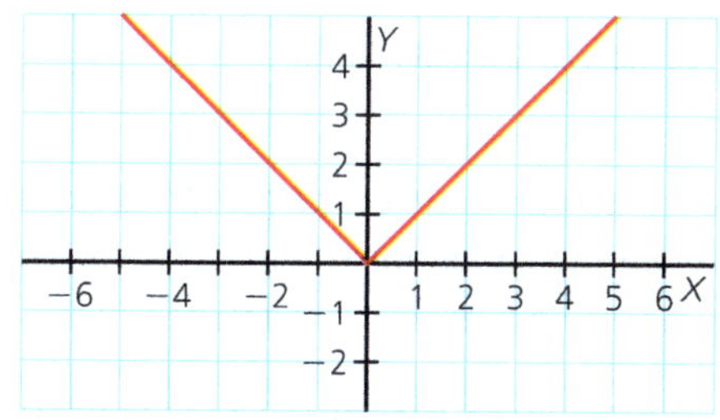

Funció parella o simètrica respecte de l'eix d'ordenades.

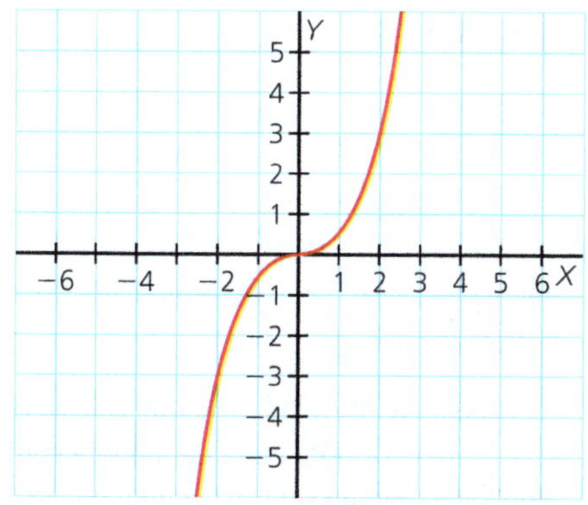

Funció senar o simètrica respecte de l'origen de coordenades.

Activitat resolta

Indica si les funcions següents són parelles, senars o asimètriques:

a. $f(x) = x^2 - 3$ **b.** $g(x) = 4x + 1$ **c.** $h(x) = x^3 + x$

a. Per comprovar la relació que hi ha entre $f(-x)$ i $f(x)$, es calcula $f(-x)$:

$f(-x) = (-x)^2 - 3 = x^2 - 3 = f(x) \Rightarrow$ Com que $f(-x) = f(x)$, és una funció parella.

b. Per constatar la relació que hi ha entre $g(-x)$ i $g(x)$, es determina $g(-x)$:

$g(-x) = 4 \cdot (-x) + 1 = -4x + 1 \Rightarrow$ Com que $g(-x) \neq g(x)$ i $g(-x) \neq -g(x)$, és una funció asimètrica.

c. Per determinar la relació que hi ha entre $h(-x)$ i $h(x)$, es resol $h(-x)$:

$h(-x) = (-x)^3 + (-x) = -x^3 - x = -h(x) \Rightarrow h(-x) = -h(x) \Rightarrow$ Com que $h(-x) = -h(x)$, és una funció senar.

1.4 PERIODICITAT D'UNA FUNCIÓ

> Una funció, *f*, és **periòdica** amb període T si la seva gràfica es repeteix cada cert interval d'amplitud T de la variable *x*, és a dir, si per a tots els punts del domini es verifica que:
>
> $$f(x) = f(x + T)$$

En general, si la funció *f* és periòdica i T és el període, es compleix:

$$f(x) = f(x + T) = f(x + 2T) = f(x + 3T) = \ldots = f(x + kT)$$

En l'expressió anterior, *k* és un nombre enter qualsevol.

Activitat resolta

Observa la funció representada gràficament i contesta.

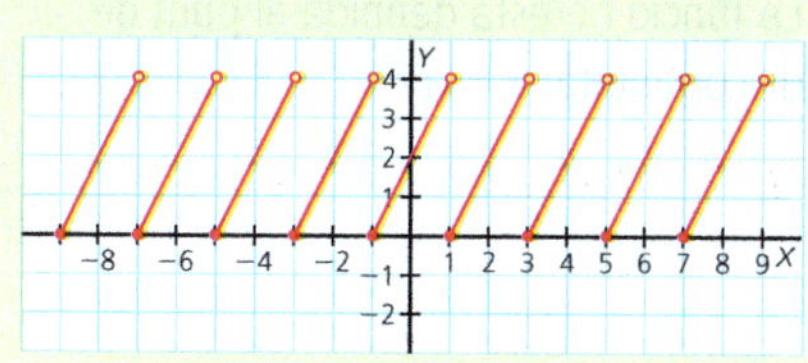

a. És una funció periòdica? Si és així, indica quant val el període.

b. Quin valor prendrà f (11)?

a. És, en efecte, una funció periòdica, ja que es construeix repetint un tram de la gràfica. El període val T = 2, perquè $f(x) = f(x + 2)$.

b. Es divideix 11 entre el període, 2. Atès que s'obté com a residu 1, cal concloure que f (11) és igual a f (1):

$$f(11) = f(1 + 5 \cdot 2) = f(1) = 0$$

2 /// CONTINUÏTAT D'UNA FUNCIÓ

Practiquem i avancem 15-19

De manera intuïtiva es pot dir que una funció és **contínua** en un interval si la seva gràfica es pot traçar sense aixecar el llapis del paper en aquest interval. Les funcions només poden ser contínues en punts del domini de la funció.

Una funció és **discontínua** si la gràfica presenta alguna interrupció o salt. Els punts on la gràfica s'interromp reben el nom de **punts de discontinuïtat**.

Activitat resolta

A la prova de salt de longitud que ha tingut lloc en un centre d'ensenyament, l'alumnat de 4t A és qualificat amb una nota de 2,5 punts per cada metre, mentre que el de 4t B és puntuat amb un 0 si no arriba a 1 m, un 2,5 si no arriba a 2 m, un 5 si no arriba a 3 m, un 7,5 si no arriba a 4 m, i un 10 si assoleix els 4 m o més. Observa les gràfiques del marge, que corresponen a cada classe, i indica si es tracta de funcions contínues o discontínues.

A la classe de 4t A, la funció que calcula la puntuació d'acord amb la longitud (en metres) és $y = 2{,}5x$. La nota varia de manera contínua i, tal com es pot observar, la gràfica està dibuixada amb un sol traç continu en el seu domini.

A la classe de 4t B, en canvi, la funció va augmentant la nota 2,5 punts per cada metre. Algebraicament, aquesta funció està definida de cinc maneres diferents, depenent de l'interval on estigui la variable x, i això fa que no es pugui traçar la gràfica de manera contínua, perquè a cada metre es produeix un salt en la qualificació.

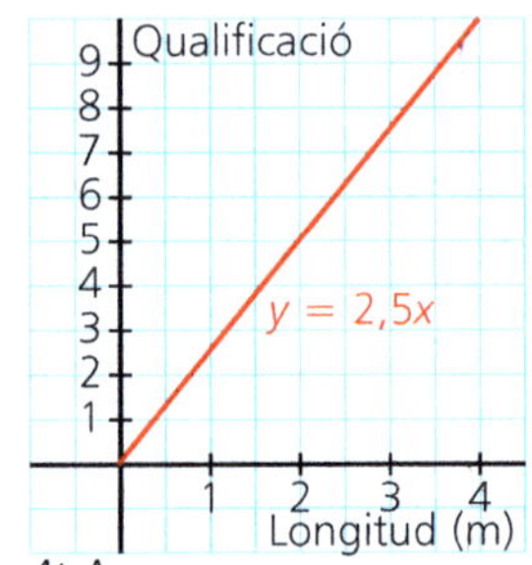

4t A

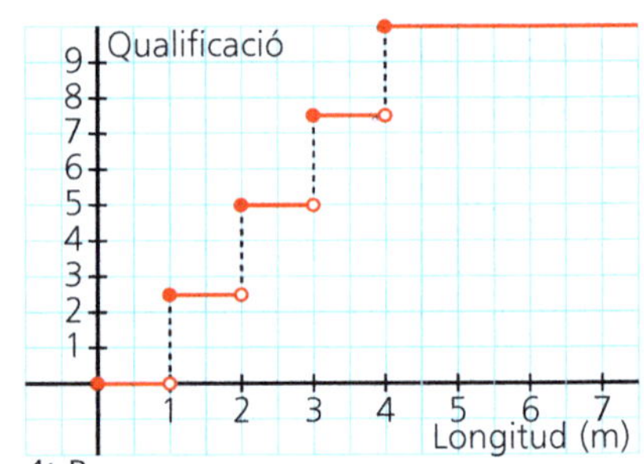

4t B

Tipus de discontinuïtat

Discontinuïtat evitable

No existeix funció en aquest punt

La funció no està definida al punt de discontinuïtat $x = a$.

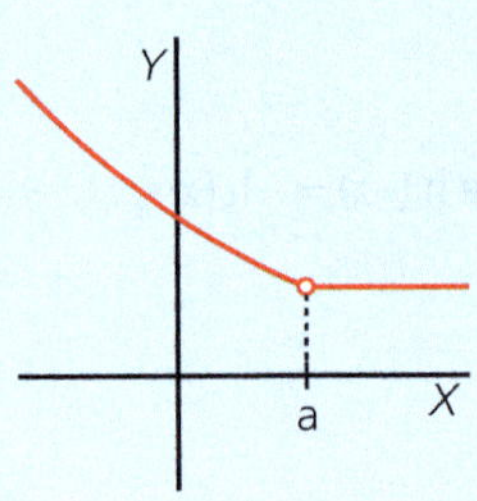

Punt desplaçat

La funció té un salt al punt de discontinuïtat $x = a$.

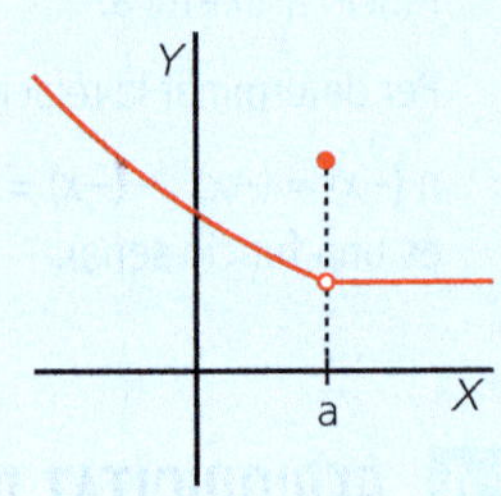

Discontinuïtat inevitable

Salt finit

La funció té una discontinuïtat de salt finit al punt $x = a$, si la diferència entre els valors que pren la funció a la dreta i a l'esquerra del punt és finita.

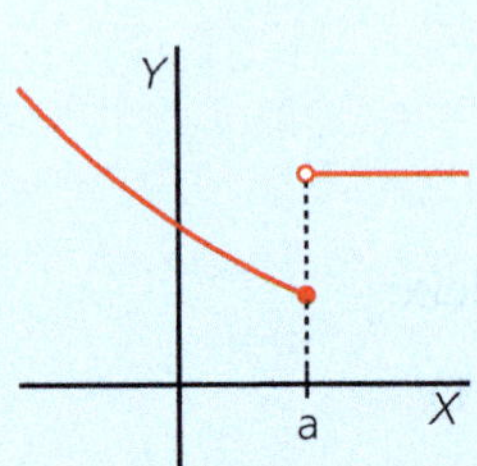

Salt infinit

La funció té una discontinuïtat de salt infinit al punt $x = a$, si la diferència entre els valors que pren la funció a la dreta i a l'esquerra del punt és infinita.

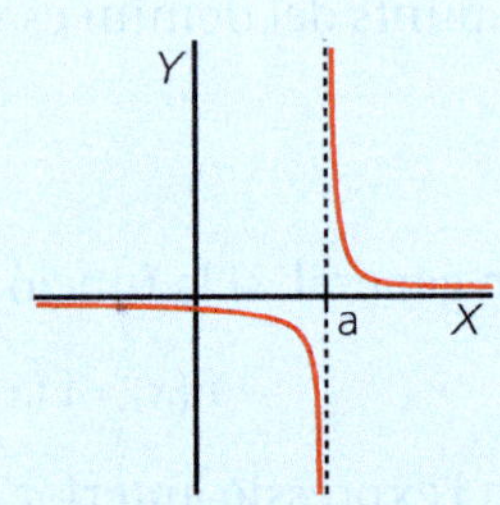

Activitats resoltes

1 A partir de la gràfica de la funció del marge, determina:

a. El domini de la funció.

b. Els punts de discontinuïtat i el seu tipus.

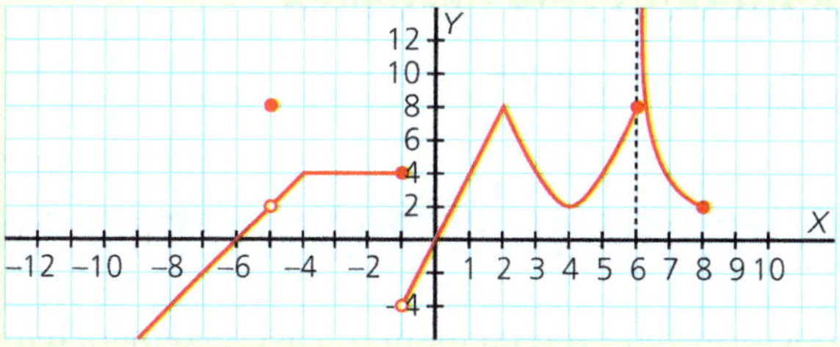

a. Domini: $(-\infty, 8]$

b. Hi ha tres punts de discontinuïtat:

- A $x = -5$ hi ha un punt de discontinuïtat evitable. La funció està definida al punt de discontinuïtat, però és un punt desplaçat.
- A $x = -1$ s'observa un punt de discontinuïtat inevitable de salt finit de 8 unitats.
- A $x = 6$ hi ha un punt de discontinuïtat inevitable de salt infinit.

2 A partir de la gràfica de la funció del marge, indica la característica principal dels punts següents, quan:

a. $x = -1$ **c.** $x = 2$ **e.** $x = 3$ **g.** $x = -3$

b. $x = 0$ **d.** $x = 1$ **f.** $x = 4$ **h.** $x = 5$

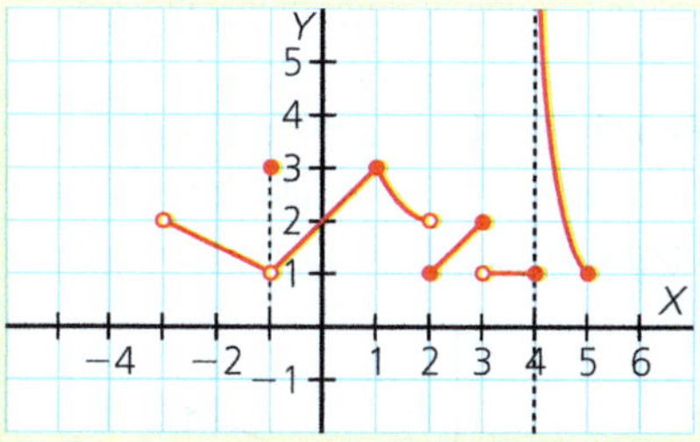

a. $x = -1$. La funció presenta un punt de discontinuïtat evitable: és un punt desplaçat.

b. $x = 0$. És el punt on la funció es talla amb l'eix Y.

c. $x = 2$. Hi ha un punt de discontinuïtat de salt finit d'1 unitat.

d. $x = 1$. La funció és contínua en aquest punt.

e. $x = 3$. Es tracta d'un punt de discontinuïtat de salt finit d'1 unitat.

f. $x = 4$. És un punt de discontinuïtat de salt infinit.

g. $x = -3$. Es tracta de l'extrem de l'interval que defineix el seu domini, malgrat que la funció no existeix en aquest punt.

h. $x = 5$. És l'extrem de l'interval que defineix el seu domini. La funció existeix en aquest punt.

3 Una balança de cuina fa el mesurament arrodonint el pes a les unitats, i únicament funciona amb aliments que tinguin una massa d'entre 0 kg i 5 kg. Considera la funció que relaciona el pes real i el que indica la balança i contesta les preguntes següents:

a. Què indicarà la balança si es pesa un aliment de 3,4 kg de massa?

b. Què indicarà la balança si es pesa un aliment de 4,85 kg de massa?

c. Si la balança assenyala 2 kg, entre quins valors es pot trobar el pes de l'aliment que es pesa?

d. Representa gràficament la relació entre la massa d'un aliment i la massa que indica la balança i descriu si presenta discontinuïtats.

a. S'arrodoneix la quantitat, i per això la balança indicarà 3 kg de massa.

b. S'arrodoneix i s'obté un resultat de 5 kg.

c. El pes estarà en l'interval següent: [1,5 ; 2,5).

d. La gràfica és discontínua als punts $x = 0{,}5$; $x = 1{,}5$; $x = 2{,}5$; $x = 3{,}5$ i $x = 4{,}5$, que és on l'arrodoniment canvia cap a un valor enter o un altre, de manera que genera discontinuïtats de salt finit.

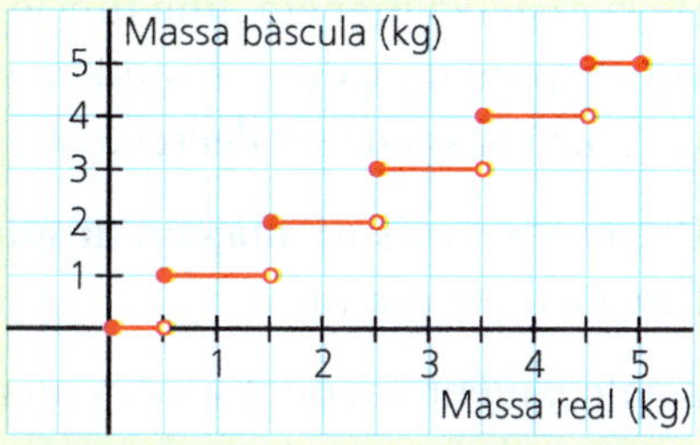

3 /// CREIXEMENT I DECREIXEMENT D'UNA FUNCIÓ. EXTREMS

Practiquem i avancem 20-30

3.1 CREIXEMENT I DECREIXEMENT D'UNA FUNCIÓ

Per determinar el creixement o el decreixement d'una funció, s'analitza el valor de f (x) quan augmenta o disminueix el valor de la variable x.

Creixent

Una funció és creixent a l'interval (a, b) si, quan augmenta el valor de x, s'incrementa el valor de la funció. És a dir, si x_1 i x_2 són dos punts de l'interval, amb $x_1 < x_2$, aleshores $f(x_1) < f(x_2)$.

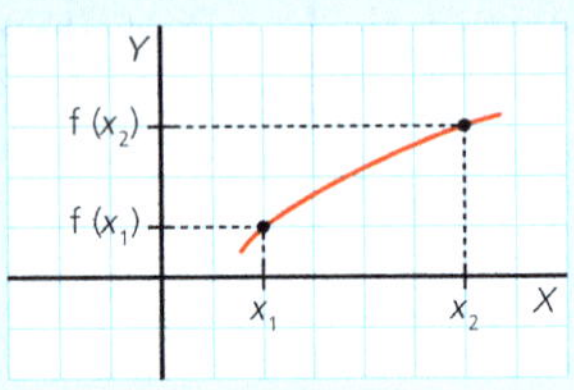

Decreixent

Una funció és decreixent a l'interval (a, b) si, quan augmenta el valor de x, es redueix el valor de la funció. És a dir, si x_1 i x_2 són dos punts de l'interval, amb $x_1 < x_2$, aleshores $f(x_1) > f(x_2)$.

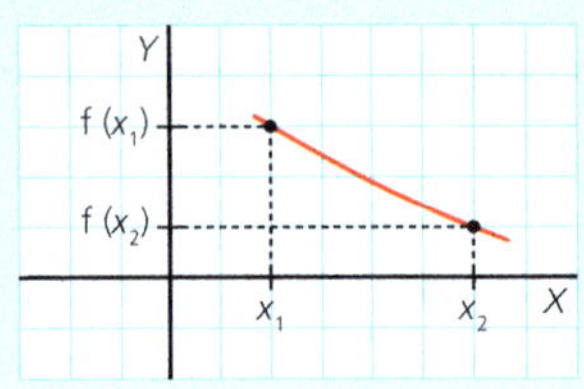

Constant

Una funció és constant a l'interval (a, b) si, quan augmenta el valor de x, la funció no creix ni decreix. És a dir, si x_1 i x_2 són dos punts de l'interval, amb $x_1 < x_2$, per a qualsevol valor, x, de l'interval es compleix que $f(x_1) = f(x) = f(x_2)$.

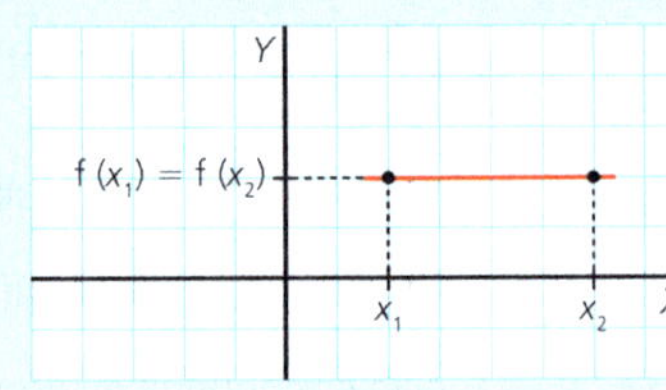

Activitat resolta

Indica els intervals on creix, decreix i és constant la funció del marge.

La funció és creixent als intervals $(0, 3) \cup (5, 8)$; decreixent a $(3, 5) \cup (10, 15)$, i constant a l'interval $(8, 10)$.

Sempre que s'indica el creixement i el decreixement de la funció, els intervals són oberts, i per això s'expressen entre parèntesis.

3.2 EXTREMS D'UNA FUNCIÓ

Els extrems d'una funció són els màxims i els mínims d'aquesta funció.

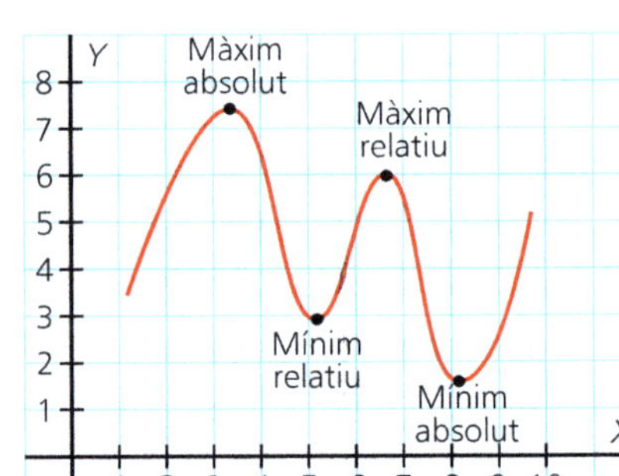

- Es diu que una funció té un **màxim relatiu** a $x = a$ quan pren en aquest punt un valor més gran que als punts del seu entorn. En aquest punt, la funció passa de ser creixent a decreixent.
- De la mateixa manera, una funció té un **mínim relatiu** a $x = a$ quan pren en aquest punt un valor més petit que als punts del seu entorn. En aquest punt, la funció passa de ser decreixent a creixent.
- Un punt $x = a$ és un **màxim absolut** si f (a) és el valor més gran que pren la funció al seu domini.
- Anàlogament, un punt $x = a$ és un **mínim absolut** si f (a) és el valor més petit que pren la funció al seu domini.

Activitats resoltes

1 **Determina si els punts indicats a les gràfiques següents són màxims o mínims, i especifica si són relatius o absoluts:**

a.

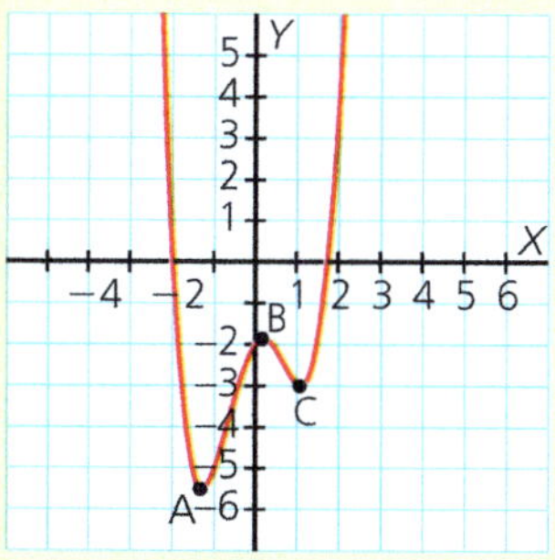

b.

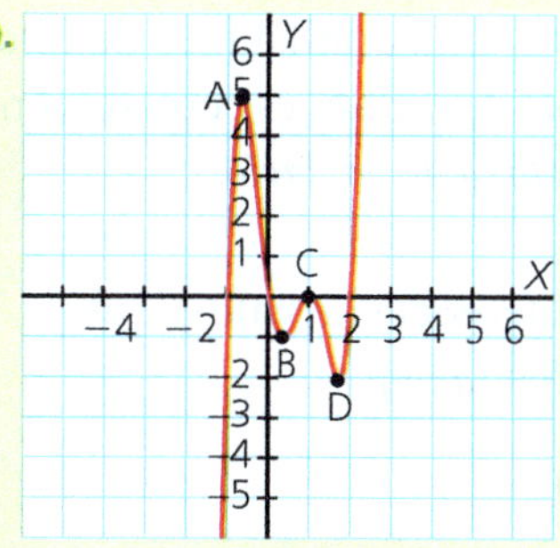

c.

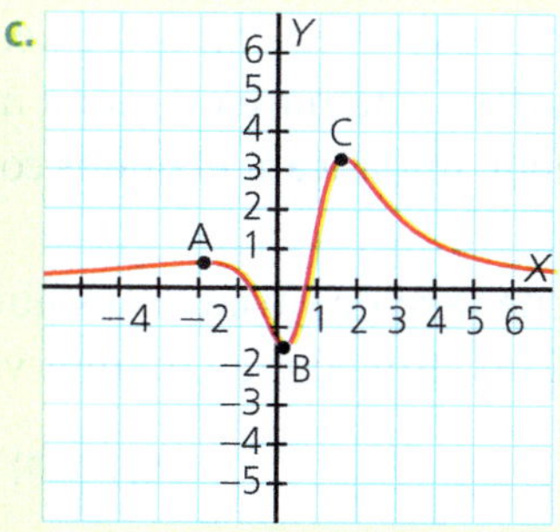

a. Al punt *A*, la funció presenta un mínim absolut, ja que s'hi registra el valor més petit. El punt *B* és un màxim relatiu, ja que en aquest punt la funció passa de ser creixent a ser decreixent, mentre que el punt *C* constitueix un mínim relatiu, perquè la funció canvia de decreixent a creixent en aquest punt.

b. Als punts *A* i *C* hi ha dos màxims relatius, ja que la funció canvia de ser creixent a decreixent en tots dos, però sense arribar-s'hi a registrar el valor més alt de la funció. De la mateixa manera, els punts *B* i *D* són mínims relatius, ja que la funció passa de ser decreixent a creixent a tots dos, malgrat que no constitueixen el valor més petit de la funció.

c. El punt *A* és un màxim relatiu, perquè la funció passa de ser creixent a decreixent, però el valor màxim de la funció és *C*, que, en conseqüència, és el màxim absolut. El punt *B* és el valor més petit de la funció; per tant, és un mínim absolut.

2 **Observa la gràfica de la funció i contesta les preguntes.**

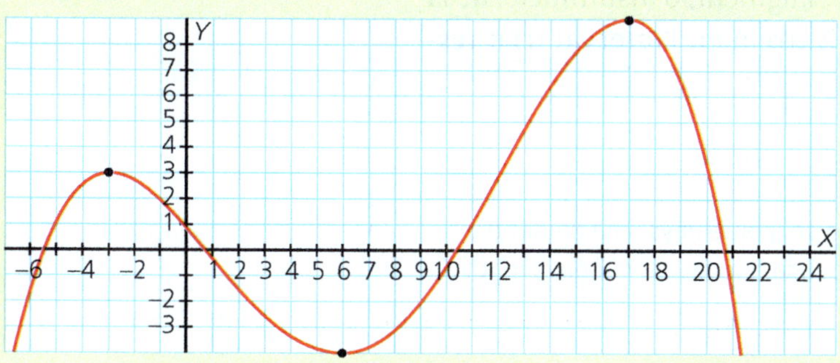

a. A quins intervals creix i decreix la funció?

b. És constant en algun interval del domini?

c. Té algun màxim o mínim, la funció? Són relatius o absoluts?

a. La funció és creixent a $(-\infty\ ,\ -3) \cup (6\ ,\ 17)$, mentre que a $(-3\ ,\ 6) \cup (17\ ,\ +\infty)$ passa a ser decreixent.

b. La funció no és constant a cap interval del domini.

c. La funció té dos màxims i un mínim:

- Màxim relatiu a $x = -3$, perquè la funció canvia de creixent a decreixent.
- Mínim relatiu a $x = 6$, perquè la funció canvia de decreixent a creixent.
- Màxim absolut a $x = 17$, atès que és el valor més alt que pren la funció.

4 /// TAXA DE VARIACIÓ ABSOLUTA, RELATIVA I MITJANA

Practiquem i avancem 31-38

Una funció pot ser creixent, decreixent o constant. Una anàlisi més detallada ens pot ajudar a entendre en quina mesura es produeix aquest creixement o decreixement, mitjançant el que es coneix com a *taxa de variació*.

> S'anomena **taxa de variació absoluta (TV)** la diferència de valors que presenta una funció, *f*, en un interval determinat [*a* , *b*]:
>
> $$TV_f\,[a\,,b] = f(b) - f(a)$$

La taxa de variació absoluta és un indicador amb el qual es coneix l'evolució d'una variable en un interval determinat. Per si sola no és un indicador de referència amb el qual es puguin extreure conclusions. Per això, cal conèixer la taxa de variació relativa i la taxa de variació mitjana.

Taxa de variació relativa

> La **taxa de variació relativa (TVR)** d'una funció, *f*, en un interval [*a* , *b*], és determinada pel quocient entre la TV i el valor de la funció en el punt inicial, f (a):
>
> $$TVR_f\,[a\,,b] = \frac{f(b) - f(a)}{f(a)}$$

Tingues-ho en compte

Habitualment, la TVR s'expressa en percentatge.

La taxa de variació relativa indica quin ha estat l'augment, o disminució, de la funció comparant el canvi dels valors de cada extrem en l'interval triat respecte al valor inicial.

Activitat resolta

El preu d'una entrada a un museu s'ha encarit al llarg de quatre anys, i ha passat d'un preu inicial de 8 € a un preu final de 12 €. D'altra banda, en aquest mateix període, l'abonament anual ha augmentat de 25 € a 30 €.

Calcula la taxa de variació absoluta i la taxa de variació relativa d'aquests preus al llarg del període descrit. Fes una anàlisi dels resultats.

Taxa de variació absoluta

Entrada: 12 – 8 = 4 €

Abonament anual: 30 – 25 = 5 €

Taxa de variació relativa

Entrada: $\frac{12-8}{8} = \frac{4}{8} = 0{,}5$. Percentualment: 50 %

Abonament anual: $\frac{35-25}{25} = \frac{5}{25} = 0{,}2$. Percentualment: 20 %

Malgrat que en termes absoluts l'entrada s'ha encarit menys que l'abonament, el valor de la taxa de variació relativa indica que aquest augment ha estat molt més gran, ja que el preu s'ha incrementat el 50 %, respecte de l'augment de només el 20 % de l'abonament anual.

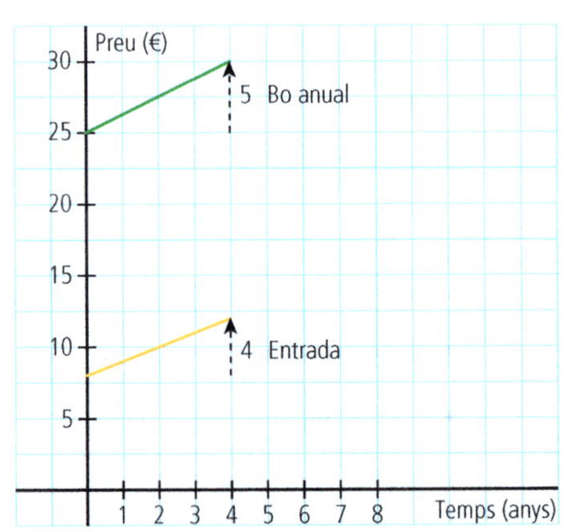

Taxa de variació mitjana

La taxa de variació mitjana té en compte quina ha sigut la velocitat a què s'ha produït la variació. Té múltiples aplicacions, de manera que es pot utilitzar per calcular la velocitat de creixement d'una població, el ritme a què evoluciona l'economia d'un país, la velocitat mitjana d'un vehicle en un recorregut determinat o, en general, la manera com creix una variable respecte d'una altra en una funció.

En un interval, [a , b], el quocient entre la variació que experimenta la funció en aquest interval i la longitud de l'interval es denomina **taxa de variació mitjana (TVM)** d'una funció, *f*:

$$TVM_f\,[a\,,\,b] = \frac{f\,(b) - f\,(a)}{b - a}$$

La taxa de variació mitjana s'aplica en general a qualsevol parella de variables que estiguin relacionades per una funció.

Observa

La TVM és el pendent de la recta que uneix els punts [*a* , f (a)] i [*b* , f (b)]:

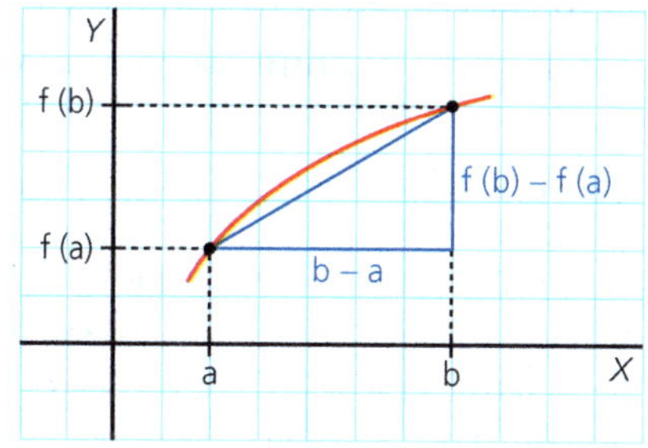

Activitats resoltes

1 Observa la gràfica de la funció, que representa l'espai recorregut per un cotxe durant tres hores, i contesta les preguntes següents.

a. Quina ha estat la velocitat mitjana del vehicle al llarg de tot el recorregut?

b. Quina ha estat la velocitat mitjana les dues primeres hores?

c. I l'última hora del recorregut?

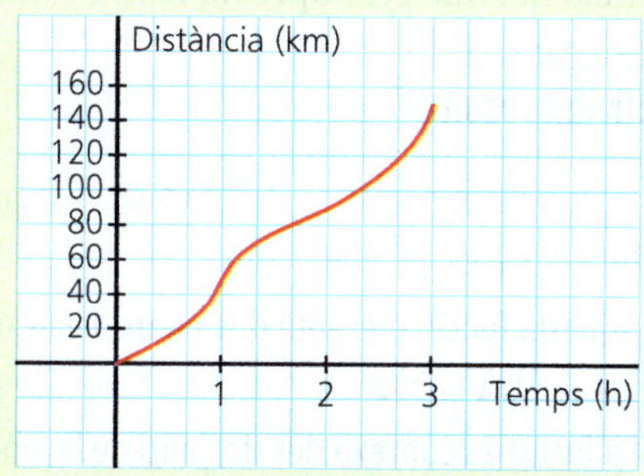

a. Per conèixer la velocitat mitjana a la qual ha fet el trajecte complet, s'efectua el quocient entre l'espai recorregut, 150 km, i el temps emprat, 3 h. La velocitat mitjana es correspon amb la taxa de variació mitjana en aquest interval:

$$TVM_f\,[0\,,\,3] = \frac{150 \text{ km recorreguts}}{3 \text{ h}} = 50 \text{ km/h}$$

b. Per calcular la velocitat mitjana durant les dues primeres hores:

$$TVM_f\,[0\,,\,2] = \frac{90 \text{ km recorreguts}}{2 \text{ h}} = 45 \text{ km/h}$$

c. Finalment, per establir la velocitat mitjana de l'última hora del trajecte:

$$TVM_f\,[2\,,\,3] = \frac{(150 - 90) \text{ km recorreguts}}{1 \text{ h}} = 60 \text{ km/h}$$

2 Calcula la taxa de variació absoluta, relativa i mitjana de la funció $f\,(x) = x^2 - 2x + 3$ a l'interval [1 , 3].

S'apliquen les fórmules de cadascuna de les taxes a l'interval [1 , 3]:

$$TV_f\,[1\,,\,3] = f\,(3) - f\,(1) = 6 - 2 = 4$$

$$TVR_f\,[1\,,\,3] = \frac{f\,(3) - f\,(1)}{f\,(1)} = \frac{6-2}{2} = \frac{4}{2} = 2 \Rightarrow 200\ \%$$

$$TVM_f\,[1\,,\,3] = \frac{f\,(3) - f\,(1)}{3 - 1} = \frac{6-2}{2} = 2$$

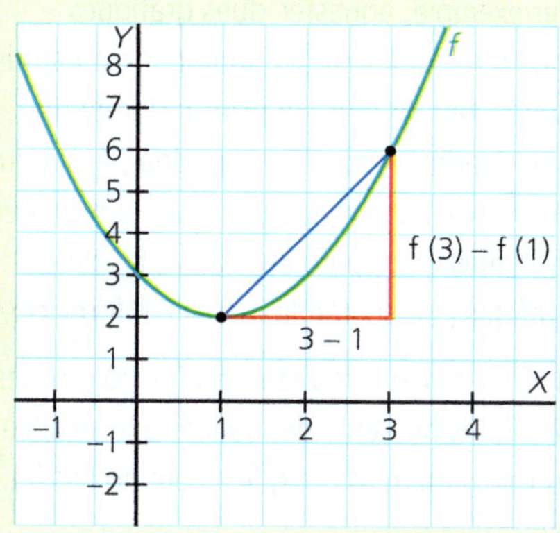

5 /// CURVATURA I PUNTS D'INFLEXIÓ

Practiquem i avancem 39-44

La **curvatura** d'una funció indica la forma que té la gràfica de la funció, és a dir, si la corba és **còncava** o **convexa**:

Còncava

Una funció és còncava en un interval, (*a* , *b*), si, donats dos punts qualssevol de l'interval, el segment que els uneix està situat per sota de la gràfica de la funció.

Convexa

Una funció és convexa en un interval, (*a* , *b*), si, donats dos punts qualssevol de l'interval, el segment que els uneix està situat per sobre de la gràfica de la funció.

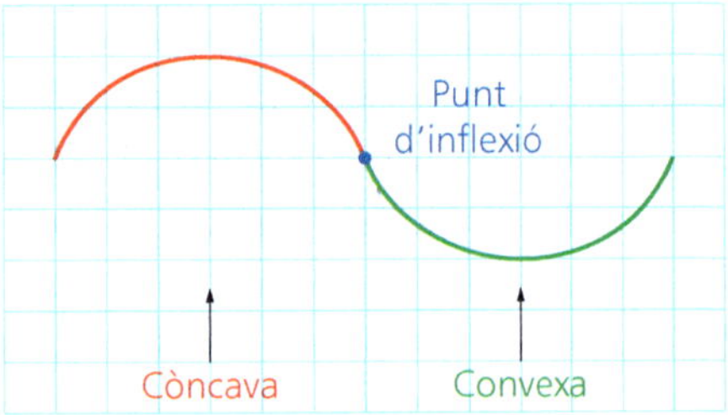

Qualsevol corba té una part interior (còncava) i una part exterior (convexa). Gràficament, s'identifiquen mirant des de baix, com indica la gràfica del marge.

Els punts on la funció canvia de curvatura s'anomenen **punts d'inflexió**. En la funció del marge, s'aprecia com evoluciona de còncava a convexa.

Activitat resolta

Indica els intervals en què la funció següent és còncava i convexa, i també els punts d'inflexió.

Aquesta funció presenta dos punts d'inflexió quan canvia la curvatura: a (–1 , –1) i (6 , –5).

La funció és convexa des de l'inici de la funció fins al primer punt d'inflexió i també des del segon punt d'inflexió fins al final de la funció. Per tant, és convexa a (– 6 , –1) ∪ (6 , 12).

D'altra banda, és còncava a l'interval comprès entre els dos punts d'inflexió, és a dir, a l'interval (–1 , 6).

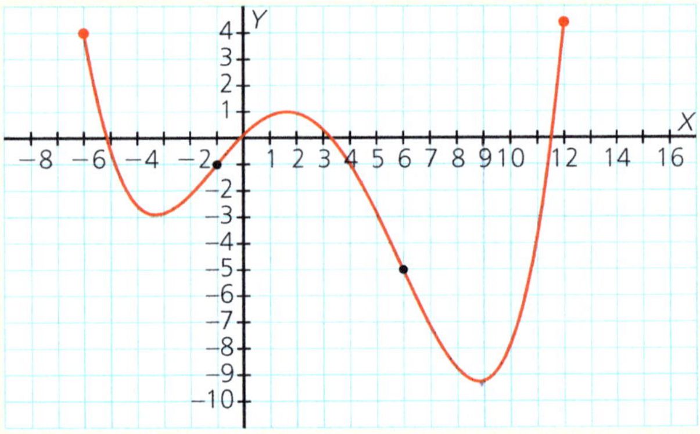

Compte amb les gràfiques!

De vegades apareixen gràfiques als mitjans de comunicació per complementar tot tipus de notícies. Segons el tractament que es vulgui donar a aquestes informacions, es poden fer gràfiques totalment diferents, tot i que en el fons presentin la mateixa realitat.

Per exemple, aquestes dues gràfiques mostren l'augment del nombre de robatoris que hi ha hagut en una ciutat durant un any. A primer cop d'ull es podria pensar que en una de les dues hi ha hagut un increment molt més gran, però en realitat les dues gràfiques presenten la mateixa informació.

Representa ara una mateixa funció en dues gràfiques diferents de manera que semblin funcions diferents i explica com ho has fet.

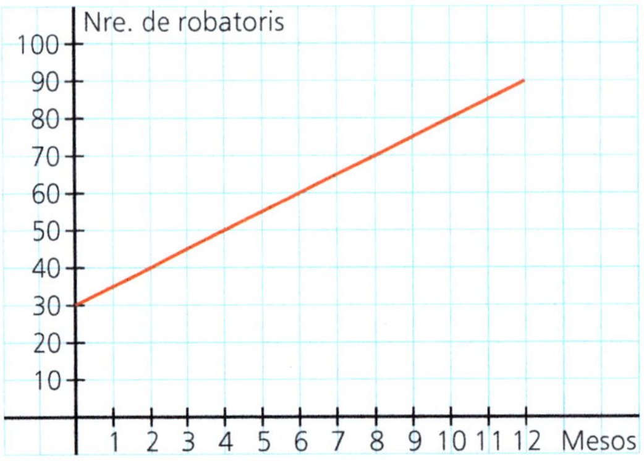

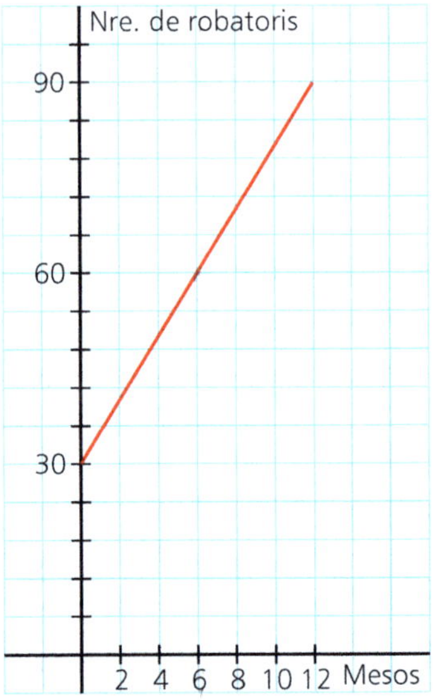

6 /// ANÀLISI, INTERPRETACIÓ I DIBUIX DE GRÀFIQUES

Practiquem i avancem 45-52

La manera més habitual de presentar una funció és mitjançant la seva gràfica, que ofereix d'una manera més ràpida i visual el comportament de la funció i permet identificar-ne els elements més rellevants. És així com es presenten les funcions als mitjans de comunicació.

6.1 ANÀLISI DE LA GRÀFICA D'UNA FUNCIÓ

A partir de la gràfica d'una funció, és possible fer-ne una anàlisi de les característiques generals:

1. Domini i recorregut
2. Punts de tall amb els eixos X i Y
3. Signe de la funció
4. Intervals de creixement i decreixement
5. Màxims i mínims relatius
6. Màxims i mínims absoluts
7. Simetria
8. Periodicitat
9. Continuïtat i punts i tipus de discontinuïtat
10. Curvatura i punts d'inflexió

Activitat resolta

Analitza la gràfica de la funció del marge.

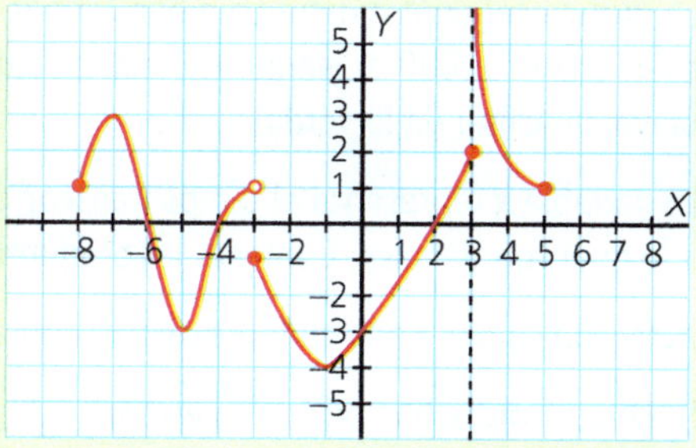

1. La funció està definida a l'interval $[-8\,,5]$, és a dir, $D(f) = [-8\,,5]$, i el recorregut de la funció és $R(f) = [-4\,,+\infty)$.
2. El punt de tall amb l'eix Y és $(0\,,-3)$ i els punts de tall amb l'eix X són $(-6\,,0)$, $(-4\,,0)$ i $(2\,,0)$.
3. La funció és positiva a $[-8\,,-6) \cup (-4\,,-3) \cup (2\,,5]$ i negativa a $(-6\,,-4) \cup [-3\,,2)$.
4. La funció és creixent a $(-8\,,-7) \cup (-5\,,-3) \cup (-1\,,3)$ i decreixent a $(-7\,,-5) \cup (-3\,,-1) \cup (3\,,5)$.
5. Hi ha un màxim relatiu, $(-7\,,3)$, i un mínim relatiu, $(-5\,,-3)$.
6. Hi ha un mínim absolut, $(-1\,,-4)$, i no té màxim absolut.
7. La funció no presenta simetria respecte a l'eix d'ordenades ni respecte a l'origen de coordenades.
8. La funció no és periòdica.
9. La funció presenta dos punts de discontinuïtat:
   - $x = -3 \Rightarrow$ discontinuïtat inevitable de salt finit de 2 unitats.
   - $x = 3 \Rightarrow$ discontinuïtat inevitable de salt infinit.
10. La funció és còncava als intervals $(-8\,,-6)$ i $(-4\,,-3)$ i convexa als intervals $(-6\,,-4)$, $(-3\,,3)$ i $(3\,,5)$. Els punts d'inflexió són $(-6\,,0)$ i $(-4\,,0)$.

Cadascuna d'aquestes característiques aporta una informació quan la gràfica descriu el comportament d'una funció en una situació real.

6.2 INTERPRETACIÓ DE LA GRÀFICA D'UNA FUNCIÓ EN SITUACIONS REALS

L'estudi gràfic d'una funció pot mostrar, a més de les seves característiques principals, l'anàlisi de la situació real que representi aquesta funció.

Activitat resolta

La gràfica següent mostra els beneficis d'un comerç al llarg dels dotze mesos d'un any determinat. Respon les preguntes següents:

a. Quina ha estat l'evolució al llarg dels dotze mesos? Quin ha estat el pitjor mes pel que fa als beneficis?

b. En algun mes el comerç ha tingut els mateixos beneficis que tenia inicialment?

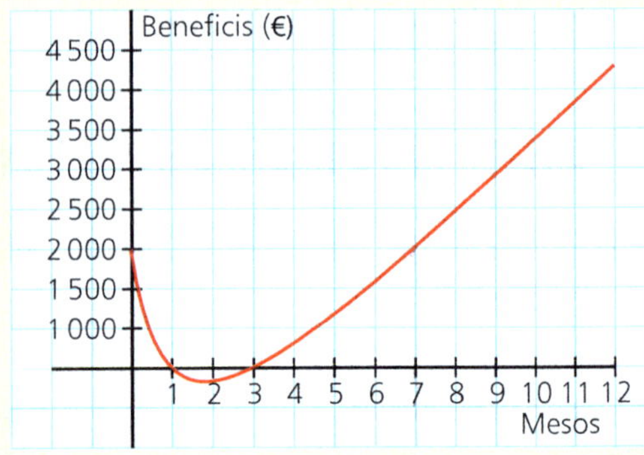

a. Des del principi fins al segon mes, la gràfica és decreixent, i això indica un descens dels beneficis. A partir del segon mes, la gràfica és creixent, de manera que va augmentant la quantitat de beneficis. El segon mes va ser el pitjor, ja que la funció hi presenta un mínim absolut.

b. Al setè mes, la funció coincideix amb el valor de la funció en el moment inicial:

$$f(0) = f(7) = 2\,000 \text{ €}$$

Es pot dur a terme un estudi sobre dues gràfiques conjuntes o més. D'aquesta manera, és possible fer valoracions comparatives entre les situacions descrites.

Activitat resolta

La gràfica següent mostra com han arribat tres germans des de casa seva fins a l'escola, que és a 600 m, seguint el mateix camí: l'Agnès (línia vermella), la Núria (línia blava) i l'Arnau (línia verda).

La variable *x* representa el temps transcorregut en minuts, i la variable *y*, la distància a la qual són de casa. Contesta les preguntes següents:

a. Qui ha caminat a la mateixa velocitat durant tot el trajecte?

b. En quin ordre han arribat a l'escola?

c. Algú ha parat a descansar? Amb quin tipus de característica de les gràfiques relaciones aquest fet?

d. Qui ha mantingut en algun tram un ritme més ràpid?

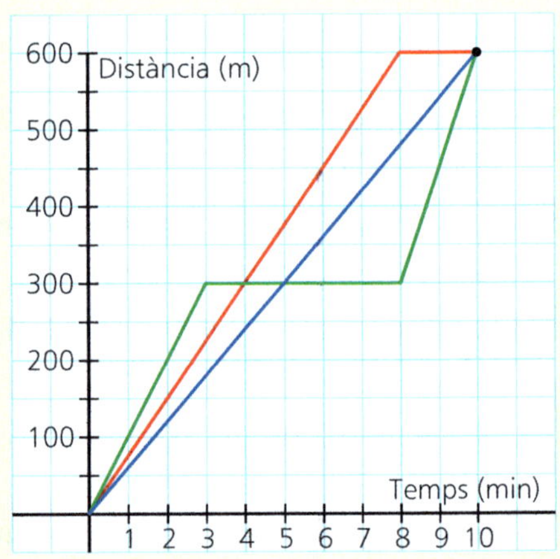

a. L'Agnès i la Núria han caminat a la mateixa velocitat durant tot el camí, encara que l'Agnès anava més de pressa que la Núria. La gràfica de l'Agnès és constant al tram final, perquè ja ha arribat a l'escola.

b. L'Agnès ha estat la primera a arribar, als vuit minuts, mentre que la Núria i l'Arnau han arribat alhora al cap de deu minuts d'haver sortit.

c. L'Arnau ha parat, mentre esperava el seu amic, durant cinc minuts; així, veiem que la funció és constant a l'interval (3 , 8).

d. El tram més ràpid ha estat el que ha fet l'Arnau durant els dos últims minuts. La inclinació d'aquest tram indica que la taxa de variació mitjana en aquest interval ha estat la més alta:

$$\text{TVM} = \frac{600 - 300}{10 - 8} = \frac{300}{2} = 150 \text{ m/min}$$

6.3 CONSTRUCCIÓ DE LA GRÀFICA D'UNA FUNCIÓ

Es pot dibuixar la gràfica d'una funció determinada coneixent-ne les característiques. Tot seguit, es mostra detalladament el procediment que cal seguir.

Construcció d'una gràfica a partir de les seves característiques

Representa una gràfica a partir de la informació següent:

1 D (f) = [− 6 , 5) i R (f) = [−3 , 2)

Amb aquestes dades, la gràfica de la funció s'ha de dibuixar al rectangle [− 6 , 5] × [−3 , 2].

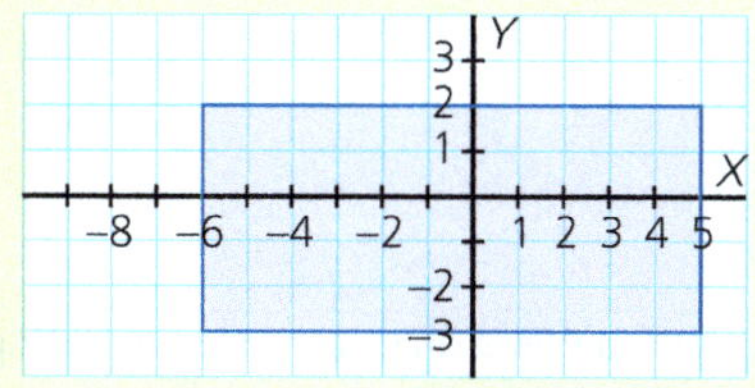

2 Punts de tall amb els eixos: (0 , 0), (− 6 , 0), (− 4 , 0) i (−1 , 0)

Es dibuixen els talls amb els eixos de la gràfica.

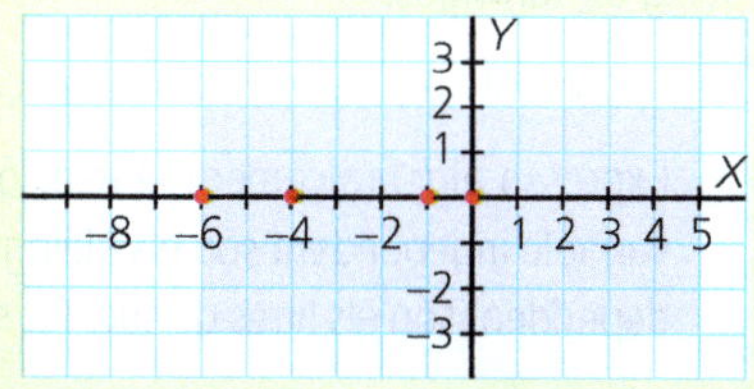

3 Té un màxim relatiu a (−3 , 1), un mínim relatiu a (−5 , −1) i un mínim absolut a (3 , −3).

Es marquen els punts corresponents als màxims i els mínims de la funció.

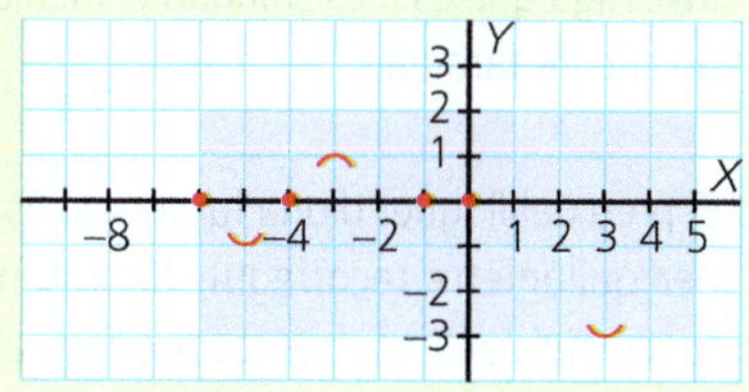

4 Presenta dos punts de discontinuïtat a $x = -1$ i a $x = 2$. Les dues discontinuïtats són inevitables de salt finit. La funció compleix que f (−1) = 0 i f (2) = −2.

Es traça una línia discontínua per a $x = -1$ i $x = 2$.

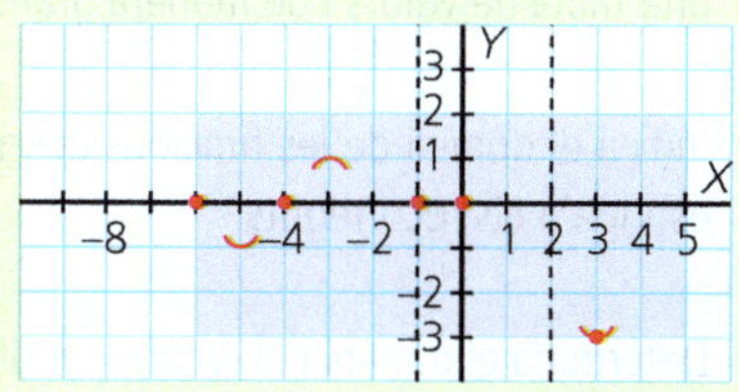

5 La funció és creixent a (−5 , −3) ∪ (−1 , 2) ∪ (3 , 5), i decreixent a (− 6 , −5) ∪ (−3 , −1) ∪ (2 , 3). D'altra banda, és convexa a (− 6 , − 4) i a (2 , 5), i còncava a (− 4 , −1). A més, el punt d'inflexió és (− 4 , 0).

Amb aquestes dades es pot completar la gràfica de la funció i és possible obtenir-ne una aproximació.

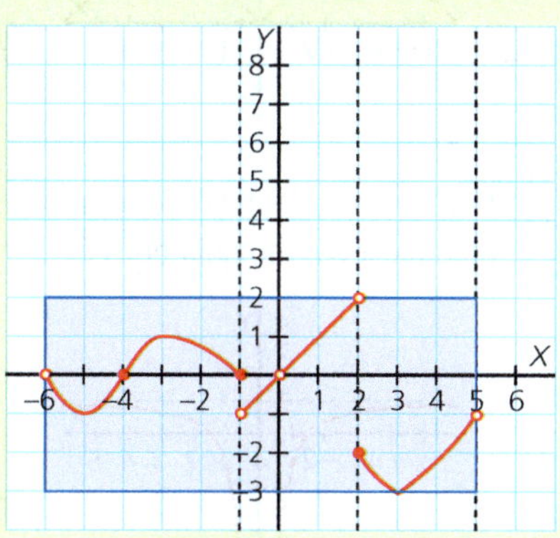

La representació gràfica d'una funció a partir de les seves característiques elementals és sempre més o menys aproximada.

Per tal de representar la gràfica amb més exactitud, caldria disposar d'un nombre més gran de dades, i també estudiar més característiques de les que s'han vist fins ara.

PRACTIQUEM i AVANCEM

1 A la cafeteria on esmorza la Paula preparen mig litre de suc amb 1 kg de taronges.

a. Representa aquesta relació mitjançant una taula de valors.

b. Expressa algebraicament la relació, tenint en compte que la variable independent són els quilograms de fruita, i la variable dependent són els litres de suc. Tot seguit, elabora'n la gràfica.

Investiga què és més saludable: menjar-se una taronja o beure's un suc de taronja.

2 El preu del lloguer d'una furgoneta és de 30 € fixos més 0,10 € per quilòmetre recorregut. Representa el preu del lloguer en funció dels quilòmetres recorreguts, algebraicament, mitjançant una taula de valors i de manera gràfica.

3 Indica el domini de les funcions descrites a les activitats 1 i 2 i esbrina'n els recorreguts.

4 Determina el domini i el recorregut d'aquestes funcions:

a.

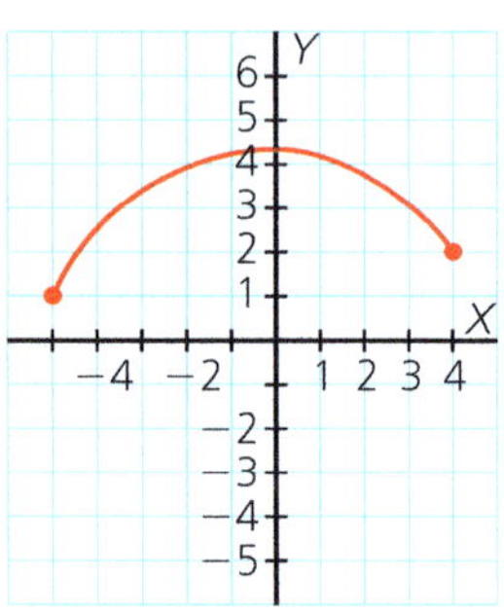

b.

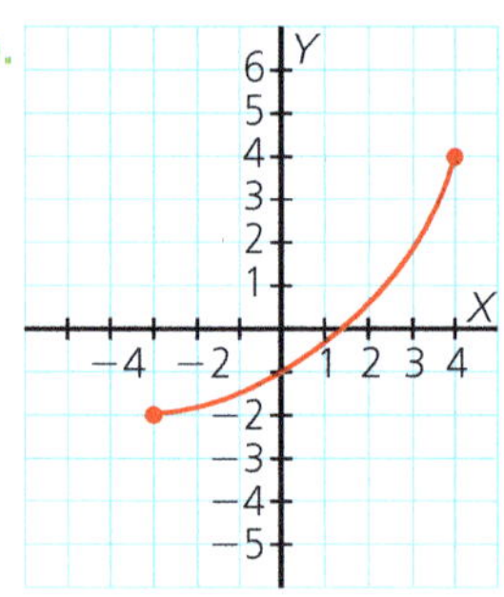

5 Indica els punts de tall amb els eixos i el signe de les funcions següents:

a.

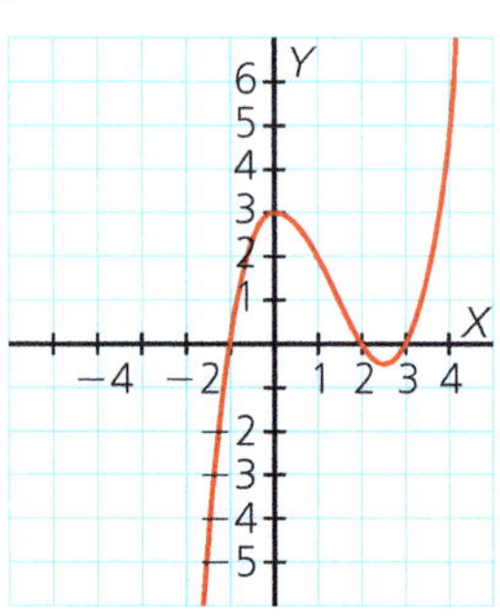

b.

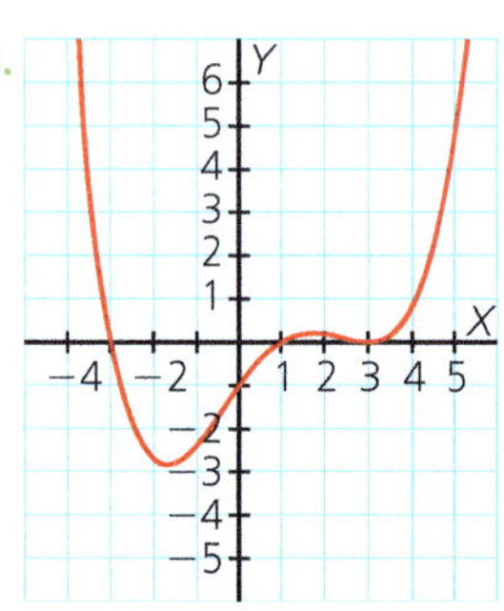

6 A partir de la gràfica d'aquestes funcions determina'n, per a cadascuna, el domini, el recorregut, els punts de tall amb els eixos i el signe:

a.

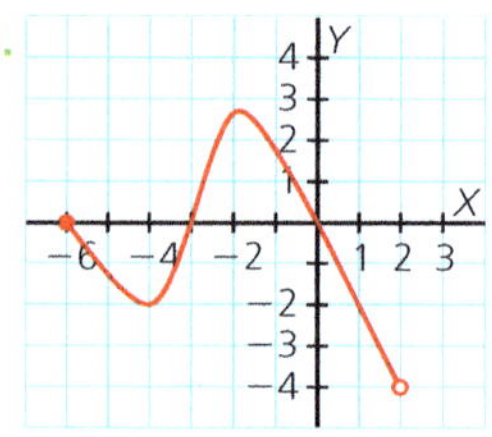

b.

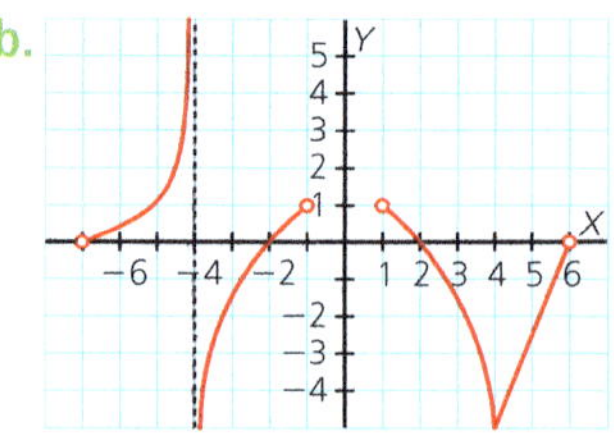

7 Calcula els punts de tall amb els eixos d'aquestes funcions:

a. $f(x) = x^2 - 7x + 12$

b. $f(x) = \dfrac{x+5}{2} - 7x$

c. $f(x) = x^2 + 2x - 15$

d. $f(x) = \dfrac{x+5}{2}$

e. $f(x) = x^3 - x^2 - 30x$

f. $f(x) = -x^3 + x^2 + x$

8 Suposant que les funcions següents són periòdiques, calcula'n el període.

a.

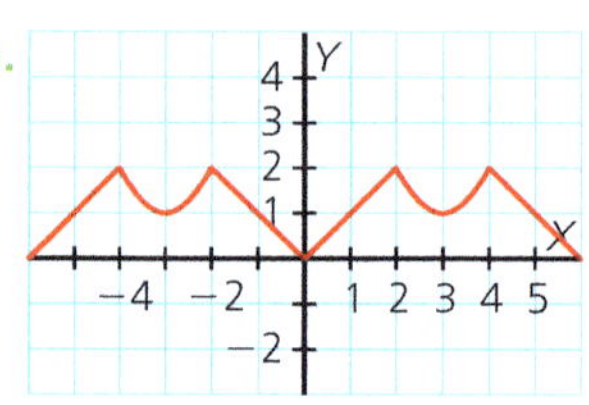

b.

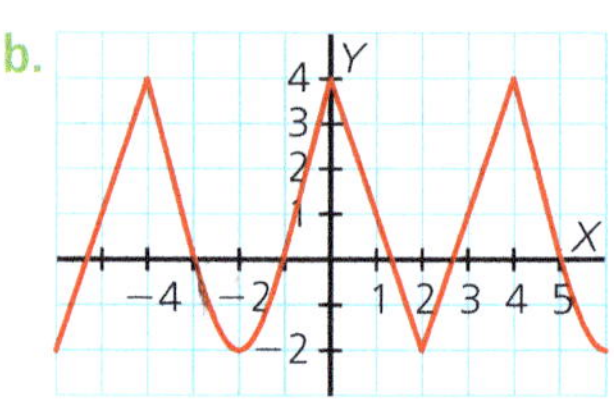

9 Determina si alguna de les funcions següents té simetria i indica, en aquest cas, de quin tipus és:

a.

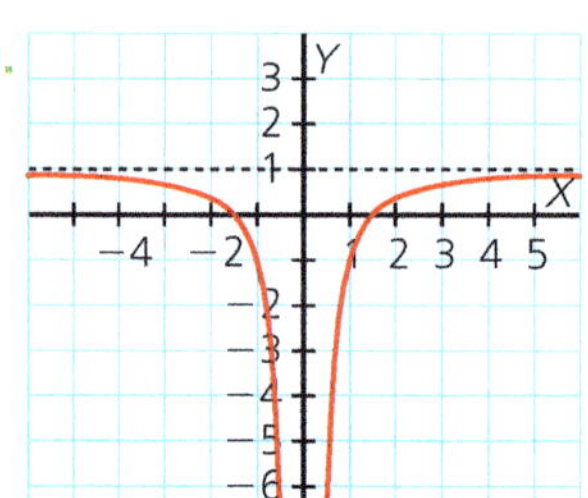

b.

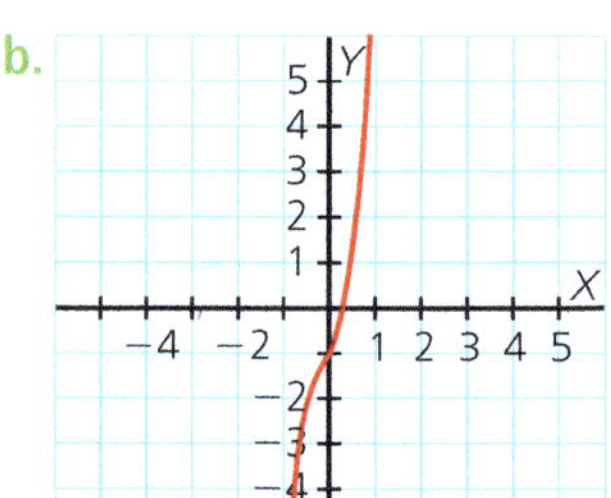

10 Dibuixa la gràfica d'una funció periòdica de període 2 en què els punts de tall amb l'eix X siguin (−5 , 0), (−3 , 0), (−1 , 0), (1 , 0), (3 , 0) i (5 , 0).

11 Estableix si les funcions següents són parelles, senars o no tenen cap tipus de simetria:

a. $f(x) = x^3 - 3x + 1$

b. $f(x) = \dfrac{x^4 - 3x^2 + 2}{x^2 - 3}$

c. $f(x) = 3x^3 + 3x^2 + 4$

d. $f(x) = \dfrac{2x^3 + 2x}{x^3}$

12 Donada la funció $y = 3x - 5$:

a. Determina'n els punts de tall amb els eixos.

b. Representa-la gràficament.

c. Identifica en quins intervals la funció és positiva i en quins és negativa.

13 Dibuixa una funció simètrica respecte de l'eix d'ordenades que sigui periòdica de període 4, i que compleixi que $f(0) = 1$ i $R(f) = [0, 1]$.

14 Dibuixa la gràfica d'una funció periòdica que sigui parella, de període 6 i que tingui un recorregut de $[-1, 2]$.

15 Indica els punts de discontinuïtat que presenten aquestes funcions i assenyala de quin tipus són:

a.

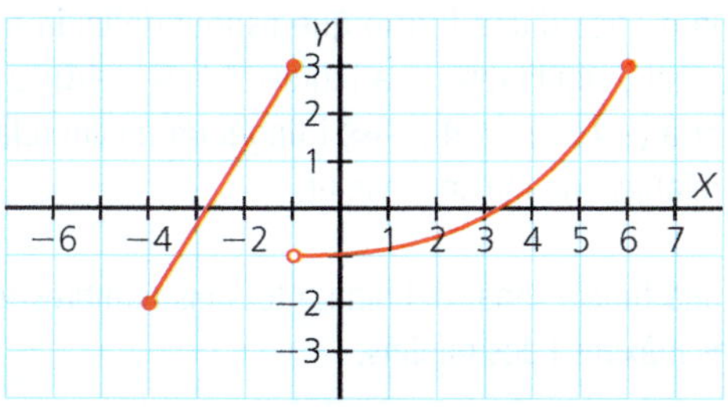

b.

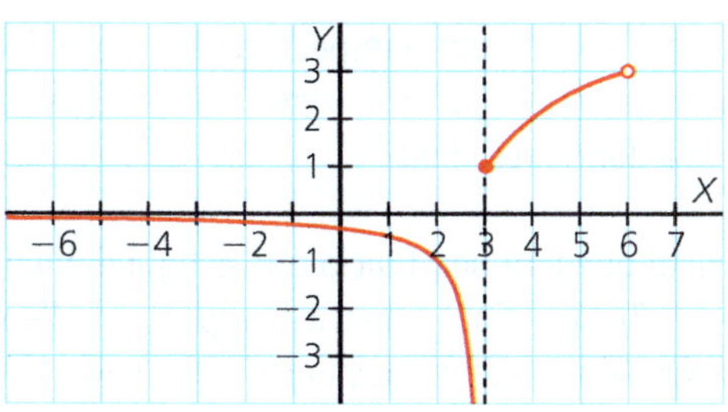

c.

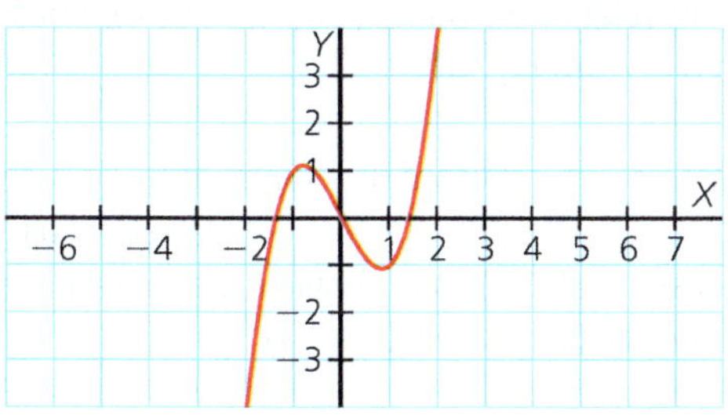

d.

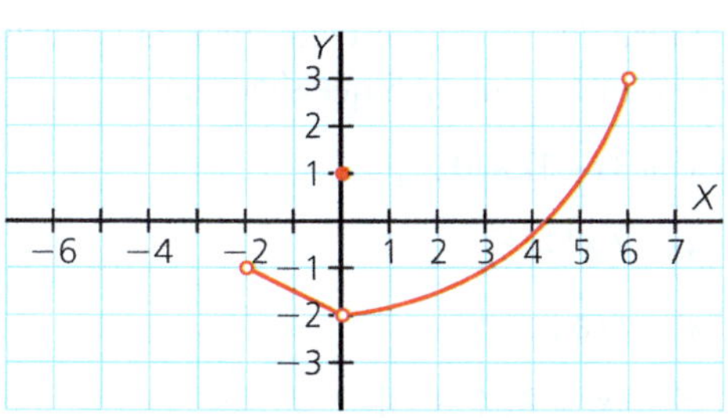

16 Dibuixa la gràfica d'una funció contínua amb les característiques següents:

- $D(f) = [0, +\infty)$, $R(f) = (-2, 1]$.
- Els punts de tall amb l'eix X són $(0, 0)$, $(2, 0)$ i $(3, 0)$.
- És positiva a $(0, 2) \cup (3, +\infty)$ i negativa a $(2, 3)$.
- Compleix que $f(4) = 1$.

17 Analitza el domini, els intervals de continuïtat i els punts de discontinuïtat, si n'hi ha, de les funcions següents:

a.

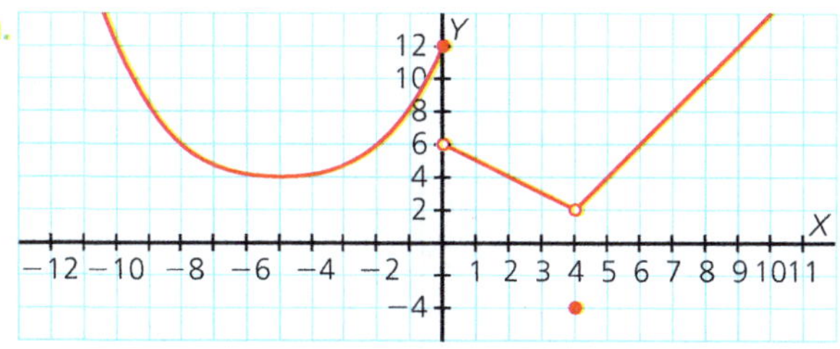

b.

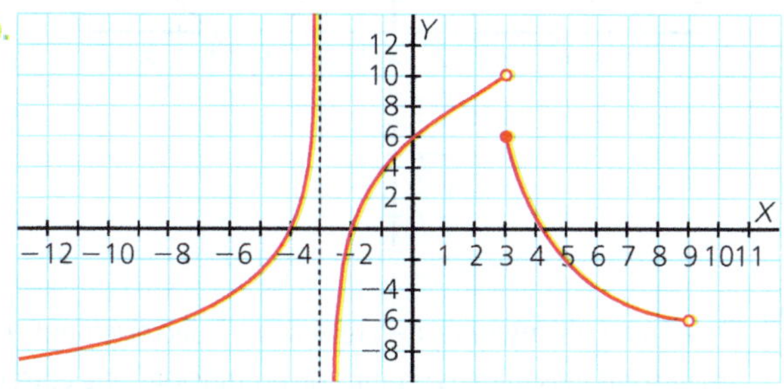

18 Determina quina de les gràfiques proposades compleix les condicions següents:

- És contínua a $(-5, 0)$, $(0, 3)$ i $(3, 5)$.
- Té un punt de discontinuïtat evitable a $x = 0$.
- Té un punt de discontinuïtat de salt finit a $x = 3$.

a.

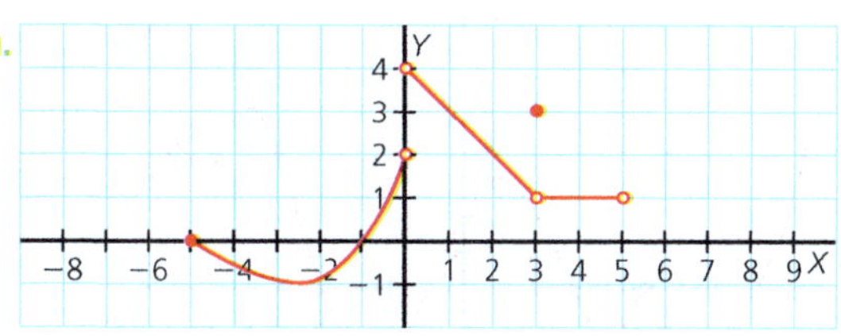

b.

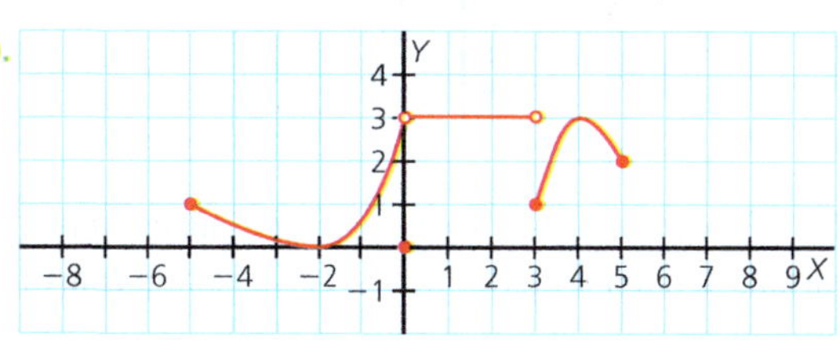

19 Dibuixa una funció que estigui definida a l'interval $[-4, 5]$ i tingui tres punts de discontinuïtat:

- A $x = -3$, una discontinuïtat evitable, amb $f(-3) = 2$.
- A $x = -1$, una discontinuïtat inevitable de salt finit, amb $f(-1) = 2$ i salt de 5 unitats.
- A $x = 3$, una discontinuïtat de salt infinit, amb $f(3) = 6$.

20 Determina els intervals de creixement i decreixement i els màxims i els mínims relatius de les funcions representades a les gràfiques següents:

a.

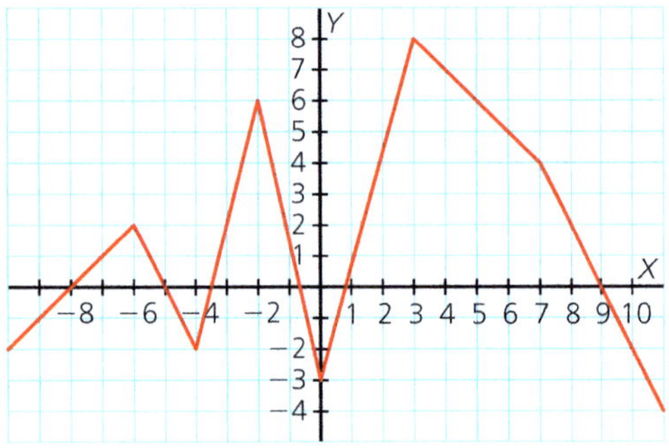

b.

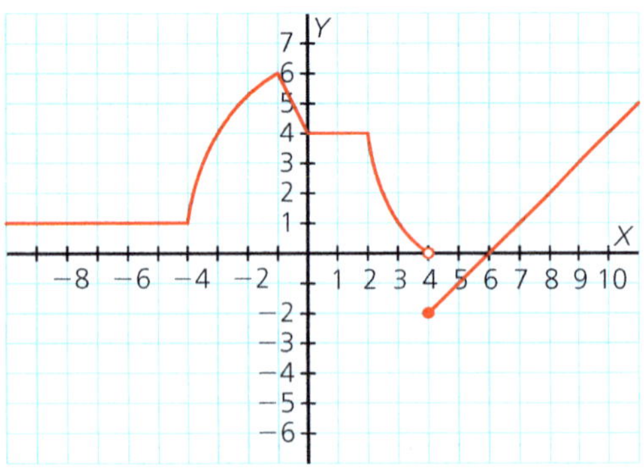

21 Determina els intervals de creixement i decreixement, i també els màxims i els mínims relatius de les funcions que corresponen a les gràfiques següents:

a.

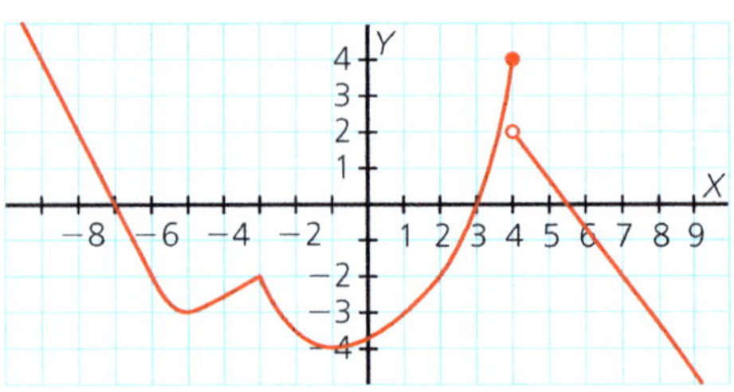

b.

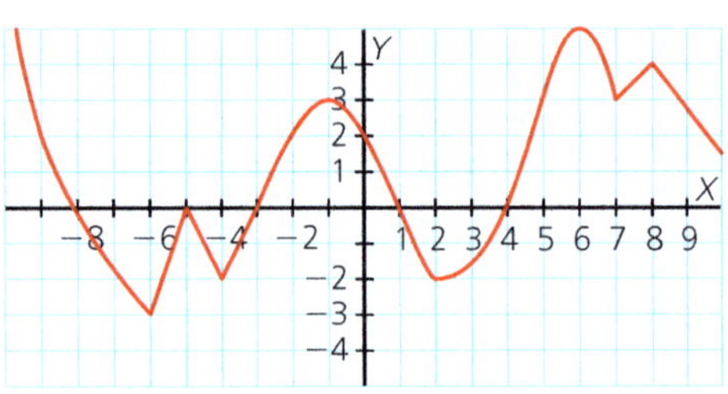

22 Indica les coordenades dels màxims i els mínims relatius de les funcions següents i assenyala si existeixen màxims i mínims absoluts:

a.

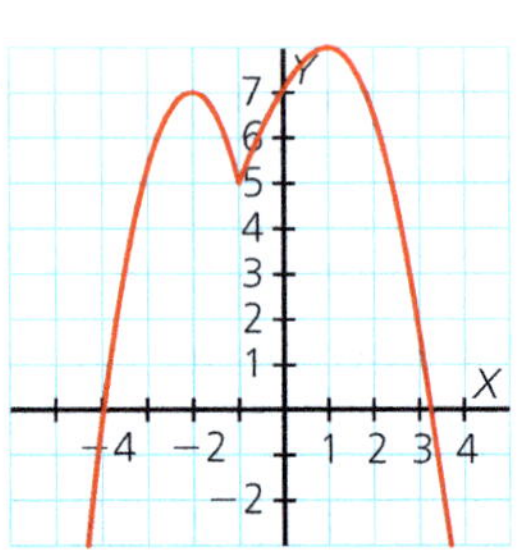

b.

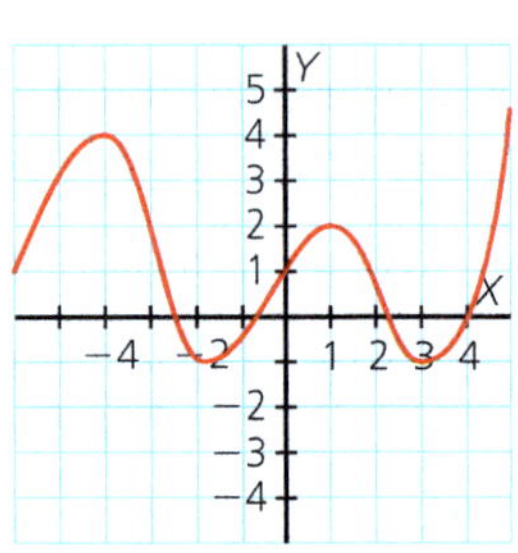

23 La gràfica d'una funció és la següent:

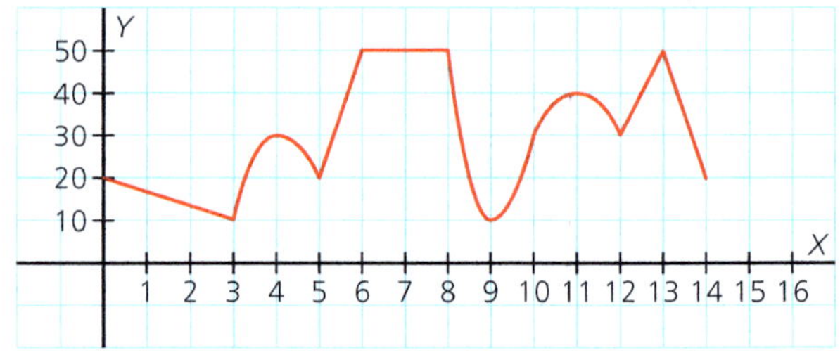

Determina'n els màxims i els mínims relatius i, si existeixen, els màxims i els mínims absoluts.

Pensa si coneixes alguna situació que es pugui descriure per mitjà d'aquesta gràfica.

24 Dibuixa una gràfica que tingui màxims i mínims, procurant, però, que cap no sigui absolut.

Amb l'ús d'alguna aplicació informàtica, representa polinomis de diferents graus que s'ajustin a una gràfica d'aquestes característiques.

25 Representa gràficament una funció que tingui únicament un màxim i un mínim, tots dos absoluts.

26 Dibuixa la gràfica d'una funció que estigui definida a tots els nombres reals, sigui creixent a l'interval $(-\infty , -4) \cup (0 , 4)$ i decreixent a $(-4 , 0) \cup (4 , +\infty)$ i tingui un mínim relatiu, dos màxims relatius i un màxim absolut.

27 Dibuixa una funció senar definida a tots els nombres reals que tingui dos màxims i dos mínims.

28 Dibuixa una gràfica simètrica respecte a l'eix *Y*, que sigui periòdica i que tingui infinits punts màxims i mínims. Quin valor té el període de la funció resultant?

29 ⊞ Dibuixa al quadern una funció que estigui definida a l'interval $[-7 , 7]$, que sigui simètrica respecte de l'eix *Y*, que tingui tres màxims relatius als punts $(-2 , 6)$, $(0 , 5)$ i $(2 , 6)$; dos mínims relatius als punts $(-1 , 4)$ i $(1 , 4)$, i dos màxims absoluts a $(-2 , 6)$ i $(2 , 6)$.

30 ⊞⊞ Construeix la gràfica d'una funció que sigui creixent a l'interval $(-\infty , -2) \cup (0 , 1) \cup (3 , +\infty)$, decreixent a $(-2 , 0) \cup (2 , 3)$, constant a $(1 , 2)$ i que tingui un màxim relatiu a $(-2 , 2)$ i dos mínims relatius als punts $(0 , -2)$ i $(3 , -3)$.

31 Calcula la taxa de variació absoluta, relativa i mitjana de les funcions següents als intervals que s'indiquen:

a. $f(x) = x^2 + 3x - 12$ a $[0 , 2]$

b. $f(x) = 4x - 7$ a $[4 , 5]$

c. $f(x) = x^3 - 2x$ a $[1 , 3]$

d. $f(x) = x^4 - 3x^2 + 7$ a $[-3 , 1]$

32 Calcula quines són les taxes de variació absoluta, relativa i mitjana de la funció *f*, representada en aquesta gràfica, als intervals [1 , 3] i [3 , 6].

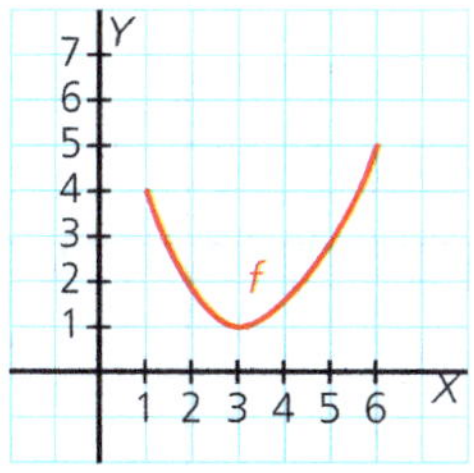

33 Determina la TVM de la funció $f(x) = \dfrac{x^2 - 3x + 5}{x^2 + 1}$ als intervals [−5 , −3], [−5 , −1], [0 , 2] i [0 , 4].

Amb l'ajuda d'alguna eina digital, traça'n la gràfica a l'interval [−5 , 5] i interpreta els valors obtinguts.

34 Considera la gràfica següent:

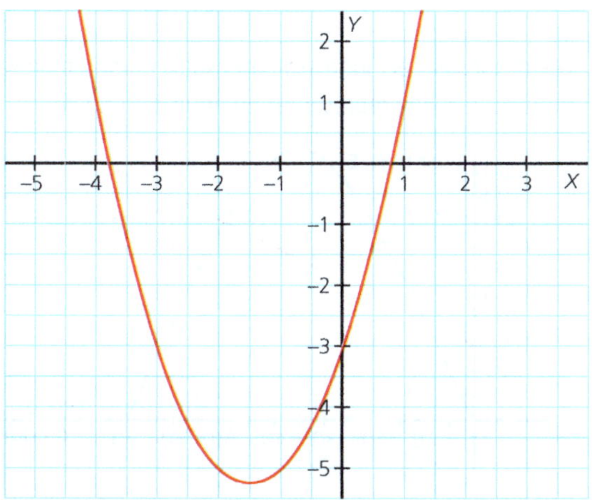

Calcula la TVM de la funció *f* en aquests intervals i interpreta els valors obtinguts:

a. [− 4 , −3] i [−3 , −2]

b. [−1 , 0] i [0 , 1]

35 Determina la TVM de la funció $f(x) = x^2 - 5x + 7$ als intervals [3 , 5] i [5 , 7]. En quin dels dos creix o decreix més de pressa?

36 Aquesta gràfica mostra l'espai recorregut per dos vehicles en un trajecte d'1 km:

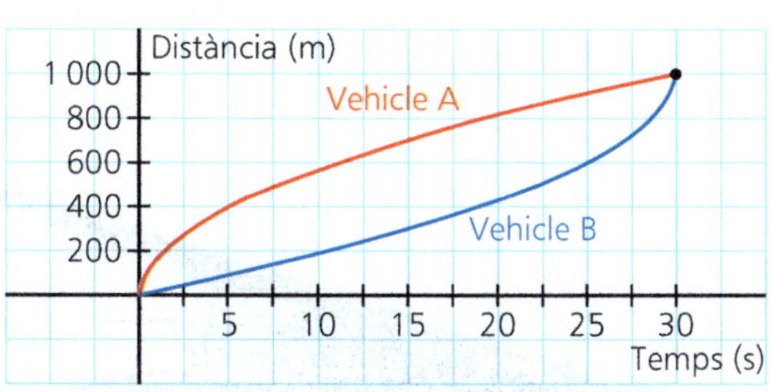

a. Quin dels dos vehicles ha estat més ràpid?

b. Descriu com ha estat el trajecte de cadascun.

37 S'ha comptabilitzat la quantitat de clients que hi havia en un centre comercial entre les 10 i les 12 del migdia, i s'han obtingut les dades de la gràfica següent.

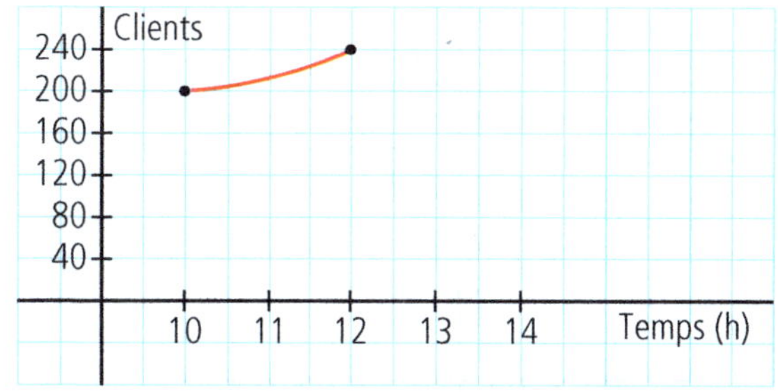

Esbrina la taxa de variació absoluta, relativa i mitjana en aquest interval i interpreta el significat de cadascun d'aquests valors.

Inventa alguna situació en la qual la TV, la TVR i la TVM puguin ajudar en l'anàlisi de dades.

38 El creixement de dues poblacions de bacteris és donat per la gràfica següent:

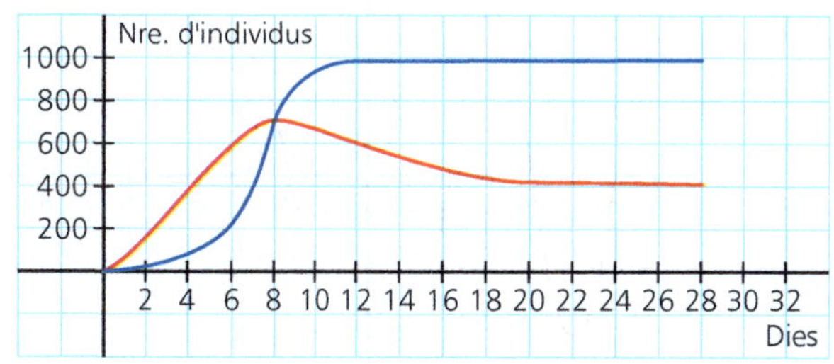

a. Esbrina la taxa de variació absoluta i relativa de les dues espècies entre els dies 4 i 8. Explica'n els resultats.

b. Calcula la TVM de les dues espècies entre els dies 0 i 4, d'una banda, i 4 i 8, de l'altra. Explica'n els resultats basant-te en la gràfica.

c. Determina la TVM de les dues espècies entre els dies 0 i 12. Explica'n els resultats a partir de la gràfica.

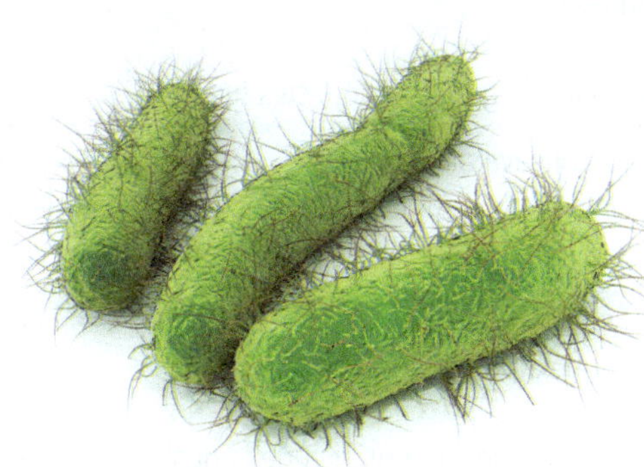

39 Indica si les funcions següents són còncaves o convexes i en quins intervals:

a.

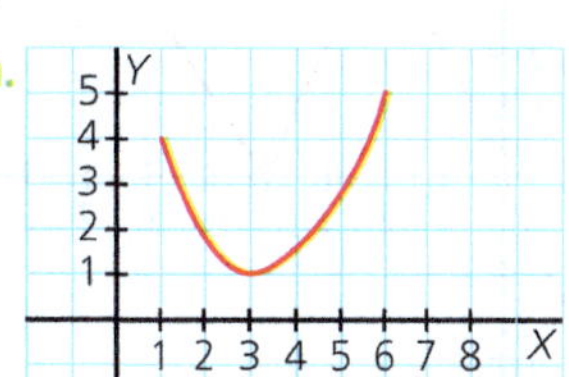

b.

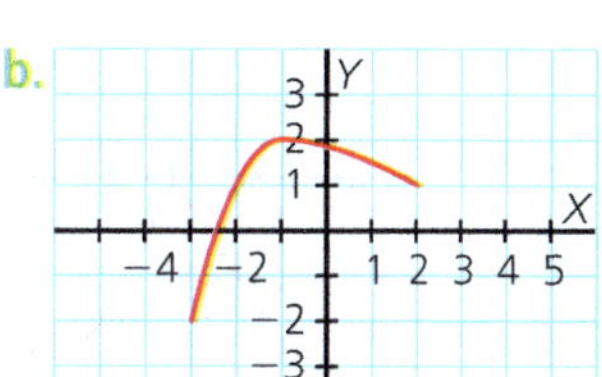

40 Estudia la curvatura de les funcions següents i indica'n els punts d'inflexió:

a.

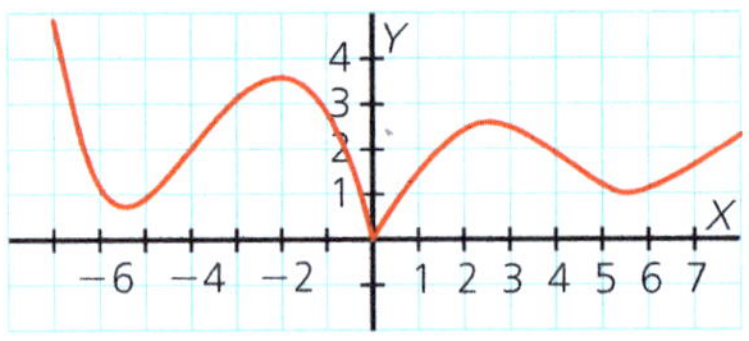

b.

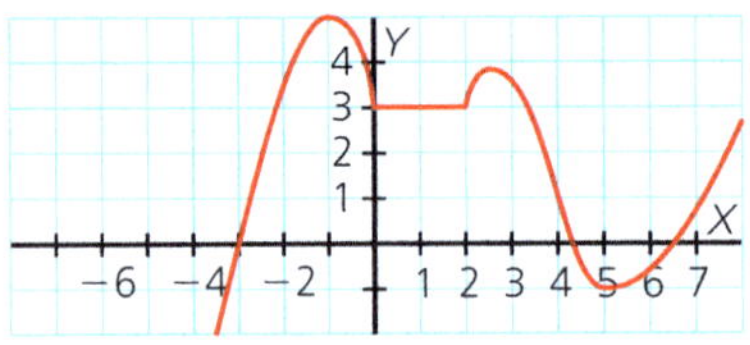

41 Determina quins són els intervals de concavitat i convexitat i els punts d'inflexió de la funció donada per la gràfica il·lustrada a continuació:

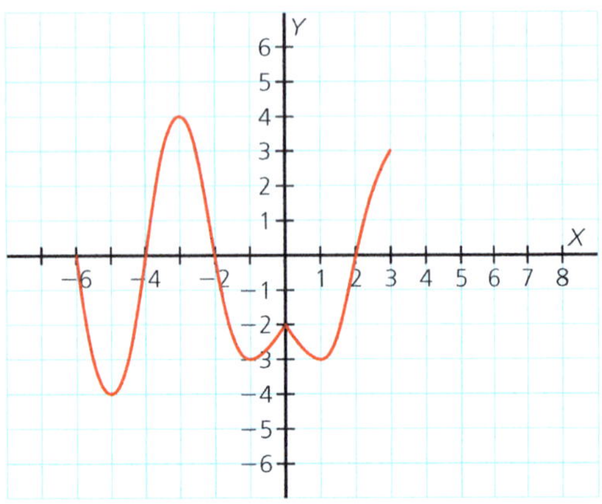

42 Dibuixa la gràfica d'una funció que sigui convexa a l'esquerra del punt (0 , 0) i còncava a la dreta.

43 Dibuixa la gràfica d'una funció que sigui còncava a l'interval (0 , 4) i convexa a l'interval (4 , 8), però que no tingui cap punt d'inflexió.

44 Dibuixa la gràfica d'aquestes funcions:

a. És còncava als intervals (−∞ , −2) i (3 , +∞). És convexa a l'interval (−2 , 3). Té dos punts d'inflexió, un a (−2 , 0) i un altre a (3 , 2).

b. És còncava a (−∞ , −3), (−3 , 4) i (4 , +∞) i no té cap punt d'inflexió.

45 Analitza la funció la gràfica de la qual ve donada per la corba següent:

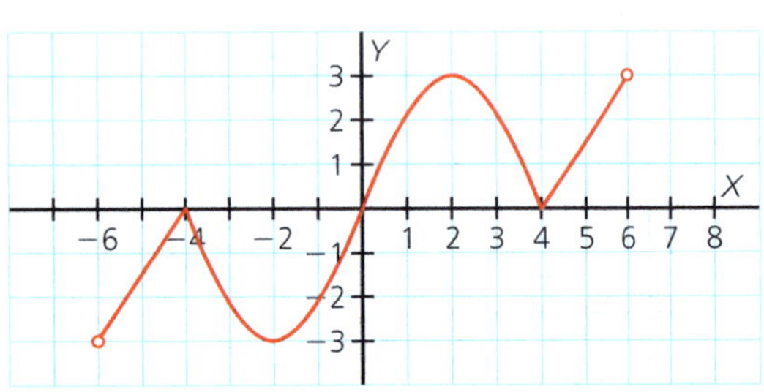

46 Analitza aquesta gràfica i indica les característiques següents de la funció:

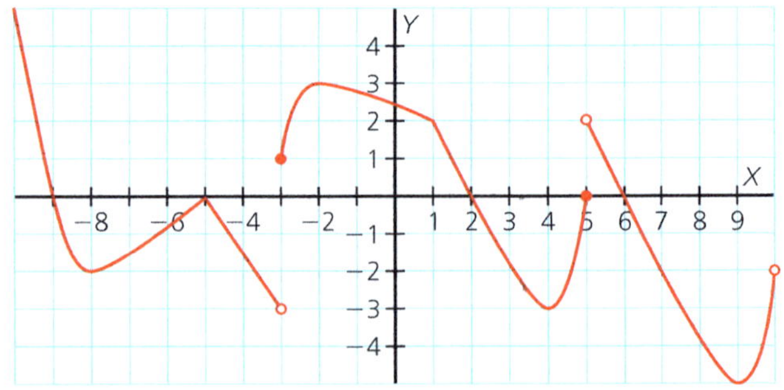

a. El domini i el recorregut

b. Els intervals de creixement

c. Els màxims i mínims relatius i els màxims i mínims absoluts

d. Els intervals de concavitat i convexitat

e. Els punts d'inflexió

f. Les simetries i la periodicitat

47 Les despeses i els ingressos mensuals d'una empresa que ven ordinadors s'han representat en aquesta gràfica:

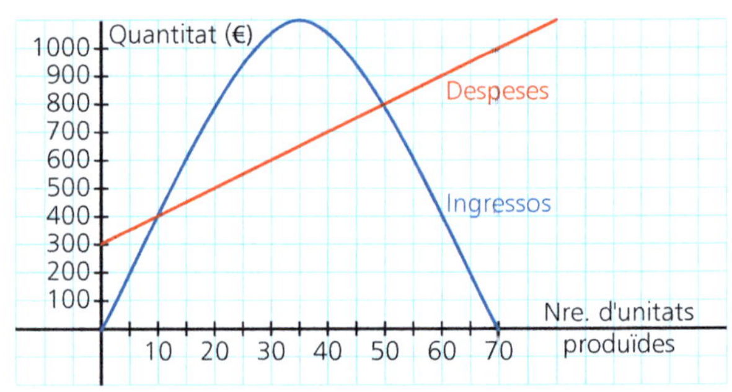

a. Quins són els ingressos i les despeses per la venda de 0 ordinadors? Quants diners necessita l'empresa per començar a funcionar?

b. Tenint en compte que els beneficis de l'empresa s'obtenen restant les despeses dels ingressos, quins beneficis aporta la venda de deu ordinadors?

c. Quants ordinadors ha de fabricar l'empresa per aconseguir uns ingressos màxims? I per aconseguir uns beneficis màxims?

d. Li resulta rendible a l'empresa una venda de 70 ordinadors? I de cinc ordinadors? Per què?

e. Quants ordinadors ha de vendre l'empresa com a mínim per no tenir pèrdues?

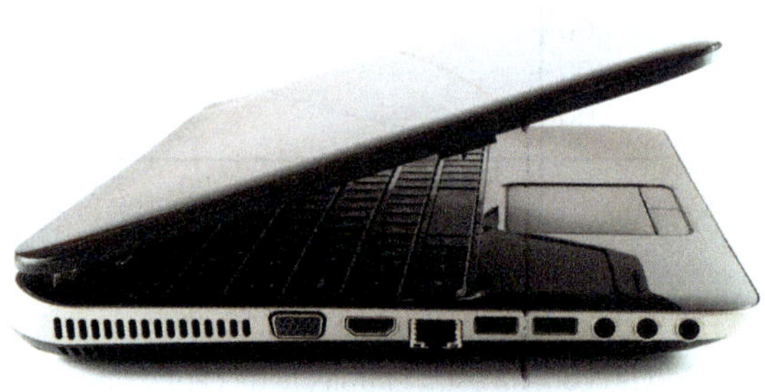

48 Considerant la funció *f*, que té la gràfica il·lustrada a continuació, respon les qüestions següents:

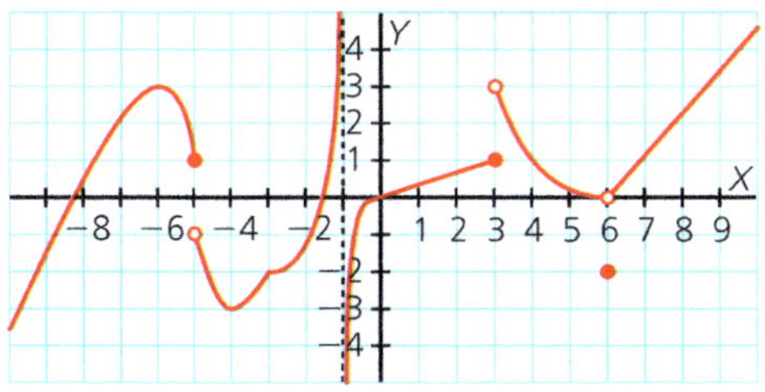

a. Quin és el domini de la funció? I el recorregut?

b. És una funció contínua al domini?

c. Indica si la funció té algun punt de discontinuïtat i classifica'l segons el tipus.

d. Calcula $f(-5)$, $f(-4)$, $f(3)$ i $f(6)$.

e. Estableix quins són els màxims i els mínims relatius.

f. Té màxims o mínims absoluts? En cas afirmatiu, indica'ls.

g. Determina quins són els intervals de creixement i decreixement de la funció.

49 El consum de dos vehicles en funció de la velocitat es reflecteix a la gràfica següent:

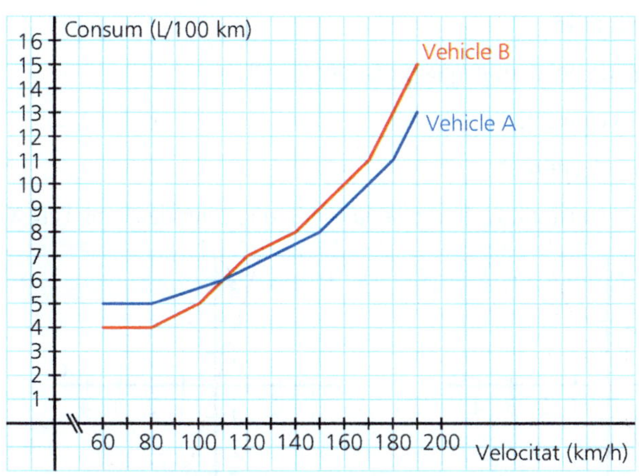

a. Si els cotxes circulen a una velocitat d'entre 60 km/h i 80 km/h, quin és el més econòmic?

b. Tenint en compte la limitació de velocitat a 50 km/h dins de la ciutat, quin vehicle resultaria més rendible a la ciutat pel que fa al consum?

c. A quina velocitat els dos cotxes tenen el mateix nivell de consum de carburant?

d. Indica quina és la TVM dels dos automòbils entre 100 km/h i 120 km/h. Interpreta'n el resultat.

e. Una agència de viatges internacional té la intenció de seleccionar un d'aquests cotxes per recórrer grans distàncies per tot Europa, fonamentalment a Alemanya, on hi ha autopistes que no tenen límit de velocitat. Quin dels dos vehicles resultaria més rendible?

f. Per al vehicle B, entre quines dues velocitats resulta molt elevat el consum?

50 La gràfica següent representa la temperatura d'un malalt durant les dotze primeres hores de convalescència:

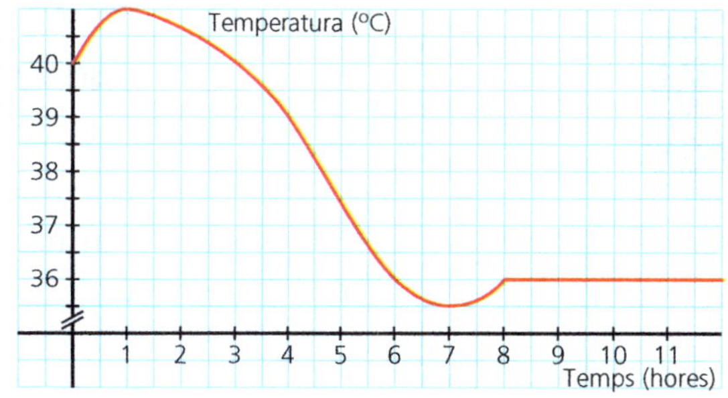

a. Quin és el domini d'aquesta funció? Interpreta quin significat té.

b. Quin n'és el recorregut? Interpreta'n el significat.

c. En quin moment el malalt arriba a la temperatura màxima? I a la temperatura mínima?

d. En quins intervals horaris creix la temperatura del pacient i en quins decreix?

e. A quina hora la temperatura és regular i normal?

f. Elabora un informe breu que proporcioni una interpretació general dels resultats.

51 Dibuixa la gràfica de la funció que verifica les condicions que segueixen:

- $D(f) = [-3, 4)$ i $R(f) = (-\infty, 2]$.
- Talla l'eix *X* als punts $(-2, 0)$ i $(1, 0)$, i l'eix *Y* al punt $(0, 1)$.
- Té un punt de discontinuïtat de salt finit a $x = -2$, i l'amplitud del salt és -1.
- Té un punt de discontinuïtat evitable a $x = -1$.
- Té un punt de discontinuïtat de salt infinit a $x = 0$.
- És creixent a $(-2, -1) \cup (-1, 0) \cup (0, 4)$ i decreixent a l'interval $(-3, -2)$.
- $f(-3) = 2$ i $f(-1) = 1$.

52 Dibuixa la gràfica d'una funció les característiques de la qual són les següents:

- $D(f) = [-5, +\infty)$; $R(f) = (-\infty, 3]$.
- Talla l'eix *Y* al punt $(0, 2)$, i l'eix *X* als punts $(-3, 0)$ i $(4, 0)$.
- És positiva a $(-5, -3) \cup (-3, 2) \cup (2, 4)$ i negativa a $(4, +\infty)$.
- Decreix a $(-5, -3) \cup (0, 2) \cup (3, +\infty)$, i a $(-3, 0) \cup (2, 3)$, creix.
- Té un mínim relatiu a $(-3, 0)$ i dos màxims relatius a $(0, 2)$ i $(3, 3)$.
- És contínua al domini, excepte a $x = 2$, on té una discontinuïtat de salt finit de 2 unitats.
- És còncava a $(-1, 2) \cup (2, +\infty)$ i convexa a $(-5, -1)$.
- $f(-5) = 3$ i $f(2) = 2$.

La funció té algun màxim o mínim absoluts?

6 ANÀLISI DE FUNCIONS

1 /// FUNCIONS LINEALS I AFINS

Practiquem i avancem 1-9

Les funcions en què la gràfica és determinada per una recta poden ser lineals o afins.

> Una **funció lineal** o de **proporcionalitat directa** és aquella l'expressió algebraica de la qual és de la forma $y = mx$, en què m rep el nom de *constant de proporcionalitat* o *pendent* de la recta que la representa.

> Una **funció afí** és aquella l'expressió algebraica de la qual és de la forma $y = mx + n$, en què m rep el nom de *constant de proporcionalitat* o *pendent* de la recta que representa, i n és l'ordenada a l'origen.

Característiques principals de les funcions lineals i afins

Funcions lineals: $y = mx$

- El domini i el recorregut és $\mathbb{R}$.
- La gràfica és una recta de pendent m que passa per (0 , 0):
  - Si $m > 0$, la funció és creixent.
  - Si $m < 0$, la funció és decreixent.
  - Si $m = 0$, la funció és constant. La funció seria $y = 0$, que coincideix amb l'eix X.

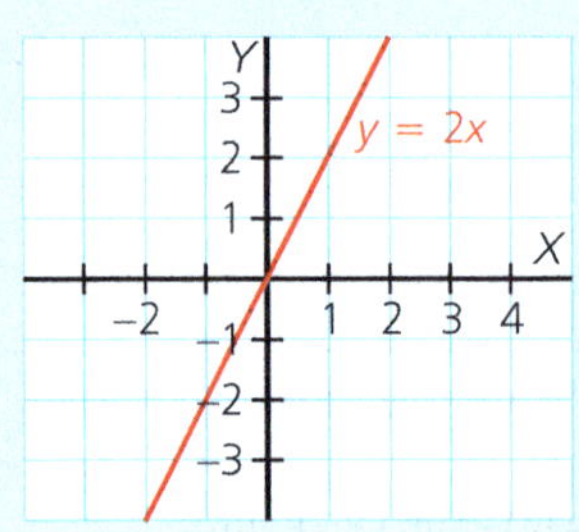

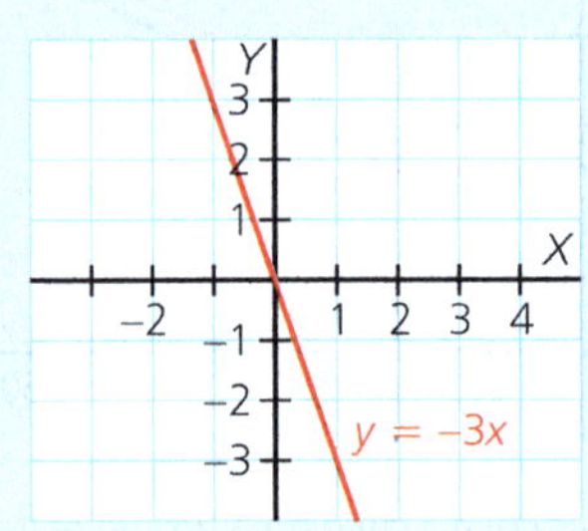

Funcions afins: $y = mx + n$

- El domini i el recorregut és $\mathbb{R}$.
- La gràfica és una recta de pendent m que passa per (0 , n):
  - Si $m > 0$, la funció és creixent.
  - Si $m < 0$, la funció és decreixent.
  - Si $m = 0$, la funció és constant. La funció seria $y = n$, una recta horitzontal.

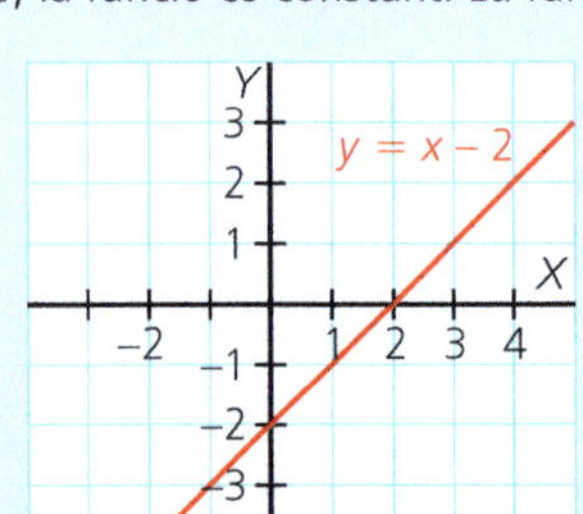

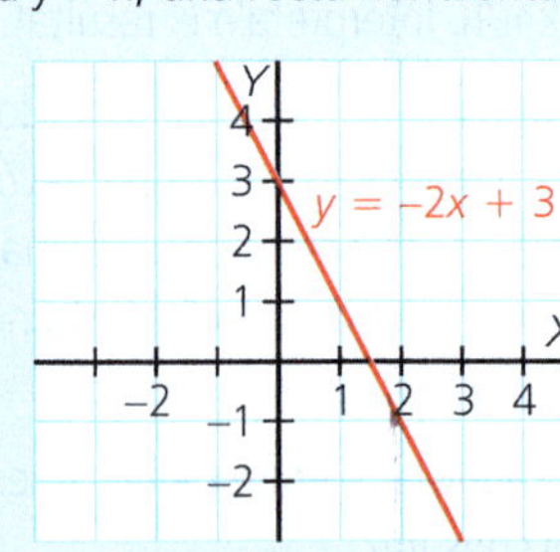

Activitat resolta

Indica si les funcions següents són lineals o afins i si són creixents, decreixents o constants i dibuixa'n la gràfica:

a. $y = -2x$ **b.** $y = 3x - 2$ **c.** $y = 3$

a. $y = -2x$ és de la forma $y = mx$; en conseqüència, és una funció lineal.

Com que $m = -2 < 0$, la funció és decreixent.

Com que es tracta d'una funció lineal, passarà pel punt (0 , 0). Per tant, per obtenir un altre punt per poder-la representar, es pren un valor de x diferent de zero i se substitueix a la funció. Per exemple:

$$x = 1 \Rightarrow y = -2 \cdot (1) = -2$$

Es representen sobre uns eixos cartesians els punts (0 , 0) i (1 , −2) i s'uneixen.

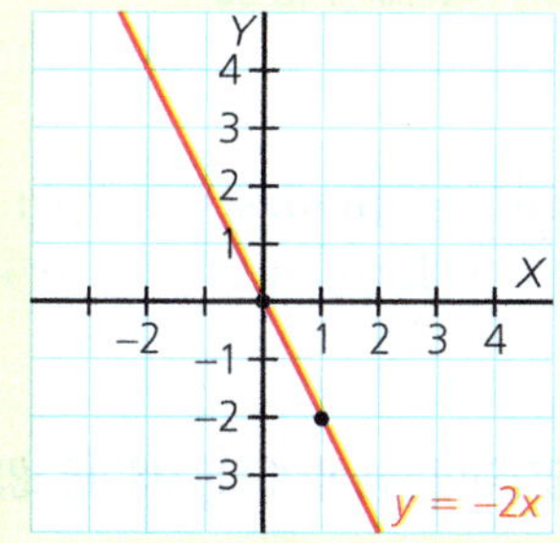

b. $y = 3x - 2$ s'ajusta a la forma $y = mx + n$; així, doncs, és una funció afí.

Atès que $m = 3 > 0$, la funció és creixent.

En primer lloc, es pren el punt de l'ordenada a l'origen, (0 , −2). Després, se selecciona un altre valor de x i se substitueix a la funció. Per exemple:

$$x = 1 \Rightarrow y = 3 \cdot 1 - 2 = 1$$

Es representen sobre uns eixos cartesians els punts (0 , −2) i (1 , 1) i s'uneixen.

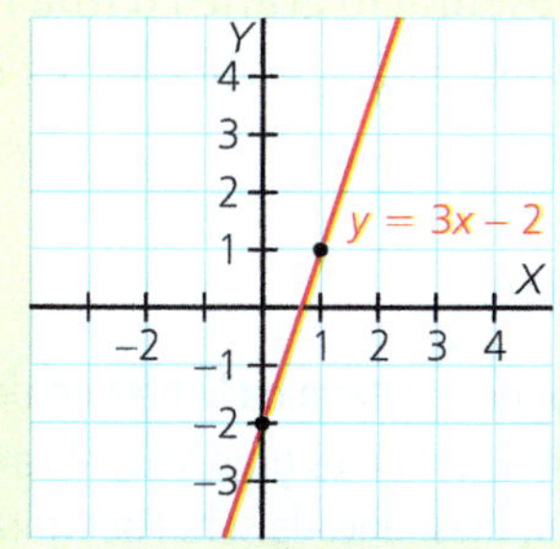

c. $y = 3$ té la forma $y = mx + n$; és, conseqüentment, una funció afí.

Com que $m = 0$, la funció és constant.

La seva representació és una línia horitzontal a l'altura del punt de l'ordenada a l'origen, (0 , 3).

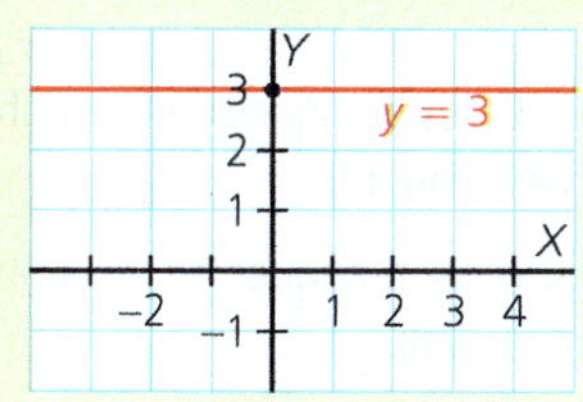

Si es coneix un punt qualsevol de la recta (x_1 , y_1) d'una funció lineal, diferent de l'origen, se'n pot determinar el pendent mitjançant l'expressió $m = \frac{y_1}{x_1}$.

Per a una funció afí, calen dos punts: (x_1 , y_1) i (x_2 , y_2). En aquest cas, el pendent està determinat mitjançant l'expressió $m = \frac{y_2 - y_1}{x_2 - x_1}$.

Activitat resolta

Determina l'expressió algebraica de les funcions donades, amb aquestes condicions:

a. Funció lineal que passa pel punt (3 , −6).

b. Funció afí que passa pels punts (−7 , −2) i (−5 , 4).

Apliquem les fórmules per calcular els pendents en les dues situacions:

a. Com que és una funció lineal, l'expressió algebraica és de la forma $y = mx$. Com que es coneix un punt de la recta, és possible calcular-ne el pendent: $m = -\frac{6}{3} = -2$.

Per tant, l'expressió algebraica de la funció és $y = -2x$.

b. En aquest cas obtenim el pendent com a: $m = \frac{4 - (-2)}{-5 - (-7)} = \frac{6}{2} = 3$.

Per calcular l'ordenada a l'origen, es tria un dels dos punts coneguts, (−7 , −2), i se substitueix en l'equació, tenint en compte que $m = 3$: $y = 3x + n$.

$$-2 = 3 \cdot (-7) + n \Rightarrow -2 + 21 = n \Rightarrow n = 19$$

Per tant, l'expressió algebraica de la funció és $y = 3x + 19$.

2 /// FUNCIONS QUADRÀTIQUES

Practiquem i avancem 10-23

Una **funció quadràtica** té per expressió algebraica un polinomi de segon grau de la forma $y = ax^2 + bx + c$, en què a, b i $c \in \mathbb{R}$ i $a \neq 0$.

Característiques principals de les funcions quadràtiques

La representació gràfica d'una funció quadràtica és una **paràbola**. Es diu que és convexa si $a > 0$ (branques cap amunt) i còncava si $a < 0$ (branques cap avall).

Obertura

El valor de *a* determina l'obertura de la paràbola. Com més gran sigui el valor absolut, més tancada serà l'obertura. A més:

- Si $a > 0$, les branques de la paràbola van cap amunt.
- Si $a < 0$, les branques de la paràbola van cap avall.

Punts de tall amb els eixos

- **Amb l'eix *X*:**

$$y = 0 \Rightarrow ax^2 + bx + c = 0$$

Els punts de tall s'obtenen resolent aquesta equació de segon grau, i per això n'hi podrà haver dos, un o cap, depenent del nombre de solucions. Seran de la forma $(x, 0)$.

- **Amb l'eix *Y*:**

$$x = 0 \Rightarrow y = a \cdot 0^2 + b \cdot 0 + c = c$$

El punt de tall és $(0, c)$.

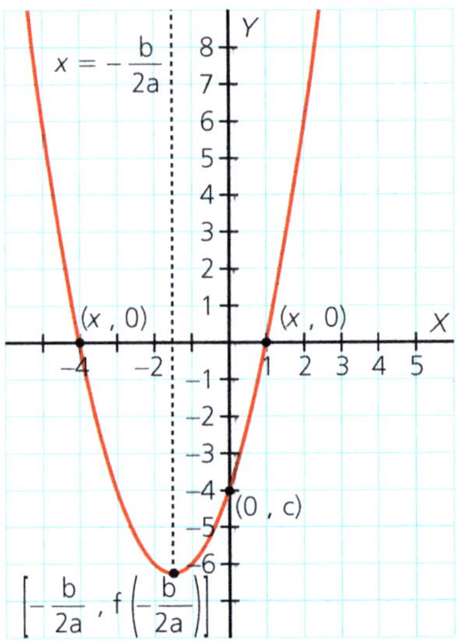

Vèrtex

És el màxim absolut de la funció, si $a < 0$, o el mínim absolut, si $a > 0$.

Les coordenades són $V = (x_v, y_v)$, en què $x_v = \frac{-b}{2a}$, $y_v = f\left(\frac{-b}{2a}\right)$.

Eix de simetria

És la recta paral·lela a l'eix *Y* que passa pel vèrtex de la funció.

L'equació és la següent:

$$x = \frac{-b}{2a}$$

Activitat resolta

Indica si les funcions següents són quadràtiques i, en cas afirmatiu, assenyala cap a on està orientada la corba sense representar-la gràficament:

a. $f(x) = -3x^2 + 4x - 1$

b. $f(x) = 2x - 1$

c. $f(x) = -2x + 5x^2$

d. $f(x) = 3x^2 - x - 3x^2$

a. Aquesta és una funció quadràtica, ja que s'ajusta a la forma $f(x) = ax^2 + bx + c$. Com que $a = -3 < 0$, les branques de la paràbola estan orientades cap avall. És una funció còncava i, a més, presenta un màxim absolut al vèrtex.

b. En aquest cas no és una funció quadràtica, perquè no té terme de segon grau. Com que és de la forma $y = mx + n$, es tracta d'una funció afí.

c. En aquest cas, es tracta d'una funció quadràtica, ja que és de la forma $f(x) = ax^2 + bx + c$. Com que $a = 5 > 0$, les branques de la paràbola estan orientades cap amunt. És una funció convexa i, a més, presenta un mínim absolut al vèrtex.

d. Se simplifiquen els termes que tinguin la mateixa part literal i la funció queda així: $f(x) = -x$. Per tant, no és una funció quadràtica, perquè no té terme de segon grau.

Activitats resoltes

1 **Calcula els vèrtexs i els punts de tall per tal de representar les funcions quadràtiques següents:**

a. $f(x) = x^2 - 2x - 3$ **b.** $f(x) = x^2 - 9$

a. Com que $a = 1 > 0$, les branques de la paràbola apunten cap amunt, i per això té un mínim absolut.

Es calcula el vèrtex de la paràbola:

$$x = \frac{-b}{2a} = \frac{2}{2 \cdot 1} = 1 \Rightarrow y = f(1) = 1^2 - 2 \cdot 1 - 3 = -4 \Rightarrow V = (1\ ,\ -4)$$

L'eix de simetria de la paràbola és donat per la recta $x = 1$.

Es procedeix a calcular els punts de tall:

- Amb l'eix *Y*. Se substitueix $x = 0 \Rightarrow y = 0^2 - 2 \cdot 0 - 3 = -3 \Rightarrow (0\ ,\ -3)$.
- Amb l'eix *X*. Es resol l'equació de segon grau $x^2 - 2x - 3 = 0$:

$$x = \frac{2 \pm \sqrt{4 - 4 \cdot 1 \cdot (-3)}}{2 \cdot 1} = \frac{2 \pm 4}{2} = \begin{cases} 3 \\ -1 \end{cases}$$

Per tant, els punts de tall amb l'eix *X* són (3 , 0) i (–1 , 0). S'assenyalen els quatre punts sobre els eixos de coordenades i s'uneixen d'esquerra a dreta.

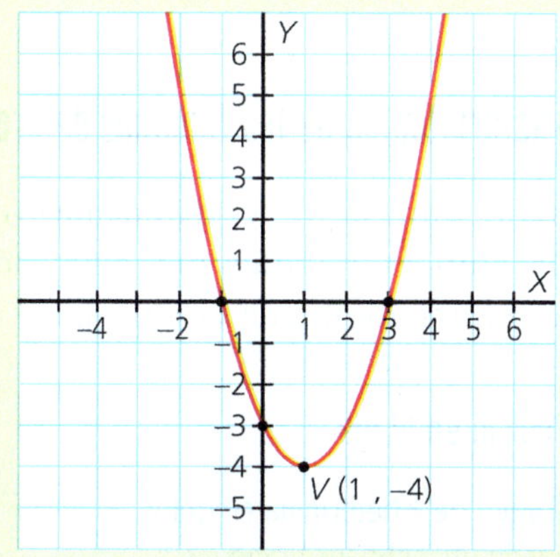

b. Com que $a = 1 > 0$, les branques de la paràbola apunten cap amunt, de manera que la funció té un mínim absolut.

Es calcula el vèrtex de la paràbola:

$$x = \frac{-b}{2a} = \frac{0}{2 \cdot 1} = 0 \Rightarrow y = f(0) = 0 - 9 = -9 \Rightarrow V = (0\ ,\ -9)$$

L'eix de simetria de la paràbola és la recta $x = 0$.

Es calculen els punts de tall:

- Amb l'eix *Y*. Se substitueix $x = 0 \Rightarrow y = 0^2 - 9 = -9 \Rightarrow (0\ ,\ -9)$.
- Amb l'eix *X*. Es resol l'equació de segon grau:

$$x^2 - 9 = 0 \Rightarrow \Rightarrow x = \pm\sqrt{9} = \begin{cases} -3 \\ 3 \end{cases}$$

Així, doncs, els punts de tall amb l'eix *X* són (–3 , 0) i (3 , 0). S'assenyalen els tres punts sobre els eixos de coordenades i s'uneixen d'esquerra a dreta.

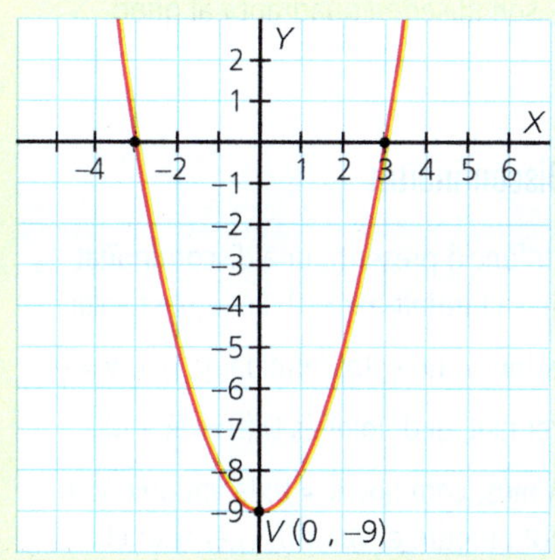

2 **Determina l'expressió algebraica de la funció quadràtica que passa pels punts (0 , 6), (2 , 0) i (1 , 2).**

L'expressió algebraica de la funció és:

$$y = ax^2 + bx + c$$

Amb la condició que passi per aquests tres punts, s'han de complir les igualtats següents, substituint els valors de *x* i *y* de cadascun dels punts a l'expressió general:

$$\begin{cases} a \cdot 0^2 + b \cdot 0 + c = 6 \\ a \cdot 2^2 + b \cdot 2 + c = 0 \\ a \cdot 1^2 + b \cdot 1 + c = 2 \end{cases} \Rightarrow \begin{cases} c = 6 \\ 4a + 2b + c = 0 \\ a + b + c = 2 \end{cases} \Rightarrow \begin{cases} c = 6 \\ 4a + 2b + 6 = 0 \\ a + b + 6 = 2 \end{cases}$$

Quan es resol el sistema format per la segona equació i la tercera, s'obtenen els valors $a = 1$ i $b = -5$. Per tant, la funció és $f(x) = x^2 - 5x + 6$.

3 /// FUNCIONS DE PROPORCIONALITAT INVERSA

Practiquem i avancem 24-28

La **funció de proporcionalitat inversa** té com a expressió algebraica $y = \frac{k}{x}$, en què $k \neq 0$, i s'anomena *constant de proporcionalitat inversa* de la variable x respecte de la variable y.

Característiques de les funcions de proporcionalitat inversa

La representació gràfica d'una funció de proporcionalitat inversa és una **hipèrbola**, amb les branques més allunyades de l'origen de coordenades a mesura que el valor absolut de k és més gran.

Posició en el pla

El valor de k determina en quins quadrants hi ha les branques:

- Si $k > 0$, les branques de la hipèrbola són al primer quadrant i al tercer.
- Si $k < 0$, les branques de la hipèrbola són al segon quadrant i al quart.

Asímptotes

- A mesura que la variable x pren valors més grans, en valor absolut, les branques s'aproximen a la recta $y = 0$ (eix X), anomenada **asímptota horitzontal**.
- A mesura que la variable y pren valors més grans, en valor absolut, les branques s'aproximen a la recta $x = 0$ (eix Y), anomenada **asímptota vertical**.

Discontinuïtat

La funció presenta una discontinuïtat de salt infinit a $x = 0$. En aquest valor, la funció no està definida, ja que $y = \frac{k}{0}$. Per tant, el domini és $D(f) = \mathbb{R} - \{0\}$.

A més, com que $k \neq 0$, la variable y no pot prendre el valor 0, i per això el recorregut de la funció és $R(f) = \mathbb{R} - \{0\}$.

Simetria

La hipèrbola és simètrica respecte a l'origen de coordenades, és a dir, té simetria senar.

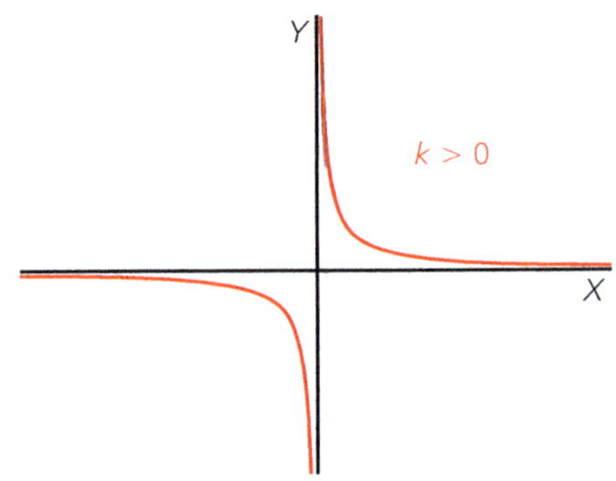

Quan $k > 0$, la funció és decreixent.

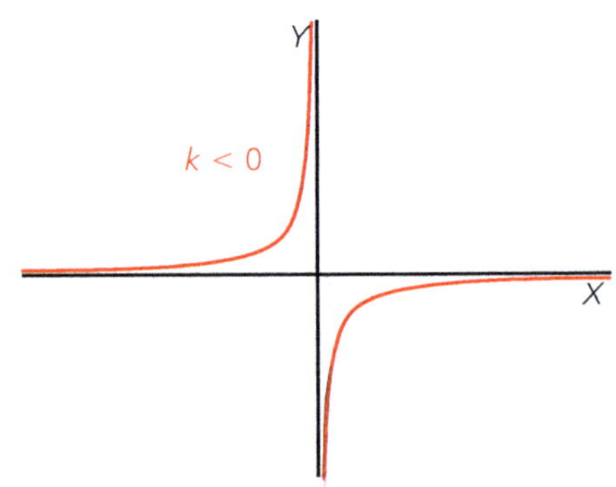

Quan $k < 0$, la funció és creixent.

Activitat resolta

A partir de la funció representada a la gràfica:

a. Estudia'n les característiques. **b.** Determina'n l'expressió algebraica.

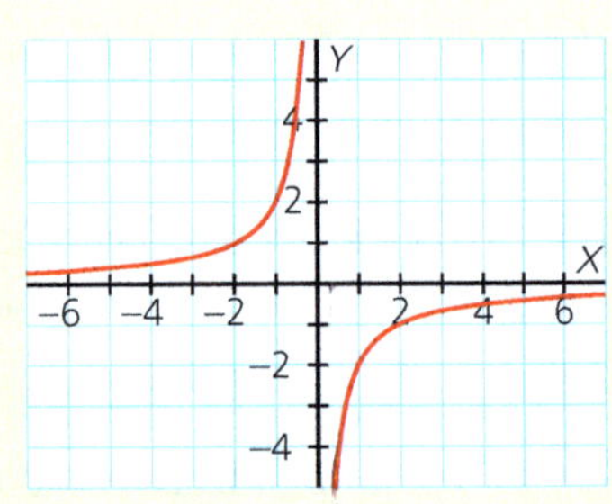

a. Es tracta d'una hipèrbola: $D(f) = \mathbb{R} - \{0\}$ i $R(f) = \mathbb{R} - \{0\}$.

No talla els eixos a cap punt. És una funció creixent a tot el domini i no té màxims ni mínims locals. Té una asímptota vertical a $x = 0$ i una asímptota horitzontal a $y = 0$.

b. Com que es tracta d'una funció de proporcionalitat inversa, l'expressió algebraica és $y = \frac{k}{x}$. Com que passa pel punt $(2, -1)$, se substitueixen els valors en l'expressió:

$$-1 = \frac{k}{2} \Rightarrow k = -2. \text{ Per tant, la funció és donada per } f(x) = -\frac{2}{x}.$$

Activitats resoltes

1 **Elabora una taula de valors per representar les funcions de proporcionalitat inversa:**

a. $y = \frac{6}{x}$

b. $y = -\frac{4}{x}$

a. Es construeix la taula de valors per representar la funció i se substitueixen els valors de x en l'expressió algebraica per obtenir els valors de y:

x	−3	−2	−1	1	2	3
y	−2	−3	−6	6	3	2

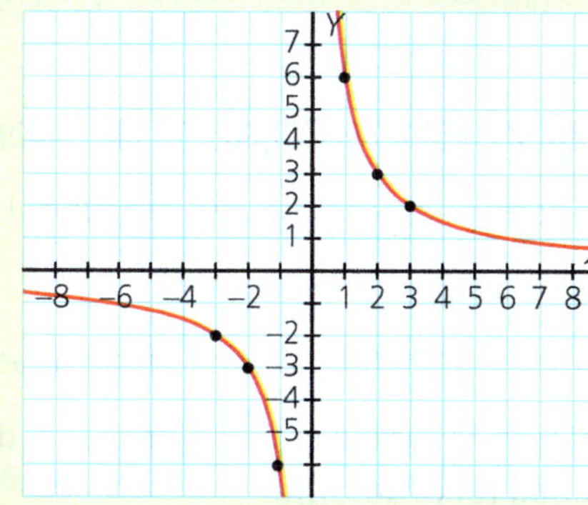

Amb aquests valors es té una referència de per on s'ha de traçar la gràfica. Atès que es tracta d'una equació de la forma $y = \frac{k}{x}$, la gràfica ha de tenir una asímptota vertical a $x = 0$ i una asímptota horitzontal a $y = 0$, dades que s'han de tenir en compte a l'hora de fer-ne la representació gràfica.

b. Taula de valors:

x	−4	−2	−1	1	2	4
y	1	2	4	−4	−2	−1

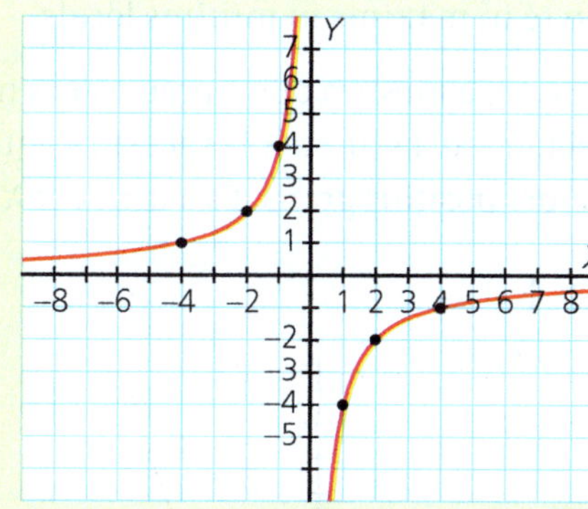

Aquests valors indiquen per on s'ha de traçar la gràfica. Igual que a l'apartat anterior, la funció és de proporcionalitat inversa, i per això té una asímptota vertical a $x = 0$ i una asímptota horitzontal a $y = 0$.

2 **Determina la funció de proporcionalitat inversa que passa pel punt punt punt (5 , 12).**

Com que es tracta d'una funció de proporcionalitat inversa, se sap que és de la forma $y = \frac{k}{x}$. D'aquesta manera, prenent el punt (5 , 12), resulta:

$$12 = \frac{k}{5} \Rightarrow 5 \cdot 12 = k \Rightarrow k = 60$$

Per tant, la funció de proporcionalitat inversa que passa per (5 , 12) és:

$$f(x) = \frac{60}{x}$$

3 **Determina l'expressió algebraica que estableix la relació que hi ha entre la base i l'altura de tots els rectangles que tinguin una àrea de 12 cm² i representa-la gràficament.**

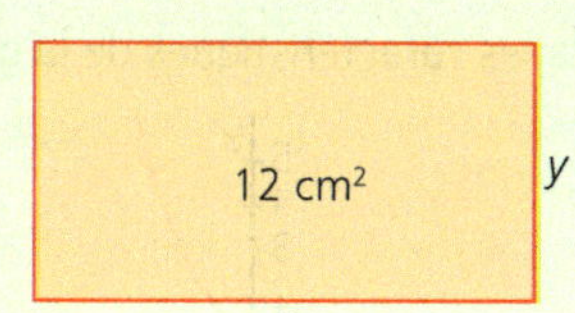

Siguin x i y les mides de la base i l'altura del rectangle, respectivament.

Aquests rectangles compleixen que $x \cdot y = 12$, i per això es relacionen segons la funció de proporcionalitat inversa:

$$y = \frac{12}{x}$$

Per representar-la, es construeix una taula de valors:

x	1	2	3	6	12
y	12	6	4	2	1

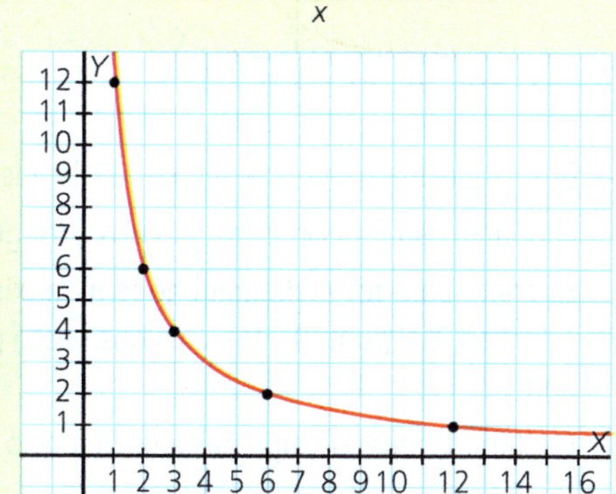

Després, es representen els punts en un eix de coordenades i es traça la hipèrbola.

4 /// FUNCIONS EXPONENCIALS

Practiquem i avancem 29-36

- La funció exponencial és una funció l'expressió algebraica de la qual s'ajusta a la forma $y = a^x$, en què a és un nombre real positiu diferent d'1.

Tingues-ho en compte

A la natura hi ha molts fenòmens que es regeixen per una funció exponencial, per exemple, el creixement d'una població de bacteris.

Característiques principals de les funcions exponencials

- El domini és tot $\mathbb{R}$ i el recorregut és l'interval $(0 , +\infty)$.
- És contínua a tot el domini.
- Talla l'eix Y a $(0 , 1)$ i sempre passa pel punt $(1 , a)$.
- Si $a > 1$, la funció és creixent a tot el domini; per contra, si $0 < a < 1$, és decreixent a tot el domini.
- No té ni màxims ni mínims locals.
- Si $a > 1$, a mesura que x pren valors negatius grans, la gràfica s'aproxima a la recta $y = 0$. I si $0 < a < 1$, s'acosta a aquesta mateixa recta a mesura que x pren valors positius grans. És a dir, l'eix X és una asímptota horitzontal.

a > 1

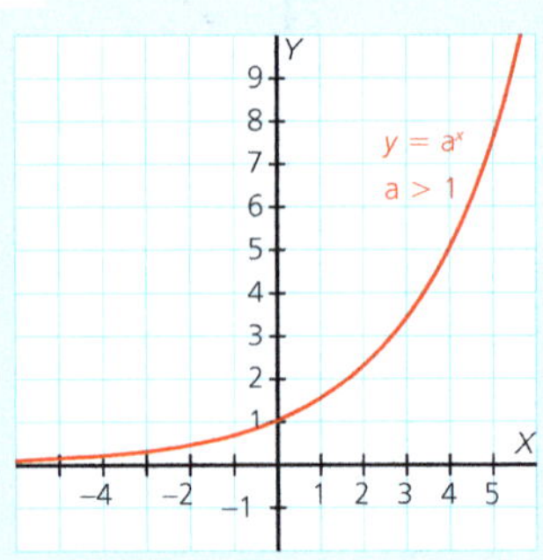

0 < a < 1

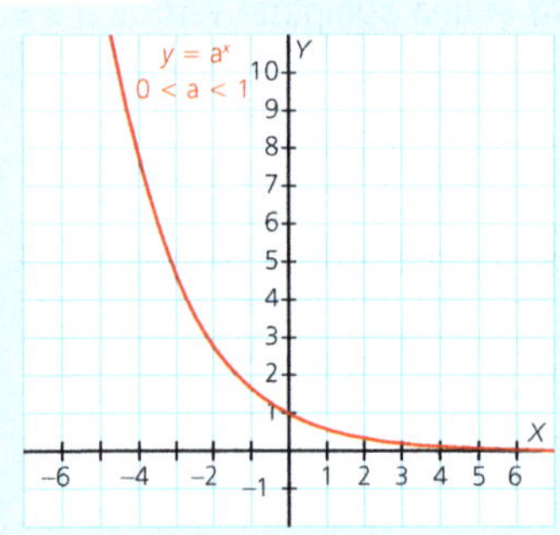

Activitat resolta

Analitza les característiques de la gràfica de la funció i determina'n l'expressió algebraica.

a.

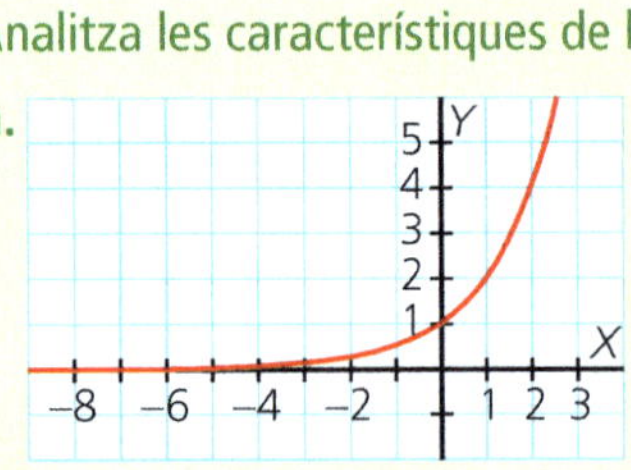

b.

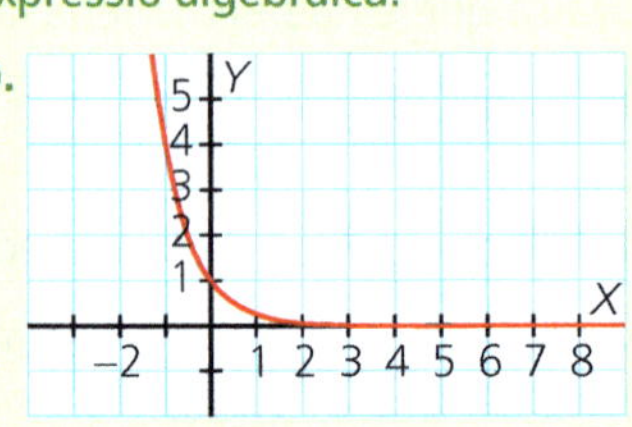

a. És una funció exponencial amb $a > 0$, ja que és creixent.

El domini de la funció és tot $\mathbb{R}$ i el recorregut és $(0 , +\infty)$.

És contínua a tot el domini i no té ni màxims ni mínims locals. Talla l'eix Y al punt $(0 , 1)$ i, com que passa pel punt $(1 , 2)$, aleshores $a = 2$.

Per tant, l'expressió algebraica de la funció és:

$$f(x) = 2^x$$

b. És una funció exponencial amb $a < 0$, ja que és decreixent.

El domini de la funció és tot $\mathbb{R}$ i el recorregut és $(0 , +\infty)$.

És contínua a tot el domini i no té ni màxims ni mínims locals. Talla l'eix Y al punt $(0 , 1)$ i, tenint en compte que passa pel punt $\left(1 , \frac{1}{4}\right)$, aleshores $a = \frac{1}{4}$.

Així, doncs, l'expressió algebraica de la funció és $f(x) = \left(\frac{1}{4}\right)^x$.

Activitat resolta

Elabora una taula de valors per representar les funcions exponencials següents:

a. $y = 5^x$

b. $y = \left(\frac{1}{3}\right)^x$

a. Es construeix la taula de valors:

x	−3	−2	−1	0	1	2	3
y	0,008	0,04	0,2	1	5	25	125

En primer lloc, es dibuixen els punts als eixos de coordenades. Després, s'observa que $a = 5 > 1$, de manera que és una funció contínua, creixent i amb asímptota horitzontal. Per finalitzar, cal unir els punts per traçar la gràfica.

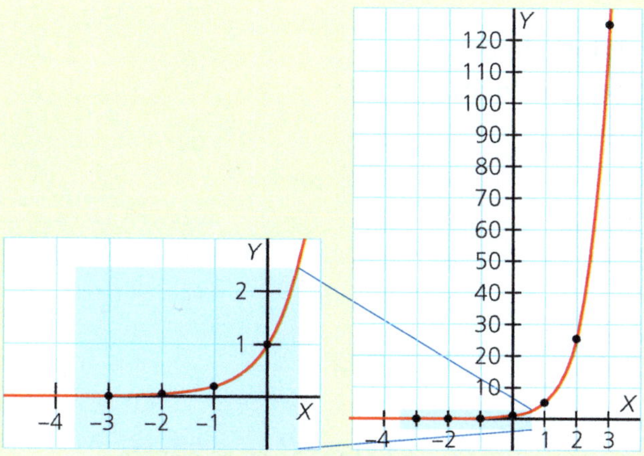

b. S'elabora la taula de valors:

x	−3	−2	−1	0	1	2	3
y	27	9	3	1	$\frac{1}{3}$	$\frac{1}{9}$	$\frac{1}{27}$

Es dibuixen primer els punts als eixos de coordenades. Tot seguit, s'observa que $a = \frac{1}{3} < 1$, de manera que es tracta d'una funció contínua, decreixent i amb asímptota horitzontal. S'uneixen, finalment, els punts per dibuixar la gràfica.

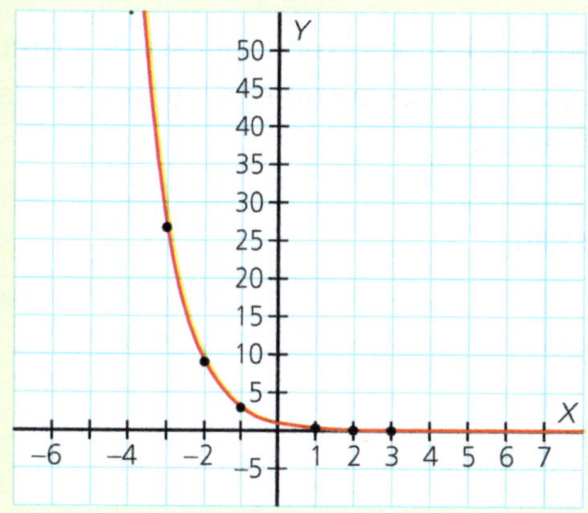

Recompte de possibilitats amb la funció exponencial

Un byte és una unitat d'informació del camp de la computació que conté una cadena de vuit zeros i uns, per exemple: 00101010, 10111011, etc. Quantes cadenes com aquesta es poden generar?

Recorrem a un diagrama d'arbre per fer el recompte del nombre de cadenes que es poden formar, tenint en compte les possibilitats en cada dígit, tal com s'indica a la gràfica del marge.

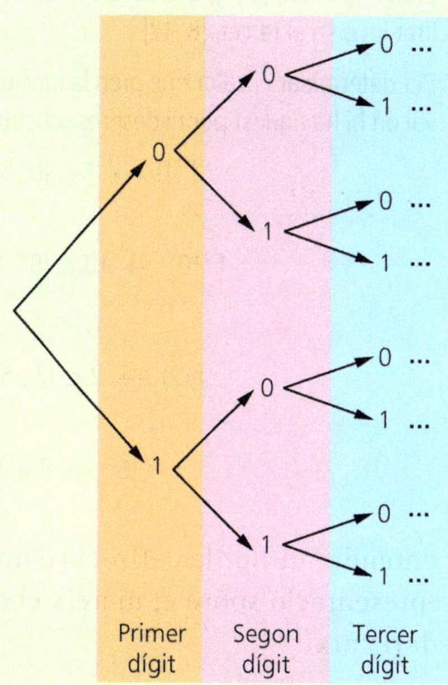

1 El primer dígit pot ser un 0 o un 1, igual que el segon dígit, i així successivament fins a completar els vuit dígits.

2 Cada branca que s'afegeix duplica el nombre de branques que ja s'havien fet:

- Amb el primer dígit hi ha dues possibilitats: 0 o 1.
- Amb el segon dígit les possibilitats són quatre: 00, 01, 10 o 11.
- Amb el tercer dígit les possibilitats ja arriben a vuit: 000, 001, 010, 011, 100, 101, 110 o 111.

3 Com que es va duplicant el nombre de possibilitats, veiem que per al primer dígit n'hi ha 2, però per al segon són 2^2, per al tercer 2^3..., fins a arribar al vuitè dígit, que tindrà 2^8 possibilitats.

Per tant, es podran generar $2^8 = 256$ cadenes diferents.

5 /// FUNCIONS DEFINIDES A TROSSOS

Practiquem i avancem 37-39

Una **funció definida a trossos** és la que està formada per diferents expressions segons el valor que prengui la variable *x*.

Característiques principals de les funcions definides a trossos

- Es defineixen indicant l'expressió corresponent a cadascun dels intervals.
- Els intervals on estigui definida han de ser disjunts (sense elements comuns) i generalment es descriuen d'esquerra a dreta segons els possibles valors de la variable *x*.
- Cadascuna de les expressions pot ser una funció de qualsevol tipus: lineal, afí, quadràtica, etc., i la gràfica adoptarà, a cada interval, les característiques corresponents.

Activitat resolta

Donada aquesta funció definida a trossos: $f(x) = \begin{cases} x+5 & \text{Si } 0 \le x < 2 \\ x^2-4 & \text{Si } 2 \le x < 5 \\ \frac{2}{x} & \text{Si } 8 \le x \le 12 \end{cases}$

a. Analitza com està definida a cada interval.

b. Calcula el valor de la funció als punts:

$x = 1$ $\qquad x = 10$ $\qquad x = 2$ $\qquad x = 6$

a. La funció *f* està definida a l'interval $[0\,,5) \cup [8\,,12]$. Està formada per una funció afí al primer interval, $[0\,,2)$; una funció quadràtica al segon, $[2\,,5)$, i una funció de proporcionalitat inversa al tercer, $[8\,,12]$.

b. Per determinar el valor que pren la funció en un punt, primer s'haurà de localitzar l'interval on hi ha aquest punt i després substituir a l'expressió corresponent:

$$f(1) \rightarrow 1 \in [0\,,2) \rightarrow f(1) = \underbrace{1+5}_{y=x+5} = 6$$

$$f(10) \rightarrow 10 \in [8\,,12] \rightarrow f(10) = \underbrace{\frac{2}{10}}_{y=\frac{2}{x}} = 0{,}2$$

$$f(2) \rightarrow 2 \in [2\,,5) \rightarrow f(2) = \underbrace{2^2-4}_{y=x^2-4} = 0$$

$$f(6) \rightarrow 6 \notin \text{Dom } f, \text{ no té imatge.}$$

Tingues-ho en compte

Els punts en els quals canviï la definició seran punts amb un tractament especial, ja que en aquests punts es poden donar discontinuïtats.

Per entendre millor la definició d'una funció definida a trossos, se'n pot fer la representació sobre el mateix eix real. La funció *f* de l'activitat anterior quedaria així:

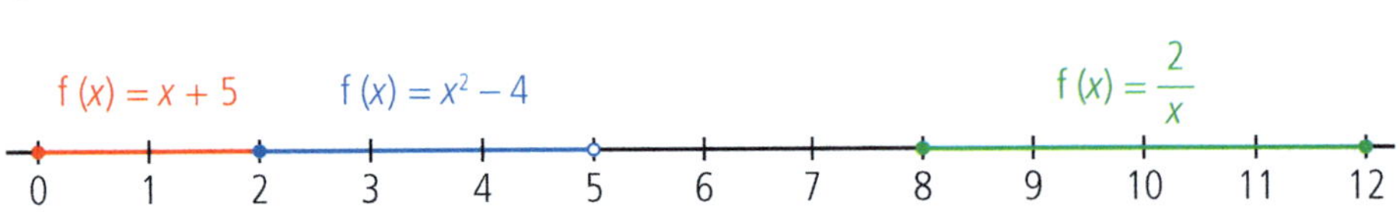

Activitat resolta

Representa gràficament la funció definida a trossos:

$$\begin{cases} -2x & \text{Si } x < -2 \\ -x^2 + 4x + 5 & \text{Si } -2 \leq x \leq 3 \\ -x + 11 & \text{Si } 3 < x < 6 \end{cases}$$

Es representa cadascun dels trossos d'acord amb les seves característiques.

A l'interval $(-\infty\ , -2)$ es té una funció lineal: $y = -2x$

Passa pel $(0\ , 0)$ i es pren un altre punt per representar-la (del seu interval de definició):

$$x = -3 \rightarrow y = 6. \text{ Punt } (-3\ , 6)$$

Encara que la funció no està definida a $x = -2$, convé conèixer també quant valdria per representar-la correctament:

$$x = -2 \rightarrow y = 4. \text{ Punt } (-2\ , 4)$$

A l'interval $[-2\ , 3]$, la funció és quadràtica: $y = -x^2 + 4x + 5$

Se'n troba el vèrtex, l'eix de simetria i els punts de tall amb els eixos:

Com que $a = -1 < 0$, les branques apunten cap avall.

Se'n calcula el vèrtex:

$$x = \frac{-b}{2a} = \frac{-4}{2 \cdot (-1)} = 2 \Rightarrow y = -2^2 + 4 \cdot 2 + 5 = 9 \Rightarrow \text{V} = (2\ , 9)$$

Eix de simetria: $x = 2$

Se'n calculen els punts de tall:

- Amb l'eix Y: $x = 0 \Rightarrow y = -0^2 + 4 \cdot 0 + 5 = 5 \Rightarrow (0\ , 5)$
- Amb l'eix X: $y = 0 \Rightarrow$ Es resol l'equació: $-x^2 + 4x + 5 = 0$:

$$x = \frac{-4 \pm \sqrt{16 + 20}}{-2} = \frac{-4 \pm 6}{-2} = \begin{cases} -1 \\ 5 \end{cases}$$

Per tant, els punts de tall són $(-1\ , 0)$ i $(5\ , 0)$.

Es calcula, a més, la imatge dels punts $x = -2$ i $x = 3$ per saber quins valors pren als punts on comença i acaba la gràfica d'aquest tros:

$$x = -2 \rightarrow y = -7. \text{ Punt } (-2\ , -7)$$

$$x = 3 \rightarrow y = 8. \text{ Punt } (3\ , 8)$$

En l'interval $(3\ , 6)$ es té una funció afí: $y = -x + 11$

Es prenen dos punts de l'interval:

$$x = 4 \rightarrow y = 7. \text{ Punt } (4\ , 7)$$

$$x = 5 \rightarrow y = 6. \text{ Punt } (5\ , 6)$$

D'altra banda, es determina la imatge d'aquesta funció dels punts $x = 3$ i $x = 6$ per tenir una referència dels punts on comença i acaba la gràfica d'aquest tros:

$$x = 3 \rightarrow y = 8. \text{ Punt } (3\ , 8)$$

$$x = 6 \rightarrow y = 5. \text{ Punt } (6\ , 5)$$

Finalment, es representen les tres funcions, restringint el traç de cadascuna a l'interval en el qual estan definides.

Als extrems dels trossos de la funció on l'interval és obert, es representa mitjançant un punt buit, i on és tancat, amb un punt ple.

$y = -2x$	
x	y
0	0
−3	6
−2	4

$y = -x^2 + 4x + 5$	
x	y
−2	−7
3	8

$y = -x + 11$	
x	y
4	7
5	6
3	8
6	5

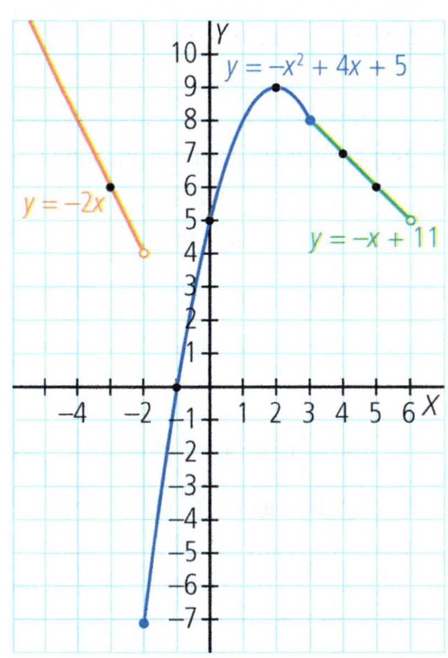

6 /// APLICACIONS

Practiquem i avancem 40-61

Funcions lineals

Activitat resolta

Dues aixetes estan omplint una piscina a una velocitat de 12 L per minut cadascuna.

a. Estableix l'expressió algebraica de la funció que relaciona el temps transcorregut, en hores, des que es comença a omplir la piscina i els litres d'aigua que conté.

b. Quants litres d'aigua hi haurà a la piscina al cap de 5 h d'haver-la començat a omplir?

c. Fes una representació gràfica de la funció, tenint en compte que la capacitat de la piscina és de 43 200 L i que tarda a omplir-se 30 h.

a. Es prenen x i y com les variables que representen el temps (en hores) i la quantitat d'aigua (en litres), respectivament. Com que s'ompliran 1 440 L per cada hora, aleshores $y = 1\,440x$, i per això la funció és $f(x) = 1\,440x$.

b. Quan $x = 5$, $f(5) = 1\,440 \cdot 5 = 7\,200$. Per tant, al cap de 5 h, la piscina s'haurà omplert 7 200 L.

c. És possible definir el domini de la funció, D (f) = [0 , 30], i el recorregut, R (f) = [0 , 43 200]. Com que es tracta d'una funció lineal, n'hi hauria prou d'obtenir un punt diferent del (0 , 0) per representar-la; per exemple, el (5 , 7 200), que s'ha obtingut a l'apartat b.

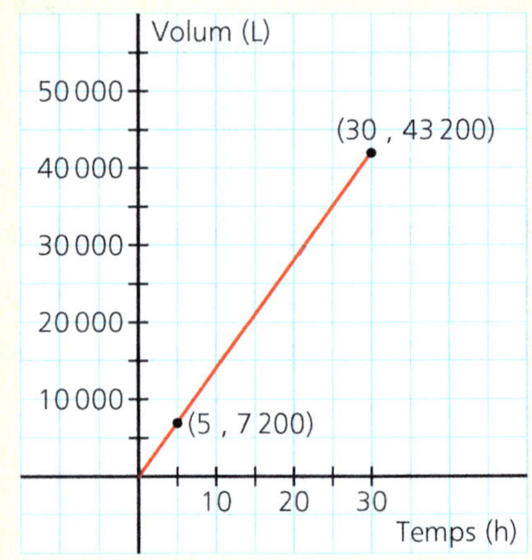

Funcions afins

Activitat resolta

El Miquel ha comprat una planta d'1,2 m d'alçària. A la botiga li han dit que la planta té un ritme de creixement de 3 cm cada mes i que pot continuar creixent tres anys més.

a. Determina l'expressió algebraica de la funció corresponent a l'alçària de la planta en funció dels mesos transcorreguts.

b. Quant mesurarà la planta al cap d'un any? I fins que deixi de créixer?

c. Fes una representació gràfica de la funció.

a. Es consideren x i y les variables corresponents al temps (en mesos) i l'alçària (en metres), respectivament. La funció és de tipus lineal, $y = mx + n$. Inicialment, la planta mesura 1,2 m, i cada mes que transcorre, representat amb la variable x, creixerà 0,03 m; per tant, la funció serà $y = f(x) = 0{,}03x + 1{,}2$.

b. Al cap d'un any, quan $x = 12 \Rightarrow f(12) = 0{,}03 \cdot 12 + 1{,}2 = 1{,}56$ m.

La planta pot continuar creixent 36 mesos més. Així, doncs:

$$f(36) = 0{,}03 \cdot 36 + 1{,}2 = 2{,}28$$

La planta mesurarà 2,28 m quan deixi de créixer.

c. Seguint l'enunciat, és possible definir el domini de la funció, D (f) = [0 , 36], i el recorregut, R (f) = [1,2 , 2,28]. Com que és una funció afí, n'hi hauria prou disposant d'un punt diferent de l'origen per representar-la gràficament; per exemple, el (12 , 1,56) obtingut a l'apartat b.

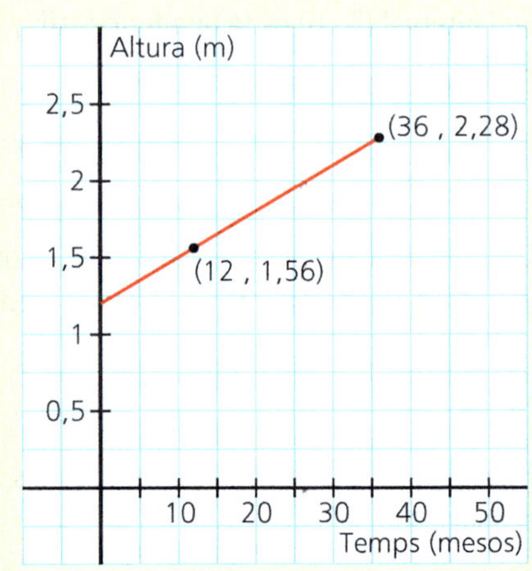

Funcions quadràtiques

Activitat resolta

Durant el procés de fabricació, la temperatura d'una peça és donada per la funció que segueix:

$$T(x) = -5x^2 + 30x + 35$$

En l'expressió anterior, x representa el temps transcorregut, en hores, des del començament del procés, que dura vuit hores. Segons això:

a. A quina temperatura està la peça quan s'engega el procés?

b. En quin moment s'assoleix la temperatura màxima? Quina és aquesta temperatura?

c. Quan està a 60 °C, la peça?

d. En quin moment la temperatura baixa a 0 °C?

e. A quina temperatura està la peça quan acaba el procés de fabricació?

f. Representa la gràfica de la funció.

a. En l'instant en què comença el procés de fabricació, han transcorregut 0 h, és a dir, $x = 0$. Per tant, resulta:

$$T(x) = -5 \cdot 0^2 + 30 \cdot 0 + 35 = 35$$

La peça està, doncs, a 35 °C.

b. S'observa que la funció donada és quadràtica. Com que $a = -5$, aleshores les branques de la paràbola van dirigides cap avall, i per això la funció presenta un màxim al vèrtex.

Atès que la temperatura màxima es registrarà al vèrtex, es calcula quin és aquest punt:

$$x_v = \frac{-b}{2a} = \frac{-30}{2 \cdot (-5)} = 3 \Rightarrow y_v = -5 \cdot 3^2 + 30 \cdot 3 + 35 = 80$$

És a dir, al cap de 3 h s'assoleix la temperatura màxima, que és de 80 °C.

c. La peça està a 60 °C quan $T(x) = 60$. Tenint en compte això:

$$60 = -5x^2 + 30x + 35 \Rightarrow -5x^2 + 30x - 25 = 0$$

Es resol l'equació de segon grau:

$$x = \frac{-30 \pm \sqrt{30^2 - 4 \cdot (-5) \cdot (-25)}}{2 \cdot (-5)} = \frac{-30 \pm 20}{-10} = \begin{cases} 1 \\ 5 \end{cases}$$

És a dir, quan hagin transcorregut 1 h i 5 h, la peça estarà a una temperatura de 60 °C.

d. La peça està a 0 °C quan $T(x) = 0$. En conseqüència:

$$0 = -5x^2 + 30x + 35$$

Es resol l'equació de segon grau:

$$x = \frac{-30 \pm \sqrt{30^2 - 4 \cdot (-5) \cdot 35}}{2 \cdot (-5)} = \frac{-30 \pm 40}{-10} = \begin{cases} -1 \\ 7 \end{cases}$$

Es descarta la solució $x = -1$, atès que s'ha definit el valor de la variable x entre 0 i 8. Així, doncs, la peça està a 0 °C al cap de 7 h.

e. Es calcula a quina temperatura està la peça al cap de 8 h, que és quan acaba el procés de fabricació:

$$T(8) = -5 \cdot 8^2 + 30 \cdot 8 + 35 = -45$$

La peça està, doncs, a −45 °C.

f. El domini de la funció el facilita el mateix enunciat del problema en precisar que el procés sencer dura vuit hores:

$$[0, 8]$$

Als apartats anteriors s'ha calculat:

- El vèrtex de la funció: (3 , 80).
- Els punts de tall amb els eixos de coordenades: (0 , 35), (−1 , 0) i (7 , 0). Val a dir que el punt de tall (−1 , 0) es troba fora del domini definit a l'enunciat, però la seva localització ajuda a representar la funció.
- Els punts (1 , 60) i (5 , 60).

D'aquesta manera, la representació gràfica és:

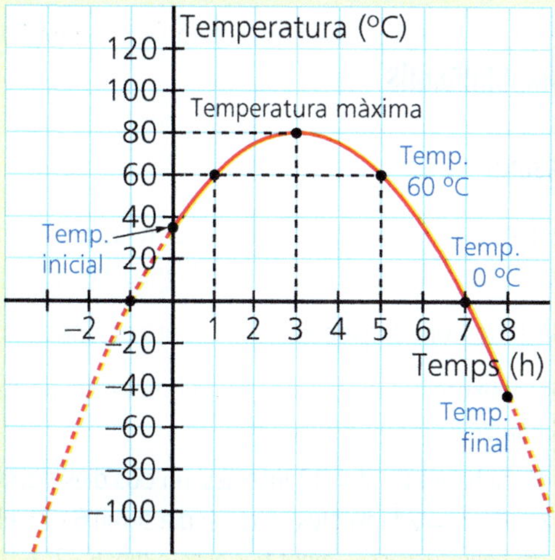

Funcions de proporcionalitat inversa

Activitat resolta

Els 200 empleats i empleades d'una factoria poden completar la producció total de cada comanda en quinze dies.

a. Quants empleats, fent la mateixa quantitat de feina, caldrien per acabar la producció en deu dies?

b. Escriu la funció que permet calcular el nombre d'empleats i empleades necessaris per cobrir la producció en funció del nombre de dies.

c. Fes servir aquesta funció per establir la quantitat de personal que cal per completar la producció en vuit dies.

d. Fes una representació gràfica de la funció.

a. La relació entre el nombre d'empleats i empleades i el temps necessari per completar la producció és inversament proporcional, perquè, com més gran és el nombre d'empleats, menys dies calen per completar la producció. Així, doncs:

$$200 \cdot 15 = x \cdot 10 \Rightarrow x = \frac{3\,000}{100} = 300$$

Per acabar la producció en deu dies, caldrien 300 empleats i empleades.

b. Considerant x el nombre de dies de feina i y el nombre d'empleats, resulta:

$$200 \cdot 15 = y \cdot x \Rightarrow y = \frac{3\,000}{x}$$

La funció de proporcionalitat inversa que calcula el nombre d'empleats necessaris segons el nombre de dies és $f(x) = \frac{3\,000}{x}$.

c. Se substitueix $x = 8$ en la funció i s'obté $f(8) = \frac{3\,000}{8} = 375$.

Per tant, calen 375 empleats per acabar la producció en vuit dies.

d. Es confecciona una taula de valors afegint-ne algun més als que ja es coneixen:

x	5	8	10	15	30	60
y	600	375	300	200	100	50

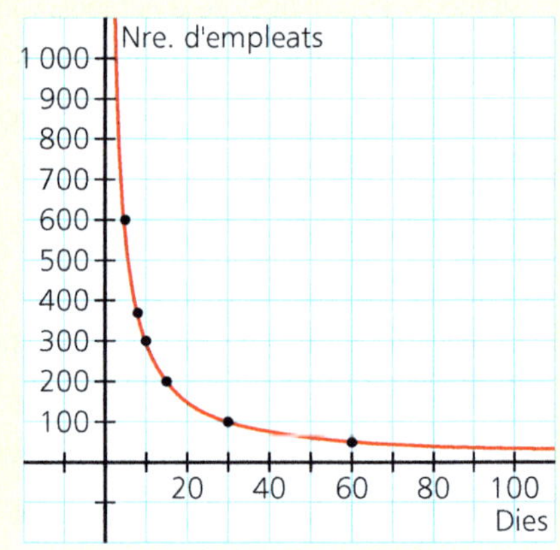

Funcions exponencials

Activitat resolta

Per a un assaig entomològic s'han alliberat sis insectes en un ecosistema on no tenen cap depredador. Si la població d'aquests insectes es duplica cada dia:

a. Calcula el nombre d'insectes que hi haurà en una setmana.

b. Estableix l'expressió algebraica d'una funció que permeti calcular el nombre d'insectes que hi haurà al cap de x dies.

a. En un dia hi haurà $6 \cdot 2 = 12$ insectes; en dos dies s'arribarà a $6 \cdot 2 \cdot 2 = 6 \cdot 2^2 = 24$ insectes; el tercer dia seran $6 \cdot 2^3$, el quart dia $6 \cdot 2^4$, i així successivament fins al setè dia: $6 \cdot 2^7 = 768 \Rightarrow$ En una setmana, doncs, hi haurà 768 insectes.

b. Siguin x i y les variables que representen el nombre de dies transcorreguts i el nombre d'insectes, respectivament, aquest últim valor, tal com s'ha vist a l'apartat anterior, s'obté de multiplicar 6 per 2 elevat al nombre de dies transcorreguts; així, l'expressió algebraica de la funció és $y = f(x) = 6 \cdot 2^x$.

Funcions definides a trossos

Utilitzar GeoGebra per dibuixar funcions definides a trossos

Una manera d'entendre un problema és visualitzar-lo en una gràfica. Per aquest motiu, elaborar la gràfica abans d'abordar la solució del problema pot ser molt útil.

Amb l'ajuda de GeoGebra, és possible obtenir la gràfica d'una funció, de manera que ens ofereixi la possibilitat de conèixer-ne qualsevol element. Vegem-ne un exemple.

En una sessió de borsa al llarg de vuit hores, el valor d'una acció, en euros, ha evolucionat d'acord amb la funció següent, en què x representa el temps, en hores, transcorregut des de l'obertura de la sessió.

$$f(x) = \begin{cases} -x + 14 & \text{Si } 0 \leq x \leq 3 \\ x^2 - 8x + 26 & \text{Si } 3 < x \leq 6 \\ 2x + 2 & \text{Si } 6 < x \leq 8 \end{cases}$$

a. Representa gràficament la funció mitjançant GeoGebra.

b. Quin preu tenia l'acció quan ha començat la sessió? I al cap d'una hora? I en el moment del tancament?

c. Analitza l'evolució del preu durant les vuit hores. Ha estat contínua, aquesta evolució?

a. Fent servir el comandament «Si» de GeoGebra, es representa la funció a cadascun dels intervals de la manera següent:

Si(<interval>, <funció>)

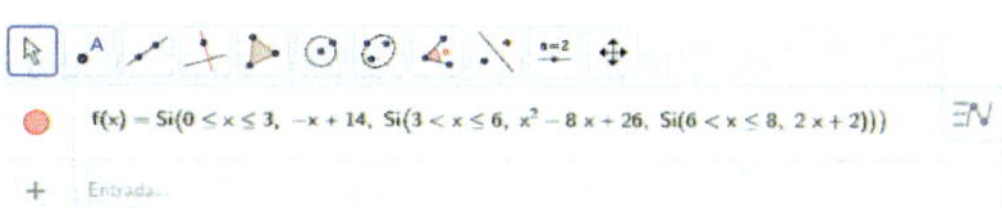

S'ajusten els eixos per visualitzar el traç de la gràfica i es marquen els punts més rellevants. Aquests punts ajudaran a conèixer els valors que pren la funció a cada punt a l'hora de resoldre els apartats següents.

Amb l'objectiu d'ajustar els eixos, se seleccionen les opcions que es mostren al marge per desplaçar, aproximar o allunyar la gràfica.

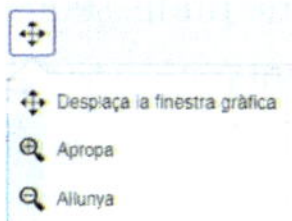

b. Per determinar mitjançant la gràfica el preu que tenia l'acció en l'obertura de la sessió, es marca el punt de la gràfica a $x = 0$, representat mitjançant el punt A.

Amb la finalitat de conèixer el valor quan ha passat una hora, es marca el punt B, tenint en compte que $x = 1$.

Finalment, per saber el preu de l'acció en el moment del tancament de la sessió, es marca a GeoGebra el punt C a $x = 8$.

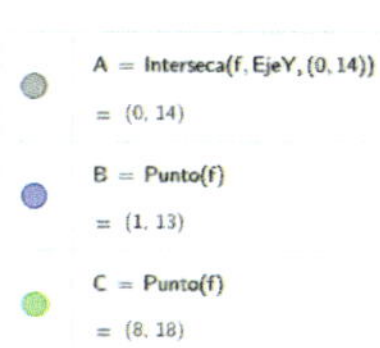

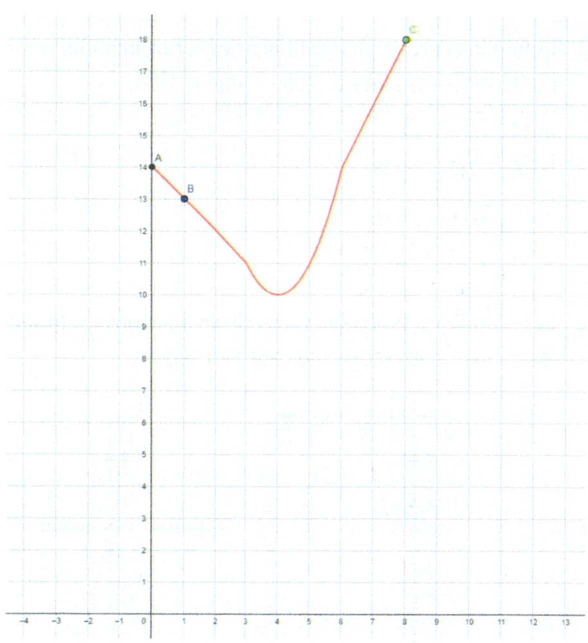

c. El preu inicial de l'acció era de 14 €, i durant les quatre primeres hores ha baixat, fins a assolir el valor mínim, 10 €. A partir d'aquesta hora i fins al tancament de la sessió, el valor ha anat augmentant fins a arribar al preu màxim de 18 €. Tal com es pot observar a la gràfica, malgrat els canvis d'expressió a la funció, el valor de les accions varia sense discontinuïtats.

Tingues-ho en compte

El símbol que s'utilitza per expressar un exponent és l'accent circumflex, «^».

$$x^\wedge 2 = x^2$$

ANÀLISI
DE FUNCIONS

PRACTIQUEM i AVANCEM

1 Representa gràficament, en cada cas, la funció lineal o afí, determina el pendent de la recta corresponent i indica si és creixent o decreixent.

a. $y = -5x$ c. $y = 4x + 3$ e. $y = \frac{1}{2}x$

b. $y = 3x + 5$ d. $y = -4x$ f. $y = x - \frac{3}{4}$

2 Determina, en cada cas, l'expressió algebraica de les funcions lineals que passen pels punts següents i assenyala, a més, si són creixents o decreixents:

a. (3 , 8) d. (1 , 9)

b. (–3 , 4) e. (–5 , –5)

c. (2 , 1) f. (–1 , 6)

3 Esbrina, en cada cas, l'expressió algebraica de les funcions afins que passen pels parells de punts següents i assenyala, a més, si són creixents o decreixents:

a. (1 , 4) i (3 , 5) d. (–2 , 0) i (4 , 7)

b. (7 , 1) i (0 , 3) e. (3 , 7) i (–3 , 7)

c. (3 , 5) i (0 , –2) f. (–1 , –1) i (–2 , –5)

4 Determina l'expressió algebraica de les funcions que passen pels punts següents i indica si són lineals o afins:

a. (2 , 2) i (4 , 3)

b. (6 , –2) i (–3 , 1)

c. (6 , 3) i (–2 , –1)

d. (3 , 4) i (–2 , 4)

5 ⊞ Escriu l'expressió algebraica de les funcions les gràfiques de les quals són les rectes indicades tot seguit:

a.

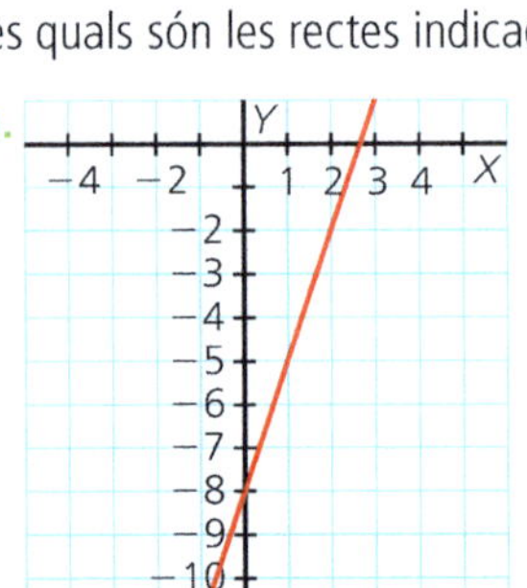

b.

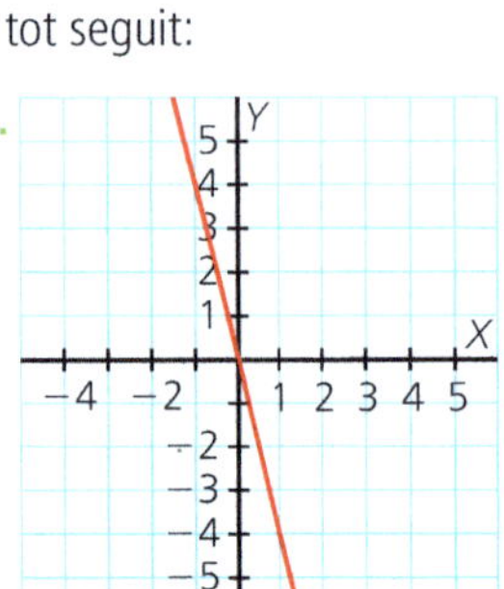

6 Indica si existeix una funció lineal o afí que contingui els punts següents:

a. (–1 , –1), (0 , 2) i (1 , 5)

b. (–2 , –1), (2 , –2) i (4 , –3)

7 ⊞ Determina l'expressió algebraica d'una funció que té com a gràfica una recta:

a. De pendent $m = 3$ que passa per (1 , 3).

b. Paral·lela a la recta $y = 4x - 7$ que passa per (0 , 3).

c. Paral·lela a la recta que passa pels punts (1 , 1) i (2 , 5) i que té com a ordenada a l'origen –3.

d. Que passa per l'origen i és paral·lela a la recta $y = -3x - 4$.

8 ⊞ Considera les funcions afins següents:

$$y = -4x + 3 \qquad y = -2x + 4$$

a. Representa-les sobre un únic eix de coordenades.

b. Determina si tenen algun punt en comú.

9 Relaciona cada expressió algebraica amb la seva gràfica.

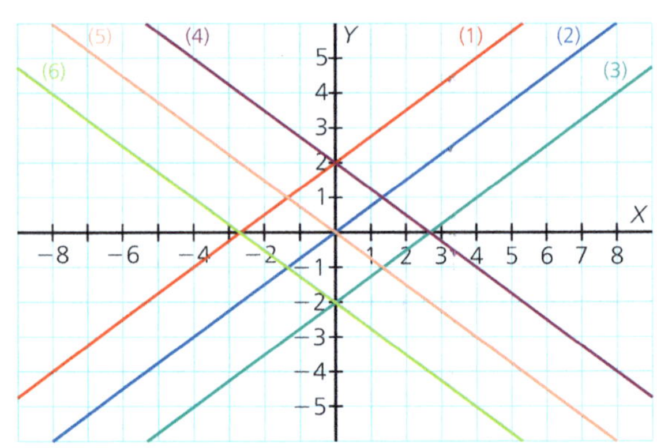

a. $y = \frac{3}{4}x$ c. $y = \frac{3}{4}x - 2$ e. $y = -\frac{3}{4}x + 2$

b. $y = \frac{3}{4}x + 2$ d. $y = -\frac{3}{4}x$ f. $y = -\frac{3}{4}x - 2$

10 Determina el vèrtex i l'eix de simetria de les funcions quadràtiques següents:

a. $y = x^2 - 3x + 2$ c. $y = 9x^2 + 2x$

b. $y = -3x^2 + 7x - 5$ d. $y = -4x^2 + 3x - 2$

11 Estableix el recorregut, els intervals de creixement i decreixement i els punts de tall amb els eixos de les funcions quadràtiques següents:

a. $y = x^2 + 5x + 6$
b. $y = 3x^2 + x$
c. $y = 2x^2 - 20x + 1$
d. $y = -x^2 + 7x + 8$

12 Determina el domini, el recorregut, els punts de tall amb els eixos, els intervals de creixement i decreixement i els màxims i mínims de les funcions quadràtiques següents:

a. $y = x^2 - 5x - 14$
b. $y = 2x^2 - 15x + 7$
c. $y = -x^2 + 6x - 9$
d. $y = x^2 + \frac{1}{4}x - \frac{1}{8}$

13 Esbrina el vèrtex de les funcions quadràtiques proposades i indica quin tipus de curvatura presenta la gràfica.

a. $y = 3x^2 + 6x - 2$
b. $y = -2x^2 + \frac{4}{3}x - 2$
c. $y = -\frac{3}{2}x^2 - 5x + 1$
d. $y = 3x^2 - 1$

14 Dibuixa la gràfica d'una funció quadràtica que compleixi les condicions següents:

a. Té el vèrtex situat al punt (2 , 4) i talla l'eix X als punts (0 , 0) i (4 , 0).

b. Té el vèrtex localitzat al punt (1 , 9), talla l'eix Y al punt (0 , 8) i l'eix X als punts (–2 , 0) i (4 , 0) i passa pel punt (5 , –7).

15 Representa gràficament les funcions quadràtiques següents:

a. $y = -x^2 + 2x + 8$
b. $y = 4x^2 - 4x + 11$
c. $y = -3x^2 - 8x + 3$
d. $y = x^2 + 11x + 24$

16 Representa les funcions quadràtiques següents mitjançant una gràfica:

a. $y = x^2 - 4$
b. $y = x^2 - 1$
c. $y = x^2 - 9$
d. $y = x^2 - 5$

Què tenen en comú?

17 Dibuixa la gràfica de la funció $y = x^2 - 7x + 10$ i utilitza-la per representar la de la funció $y = -x^2 + 7x - 10$.

18 Representa les funcions quadràtiques següents sobre un únic eix de coordenades:

a. $y = x^2 + \frac{5}{2}x - \frac{3}{2}$
b. $y = 4x^2 + 10x - 6$
c. $y = 2x^2 + 5x - 3$
d. $y = 6x^2 + 15x - 9$

Sense efectuar operacions, representa ara, de manera aproximada, la funció $y = 8x^2 + 20x - 12$.

19 Calcula el valor de j perquè el punt (1 , –5) pertanyi a la paràbola $y = 3x^2 - 5x + j$.

20 Representa els punts següents sobre uns eixos de coordenades i esbrina l'expressió algebraica de la paràbola que passa per aquests punts: (0 , 0), (– 4 , 0) i (–1 , –6).

Té solució sempre aquest problema, o els punts donats han de complir alguna condició? Posa'n algun exemple per explicar-ho.

21 ++ Esbrina les expressions algebraiques d'una funció quadràtica que passi per aquests punts:

a. (1 , –1), (0 , 2) i (2 , 24)
b. (– 4 , 1), (0 , –3) i (1 , 1)

22 + Determina l'expressió algebraica de la funció quadràtica que té com a gràfica:

a.

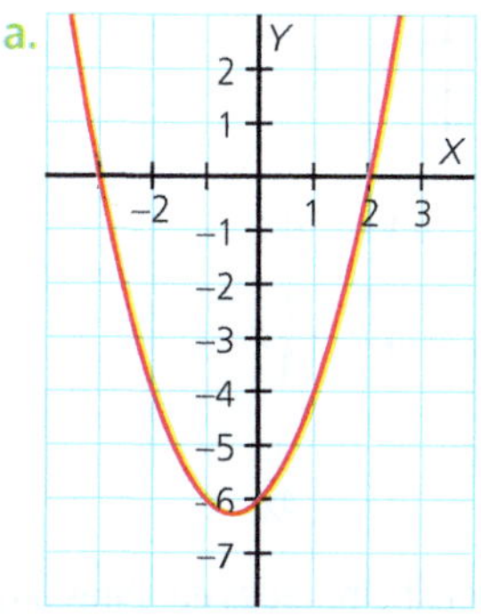

b.

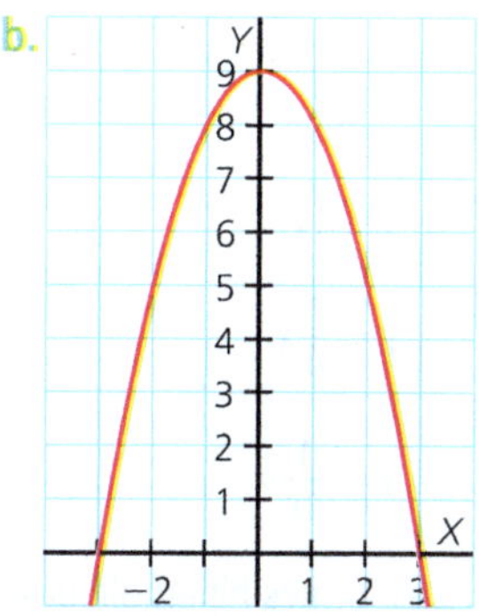

23 Relaciona cada paràbola amb la seva expressió algebraica.

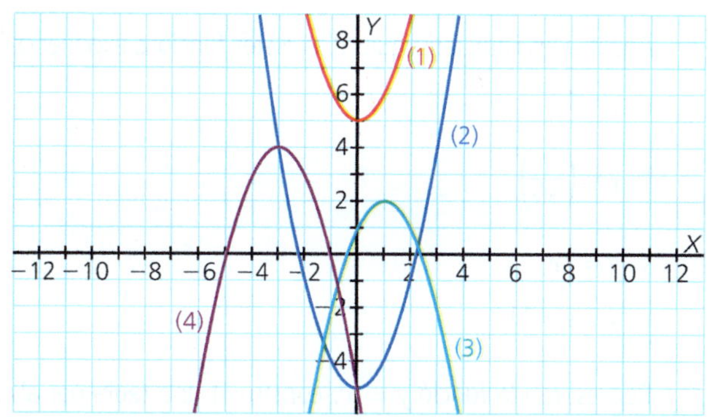

a. $y = x^2 + 5$
b. $y = x^2 - 5$
c. $y = -x^2 - 6x - 5$
d. $y = -x^2 + 2x + 1$

24 Determina quines de les funcions següents són de proporcionalitat inversa:

a. $y = \frac{3}{x}$
b. $y = \frac{x}{5}$
c. $y = \frac{3}{2x}$
d. $y = \frac{3x}{2}$

25 Representa la funció $y = \frac{36}{x}$, construint prèviament una taula per als valors següents: ±1, ±2, ±3, ±4, ±6, ±9, ±12, ±18 i ±36.

26 Representa gràficament aquestes funcions:

a. $y = \frac{12}{x}$
b. $y = \frac{-10}{x}$

27 Dibuixa un únic eix les funcions $y = \frac{4}{x}$ i $y = -\frac{4}{x}$. Hi ha alguna relació entre les seves gràfiques? Quin tipus de simetria tenen les dues funcions?

28 Relaciona aquestes gràfiques amb la seva expressió algebraica:

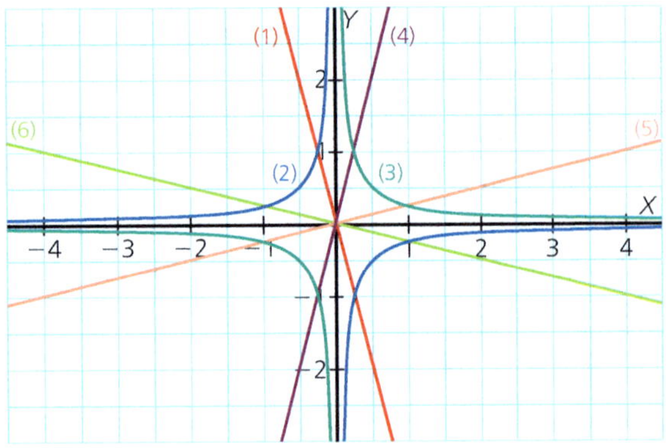

a. $y = 4x$

b. $y = \frac{1}{4}x$

c. $y = \frac{1}{4x}$

d. $y = -4x$

e. $y = -\frac{1}{4}x$

f. $y = -\frac{1}{4x}$

Les formes hiperbòliques són molt emprades en obres arquitectòniques. Cerca almenys quatre edificis, construccions o conjunts monumentals on s'hagin fet servir.

29 Analitza les característiques d'aquestes funcions exponencials:

a. $y = 13^x$

b. $y = \left(\frac{1}{10}\right)^x$

c. $y = 11^x$

d. $y = y = 11^{-x}$

30 Representa la funció $y = 5^x$, construint una taula per als valors enters compresos entre -3 i 3.

31 Representa la funció $y = 7^x$, construint abans una taula per als valors enters compresos entre -4 i 4.

32 Calcula els valors de la funció $y = 0{,}4^x$ per als valors enters compresos entre -5 i 5. Elabora una taula amb els resultats obtinguts i representa la funció.

33 Calcula els valors de la funció $y = \left(\frac{1}{6}\right)^x$ per als valors enters compresos entre -4 i 4. Confecciona una taula amb els resultats obtinguts i representa la funció.

34 Elabora una taula de valors per representar aquestes funcions:

a. $y = 8^x$

b. $y = \left(\frac{1}{8}\right)^x$

c. $y = 0{,}2^x$

d. $y = \left(\frac{3}{2}\right)^x$

35 Relaciona cada gràfica amb la seva expressió algebraica.

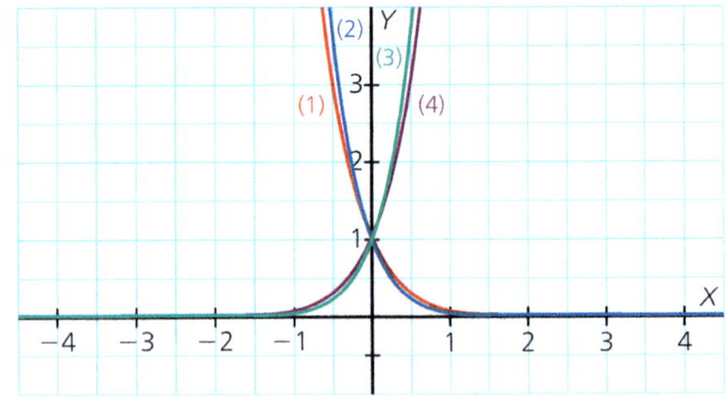

a. $y = 10^x$

b. $y = \left(\frac{1}{10}\right)^x$

c. $y = 12^x$

d. $y = \left(\frac{1}{12}\right)^x$

36 Coneixent les gràfiques de les funcions a (x), b (x) i c (x), representa les funcions definides a trossos que es mostren tot seguit.

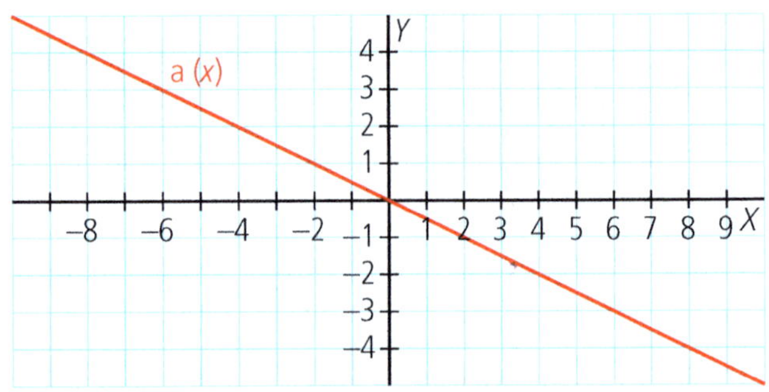

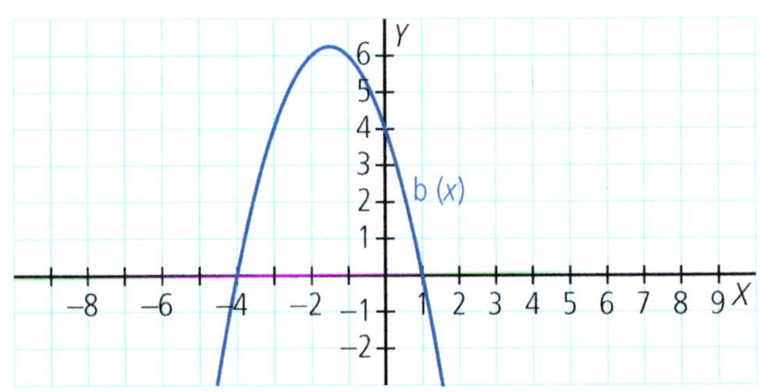

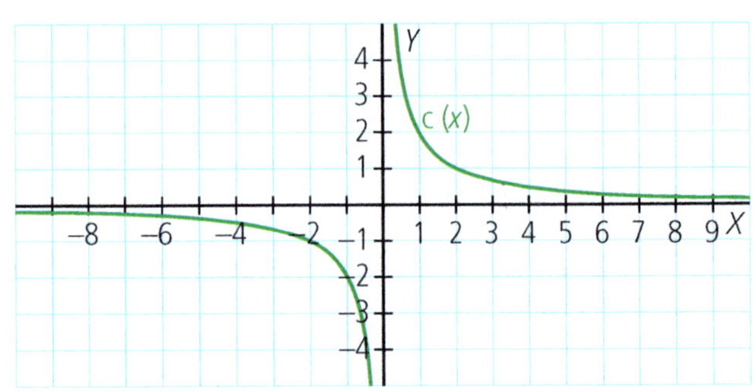

a. $f(x) = \begin{cases} a(x) & \text{si } x < 0 \\ b(x) & \text{si } x \geq 0 \end{cases}$

b. $g(x) = \begin{cases} b(x) & \text{si } -3 < x \leq 0 \\ a(x) & \text{si } x > 0 \end{cases}$

c. $h(x) = \begin{cases} b(x) & \text{si } x < 1 \\ c(x) & \text{si } x \geq 1 \end{cases}$

d. $i(x) = \begin{cases} c(x) & \text{si } x \leq -2 \\ b(x) & \text{si } -2 < x < 2 \\ a(x) & \text{si } x \geq 2 \end{cases}$

37 Representa gràficament la funció $y = 2^x$, construint prèviament una taula per als valors següents:

$$\pm 10,\ \pm 11 \text{ i } \pm 12$$

Quin inconvenient té la representació d'aquestes dades? Quin tipus d'escala podries utilitzar per plasmar les dades d'una manera més adequada?

38 Analitza les funcions definides a trossos següents, indicant amb quins tipus de funcions s'han definit i quin n'és l'interval de definició, i localitza la que té un error en aquesta definició:

a. $f(x) = \begin{cases} -5x & \text{si } x < 0 \\ x^2 - 1 & \text{si } x \geq 0 \end{cases}$

b. $f(x) = \begin{cases} 1 - x & \text{si } 0 \leq x < 2 \\ \dfrac{3}{x} & \text{si } 3 < x \leq 6 \end{cases}$

c. $f(x) = \begin{cases} x^2 - 3x + 1 & \text{si } x < -1 \\ x + 3 & \text{si } -1 \leq x < 1 \\ 2^x & \text{si } x \geq 0 \end{cases}$

d. $f(x) = \begin{cases} 5^x & \text{si } -1 < x \leq 3 \\ x^2 + 3 & \text{si } 3 < x < 5 \\ \dfrac{3}{x} & \text{si } x \geq 6 \end{cases}$

39 Representa les funcions definides a trossos següents i indica'n els punts de discontinuïtat.

a. $f(x) = \begin{cases} -x & \text{si } x < 0 \\ x + 3 & \text{si } x \geq 0 \end{cases}$

b. $f(x) = \begin{cases} x + 4 & \text{si } x < 1 \\ -2x + 1 & \text{si } x \geq 1 \end{cases}$

c. $f(x) = \begin{cases} x^2 - 1 & \text{si } -2 < x < 0 \\ 2x - 1 & \text{si } 0 \leq x \leq 3 \end{cases}$

d. $f(x) = \begin{cases} x^2 - 2x + 4 & \text{si } x < 0 \\ x^2 - 4 & \text{si } x \geq 0 \end{cases}$

e. $f(x) = \begin{cases} 2x + 3 & \text{si } -2 \leq x \leq 0 \\ 3 & \text{si } 0 < x < 3 \\ -x + 5 & \text{si } 3 \leq x < 5 \end{cases}$

f. $f(x) = \begin{cases} -2x - 2 & \text{si } -5 \leq x < -1 \\ x^2 - x - 2 & \text{si } -1 \leq x < 2 \\ -2x + 4 & \text{si } x \geq 2 \end{cases}$

g. $f(x) = \begin{cases} -x^2 - 2x + 3 & \text{si } x \leq 0 \\ -2x + 3 & \text{si } 3 \leq x < 5 \\ -7 & \text{si } x \geq 5 \end{cases}$

h. $f(x) = \begin{cases} x^2 + 6x + 5 & \text{si } x \leq -3 \\ x & \text{si } -3 < x \leq 0 \\ -x^2 + 1 & \text{si } x > 0 \end{cases}$

40 Escalant una muntanya, la Mònica i el Biel han observat que per cada 10 m d'altitud que pugen, la temperatura descendeix 1 °C. Si es troben a 240 m del cim i la temperatura és de 12 °C, quina temperatura hi haurà quan hi arribin?

41 A la floristeria del barri es poden comprar flors a 1,20 € cada unitat, però, si estan preparades en un ram, l'import augmenta 3 €. Determina l'expressió algebraica que calcula el preu en funció del nombre de flors segons si estan preparades en un ram o no. Classifica les expressions i representa-les de manera gràfica en un únic eix de coordenades.

42 En una localitat treballen dues companyies de taxis diferents. La companyia M-taxi cobra 3 € per la baixada de bandera i 1,50 € per cada minut. La companyia S-taxi no cobra per la baixada de bandera, però costa 2,50 € per minut.

a. Escriu les expressions algebraiques de les funcions que determinen el cost per l'ús del taxi de les dues companyies en funció del temps.

b. Representa aquestes funcions sobre un únic eix de coordenades.

c. Per un recorregut que dura menys de cinc minuts, quina de les dues companyies és més rendible per a la clientela?

d. A partir de quant temps resulta més rendible econòmicament una companyia que una altra?

43 Tots els articles que es venen en uns grans magatzems tenen un increment del preu del 21 % d'IVA. Quin serà el preu final d'un producte que tenia un preu inicial de 300 €? I si era de 500 €? Estableix la funció que relaciona el preu dels articles amb el preu de venda un cop incrementat el 21 %. Representa'n la funció.

44 El nombre d'automòbils que aparquen en un pàrquing públic dels afores varia cada dia segons la funció determinada per la gràfica següent:

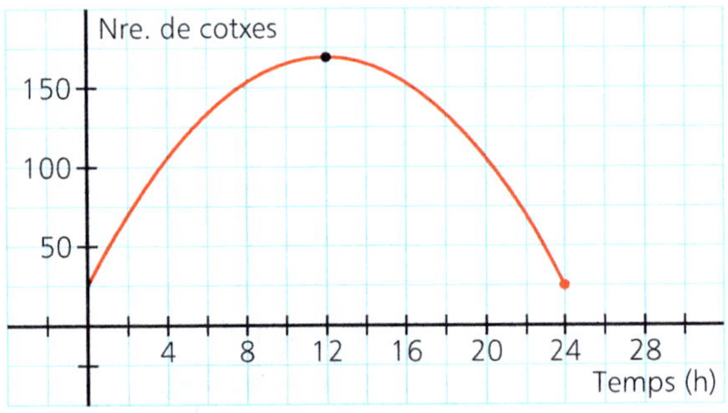

Observant la funció, contesta les preguntes següents:

a. Quants cotxes hi ha cada dia a les 4 h?

b. De quina hora a quina hora augmenta el nombre de cotxes? En quin interval d'hores disminueix?

c. En quin moment hi ha més cotxes? Quants són?

45 El valor, en milers d'euros, que ha registrat l'equip de futbol del poble del Marc durant els deu anys que fa que es va fundar es pot calcular mitjançant l'expressió següent: $f(x) = x^2 - 10x + 24$, en què x són els anys transcorreguts.

a. Representa la gràfica de la funció.

b. Quin era el valor de l'equip en el moment de la fundació?

c. Quin és el valor de l'equip al cap de deu anys?

d. Quin any va tenir la pitjor valoració?

46 El preu final de la factura mensual del gas natural consta de dues parts: una quantitat fixa per un import de 12 €, a la qual se n'afegeix una altra de variable, ja que cada metre cúbic de gas consumit costa 0,50 €. Confecciona una taula en què es relacioni l'import mensual, en euros, i el consum, en metres cúbics. Escriu l'expressió algebraica de la funció i representa-la.

Analitza una factura real, de gas o de llum, i determina els costos de consum. Quina part és consum real i quina part són impostos i altres conceptes?

47 El preu, en euros, d'un cert producte que ha estat dotze mesos al mercat ha variat segons la funció $y = \frac{1}{6}x^2 - x + \frac{21}{6}$, en què x són els mesos transcorreguts des que es va posar a la venda per primera vegada. Indica quin mes, des de la seva aparició, el producte ha estat més barat.

48 Les despeses anuals, en euros, que suporta una empresa per la fabricació de x televisors són determinades per la funció $G(x) = 10\,000 + 150x$. D'altra banda, els ingressos, també en euros, que obté aquesta empresa per la venda de x televisors són $I(x) = 500x - 0{,}5x^2$. Quants televisors s'han de fabricar perquè el benefici (ingressos menys despeses) sigui màxim? Quin és aquest benefici màxim?

49 L'àrea d'un quadrat es pot expressar en funció de la longitud del costat.

a. Resgista en una taula l'àrea corresponent a diferents quadrats els costats dels quals mesuren 1 cm, 2 cm, 3 cm, 4 cm, 5 cm, 6 cm i 7 cm.

b. Representa gràficament aquesta taula.

c. Calcula el domini de la funció en el context de l'activitat.

d. Escriu l'expressió algebraica de la funció.

e. Determina el recorregut de la funció tenint en compte el context de l'activitat.

f. És una funció creixent o decreixent?

50 Una comunitat de veïns paga 6 000 € a una empresa de manteniment perquè faci una reparació a l'escala de l'edifici. Aquest import es repartirà a parts iguals entre el personal de l'empresa que dugui a terme la feina.

a. Copia i completa al teu quadern la taula següent, que relaciona el nombre de persones que intervindran en la reparació amb els diners que rebrà cadascú:

Nre. de persones	1	2	3	4	5	6
Euros per persona						

b. Construeix l'expressió analítica de la funció que relaciona aquestes magnituds.

51 Si es trenca per la meitat un full de paper, i els trossos resultants es tornen a tallar, i així successivament:

a. Calcula el nombre de trossos que s'obtenen després de cada divisió.

b. Indica l'expressió algebraica de la funció que permet calcular el nombre de trossos que hi haurà després de practicar cada un dels talls.

c. Si per al primer tall es comencés amb tres fulls junts, com seria la funció?

Es pot efectuar l'operació per calcular el nombre de fulls, però investiga a internet quantes vegades podries arribar a fer aquest procés a la pràctica.

52 Al nivell del mar, el punt en què l'aigua arriba a l'ebullició és de 100 °C. Quan s'ascendeix, aquest valor disminueix en funció de l'altitud d'acord amb la fórmula següent: $t = 100 - 0{,}001x$, en què t és la temperatura del punt d'ebullició, en graus centígrads, i x, l'altitud assolida, en metres.

a. Quin és el punt d'ebullició a 1 000 m d'altitud?

b. Quin és el punt d'ebullició al cim de l'Everest (8 848 m)? I al del Teide (3 718 m)?

c. A quina altitud la temperatura d'ebullició serà de 97 °C?

d. Representa la gràfica de la funció que estableix la relació entre l'altitud i el punt d'ebullició.

53 Es volen construir tots els rectangles que tinguin 40 cm^2 d'àrea.

a. Determina l'expressió algebraica que estableix la relació entre la base i l'altura de tots aquests rectangles.

b. Representa, gràficament, al primer quadrant, aquesta relació entre base i altura.

54 Tots els automòbils es devaluen a mesura que passen els anys. Un vehicle determinat que inicialment costava 8 000 € perd el 10 % del seu valor cada any. Confecciona una taula que expressi el valor venal del vehicle durant els deu primers anys i representa-la gràficament.

55 Una població d'éssers unicel·lulars es reprodueix per tripartició. Tenint en compte que el nombre de cèl·lules es triplica aproximadament cada hora, i que en un primer moment hi ha una sola cèl·lula:

a. Quantes cèl·lules hi haurà d'aquí a dues hores? I d'aquí a cinc?

b. Escriu l'expressió algebraica que relaciona el nombre de cèl·lules que hi haurà al cap d'un cert nombre d'hores.

c. D'aquí a quantes hores hi haurà més d'1 000 000 de cèl·lules? Quantes seran les hores que hauran de passar perquè hi hagi més de 10 000 000 de cèl·lules?

d. Si al principi hi hagués hagut deu cèl·lules, quantes cèl·lules hi hauria al cap de dues hores? I quan n'haguessin transcorregut quatre?

e. En les condicions de l'apartat anterior, escriu l'expressió algebraica que relaciona el nombre de cèl·lules que hi haurà al cap d'un nombre d'hores determinat.

56 En un magatzem de grans han aparegut tres rosegadors. Se sap que aquest tipus d'animals es reprodueix de manera exponencial, de manera que la seva població es duplica cada mes.

a. Determina el nombre de rosegadors que hi haurà al cap de dos, tres i quatre mesos.

b. Estableix la funció que permet obtenir el nombre de rosegadors quan hagin passat x mesos.

c. Quants mesos han de transcórrer perquè hi hagi més de 1 000 exemplars?

d. Si cada rosegador ingereix 30 g de pinso, quants grams en necessitaran després de mig any?

e. Representa gràficament la funció que relaciona el nombre d'animals amb els mesos que han passat.

57 Els beneficis d'un comerç, en milers d'euros, en funció de la inversió efectuada per fer-ne la promoció són donats per la funció següent:

$$B(x) = \begin{cases} 5x + 15 & \text{si } 0 < x \leq 3 \\ -x^2 + 6x + 21 & \text{si } 3 < x \leq 8 \end{cases}$$

Representa gràficament aquesta funció i determina quina hauria de ser la inversió per obtenir un benefici màxim.

58 Una aixeta amb un cabal de 35 L per hora omple un dipòsit en deu hores. Quin ha de ser el cabal per omplir el dipòsit en cinc hores? I per omplir-lo en vint hores? Estableix la funció que relaciona el cabal necessari per omplir el dipòsit en un nombre d'hores determinat. Representa aquesta funció.

59 Un banc d'aliments gestionat per un grup d'alumnes de l'institut disposa de menjar per a 50 persones durant deu dies. Suposant que la quantitat de menjar no varia:

a. Quantes persones es podran alimentar durant 20 dies?

b. I durant 25 dies?

c. Estableix la funció que relaciona el nombre de persones amb el nombre de dies.

Hi ha moltes entitats que es dediquen a ajudar els altres. Busca informació sobre les que hi ha al teu entorn i pensa iniciatives per col·laborar-hi.

60 Representa gràficament, utilitzant alguna aplicació informàtica, les funcions següents sobre els mateixos eixos de coordenades:

a. $y = x^2$

b. $y = \frac{1}{2}x^2$

c. $y = 2x^2$

d. $y = \frac{1}{4}x^2$

e. $y = 4x^2$

f. $y = \frac{1}{8}x^2$

Després, indica'n els trets comuns.

61 El temps d'espera, en minuts, per rebre atenció a l'oficina d'informació turística ha variat en les tres primeres hores des que s'ha obert, segons la funció següent:

$$T(t) = \begin{cases} 3 & \text{si } 0 \leq t \leq 1 \\ 4t + 1 & \text{si } 1 < t \leq 2 \\ -t^2 + 4t + 5 & \text{si } 2 < t \leq 3 \end{cases}$$

a. Representa la gràfica d'aquesta funció.

b. Analitza el temps d'espera al llarg d'aquestes tres hores.

c. Ha estat sempre progressiva, la variació del temps d'espera?

62 La gràfica següent mostra la distància a la qual es troba l'Anna de casa seva durant un passeig de dues hores i mitja:

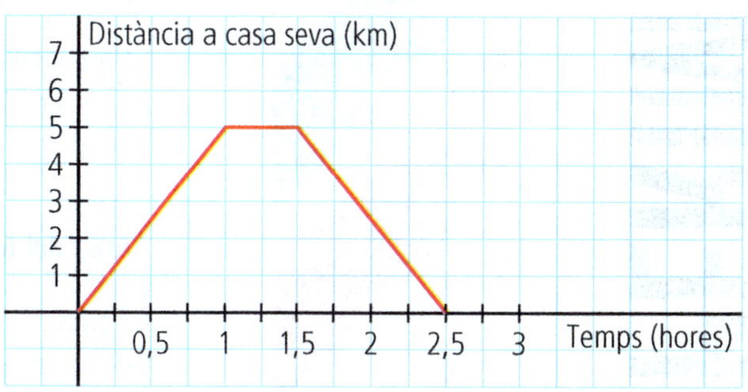

Escriu l'expressió algebraica que determina aquesta funció.

7 PERÍMETRES, ÀREES I VOLUMS

1 /// PERÍMETRE I ÀREA DE LES FIGURES PLANES

Practiquem i avancem 1-12

Un polígon és una figura plana delimitada per una línia poligonal tancada. Cadascun dels segments que el delimiten són els costats del polígon.

El perímetre, ***P***, és la suma de les longituds de tots els seus costats.

L'àrea, ***A***, d'un polígon és la mesura de la superfície que ocupa.

La unitat de longitud en el sistema mètric decimal és el metre, m. La unitat de superfície en el sistema mètric decimal és el metre quadrat, m^2, que equival a un quadrat d'1 m de costat.

L'àrea dels polígons més freqüents és:

Àrea del triangle

L'**àrea del triangle** és la meitat del producte de la base, *b*, per l'altura, *h*.

$$A_{triangle} = \frac{b \cdot h}{2}$$

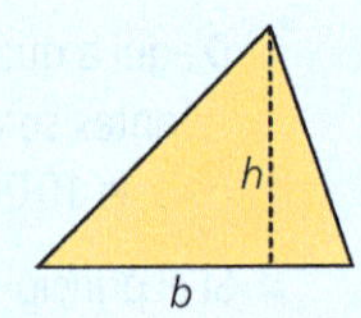

Àrea del rectangle

L'**àrea del rectangle** és igual al producte de la longitud de la base, *b*, per la longitud de l'altura, *h*.

$$A_{rectangle} = b \cdot h$$

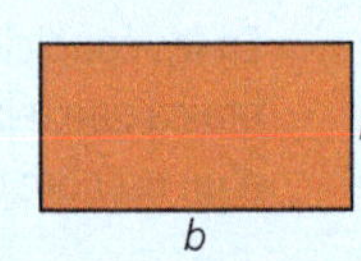

Àrea del romboide

L'**àrea del romboide** és igual al producte de la longitud de la base, *b*, per la longitud de l'altura, *h*.

$$A_{romboide} = b \cdot h$$

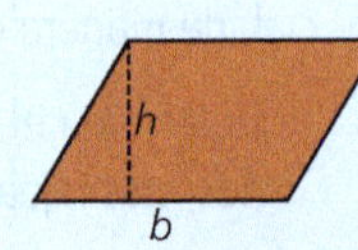

Àrea del quadrat

L'**àrea del quadrat** és igual al quadrat de la longitud del costat, *c*.

$$A_{quadrat} = c \cdot c = c^2$$

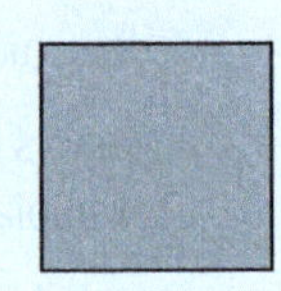

Àrea del rombe

L'**àrea del rombe** és igual a la meitat del producte de les longituds de les diagonals, *D* i *d*.

$$A_{rombe} = \frac{D \cdot d}{2}$$

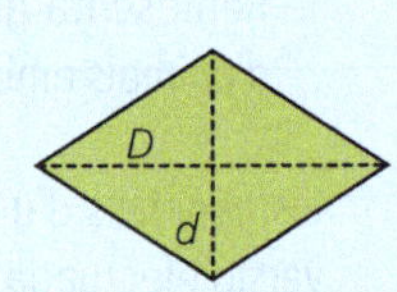

Àrea del trapezi

L'**àrea del trapezi** és la meitat del producte de la suma de les longituds de les bases, *B* i *b*, per l'altura, *h*.

$$A_{trapezi} = \frac{(B + b) \cdot h}{2}$$

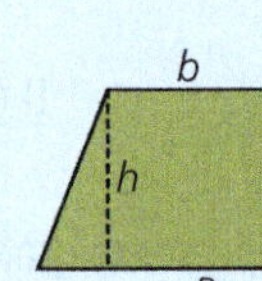

Un polígon és regular si té tots els costats i tots els angles interiors iguals.

Àrea d'un polígon regular

L'**àrea del polígon regular** de n costats és la suma de les àrees dels n triangles isòsceles de què consta. Com que són iguals entre ells, es calcula l'àrea d'un dels triangles i es multiplica pel nombre de triangles:

$$A_{\text{polígon regular}} = \frac{n \cdot c \cdot ap}{2} = \frac{P \cdot ap}{2}$$

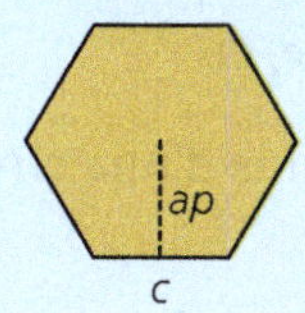

Recorda

L'apotema, *ap*, és el segment perpendicular a cada costat que uneix el centre del polígon amb el punt mitjà d'aquests costats.

Activitats resoltes

1 **Calcula el perímetre i l'àrea del triangle següent:**

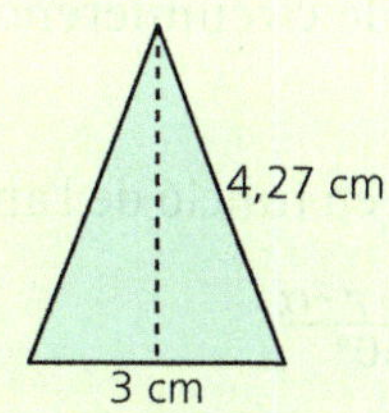

Com que és un triangle isòsceles: $P = 3 + 4{,}27 + 4{,}27 = 11{,}54$ cm.

Per calcular-ne l'àrea, cal conèixer l'altura, h, del triangle. Aplicant el teorema de Pitàgores, resulta:

$$h^2 + 1{,}5^2 = 4{,}27^2 \Rightarrow h = 4 \text{ cm}$$

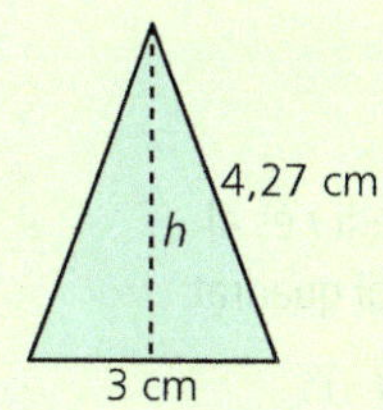

Per tant, l'àrea és $A = \frac{b \cdot h}{2} = \frac{3 \cdot 4}{2} \Rightarrow A = 6 \text{ cm}^2$.

2 **Calcula l'àrea d'aquests polígons:**

a. 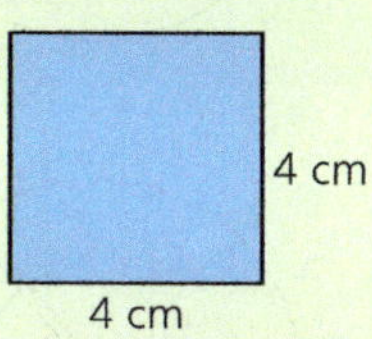

b. 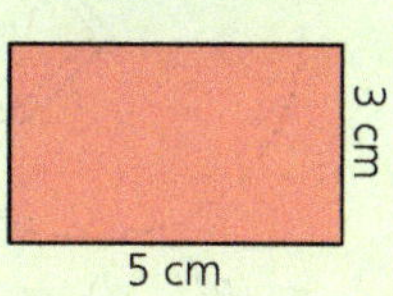

c. 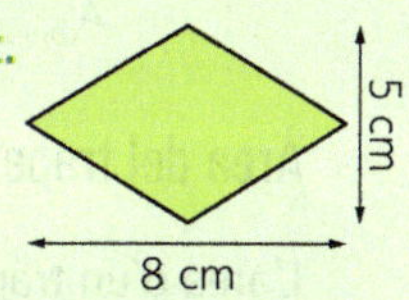

d. 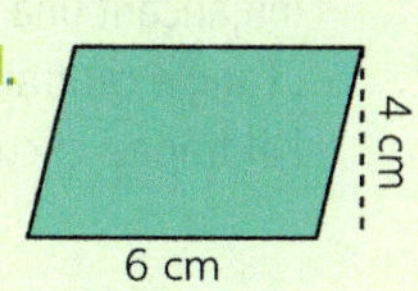

e. 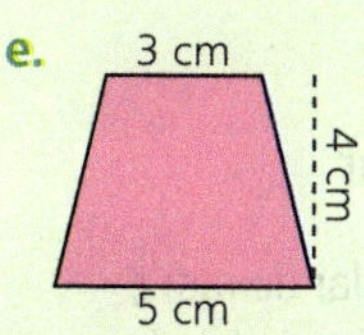

f. 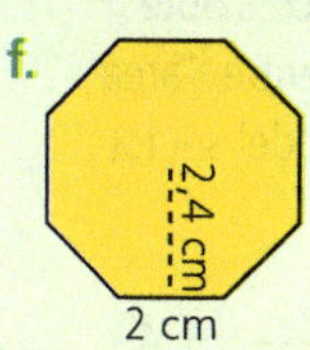

a. Es tracta d'un quadrat els costats del qual tenen una longitud de 4 cm. En conseqüència, aplicant la fórmula:

$$A_{\text{quadrat}} = c^2 = 4^2 \Rightarrow A_{\text{quadrat}} = 16 \text{ cm}^2$$

b. Es tracta d'un rectangle la base del qual mesura 5 cm, i que té una altura de 3 cm. A partir de la fórmula:

$$A_{\text{rectangle}} = b \cdot h = 5 \cdot 3 \Rightarrow A_{\text{rectangle}} = 15 \text{ cm}^2$$

c. Com que és un rombe, cal fixar-se en les diagonals, que mesuren 8 cm i 5 cm, respectivament. Per tant:

$$A_{\text{rombe}} = \frac{D \cdot d}{2} = \frac{8 \cdot 5}{2} \Rightarrow A_{\text{rombe}} = 20 \text{ cm}^2$$

d. La base d'aquest romboide mesura 6 cm, i l'altura, 4 cm. D'aquesta manera, l'àrea és:

$$A_{\text{romboide}} = b \cdot h = 6 \cdot 4 \Rightarrow A_{\text{romboide}} = 24 \text{ cm}^2$$

e. Es tracta d'un trapezi les bases del qual tenen 5 cm i 3 cm, i l'altura del qual mesura 4 cm. Aplicant la fórmula:

$$A_{\text{trapezi}} = \frac{(B + b) \cdot h}{2} = \frac{(5 + 3) \cdot 4}{2} \Rightarrow A_{\text{trapezi}} = 16 \text{ cm}^2$$

f. És un polígon regular de vuit costats, és a dir, un octàgon. Així, doncs:

$$A_{\text{polígon regular}} = \frac{P \cdot ap}{2} = \frac{8 \cdot 2 \cdot 2{,}4}{2} \Rightarrow A_{\text{polígon regular}} = 19{,}2 \text{ cm}^2$$

2 /// LONGITUDS I ÀREES DE FIGURES CIRCULARS

Practiquem i avancem 13-28

> Una **circumferència** és el lloc geomètric dels punts del pla que equidisten d'un punt fix anomenat centre, O.
>
> Un **cercle** és la regió del pla continguda dins d'una circumferència.

El **radi de la circumferència**, ***r***, és qualsevol dels segments que uneixen el centre, O, amb un punt qualsevol de la circumferència.

La **longitud de la circumferència**, ***L***, o perímetre és $L = 2 \cdot \pi \cdot r$.

Un **arc de circumferència** és la porció de circumferència limitada per dos punts de la circumferència.

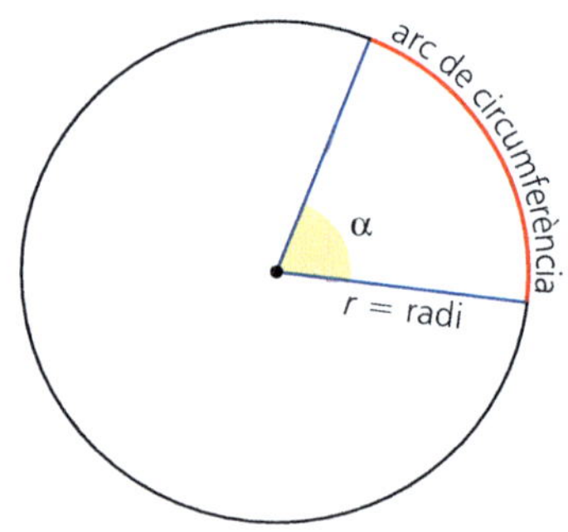

La **longitud d'un arc de circumferència** en funció de l'angle central, α, és:

$$L_{\text{arc}} = \frac{2 \cdot \pi \cdot r \cdot \alpha}{360°}$$

L'àrea del cercle i la de les figures circulars més importants són:

Àrea del cercle

L'**àrea d'un cercle** de radi *r* és el producte de π pel radi al quadrat:

$$A_{\text{cercle}} = \pi \cdot r^2$$

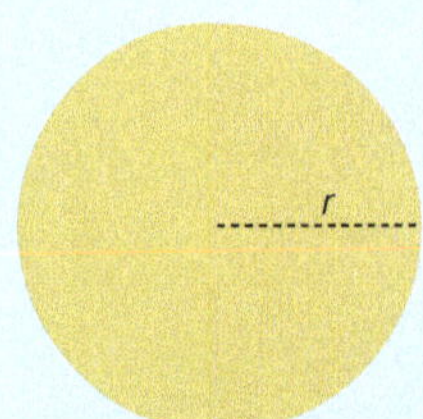

Àrea de la corona circular

L'**àrea d'una corona circular** limitada per dues circumferències concèntriques els radis de les quals són *R* i *r*, respectivament, en què *R* > *r*, és la diferència entre les àrees dels dos cercles que la determinen:

$$A_{\text{corona circular}} = \pi \cdot R^2 - \pi \cdot r^2$$

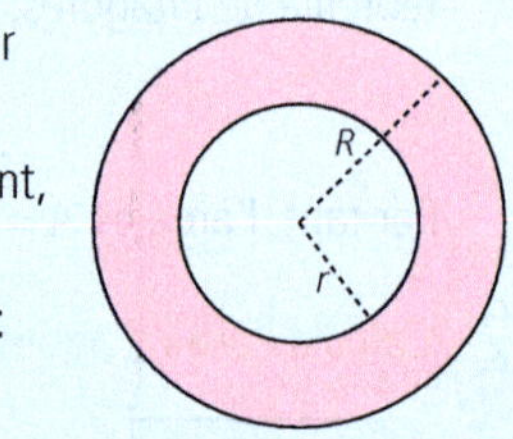

Àrea del sector circular

L'**àrea d'un sector circular** de radi *r*, l'angle central del qual és α, s'obté mitjançant una proporció entre l'àrea i l'angle central del cercle i del sector circular:

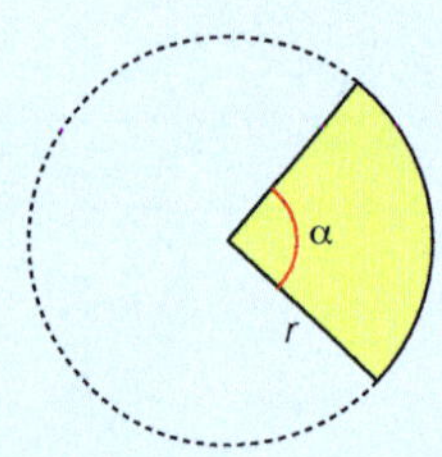

$$\frac{360°}{\alpha} = \frac{\pi \cdot r^2}{A_{\text{sector circular}}} \Rightarrow A_{\text{sector circular}} = \frac{\pi \cdot r^2 \cdot \alpha}{360°}$$

Àrea del trapezi circular

L'**àrea d'un trapezi circular** s'obté mitjançant una proporció entre l'àrea i l'angle central de la corona circular i el trapezi circular:

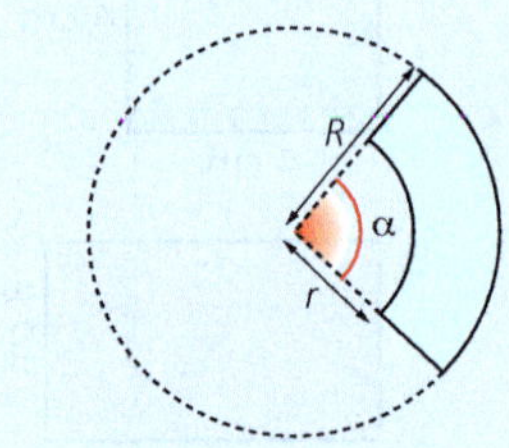

$$\frac{360°}{\alpha} = \frac{\pi \cdot (R^2 - r^2)}{A_{\text{trapezi circular}}} \Rightarrow A_{\text{trapezi circular}} = \frac{\pi \cdot (R^2 - r^2) \cdot \alpha}{360°}$$

Àrea del segment circular

Un segment circular és la regió del cercle limitada per una corda (segment que uneix dos punts de la circumferència) i l'arc que descriu aquesta corda.

Es diferencien dos casos en relació amb l'**àrea del segment circular** segons el valor de l'angle central, α:

- Si α < 180°, l'àrea és:

  $$A_{\text{segment circular}} = A_{\text{sector circular}} - A_{\text{triangle}}$$

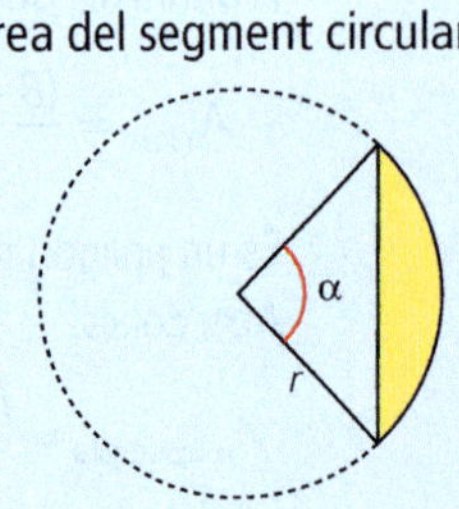

- Si α > 180°, l'àrea és:

  $$A_{\text{segment circular}} = A_{\text{sector circular}} + A_{\text{triangle}}$$

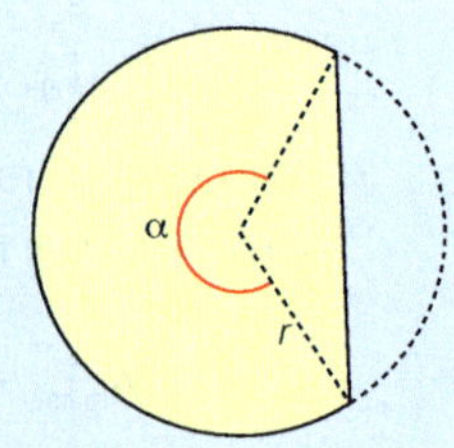

Activitats resoltes

1 **Calcula la longitud d'una circumferència de 3 cm de radi. Quina seria la longitud d'un arc d'aquesta circumferència de 30° d'amplitud?**

Per determinar la longitud de la circumferència, s'aplica la fórmula següent:

$$L = 2 \cdot \pi \cdot 3 = 6 \cdot \pi \Rightarrow L \approx 18,85 \text{ cm}$$

La longitud de l'arc de circumferència de 30° d'amplitud seria:

$$L_{arc} = \frac{30°}{360°} \cdot 18,85 \Rightarrow L \approx 1,57 \text{ cm}$$

2 **Calcula el radi d'una circumferència que té un perímetre de 8 cm.**

Sabent la mesura de la longitud de la circumferència, es pot obtenir la distància del radi a partir de l'expressió $L = 2 \cdot \pi \cdot r$:

$$8 = 2 \cdot \pi \cdot r \Rightarrow r = \frac{8}{2 \cdot \pi} \Rightarrow r \approx 1,27 \text{ cm}$$

3 **Calcula l'àrea de la zona de color d'aquestes figures:**

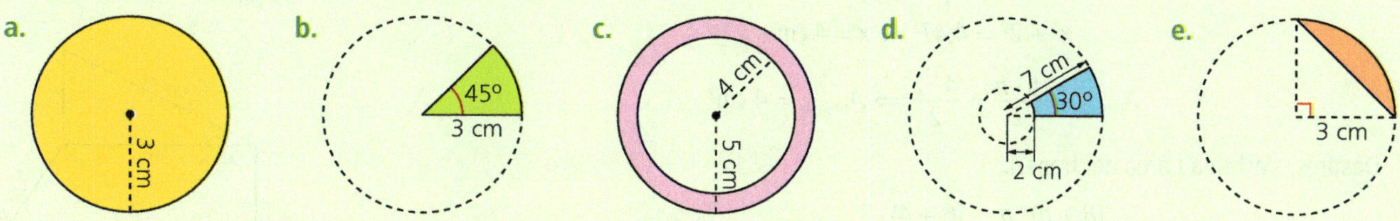

a. Es tracta d'un cercle el radi del qual mesura 3 cm. Per tant, per calcular l'àrea:

$$A_{cercle} = \pi \cdot r^2 = \pi \cdot 3^2 \Rightarrow A_{cercle} \approx 28,27 \text{ cm}^2$$

b. És un sector circular de 3 cm de radi i l'angle central del qual mesura 45°. Aleshores, aplicant la fórmula:

$$A_{sector\ circular} = \frac{\pi \cdot r^2 \cdot \alpha}{360°} = \frac{\pi \cdot 3^2 \cdot 45°}{360°} \Rightarrow A_{sector\ circular} \approx 3,53 \text{ cm}^2$$

c. La zona de color pertany a una corona circular limitada per dues circumferències els radis de les quals mesuren, respectivament, 5 cm i 4 cm. Per calcular-ne l'àrea:

$$A_{corona\ circular} = \pi \cdot R^2 - \pi \cdot r^2 = \pi \cdot (5^2 - 4^2) = \pi \cdot 9 \Rightarrow A_{corona\ circular} \approx 28,27 \text{ cm}^2$$

d. La figura correspon a un trapezi circular amb una amplitud de 30°, un radi gran de 7 cm i un radi petit que mesura 2 cm. Així, doncs:

$$A_{trapezi\ circular} = \frac{\pi \cdot (R^2 - r^2) \cdot \alpha}{360°} = \frac{\pi \cdot (7^2 - 2^2) \cdot 30°}{360°} = \frac{\pi \cdot 45 \cdot 30°}{360°} \Rightarrow$$

$$\Rightarrow A_{trapezi\ circular} \approx 11,78 \text{ cm}^2$$

e. Es tracta d'un segment circular de 90° d'amplitud en un cercle el radi del qual mesura 3 cm. Com que és més petit de 180°, se'n calcula l'àrea de la manera següent:

$$A_{segment\ circular} = A_{sector\ circular} - A_{triangle}$$

Atès que es tracta d'un triangle rectangle, la base i l'altura coincideixen amb el radi de la circumferència:

$$A_{segment\ circular} = \frac{\pi \cdot r^2 \cdot \alpha}{360°} - \frac{b \cdot h}{2} = \frac{\pi \cdot 3^2 \cdot 90°}{360°} - \frac{3 \cdot 3}{2} = 7,07 - 4,5 \Rightarrow$$

$$\Rightarrow A_{segment\ circular} \approx 2,57 \text{ cm}^2$$

3 /// ÀREA DE FIGURES PLANES IRREGULARS

Practiquem i avancem 29-36

Fins aquí hem vist com es calculen àrees de polígons i figures circulars, però en el nostre entorn hi ha moltes figures planes que tenen una forma que no es pot associar a cap de les que hem estudiat. És per aquest motiu que és important desenvolupar estratègies que permetin calcular l'àrea d'aquest tipus de figures.

Descomposició de figures

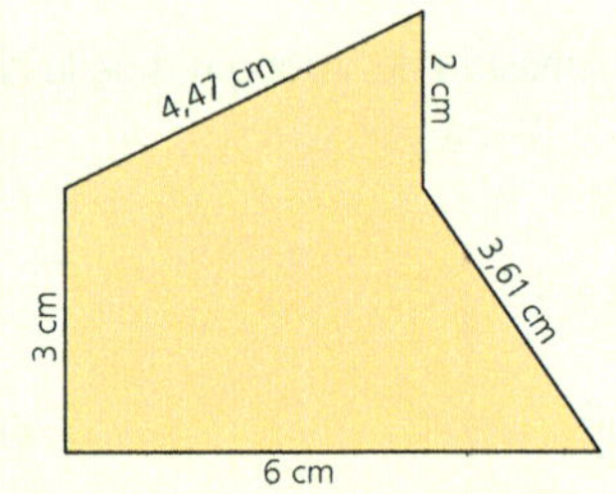

Calcula l'àrea de la figura del marge.

1 Es descompon la figura de manera que s'obtinguin altres figures recognoscibles per calcular-ne les àrees. En aquest cas, el resultat és un triangle i un trapezi.

2 Es resol l'àrea de cadascuna de les figures resultants de la descomposició. Per determinar l'àrea del triangle, primer es determina x amb el teorema de Pitàgores:

$$x^2 + 2^2 = 4{,}47^2 \Rightarrow x = 4 \text{ cm}$$

$$A_{\text{triangle}} = \frac{b \cdot h}{2} = \frac{4 \cdot 2}{2} \Rightarrow A_{\text{triangle}} = 4 \text{ cm}^2$$

Després, s'esbrina l'àrea del trapezi:

$$A_{\text{trapezi}} = \frac{(B+b)\cdot h}{2} = \frac{(6+4)\cdot 3}{2} \Rightarrow A_{\text{trapezi}} = 15 \text{ cm}^2$$

3 L'àrea total s'obté sumant les àrees obtingudes en l'apartat anterior:

$$A = A_{\text{trapezi}} + A_{\text{triangle}} = 15 + 4 \Rightarrow A = 19 \text{ cm}^2$$

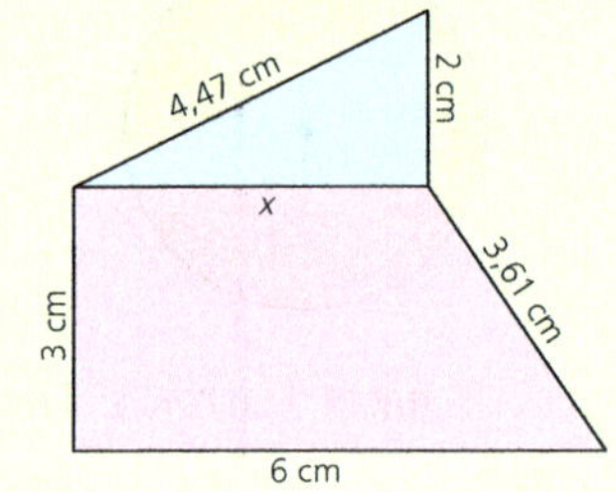

Activitat resolta

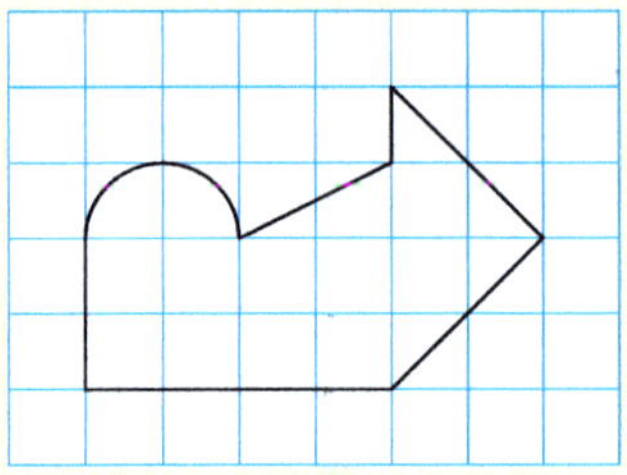

Calcula l'àrea de la figura del marge, prenent la quadrícula com a unitat de mesura.

1 Es descompon la figura donada en quatre figures les àrees de les quals es poden esbrinar mitjançant fórmules conegudes: semicercle, rectangle, triangle 1 i triangle 2.

2 Es calcula l'àrea de les figures en les quals s'ha descompost la figura principal:

- Semicercle. És la meitat d'un cercle el radi del qual mesura 1°:

$$A_{\text{semicercle}} = \frac{\pi \cdot r^2}{2} = \frac{\pi \cdot 1^2}{2} \Rightarrow A_{\text{semicercle}} \approx 1{,}57 \text{ u}^2$$

- Rectangle. La base mesura 4 u, i l'altura, 2 u:

$$A_{\text{rectangle}} = b \cdot h = 4 \cdot 2 \Rightarrow A_{\text{rectangle}} = 8 \text{ u}^2$$

- Triangle 1. Té una base de 2 u i una altura d'1 u:

$$A_{\text{triangle 1}} = \frac{b \cdot h}{2} = \frac{2 \cdot 1}{2} \Rightarrow A_{\text{triangle 1}} = 1 \text{ u}^2$$

- Triangle 2. La base mesura 4 u, i l'altura, 2 u:

$$A_{\text{triangle 2}} = \frac{b \cdot h}{2} = \frac{4 \cdot 2}{2} \Rightarrow A_{\text{triangle 2}} = 4 \text{ u}^2$$

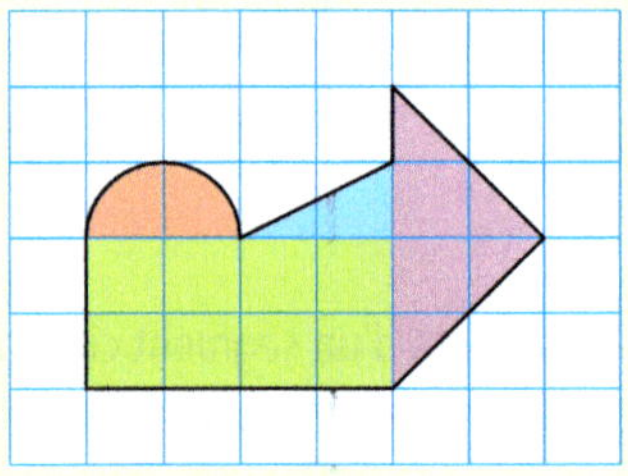

3 Per esbrinar l'àrea de la figura demanada, se sumen totes les àrees obtingudes:

$$A = A_{\text{semicercle}} + A_{\text{rectangle}} + A_{\text{triangle 1}} + A_{\text{triangle 2}} \approx 1{,}57 + 8 + 1 + 4 \Rightarrow A \approx 14{,}57 \text{ u}^2$$

Activitat resolta

Calcula l'àrea de les figures següents, prenent la quadrícula com a unitat de mesura.

a. 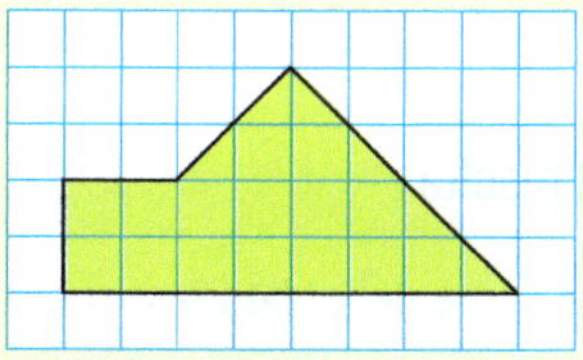

a. La figura es descompon en dos triangles, T_1 i T_2, i es calcula l'àrea de cadascun:

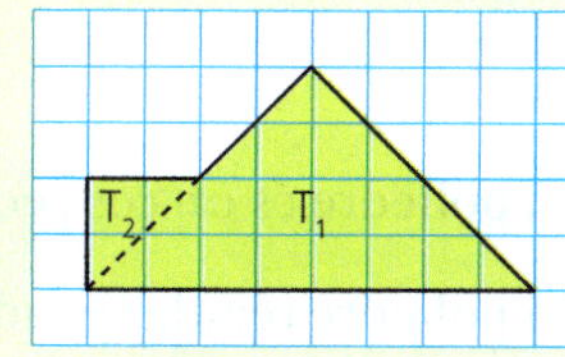

$$A_{T1} = \frac{8 \cdot 4}{2} = 16 \text{ u}^2$$

$$A_{T2} = \frac{2 \cdot 2}{2} = 2 \text{ u}^2$$

Finalment, se sumen les àrees dels dos triangles:

$$A = A_{T1} + A_{T2} = 16 + 2 = 18 \text{ u}^2$$

b. 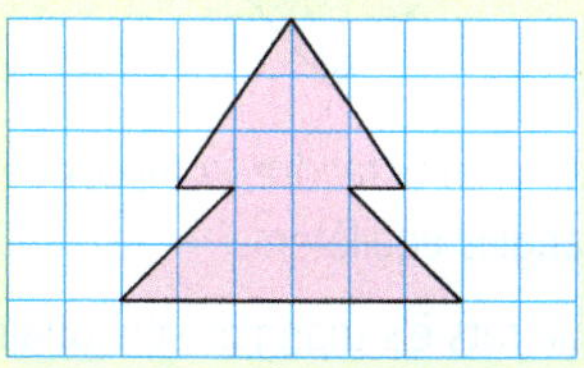

b. La figura es descompon en un triangle i un trapezi, i es calcula l'àrea de les dues figures:

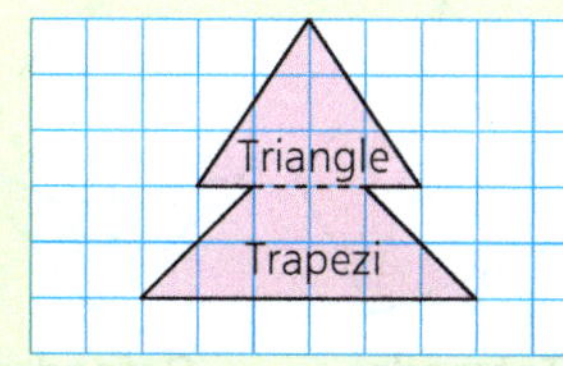

$$A_{\text{triangle}} = \frac{4 \cdot 3}{2} = 6 \text{ u}^2$$

$$A_{\text{trapezi}} = \frac{(6+2) \cdot 2}{2} = 8 \text{ u}^2$$

Tot seguit, se sumen les àrees de les dues figures:

$$A = A_{\text{triangle}} + A_{\text{trapezi}} = 6 + 8 = 14 \text{ u}^2$$

c. 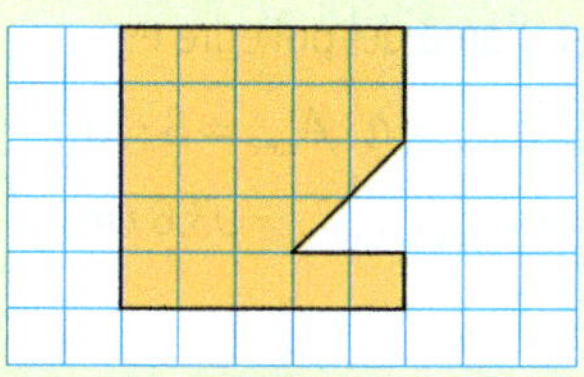

c. L'àrea que s'ha de calcular s'obté determinant l'àrea del quadrat i restant-ne la del triangle:

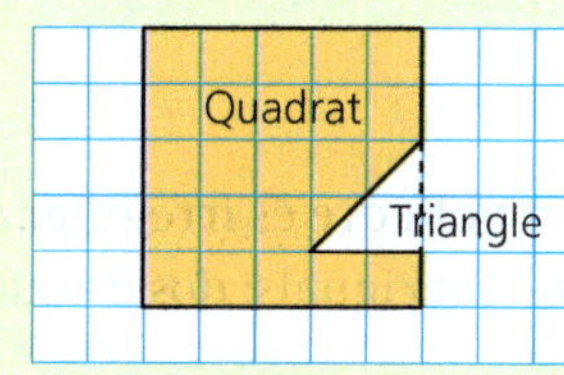

$$A_{\text{quadrat}} = 5^2 = 25 \text{ u}^2$$

$$A_{\text{triangle}} = \frac{2 \cdot 2}{2} = 2 \text{ u}^2$$

Es resta, de l'àrea del quadrat, la del triangle:

$$A = A_{\text{quadrat}} - A_{\text{triangle}} = 25 - 2 = 23 \text{ u}^2$$

d. 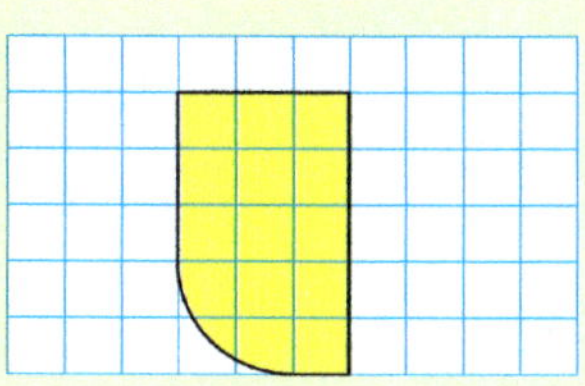

d. La figura es descompon en un quadrat, un rectangle i un sector circular de 90° i 2 u de radi, i es calculen les àrees de les tres figures:

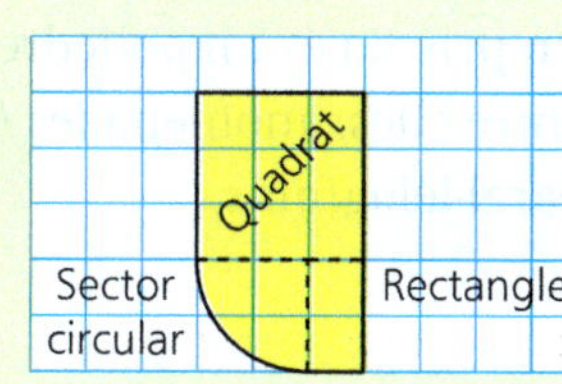

$$A_{\text{quadrat}} = 3^2 = 9 \text{ u}^2$$

$$A_{\text{rectangle}} = 1 \cdot 2 = 2 \text{ u}^2$$

$$A_{\text{sector circular}} = \frac{\pi \cdot 2^2 \cdot 90°}{360°} = 3{,}14 \text{ u}^2$$

Finalment, se sumen totes les àrees calculades:

$$A = A_{\text{quadrat}} + A_{\text{rectangle}} + A_{\text{sector circular}} = 9 + 2 + 3{,}14 = 14{,}14 \text{ u}^2$$

e. 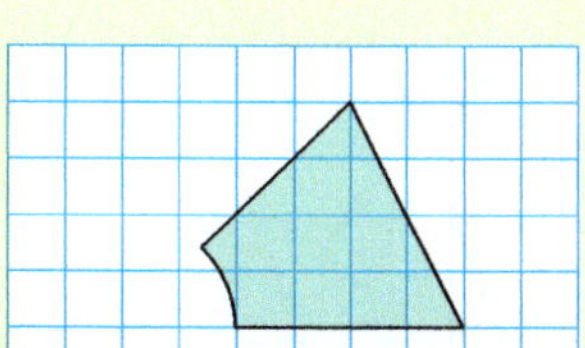

e. L'àrea que s'ha de calcular s'obté de la diferència d'un triangle i un sector circular de 45° i 2 u de radi:

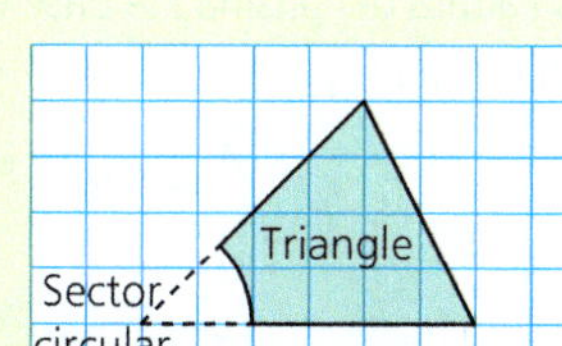

$$A_{\text{triangle}} = \frac{6 \cdot 4}{2} = 12 \text{ u}^2$$

$$A_{\text{sector circular}} = \frac{\pi \cdot 2^2 \cdot 45°}{360°} = 1{,}57 \text{ u}^2$$

Es calcula la diferència per esbrinar l'àrea que ens demanen:

$$A = A_{\text{triangle}} - A_{\text{sector circular}} = 12 - 1{,}57 = 10{,}43 \text{ u}^2$$

4 /// ÀREES I VOLUMS DE POLIEDRES

Practiquem i avancem 37-49

Un **poliedre** és un cos geomètric tancat que està delimitat per polígons.

Un **poliedre regular** és aquell les cares del qual són polígons regulars iguals i en cadascun dels vèrtexs del qual concorre el mateix nombre de cares.

Només existeixen cinc poliedres regulars, també anomenats **sòlids platònics**:

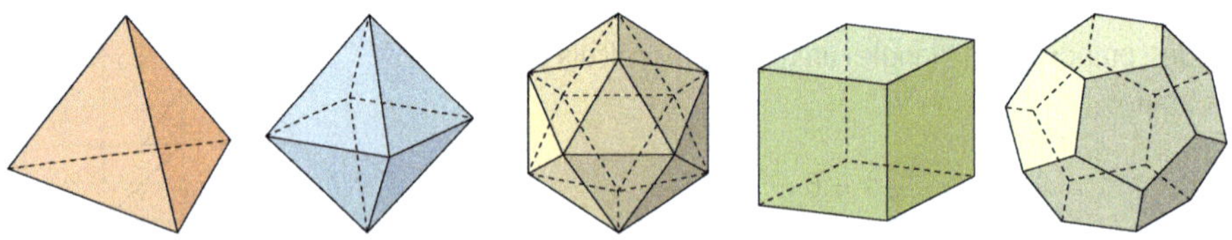

Tetraedre	**Octaedre**	**Icosaedre**	**Hexaedre**	**Dodecaedre**
4 triangles equilàters	8 triangles equilàters	20 triangles equilàters	6 quadrats	12 pentàgons

L'**àrea d'un poliedre regular** de *n* cares és donada per l'expressió següent:

$$A_{\text{poliedre regular}} = n \cdot A_{\text{cara}}$$

Un **poliedre és irregular** si els polígons que delimiten les seves cares no són tots iguals; dos d'aquests poliedres són el prisma i la piràmide.

Activitat resolta

Calcula l'àrea del poliedre següent:

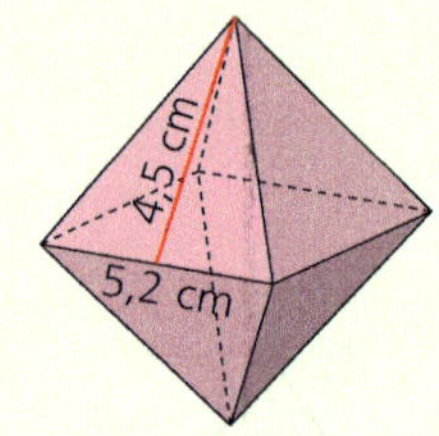

Es tracta d'un octaedre, compost per vuit triangles equilàters.

Com que tots els triangles són iguals, es calcula l'àrea d'un dels triangles:

$$A_{\text{cara}} = \frac{b \cdot h}{2} = \frac{5{,}2 \cdot 4{,}5}{2} \Rightarrow$$

$$\Rightarrow A_{\text{cara}} = 11{,}7 \text{ cm}^2$$

Per tant, l'àrea del poliedre és:

$$A_{\text{poliedre regular}} = n \cdot A_{\text{cara}} = 8 \cdot 11{,}7 \Rightarrow$$

$$\Rightarrow A_{\text{poliedre regular}} = 93{,}6 \text{ cm}^2$$

Prismes

Un **prisma** és un poliedre constituït per dues cares iguals i paral·leles entre elles, anomenades *bases*, i diverses cares laterals formades per paral·lelograms.

Àrea

En el desenvolupament pla d'un prisma recte i regular s'aprecia que l'àrea total és la suma de les àrees de les bases, i l'àrea lateral, que coincideix amb l'àrea d'un rectangle l'altura del qual és l'altura del prisma i la base del qual és el perímetre de la base del prisma:

$$A_{\text{total del prisma}} = 2 \cdot A_{\text{base}} + A_{\text{lateral}}$$

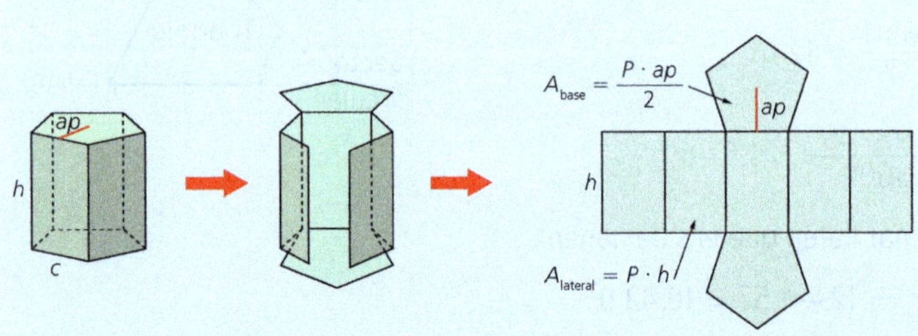

Volum

El volum d'un prisma és el producte de l'àrea de la base per l'altura:

$$V_{\text{prisma}} = A_{\text{base}} \cdot h$$

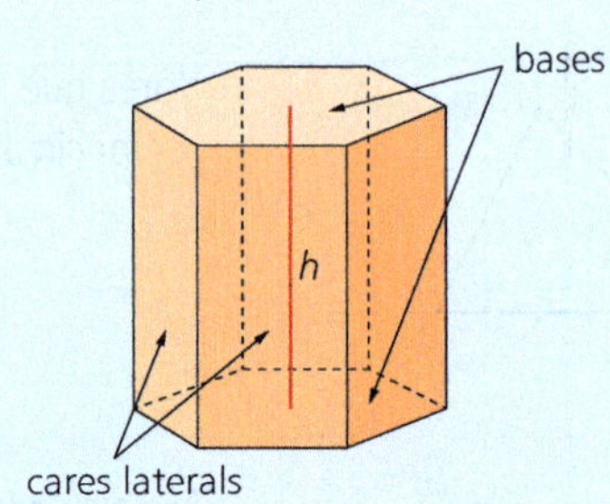

Piràmides

> Una **piràmide** és un poliedre que està format per una base poligonal i diverses cares laterals constituïdes per triangles que conflueixen al vèrtex.

Àrea

En el desenvolupament pla d'una piràmide recta i regular s'aprecia que l'àrea total és la suma de l'àrea de la base i l'àrea lateral, que, al seu torn, és la suma de les àrees dels triangles que tenen com a base el costat del polígon de la base de la piràmide, i com a altura, l'apotema de la piràmide:

$$A_{\text{total de la piràmide}} = P \cdot \frac{ap + ap'}{2}$$

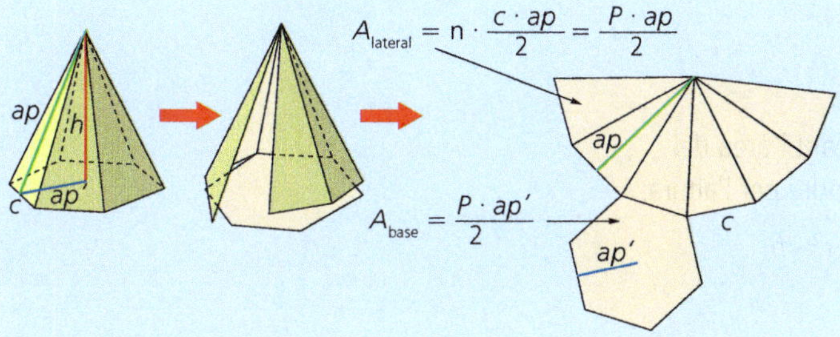

Volum

El volum d'una piràmide és la tercera part del volum d'un prisma de la mateixa base i la mateixa altura:

$$V_{\text{piràmide}} = \frac{1}{3} \cdot A_{\text{base}} \cdot h$$

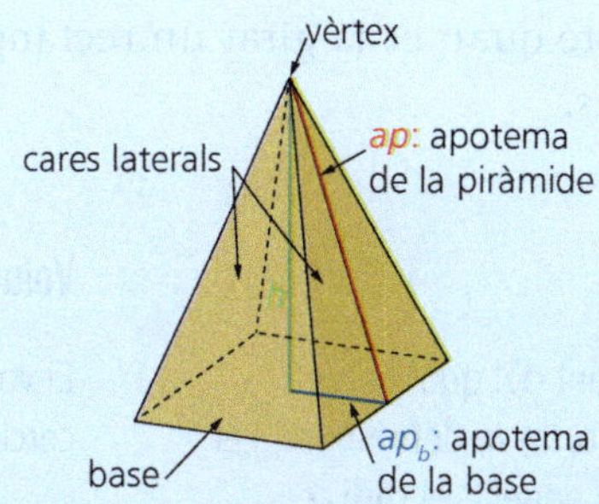

Activitat resolta

Calcula l'àrea total i el volum corresponents a un prisma hexagonal que té una altura de 15 cm i està format per dues bases que són hexàgons l'apotema dels quals mesura 5,2 cm.

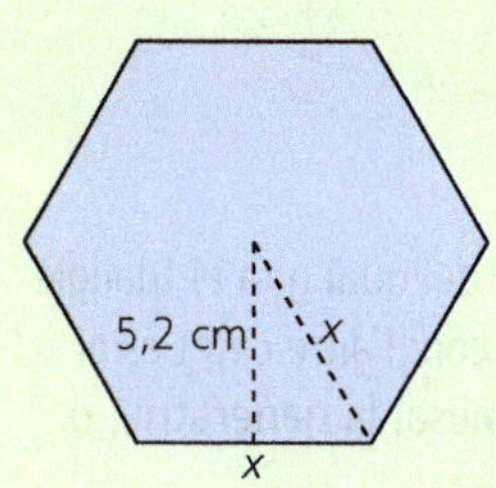

Per determinar l'àrea total del prisma, primer s'ha de calcular l'àrea de la base i, a continuació, l'àrea lateral.

La base és un hexàgon l'apotema del qual mesura 5,2 cm. Per calcular quant mesura el costat, en primer lloc cal tenir en compte que té la mateixa longitud que el radi de l'hexàgon; així, doncs, es pot esbrinar aplicant el teorema de Pitàgores:

$$x^2 = 5{,}2^2 + \left(\frac{x}{2}\right)^2 \Rightarrow x^2 = 27{,}04 + \frac{x^2}{4} \Rightarrow x^2 - \frac{x^2}{4} = 27{,}04 \Rightarrow$$

$$\Rightarrow \frac{3x^2}{4} = 27{,}04 \Rightarrow x^2 = 36{,}05 \Rightarrow x \approx 6 \text{ cm}$$

Sabent la longitud de l'apotema, és possible determinar l'àrea de la base:

$$A_{\text{base}} = \frac{P \cdot ap}{2} = \frac{36 \cdot 5{,}2}{2} = 93{,}6 \text{ cm}^2$$

L'àrea lateral és la d'un rectangle amb una base de 36 cm i una altura de 15 cm. Per tant:

$$A_{\text{lateral}} = P \cdot h = 36 \cdot 15 = 540 \text{ cm}^2$$

Ara estem en disposició de calcular l'àrea total del prisma:

$$A_{\text{total del prisma}} = 2 \cdot A_{\text{base}} + A_{\text{lateral}} = 2 \cdot 93{,}6 + 540 = 727{,}2 \text{ cm}^2$$

Finalment, el volum del prisma és:

$$V_{\text{prisma}} = A_{\text{base}} \cdot h = 93{,}6 \cdot 15 = 1\,404 \text{ cm}^3$$

5 /// ÀREES I VOLUMS DE COSSOS DE REVOLUCIÓ

Practiquem i avancem 50-67

Els **cossos de revolució** són cossos geomètrics que es generen pel gir d'una figura plana al voltant d'un eix, que s'anomena *eix de gir*.

Tot seguit, s'indiquen les expressions que permeten calcular l'àrea i el volum d'alguns dels cossos de revolució més freqüents.

Recorda

La **generatriu** és la línia que, quan gira al voltant d'un eix, dona lloc a un cos de revolució.

Cilindre

El cilindre s'obté quan es fa girar un rectangle al voltant d'un dels seus costats.

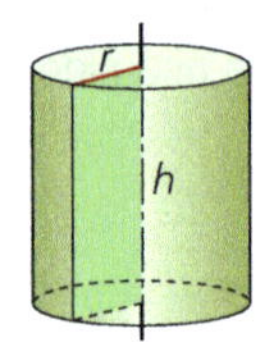

Àrea

El costat al voltant del qual gira el rectangle és l'**altura**, h, del cilindre, i el costat contigu a aquest, el **radi**, r.

$$A_{\text{cilindre}} = 2 \cdot \pi \cdot r^2 + 2 \cdot \pi \cdot r \cdot h$$

Volum

El volum s'obté multiplicant l'àrea del cercle de la base del cilindre per l'altura:

$$V_{\text{cilindre}} = \pi \cdot r^2 \cdot h$$

Con

El con s'obté quan es fa girar un triangle rectangle al voltant d'un dels catets.

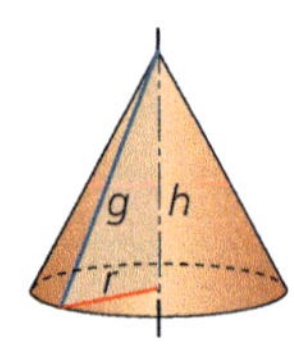

Àrea

El catet al voltant del qual gira el triangle és l'**altura**, h, del con; l'altre catet és el **radi**, r, i la hipotenusa, la **generatriu**, g. Així, doncs:

$$A_{\text{con}} = \pi \cdot r^2 + \pi \cdot r \cdot g$$

Volum

El volum d'un con és la tercera part del volum d'un cilindre de la mateixa base i la mateixa altura:

$$V_{\text{con}} = \frac{1}{3} \cdot \pi \cdot r^2 \cdot h$$

Activitat resolta

Calcula l'àrea total i el volum d'un con generat quan es fa girar un triangle rectangle els catets del qual mesuren 5 cm i 8 cm, respectivament, pel catet de longitud més gran.

Es calcula el valor de la generatriu, que coincideix amb la hipotenusa del triangle rectangle:

$$g^2 = 5^2 + 8^2 \Rightarrow g \approx 9{,}43 \text{ cm}$$

Com que l'altura del triangle coincideix amb la mesura del catet més gran, i el radi, amb la mesura del catet més petit, es conclou que $h = 8$ cm i $r = 5$ cm. Amb això estem en disposició de determinar l'àrea i el volum del con:

$$A_{\text{con}} = \pi \cdot 5^2 + \pi \cdot 5 \cdot 9{,}43 \approx 226{,}67 \text{ cm}^2 \qquad V_{\text{con}} = \frac{1}{3} \cdot \pi \cdot 5^2 \cdot 8 \approx 209{,}44 \text{ cm}^3$$

Activitat resolta

Calcula quin volum d'oli cap en un bidó cilíndric la base del qual fa 19 cm de diàmetre, i que té una altura de 74,07 cm. Quantes ampolles de 75 cL es poden omplir amb el contingut d'aquest bidó?

En primer lloc, es calcula el volum del bidó, que té forma de cilindre. Per tant:

$$V_{\text{cilindre}} = \pi \cdot r^2 \cdot h = \pi \cdot 9{,}5^2 \cdot 74{,}07 \approx$$
$$\approx 21\,000{,}97 \text{ cm}^3 = 21{,}000\,97 \text{ dm}^3 \approx$$
$$\approx 21 \text{ L}$$

El bidó té una capacitat aproximada de 21 L.

Com que cada ampolla té una capacitat de 75 cL, que és exactament el mateix que 0,75 L, aleshores:

$$\frac{21}{0{,}75} = 28$$

Es poden omplir, doncs, 28 ampolles amb el contingut del bidó.

Esfera

S'obté quan es fa girar una semicircumferència al voltant del seu diàmetre.

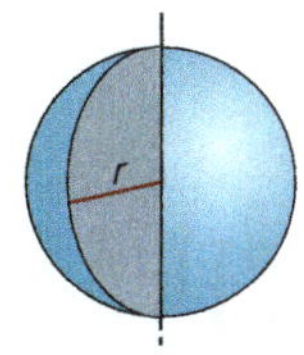

Àrea

El radi de la semicircumferència coincideix amb el **radi**, *r*, de l'esfera.

Així, doncs, l'àrea és:

$$A_{esfera} = 4 \cdot \pi \cdot r^2$$

Volum

El volum de l'esfera és dues terceres parts del volum d'un cilindre la base del qual coincideix amb el radi de l'esfera i l'altura del qual equival al diàmetre de l'esfera:

$$V_{esfera} = \frac{2}{3} \cdot \pi \cdot r^2 \cdot 2r = \frac{4}{3} \cdot \pi \cdot r^3$$

Activitat resolta

Una ampolla de colònia té forma d'esfera amb un radi que mesura 4,2 cm. Quants centilitres de colònia conté l'ampolla?

Es calcula el volum total de l'esfera, considerant que té un radi de 4,2 cm:

$$V_{esfera} = \frac{4}{3} \cdot \pi \cdot r^3 = \frac{4}{3} \cdot \pi \cdot 4{,}2^3 \approx$$

$$\approx 310{,}34 \text{ cm}^3$$

S'expressa en centilitres:

$310{,}34 \text{ cm}^3 = 310{,}34 \text{ mL} = 31{,}034 \text{ cL}$

Coordenades geogràfiques i fusos horaris

La Terra és gairebé una esfera. Sobre la Terra hi ha definida una sèrie de línies imaginàries (paral·lels i meridians), que permeten establir les **coordenades geogràfiques** de qualsevol punt de la seva superfície, considerant com a referències l'equador i el meridià de Greenwich.

Latitud (φ). És l'angle definit per l'arc de meridià comprès entre un punt i l'equador. Oscil·la entre 0° i 90° d'amplitud i pot ser nord (N) o sud (S), depenent de l'hemisferi en què estigui situat el punt en qüestió.

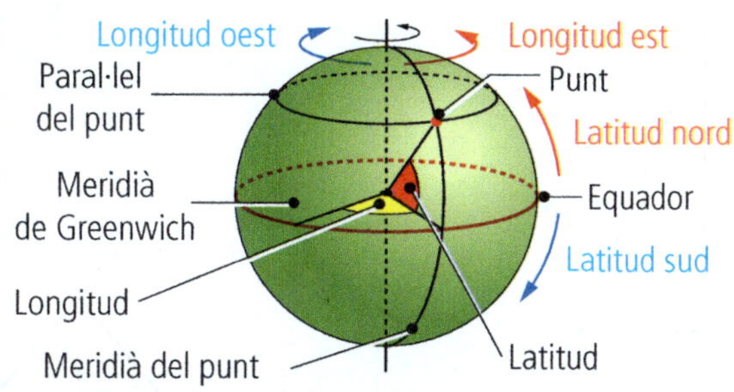

Longitud (λ). És l'angle definit per l'arc de l'equador comprès entre un punt i el meridià de Greenwich. Oscil·la entre 0° i 180° d'amplitud i pot ser est (E) o oest (O), segons la seva posició respecte a Greenwich.

Així, un punt, *P*, de coordenades geogràfiques P(55° 12′ N, 63° 30′ E) es troba situat 55° 12′ al nord de l'equador i 63° 30′ a l'est del meridià de Greenwich.

Quina hora és?

A causa del moviment de rotació de la Terra, que gira al voltant del seu eix, dos punts amb diferent longitud, és a dir, que estan en diferents meridians, tenen diferents hores solars. Segons això, si a Roma són les 14.00, quina hora és a Nova York?

1 Es calcula la diferència de graus de latitud: Roma = 12° E; Nova York = 74° O.

Per tant, la diferència és de 12 + 74 = 86°.

2 La Terra tarda 24 h a girar 360°, i per això cada hora equival a $\frac{360}{24} = 15°$. Així, dividint els graus de diferència entre 15, s'obtenen les hores solars de diferència: $\frac{86}{15} =$ $= 5{,}7$ h.

3 Es constata que la diferència horària oficial és de 6 h, que s'ajusta a l'hora solar calculada.

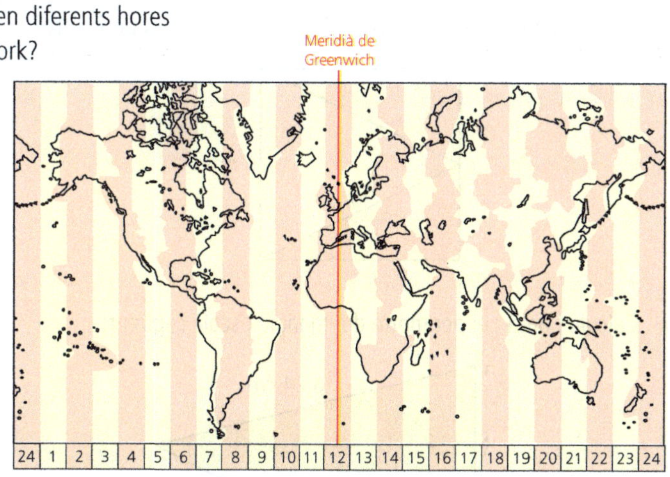

De vegades, l'hora solar i l'hora oficial pot ser que no es corresponguin, per raons polítiques o geogràfiques. Així, en països molt extensos, que abasten diferents hores solars, es pot acordar una mateixa hora oficial a tot el territori.

PRACTIQUEM i AVANCEM

1 Calcula l'àrea i el perímetre dels triangles següents:

a. 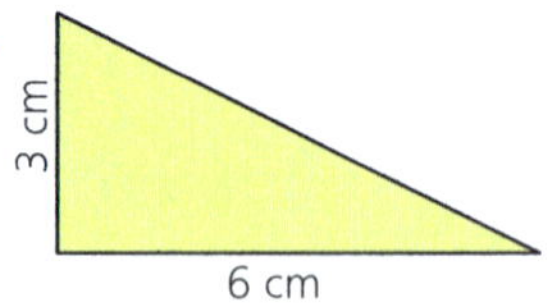

c. 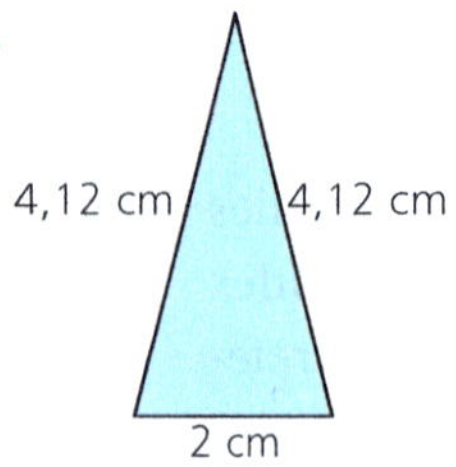

b. 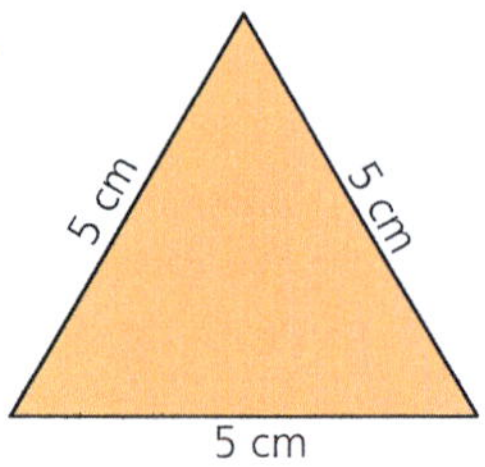

d. 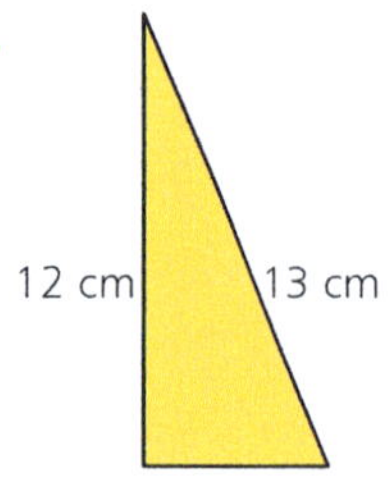

2 Calcula les àrees següents:

a. Un triangle equilàter que té un perímetre de 45 m.

b. Un triangle isòsceles els costats del qual mesuren 5,12 cm i 3,85 cm.

c. Un triangle rectangle els catets del qual mesuren 6 cm i 9 cm.

3 Quina àrea té la zona de color? Quant en mesura el perímetre?

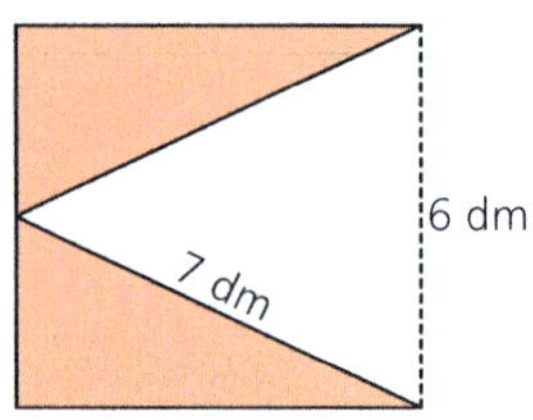

4 Calcula l'àrea i el perímetre del triangle escalè següent:

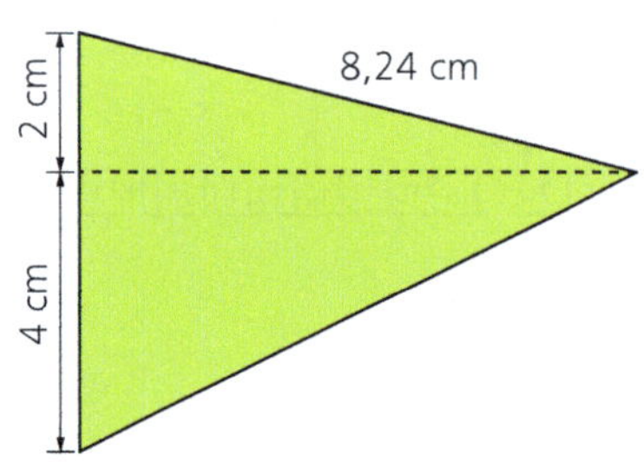

5 Calcula quants metres quadrats de tela s'han emprat en la fabricació d'una garlanda de 10 m de llargada com la del dibuix si cada banderola té 20 cm de base i 30 cm d'altura.

6 Calcula el perímetre i l'àrea dels polígons següents:

a. 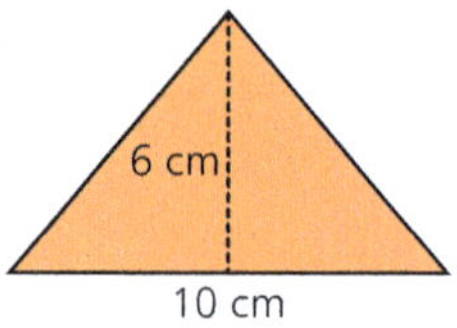

d. 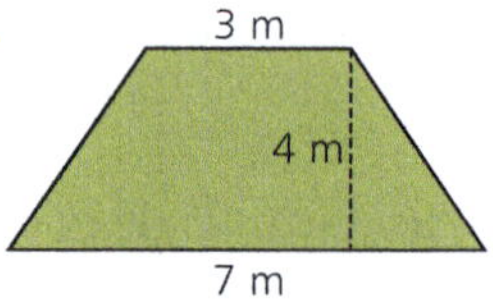

b. 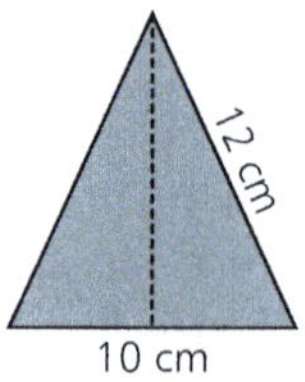

e. 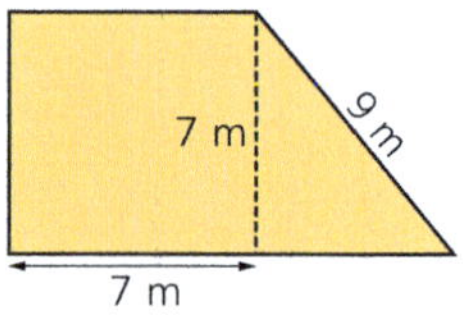

c. 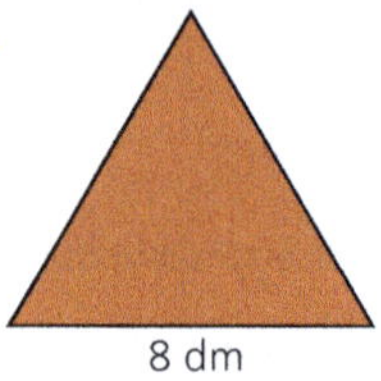

f. 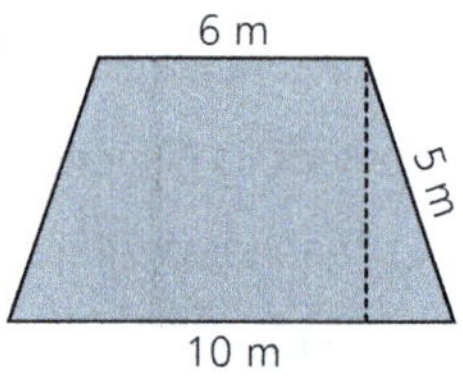

7 Un quadrat té 196 m^2 d'àrea. Esbrina quant mesuren el costat i la diagonal.

Determina les fórmules amb què s'hauria de calcular el valor del costat i la diagonal en funció d'un valor qualsevol de l'àrea, anomenat A.

8 L'àrea d'un rombe és de 144 dm^2. Quant mesura la diagonal petita si la diagonal gran val 24 dm?

9 Esbrina el perímetre i l'àrea d'aquestes figures planes:

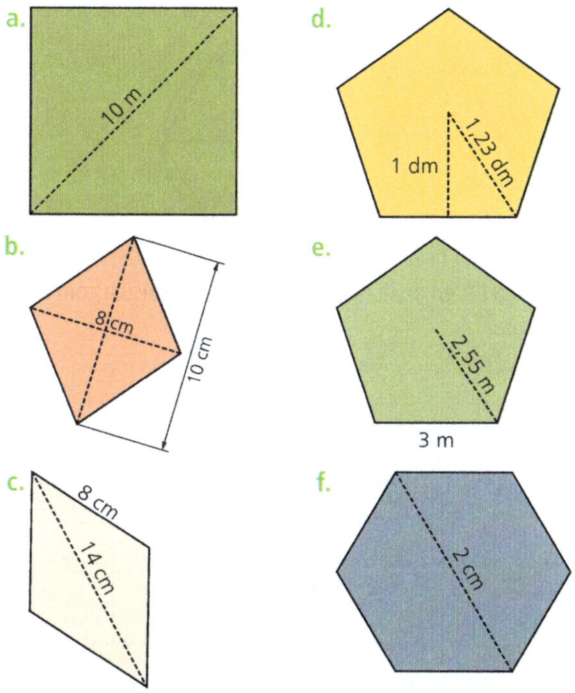

10 Calcula el valor de la diagonal que s'indica en aquests polígons:

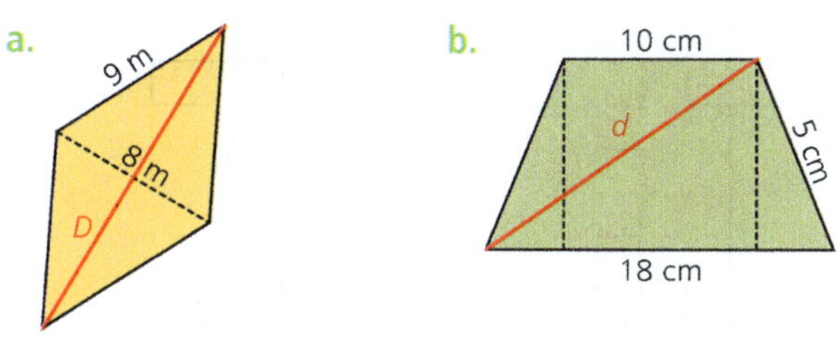

11 Determina el valor de l'apotema en un octàgon regular d'1 m de costat que té 4,83 m² d'àrea.

12 Troba l'àrea dels polígons regulars següents:

a. Un pentàgon amb una circumferència inscrita de 2 cm de radi i una circumferència circumscrita de 2,48 cm de radi.

b. Un hexàgon de 20 dm de costat.

c. Un heptàgon amb un costat de 8 m i una circumferència circumscrita de 9,22 m de radi.

d. Un decàgon amb un costat de 6 cm i una circumferència inscrita de 9,23 cm de radi.

13 Calcula el radi d'una circumferència l'àrea de la qual mesura 10 cm².

14 Determina la longitud d'un arc de circumferència de 9 m de radi i 120° d'amplitud.

15 Calcula la distància que separa els punts A i B, si en aquest trajecte la roda gran del tractor fa 25 voltes.

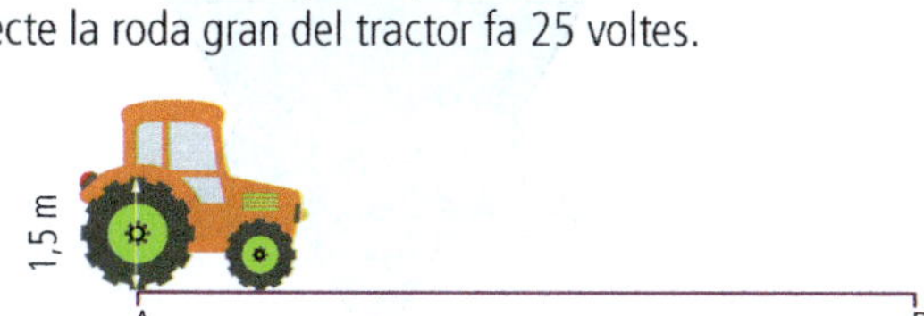

16 Determina la longitud d'una circumferència de 8 cm de radi.

17 Calcula l'àrea de les figures indicades.

a. Un sector circular de 160° i 6 cm de radi.

b. Una corona circular que té un radi gran de 7 cm i un radi petit de 2 cm.

c. Un trapezi circular de 50° amb un radi gran que mesura 5 cm i un radi petit d'1 cm.

d. Un segment circular l'angle del qual mesura 90°, en un cercle de 5 cm de radi.

18 Determina l'àrea d'aquestes figures circulars:

a. Un sector de 5 dm de radi i 36° d'amplitud.

b. Una corona els radis de la qual mesuren 12 cm i 6 cm.

c. Un trapezi els radis del qual mesuren 4 m i 9 m i que té 24° d'amplitud.

d. Un segment de 10 dm de radi i 90° d'amplitud.

19 Calcula l'àrea d'aquestes figures circulars:

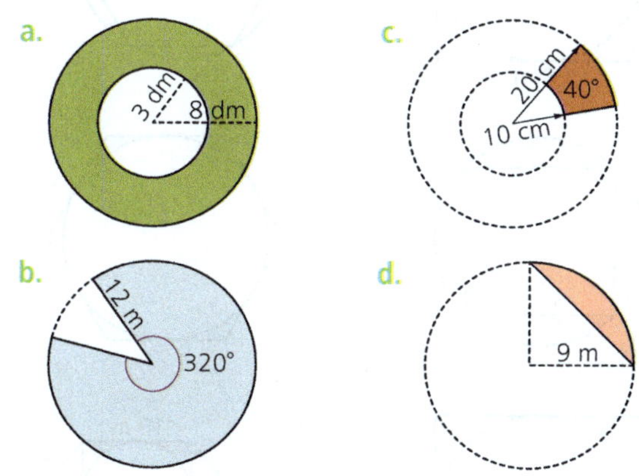

20 Es considera un cercle el radi del qual mesura 16 cm.

a. Calcula l'àrea d'aquest cercle.

b. Quina mesura fa la longitud de la circumferència?

c. Quant mesura l'àrea d'un sector circular que té una amplitud de 30°?

d. Quina és l'àrea d'un segment circular amb una amplitud de 80°? I de 300°?

e. Si es traça una circumferència concèntrica amb un radi que mesura 6 cm, quant val l'àrea de la corona circular que s'ha generat?

21 Quina àrea té el cercle inscrit en un quadrat de 4 cm de costat? I el cercle circumscrit?

22 Calcula quina és l'àrea d'un hexàgon inscrit en una circumferència de 5 cm de radi.

23 Determina l'àrea d'un hexàgon regular inscrit en una circumferència de 4π cm de longitud.

24 Un decàgon regular d'1,86 cm de costat està inscrit en una circumferència que té un cercle associat amb una superfície de 9π cm². Quant val l'àrea?

25 Determina l'àrea de la zona de color de les figures següents:

a.
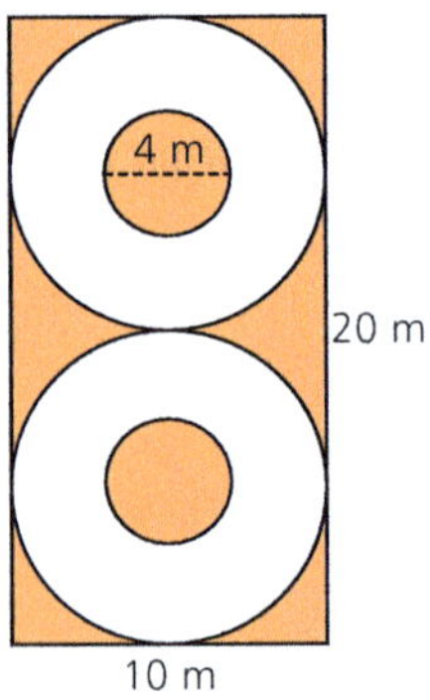

b.
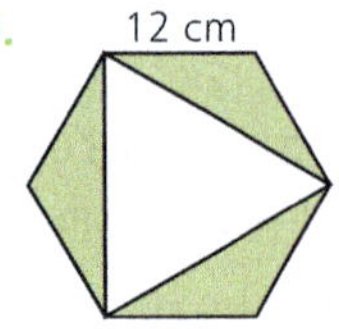

c.
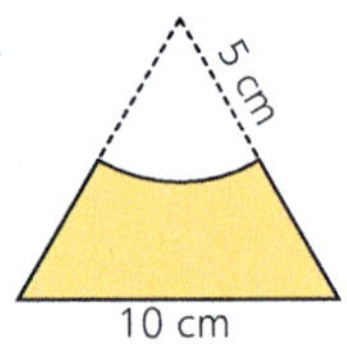

26 Calcula l'àrea de la zona de color d'aquestes figures:

a.
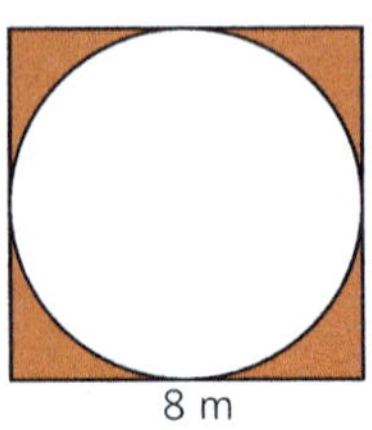

b.
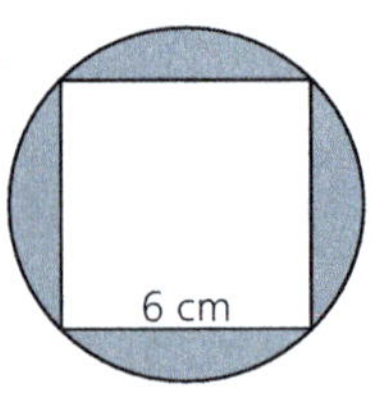

c.
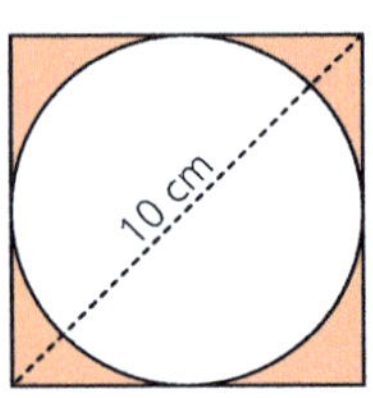

d.
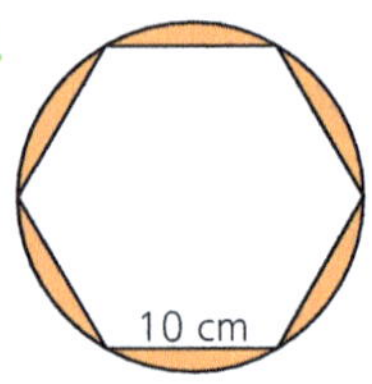

e.
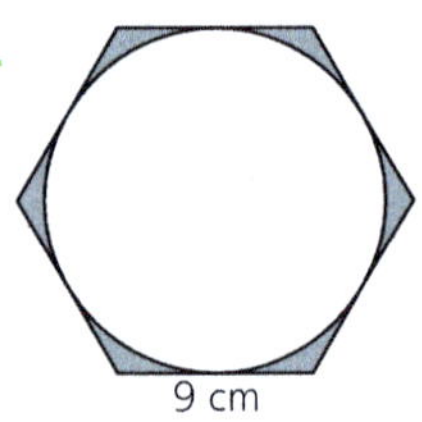

f.
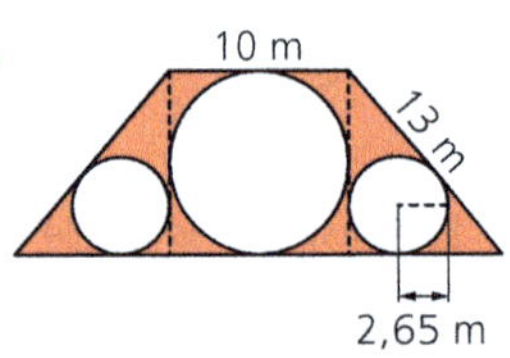

27 Esbrina l'àrea de la zona de color d'aquestes figures:

a.
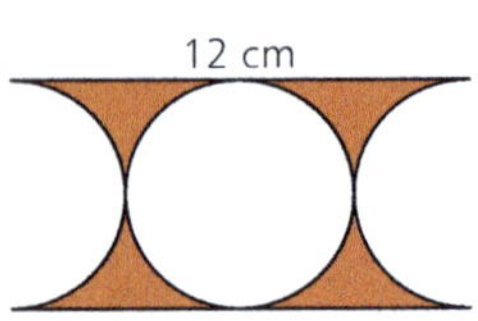

b.
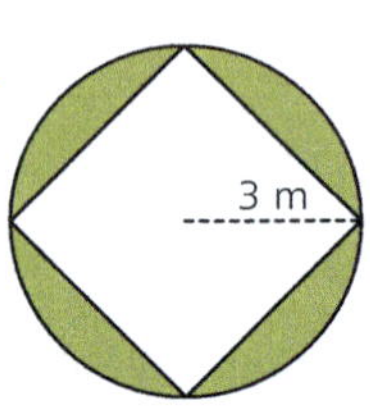

c.
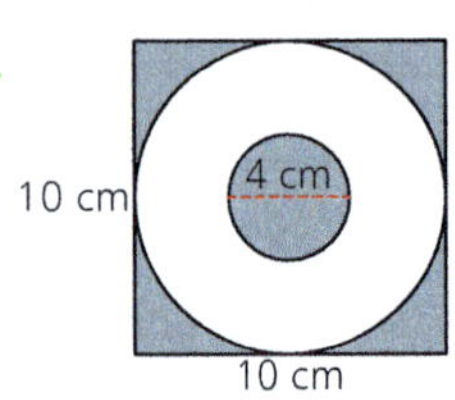

d.
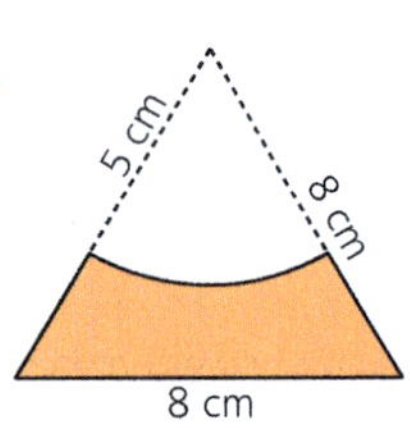

Descriu els passos que has seguit per calcular cada àrea i comprova si els altres companys i companyes han fet els mateixos passos.

28 L'Esther es disposa a construir el vitrall de la figura. Calcula els metres quadrats de vidre que necessita de cada color.

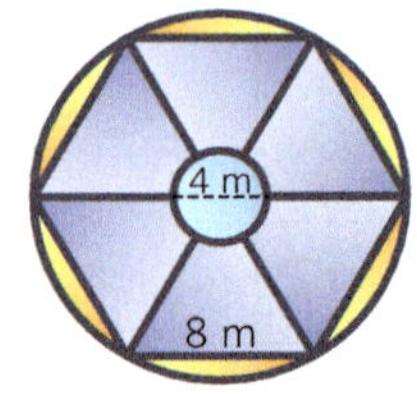

29 Esbrina l'àrea de la figura prenent la quadrícula com a unitat de mesura.

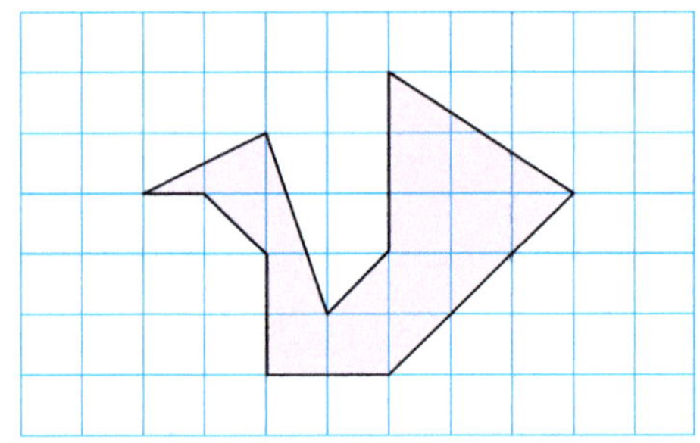

30 Calcula l'àrea de les figures proposades. Ajuda't de la quadrícula que hi apareix, agafant-la com a unitat de mesura.

a.
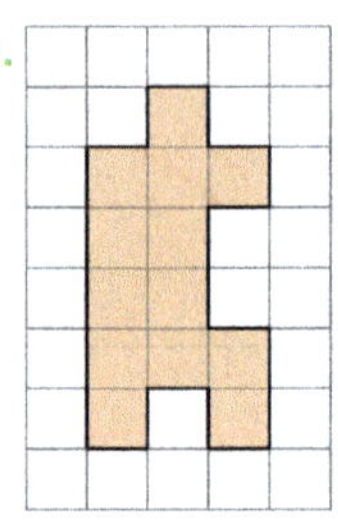

b.
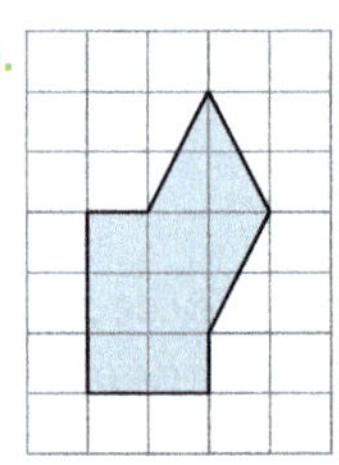

c.
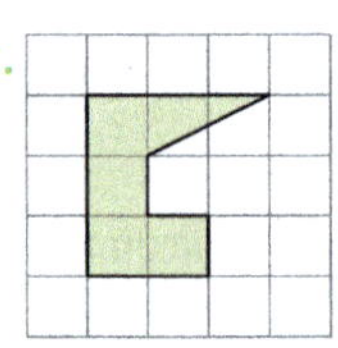

d.
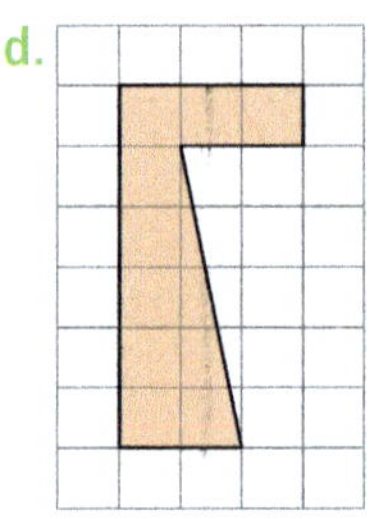

e.
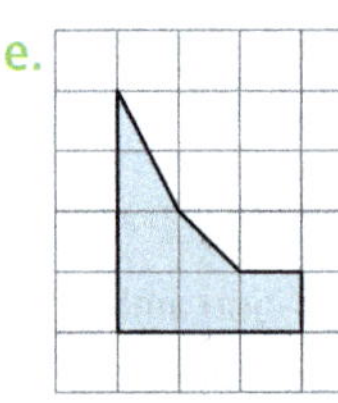

f.
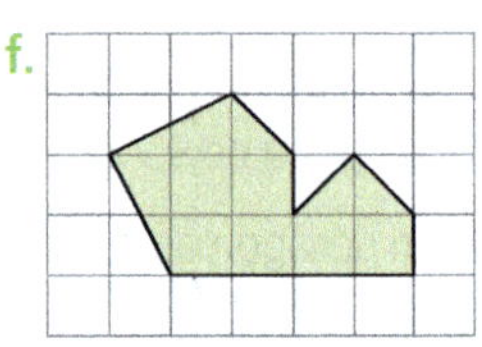

Inventa una figura a partir d'una quadrícula i demana a un company o companya que en calculi l'àrea.

31 Calcula l'àrea de la figura següent:

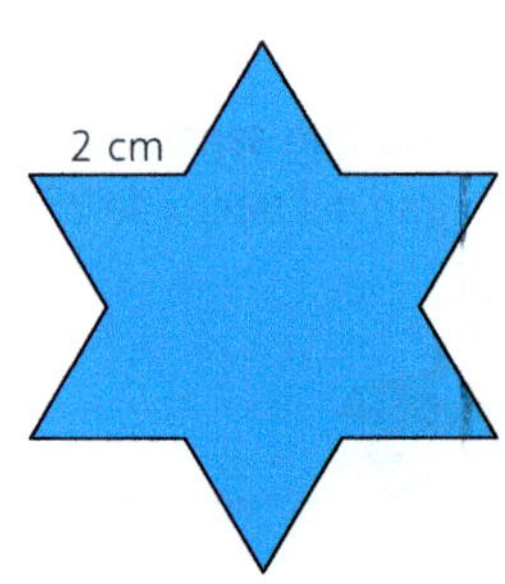

32 Obtingues l'àrea d'aquestes figures com a suma de les àrees de les figures que les componen. Per fer-ho, agafa la quadrícula com a unitat de mesura.

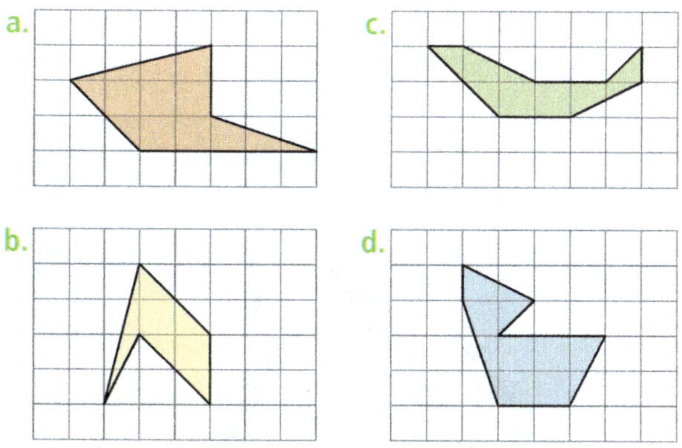

33 Fes servir figures circulars per determinar l'àrea de les que s'il·lustren tot seguit, prenent la quadrícula com a unitat de mesura:

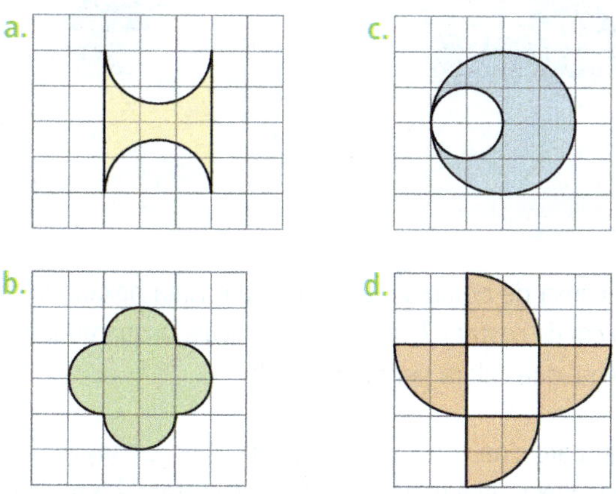

34 Descompon aquestes figures i calcula'n l'àrea, adoptant la quadrícula com a unitat de mesura:

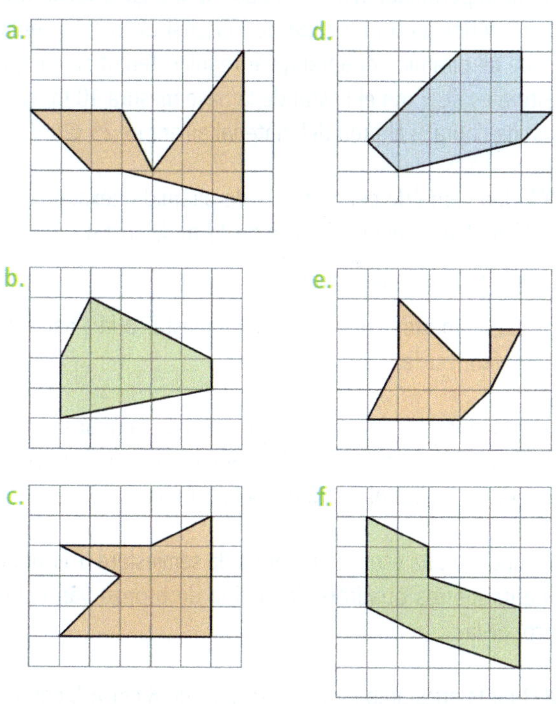

Comprova amb els teus companys i companyes si heu fet els mateixos passos per conèixer l'àrea en cada cas.

35 Determina l'àrea i el perímetre de la figura següent:

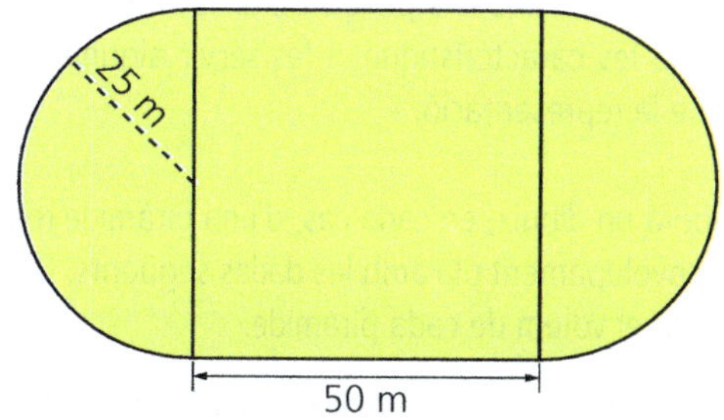

A les competicions d'atletisme, els qui hi participen surten de diferents posicions per compensar l'avantatge que suposa anar per un carrer interior. Imagina que el perímetre de la figura representa un carrer d'una pista d'atletisme i que un altre carrer està un metre cap a l'exterior. Quants metres s'hauria d'avançar l'atleta d'aquesta pista exterior per recórrer la mateixa distància en una volta?

36 ⊞ Calcula l'àrea de les figures proposades, prenent la quadrícula com a unitat de mesura.

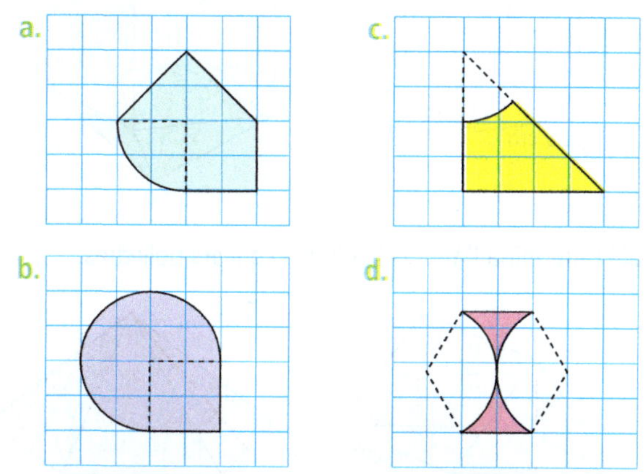

37 Determina l'àrea de les figures següents:

a. Un hexaedre l'aresta del qual mesura 5 cm.
b. Un tetraedre l'aresta del qual mesura 6 cm.
c. Un octaedre l'aresta del qual mesura 4 cm.
d. Un dodecaedre l'aresta del qual mesura 8 cm.
e. Un icosaedre l'aresta del qual mesura 15 cm.

38 Calcula l'àrea i el volum d'aquests prismes:

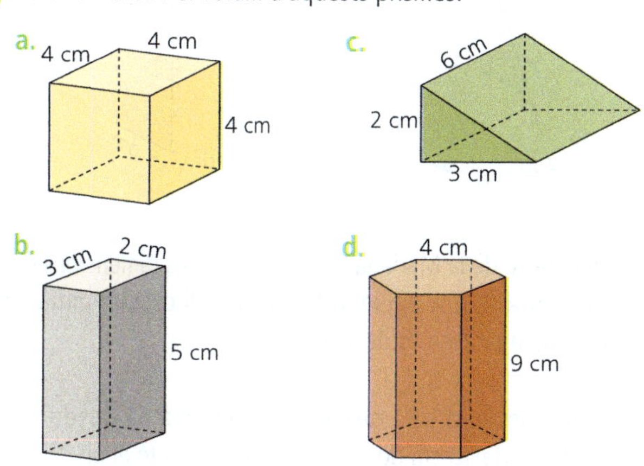

39 Investiga sobre un tipus de poliedres anomenats *semiregulars* i un subgrup d'aquests poliedres, els sòlids arquimedians. Descriu-ne les característiques i fes servir alguna eina digital per fer-ne la representació.

40 Elabora un dibuix, en cada cas, d'una piràmide regular i del seu desenvolupament pla amb les dades següents. Després, calcula l'àrea i el volum de cada piràmide.

a. Base quadrada de 8 cm de costat i 10 cm d'altura.

b. Base quadrada de 6 cm de costat i l'apotema de la piràmide de la qual fa 7 cm.

c. Base hexagonal de 6 cm de costat i 9 cm d'altura.

41 Calcula el volum d'aquestes figures:

a.

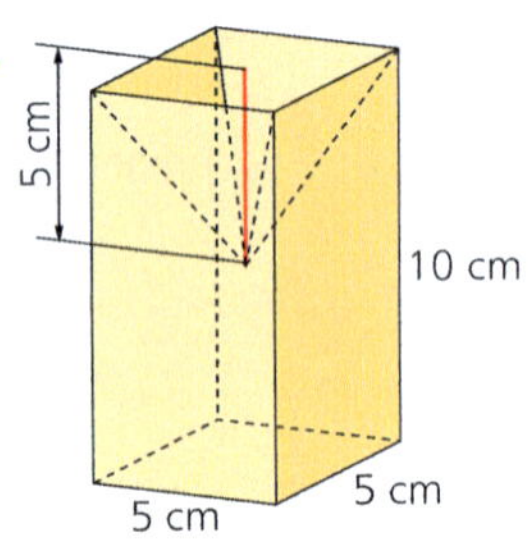

b.

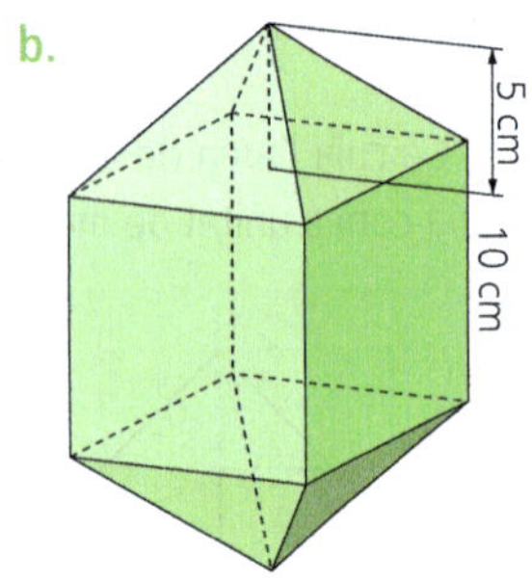

42 Determina l'àrea i el volum d'aquests poliedres:

a.

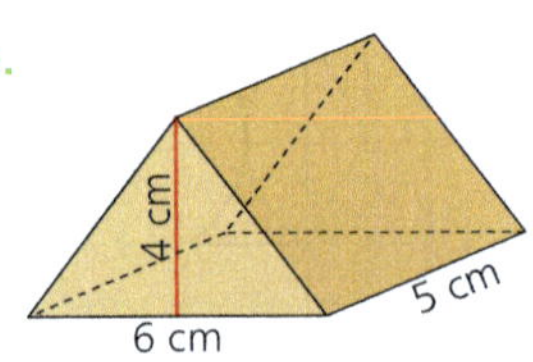

d.

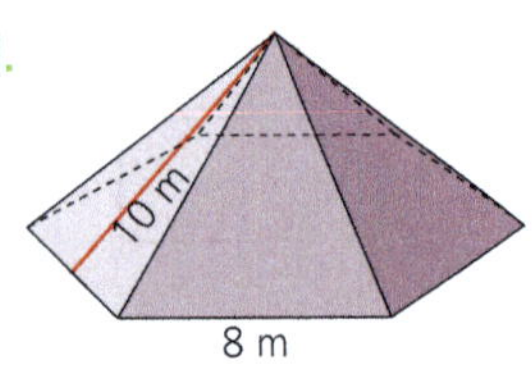

b.

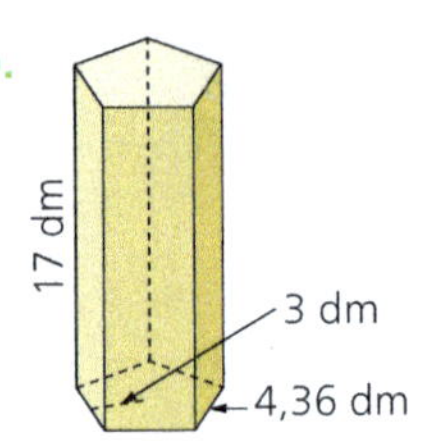

e.

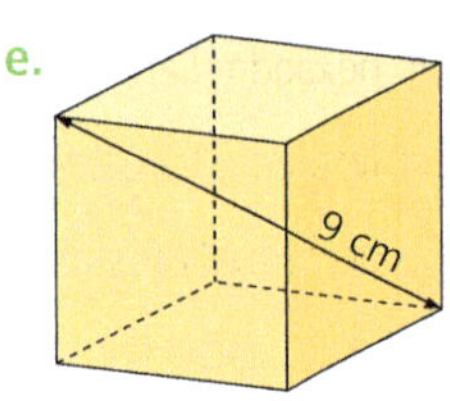

c.

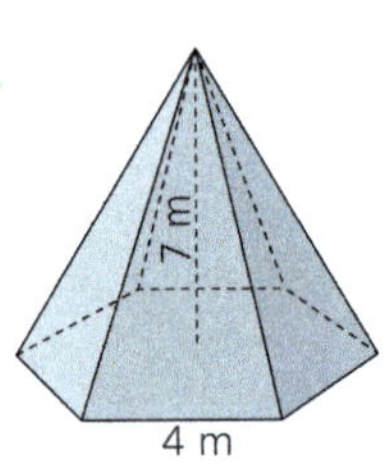

f.

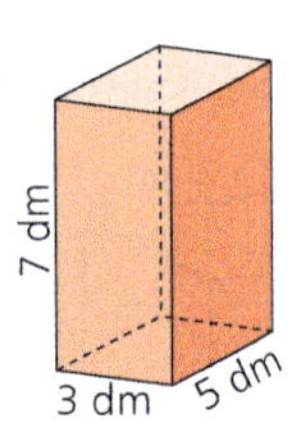

43 L'habitació de la Mariana és un ortoedre les dimensions del qual són 3 m × 4 m × 2,5 m. Esbrina quant li costarà pintar-la si el preu de la pintura és de 4 €/m².

44 Un bric de llet d'1,5 L de capacitat té forma d'ortoedre de base quadrada de 10 cm de costat. Quina altura té el bric?

45 La piràmide de Kukulkan, al complex de Chichén Itzá (Yucatán, Mèxic), és una piràmide quadrangular regular de 30 m d'altura i una base de 55,3 m de costat. Calcula el volum de la piràmide.

46 Una capsa de bombons té forma de prisma hexagonal regular de 8 cm de costat i 7 cm d'altura. Calcula la quantitat de paper de regal que caldrà per embolicar-la.

47 En un parc s'ha construït per als ànecs un estany en forma de prisma hexagonal regular de 10 m de costat i 2,5 m de profunditat. Calcula els litres d'aigua que es necessiten per omplir-lo.

48 Es vol impermeabilitzar la teulada d'una casa recobrint-ne la cara interior amb una capa de material aïllant. La teulada té forma de piràmide quadrangular regular. Tenint en compte que l'altura és de 3 m i el costat de la base mesura 10 m, calcula el cost de l'obra si el preu del material aïllant és 25 €/m².

49 Una carpa de circ té forma de piràmide hexagonal regular de 15 m d'apotema i una base de 12 m de costat.

a. Quina altura té la carpa?

b. Quants metres quadrats de lona plastificada s'han fet servir per fabricar-la?

50 Calcula el volum del cos generat quan es fa girar un rectangle de 4 cm × 3 cm pel costat llarg. Repeteix els càlculs per al cos generat fent girar el rectangle pel costat curt.

51 La cúpula d'una església té forma de semiesfera d'11 m de radi. Quants metres quadrats de làmina de bronze van caldre per recobrir-la?

52 Quants brics amb unes dimensions de 8 cm × 5 cm × 25 cm es poden omplir amb el contingut d'un dipòsit cilíndric de 10 m de diàmetre i 3 m d'altura?

53 Calcula l'àrea i el volum dels cossos de revolució següents:

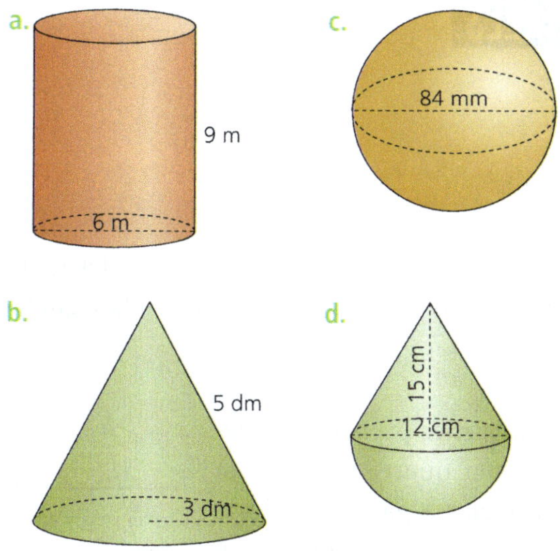

54 Determina el volum dels cossos de revolució generats per les figures següents, agafant la quadrícula com a unitat de referència:

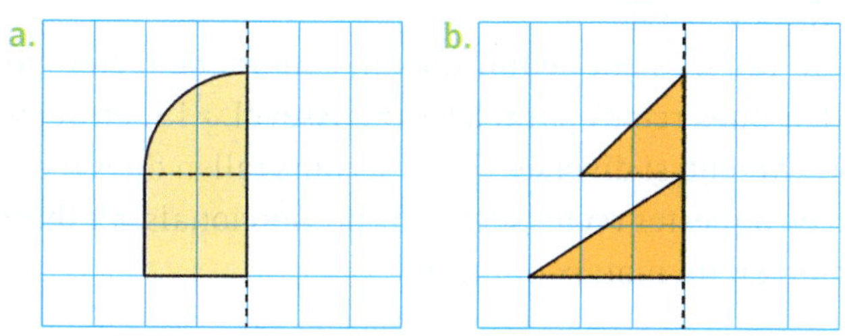

55 Calcula quin és el radi d'una pilota de platja que té un volum de 100 L. Quina quantitat de goma, en metres quadrats, s'ha fet servir per fabricar-la?

56 Quina capacitat té un embut cònic de 16 cm de diàmetre i 10 cm de generatriu?

57 Una peixera esfèrica de 30 cm de diàmetre té $\frac{4}{5}$ parts plenes d'aigua. Calcula, en litres, la quantitat d'aigua que conté.

58 Una fàbrica d'envasament prepara paquets de cartró en forma cònica de 30 cm d'altura i 25 cm de diàmetre; quants centímetres quadrats de cartró s'empren per paquet, incloent-hi la tapa?

59 Fixa't en aquest dipòsit d'oli:

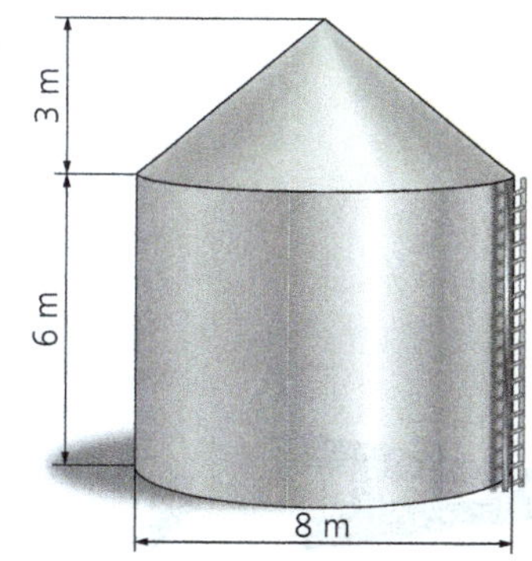

a. Quants litres d'oli pot contenir?

b. Quants metres quadrats de xapa d'acer han calgut per fabricar el dipòsit d\'oli?

60 Una fàbrica comercialitza sopa en dos tipus d'envasos:

- Brics de mida petita en forma d'ortoedre amb unes dimensions de 10 cm × 5 cm × 5 cm.
- Llaunes cilíndriques de 5 cm de radi.

a. Calcula l'altura que ha de tenir cada llauna per contenir la mateixa quantitat de sopa que el bric.

b. Suposant que el preu del metre quadrat del material amb el qual es fabrica cada tipus d'envàs és el mateix, quin dels dos surt més econòmic?

61 Quina latitud tenen tots els punts situats sobre l'equador?

62 On estan localitzats tots els punts del planeta que tenen 0° de longitud?

63 Quines són les coordenades geogràfiques del pol nord? I les del pol sud?

64 Si dos llocs de la Terra estan situats al mateix meridià, quina coordenada geogràfica tenen igual? I si estan situats al mateix paral·lel?

65 Amb un company o companya, fes un treball de recerca sobre el meridià de Greenwich. Indica des de quin any es considera meridià zero, per quins llocs passa, quins monuments s'hi han erigit i tota la informació que consideris rellevant. Preparareu una presentació amb la informació recollida.

66 Amb l'ajuda de Google Earth, determina en quines coordenades ets ara mateix i després busca les coordenades de, com a mínim, tres llocs emblemàtics del món.

67 Cerca un lloc de la Terra que estigui 90° més a l'oest de la teva localització.

a. Assenyala a quantes hores solars de diferència està de la teva ubicació.

b. Coincideix l'hora solar amb l'oficial d'aquest lloc?

8 SEMBLANÇA

1 /// TEOREMA DE TALES

Practiquem i avancem 1-8

El teorema de Tales estableix que:

> Si dues rectes, r i s, són tallades per un conjunt de rectes paral·leles, els segments resultants en una de les rectes són proporcionals als segments obtinguts a l'altra.

Siguin dues rectes qualssevol, r i s, es prenen dos segments de r, $\overline{AB}$ i $\overline{CD}$, formats per quatre punts de la recta. Si es tracen rectes paral·leles a partir d'aquests punts, a s es formaran dos segments més, $\overline{A'B'}$ i $\overline{C'D'}$, que seran proporcionals als primers. Així, es verifica que:

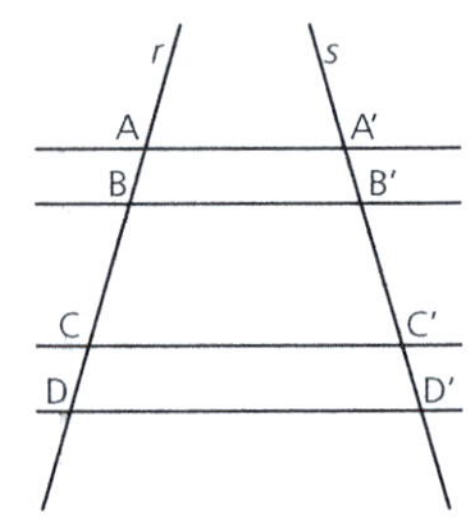

$$\frac{\overline{AB}}{\overline{A'B'}} = \frac{\overline{BC}}{\overline{B'C'}} = \frac{\overline{CD}}{\overline{C'D'}}$$

A partir del teorema de Tales, es pot deduir que un conjunt de rectes amb un punt en comú, O, tallen dues rectes paral·leles qualssevol, r i s, en segments proporcionals. Recíprocament, si diverses rectes secants tallen dues rectes paral·leles, r i s, i formen en aquestes rectes segments proporcionals, aleshores les rectes secants concorren en un mateix punt, O.

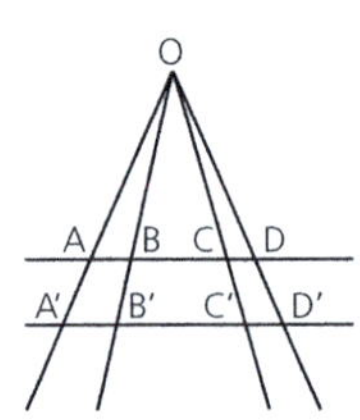

$$\frac{\overline{OA}}{\overline{AA'}} = \frac{\overline{OB}}{\overline{BB'}} = \frac{\overline{OC}}{\overline{CC'}} = \frac{\overline{OD}}{\overline{DD'}}$$

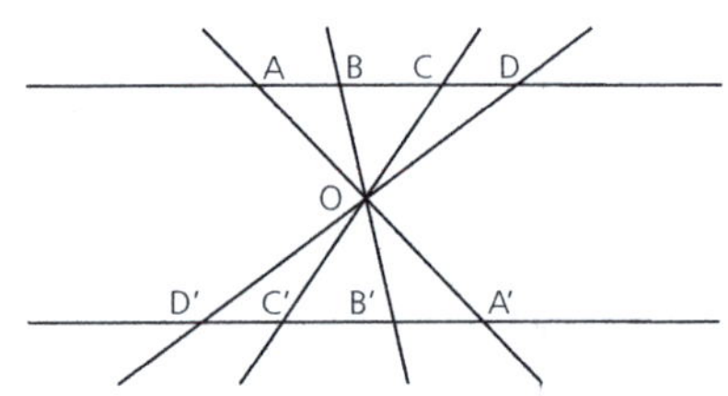

$$\frac{\overline{OA}}{\overline{OA'}} = \frac{\overline{OB}}{\overline{OB'}} = \frac{\overline{OC}}{\overline{OC'}} = \frac{\overline{OD}}{\overline{OD'}}$$

També es dedueix que: $\frac{\overline{OA}}{\overline{OA'}} = \frac{\overline{AB}}{\overline{A'B'}} = \frac{\overline{BC}}{\overline{B'C'}} = \frac{\overline{CD}}{\overline{C'D'}}$.

Activitat resolta

Calcula el valor de les incògnites de la figura següent:

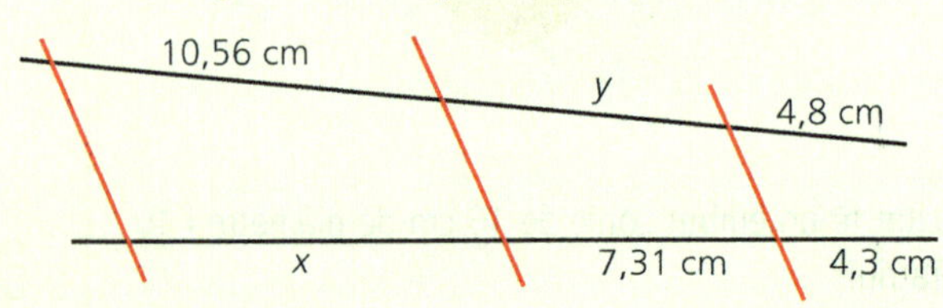

Pel teorema de Tales s'obté la relació següent entre els segments formats:

$$\frac{10{,}56}{x} = \frac{y}{7{,}31} = \frac{4{,}8}{4{,}3}$$

Per calcular el valor de x i y, s'igualen dues a dues les relacions, de manera que s'estableixen dues proporcions:

$$\frac{10{,}56}{x} = \frac{4{,}8}{4{,}3} \Rightarrow x = 9{,}46 \text{ cm} \qquad \frac{y}{7{,}31} = \frac{4{,}8}{4{,}3} \Rightarrow y = 8{,}16 \text{ cm}$$

2 /// FIGURES SEMBLANTS

Practiquem i avancem 9-17

Dues figures són **semblants** si tenen la mateixa forma, però diferent mida.

Els elements d'una figura que es corresponen amb els d'una altra figura semblant a la primera reben el nom d'**elements homòlegs**. Així, doncs:

Els angles iguals disposats de la mateixa manera en figures semblants s'anomenen **angles homòlegs**.

Els vèrtexs dels angles homòlegs a les figures semblants s'anomenen **vèrtexs homòlegs (o punts homòlegs)**.

Els costats que uneixen els vèrtexs homòlegs reben la denominació de **costats homòlegs (o segments homòlegs)**.

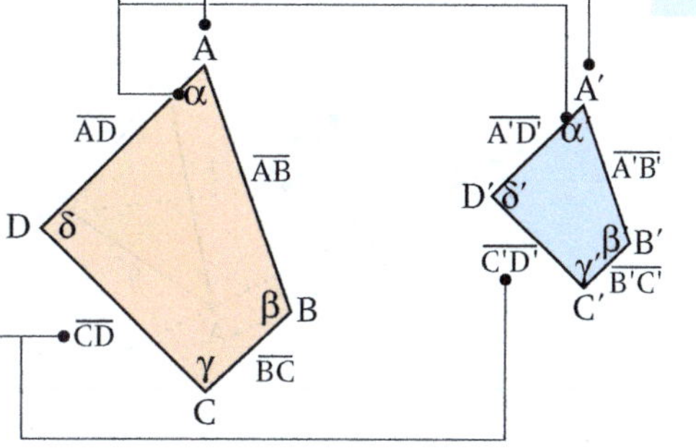

El quocient entre les longituds dels costats homòlegs rep el nom de **raó de semblança**, ***r***.

$$r = \frac{\overline{A'B'}}{\overline{AB}} = \frac{\overline{B'C'}}{\overline{BC}} = \frac{\overline{C'D'}}{\overline{CD}} = \ldots$$

Activitat resolta

Estudia si les figures següents són semblants. En cas afirmatiu, calcula la raó de semblança que permet obtenir la segona figura a partir de la primera.

a.

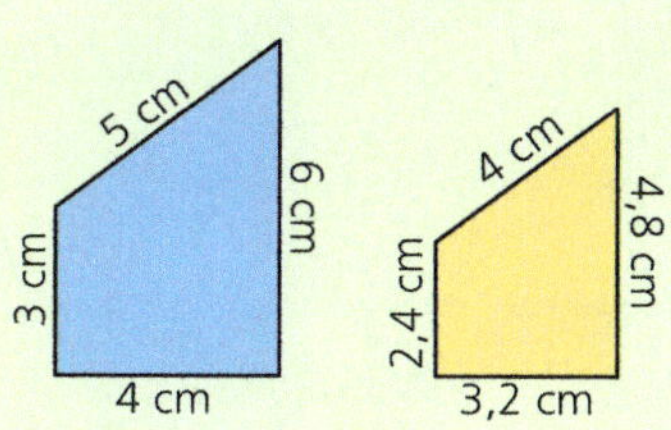

b.

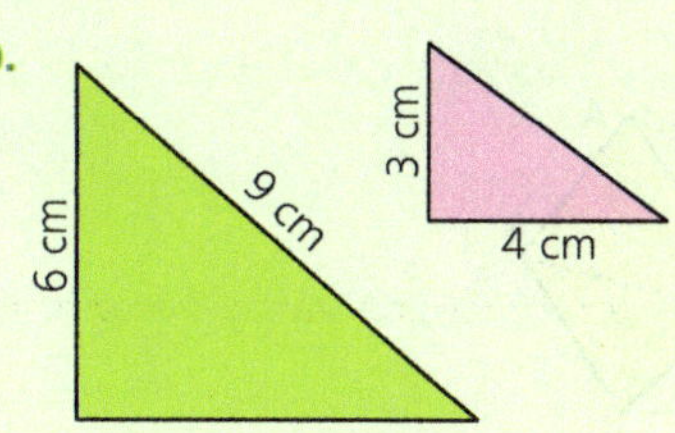

a. Per saber si són semblants, es comprova que es compleix la igualtat següent:

$$\frac{3}{2,4} = \frac{4}{3,2} = \frac{6}{4,8} = \frac{5}{4}$$

Es pot concloure, doncs, que són dues figures semblants. A més, la raó de semblança, *r*, és:

$$r = \frac{3}{2,4} = \frac{4}{3,2} = \frac{6}{4,8} = \frac{5}{4} = 1,25$$

b. Cal tenir dos costats homòlegs per poder saber si es tracta d'una figura semblant. Amb aquesta finalitat, es determina la hipotenusa del segon triangle:

$$h^2 = 3^2 + 4^2 \Rightarrow h = 5 \text{ cm}$$

Es constata que no són semblants, perquè $\frac{3}{6} \neq \frac{5}{9}$.

Activitat resolta

Un rectangle els costats del qual mesuren 3 cm i 5 cm, respectivament, és semblant a un altre el costat petit del qual mesura 12 cm. Calcula la raó de semblança entre els dos i la mida del costat gran del segon rectangle.

La raó de semblança s'obté fent el càlcul del quocient entre les longituds dels costats homòlegs. En aquest cas, com que només es coneix un costat d'un dels rectangles:

$$r = \frac{12}{3} = 4$$

Per tant, la raó de semblança és 4. Ara estem en disposició de calcular la mesura de l'altre costat:

$$5 \cdot r = 5 \cdot 4 = 20 \text{ cm}$$

Construcció d'un polígon semblant a un altre de donat

1 Es pren un punt, O, exterior al polígon i es tracen les semirectes que passen pel punt i per cadascun dels vèrtexs del polígon:

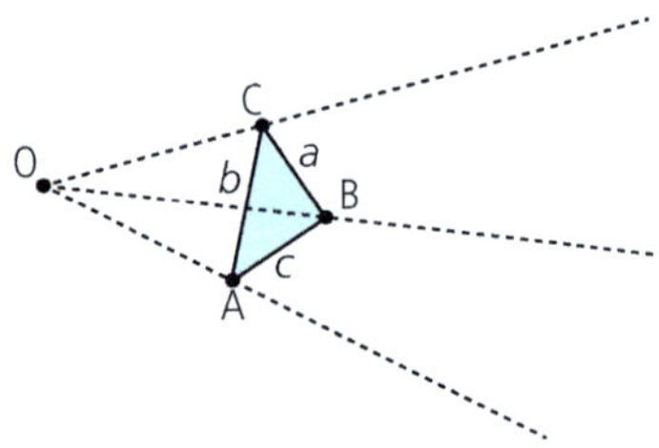

2 Es dibuixa el punt A' mitjançant la relació $r = \frac{\overline{OA'}}{\overline{OA}}$, atès que es coneixen r i $\overline{OA}$:

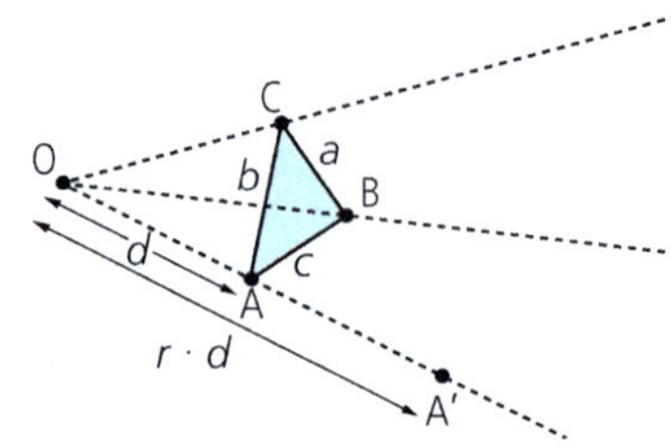

3 A partir del punt A', es traça un segment paral·lel al segment c que passi per A', i així s'obtenen c' i B'. Es repeteix el procés, traçant paral·leles a cadascun dels segments fins a completar el polígon semblant:

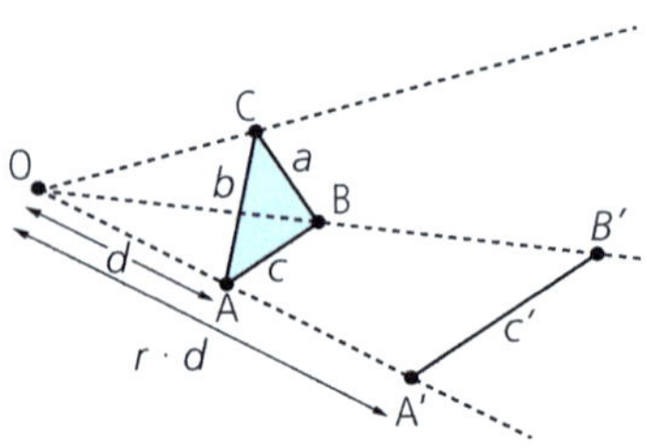

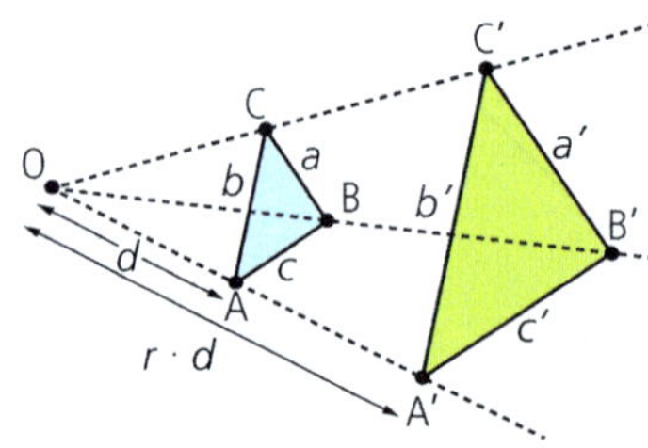

Activitat resolta

Dibuixa un quadrilàter semblant al donat amb raó de semblança 2.

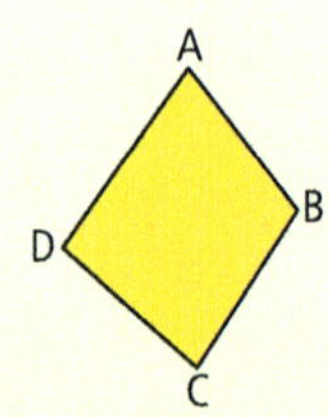

1 En primer lloc es pren un punt exterior al quadrilàter, que estigui, per exemple, a 4 cm de A, i es tracen les semirectes que passen per aquest punt i per cadascun dels vèrtexs.

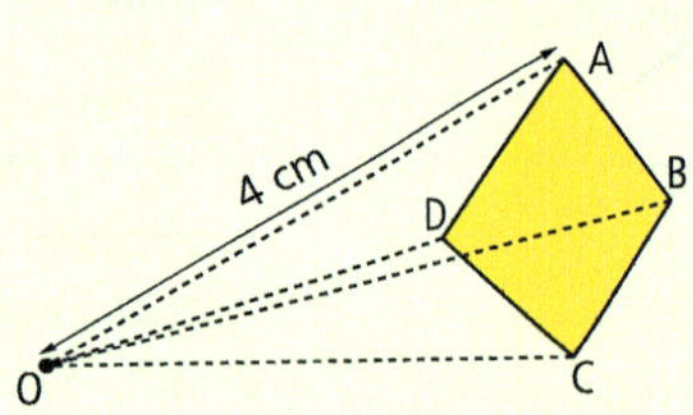

2 Es pot obtenir la distància del segment $\overline{OA'}$, tenint en compte que $r = 2$ i $\overline{OA} = 4$:

$$r = \frac{\overline{OA'}}{\overline{OA}} \Rightarrow 2 = \frac{\overline{OA'}}{4} \Rightarrow \overline{OA'} = 8$$

3 Finalment, es traça una línia paral·lela a $\overline{AB}$ des del punt A'. El punt de tall amb la recta $\overline{OB}$ determina el punt B'. Es procedeix així successivament fins a completar el quadrilàter:

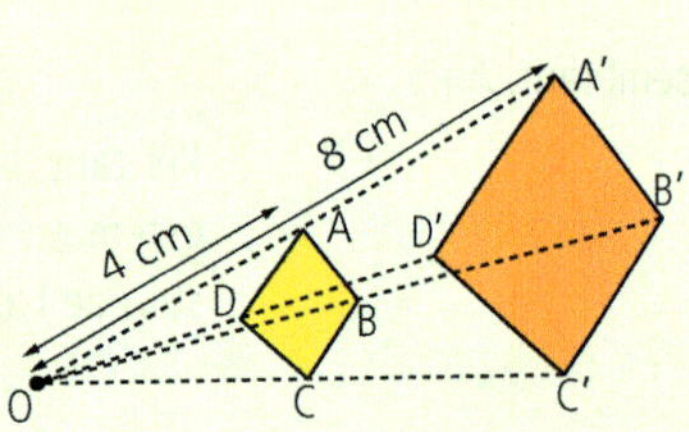

Observa

Quan es fa una translació, un gir o una simetria d'una figura en el pla, se n'obté una altra amb les mateixes dimensions. Aquest tipus de figures s'anomenen **figures congruents**.

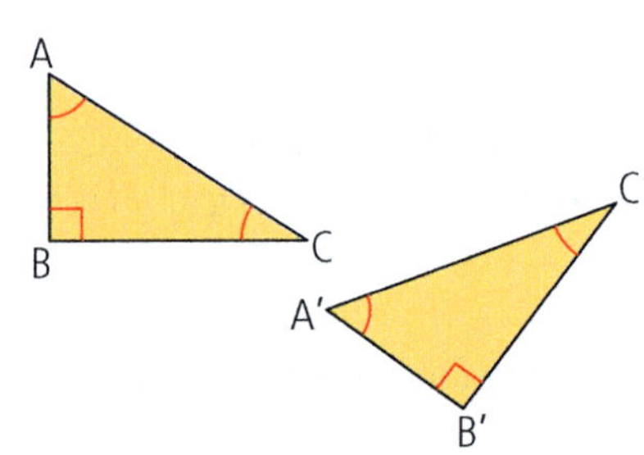

2.1 ESCALES

Per representar objectes molt grans o molt petits, se'n solen reduir o augmentar les dimensions de manera proporcional. Així s'obté un objecte a escala, **semblant a l'objecte real**. Els plànols, els mapes i les maquetes són exemples d'objectes a escala.

Escala numèrica

S'anomena **escala numèrica** la raó de semblança que hi ha entre el valor de la mesura de la figura representada i el de la figura real, tots dos en la mateixa unitat:

$$\text{Escala} = \frac{\text{longitud en la representació}}{\text{longitud real}}$$

La **raó de semblança** en una escala es designa com a **1:*n***. Aquesta expressió significa que a cada unitat del dibuix hi corresponen *n* unitats de la realitat. Per tant, l'escala és adimensional.

Activitat resolta

Sabent que la maqueta d'un automòbil s'ha fet a escala 1:43, respon les preguntes que segueixen:

a. Si en la realitat el cotxe mesura 4,73 m de llargada, quina és la longitud del vehicle a la maqueta?

b. Si la maqueta de l'automòbil té una alçària de 3 cm, quina és l'alçària del vehicle en la realitat?

a. Que una maqueta sigui a escala 1:43 significa que la raó de semblança que s'ha aplicat per dur-la a terme és $r = \frac{1}{43}$, és a dir que, si el cotxe real mesura 4,73 m de llargada, la maqueta mesura:

$$4{,}73 \cdot \frac{1}{43} = 0{,}11 \text{ m} = 11 \text{ cm}$$

La maqueta del cotxe té, doncs, 11 cm de llargada.

b. De la mateixa manera, l'escala 1:43 també indica que una unitat en el dibuix equival a 43 unitats en la realitat, i per això cada mesurament efectuat en la maqueta s'ha de multiplicar per 43 per obtenir la mesura en la realitat. D'aquesta manera, si la maqueta del vehicle té una alçària de 3 cm, aleshores:

$$3 \cdot 43 = 129 \text{ cm} = 1{,}29 \text{ m}$$

El cotxe mesura 1,29 m d'alçària.

Escala gràfica

Als mapes, a més d'aplicar escales numèriques, s'empren mitjans gràfics, com el **segment graduat** de la figura. D'aquesta manera, qualsevol segment que es consideri al mapa que tingui una longitud igual a la que apareix al segment graduat mesura en la realitat la quantitat que s'indica a l'escala.

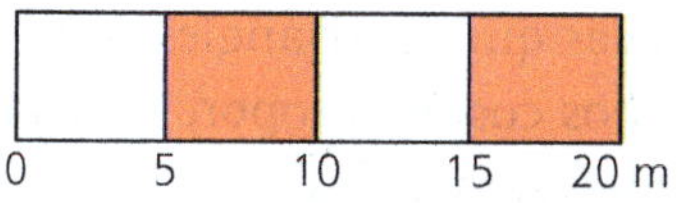

3 /// SEMBLANÇA DE TRIANGLES

Practiquem i avancem 18-24

> Dos triangles són **semblants** si tenen els angles homòlegs iguals i els costats homòlegs proporcionals.

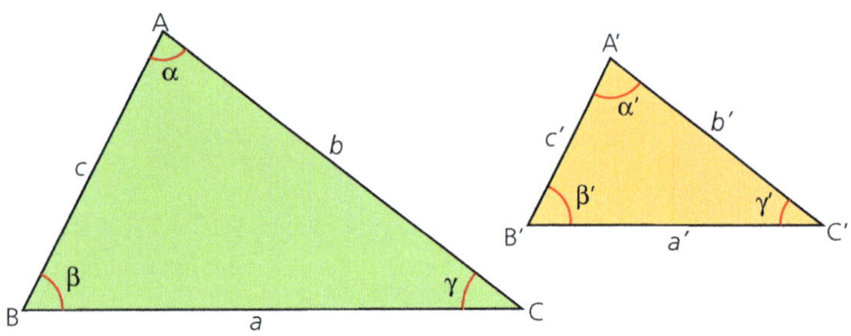

$$\alpha = \alpha' \qquad \beta = \beta' \qquad \gamma = \gamma'$$

$$\frac{a}{a'} = \frac{b}{b'} = \frac{c}{c'}$$

Criteris de semblança de triangles

Els criteris de semblança de triangles són un conjunt de condicions que, si se'n compleix almenys una, garanteixen que aquests triangles són semblants. Hi ha tres criteris de semblança de triangles:

Criteri 1

Dos triangles són semblants si els costats homòlegs són proporcionals:

$$\frac{\overline{AB}}{\overline{A'B'}} = \frac{\overline{BC}}{\overline{B'C'}} = \frac{\overline{CA}}{\overline{C'A'}}$$

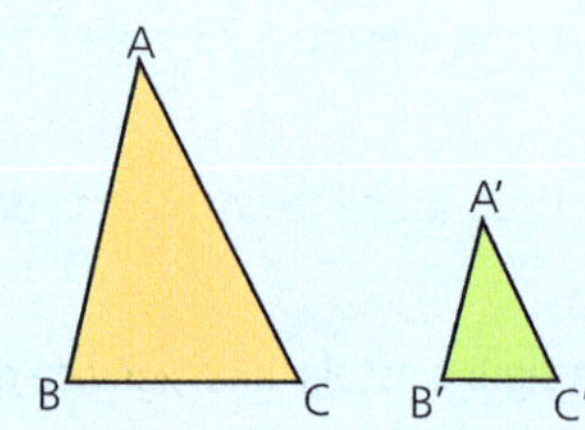

Criteri 2

Dos triangles són semblants si dos dels angles homòlegs són iguals:

$$\alpha = \alpha' \text{ i } \beta = \beta'$$

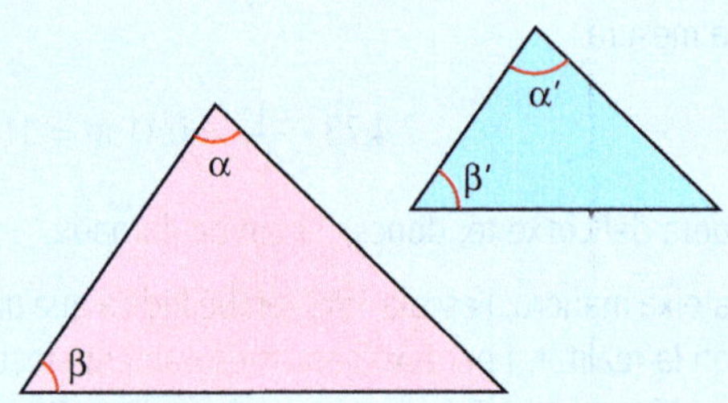

Criteri 3

Dos triangles són semblants si dos dels costats homòlegs són proporcionals i l'angle que comprenen és igual:

$$\frac{\overline{AB}}{\overline{A'B'}} = \frac{\overline{CA}}{\overline{C'A'}} \text{ i } \alpha = \alpha'$$

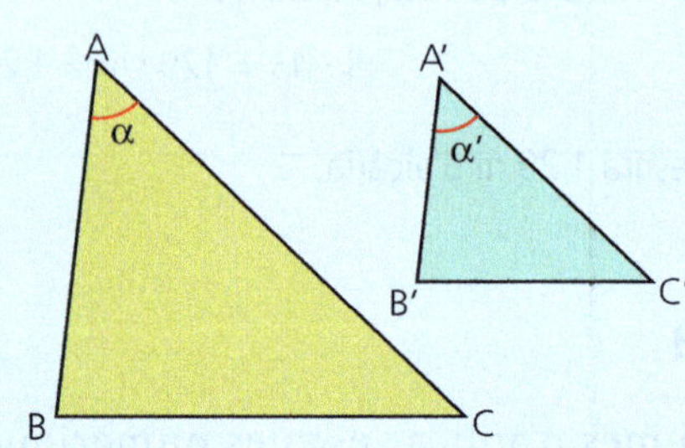

En el cas que els triangles comparats siguin rectangles, n'hi ha prou que tinguin dos costats proporcionals o un angle agut igual per concloure que són triangles semblants.

Activitat resolta

Indica si els triangles següents són semblants:

a.

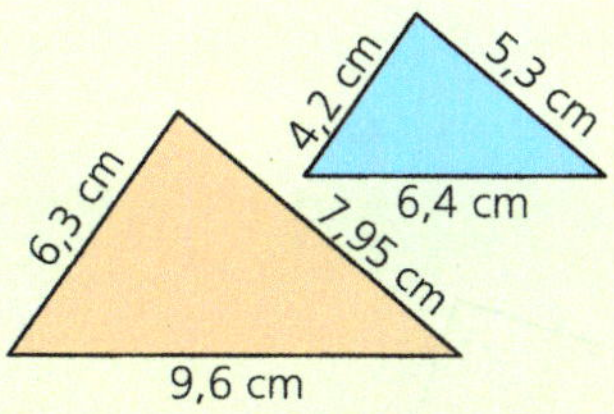

b.

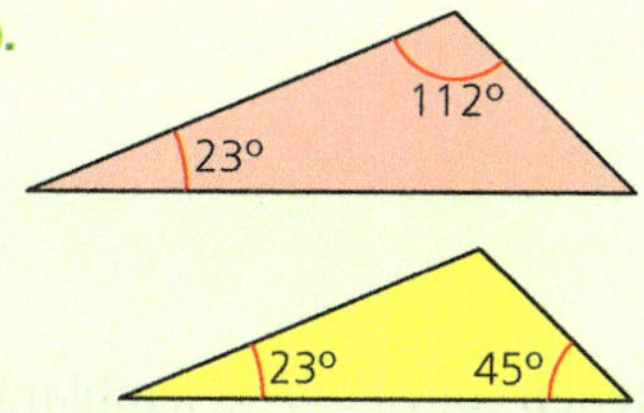

c.

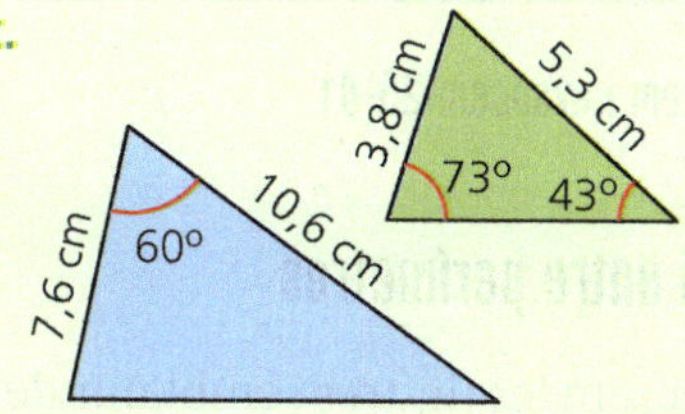

a. Com que es coneixen els tres costats dels dos triangles, es comprova si són proporcionals:

$$\frac{4,2}{6,3} = \frac{5,3}{7,95} = \frac{6,4}{9,6} = \frac{2}{3}$$

Per tant, atès que es compleix el criteri 1, els dos triangles són semblants.

b. En aquest cas, només es coneixen dos angles de cadascun dels triangles. Dos dels angles homòlegs són iguals, i també n'hi hauria prou que dos angles més homòlegs coincidissin. Per això, es calcula l'angle que falta d'un dels dos triangles:

$$\beta' = 180° - 23° - 45° = 112°$$

Així, doncs, aplicant el criteri 2, com que $\alpha = \alpha'$ i $\beta = \beta'$, es pot deduir que els triangles són semblants.

c. Amb les dades observades als triangles, s'estableix que:

$$\frac{3,8}{7,6} = \frac{5,3}{10,6}$$

Per veure si es compleix el criteri 3, es pot comprovar si són iguals els angles formats pels costats que són proporcionals. Se sap que l'angle és $\gamma' = 60°$. Per tant, faltaria conèixer γ, l'angle format pels costats homòlegs:

$$\gamma = 180° - 73° - 43° = 64°$$

Com que $\gamma \neq \gamma'$, aquests triangles no són semblants, perquè no es compleix el criteri 3.

Triangles en posició de Tales

Es diu que dos triangles estan en posició de Tales si tenen un angle comú i els costats oposats a aquest angle són paral·lels.

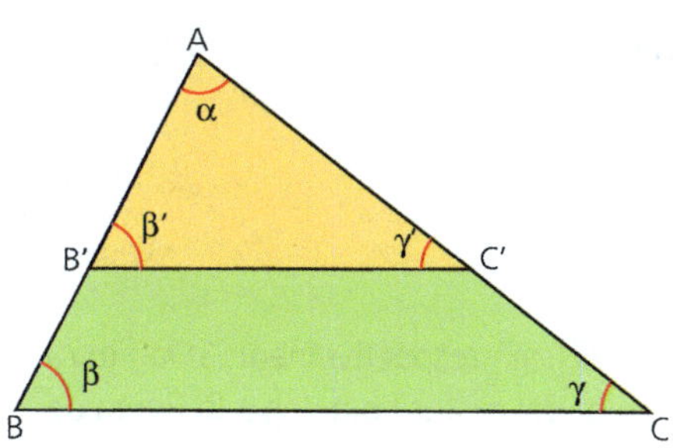

Els triangles en posició de Tales sempre són semblants.

Es pot observar, pel teorema de Tales, que els segments que formen els triangles són proporcionals:

$$\frac{\overline{AC}}{\overline{AC'}} = \frac{\overline{AB}}{\overline{AB'}} = \frac{\overline{BC}}{\overline{B'C'}}$$

A més, els angles homòlegs són iguals, ja que estan formats per un angle comú i els altres costats paral·lels:

$$\beta = \beta' \qquad \gamma = \gamma'$$

Activitat resolta

Determina el valor de *a* i *b*:

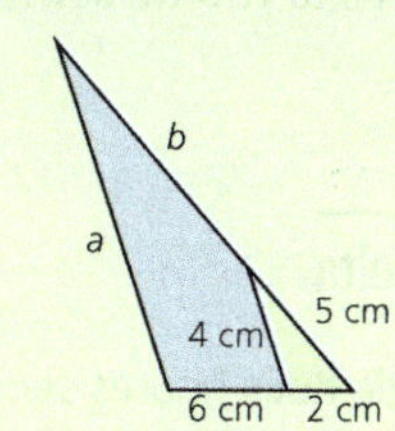

Com que els triangles estan en posició de Tales, són semblants. Per tant:

$$\frac{2+6}{2} = \frac{5+b}{5} = \frac{a}{4}$$

Així, el valor de b es pot obtenir:

$$\frac{2+6}{2} = \frac{5+b}{5} \Rightarrow b = 15 \text{ cm}$$

De la mateixa manera s'obté el valor de a:

$$\frac{2+6}{2} = \frac{a}{4} \Rightarrow a = 16 \text{ cm}$$

4 /// RELACIÓ ENTRE PERÍMETRES, ÀREES I VOLUMS DE COSSOS SEMBLANTS

Practiquem i avancem 25-41

Relació entre perímetres

Considerem les figures semblants del marge, que tenen com a raó de semblança *r*. Els perímetres són, respectivament, *P* i *P'*.

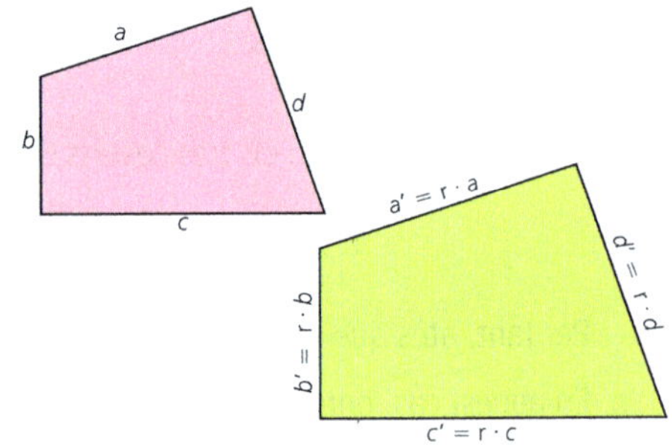

> **La raó de semblança entre els perímetres de figures semblants coincideix amb la raó de semblança, *r*:** $\frac{P'}{P} = r$.

El perímetre P' és determinat per:

$$P' = a' + b' + c' + d' = ra + rb + rc + rd = r \cdot (a + b + c + d) = r \cdot P$$

S'obté, per tant, que *r* és la raó de semblança entre els perímetres:

$$\frac{P'}{P} = r$$

Relació entre àrees

Els rectangles semblants del marge tenen una raó de semblança *r*. Les àrees de les dues figures són, respectivament, *A* i *A'*.

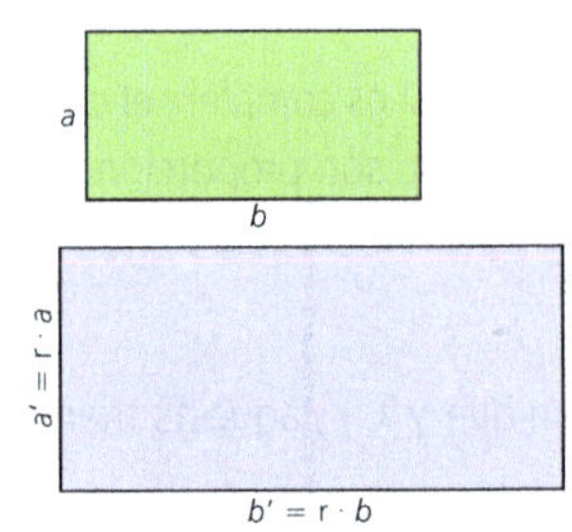

> **La raó de semblança entre les àrees de figures semblants és el quadrat de la raó de semblança, *r*:** $\frac{A'}{A} = r^2$.

En l'exemple del rectangle, l'àrea *A'* és determinada per:

$$A' = a' \cdot b' = (a \cdot r) \cdot (b \cdot r) = (a \cdot b) \cdot (r \cdot r) = a \cdot b \cdot r^2 = A \cdot r^2$$

Per tant, r^2 és la raó de semblança entre àrees:

$$\frac{A'}{A} = r^2$$

Activitat resolta

Les àrees de dues figures semblants són 12 cm^2 i 27 cm^2, respectivament. Si la figura més petita té un costat de *a* = 4 cm, quin és el valor del costat homòleg a la figura de mida més gran?

Primer es calcula la raó de proporcionalitat. Amb les dades donades, la raó es pot obtenir mitjançant les àrees de les dues figures: $r^2 = \frac{27}{12} = \frac{9}{4}$.

Per tant, la raó de semblança entre les dues figures és $r = \sqrt{\frac{9}{4}} = \frac{3}{2}$.

Aplicant aquesta raó al costat donat, *a*, de la figura petita, resulta:

$$a' = \frac{3}{2} \cdot 4 = 6 \text{ cm}$$

Aleshores, el costat de la figura gran mesura 6 cm.

Relació entre volums

Observa les figures semblants del marge, la raó de semblança de les quals és *r*. Els volums de totes dues figures són, respectivament, *V* i *V'*.

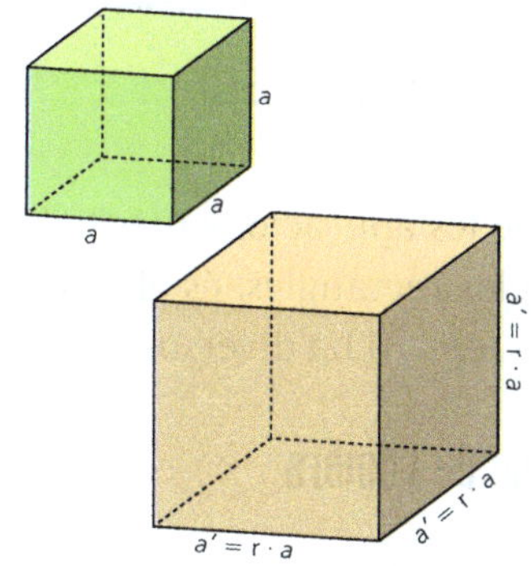

La raó de semblança entre els volums de figures semblants coincideix amb el cub de la raó de semblança, *r*: $\frac{V'}{V} = r^3$.

A l'exemple del cub, el volum *V'* ve determinat per:

$$V' = a' \cdot a' \cdot a' = (a \cdot r) \cdot (a \cdot r) \cdot (a \cdot r) = (a \cdot a \cdot a) \cdot (r \cdot r \cdot r) = a^3 \cdot r^3 = V \cdot r^3$$

D'on s'obté que r^3 és la raó de semblança entre volums:

$$\frac{V'}{V} = r^3$$

Activitats resoltes

1 **Determina les dimensions d'un cilindre semblant al del marge si ha de tenir un volum de 56 m³.**

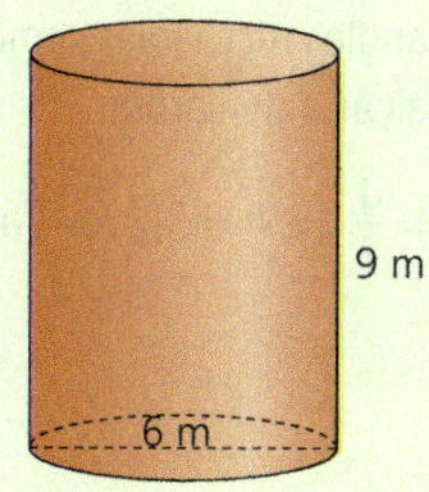

El volum del cilindre donat és:

$$V = \pi \cdot r^2 \cdot h = \pi \cdot 3^2 \cdot 9 = 254{,}469 \text{ m}^3$$

Per tant, la raó de semblança entre els volums és:

$$r^3 = \frac{56}{254{,}469} = 0{,}22$$

D'aquí s'obté la raó de proporcionalitat dels cilindres:

$$r = \sqrt[3]{0{,}22} = 0{,}604$$

Les dimensions del cilindre semblant són:

- Diàmetre de la base $\rightarrow d' = 0{,}604 \cdot 6 = 3{,}624$ m
- Altura $\rightarrow h' = 0{,}604 \cdot 9 = 5{,}436$ m

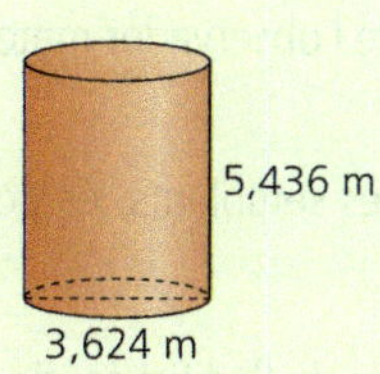

Es pot comprovar que, efectivament, el volum d'aquest nou cilindre és de 56 m³:

$$V' = \pi \cdot r'^2 \cdot h' = \pi \cdot 1{,}812^2 \cdot 5{,}436 = 56 \text{ m}^3$$

2 **Calcula l'àrea de les bases i els volums de les figures del marge, i també la raó de semblança, i comprova'n la relació amb les àrees i els volums.**

L'àrea de la base del cub petit és $A_{base} = c \cdot c = 5 \cdot 5 \Rightarrow A_{base} = 25$ cm², i la del cub gran, $A'_{base} = c \cdot c = 16 \cdot 16 \Rightarrow A'_{base} = 256$ cm².

D'altra banda, el volum del cub petit és $V = c \cdot c \cdot c = 5 \cdot 5 \cdot 5 \Rightarrow V = 125$ cm³, i el del cub gran, $V' = c \cdot c \cdot c = 16 \cdot 16 \cdot 16 \Rightarrow V = 4\,096$ cm³.

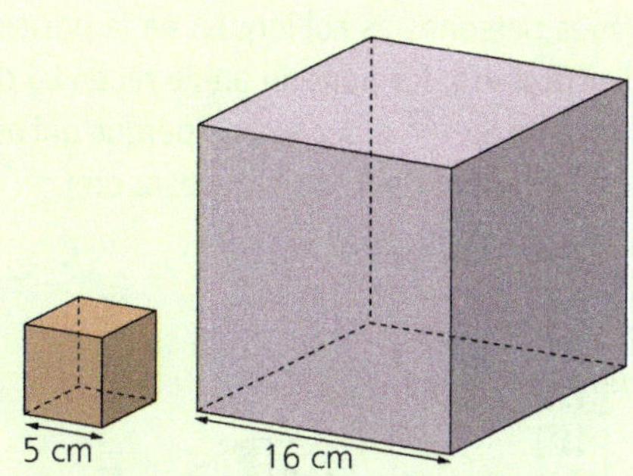

Per tant, es pot calcular la raó de proporcionalitat de les figures a partir de la raó de semblança de les àrees i dels volums:

$$\frac{A'_{base}}{A_{base}} = r^2 \Rightarrow \frac{256}{25} = r^2 \Rightarrow r = 3{,}2$$

$$\frac{V'}{V} = r^3 \Rightarrow \frac{4\,096}{125} = r^3 \Rightarrow r = 3{,}2$$

5 /// APLICACIONS

Practiquem i avancem 42-60

Una de les aplicacions més habituals de la semblança, sobretot en el cas dels triangles rectangles, és el càlcul de l'alçària d'objectes inaccessibles: edificis, arbres, etc. Hi ha diversos mètodes:

Mètode de l'ombra

Activitat resolta

Calcula l'alçària de l'arbre de la imatge.

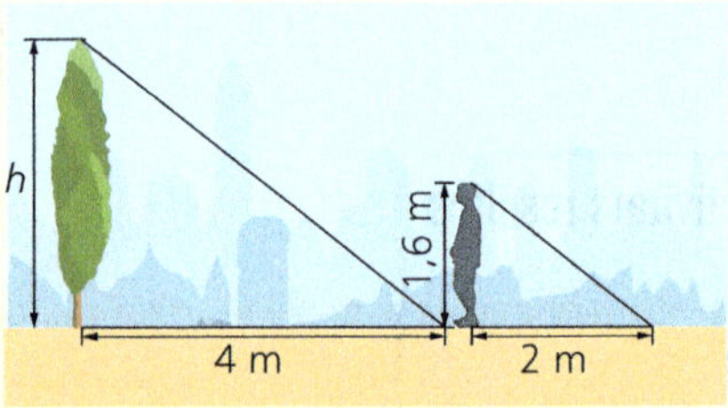

1. Es mesura l'alçària d'un objecte vertical i l'ombra que projecta. En aquest cas, es considera una persona que té una estatura d'1,6 m i projecta una ombra de 2 m de longitud.
2. Tot seguit, es mesura l'ombra que projecta l'arbre i es constata que té una longitud de 4 m.
3. Es formen dos triangles rectangles semblants, i per això es pot obtenir la relació següent per determinar l'alçària de l'arbre:

$$\frac{h}{1,6} = \frac{4}{2} \Rightarrow h = 3,2 \Rightarrow \text{L'arbre mesura, doncs, 3,2 m d'alçària.}$$

Mètode del mirall

Activitat resolta

Calcula l'alçària de l'edifici de la imatge.

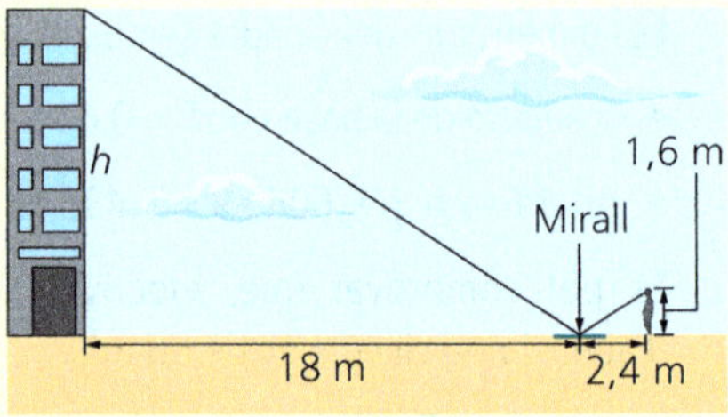

1. Un observador col·loca un mirall a terra davant de l'edifici i se separa del mirall fins que aconsegueix veure-hi reflectida la part superior de l'edifici.
2. Després es mesura la distància del mirall a l'edifici i a l'observador, que és de 18 m i 2,4 m, respectivament, i també l'estatura de l'observador mateix, que en aquest cas és d'1,6 m.
3. Com que es formen dos triangles rectangles semblants, és possible establir la relació següent per calcular l'alçària de l'edifici:

$$\frac{h}{1,6} = \frac{18}{2,4} \Rightarrow h = 12 \Rightarrow \text{L'alçària de l'edifici és, doncs, de 12 m.}$$

Mesurar l'alçària d'una torre amb l'ajuda d'una altra persona

Dues persones es col·loquen en la posició que mostra la imatge: una estirada a terra i l'altra dreta, formant un angle recte. La distància a la qual s'han de situar respecte a la torre ha de ser la necessària perquè qui està estirat vegi just el punt més alt de l'edificació per sobre del cap de qui està dret.

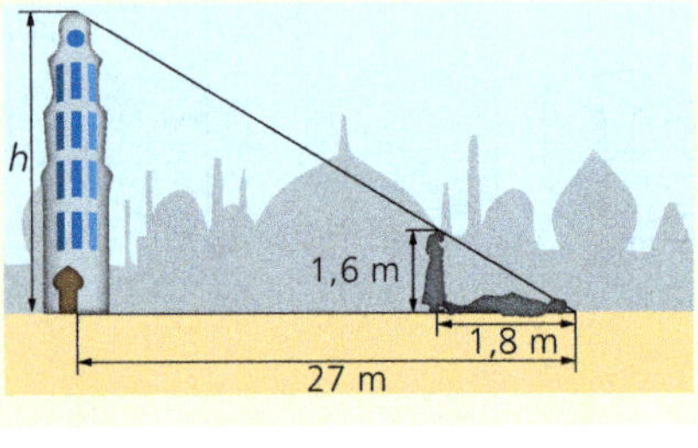

Es fan els mesuraments indicats a la imatge: la distància del peu de la torre a la visual de l'individu estirat, i també les estatures de les dues persones.

Es formen, d'aquesta manera, dos triangles rectangles en posició de Tales, i per això, sabent les estatures de les dues persones:

$$\frac{h}{1,6} = \frac{27}{1,8} \Rightarrow h = 24 \Rightarrow \text{L'alçària de l'edifici és, doncs, de 24 m.}$$

Una altra aplicació de la semblança, molt utilitzada també en nombrosos àmbits, és l'ús de les escales per llegir mapes i plànols i per treballar amb tot tipus de maquetes.

Activitats resoltes

1 **Calcula l'escala a la qual està dibuixat el mapa tenint en compte que entre Torí i Belgrad hi ha 1 000 km de distància. A quina distància estan en la realitat Oviedo i Cracòvia?**

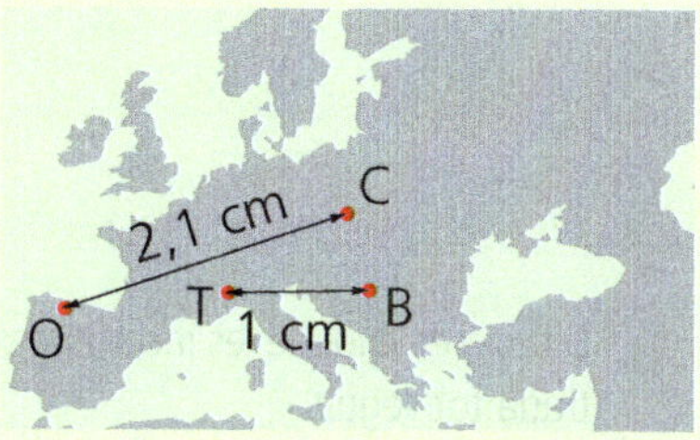

En primer lloc es té en compte que 1 cm equival a 1 000 km = 100 000 000 cm. En conseqüència, cada unitat al mapa equival a 100 000 000 en la realitat. És a dir, el mapa està dibuixat a escala 1:100 000 000.

Com que la distància entre Oviedo i Cracòvia al mapa és de 2,1 cm, la distància real entre les dues ciutats és:

$$2{,}1 \cdot 100\,000\,000 \text{ cm} = 2{,}1 \cdot 1\,000 \text{ km} = 2\,100 \text{ km}$$

2 **El Raimon vol dibuixar la seva habitació a escala en un full de paper quadrat que fa 20 cm de costat. Els mesuraments reals que ha fet són 3,6 m de llargada per 2,2 m d'amplada.**

a. **Quina escala hauria de triar per poder-la dibuixar al seu full?**

b. **Quina mesura faria al paper el seu escriptori si en la realitat té unes dimensions de 90 cm × 120 cm?**

a. Perquè l'habitació pugui cabre al full de paper, la paret més llarga, 3,6 m = 360 cm, hauria de correspondre als 20 cm de costat del full.

Així, es planteja la relació següent per obtenir l'escala:

$$\frac{\text{mesura al paper}}{\text{mesura en la realitat}} = \frac{20}{360} = \frac{1}{18}$$

Per tant, l'escala que hauria de triar el Raimon per aprofitar al màxim el full hauria de ser 1:18 o qualsevol altra inferior que donés com a resultat un dibuix més petit. Perquè sigui més còmode efectuar els càlculs, es podria triar l'escala 1:20.

Així, doncs, l'habitació a escala seria de:

$$\frac{360}{20} \times \frac{220}{20} = 18 \text{ cm} \times 11 \text{ cm}$$

b. Aplicant l'escala 1:20 a la mesura de l'escriptori, resulta que les seves dimensions al paper serien:

$$\frac{90}{20} = 4{,}5 \text{ cm} \qquad \frac{120}{20} = 6 \text{ cm}$$

Per tant, el dibuix de l'escriptori mesuraria 4,5 cm × 6 cm.

Un regle especialment útil per treballar amb escales és l'escalímetre. Molt emprat en arquitectura, disposa de diverses graduacions que recullen les escales més habituals. Gràcies a això, es poden fer traços sobre el paper sense necessitat d'efectuar prèviament càlculs de transformació.

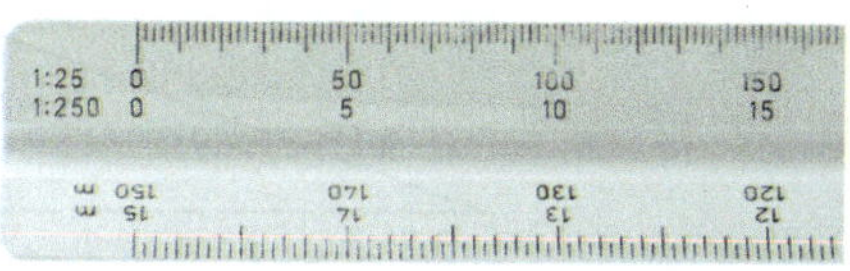

PRACTIQUEM i AVANCEM

1 Determina el valor de la incògnita a les figures següents:

a.

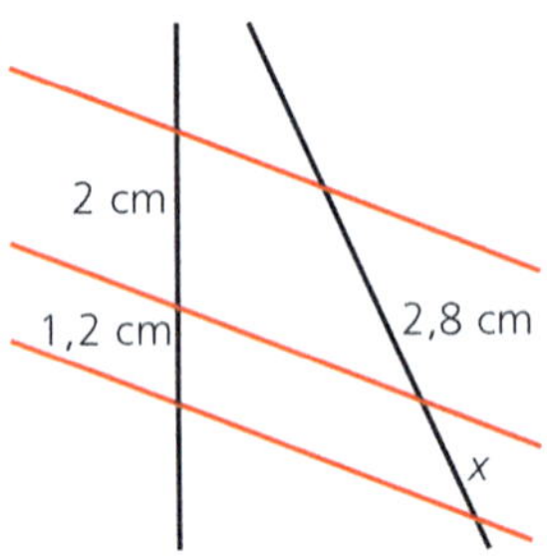

b.

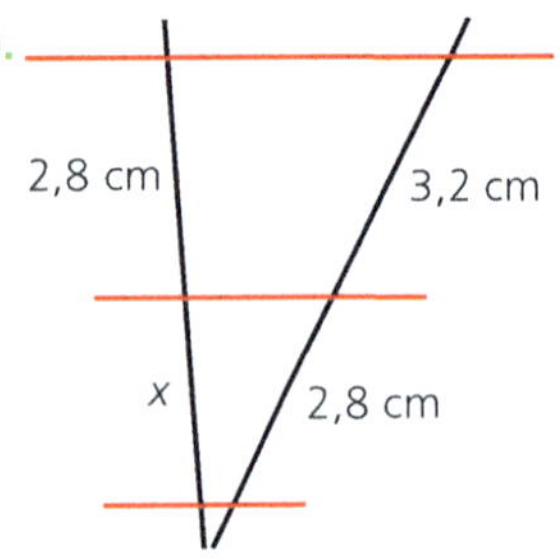

2 A partir de les dades proporcionades, indica si les rectes *r*, *s* i *t* són paral·leles.

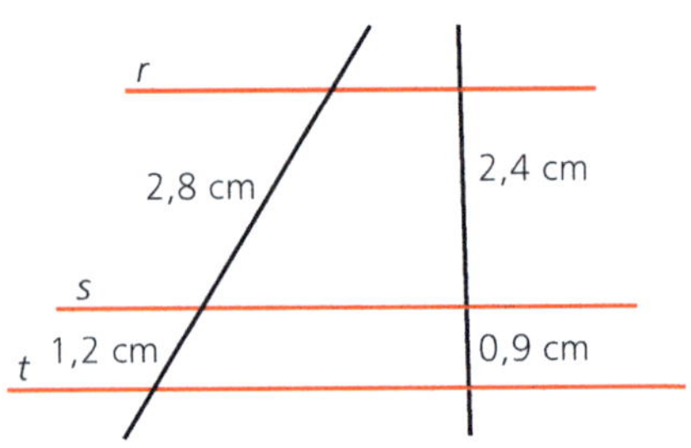

3 Fes una partició dels segments següents utilitzant el teorema de Tales:

a. Un segment de longitud 4 cm, en cinc parts iguals.

b. Un segment de longitud 5 cm, en dues parts proporcionals a 3 i 5.

c. Un segment de longitud 5 cm, en tres parts proporcionals a 1, 2 i 4.

4 Divideix un segment de 12 cm en sis parts iguals mitjançant el teorema de Tales. Comprova que el punt central de les divisions fetes coincideix amb una mesura de 2 cm.

5 Calcula el valor de *a* i *b* a la figura següent:

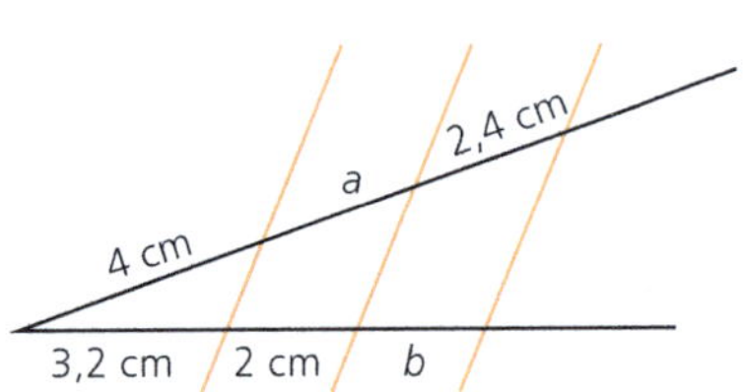

6 Esbrina el valor de les incògnites que s'indiquen a la figura il·lustrada tot seguit:

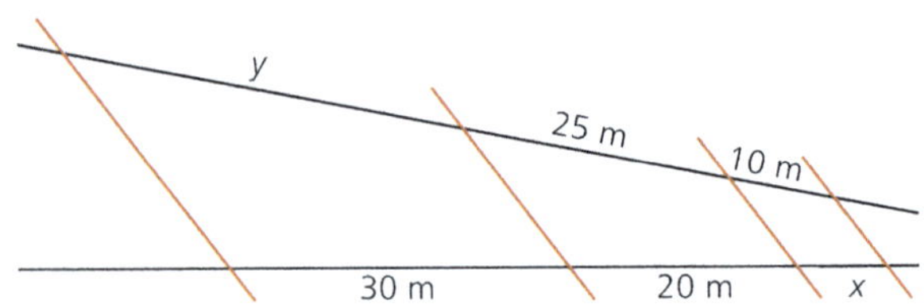

7 Fes servir el teorema de Tales per representar sobre la recta real les fraccions següents:

$$\frac{3}{5} \qquad -\frac{4}{7} \qquad \frac{8}{3} \qquad -\frac{11}{6}$$

8 La Valèria ha tallat un llistó de 5 m en tres trossos d'1 m, 1,5 m i 2,5 m, respectivament. Si necessita tallar un altre llistó de 9 m de manera proporcional, quant hauran de mesurar els trossos?

Descriu els passos que has seguit per resoldre el problema i comprova si els teus companys i companyes han seguit el mateix procediment.

9 Donats els polígons semblants següents, calcula la raó de semblança que permet passar del primer al segon:

a.

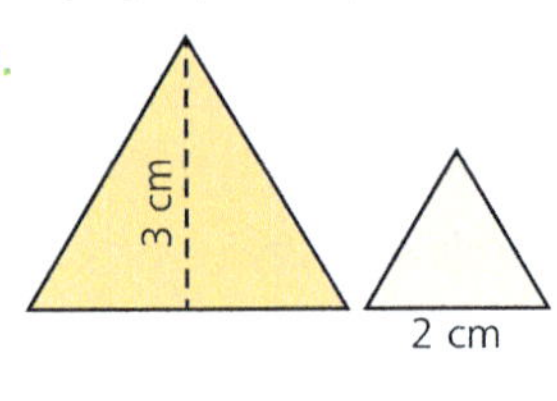

c.

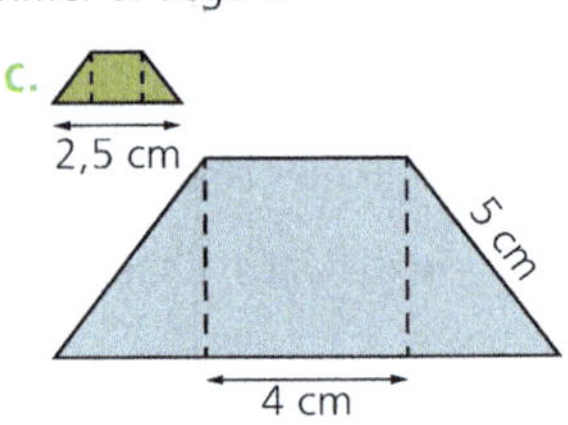

b.

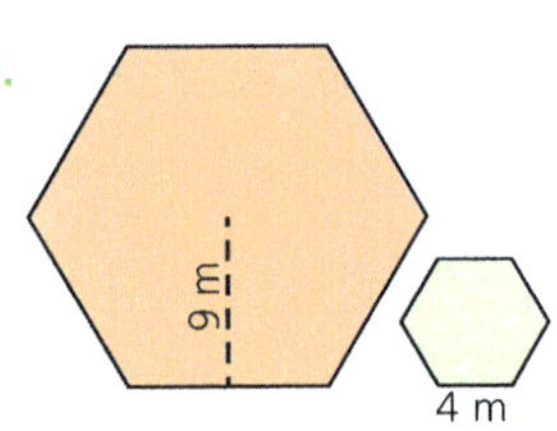

d.

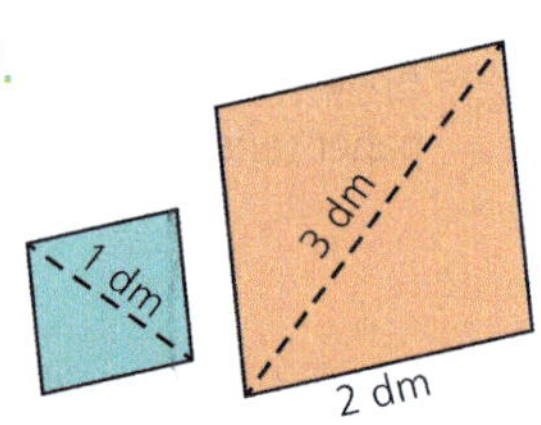

10 Un triangle isòsceles de 9 cm de base els costats iguals del qual mesuren 12 cm és semblant a un altre que té una altura sobre el costat desigual de 20 cm. Determina la raó de semblança i les dimensions del triangle semblant.

11 Un rectangle els costats del qual mesuren 6 cm i 8 cm, respectivament, és semblant a un altre de 15 cm de diagonal. Determina les dimensions del rectangle semblant.

12 Un hexàgon regular de 10 cm de costat és semblant a un altre de 10 cm d'apotema. Calcula'n la raó de semblança.

13 Copia al teu quadern les figures proposades i dibuixa'n unes altres de semblants amb la raó de proporcionalitat que s'indica en cada cas.

a. $r = 2$

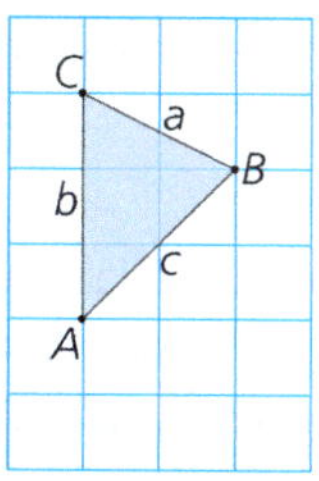

b. $r = \frac{1}{2}$

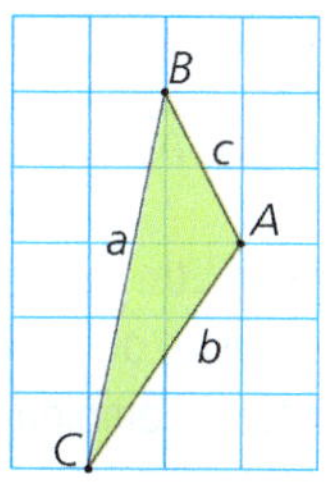

c. $r = 2,5$

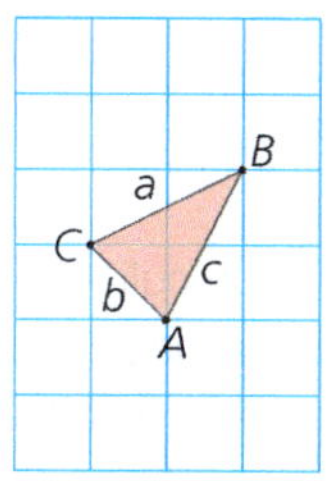

Fes servir alguna eina digital, com GeoGebra, i comprova si els triangles que obtens s'ajusten a les teves solucions anteriors.

14 Calcula l'escala que s'ha aplicat en cadascuna de les situacions proposades.

a. Distància real entre dues localitats: 720 km; distància al mapa: 10 cm.

b. Alçària de la maqueta d'una catedral: 16 cm; alçària real: 80 m.

c. Amplada de la cuina al plànol d'un apartament: 5 cm; amplada real: 2 m.

d. Distància entre dos punts del plànol d'una ciutat: 3 cm; distància real: 900 m.

15 Una maqueta de l'Airbus 320 està feta a escala 1:157. Calcula la longitud real de l'avió sabent que la maqueta té 45 cm de llargada.

Investiga sobre l'impacte mediambiental del transport aeri. Quin tipus de gasos es generen i quina és la petjada ecològica que suposa un desplaçament amb avió?

16 Dibuixa al teu quadern un triangle els costats del qual mesuren 6 cm, 8 cm i 4 cm, respectivament. Tria un punt interior per aplicar a partir d'aquest punt una semblança de raó 1,5.

Compara el resultat obtingut amb el dels teus companys i companyes i comprova si són figures congruents.

17 La maqueta d'un vaixell que té 15 m d'eslora mesura 50 cm de llargada.

a. Calcula l'escala utilitzada.

b. Quina alçària té el pal major del vaixell si a la maqueta mesura 20 cm?

c. Si es manté aquesta escala, quina longitud caldrà donar a la maqueta d'un altre vaixell de 35 m d'eslora?

18 Calcula quant han de valer les dades desconegudes dels parells de triangles següents perquè siguin semblants:

a.

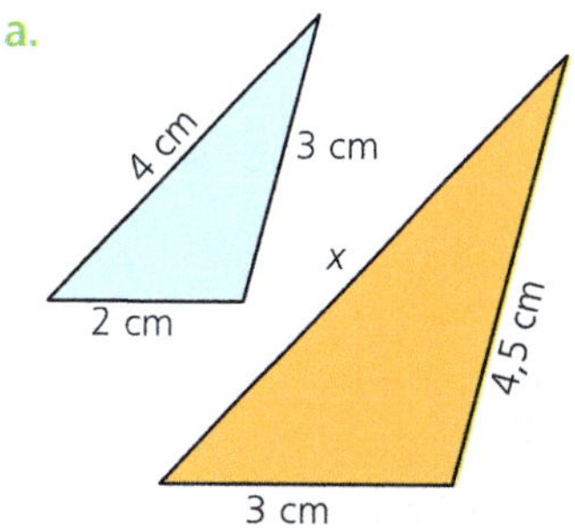

b.

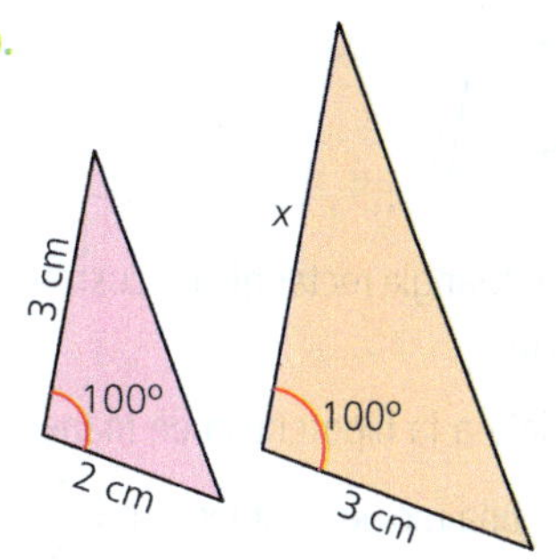

19 Determina quins dels triangles següents són semblants i explica per què:

a.

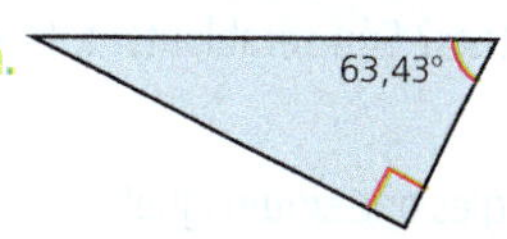

c.

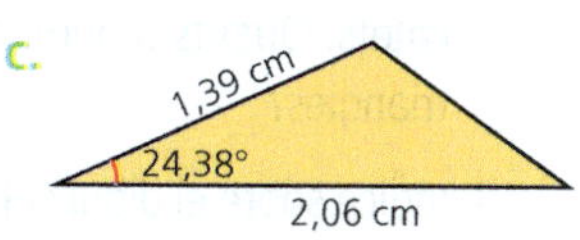

b.

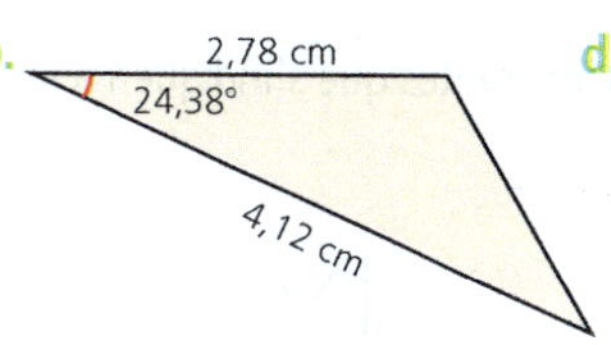

d.

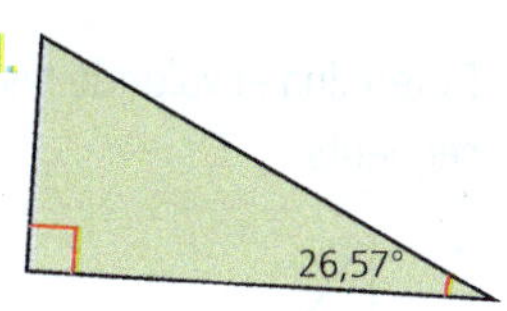

20 Calcula el valor de les incògnites que s'indiquen a la figura, tenint en compte que la recta que mesura 2 cm, z i t són paral·leles.

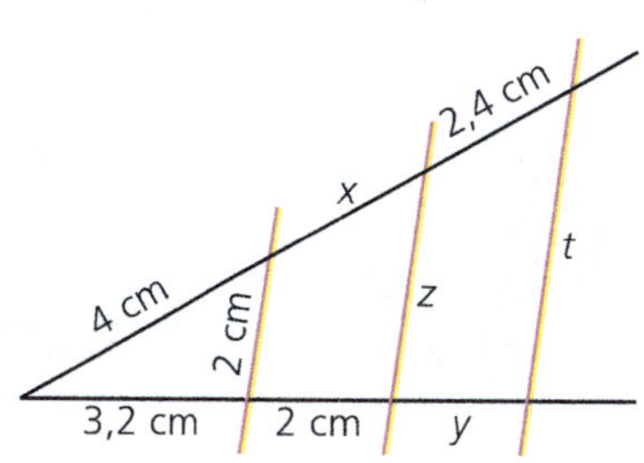

21 Els costats d'un triangle mesuren 3,3 cm, 6,4 cm i 5,1 cm. Calcula el costat gran d'un triangle semblant el perímetre del qual és 3,7 cm.

22 Indica si els triangles proposats tot seguit estan en posició de Tales:

a.

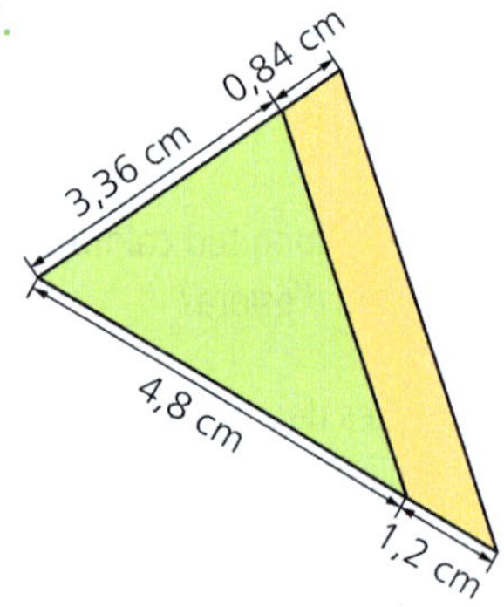

b.

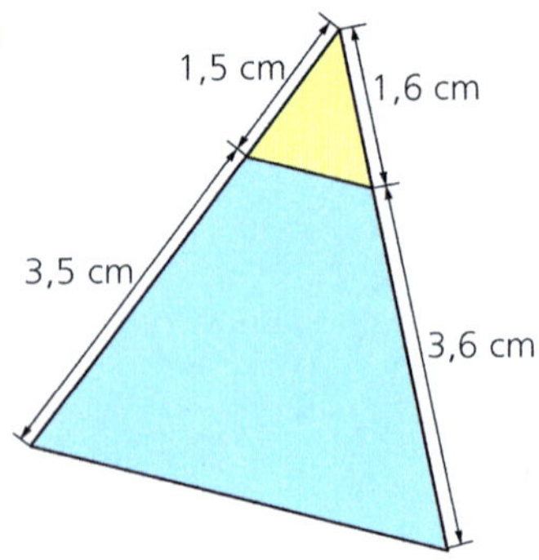

23 Dibuixa al teu quadern un triangle rectangle els costats del qual mesurin 3 cm, 4 cm i 5 cm.

a. Traça una línia paral·lela a la hipotenusa de manera que es generi un triangle amb una raó de semblança $r = \frac{1}{2}$.

b. Comprova que es compleix la semblança de triangles.

c. Repeteix el procés anterior, però en aquest cas fes-ho amb els catets. Quants triangles obtens? Són semblants, tots aquests triangles?

d. Indica sobre el dibuix els angles que siguin iguals.

24 Determina el valor de les incògnites que s'indiquen a les figures següents:

a.

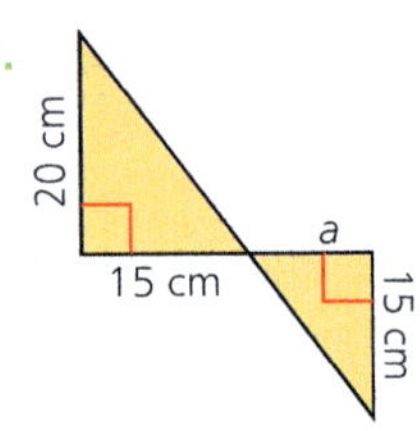

c.

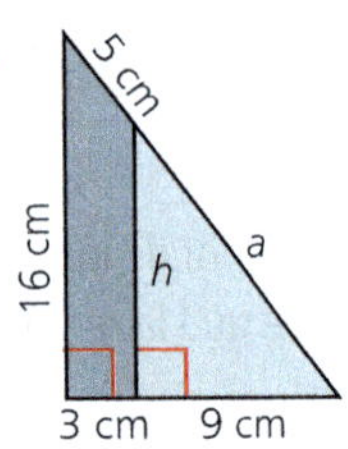

b.

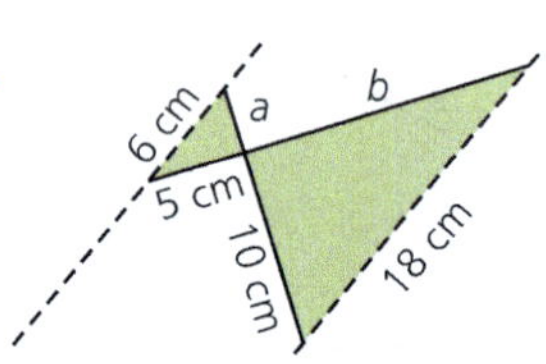

d.

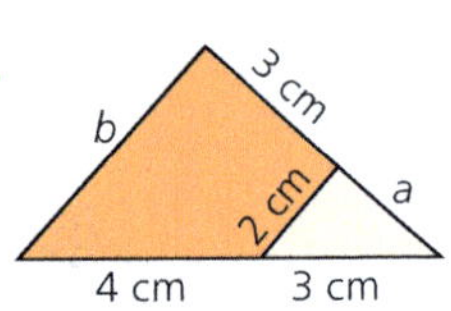

25 Els costats d'un triangle mesuren 3 cm, 9 cm i 12 cm, respectivament. Determina els costats d'un triangle semblant a l'anterior el perímetre del qual és de 144 cm.

26 Siguin els triangles següents en posició de Tales:

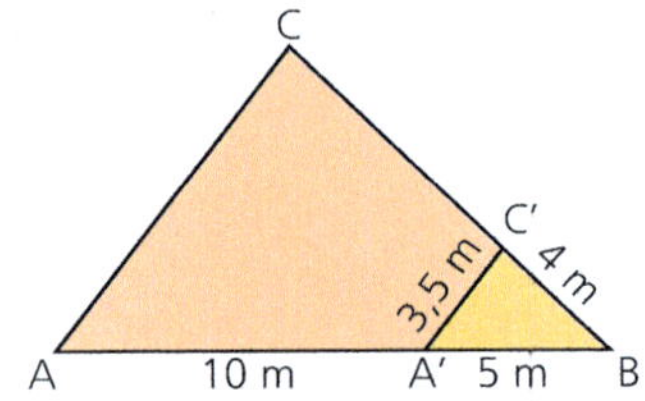

a. Calcula el perímetre del triangle $\widehat{A'BC'}$.

b. Determina la raó de semblança per obtenir els costats del triangle $\widehat{ABC}$ a partir dels costats del triangle $\widehat{A'BC'}$.

c. Utilitza la raó de semblança de l'apartat anterior per obtenir el perímetre del triangle $\widehat{ABC}$.

27 Un polígon té un perímetre de 35,5 cm, i un polígon semblant, un de 85,2 cm. Si el costat del polígon petit mesura 5 cm, quina és la longitud del costat homòleg del polígon semblant?

28 Un rombe que té unes diagonals de 6 cm i 10 cm és semblant a un altre les diagonals del qual mesuren 15 cm i 25 cm. Quina és la relació de semblança entre les seves àrees?

29 Una casa consta de dues habitacions semblants rectangulars. La petita té unes dimensions de 2,5 m × 3 m, mentre que la superfície de la gran és de 16,875 m^2. Esbrina les dimensions de l'habitació gran.

30 Els catets d'un triangle rectangle fan, respectivament, 12 dm i 5 dm. Determina els costats d'un triangle semblant a l'anterior que tingui una superfície de 120 dm^2. Quant val la raó de semblança? Quina seria la superfície d'un triangle semblant al primer amb una raó de semblança $r = \frac{1}{4}$?

31 Dos cilindres semblants tenen un volum de 100 cm^3 i 172,8 cm^3, respectivament. Tenint en compte que l'altura del cilindre de volum més petit és de 4 cm, calcula la del cilindre de volum més gran.

32 Una empresa fabrica envasos de bric (ortoedre) de dues mides: d'un litre i d'un vuitè de litre. L'envàs de litre té unes dimensions de 10 cm × 5 cm × 20 cm. Calcula les dimensions de l'envàs de vuitè de litre tenint en compte que és proporcional a l'anterior.

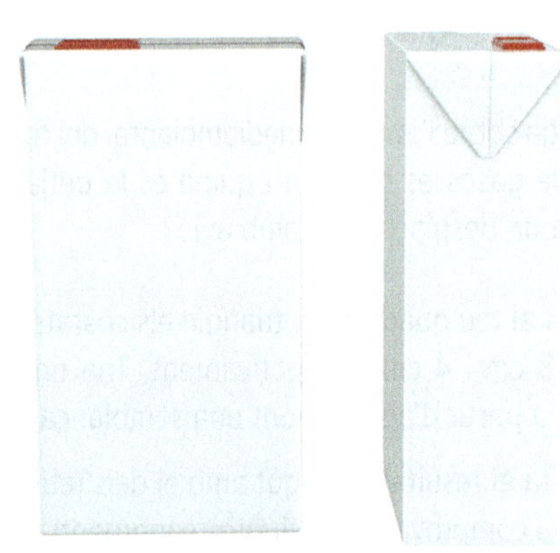

33 Un ortoedre de 101,25 dm^3 de volum és semblant a un altre ortoedre les dimensions del qual són 2 dm × 3 dm × 5 dm. Calcula la raó de semblança entre les dues figures.

34 Els costats d'un rectangle mesuren 3 cm i 4 cm, respectivament. Calcula la diagonal d'un rectangle semblant a l'anterior que tingui una superfície de 27 cm^2.

35 Quina és l'àrea de la zona de color si cada cercle és semblant a l'immediatament inferior en mida amb una raó de semblança de $r = \frac{1}{3}$?

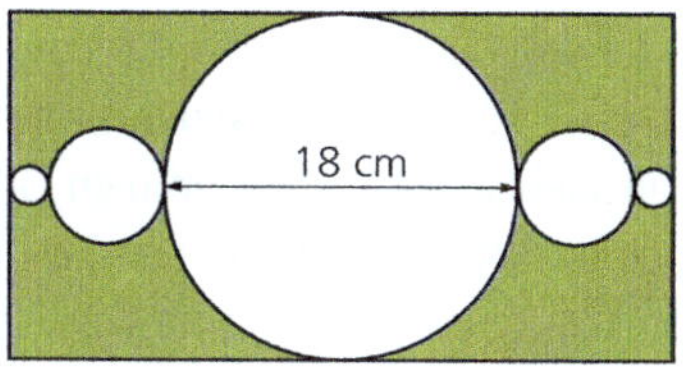

36 Una catifa exhibeix un dibuix geomètric com el de la imatge. Al dibuix, cada figura és semblant a la immediatament inferior en mida, amb una raó de semblança de $r = \frac{3}{4}$. Determina la superfície brodada de vermell.

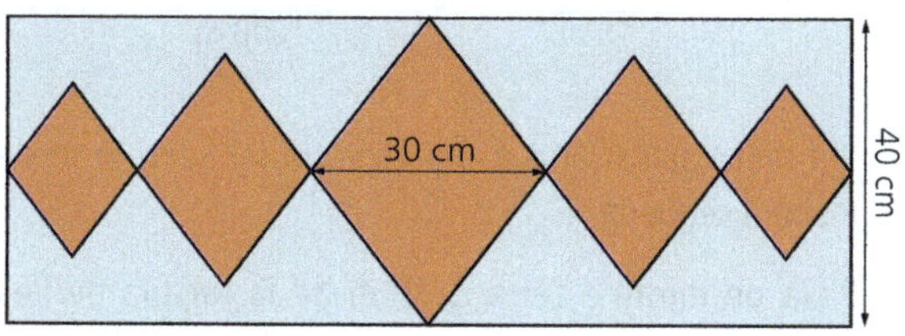

Quina és la superfície brodada de blau?

37 Calcula les dimensions d'un ortoedre semblant al de la figura i que té un volum de 384 cm^3.

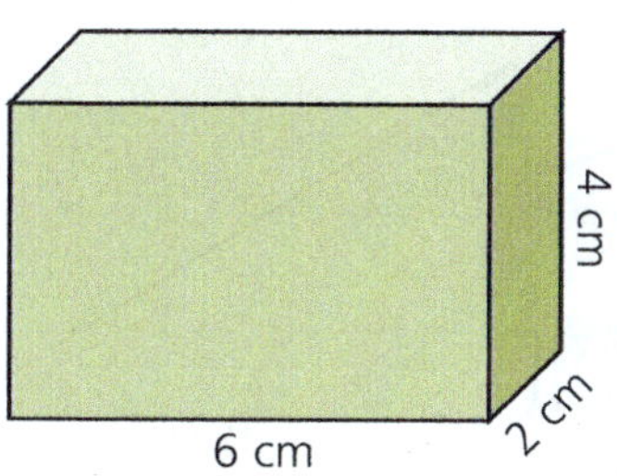

38 Esbrina quants metres quadrats de cartró s'han emprat per construir tres capses de regal en forma d'ortoedre, considerant que la gran té unes dimensions de 30 cm × 30 cm × 20 cm i que cadascuna és semblant a la immediatament inferior en mida amb una raó de semblança de $r = \frac{4}{5}$.

39 Quan anem al Museu del Louvre, a París, una espectacular estructura de vidre ens dona la benvinguda. Es tracta d'una piràmide quadrangular regular de 20,6 m d'altura, la base de la qual té 35 m de costat. Determina les dimensions (costat de la base i altura) que ha de tenir una maqueta a escala si es vol que tingui un volum de 70 dm^3.

40 A l'entrada del Centre Pompidou de Màlaga hi ha una construcció en forma d'hexaedre regular. Si s'ha elaborat una maqueta a escala 1:80 i té un volum de 8 dm^3, determina quines són les dimensions de la construcció.

Cerca a internet algun plànol o maqueta a escala d'una construcció de la teva localitat i calcula'n les dimensions reals.

41 Un pavelló poliesportiu disposa de dues piscines semblants. La piscina destinada als banyistes adults és un ortoedre de dimensions 25 m × 40 m × 2,5 m. D'altra banda, la piscina infantil té una capacitat de 312,5 m^3. Calcula:

a. El volum de la piscina d'adults.

b. Les dimensions de la piscina infantil.

c. El cost total de pintar les dues piscines amb pintura impermeable a 3 €/m^2.

42 Un ciclista surt d'un punt situat a 1 000 m d'altitud i baixa per una carretera recta de 15 km de longitud. Quan porta recorreguts 3 km, veu que porta una roda punxada i ha de parar. A quina altitud s'ha aturat?

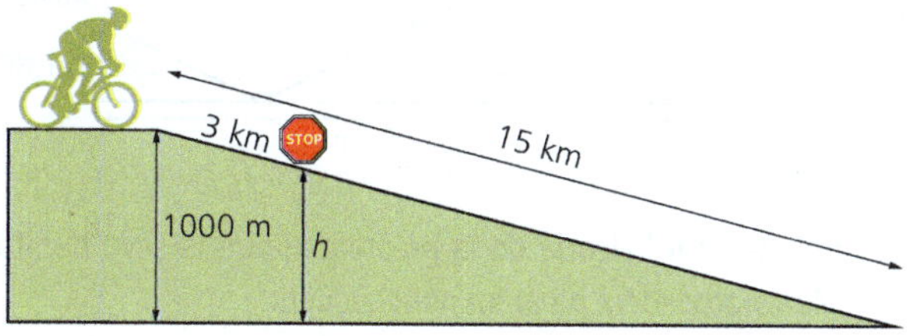

43 Les poblacions de Torres de Baix, Torres del Mig i Torres de Dalt estan situades en línia recta al vessant d'una muntanya i separades entre elles 7 km i 5 km, respectivament, tal com mostra la figura. Tenint en compte que l'altitud on estan localitzats Torres de Baix i Torres de Dalt és de 400 m i 900 m, respectivament, calcula l'altitud on està situat Torres del Mig.

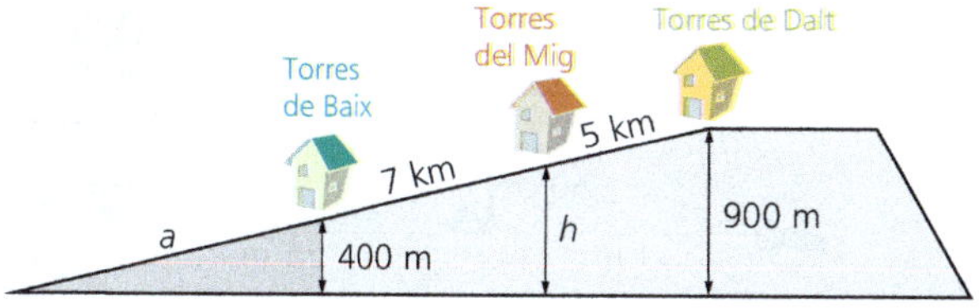

44 L'extrem superior d'una escala està recolzat sobre una paret a una altura de 2 m, de manera que la base queda a 80 cm d'aquesta paret. A quina altura es troba l'Elna si puja per l'escala i està a 30 cm de la paret?

45 Calcula la longitud de l'ombra que projecta un edifici de 126 m d'alçària si a la mateixa hora del dia una persona d'1,80 m d'estatura projecta una ombra d'1,20 m.

Fes una comprovació pràctica d'aquest procediment. En parelles o en grups, sortiu en algun moment del dia en què pugueu dur a terme aquesta pràctica per mesurar algun edifici o algun arbre del vostre entorn.

46 Una dona d'1,60 m d'estatura contempla el seu gos, situat a 2 m d'ella, amb el mateix angle que el seu marit, que està just davant d'ells en línia recta. Calcula la distància que separa el matrimoni, sabent que el marit mesura 1,80 m d'estatura.

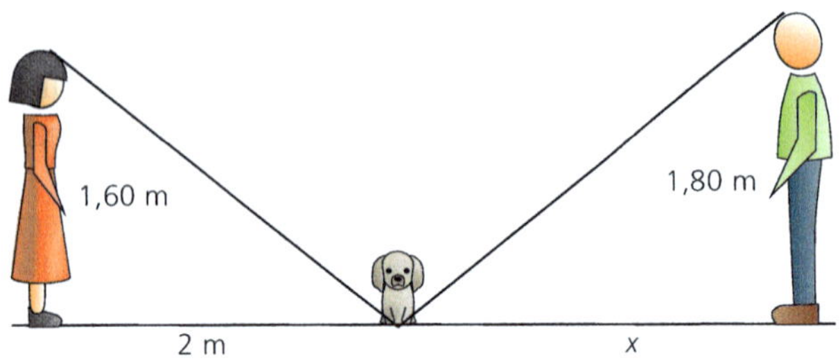

47 Des de la finestra de la seva habitació, l'Anna observa, amb un angle de 40°, una pilota que és a la calçada a 26 m del seu edifici. Just a la vorera de davant, el seu amic Xavier veu la pilota amb el mateix angle. Determina quina és l'altura a la qual està situada l'habitació de l'Anna sabent que el carrer té 27,5 m d'amplada i que el Xavier mesura 1,80 m.

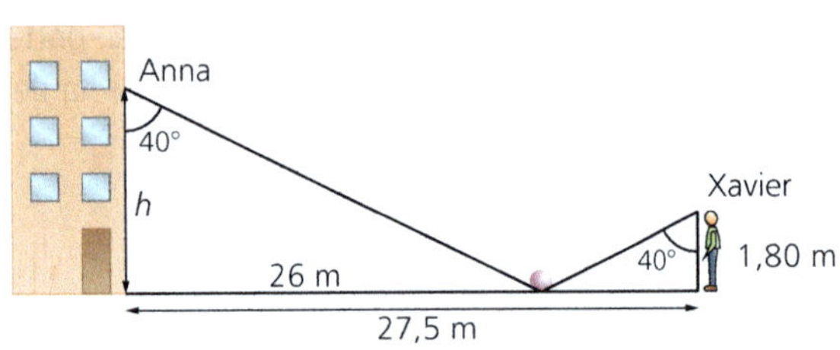

48 Per mesurar l'alçària de la prestatgeria de la seva habitació, la Marta procedeix de la manera següent:

Posa un recollidor de 50 cm d'alçària a 1,6 m de la prestatgeria. Tot seguit, posa una llanterna a terra procurant que l'extrem de l'ombra que projecta el recollidor coincideixi amb la part superior de la prestatgeria. Finalment, mesura la distància que hi ha entre la llanterna i el recollidor, que és d'1 m.

Quin raonament ha seguit la Marta? Sabries calcular l'alçària del moble?

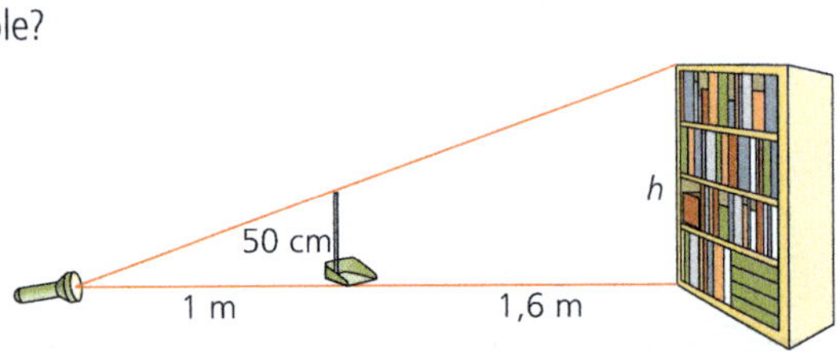

49 Quina distància en línia recta separa les dues cases del dibuix?

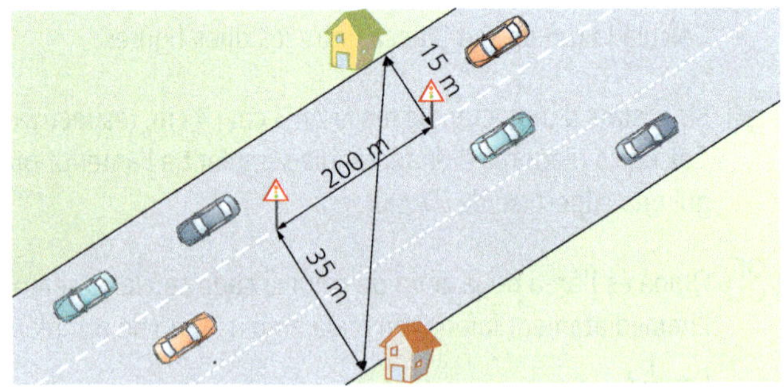

50 El Gerard ha descobert un objecte volador no identificat al cel nocturn. Des de l'ovni emergeixen dos raigs de llum: un de vertical que incideix a terra a 200 m d'en Gerard, i un altre que frega tangencialment el cap del nen i incideix a terra a 15 m d'ell. Calcula a quina altura hi ha l'ovni si el Gerard mesura 1,75 m.

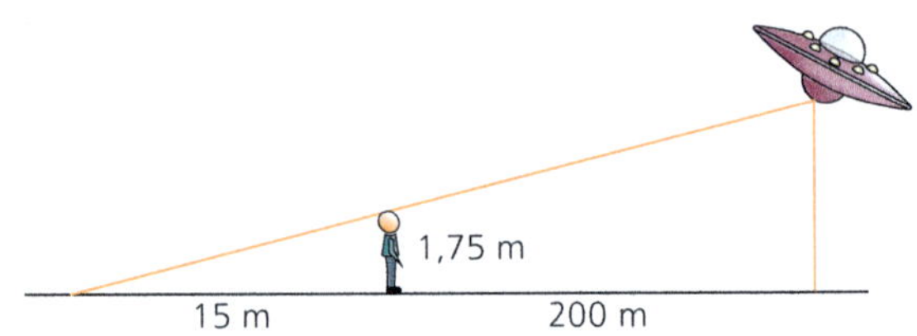

51 Per mesurar l'alçària d'una església, el Santi procedeix de la manera següent:

Posa un mirall a terra a 15 m de la façana de l'església i s'allunya 1,25 m en línia recta del mirall, fins a veure-hi reflectida la part superior del campanar de la torre del temple. Tenint en consideració aquestes dades, i sabent que la seva estatura és d'1,65 m, el Santi dedueix l'alçària de l'edifici. Com et sembla que ho ha fet?

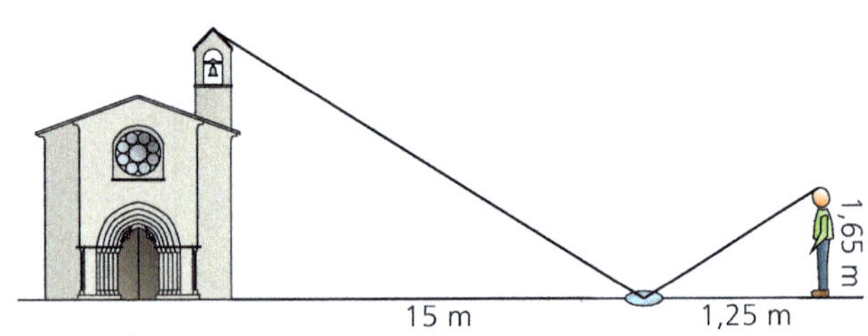

Fent les variacions oportunes a aquest problema, empra la tècnica aplicada per mesurar l'altura de la teva habitació o algun punt elevat d'accés difícil.

52 Una nena s'acosta a una font fins que hi veu reflectida la part superior de la torre Eiffel. Amb les dades del dibuix, calcula l'alçària de la famosa torre.

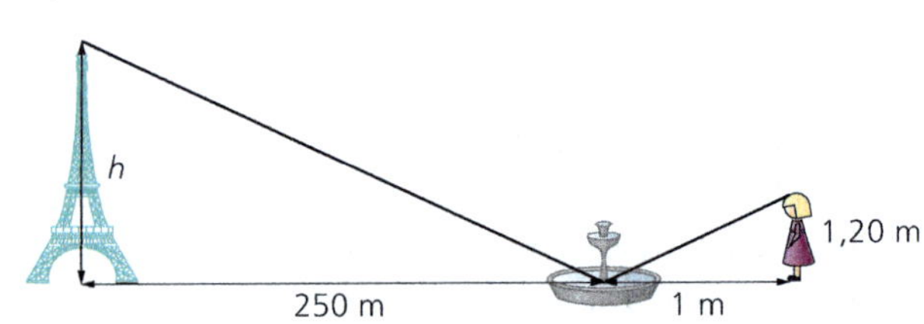

53 Per mesurar l'alçària d'una torrassa, l'Andreu se'n situa a 20 m de distància i clava una estaca de manera que sobresurti 2,5 m de terra. Després se separa 5 m de l'estaca fins que en veu alineada la punta amb la part superior de la torrassa. Quant mesura la torrassa d'alçària, si l'Andreu té una estatura d'1,75 m?

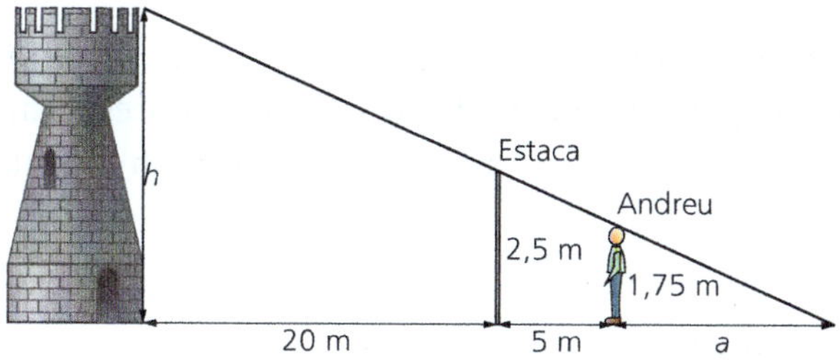

54 El Joan vol agafar cocos d'una palmera que és a l'altra riba d'un riu de 40 m d'amplada. Disposa d'una escala de cavallet que, oberta, arriba a 2 m d'altura. Abans de travessar el riu, vol assegurar-se que podrà arribar fins als cocos que hi ha a la capçada de la palmera. Per verificar-ho, posa l'escala a la vora del riu i se'n separa 5 m fins que veu el capdamunt de l'arbre alineat amb l'extrem superior de l'escala. Esbrina si el Joan, que fa 1,60 m d'estatura, ha de creuar el riu o no.

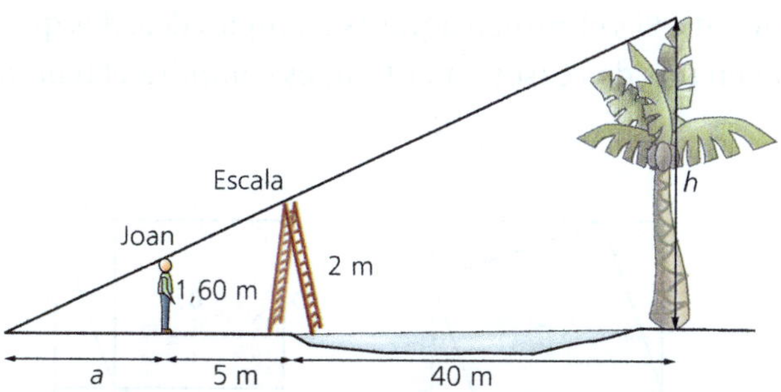

55 A la classe de la Jana tenen un globus terraqüi que està fet a escala 1:300 000.

a. Quina distància separa en la realitat dos punts que al globus disten 2,5 cm?

b. Quina distància separa dos punts al globus que en la realitat són a 345 km?

Busca informació sobre les projeccions de Mercator i Peters i fes-ne una comparació. Quins avantatges i desavantatges ofereix cadascuna?

56 L'esquema d'un circuit electrònic està feta a escala 1:8.

a. Quant mesura un processador a l'esquema si la seva mida real és de 4 cm?

b. Si l'esquema inclou un espai quadrat de 0,8 cm de costat per situar-hi un interruptor, quina és la mesura de l'interruptor en la realitat?

57 Analitza el funcionament de l'escala en alguna aplicació digital de mapes ampliant i reduint la visió per observar com varia. Fes servir aquesta referència per calcular, de manera aproximada, l'àrea de la península Ibèrica.

58 Utilitza l'escala gràfica que apareix al mapa per calcular la longitud dels itineraris traçats.

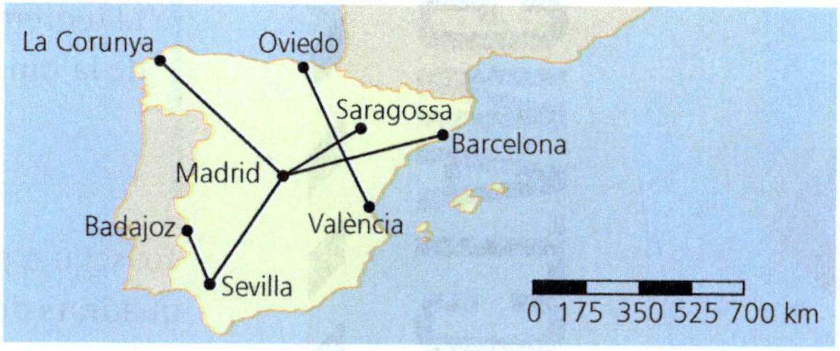

59 El Pol ha dibuixat el plànol a escala de casa seva que pots veure a la figura següent.

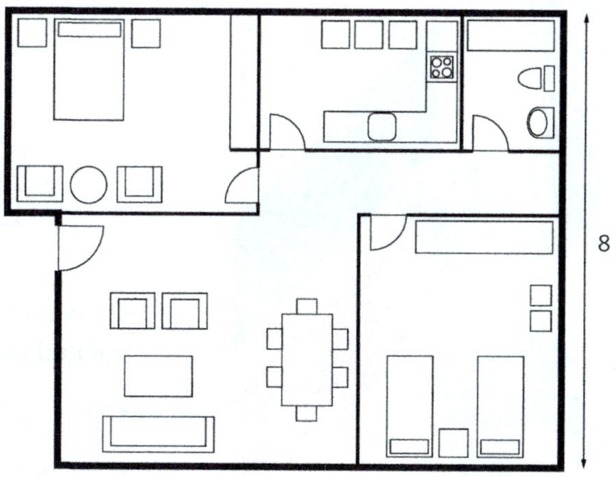

a. Quina escala ha aplicat?

b. Calcula la superfície real de cada habitació.

60 Obtingues les dimensions d'una habitació i, a partir de l'escala que consideris adequada, fes-ne un plànol representatiu. Construeix un escalímetre amb una cartolina per poder-hi incloure també el mobiliari.

a. Quina escala has triat? Per què?

b. Representa al plànol que has dibuixat els valors reals de les dimensions de l'habitació.

c. Amb l'ús de l'escalímetre, necessites les dades en centímetres sobre el paper?

d. Podries emprar un regle qualsevol com a escalímetre? Quina escala podries utilitzar?

9

TRIANGLES RECTANGLES

1 /// EL TRIANGLE RECTANGLE I ELS SEUS TEOREMES

Practiquem i avancem 1-13

A causa de les seves característiques, els triangles rectangles compleixen una sèrie de teoremes que permeten calcular distàncies, representar nombres irracionals i, igualment, resoldre casos pràctics en moltes situacions quotidianes.

1.1 TEOREMA DE PITÀGORES

El teorema de Pitàgores afirma que, en un triangle rectangle, el quadrat de la hipotenusa és igual a la suma dels quadrats dels catets:

$$c^2 = a^2 + b^2$$

Tot seguit, pots veure una demostració geomètrica senzilla del teorema. Als dos quadrats de la imatge, els costats dels quals són la suma dels dos catets, $a + b$, hi ha quatre triangles iguals. Si s'eliminen aquests triangles dels dos quadrats, l'àrea restant serà igual en tots dos casos i, per tant, es complirà el teorema:

$$c^2 = a^2 + b^2$$

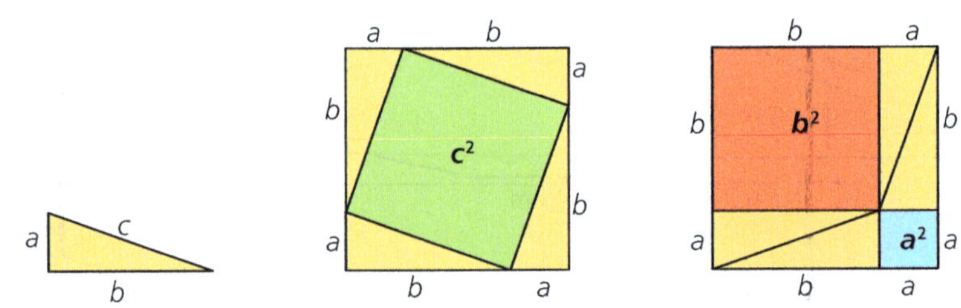

Si els costats d'un triangle verifiquen el teorema de Pitàgores, aleshores es tracta d'un triangle rectangle. A més, si c és el costat més gran del triangle:

- Si $c^2 > a^2 + b^2$, el triangle és obtusangle.
- Si $c^2 < a^2 + b^2$, el triangle és acutangle.

Activitat resolta

Indica si els triangles formats pels costats següents són rectangles, tenint en compte que la hipotenusa és el costat més llarg:

a. $a = 3$ cm, $b = 4$ cm i $c = 5$ cm

b. $a = 4$ cm, $b = 5$ cm i $c = 6$ cm

Es comprova si els tres costats de cada triangle compleixen el teorema de Pitàgores i, per tant, són els catets i la hipotenusa d'un triangle rectangle.

Tal com s'afirma a l'enunciat, s'agafa sempre el costat gran com a hipotenusa del triangle.

a. $3^2 + 4^2 = 5^2$. Com que es compleix la igualtat, sí que és un triangle rectangle.

b. $4^2 + 5^2 \neq 6^2$. No es verifica la igualtat, i per això no és un triangle rectangle. A més, com que $4^2 + 5^2 > 6^2$, es tracta dels costats d'un triangle acutangle.

Activitats resoltes

1 **Determina el valor dels costats desconeguts dels triangles rectangles següents:**

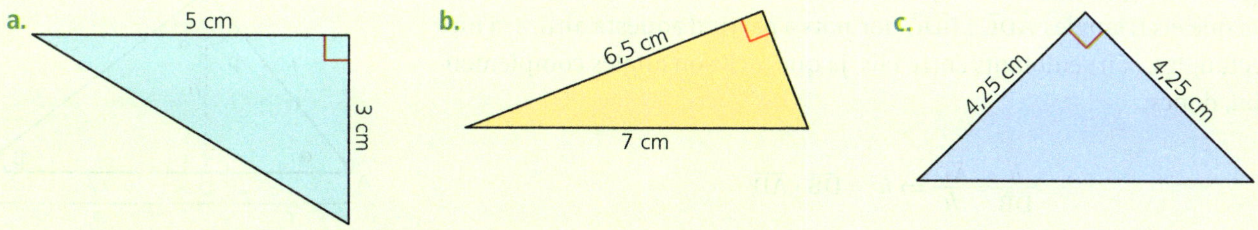

Aplicant el teorema de Pitàgores en tots els casos, resulta:

a. Es coneix la mesura dels dos catets del triangle; per tant, el costat desconegut és la hipotenusa, *c*:

$$c^2 = a^2 + b^2 \Rightarrow c^2 = 3^2 + 5^2 = 34 \Rightarrow c = \sqrt{34} \Rightarrow c = 5{,}83 \text{ cm}$$

b. En aquest cas, es parteix d'un dels catets i la hipotenusa. En conseqüència, el costat desconegut és l'altre catet, *a*:

$$7^2 = a^2 + 6{,}5^2 \Rightarrow a^2 = 7^2 - 6{,}5^2 = 6{,}75 \Rightarrow a = \sqrt{6{,}75} \Rightarrow a = 2{,}6 \text{ cm}$$

c. Com que és un triangle isòsceles, els dos catets mesuren el mateix, $a = b = 4{,}25$ cm. D'aquesta manera, es pot obtenir la hipotenusa, *c*:

$$c^2 = a^2 + b^2 \Rightarrow c^2 = 4{,}25^2 + 4{,}25^2 = 36{,}125 \Rightarrow c = \sqrt{36{,}125} \Rightarrow c = 6{,}01 \text{ cm}$$

2 **Calcula la diagonal d'un quadrat el costat del qual mesura 3 cm.**

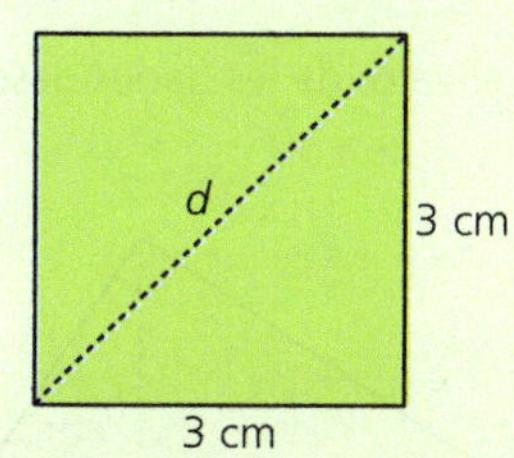

La diagonal divideix el quadrat en dos triangles rectangles i, per tant, coincideix amb la hipotenusa del triangle rectangle els catets del qual mesuren 3 cm cadascun. Per calcular quina és la mesura d'aquesta diagonal, n'hi hauria prou d'aplicar el teorema de Pitàgores:

$$d^2 = 3^2 + 3^2 = 18 \Rightarrow d = \sqrt{18} \Rightarrow d = 4{,}24 \text{ cm}$$

3 **Calcula la longitud lateral, *a*, de la muntanya de la imatge.**

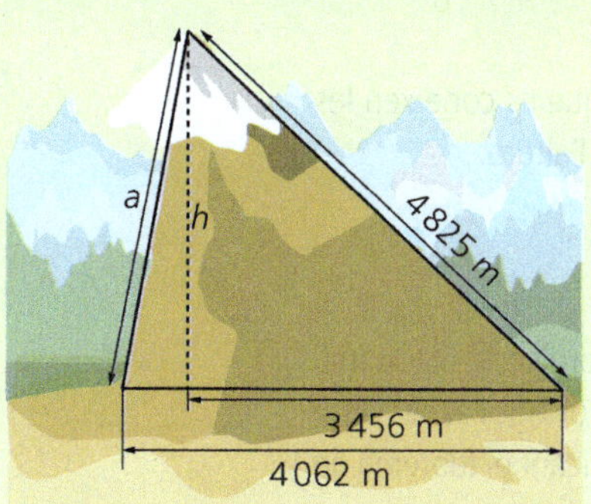

Per determinar el valor de *a*, cal conèixer, en primer lloc, l'altura, *h*, de la muntanya. Amb aquesta finalitat, s'aplica el teorema de Pitàgores al triangle format per *h* i els dos costats de 4 825 m i 3 456 m, respectivament:

$$h^2 + 3\,456^2 = 4\,825^2 \Rightarrow h^2 = 4\,825^2 - 3\,456^2 = 11\,336\,689 \Rightarrow$$
$$\Rightarrow h = \sqrt{11\,336\,689} \Rightarrow h = 3\,367 \text{ m}$$

El càlcul del valor de *a* una vegada es coneix l'altura es duu a terme tornant a aplicar el teorema de Pitàgores al triangle format per *a*, *h* i el costat que s'obté d'haver restat 4 062 – 3 456, és a dir, el costat que mesura 606 m:

$$a^2 = h^2 + 606^2 = 3\,367^2 + 606^2 = 11\,703\,925 \Rightarrow a = \sqrt{11\,703\,925} \Rightarrow$$
$$\Rightarrow a = 3\,421{,}1 \text{ m}$$

1.2 TEOREMA DE L'ALTURA

El triangle rectangle $\widehat{ACB}$ del marge té l'altura, h, sobre la seva hipotenusa. S'observa que els triangles $\widehat{ADC}$ i $\widehat{BDC}$, formats a partir d'aquesta altura, a més de ser rectangles, són semblants entre ells, ja que α i β són angles complementaris. Així, doncs:

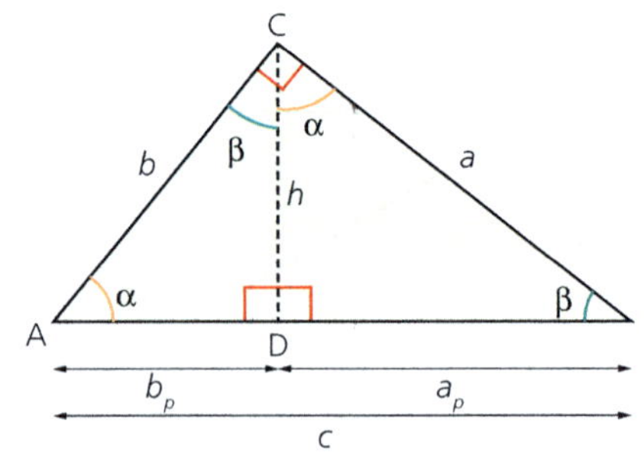

$$\frac{h}{\overline{DB}} = \frac{\overline{AD}}{h} \Rightarrow h^2 = \overline{DB} \cdot \overline{AD}$$

El segment $\overline{DB}$ és la projecció ortogonal del catet a sobre la hipotenusa c i es representa mitjançant a_p. Anàlogament, el segment $\overline{AD}$ és la projecció ortogonal del catet b sobre la hipotenusa c i es designa com a b_p.

A qualsevol triangle rectangle es compleix el **teorema de l'altura**, que estableix que el quadrat de l'altura traçada sobre la hipotenusa és igual al producte de les projeccions dels catets sobre aquesta hipotenusa:

$$h^2 = a_p \cdot b_p$$

Activitats resoltes

1 Esbrina el valor de les dades desconegudes dels triangles rectangles que es proposen tot seguit:

a.

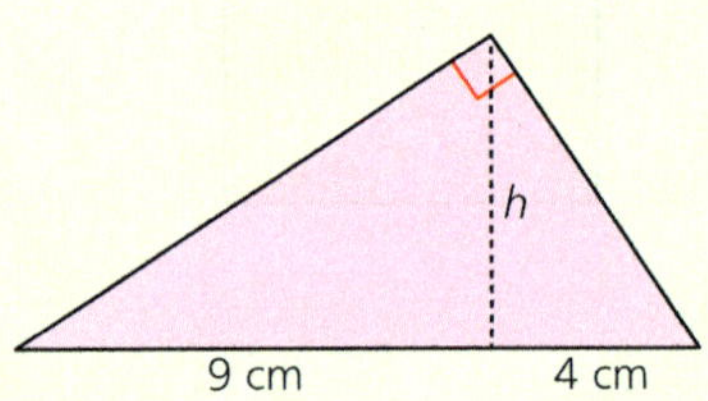

b.

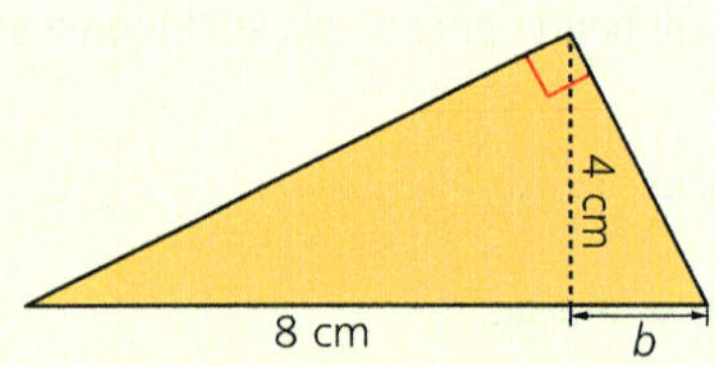

a. Per calcular l'altura del triangle traçada sobre la hipotenusa, atès que es coneixen les projeccions ortogonals dels dos catets, es pot emprar el teorema de l'altura:

$$h^2 = 9 \cdot 4 = 36 \Rightarrow h = \sqrt{36} \Rightarrow h = 6 \text{ cm}$$

Per tant, l'altura mesura 6 cm.

b. Per poder determinar el valor de b, s'ha de calcular la mesura de la projecció ortogonal d'un dels catets. D'altra banda, es coneixen la mesura de la projecció ortogonal de l'altre catet i l'altura traçada sobre la hipotenusa del triangle rectangle. Aplicant el teorema de l'altura:

$$4^2 = 8 \cdot b \Rightarrow 16 = 8 \cdot b \Rightarrow b = 2 \text{ cm}$$

Consegüentment, la projecció ortogonal del catet és de 2 cm.

2 Calcula a quina altura hi ha el cèrcol de la cistella del marge.

Tal com s'observa a la imatge, les dues pilotes i el cèrcol de la cistella formen un triangle rectangle. Les úniques dades que es coneixen són les distàncies de les pilotes a la base de la cistella, és a dir, les projeccions ortogonals dels catets. Per tant, n'hi hauria prou d'utilitzar el teorema de l'altura per conèixer h:

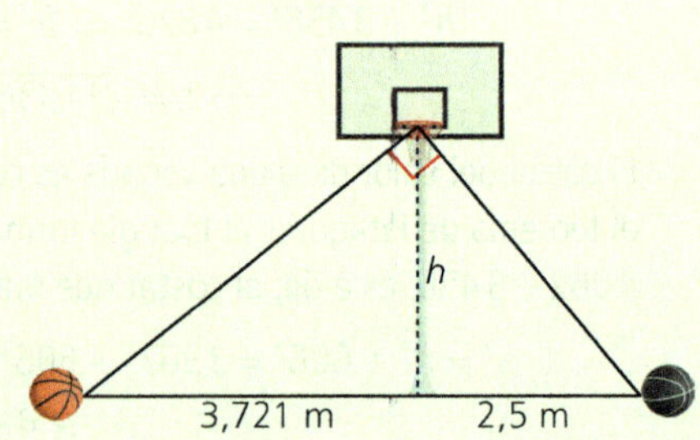

$$h^2 = 3{,}721 \cdot 2{,}5 = 9{,}302\,5 \Rightarrow h = \sqrt{9{,}3025} \Rightarrow h = 3{,}05 \text{ m}$$

Així, l'altura on està situat el cèrcol de la cistella és de 3,05 m.

1.3 TEOREMA DEL CATET

Si es considera un triangle rectangle, $\widehat{ACB}$, amb una altura h sobre la seva hipotenusa, es compleix que els triangles rectangles $\widehat{ACB}$ i $\widehat{BDC}$ són semblants, ja que comparteixen l'angle β, i que els triangles rectangles $\widehat{ACB}$ i $\widehat{ADC}$ també ho són, perquè comparteixen l'angle α. Per tant:

$$\frac{a}{c} = \frac{\overline{DB}}{a} \Rightarrow a^2 = \overline{DB} \cdot c \qquad \frac{b}{c} = \frac{\overline{AD}}{b} \Rightarrow b^2 = \overline{AD} \cdot c$$

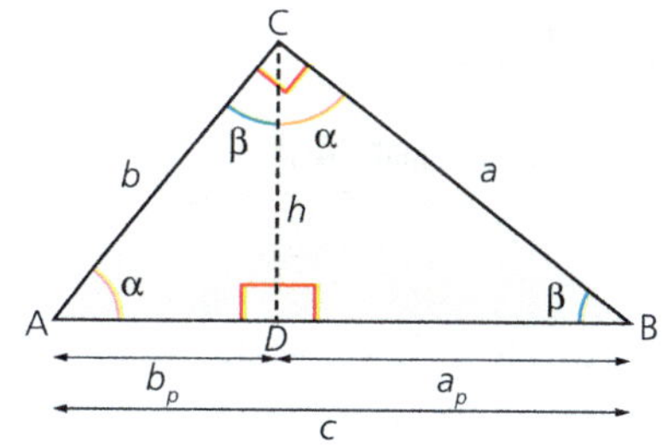

> En tot triangle rectangle es compleix el **teorema del catet**, que estableix que el quadrat d'un dels catets és igual al producte de la hipotenusa per la projecció ortogonal d'aquest catet sobre aquesta hipotenusa:
>
> $$a^2 = a_p \cdot c \qquad b^2 = b_p \cdot c$$

Activitats resoltes

1 **Calcula el valor de les dades desconegudes dels triangles rectangles següents:**

a.

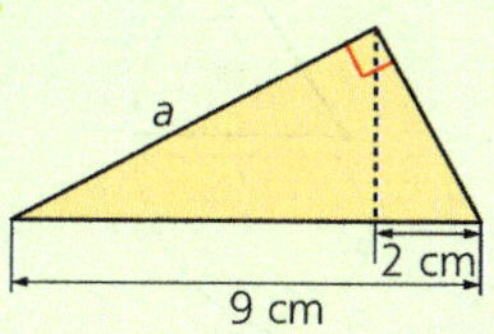

b.

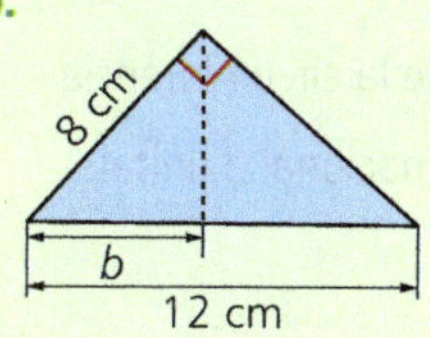

a. Disposem de la mesura de la hipotenusa i de la projecció ortogonal d'un dels catets. Per determinar el valor del catet a, s'hauria de calcular la mesura de la projecció ortogonal de a, que és $9 - 2 = 7$. Per determinar a, s'utilitza el teorema del catet:

$$a^2 = 7 \cdot 9 = 63 \Rightarrow a = \sqrt{63} \Rightarrow a = 7{,}94 \text{ cm}$$

b. Com que es coneix el valor de la hipotenusa i el d'un dels catets, i a més es demana el valor de la projecció ortogonal d'aquest catet, s'aplica el teorema del catet:

$$8^2 = b \cdot 12 \Rightarrow 64 = b \cdot 12 \Rightarrow b = 5{,}33 \text{ cm}$$

2 **Determina el valor de a al triangle rectangle del marge.**

En primer lloc, es calcula el valor de l'altre catet, b, la projecció ortogonal del qual és a. Amb aquesta finalitat, es recorre al teorema de Pitàgores: $5^2 = 4{,}5^2 + b^2 \Rightarrow b = 2{,}18$ cm.

Tot seguit, per esbrinar el valor de a, es pot emprar el teorema del catet:

$$2{,}18^2 = a \cdot 5 \Rightarrow 4{,}75 = a \cdot 5 \Rightarrow a = 0{,}95 \text{ cm}$$

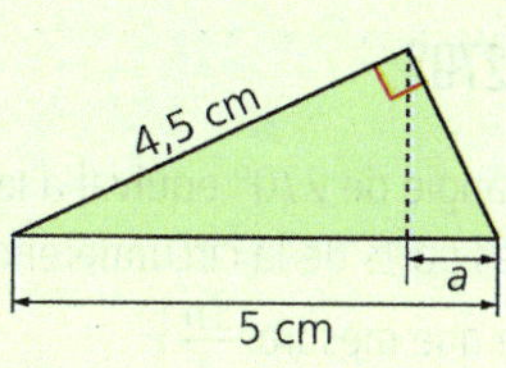

3 **Calcula la distància a la qual està el dron dels punts A i B, tenint en compte les longituds donades.**

S'observa que el dron i els punts A i B formen un triangle rectangle, del qual es coneix la mesura de la projecció dels catets i la hipotenusa: $4{,}6 + 8{,}1 = 12{,}7$ m.

Així, doncs, es calcula, en primer lloc, la distància des del dron fins a B, és a dir, a, mitjançant el teorema del catet:

$$a^2 = 8{,}1 \cdot 12{,}7 \Rightarrow a^2 = 102{,}87 \Rightarrow a = \sqrt{102{,}87} \Rightarrow a = 10{,}14 \text{ m}$$

De la mateixa manera, ara es calcula la distància b, que va des del dron fins al punt A:

$$b^2 = 4{,}6 \cdot 12{,}7 \Rightarrow b^2 = 58{,}42 \Rightarrow b = \sqrt{58{,}42} \Rightarrow b = 7{,}64 \text{ m}$$

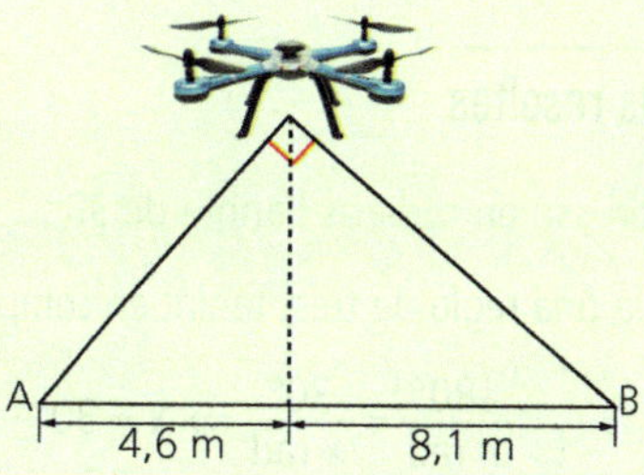

2 /// MESURES D'ANGLES: GRAU SEXAGESIMAL I RADIAN

Practiquem i avancem 14-18

> Un angle és la regió de pla limitada per dues semirectes que tenen un origen comú anomenat *vèrtex*.

Els angles es poden mesurar en graus sexagesimals i en radians.

Sistema sexagesimal

- És un sistema en base 60; és a dir, 60 unitats d'un ordre equivalen a una unitat de l'ordre immediatament superior.
- La unitat és el **grau sexagesimal** (°), que és la 360ena part d'una circumferència.
- Els submúltiples del grau sexagesimal són els minuts i els segons.

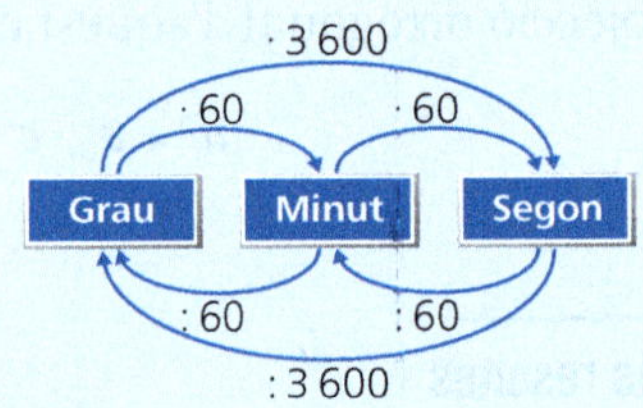

Sistema circular

- La unitat és el **radian (rad)**, que és l'angle que té per arc el radi de la circumferència.
- El radian és la unitat de mesura d'un angle pla en el sistema internacional d'unitats.

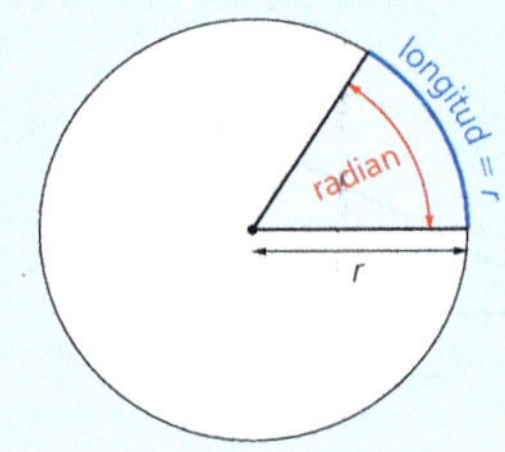

Els angles fonamentals mesuren els radians següents:

Angle de 360°

La longitud de la circumferència és $L = 2\pi r$; en conseqüència, una circumferència té 2π rad o 360°:

$$2\pi \text{ rad} = 360°$$

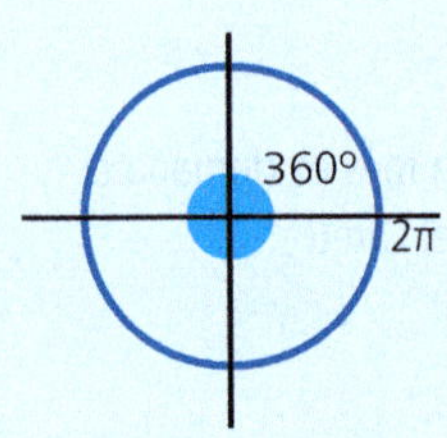

Angle de 180°

L'arc d'un angle pla és la meitat de la circumferència. Així, doncs:

$$\pi \text{ rad} = 180°$$

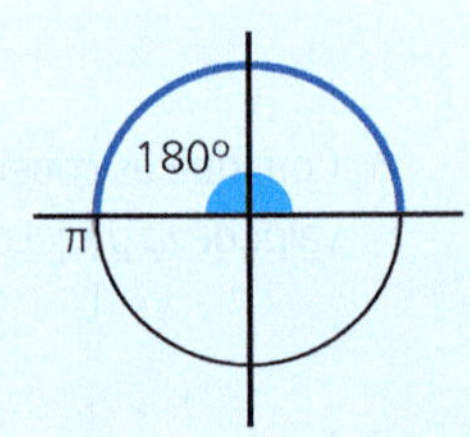

Angle de 270°

L'arc d'un angle de 270° equival a les tres quartes parts de la circumferència, de manera que mesura $\frac{3\pi}{2}$:

$$\frac{3\pi}{2} \text{ rad} = 270°$$

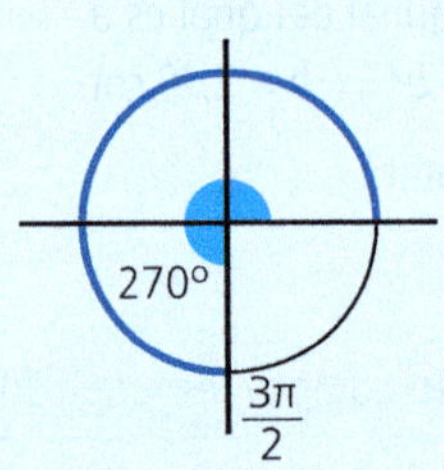

Angle de 90°

L'arc d'un angle recte és la quarta part de la circumferència, així doncs:

$$\frac{\pi}{2} \text{ rad} = 90°$$

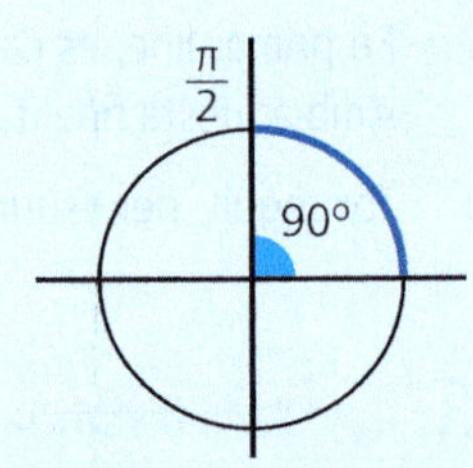

Activitats resoltes

1 Expressa en radians l'angle de 30°.

Es fa una regla de tres, tenint en compte que π rad = 180°:

$$\frac{180°}{\pi \text{ rad}} = \frac{30°}{x \text{ rad}} \Rightarrow x = 30° \cdot \frac{\pi \text{ rad}}{180°} = \frac{\pi}{6} \text{ rad}$$

2 Expressa en graus sexagesimals $\frac{5\pi}{6}$ rad.

Mitjançant el canvi d'equivalència de π rad per 180°:

$$\frac{5\pi}{6} \text{ rad} = \frac{5 \cdot \pi \text{ rad}}{6} = \frac{5 \cdot 180°}{6} = 150°$$

3 /// RAONS TRIGONOMÈTRIQUES EN UN TRIANGLE RECTANGLE

Practiquem i avancem 19-30

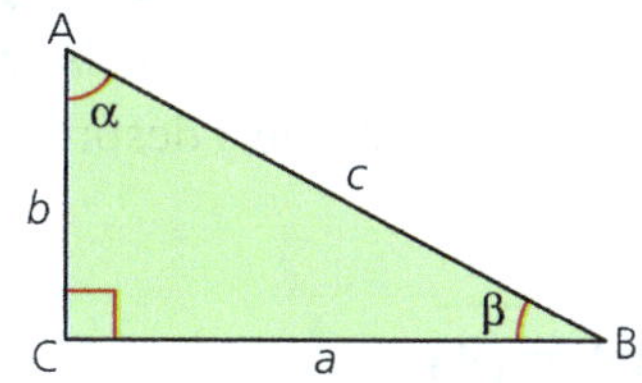

Els teoremes que hem vist, aplicables només a triangles rectangles, establien relacions entre els costats; tanmateix, també és possible reconèixer relacions entre els costats i els angles aguts del triangle.

Tots els triangles rectangles que es poden construir a partir de dos angles complementaris donats, α i β, són semblants, i per això tots els quocients efectuats entre cada parella de costats coincidiran, independentment del triangle triat.

Les raons numèriques associades a cadascun dels angles aguts del triangle rectangle s'anomenen *raons trigonomètriques*.

Raons trigonomètriques de α

- Sinus de l'angle α → $\sin\alpha = \frac{\text{catet oposat a }\alpha}{\text{hipotenusa}} = \frac{a}{c}$
- Cosinus de l'angle α → $\cos\alpha = \frac{\text{catet contigu a }\alpha}{\text{hipotenusa}} = \frac{b}{c}$
- Tangent de l'angle α → $\text{tg}\,\alpha = \frac{\text{catet oposat a }\alpha}{\text{catet contigu a }\alpha} = \frac{a}{b}$

Raons trigonomètriques de β

- Sinus de l'angle β → $\sin\beta = \frac{\text{catet oposat a }\beta}{\text{hipotenusa}} = \frac{b}{c}$
- Cosinus de l'angle β → $\cos\beta = \frac{\text{catet contigu a }\beta}{\text{hipotenusa}} = \frac{a}{c}$
- Tangent de l'angle β → $\text{tg}\,\beta = \frac{\text{catet oposat a }\beta}{\text{catet contigu a }\beta} = \frac{b}{a}$

Comparant els valors obtinguts, es pot concloure que les raons trigonomètriques dels angles α i β, pel fet que són **complementaris**, compleixen les igualtats següents:

$$\sin\alpha = \cos\beta \qquad \cos\alpha = \sin\beta \qquad \text{tg}\,\alpha = \frac{1}{\text{tg}\,\beta}$$

També és possible calcular l'angle d'un triangle a partir d'una raó trigonomètrica. Per fer-ho, s'utilitzen les funcions trigonomètriques inverses: arcsin (x), arccos (x), arctg (x).

Per exemple: arccos (0,625) = 51° 19′

Activitat resolta

Calcula les raons trigonomètriques de l'angle α del triangle rectangle que es mostra al marge.

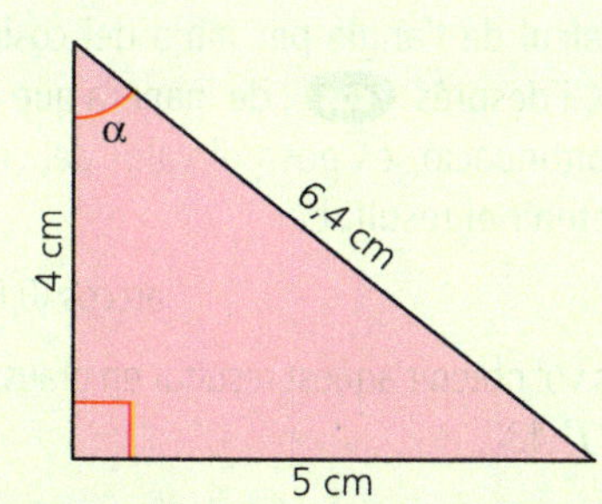

El catet oposat a l'angle α mesura 5 cm, i el contigu, 4 cm. A més, la hipotenusa del triangle té una longitud de 6,4 cm. Per calcular les raons trigonomètriques de l'angle, s'aplica l'expressió de cadascuna:

$$\sin\alpha = \frac{\text{catet oposat a }\alpha}{\text{hipotenusa}} = \frac{5}{6{,}4} = 0{,}781\,25$$

$$\cos\alpha = \frac{\text{catet contigu a }\alpha}{\text{hipotenusa}} = \frac{4}{6{,}4} = 0{,}625$$

$$\text{tg}\,\alpha = \frac{\text{catet oposat a }\alpha}{\text{catet contigu a }\alpha} = \frac{5}{4} = 1{,}25$$

Per tant, el sinus, el cosinus i la tangent valen 0,781 25; 0,625 i 1,25, respectivament.

3.1 ÚS DE LA CALCULADORA CIENTÍFICA

La calculadora científica pot servir d'ajuda a l'hora de determinar les raons trigonomètriques d'un angle conegut.

D'aquesta manera, per calcular el sinus, el cosinus i la tangent d'un angle determinat, s'utilitzen les tecles sin, cos i tan, respectivament. Tot seguit, depenent del model de la calculadora de què es disposi, caldrà introduir, en primer lloc, l'angle, i després prémer la raó trigonomètrica, o bé procedir al contrari.

Tingues-ho en compte

Des de les opcions de configuració, generalment des del botó setup, s'indica si s'introduirà l'angle en graus sexagesimals (deg) o en radians (rad).

Activitat resolta

Calcula les raons trigonomètriques de l'angle de 64,3°, fent servir la calculadora.

En primer lloc, es configura la calculadora per introduir l'angle en graus sexagesimals. Amb aquest objectiu, es prem la tecla SETUP i es tria l'opció DEG.

Amb la finalitat de determinar quin és el sinus de l'angle, se selecciona el botó sin i s'introdueix, a continuació, el valor de l'angle. Tot seguit, cal prémer la tecla = per obtenir el resultat:

$$\sin 64{,}3° = 0{,}901\,077\,021$$

Es calcula el cosinus mitjançant la tecla cos i introduint posteriorment el valor de l'angle. Després de prémer el botó = , s'obté el resultat:

$$\cos 64{,}3° = 0{,}433\,659\,084$$

Finalment, per calcular la tangent, es procedeix de la mateixa manera, però prement la tecla tan. Així, s'obté:

$$\tan 64{,}3° = 2{,}077\,846\,524$$

El càlcul de l'angle a partir d'una de les seves raons trigonomètriques s'efectua utilitzant les mateixes tecles, però prement prèviament la tecla SHIFT.

Activitat resolta

Fes servir la calculadora per determinar l'angle que té com a cosinus 0,6 i com a sinus 0,8.

En primer lloc, es configura la calculadora per tal d'introduir l'angle en graus sexagesimals. Per fer-ho, es prem el botó SETUP i es tria l'opció DEG.

El càlcul de l'angle per mitjà del cosinus s'efectua prement, en primer lloc, la tecla SHIFT, i després cos, de manera que a la calculadora aparegui la inversa del cosinus. A continuació, es posa el valor del cosinus i es prem el botó = amb la finalitat d'obtenir el resultat:

$$\arccos(0{,}6) = 53{,}130\,310\,235$$

Si es vol obtenir aquest resultat en graus, simplement s'ha de prémer el botó °′″ i s'obté 53° 7′ 48″.

Per comprovar que és l'angle demanat, es pot fer el mateix procés amb la inversa del sinus: $\arcsin(0{,}8) = 53{,}130\,310\,235$.

En moltes calculadores, les funcions trigonomètriques inverses s'anomenen $\sin^{-1}$, $\cos^{-1}$, $\tan^{-1}$, per una qüestió d'espai. En realitat, es tracta de les funcions arcsin, arccos i arctg, respectivament.

3.2 PROPIETATS DE LES RAONS TRIGONOMÈTRIQUES

Propietat 1

El sinus i el cosinus d'un angle agut, en un triangle rectangle, estan compresos entre 0 i 1. No passa el mateix amb la tangent, que pot adoptar qualsevol valor positiu:

$$0 < \sin\alpha < 1 \qquad 0 < \cos\alpha < 1 \qquad \text{tg}\,\alpha > 0$$

Propietat 2

La suma dels quadrats del sinus i del cosinus és sempre 1:

$$\sin^2\alpha + \cos^2\alpha = 1$$

Aquesta propietat es coneix com a **equació fonamental de la trigonometria.**

Observant el triangle del marge, per a l'angle α resulta:

$$\sin^2\alpha + \cos^2\alpha = \left(\frac{a}{c}\right)^2 + \left(\frac{b}{c}\right)^2 = \frac{a^2}{c^2} + \frac{b^2}{c^2} = \frac{a^2+b^2}{c^2} = \frac{c^2}{c^2} = 1$$

Propietat 3

La tangent d'un angle es pot obtenir dividint-ne el sinus entre el cosinus:

$$\text{tg}\,\alpha = \frac{\sin\alpha}{\cos\alpha}$$

Tenint en compte altra vegada el triangle del marge, per a l'angle α resulta:

$$\frac{\sin\alpha}{\cos\alpha} = \frac{\frac{a}{c}}{\frac{b}{c}} = \frac{a}{b} = \text{tg}\,\alpha$$

Observa

Com que els catets sempre són més petits que la hipotenusa d'un triangle, els valors del sinus i del cosinus estan entre 0 i 1.

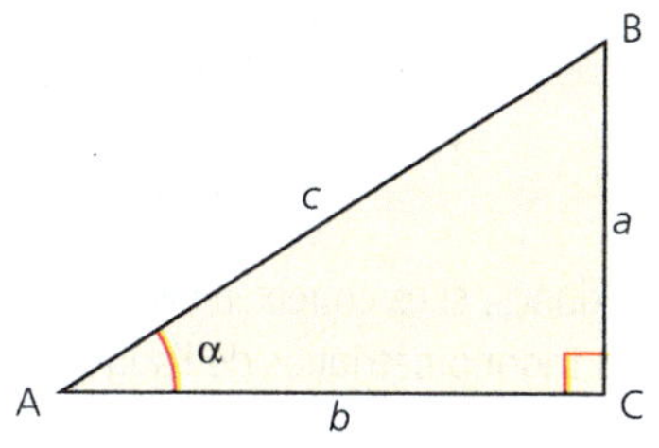

Activitats resoltes

1 **Sabent que el sinus d'un angle val 0,2, calcula'n el cosinus i la tangent sense determinar-ne prèviament l'angle.**

Com que es coneix el sinus, se substitueix el seu valor i s'aïlla el cosinus a l'equació fonamental de la trigonometria:

$$\sin^2\alpha + \cos^2\alpha = 1$$

$$0{,}2^2 + \cos^2\alpha = 1 \Rightarrow \cos^2\alpha = 1 - 0{,}2^2 \Rightarrow \cos\alpha = +\sqrt{1-0{,}04} = 0{,}98$$

Després, es calcula la tangent amb la fórmula de la propietat 3:

$$\text{tg}\,\alpha = \frac{\sin\alpha}{\cos\alpha} = \frac{0{,}2}{0{,}98} \Rightarrow \text{tg}\,\alpha = 0{,}204$$

2 **Existeix algun angle, α, el cosinus del qual sigui 0,4 i la tangent del qual valgui 3,1? Per què?**

L'angle donat compleix que $\cos\alpha = 0{,}4$ i $\text{tg}\,\alpha = 3{,}1$. Així, doncs, per la propietat 3:

$$\text{tg}\,\alpha = \frac{\sin\alpha}{\cos\alpha}$$

$$3{,}1 = \frac{\sin\alpha}{0{,}4} \Rightarrow \sin\alpha = 3{,}1 \cdot 0{,}4 \Rightarrow \sin\alpha = 1{,}24$$

Com que, segons la primera propietat, $\sin\alpha < 1$, es conclou que no pot existir un angle amb les condicions donades.

3.3 RAONS TRIGONOMÈTRIQUES D'ANGLES AGUTS

És important conèixer les raons trigonomètriques dels angles de 30°, 45° i 60°, ja que apareixen sovint als problemes de trigonometria.

Raons trigonomètriques de l'angle de 60°

Es construeix un triangle amb un angle de 60°. Per fer-ho, es parteix d'un triangle equilàter d'1 unitat de costat, que es divideix en dos triangles rectangles traçant-ne l'altura, *h*:

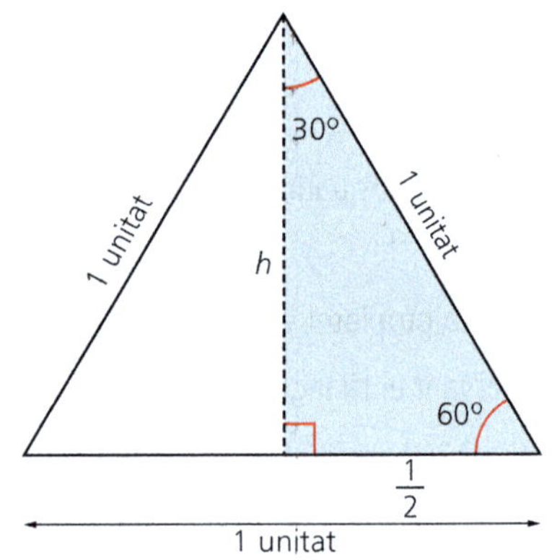

El valor de *h* es calcula aplicant el teorema de Pitàgores:

$$h^2 + \left(\frac{1}{2}\right)^2 = 1^2 \Rightarrow h^2 = 1 - \frac{1}{4} \Rightarrow h = \sqrt{\frac{3}{4}} = \frac{\sqrt{3}}{2}$$

Així, doncs, si es coneixen els dos catets i la hipotenusa, és possible calcular les tres raons trigonomètriques de l'angle:

$$\sin 60° = \frac{\text{catet oposat}}{\text{hipotenusa}} = \frac{\frac{\sqrt{3}}{2}}{1} = \frac{\sqrt{3}}{2} \qquad \cos 60° = \frac{\text{catet contigu}}{\text{hipotenusa}} = \frac{\frac{1}{2}}{1} = \frac{1}{2}$$

$$\text{tg } 60° = \frac{\text{catet oposat}}{\text{catet contigu}} = \frac{\frac{\sqrt{3}}{2}}{\frac{1}{2}} = \sqrt{3}$$

Raons trigonomètriques de l'angle de 30°

Per calcular les raons trigonomètriques de l'angle de 30°, cal tenir en compte que els angles de 30° i 60° són complementaris:

$$\sin 30° = \cos 60° = \frac{1}{2} \qquad \cos 30° = \sin 60° = \frac{\sqrt{3}}{2} \qquad \text{tg } 30° = \frac{1}{\text{tg } 60°} = \frac{1}{\sqrt{3}} = \frac{\sqrt{3}}{3}$$

Raons trigonomètriques de l'angle de 45°

Aplicant l'equació fonamental de la trigonometria a l'angle de 45°, tenim:

$$\text{sen}^2\, 45° + \cos^2 45° = 1$$

Com que l'angle de 45° és complementari de si mateix, es verifica que sin 45° = cos 45°. Així, doncs:

$$\sin^2 45° + \sin^2 45° = 2 \sin^2 45° = 1 \Rightarrow \sin^2 45° = \frac{1}{2} \Rightarrow \sin 45° = \sqrt{\frac{1}{2}} = \frac{1}{\sqrt{2}} = \frac{\sqrt{2}}{2}$$

$$\sin 45° = \cos 45° = \frac{\sqrt{2}}{2} \qquad \text{tg } 45° = \frac{\sin 45°}{\cos 45°} = \frac{\frac{\sqrt{2}}{2}}{\frac{\sqrt{2}}{2}} = 1$$

Angle	Sinus	Cosinus	Tangent
30°	$\frac{1}{2}$	$\frac{\sqrt{3}}{2}$	$\frac{\sqrt{3}}{3}$
45°	$\frac{\sqrt{2}}{2}$	$\frac{\sqrt{2}}{2}$	1
60°	$\frac{\sqrt{3}}{2}$	$\frac{1}{2}$	$\sqrt{3}$

Activitat resolta

Efectua les operacions següents:

a. $\cos^2 45° + \text{sen}^2\, 60°$ **b.** $\cos 30° \cdot \text{tg } 60°$

Se substitueix cada raó trigonomètrica pel seu valor per calcular-ne el resultat:

a. $\cos^2 45° + \sin^2 60° = \left(\frac{\sqrt{2}}{2}\right)^2 + \left(\frac{\sqrt{3}}{2}\right)^2 = \frac{5}{4}$ **b.** $\cos 30° \cdot \text{tg } 60° = \frac{\sqrt{3}}{2} \cdot \sqrt{3} = \frac{3}{2}$

4 /// PENDENT I ANGLE D'INCLINACIÓ

Practiquem i avancem 31-37

Intuïtivament, el pendent està associat a la inclinació d'una recta o una superfície, i es pot observar en situacions quotidianes: senyals de trànsit, rampes d'accessibilitat, etc.

> El valor del **pendent**, *m*, en un tram recte, es defineix com el quocient entre la variació d'altura, *b*, i la longitud avançada en horitzontal, *a*.
>
> $$m = \frac{b}{a}$$
>
> 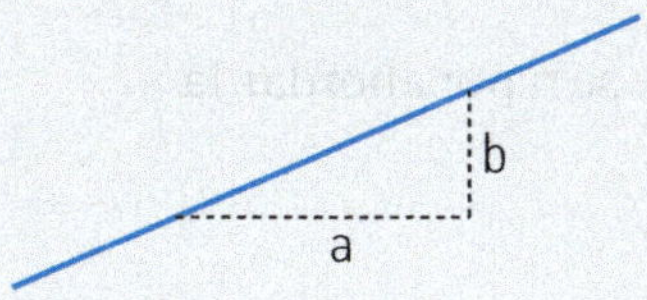
>

Es pot observar que el pendent coincideix amb el valor assignat a la tangent d'un angle:

$$m = \frac{b}{a} = \operatorname{tg} \alpha$$

Aquesta relació ens permet esbrinar l'angle que determina el pendent.

> L'**angle d'inclinació**, α, d'un tram és determinat per l'arctangent del pendent en aquest tram:
>
> $$\alpha = \operatorname{arctg}\left(\frac{b}{a}\right) = \operatorname{arctg}(m)$$

Activitat resolta

Calcula el pendent i l'angle d'inclinació en les situacions representades a les il·lustracions del marge:

a. Escales **b.** Carretera **c.** Teulada

a. Es determina el pendent directament amb la fórmula: $m = \frac{b}{a} = \frac{30}{20} = 1{,}5$.

Per tant, l'angle d'inclinació és $\alpha = \operatorname{arctg}(1{,}5) = 56{,}3°$.

b. El pendent és donat per $m = \frac{b}{a} = \frac{2}{10} = 0{,}2$.

Quan es tracta de pendents en carreteres, és habitual expressar-los en forma de percentatge. Així, per exemple, el senyal de trànsit que acompanyaria aquesta carretera indicaria una inclinació del 20 %.

L'angle d'inclinació és $\alpha = \operatorname{arctg}(0{,}2) = 11{,}3°$.

c. Cal conèixer el valor de l'altura, *h*, del triangle que forma la teulada.

Per fer-ho, s'aplica el teorema de Pitàgores:

$$5{,}2^2 = h^2 + 2^2 \Rightarrow h = \sqrt{5{,}2^2 - 2^2} = 4{,}8 \text{ m}$$

Amb aquesta dada, el pendent de la teulada és donat per $m = \frac{4{,}8}{2} = 2{,}4$.

Així, doncs, l'angle d'inclinació és $\alpha = \operatorname{arctg}(2{,}4) = 67{,}4°$.

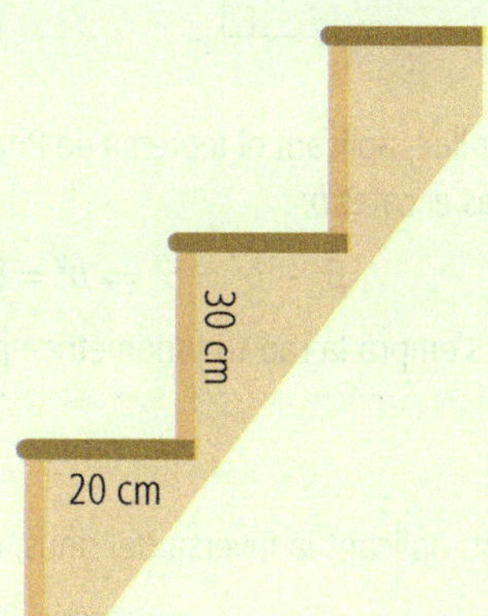

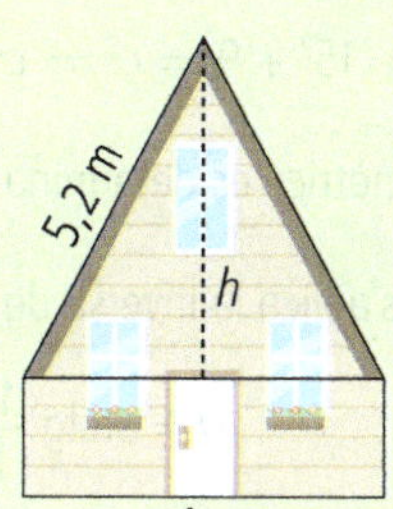

5 /// APLICACIONS

Practiquem i avancem 38-61

En molts problemes geomètrics sorgeix la necessitat de resoldre un triangle rectangle. Tingues en compte que qualsevol figura poligonal es pot descompondre en triangles, els quals, al seu torn, es poden descompondre en triangles rectangles.

Aplicant el teorema de Pitàgores, les raons trigonomètriques d'un angle i la complementarietat dels angles aguts, és possible calcular-ne el valor dels tres costats i els angles, sempre que es donin unes condicions determinades.

Segons el coneixement que es tingui del triangle rectangle, se'n pot abordar la resolució de diferents maneres.

Se'n coneixen dos costats

Mitjançant el teorema de Pitàgores es calcula el costat que falta i amb les raons trigonomètriques inverses se'n determinen els angles.

Activitat resolta

Resol els triangles següents:

a.

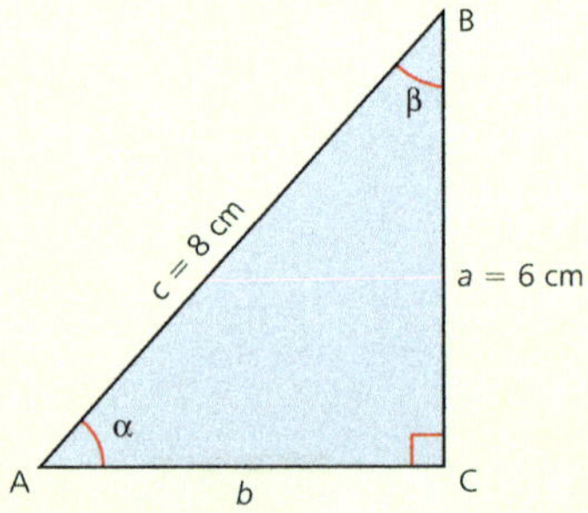

b.

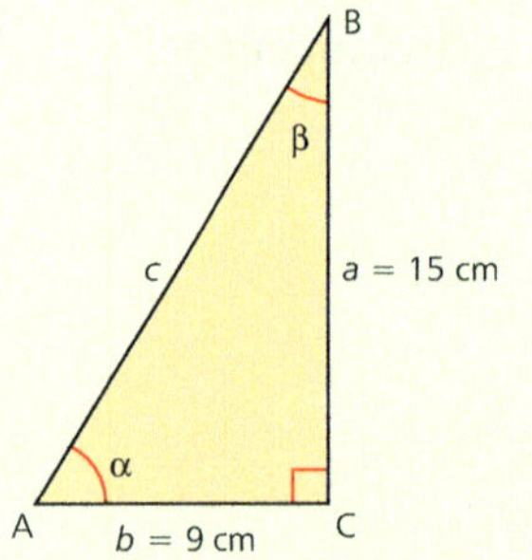

a. En primer lloc, aplicant el teorema de Pitàgores, es pot calcular el costat desconegut, en aquest cas el catet *b*:

$$6^2 + b^2 = 8^2 \Rightarrow b^2 = 8^2 - 6^2 = 28 \Rightarrow b = 5{,}29 \text{ cm}$$

Després, s'empra la raó trigonomètrica per determinar el sinus de l'angle α:

$$\sin \alpha = \frac{a}{c} = \frac{6}{8} = 0{,}75$$

Tot seguit, aplicant la inversa del sinus, és possible calcular l'angle α:

$$\alpha = \arcsin 0{,}75 \Rightarrow \alpha = 48{,}59°$$

Finalment, com que $\alpha + \beta = 90$, es conclou que $\beta = 90 - 48{,}59 = 41{,}41°$.

b. Amb el teorema de Pitàgores es calcula el costat desconegut, és a dir, la hipotenusa, *c*:

$$15^2 + 9^2 = c^2 \Rightarrow c^2 = 306 \Rightarrow c = 17{,}49 \text{ cm}$$

Amb la raó trigonomètrica es determina la tangent de l'angle α: $\text{tg } \alpha = \frac{a}{b} = \frac{15}{9}$.

Per obtenir l'angle, s'aplica la inversa de la tangent:

$$\alpha = \text{arctg } \frac{15}{9} \Rightarrow \alpha = 59{,}04°$$

Finalment, com que $\alpha + \beta = 90$, resulta que $\beta = 90 - 59{,}04 = 30{,}96°$.

Observa

Una vegada calculats tots els costats del triangle, es pot fer servir qualsevol raó trigonomètrica per resoldre'l. La raó de triar el sinus al primer apartat de l'activitat resolta, i la tangent al segon, es deu al fet que és preferible emprar els costats que s'ofereixen a l'enunciat del problema per evitar arrossegar qualsevol error que es pugui haver produït a l'hora de calcular el costat que falta.

Se'n coneixen un angle i un costat

En aquest cas, es calcula l'altre angle mitjançant l'expressió $\alpha + \beta = 90°$ i s'analitza quina raó trigonomètrica es pot utilitzar per trobar els altres costats. L'últim costat també es podria determinar aplicant el teorema de Pitàgores a partir de la mesura dels altres dos.

Activitat resolta

Resol els triangles següents:

a.

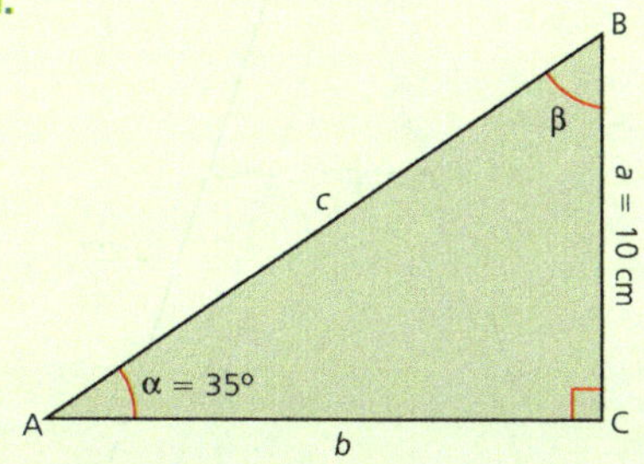

b.

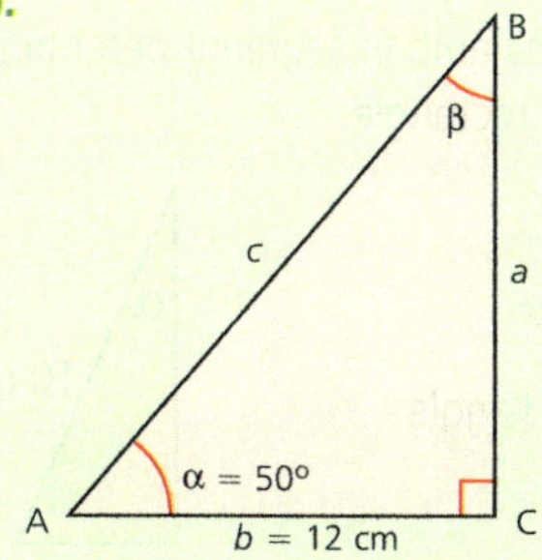

c.

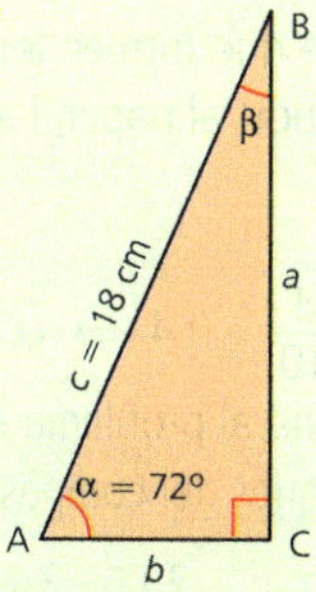

a. S'esbrina l'angle que falta, β:

$$\alpha + \beta = 90° \Rightarrow \beta = 90 - 35 \Rightarrow \beta = 55°$$

Per calcular els altres costats, s'utilitzen les raons trigonomètriques. A partir de l'angle α és possible obtenir la hipotenusa amb el seu sinus, i el catet contigu amb la tangent:

$$\sin 35° = \frac{a}{c} = \frac{10}{c} \Rightarrow c = \frac{10}{\sin 35°} \Rightarrow c = 17{,}43 \text{ cm}$$

$$\text{tg } 35° = \frac{a}{b} = \frac{10}{b} \Rightarrow b = \frac{10}{\text{tg } 35°} \Rightarrow b = 14{,}28 \text{ cm}$$

Aquest últim costat també es podria haver calculat mitjançant el teorema de Pitàgores.

b. En primer lloc, es calcula l'angle β:

$$\alpha + \beta = 90° \Rightarrow \beta = 90 - 50 \Rightarrow \beta = 40°$$

Els costats restants es troben aplicant les raons trigonomètriques. L'angle α permet determinar la hipotenusa amb el seu cosinus, i el catet oposat mitjançant la tangent:

$$\cos 50° = \frac{b}{c} = \frac{12}{c} \Rightarrow c = \frac{12}{\cos 50°} \Rightarrow c = 18{,}67 \text{ cm}$$

$$\text{tg } 50° = \frac{a}{b} = \frac{a}{12} \Rightarrow a = 12 \cdot \text{tg } 50° \Rightarrow a = 14{,}30 \text{ cm}$$

També es podria haver emprat el teorema de Pitàgores per calcular aquest últim valor.

c. Es calcula l'angle β:

$$\alpha + \beta = 90° \Rightarrow \beta = 90 - 72 \Rightarrow \beta = 18°$$

Per tal d'obtenir els altres costats, es recorre a les raons trigonomètriques. Així, es pot emprar l'angle α per calcular el catet oposat amb el seu sinus, i el catet contigu amb el cosinus:

$$\sin 72° = \frac{a}{c} = \frac{a}{18} \Rightarrow a = 18 \cdot \sin 72° \Rightarrow a = 17{,}12 \text{ cm}$$

$$\cos 72° = \frac{b}{c} = \frac{b}{18} \Rightarrow b = 18 \cdot \cos 72° \Rightarrow b = 5{,}56 \text{ cm}$$

Com als casos anteriors, hauria estat possible igualment determinar aquest últim costat mitjançant el teorema de Pitàgores.

En els problemes d'aplicació de triangles rectangles, si no s'ofereix una imatge on s'indiquin les dades conegudes i les incògnites que calgui esbrinar, s'haurà d'elaborar un dibuix senzill que permeti visualitzar la situació que es descriu a l'enunciat.

Activitats resoltes

1 Les puntes de les branques d'un compàs disten 8 cm i cada branca mesura 10 cm, tal com es pot observar al marge. Determina l'angle que formen entre elles les branques del compàs.

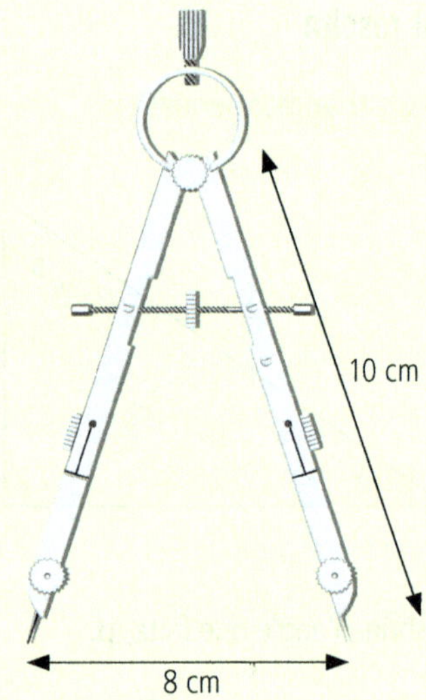

Es divideix el triangle que formen les branques del compàs amb el segment determinat pels dos punts de suport al paper, i així s'obté un triangle rectangle.

Es calcula l'angle α:

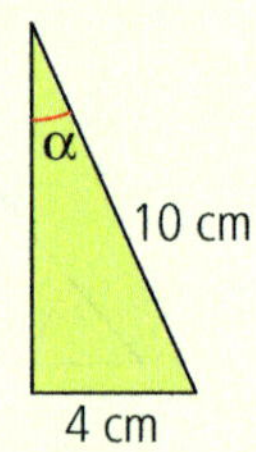

$$\sin \alpha = \frac{4}{10} = 0{,}4 \Rightarrow \alpha = \arcsin(0{,}4) = 23{,}6°$$

L'angle que es demana al problema és el doble. Per tant, l'angle que formen les branques del compàs és:

$$23{,}6 \cdot 2 = 47{,}2°$$

2 A una hora determinada del dia, els raigs del Sol incideixen amb una inclinació de 60° sobre l'horitzontal del terreny. Calcula l'alçària d'una torre que en aquest moment projecta una ombra de 21 m.

Tal com es pot observar a la imatge, es forma un triangle rectangle en el qual el catet contigu a l'angle de 60° representa l'ombra de la torre, que mesura 21 m, mentre que el catet oposat és l'altura que l'enunciat demana que es calculi.

La raó trigonomètrica que relaciona tots aquests elements és la tangent:

$$\text{tg } 60° = \frac{\text{catet oposat}}{\text{catet contigu}} = \frac{h}{21} \Rightarrow h = 21 \cdot \text{tg } 60° = 36{,}37 \text{ m}$$

Per tant, la torre mesura 36,37 m.

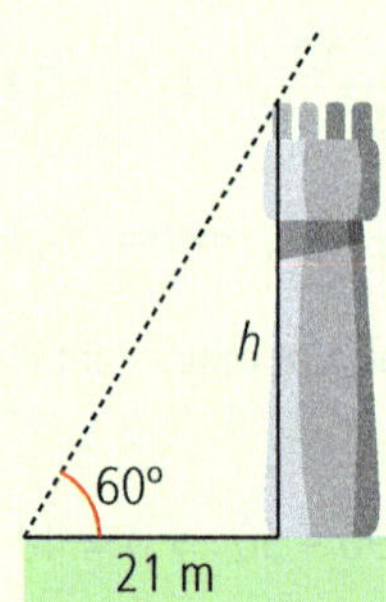

3 Esbrina l'àrea d'un rectangle la diagonal del qual mesura 15 m i forma un angle de 30° amb la base.

Per determinar l'àrea del rectangle, se n'ha de conèixer el valor dels costats, els quals formen, juntament amb la diagonal, un triangle rectangle. Per aquesta raó, aplicant les fórmules del sinus i del cosinus, se'n poden calcular els valors:

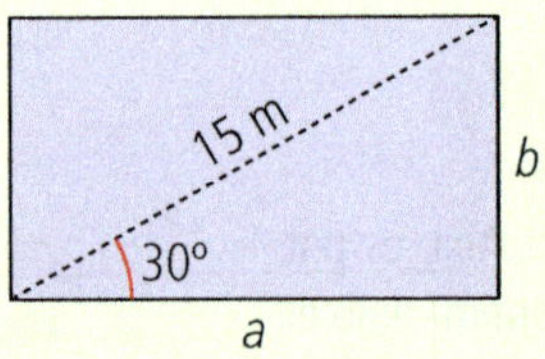

$$\cos 30° = \frac{\text{catet contigu}}{\text{hipotenusa}} = \frac{a}{15} \Rightarrow a = 15 \cdot \cos 30° = 13 \text{ m}$$

$$\sin 30° = \frac{\text{catet oposat}}{\text{hipotenusa}} = \frac{b}{15} \Rightarrow b = 15 \cdot \sin 30° = 7{,}5 \text{ m}$$

Com que els costats del rectangle mesuren 13 m i 7,5 m, s'obté que l'àrea demanada és:

$$13 \cdot 7{,}5 = 97{,}5 \text{ m}^2$$

Càlcul de l'altura d'un objecte no accessible

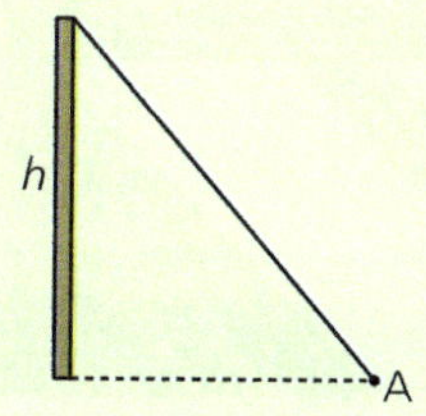

Per calcular l'altura, h, del pal del dibuix des del punt A, n'hi hauria prou de conèixer l'angle amb el qual s'observa el punt més alt del pal i la distància des de A fins a la base del pal, distància que, tanmateix, no sempre és possible mesurar.

Per resoldre aquest tipus de problemes, cal un altre punt de referència i la introducció d'un segon triangle.

Així, doncs, es mesura l'angle d'observació del punt més alt des de A, 50°, i després de retrocedir 5 m, per exemple, es torna a fer un nou mesurament de l'angle d'observació resultant des del punt B, 30°.

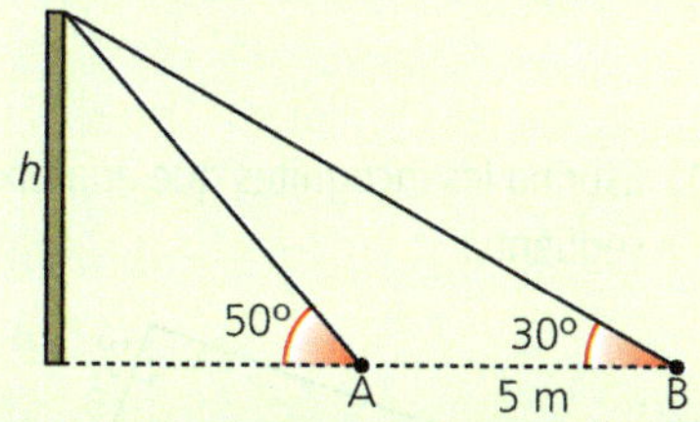

S'anomena x la distància de la base del pal fins al punt A i es planteja el sistema d'equacions següent, aplicant les raons trigonomètriques:

$$\begin{cases} \text{tg } 50° = \dfrac{h}{x} \\ \text{tg } 30° = \dfrac{h}{x+5} \end{cases} \Rightarrow \begin{cases} 1{,}19 = \dfrac{h}{x} \\ 0{,}58 = \dfrac{h}{x+5} \end{cases} \Rightarrow \begin{cases} 1{,}19x = h \\ 0{,}58x + 2{,}9 = h \end{cases}$$

Es resol el sistema per igualació. Per fer-ho, s'igualen les dues expressions que equivalen a h i es calcula, tot seguit, el valor de x:

$$1{,}19x = 0{,}58x + 2{,}9 \Rightarrow 1{,}19x - 0{,}58x = 2{,}9 \Rightarrow 0{,}61x = 2{,}9 \Rightarrow x = \frac{2{,}9}{0{,}61} \Rightarrow x = 4{,}75 \text{ m}$$

Així, la distància des de la base del pal fins al punt d'observació A és de 4,75 m.

Substituint el valor de x en una de les equacions:

$$1{,}19 \cdot 4{,}75 = h \Rightarrow h = 5{,}65 \text{ m}$$

Per tant, l'altura del pal és de 5,65 m.

Construcció d'un clinòmetre

Un clinòmetre és un instrument de mesurament que permet conèixer l'angle amb el qual s'observa un punt elevat.

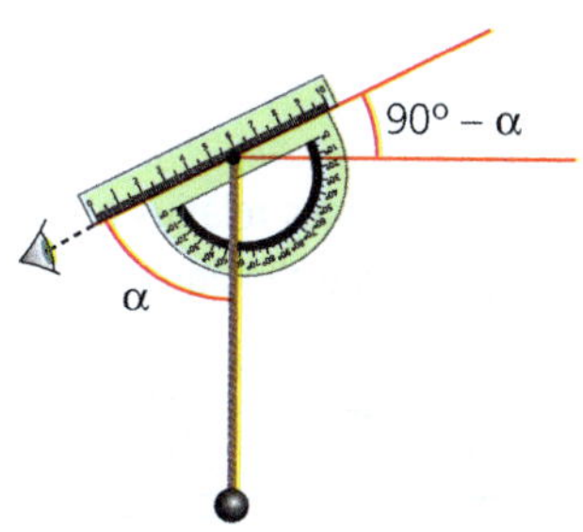

1 Per construir un clinòmetre casolà, cal un transportador de 180° (també és possible imprimir-ne un de paper i enganxar-lo sobre una targeta o un cartró rígid).

2 Enganxa una corda al punt central de la part recta del transportador i lliga-hi un pes a l'altre extrem.

3 Per fer servir el transportador, n'hi ha prou de mirar des d'un dels seus extrems cap al punt del qual es vol conèixer l'elevació. L'angle que indiqui la corda sobre el transportador assenyala l'angle complementari a l'angle de visió. Si marca, per exemple, 50°, l'observació s'estaria fent amb un angle de 40°.

Marca a la pissarra un punt a una altura determinada i fixa't en l'angle amb el qual l'observes des de la teva posició. Amb aquesta dada, i tenint en compte la distància a la qual et trobes de la pissarra, efectua els càlculs necessaris per determinar l'altura on has assenyalat el punt.

TRIANGLES RECTANGLES

PRACTIQUEM i AVANCEM

1 Aplica el teorema de Pitàgores per determinar els valors desconeguts dels triangles següents:

a.

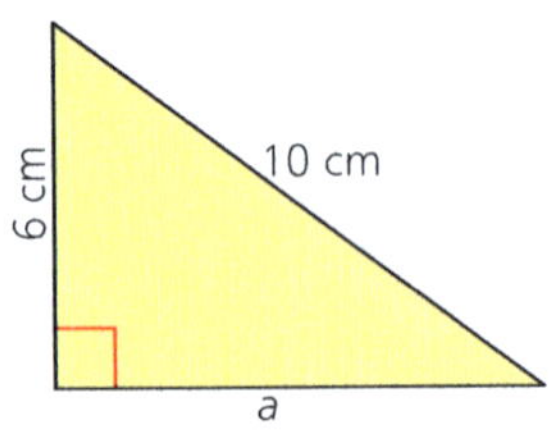

b.

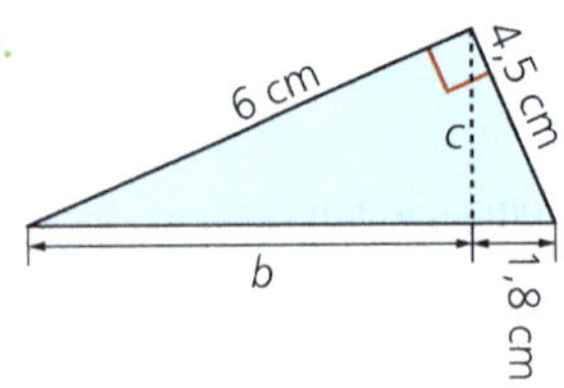

2 Utilitza el teorema de l'altura per determinar els valors desconeguts d'aquests triangles:

a.

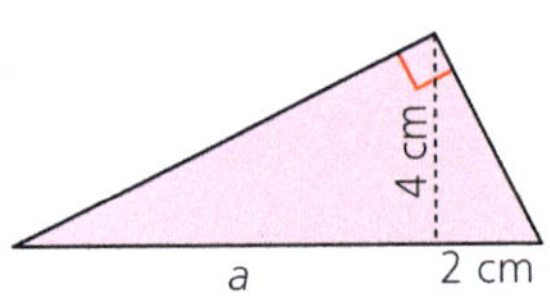

b.

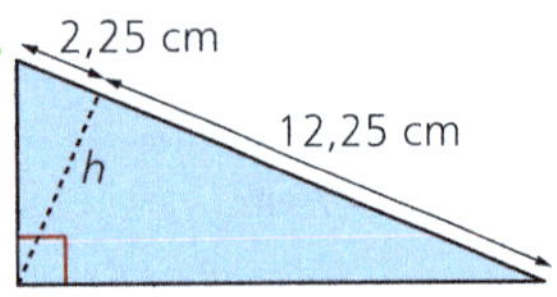

3 Fes servir el teorema del catet per calcular els valors desconeguts dels triangles següents:

a.

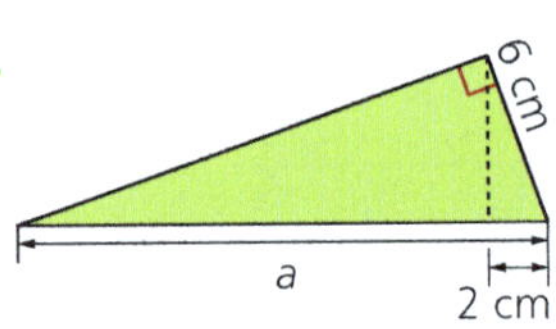

b.

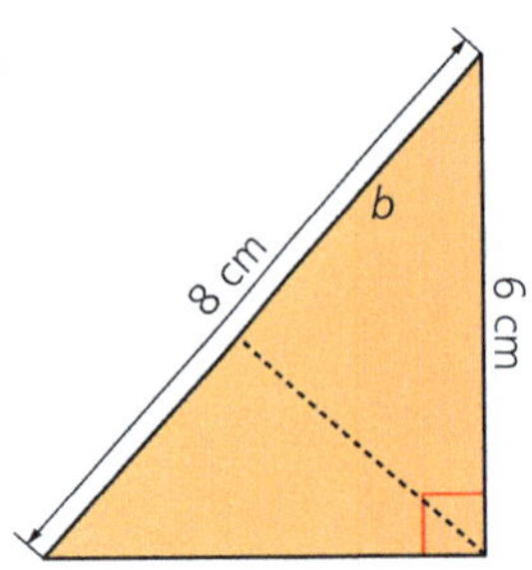

4 Aplica els teoremes relatius a triangles rectangles per calcular les incògnites que s'indiquen.

a.

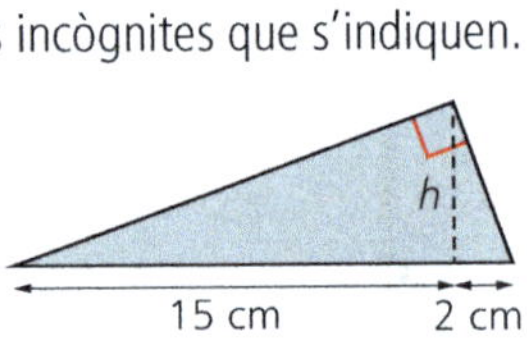

b.

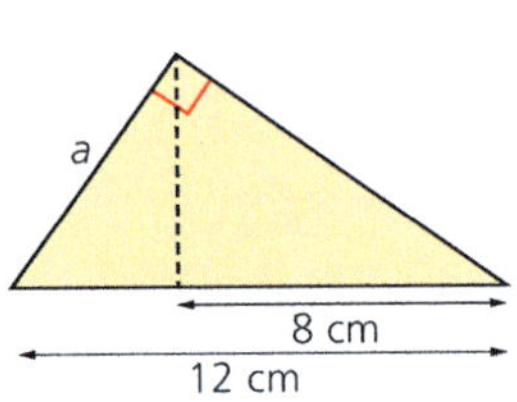

c.

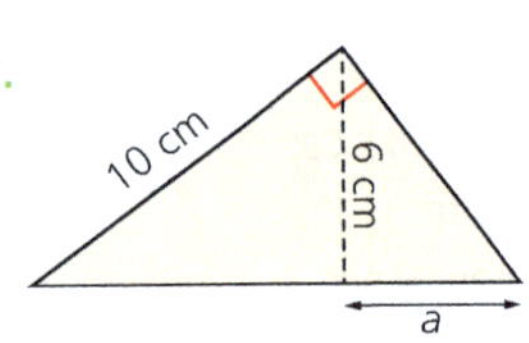

d.

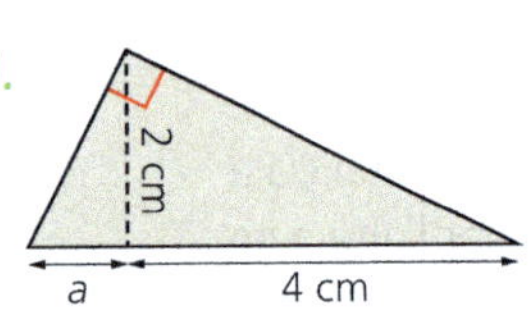

5 Esbrina les incògnites que apareixen a cadascuna de les figures següents:

a.

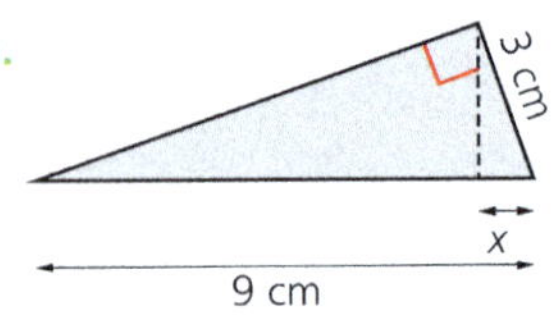

b.

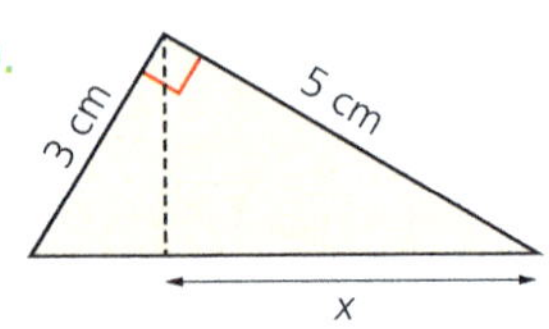

c.

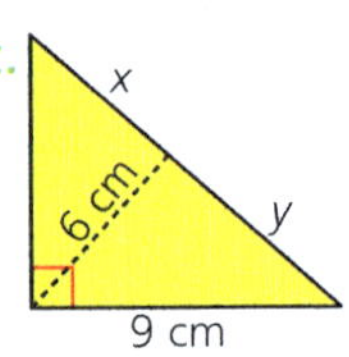

d.

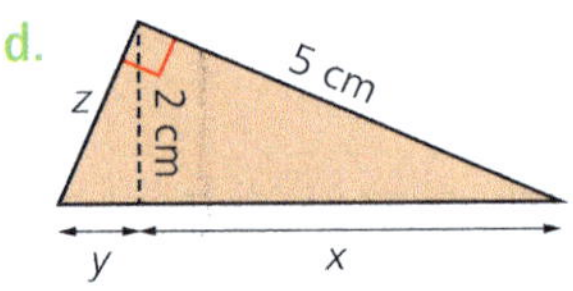

e.

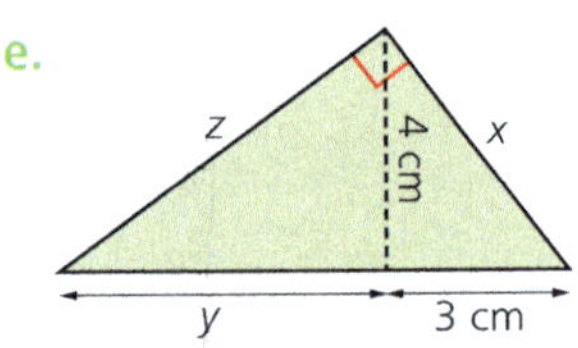

f.

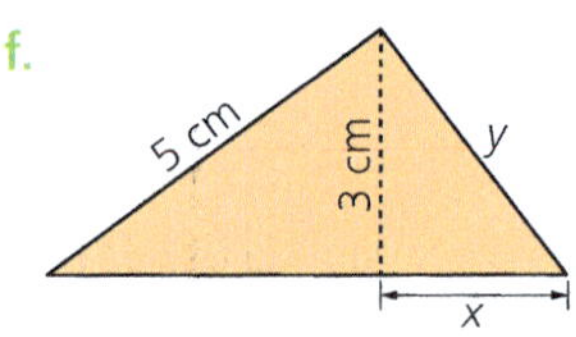

6 A la part superior d'un pal de telèfon es fixen dos cables que formen entre ells un angle de 90°. Indica quina és l'altura del pal tenint en compte que els cables estan ancorats a banda i banda de la base del pal a una distància de 15 m i 25 m, respectivament.

7 Per subjectar una antena de telefonia mòbil de 7 m d'alçària, es fixen dos cables al capdamunt, de manera que formin entre ells un angle de 90°. Si els cables s'ancoren a banda i banda de la base de l'antena, un dels dos a 5 m de l'antena, a quina distància d'aquesta base s'ha de col·locar l'altre ancoratge?

8 Calcula la longitud del contenidor del camió de la figura.

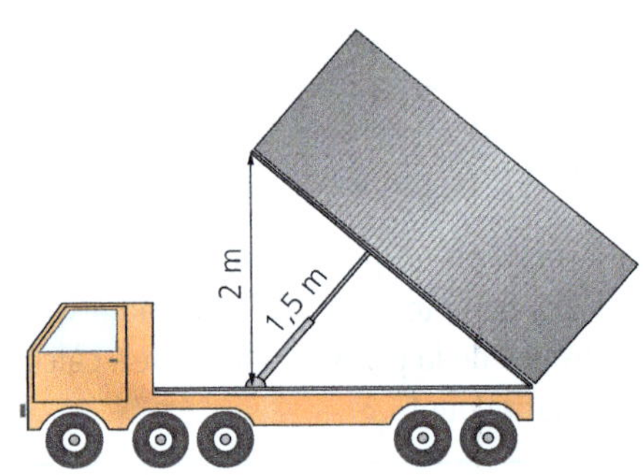

9 Un globus aerostàtic està ancorat a terra amb dos cables de 200 m i 250 m de longitud, respectivament, que formen entre ells un angle de 90°. Esbrina, aplicant almenys dos dels teoremes estudiats, a quina altitud es troba el globus.

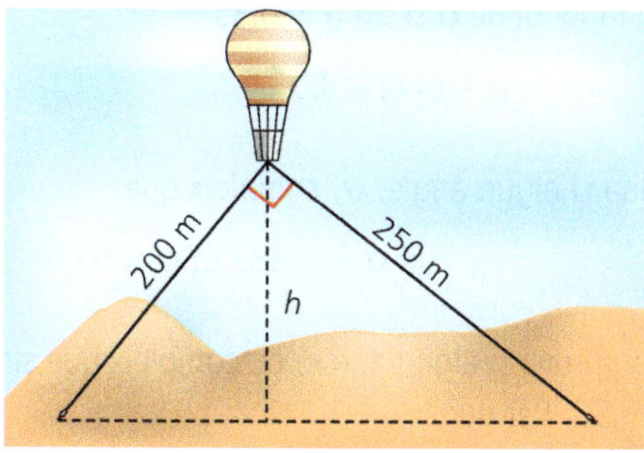

10 Aplica als triangles rectangles proposats tot seguit els teoremes que hem vist a la unitat per calcular el valor de les incògnites que s'indiquen:

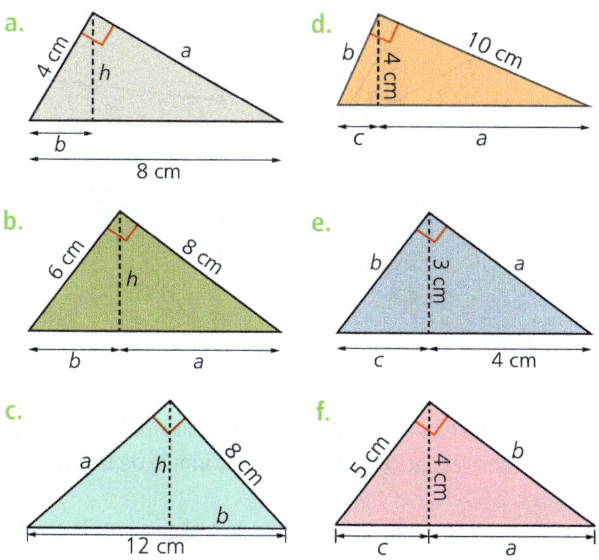

11 En una cursa popular, cal pujar un turó de 750 m d'altitud per un vessant de 3 km de longitud per baixar després per l'altre vessant, al peu del qual hi ha l'arribada. Suposant que els dos vessants formen al cim un angle de 90°, quants quilòmetres té la cursa?

Elabora un dibuix que t'ajudi a solucionar el problema i explica els passos que has seguit per resoldre'l.

12 ⊞ Un tobogan infantil consta d'una zona de lliscament de 5 m de longitud i una escaleta de 2 m. Suposant que les dues zones s'uneixen amb un angle de 90°, calcula, aplicant almenys dos dels teoremes estudiats, l'alçària del tobogan.

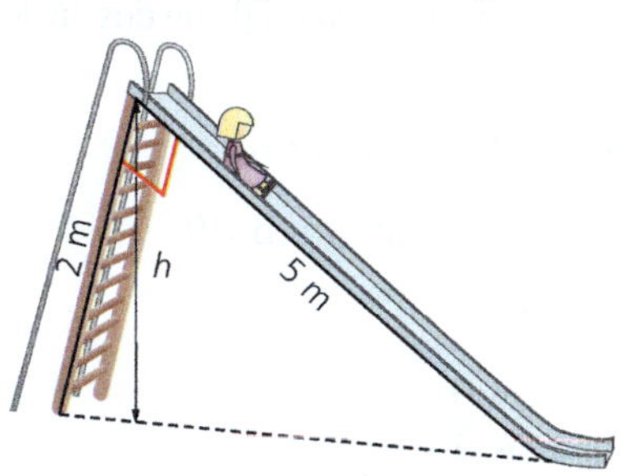

13 ⊞ Els cables de la grua que hi ha a la figura formen un angle de 90° a la part superior.

a. Quina és la longitud de cadascun dels braços de la grua?

b. Quant mesura l'alçària?

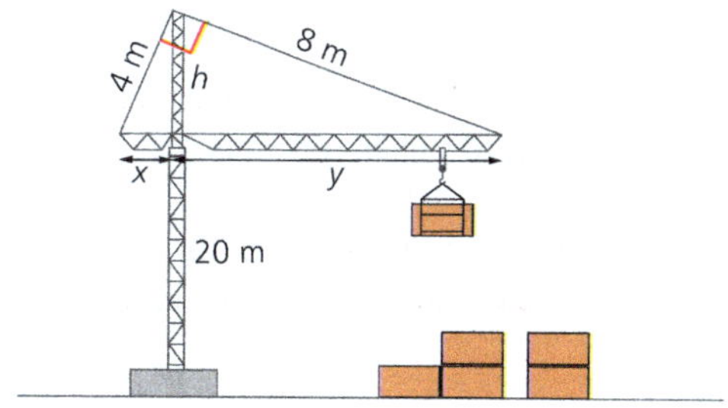

14 Indica en graus i en radians el valor dels angles traçats amb vermell, comparant-los amb els angles següents:

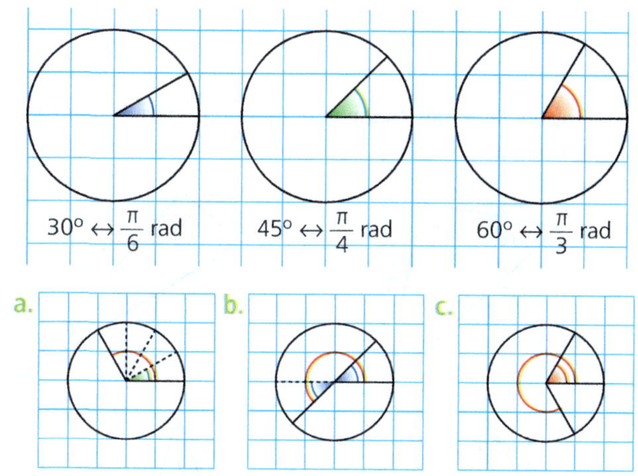

15 Passa a radians aquests angles expressats en graus:

a. 20°
b. 75°
c. 100°
d. 150°
e. 210°
f. 250°
g. 300°
h. 330°

16 Expressa en graus sexagesimals els angles següents donats en radians:

a. $\frac{3\pi}{2}$ rad
b. $\frac{11\pi}{6}$ rad
c. $\frac{2\pi}{9}$ rad
d. $\frac{\pi}{8}$ rad
e. $\frac{2\pi}{5}$ rad
f. $\frac{5\pi}{4}$ rad
g. $\frac{3\pi}{10}$ rad
h. $\frac{4\pi}{9}$ rad

Explica a la resta de la classe com has pogut concloure quins angles són més grans de 180° i quins són més petits.

17 Sense necessitat d'expressar-los en graus sexagesimals, indica si els angles següents, donats en radians, corresponen a angles més grans o més petits de 180°:

a. $\frac{3\pi}{4}$ rad
b. $\frac{8\pi}{7}$ rad
c. $\frac{3\pi}{5}$ rad
d. $\frac{9\pi}{8}$ rad

18 Quants radians són un grau sexagesimal? Quants graus són un radian?

19 Fes servir la calculadora científica per determinar l'angle agut de les raons trigonomètriques següents:

a. $\sin \alpha = 0{,}7880$
b. $\cos \alpha = 0{,}8387$
c. $\operatorname{tg} \alpha = 3{,}0777$
d. $\sin \alpha = 1$
e. $\cos \alpha = 0$
f. $\operatorname{tg} \alpha = 0$

Explica si es podria construir un triangle rectangle amb els angles associats als tres últims apartats.

20 Utilitza la calculadora científica per trobar les raons trigonomètriques proposades, arrodonint a tres xifres decimals.

a. $\cos 35°$
b. $\sin 70°$
c. $\operatorname{tg} 48°$
d. $\cos \frac{\pi}{5}$
e. $\sin \frac{2\pi}{7}$
f. $\operatorname{tg} \frac{\pi}{8}$

21 Calcula les raons trigonomètriques dels angles que s'indiquen tot seguit.

a.
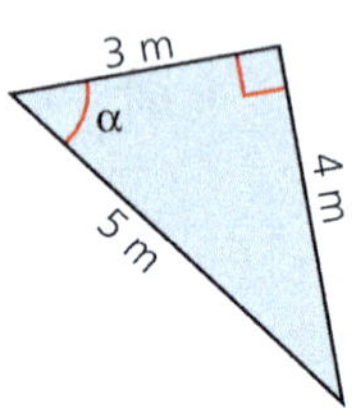

d.
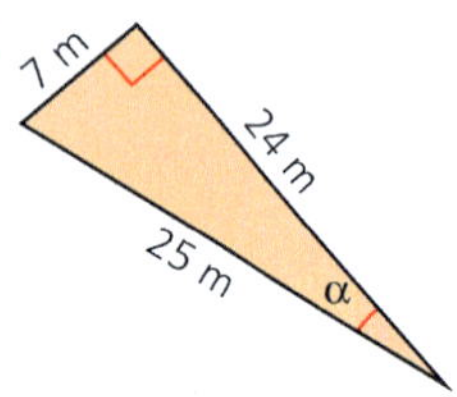

b.
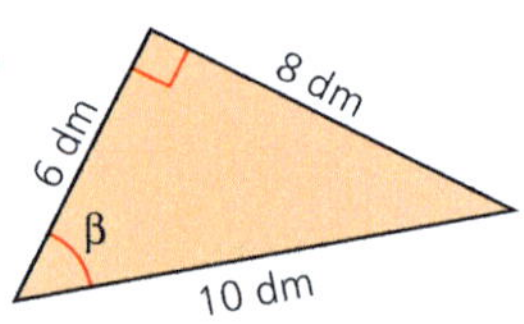

e.
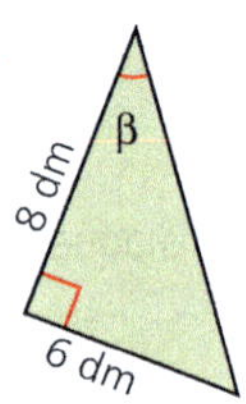

c.
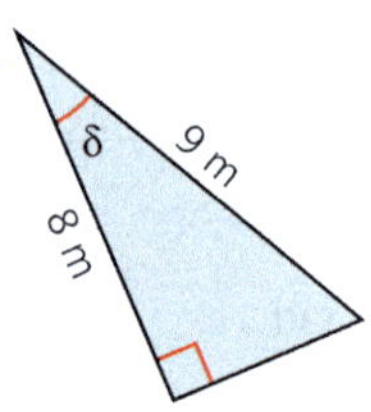

f.
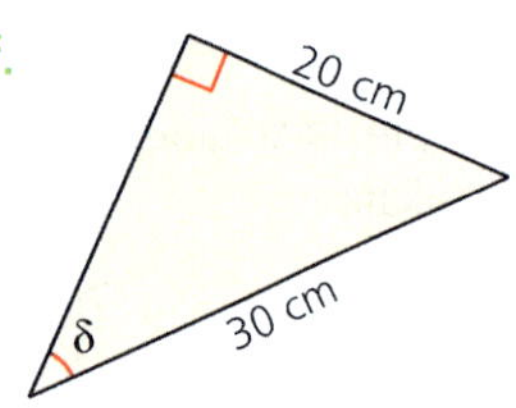

22 Calcula les raons trigonomètriques dels angles que s'indiquen, i també les dels seus complementaris.

a.
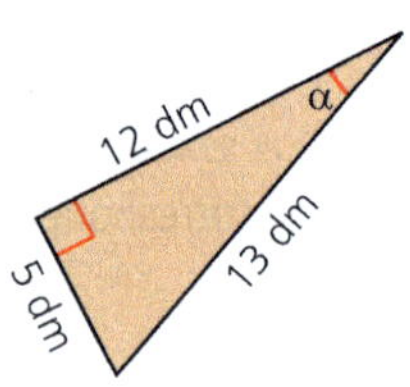

c.
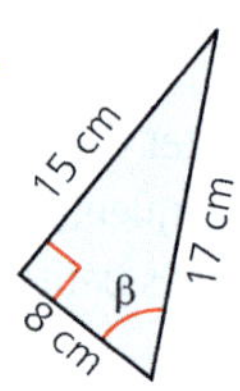

b.
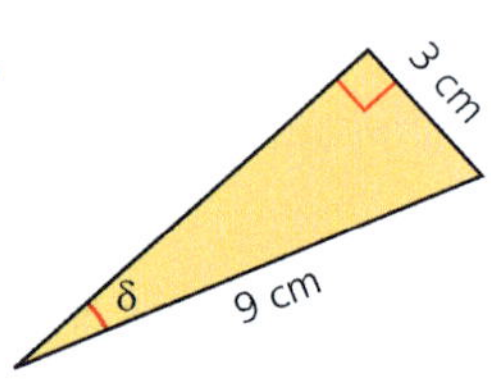

d.
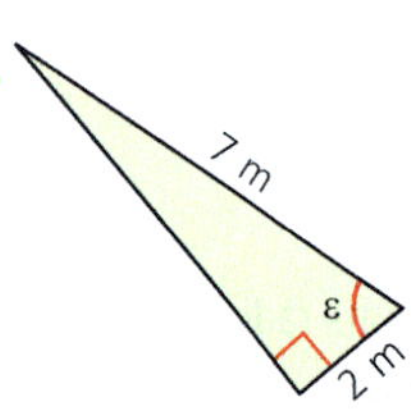

23 Amb l'ajuda de la calculadora científica determina:

a. El cosinus de α si $\sin \alpha = 0{,}23$
b. El sinus de α si $\cos \alpha = 0{,}41$
c. La tangent de α si $\sin \alpha = 0{,}35$
d. El sinus de α si $\operatorname{tg} \alpha = 3{,}5$

24 Esbrina si algun angle, α, compleix que:

$$\sin \alpha = 0{,}88 \text{ i } \operatorname{tg} \alpha = 0{,}45$$

25 ⊞ Comprova si algun angle, α, compleix que $\sin \alpha = 0{,}21$ i $\cos \alpha = 0{,}56$. Per què?

26 Fes servir la raó trigonomètrica adequada per determinar l'angle que s'indica. Ajuda't d'una calculadora científica.

a.
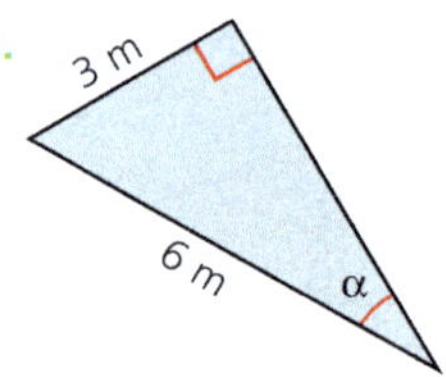

c.
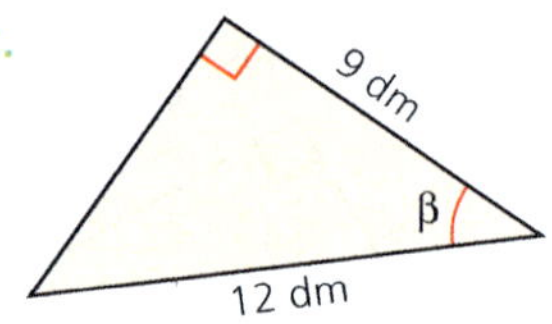

b.
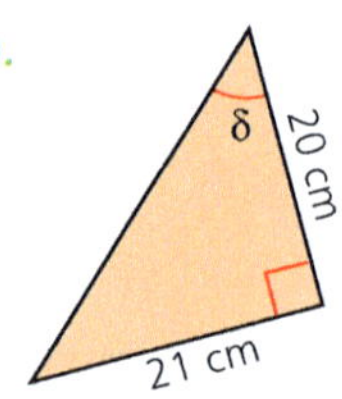

d.
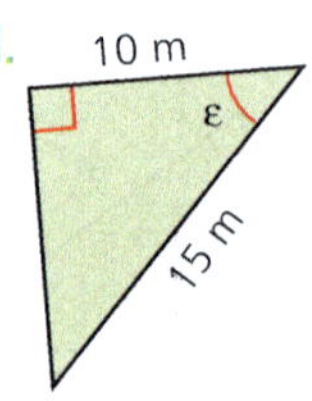

27 El cosinus d'un angle val 0,8; determina'n el sinus i la tangent emprant l'equació fonamental i la fórmula de la tangent.

28 El sinus d'un angle val 0,3; calcula'n el cosinus i la tangent mitjançant l'equació fonamental i la fórmula de la tangent.

29 ⊞ Efectua les operacions següents:

a. $\sin^2 60° - \cos^2 45°$
b. $\operatorname{tg} 45° + \operatorname{tg} 60°$
c. $\dfrac{\sin 60° + \cos 30°}{\cos 60° + \sin 30°}$
d. $\sin 60° \cdot \cos 60° - \sin 30° \cdot \cos 30°$
e. $\operatorname{tg} 60° \cdot \sin 30° + \operatorname{tg} 30° \cdot \sin 60°$
f. $\operatorname{tg} 30° \cdot \sin 45°$
g. $\dfrac{\cos 60° + \operatorname{tg}^2 30°}{\operatorname{tg} 45° - \sin^2 45°}$
h. $\dfrac{\sin 45° \cdot \cos 60°}{\cos 45° \cdot \sin 30°}$

30 ⊞⊞ Tenint en compte que α i β són dos angles complementaris, comprova que:

a. $\sin \alpha \cdot \cos \beta + \sin \beta \cdot \cos \alpha = 1$
b. $\sin \alpha \cdot \sin \beta - \cos \alpha \cdot \cos \beta = 0$
c. $\operatorname{tg} \alpha \cdot \operatorname{tg} \beta = 1$
d. $\dfrac{\sin \alpha}{\cos \beta} + \dfrac{\cos \alpha}{\sin \beta} = 2$

31 Indica els pendents i els angles d'inclinació en els casos que segueixen:

a. Una corda ancorada a un punt de terra que dista 5 m d'una paret, i que està fixada també a aquesta paret a una altura de 14 m.

b. Una escala en què els graons tenen una alçària de 12 cm i una profunditat de suport de 30 cm.

32 Calcula quin percentatge de pendent hauria d'indicar un senyal de trànsit en una carretera en la qual per cada tram de 113 m es guanya una altitud de 15 m.

33 Un tendal d'1,5 m de llargada està estirat del tot, de manera que el braç, d'1 m de longitud, forma un angle de 90° amb la façana de l'edifici. Calcula l'angle d'inclinació del tendal respecte a la façana.

34 Una barra de 4 m de longitud està recolzada en una paret en la qual assoleix una altura de 3 m. Calcula amb quin pendent està recolzada, i quin n'és l'angle d'inclinació.

35 Perquè totes les persones amb problemes de mobilitat puguin accedir a l'antiga biblioteca, s'ha de construir una rampa que salvi una alçària de mig metre en la qual actualment només hi ha escales.

a. Si es comença la rampa a 5 m de l'entrada, quin pendent haurà de tenir?

b. Si es pretén que la rampa tingui un pendent inferior al 6 %, a quina distància s'hauria de començar a construir?

c. Fixa't en el teu entorn i cerca-hi barreres arquitectòniques que dificultin la lliure circulació de persones amb mobilitat reduïda. Pensa de quina manera podries ajudar en iniciatives per millorar l'accessibilitat i com les podries promoure.

36 Unes ciclistes estan pujant per un camí que té un pendent del 6 %.

a. A quina altitud estan les ciclistes quan han recorregut 12 km?

b. Quants quilòmetres hauran recorregut quan estiguin a una altitud de 900 m?

Si habitualment vas amb bicicleta, patinet o qualsevol tipus de mitjà de transport, tingues en compte que és molt important conèixer totes les normes de circulació i de seguretat viària. Elabora, juntament amb la resta de la classe, un cartell en el qual s'incloguin les normes bàsiques.

37 Un camió puja per una muntanya que té un pendent del 7 %. Calcula l'angle d'inclinació del vessant de la muntanya. Quants metres haurà recorregut el camió quan estigui a una altitud de 800 m?

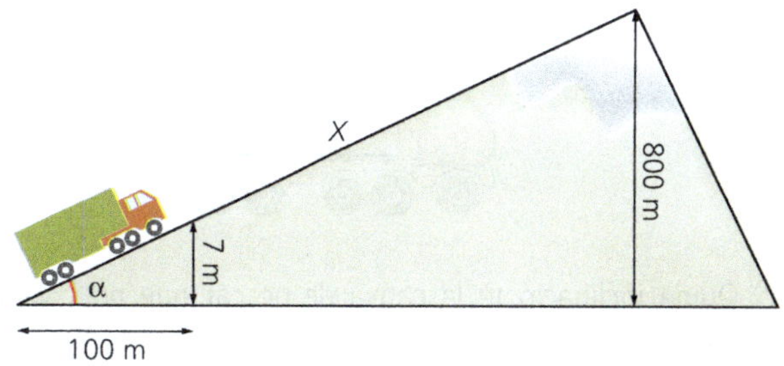

38 Resol els triangles rectangles següents:

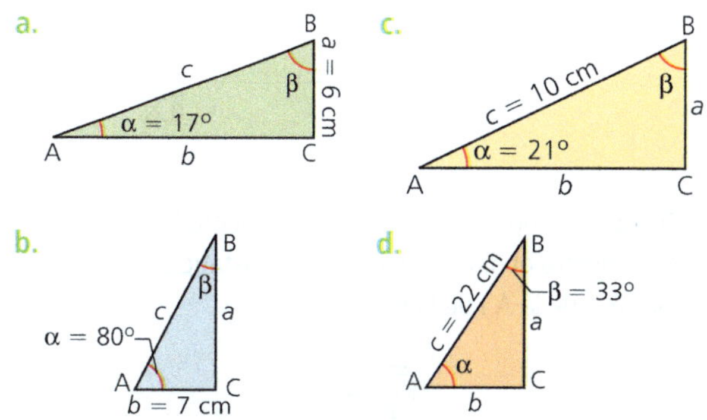

39 Des d'un punt de terra situat a 3 m d'un arbre se n'observa la capçada amb un angle de 67°. Quina alçària té l'arbre?

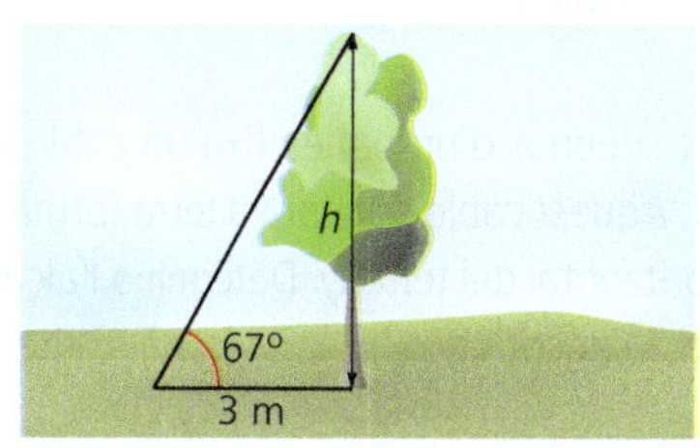

Construeix un clinòmetre i surt a l'exterior per mesurar l'alçària d'algun arbre o edifici proper. Contrasta les dades obtingudes amb les de la resta de la classe.

40 Calcula l'alçària de l'edifici d'aquesta figura:

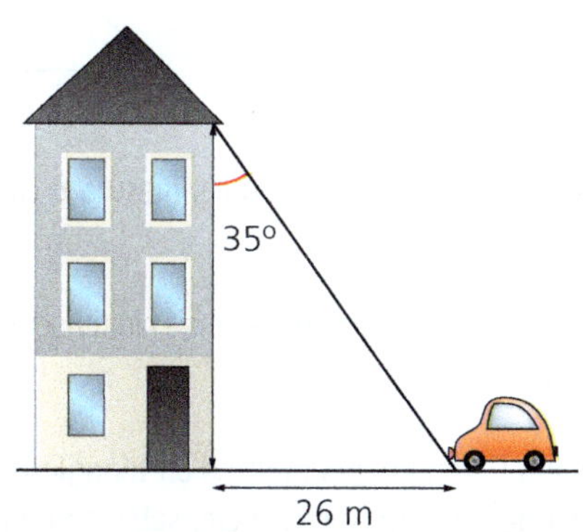

41 Donat un pentàgon regular de 5 cm de costat, calcula el radi de la circumferència inscrita i el de la circumscrita. Quant val l'àrea del pentàgon?

42 Quant mesura la ploma del camió que apareix a la figura?

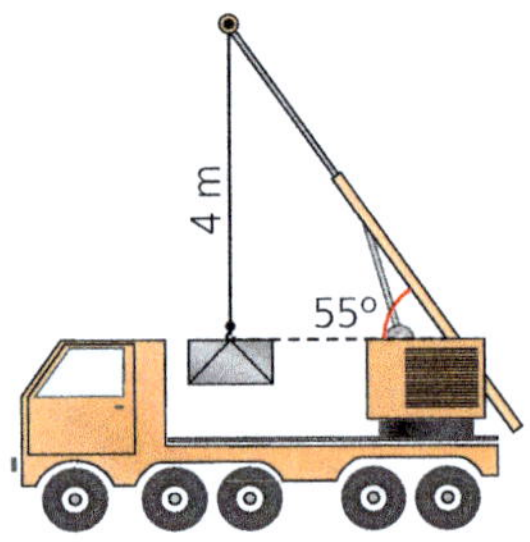

43 Quina inclinació té la canya de pescar que pots veure a la imatge?

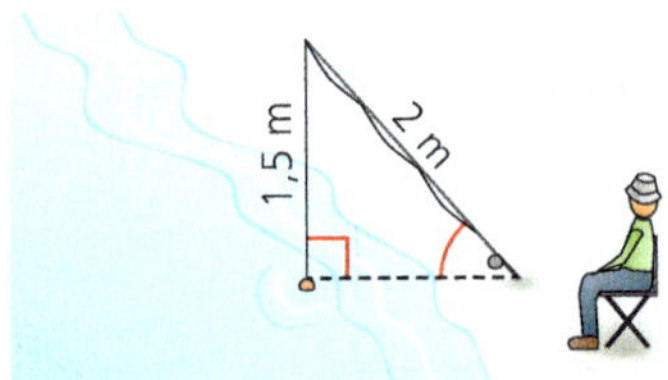

44 Tres poblacions, A, B i C, estan connectades per carretera tal com mostra el dibuix. Determina la distància que separa la població C de la A i de la B.

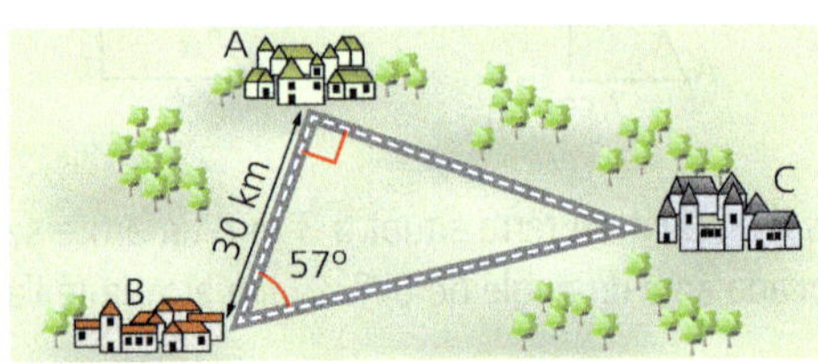

45 A la part superior d'un pal es fixa un cable d'acer de 15 m de longitud. Aquest cable s'ancora a terra formant un angle de 53° amb l'horitzontal del terreny. Determina l'alçària del pal i la seva distància a l'ancoratge.

46 Resol aquests triangles rectangles:

a.

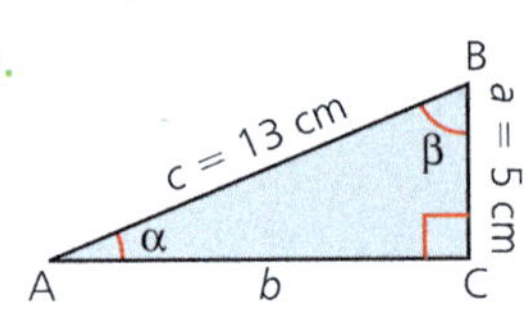

b.

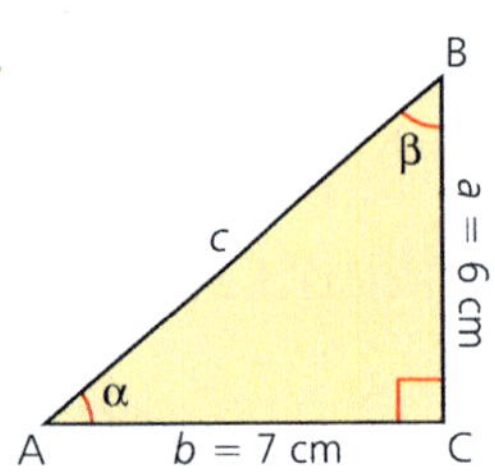

47 Si el costat d'un pentàgon regular mesura 8 cm, calcula:

a. L'àrea

b. El radi i l'àrea de la circumferència circumscrita en el pentàgon esmentat

48 Determina l'àrea i el perímetre d'un triangle isòsceles el costat desigual del qual mesura 20 cm, sabent que l'angle oposat a aquest costat val 80°.

49 Calcula l'àrea d'un decàgon regular la circumferència circumscrita del qual fa 5 cm de radi.

50 Esbrina quant mesuren els angles que falten dels triangles que segueixen:

a.

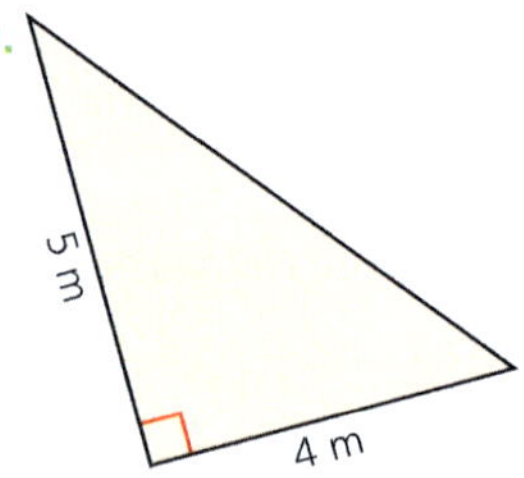

d.

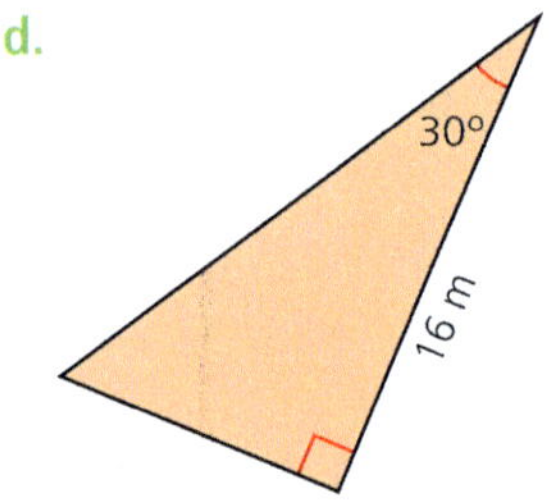

b.

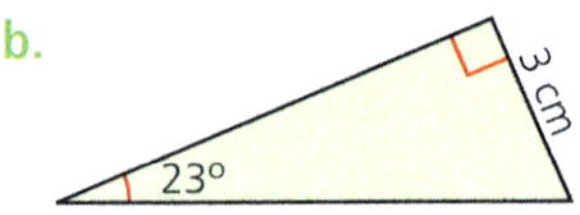

e.

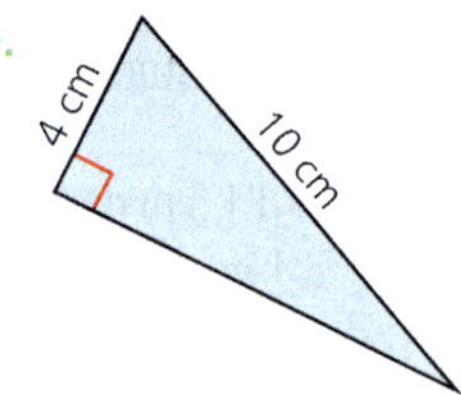

c.

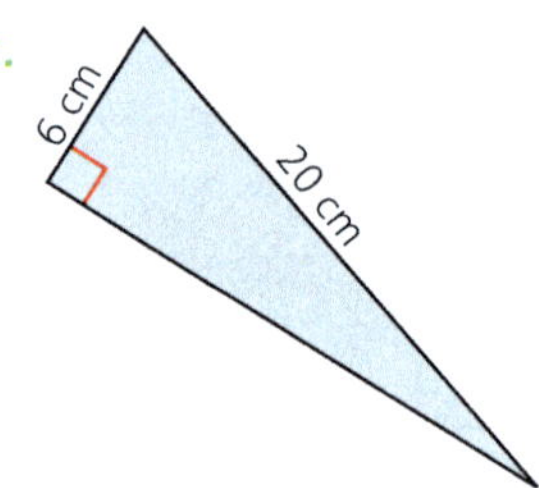

f.

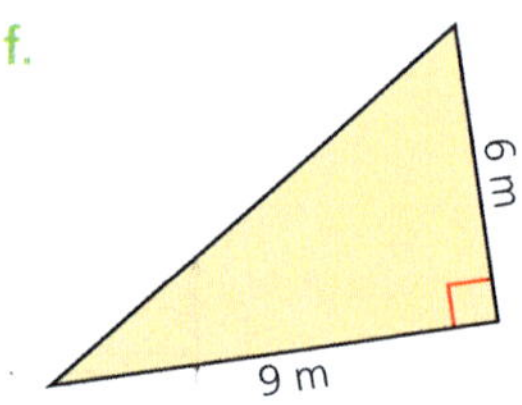

51 Determina les dades desconegudes que s'indiquen a cadascuna de les figures següents:

a.

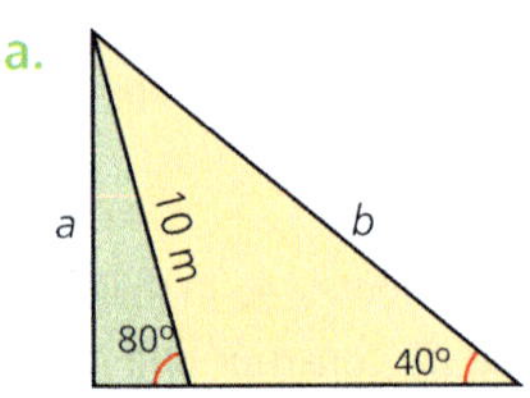

d.

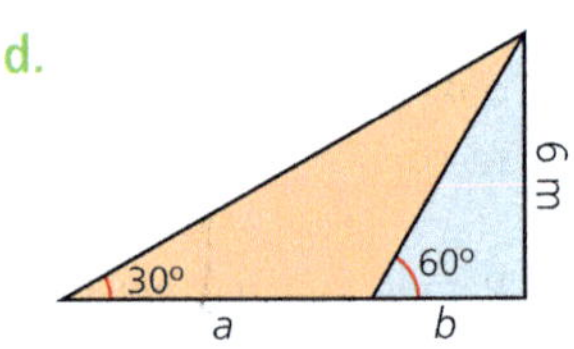

b.

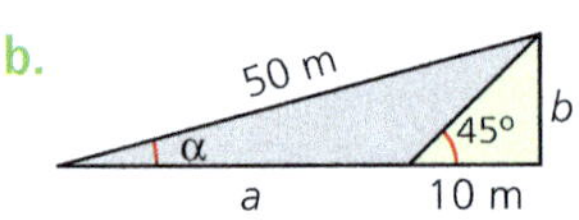

e.

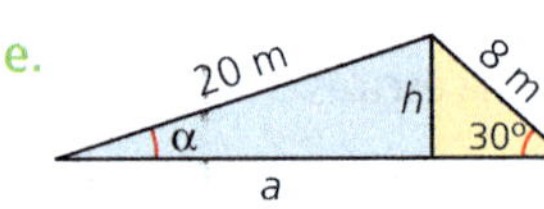

c.

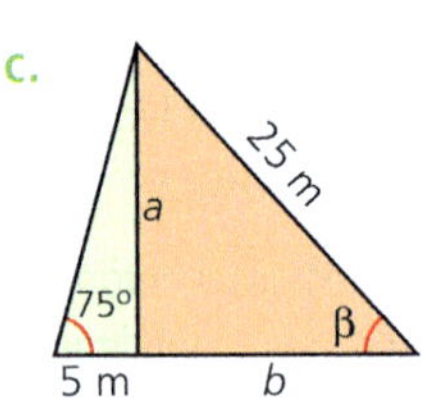

f.

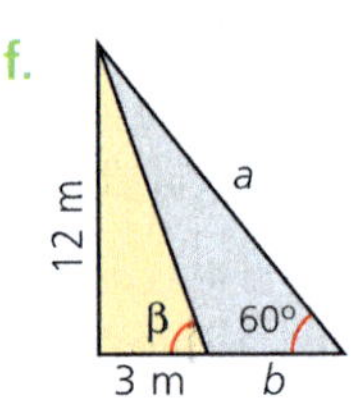

Tria una de les figures i explica a la resta de la classe els passos que has seguit per trobar les dades desconegudes. Quins teoremes o raons trigonomètriques has aplicat?

52 Determina l'alçària de l'edifici de la figura.

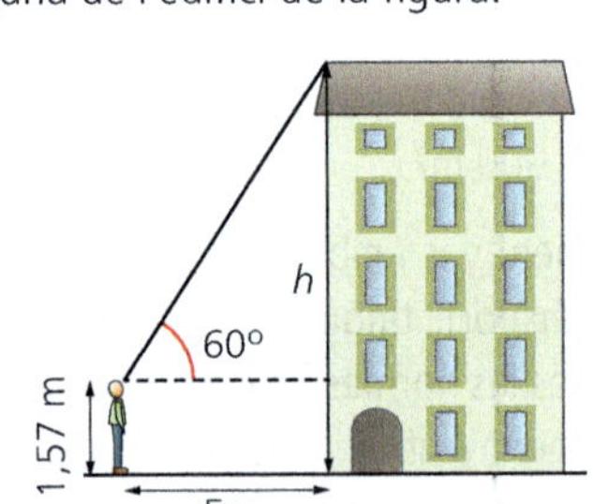

53 Des d'un punt de terra situat a 50 m d'un edifici i amb un angle de 40°, s'observa la part superior d'una antena de televisió instal·lada al terrat d'aquesta edificació. Calcula l'alçària de l'immoble sabent que l'antena té 4 m de longitud.

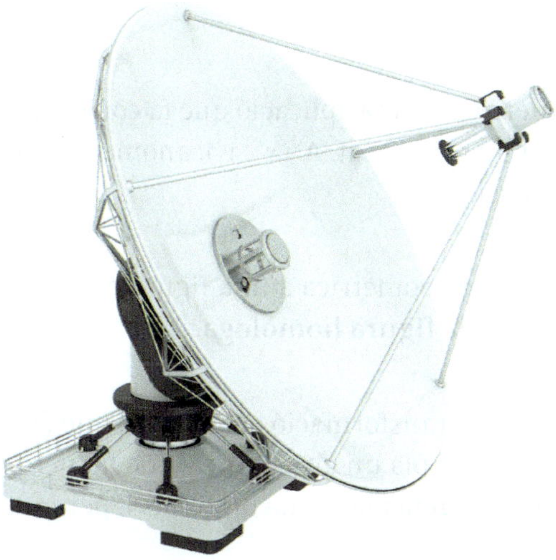

54 ➕ Des d'un vaixell de pesca que està ancorat a 500 m d'un penya-segat s'observa el llum d'un far amb un angle de 25°. Si el penya-segat té 200 m d'altura, quina alçària té el far?

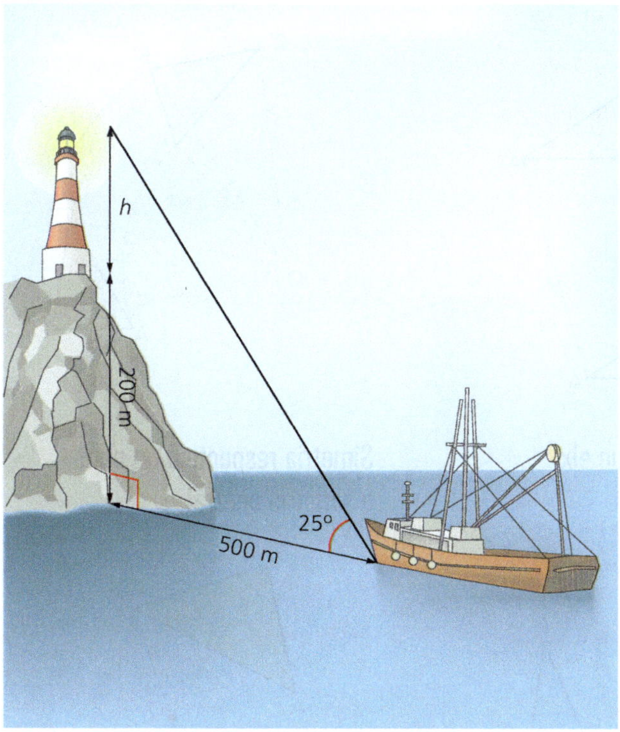

55 ➕ A la part superior d'un pal de 4 m d'alçària s'han fixat dos cables de 6 m i 9 m de longitud, respectivament. Aquests cables estan ancorats a terra a banda i banda de la base del pal. Calcula l'angle d'inclinació dels cables amb l'horitzontal i la distància entre els ancoratges a terra.

56 ➕ Dos nens situats l'un davant de l'altre observen amb angles de 30° i 55°, respectivament, una gavina que vola a una altitud de 100 m. Calcula la distància que separa els dos infants.

57 Un mirall que té una alçària de 3 m està recolzat sobre una paret, amb la qual forma un angle de 15°. Calcula:

a. L'altura que assoleix el mirall sobre la paret.

b. La distància de la paret on s'ha recolzat el mirall.

58 Una escala de bombers de 10 m de longitud s'ha fixat en un punt de la calçada. Si es recolza sobre una de les façanes, forma un angle de 45° amb el terra, i si es recolza sobre l'altra, l'angle és de 30°. Calcula:

a. L'amplada del carrer.

b. L'altura que assoleix l'escala sobre cadascuna de les façanes.

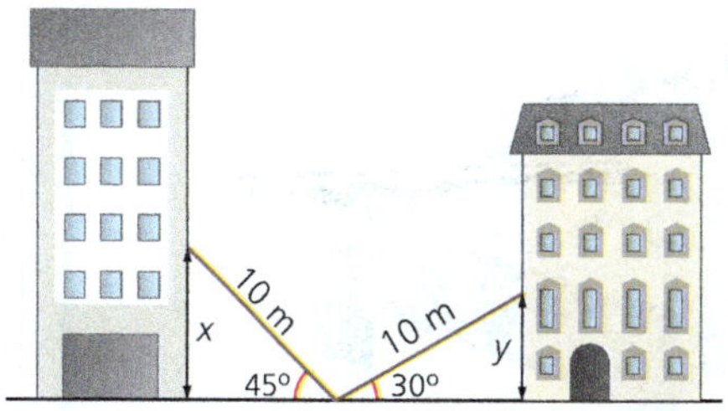

Què opines de les persones que es dediquen professionalment a ajudar els altres? Debateu-ho a classe.

59 El cabdell de cordill d'un estel té una longitud total de 36 m. Si es recolza el cabdell a terra i es deixa anar al màxim el fil, s'aconsegueix fer volar l'estel a 30 m d'altitud. Calcula:

a. L'angle d'inclinació del fil respecte al terra.

b. Els metres que ascendiria l'estel si augmentés 10° aquest angle d'inclinació.

60 ➕➕ Una piscina disposa de dos trampolins, un situat 3 m per sobre de l'altre. Si des de l'altre costat de la piscina s'observen els dos trampolins amb angles de 30° i 40°, respectivament, calcula l'alçària de cada trampolí i la llargada de la piscina.

61 La Clàudia i la Valèria són a la mateixa vorera d'un carrer separades 20 m entre elles. Si la Clàudia està mirant la Valèria i gira 50°, pot veure la Carla, que és a la vorera de davant, i si la Carla està mirant la Clàudia i gira 65°, pot veure la Valèria. Calcula l'amplada del carrer.

10

MOVIMENTS I TRANSFORMACIONS

1 /// MOVIMENTS EN EL PLA

Practiquem i avancem 1-5

> Una **transformació geomètrica** és una aplicació que fa correspondre a cada punt, A (x , y), del pla un altre punt, A′ (x' , y'), anomenat **homòleg del punt** A en la transformació.

Quan s'aplica una transformació geomètrica a una figura del pla, dona lloc a una altra figura que rep el nom de **figura homòloga**.

> Un **moviment en el pla** és una transformació geomètrica que fa correspondre a cada punt, A, del pla un altre punt, A′, de manera que la figura resultant conservi la mida i la forma originals i, per tant, les mides i els angles.

Els moviments possibles en el pla són:

Translació

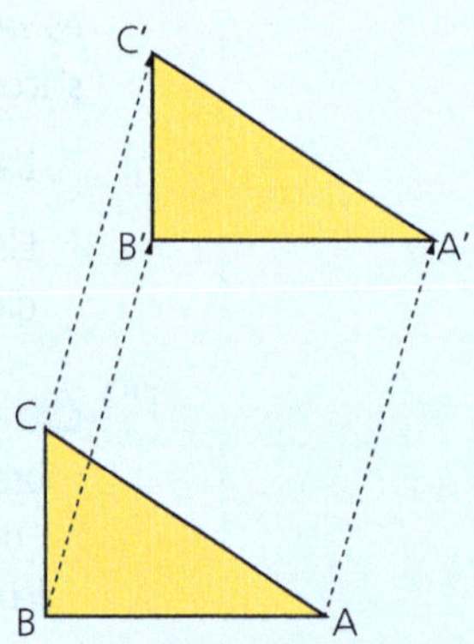

Gir

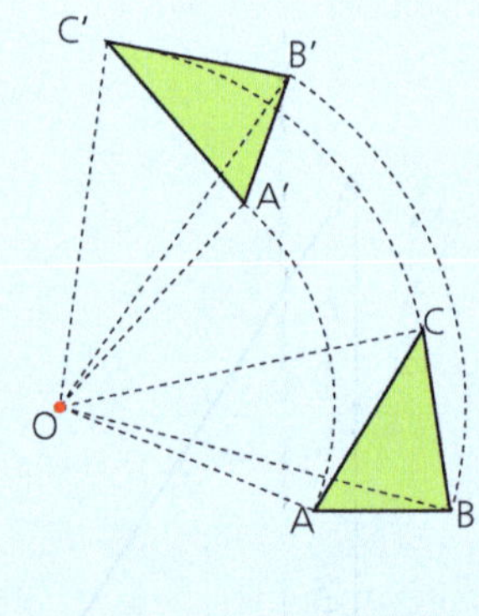

Simetria respecte a un eix o simetria axial

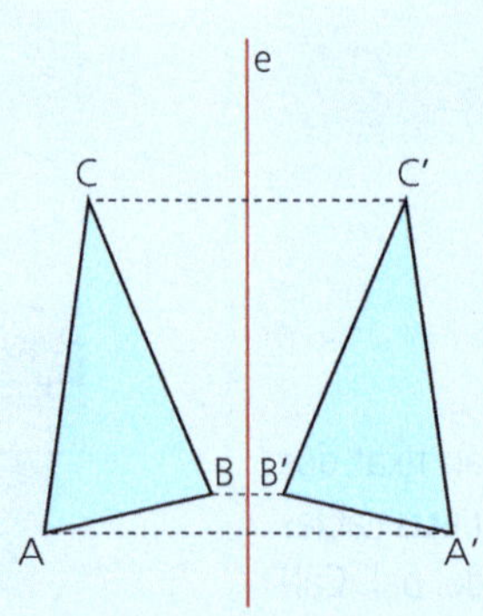

Simetria respecte a un punt o simetria central

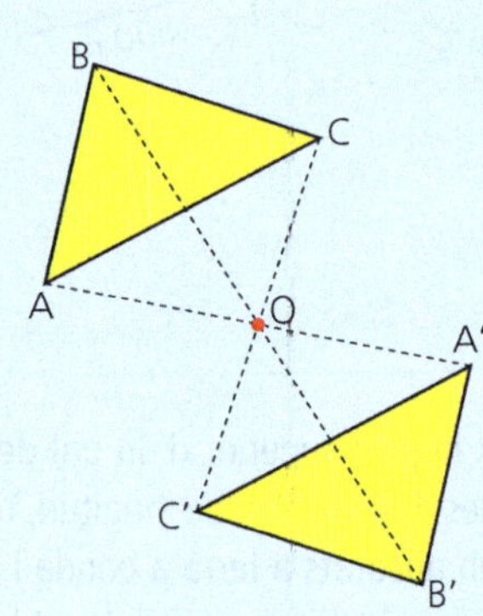

Les translacions, els girs i les simetries respecte a un punt són moviments directes, és a dir, conserven el sentit del gir dels angles. En canvi, les simetries respecte a un eix són moviments inversos, això és, inverteixen el sentit de gir.

A la figura de la dreta, els vèrtexs A′, B′ i C′ són homòlegs dels vèrtexs A, B i C, respectivament, de manera que el triangle $\widehat{A'B'C'}$ és homòleg del triangle $\widehat{ABC}$.

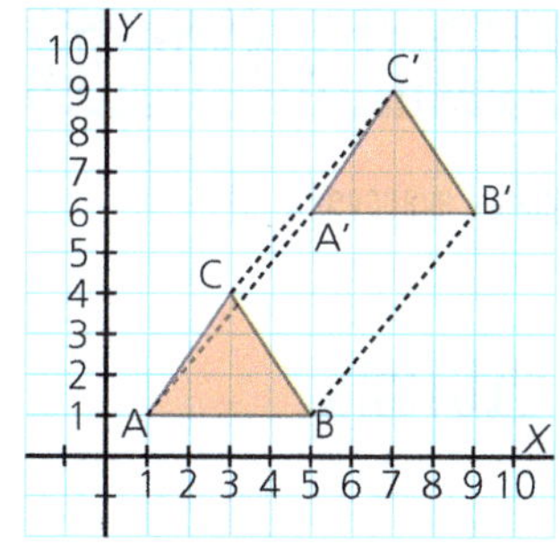

Els triangles $\widehat{ABC}$ i $\widehat{A'B'C'}$ de la figura tenen la mateixa forma i la mateixa mida; per tant, la transformació geomètrica que s'ha fet és un moviment en el pla.

Un punt, *A*, s'anomena **punt doble** o **invariant** en un moviment en el pla quan coincideix amb el seu homòleg. Anàlogament, una figura s'anomena *doble* o *invariant* en un moviment en el pla quan coincideix amb la seva homòloga.

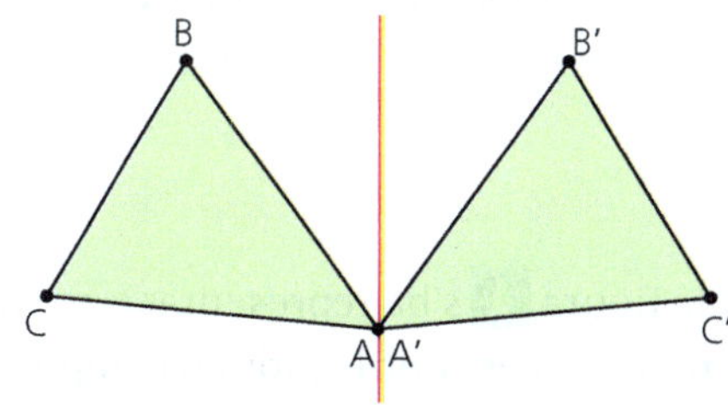

Per exemple, a la figura de la dreta es mostra una simetria en la qual el punt *A* és un punt doble o invariant, ja que, després de dur a terme el moviment, coincideix amb el seu homòleg, *A′*.

Cal remarcar que en algunes situacions determinades una figura pot ser doble o invariant després d'haver estat sotmesa a un moviment sense que ho hagi de ser punt a punt.

Resoldre un problema amb ajuda d'un gràfic

La Sofia ha aplicat al quadrat de la dreta, els vèrtexs de la qual són A (0 , 0), B (0 , 2), C (2 , 2) i D (2 , 0), el moviment que porta els punts del quadrat, (*x* , *y*), als punts del pla, (*y* , *x*). És invariant, la figura que ha obtingut?

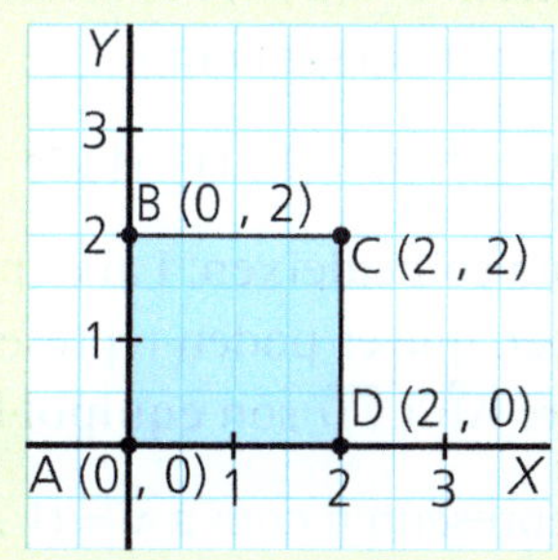

Per resoldre el problema, es poden seguir aquests passos:

1 S'aplica el moviment (*x* , *y*) ⟶ (*y* , *x*) als vèrtexs del quadrat original:

- A (0 , 0) ⟶ A′ (0 , 0), que coincideix amb el vèrtex A (0 , 0) del quadrat ABCD, i per això és un punt invariant pel moviment.
- B (0 , 2) ⟶ B′ (2 , 0), que coincideix amb el vèrtex D (2 , 0) del quadrat ABCD.
- C (2 , 2) ⟶ C′ (2 , 2), que coincideix amb el vèrtex C (2 , 2) del quadrat ABCD. Per tant, és un punt invariant.
- D (2 , 0) ⟶ D′ (0 , 2), que coincideix amb el vèrtex B (0 , 2) del quadrat ABCD.

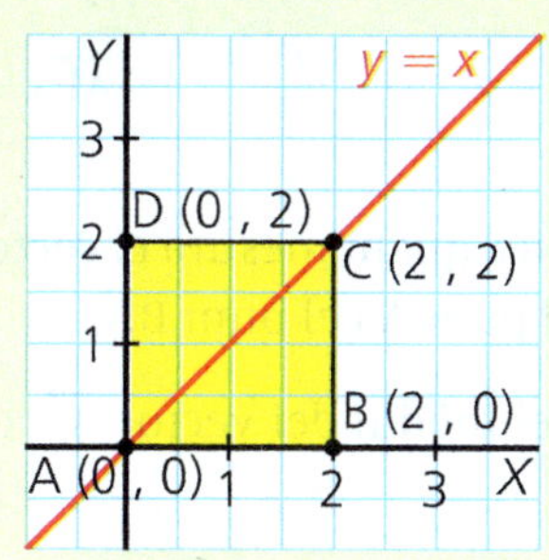

2 Es representen els nous vèrtexs en uns eixos de coordenades i s'observa que s'ha obtingut un quadrat idèntic al quadrat original, és a dir, cadascun dels punts del quadrat ABCD s'ha transformat en un altre punt del mateix quadrat, i per això es tracta d'una figura invariant.

Malgrat que el quadrat ABCD, en el qual estan inclosos els punts B i D dels dos quadrats, és invariant, no tots els punts ho són; en concret, només resten invariants els punts de la diagonal, pertanyents a la recta $y = x$.

Moviments a la natura i en l'art

Si parem atenció a la natura, a l'art o a infinitat d'objectes quotidians, podrem observar tota mena de figures transformades mitjançant translacions, girs i simetries.

A la fotografia de la dreta es mostra un mosaic de l'Alhambra de Granada, en el qual diverses figures geomètriques completen el pla a partir de translacions, girs i simetries.

2 /// TRANSLACIONS

Practiquem i avancem 6-38

2.1 VECTORS

Un **vector**, $\overrightarrow{AB}$, és un segment orientat amb **origen**, *A*, i **extrem**, *B*.

Les **coordenades** o **components** d'un vector, $\overrightarrow{AB}$, s'obtenen de restar, de les coordenades de l'extrem, *B*, les coordenades de l'origen, *A*:

$$\overrightarrow{AB} = B - A$$

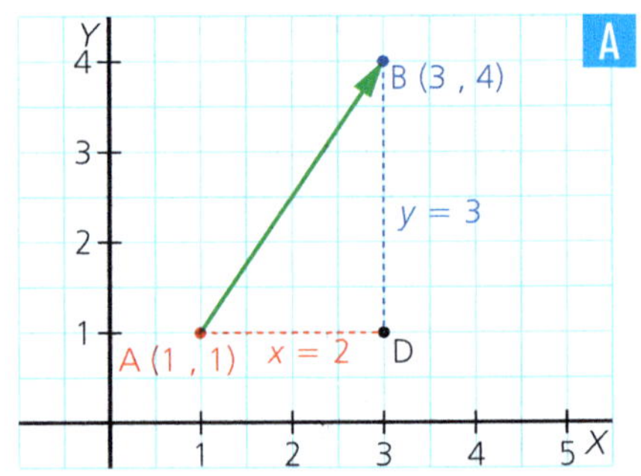

A la figura A s'ha representat el vector que té el seu origen a A (1 , 1) i l'extrem a B (3 , 4). Les coordenades o components del vector $\overrightarrow{AB}$ són:

$$\overrightarrow{AB} = B - A = (3 , 4) - (1 , 1) = (3 - 1 , 4 - 1) = (2 , 3)$$

A la figura B s'han representat els vectors $\overrightarrow{AB}$ i $\overrightarrow{CD}$. El vector que té d'origen A = (1 , 1) i extrem B = (2 , 4) i el vector d'origen C = (3 , 2) i extrem D = (4 , 5) es calculen de la manera següent:

$$\overrightarrow{AB} = B - A = (2 , 4) - (1 , 1) = (1 , 3) \qquad \overrightarrow{CD} = D - C = (4 , 5) - (3 , 2) = (1 , 3)$$

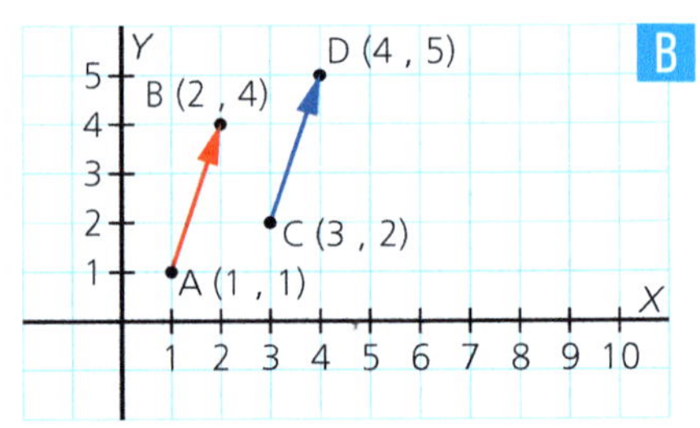

Els dos vectors coincideixen, i això posa de manifest una característica dels vectors, a saber, que es poden representar en qualsevol posició del pla. Es diu que els vectors $\overrightarrow{AB}$ i $\overrightarrow{CD}$ són **equipol·lents**.

Tots dos es representen com a $\vec{v} = (1 , 3)$ i indiquen un «moviment» en el pla: una unitat cap a la dreta i tres unitats cap amunt.

El **mòdul** d'un vector, $\overrightarrow{AB} = (x , y)$, és donat per l'expressió:

$$\left|\overrightarrow{AB}\right| = \sqrt{x^2 + y^2}$$

El mòdul indica quant mesura el vector $\overrightarrow{AB}$ i, per tant, calcula la distància que hi ha entre el punt A i el punt B.

Per calcular el mòdul del vector $\overrightarrow{AB}$ de la figura A es procedeix de la manera següent:

$$\left|\overrightarrow{AB}\right| = \sqrt{2^2 + 3^2} = \sqrt{13} \text{ u}$$

Suma de vectors

Per sumar gràficament dos vectors, es pren en qualsevol lloc del pla el vector $\vec{a}$ i se situa l'origen del vector $\vec{b}$ a l'extrem del vector $\vec{a}$. El vector que té el mateix origen que $\vec{a}$ i el mateix extrem que $\vec{b}$ és la suma $\vec{a} + \vec{b}$.

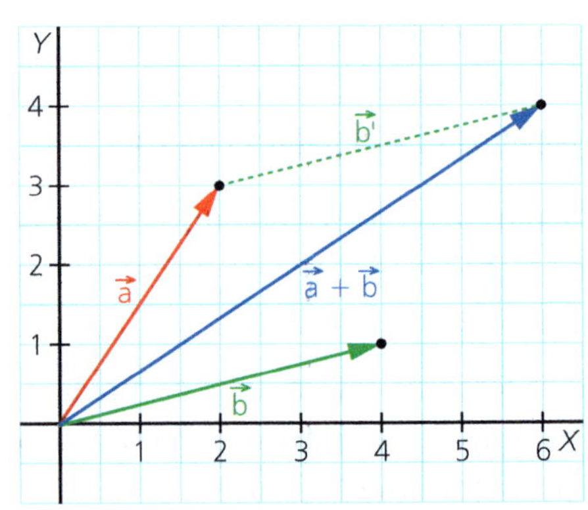

A la gràfica del marge: $\vec{a} = (2 , 3)$, $\vec{b} = (4 , 1)$

$$\vec{a} + \vec{b} = (2 , 3) + (4 , 1) = (6 , 4)$$

2.2 TRANSLACIONS

Una **translació** de vector $\vec{v}$ és un moviment que transforma cada punt, A, del pla en un altre punt, A', de manera que $\overrightarrow{AA'} = \vec{v}$.

El punt A' traslladat de A mitjançant el vector $\vec{v}$ s'obté de la manera següent:

$$A' = A + \vec{v}$$

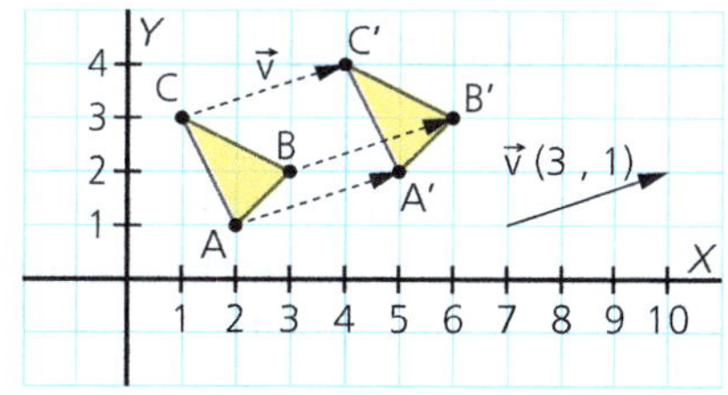

La distància recorreguda per una translació de vector $\vec{v}$ coincideix amb el mòdul d'aquest vector. Per exemple, a la gràfica del marge s'ha fet una translació de $\sqrt{3^2 + 1^2} = \sqrt{10}$ unitats.

Activitat resolta

Donat el triangle que té per vèrtexs A (5 , 2), B (1 , −2) i C (−1 , 2), calcula les coordenades del triangle traslladat mitjançant $\vec{v}$ = (3 , 4) i representa la translació gràficament en uns eixos de coordenades.

Les coordenades dels vèrtexs del triangle traslladat són les representades pels punts que pots veure tot seguit:

$$A' = A + \vec{v} = (5 , 2) + (3 , 4) = (5 + 3 , 2 + 4) = (8 , 6)$$

$$B' = B + \vec{v} = (1 , -2) + (3 , 4) = (1 + 3 , -2 + 4) = (4 , 2)$$

$$C' = C + \vec{v} = (-1 , 2) + (3 , 4) = (-1 + 3 , 2 + 4) = (2 , 6)$$

Per dur a terme gràficament la translació de la figura, primer es representa el triangle inicial als eixos de coordenades. Després, es dibuixen vectors equipol·lents a $\vec{v}$ amb origen a cadascun dels vèrtexs. Els extrems d'aquests vectors són els vèrtexs homòlegs de la figura traslladada. Finalment, s'uneixen els vèrtexs homòlegs mitjançant segments i s'obté, d'aquesta manera, la figura traslladada.

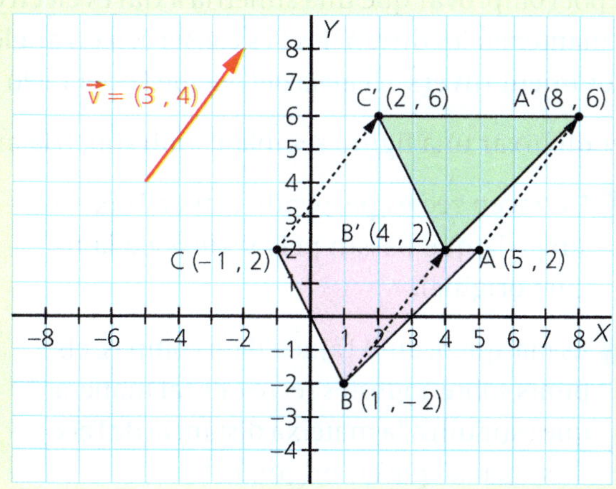

Translacions successives

A la figura del marge s'ha aplicat una translació de vector $\vec{v}$ = (3 , 0) al punt A (1 , 3) i s'ha obtingut el punt A', les coordenades del qual són:

$$A' = A + \vec{v} = (1 , 3) + (3 , 0) = (4 , 3)$$

Posteriorment, s'ha aplicat una nova translació de vector $\vec{u}$ = (1 , −2) al punt A' i s'ha determinat el punt A'', que té per coordenades:

$$A'' = A' + \vec{u} = (4 , 3) + (1 , -2) = (5 , 1)$$

Tal com es pot observar, aquestes dues translacions successives són equivalents a una única translació el vector de la qual és $\vec{v} + \vec{u}$ = (4 , −2):

$$A'' = A + (\vec{v} + \vec{u}) = (1 , 3) + (4 , -2) = (5 , 1)$$

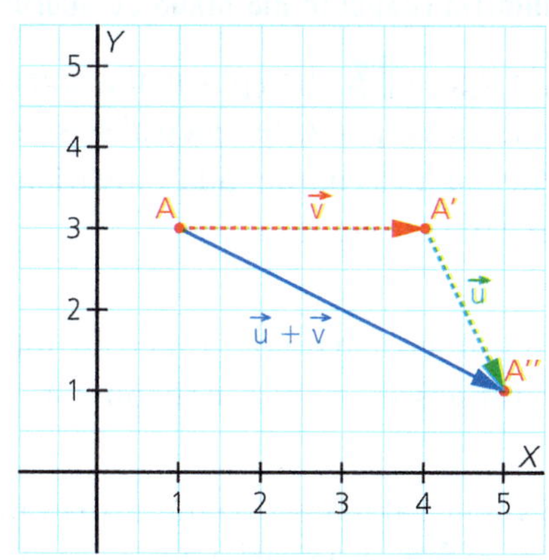

El resultat d'aplicar dues **translacions successives** de vectors $\vec{v}$ i $\vec{u}$, respectivament, és equivalent a dur a terme una única translació de vector $\vec{v} + \vec{u}$. Aquest moviment també s'anomena producte de translacions.

3 /// SIMETRIES

Practiquem i avancem 39-45

La simetria és un tret característic de moltes figures geomètriques. Es distingeixen dos tipus de simetria: la simetria axial, o respecte d'una recta, i la simetria central, o respecte d'un punt.

3.1 SIMETRIA AXIAL

> Una **simetria axial** o **respecte d'una recta**, *r*, és un moviment que transforma cada punt, A, del pla en un altre punt, A', anomenat simètric, de manera que la recta *r* és la mediatriu del segment $\overline{AA'}$.
>
> La recta *r* és l'eix de simetria.

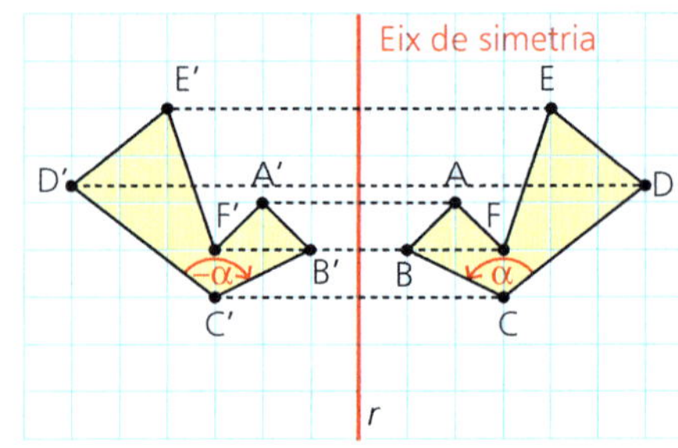

Es pot comprovar que una simetria axial és efectivament un moviment, ja que es mantenen les distàncies i es conserven els angles. Tanmateix, es tracta d'un **moviment invers**, a causa del fet que l'orientació dels angles s'inverteix.

Per dibuixar una figura semblant amb simetria axial:

1. Es tracen rectes perpendiculars a l'eix de simetria que passin pels vèrtexs de la figura original.

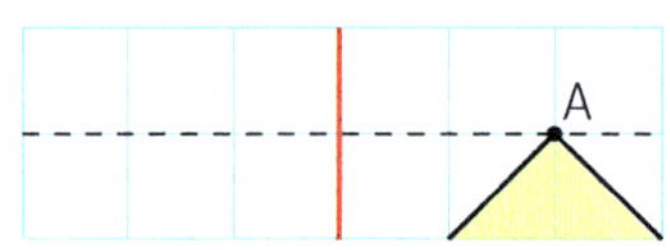

2. Es marquen, amb l'ajuda d'un compàs, els punts sobre aquestes rectes, de tal manera que estiguin a la mateixa distància de l'eix de simetria que els originals.

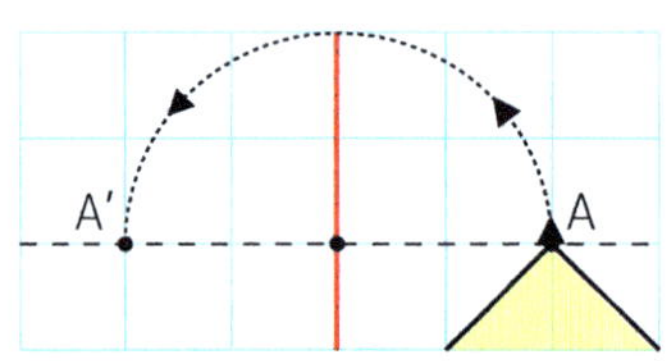

3. S'uneixen tots els punts simètrics trobats.

Tingues-ho en compte

Els únics punts invariants d'una simetria són els que estan situats a l'eix de simetria.

Simetria respecte als eixos de coordenades

A la figura **A** s'ha aplicat al triangle de vèrtexs A (3 , 4), B (1 , 2) i C (5 , 1) una simetria respecte de l'eix d'abscisses, o eix *X*. Tal com s'observa, els punts mantenen la seva coordenada *x* invariant, mentre que la coordenada *y* experimenta un canvi de signe.

> El **simètric** d'un punt A (*x* , *y*) mitjançant una simetria respecte de l'eix d'abscisses, o eix *X*, és el punt A' (*x* , –*y*).

Si s'aplica al mateix triangle una simetria respecte de l'eix d'ordenades, o eix *Y* (figura **B**), és la coordenada *y* la que ara queda invariant, mentre que la coordenada *x* canvia de signe.

> El **simètric** d'un punt A (*x* , *y*) mitjançant una simetria respecte de l'eix d'ordenades, o eix *Y*, és el punt A' (–*x* , *y*).

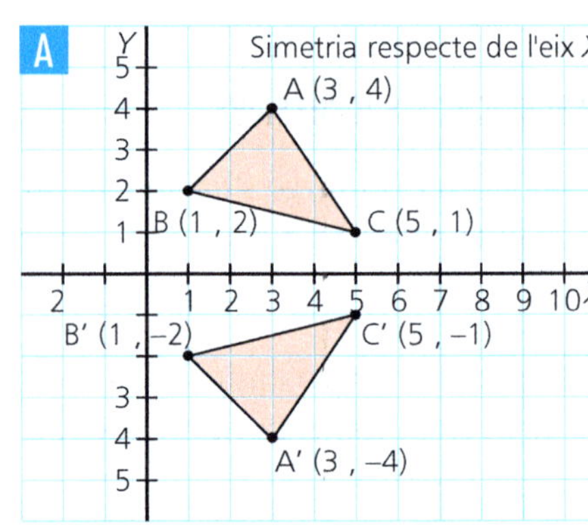

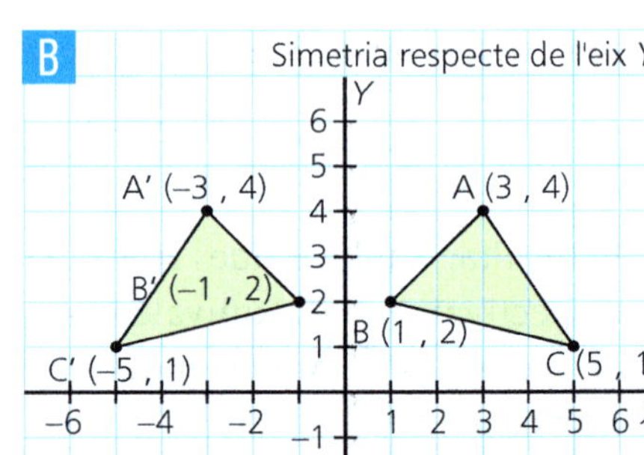

3.2 SIMETRIA CENTRAL

A la figura següent es mostra una transformació en la qual els segments que uneixen els punts homòlegs dels dos polígons passen per un punt, O: es tracta d'una simetria central.

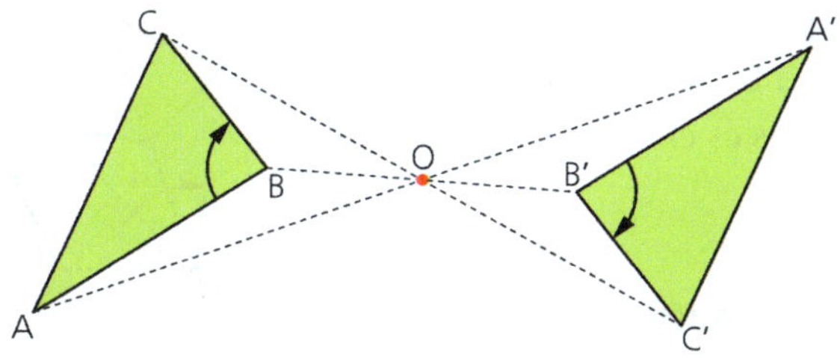

Una simetria central de centre O és un moviment que associa a cada punt del pla, A, un altre punt, A', anomenat simètric, de manera que el punt O és el punt mitjà del segment $\overline{AA'}$.

Una simetria central és efectivament un moviment, ja que es mantenen les distàncies i es conserven els angles. A més, és un **moviment directe**, perquè conserva l'orientació dels angles.

L'únic punt invariant d'una simetria central és el centre de simetria si aquest centre pertany a la figura original.

Activitat resolta

Aplica a la figura una simetria central el centre de la qual sigui el punt O.

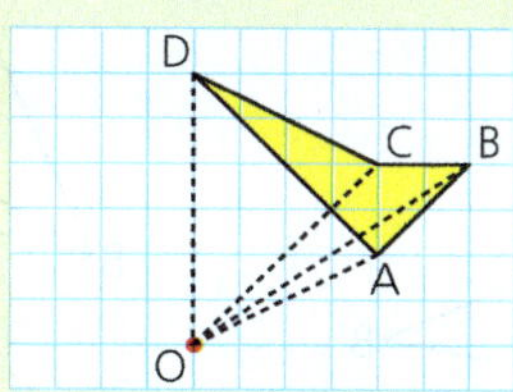

Es procedeix amb cadascun dels vèrtexs de la figura de la manera següent:

1 Es traça una recta, *r*, que passi pel vèrtex A i pel centre de simetria, O.

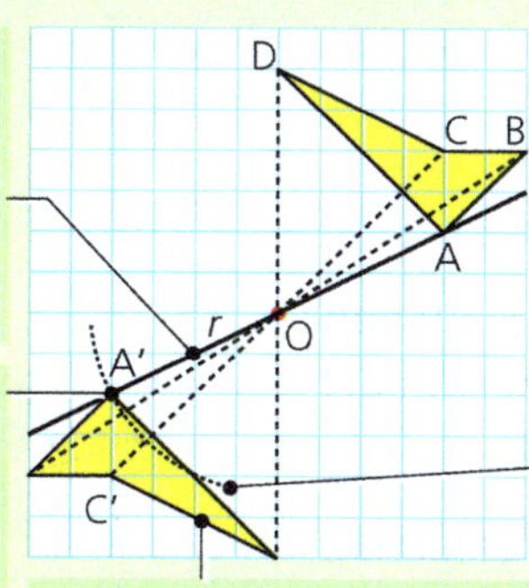

2 Es traça un arc de circumferència des de O que tingui un radi igual a la distància OA.

3 El punt d'intersecció de l'arc de circumferència amb la recta *r* és el vèrtex A' de la figura simètrica.

4 Es repeteixen els passos anteriors per als altres vèrtexs de la figura i s'uneixen mitjançant segments per obtenir la figura simètrica.

Tal com es pot observar a l'activitat resolta, una simetria central de centre O és equivalent a un gir amb centre a O i 180° d'angle.

Observa

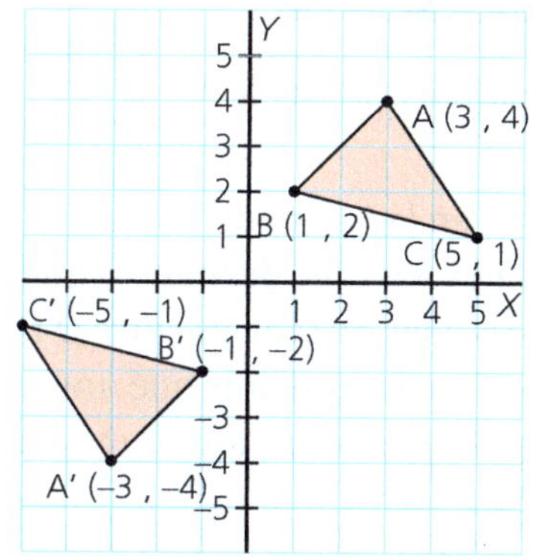

A la figura s'ha aplicat al triangle que té per vèrtexs A (3 , 4), B (1 , 2) i C (5 , 1) una simetria central el centre de la qual és l'origen de coordenades. Tal com s'observa, tant la coordenada *x* com la coordenada *y* de cada punt experimenten un canvi de signe.

El simètric del punt A (*x* , *y*) mitjançant una simetria central que té per centre l'origen de coordenades és el punt A' (–*x* , –*y*).

4 /// GIRS

Practiquem i avancem 46-52

Fixa't en la figura del marge. El quadrilàter ABCD s'ha transformat en el quadrilàter A'B'C'D', de manera que les distàncies entre O i els punts A, B, C i D són iguals a les distàncies entre O i els punts homòlegs A', B', C' i D'. A més, l'angle definit pels segments que uneixen O amb dos punts homòlegs és el mateix per a qualsevol punt. Aquest moviment rep el nom de **gir**.

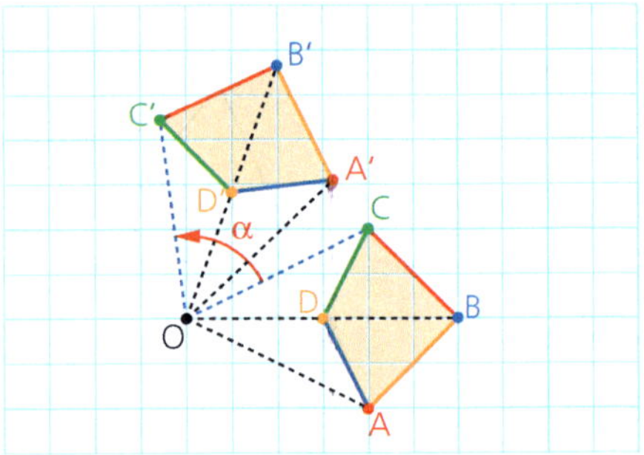

Gir positiu de centre O i angle α.

> Un gir de centre O i angle α, *G* (O , α), és un moviment que transforma cada punt, A, del pla en un altre punt, A', de manera que:
>
> $$\overline{OA} = \overline{OA'} \text{ i } \widehat{AOA'} = \alpha$$

Un gir és **positiu** si es produeix en sentit contrari al moviment de les agulles del rellotge, i és **negatiu** si s'efectua en el mateix sentit. En qualsevol cas, l'únic punt que queda invariant és el centre de gir.

Donades una figura original i la seva transformada, per determinar el centre i l'angle de gir a partir de totes dues figures, cal conèixer almenys la posició de dos punts i dels homòlegs respectius. Amb aquesta finalitat, cal seguir aquests passos:

1 Es tracen els segments que tenen per extrems els punts originals i els seus homòlegs, $\overline{AA'}$ i $\overline{BB'}$:

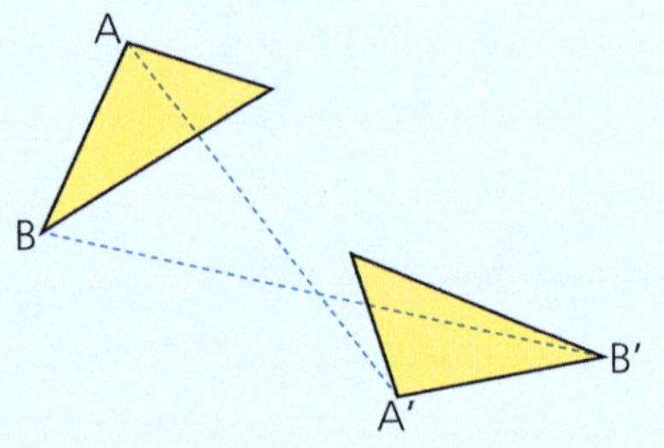

2 Després, es dibuixen les mediatrius dels dos segments anteriors:

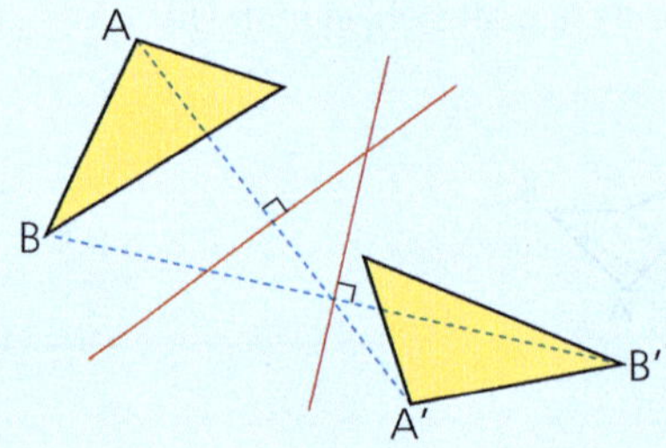

3 El punt de tall de les dues mediatrius és el centre de gir, *O*. L'angle de gir és α.

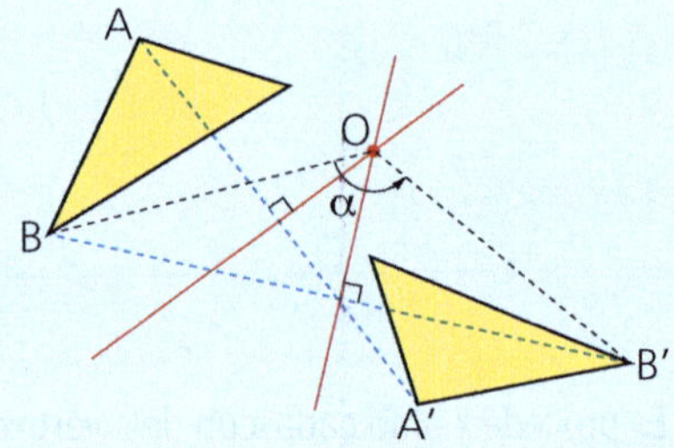

Girs successius amb el mateix centre

A la figura que apareix il·lustrada al marge s'ha aplicat un gir, *G* (O , α), a un punt, A, i s'ha obtingut el punt A'. Posteriorment, s'ha aplicat al punt A' un nou gir amb el mateix centre, O, i angle β, *G'* (O , β), i s'ha obtingut com a resultat el punt A''.

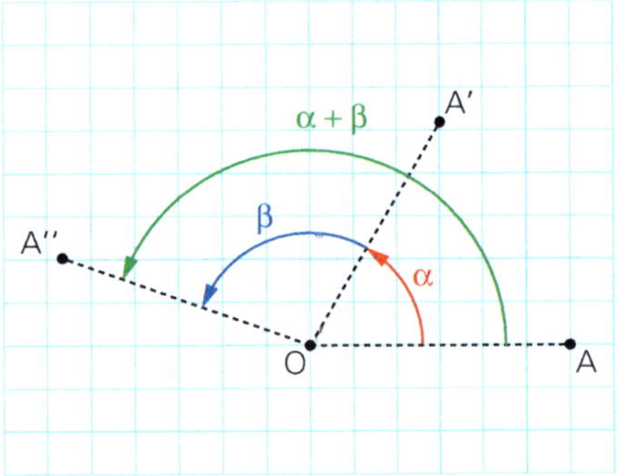

Tal com es pot observar, l'aplicació d'aquests **dos girs successius** amb el mateix centre és equivalent a aplicar un únic gir de centre O i angle α + β, *G''* (O , α + β).

> El resultat d'aplicar dos girs successius de centre O i angles α i β és equivalent a aplicar un únic gir de centre O i un angle igual a la suma d'angles α + β.

5 /// HOMOTÈCIES

Practiquem i avancem 53-58

Les transformacions que hem vist fins ara són moviments: les figures resultants conserven la mateixa mida i forma. Si s'aplica una transformació de manera que la forma original no canviï, però sí la mida, estem duent a terme una homotècia.

Una **homotècia** de centre O i raó k, tal que $k \neq 0$, és una transformació geomètrica que converteix una figura en una altra de semblant, de manera que, en unir mitjançant rectes els vèrtexs corresponents, aquestes rectes concorren en un únic punt, anomenat centre d'homotècia (O). El valor de k és el quocient entre la distància del centre d'homotècia al vèrtex de la figura obtinguda i la distància del centre al vèrtex de la figura original.

Tingues-ho en compte

Donades dues figures homotètiques (transformades segons una homotècia), es pot determinar el centre O en el punt de tall de dues rectes que passin per dues parelles de punts homòlegs.

La raó de semblança s'obté mitjançant el quocient:

$$k = \frac{|OA'|}{|OA|}$$

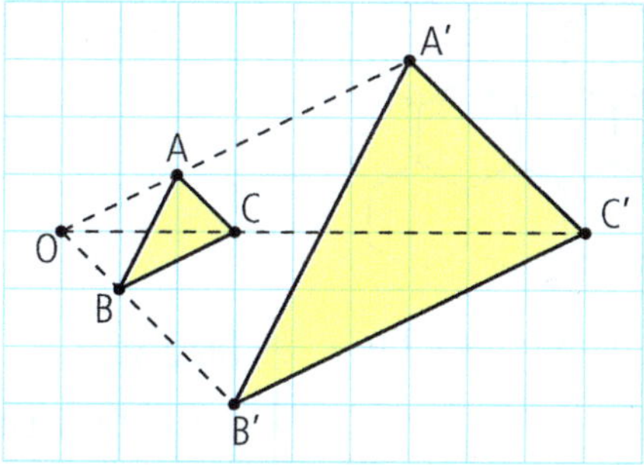

Activitat resolta

Aplica a la figura següent una homotècia de centre O i raó $k = 2$.

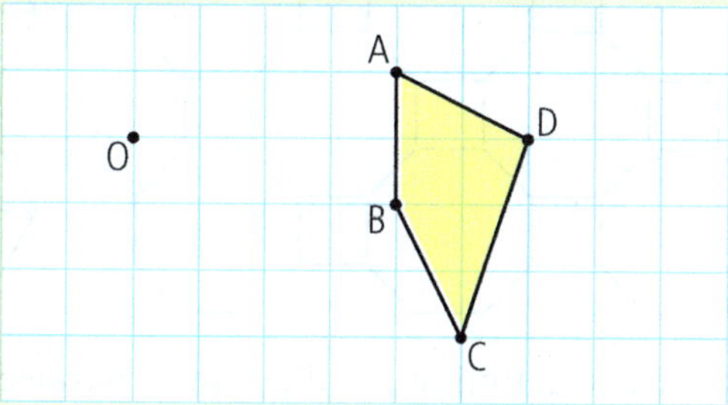

1 Es tracen semirectes d'origen O que passin pels vèrtexs del quadrilàter: A, B, C i D.

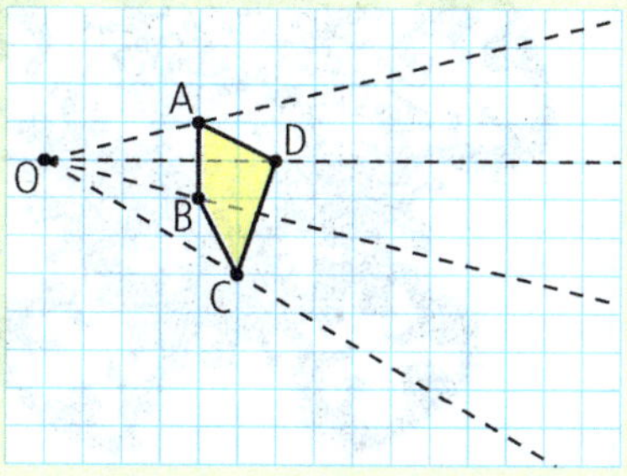

2 Amb l'ajuda d'un compàs, es marquen els punts d'aquestes semirectes que estiguin al doble de distància de O que de cadascun dels vèrtexs del quadrilàter.

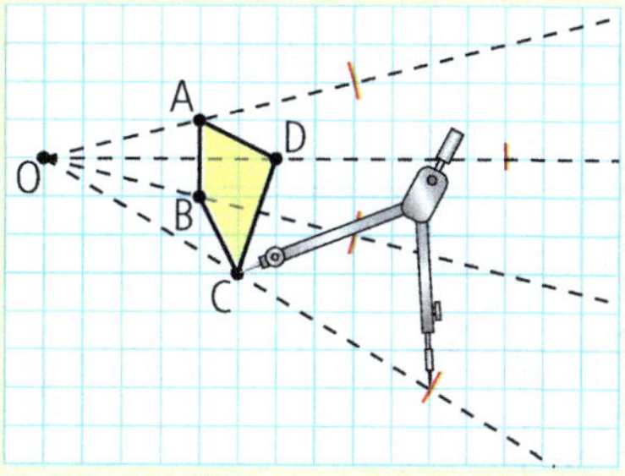

3 S'uneixen els punts A', B', C' i D', de manera que s'obté la figura homotètica demanada.

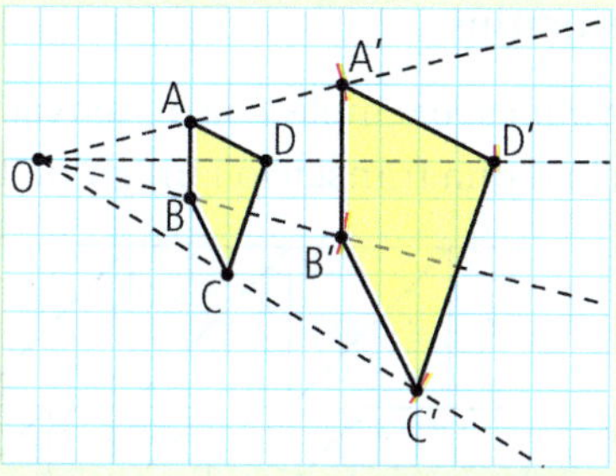

6 /// APLICACIONS

Practiquem i avancem 59-65

6.1 MOSAICS I FRISOS

L'aplicació més coneguda dels moviments i les transformacions de figures és el disseny i la creació de mosaics i frisos.

Un **mosaic** o **tessel·lació** és un conjunt de figures (anomenades *tessel·les*) que recobreixen el pla mitjançant translacions, girs, simetries i homotècies.

Un mosaic és **regular** si està format per un únic polígon regular.

Com que només existeixen tres polígons regulars que completin el pla, només és possible dissenyar tessel·lacions d'aquest tipus mitjançant figures en forma de triangle equilàter, quadrat o hexàgon regular.

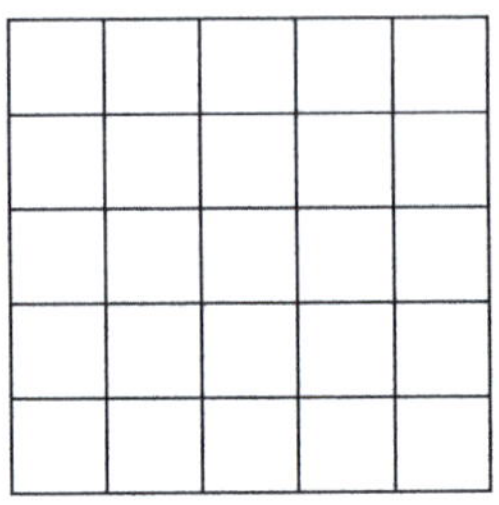

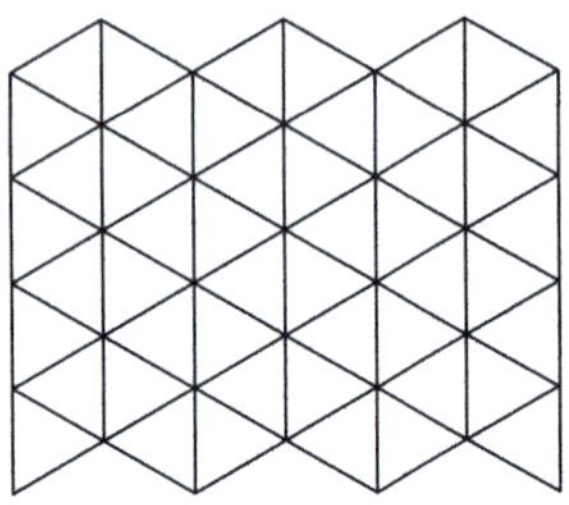

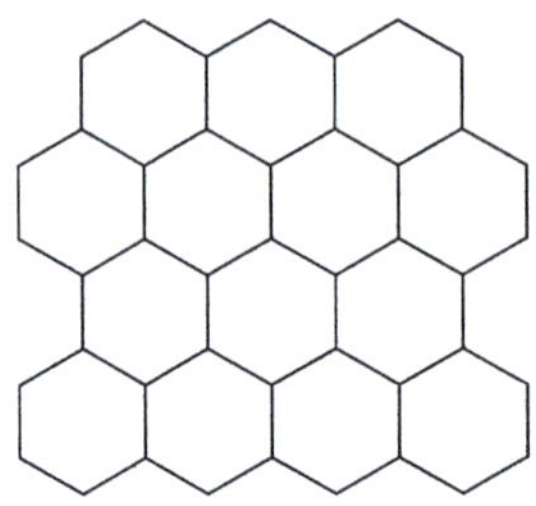

Un mosaic és **semiregular** si està format per dos polígons regulars o més. En aquest cas existeixen vuit possibles tessel·lacions.

Tot seguit es mostren dos exemples d'aquests mosaics semiregulars:

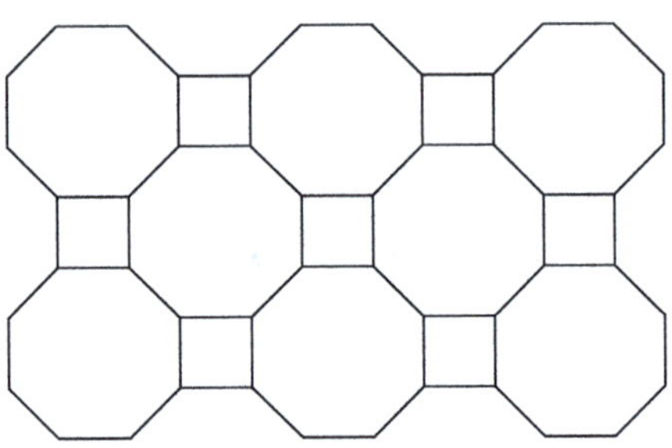

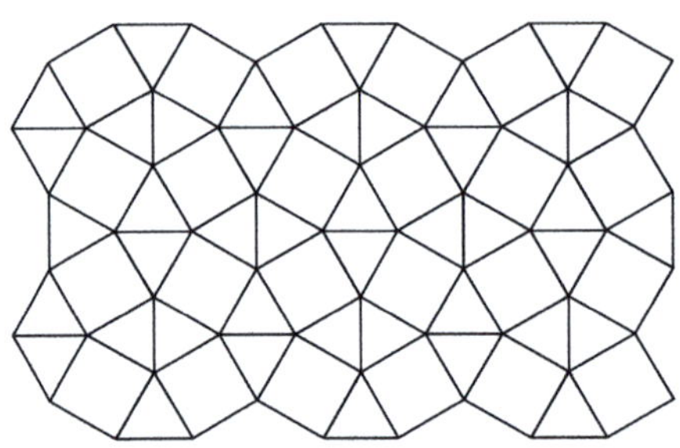

Un mosaic delimitat per dues línies paral·leles s'anomena **fris.** Habitualment, aquest tipus de creacions també rep la denominació de **sanefa.**

El procés d'elaboració consisteix en la repetició indefinida d'una figura inicial per mitjà de translacions, girs i simetries. A més d'utilitzar-se en arquitectura, són molt habituals en articles tèxtils, en enquadernació i en tot tipus de detalls decoratius.

En aquest exemple s'ha dissenyat un fris a partir d'un triangle i amb la composició d'una translació i un gir de 180°.

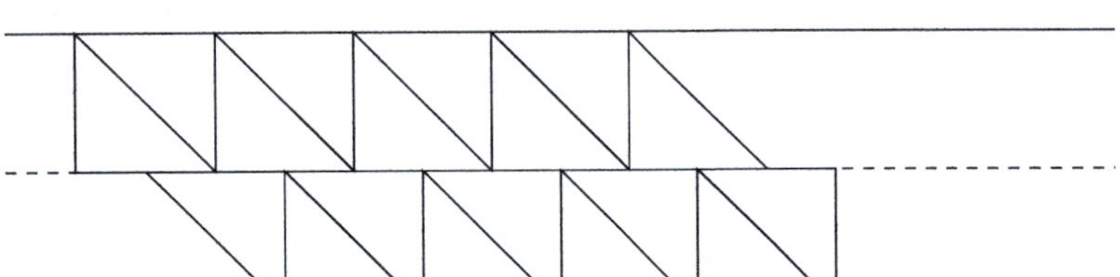

Observa

Des de l'antiguitat, l'ésser humà ha fet servir la geometria del moviment per decorar tot tipus d'estances i utensilis domèstics.

Tingues-ho en compte

Amb les homotècies també es poden dissenyar mosaics, sobretot circulars o en rosasses. En aquesta obra de M. C. Escher en pots veure un exemple.

Desenvolupament II (1939)

6.2 ALTRES APLICACIONS

Gràcies a l'atractiu visual que presenten, l'ús de girs, simetries i altres transformacions sobre figures geomètriques és la base per dissenyar símbols de marques, a més de fons i cartells de publicitat i màrqueting.

En la majoria dels casos s'observen transformacions de figures geomètriques. Fixa't en alguns exemples:

Activitat resolta

A partir de l'element següent, dissenya un símbol i indica les transformacions que has dut a terme. Pots fer-ho utilitzant GeoGebra o alguna altra aplicació informàtica:

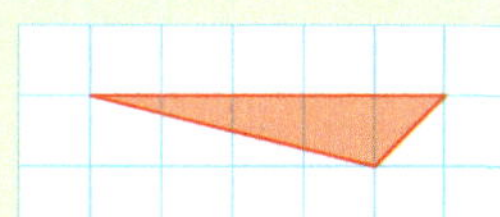

Sobre la figura inicial, s'han fet tres girs de 90°, 180° i 270°, respectivament; a més, s'han aplicat dues homotècies de raó 0,5.

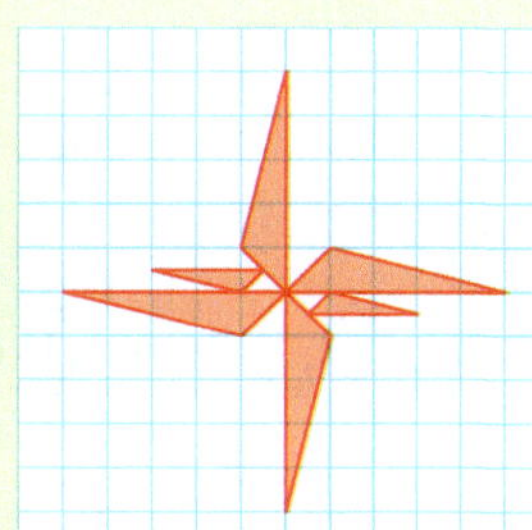

Imprimir una imatge sobre fusta

Per imprimir una imatge sobre una superfície llisa, per exemple sobre una superfície de fusta, es poden seguir aquests passos:

1. Cerca una foto o imatge a internet.
2. Obre la imatge amb un editor d'imatges, per exemple el de Windows, o amb el programa Paint i crea una nova imatge simètrica a l'original (simetria axial) utilitzant l'opció «Voltejar horitzontalment».
3. Imprimeix la imatge simètrica en un full.
4. Col·loca el full sobre la superfície de fusta, posant en contacte amb la fusta la cara del full on has imprès la imatge.
5. Impregna un drap amb una quantitat molt petita de dissolvent i pressiona sobre el full per traspassar la tinta a la fusta. Finalment, aixeca el full i observa que la imatge que ha quedat impresa sobre la fusta és l'original que havies trobat a internet, no la simètrica.

Tingues-ho en compte

Habitualment s'empra el mot *logotip* per fer referència a la imatge d'una marca, però en realitat, en disseny gràfic, el logotip és el distintiu de la marca format per lletres.

El símbol és la representació gràfica de la marca, però sense esmentar-la. Fixa't en aquests exemples:

Símbol

PET CARE

Logotip

PET CARE

Imagotip

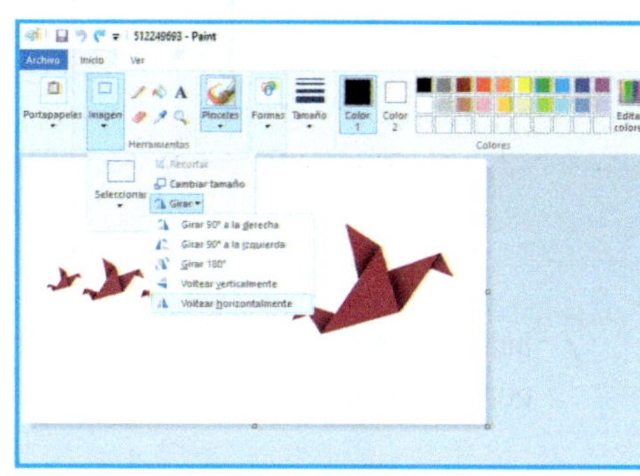

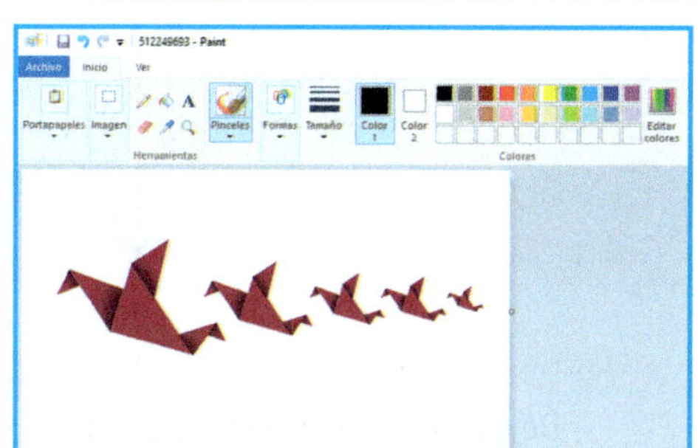

PRACTIQUEM i AVANCEM

1 Classifica els moviments següents en el pla segons si es tracta de simetries, girs o translacions:

a.

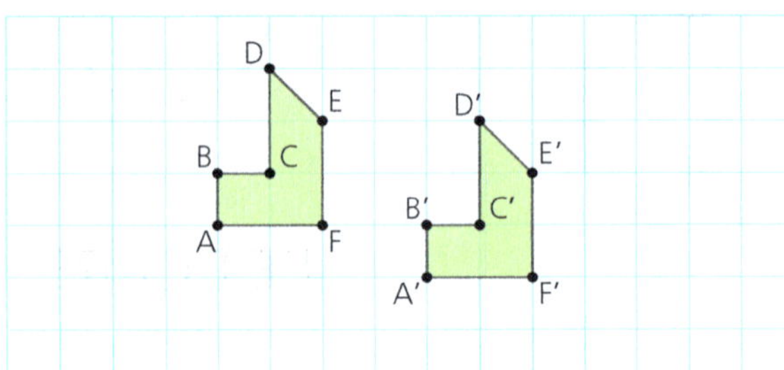

b.

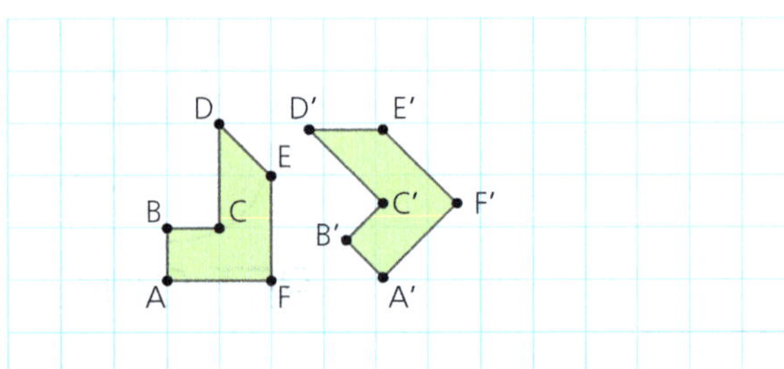

c.

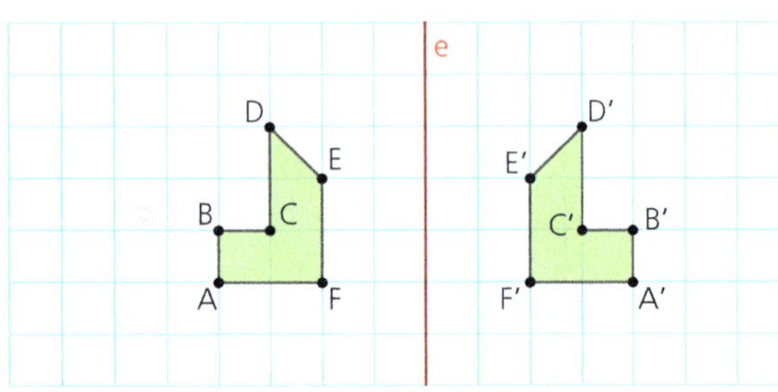

2 Indica si en el moviment il·lustrat tot seguit ha quedat algun punt invariant:

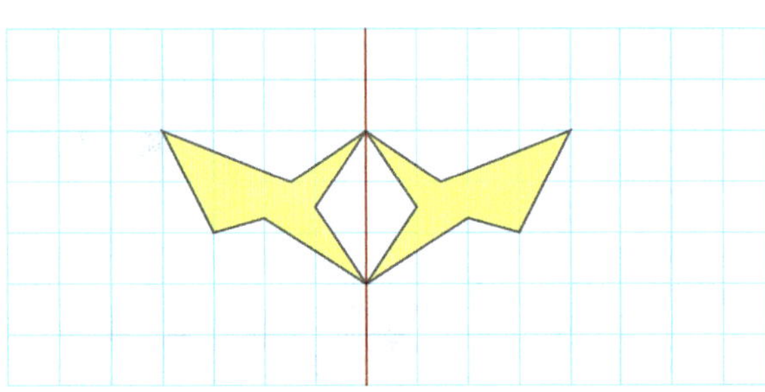

De quin tipus de moviment es tracta?

3 Copia aquesta figura al teu quadern i segueix les indicacions:

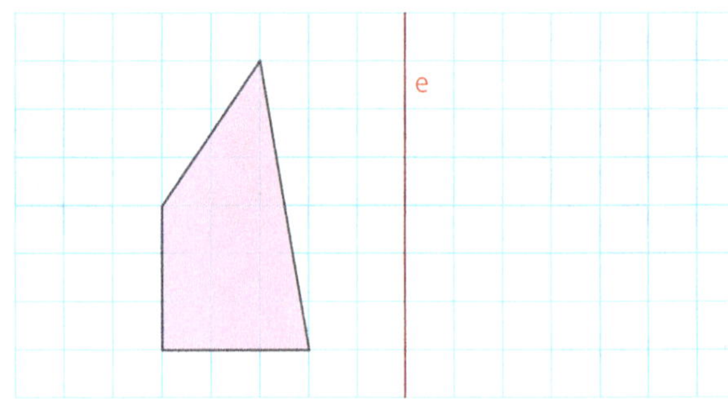

a. Representa la figura que s'obté de traslladar quatre quadrats a la dreta la figura original.

b. Esbossa la figura simètrica a la donada respecte a l'eix *e*.

4 Fes una llista amb, almenys, quatre objectes que tinguis a mà i en la composició dels quals s'apreciïn simetries, translacions o girs.

5 ⊞ Copia al teu quadern aquestes figures i dibuixa, en cada cas, la figura homòloga en la transformació que s'indica:

a.

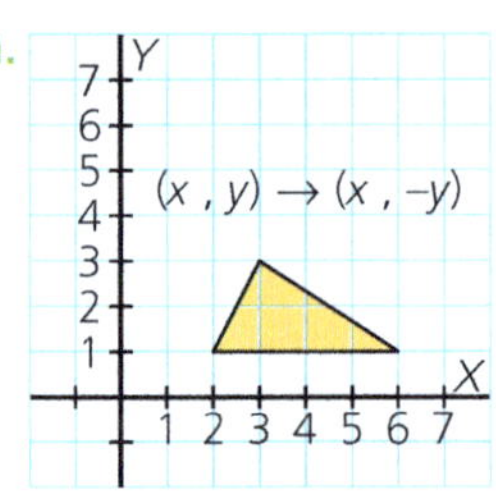

c.

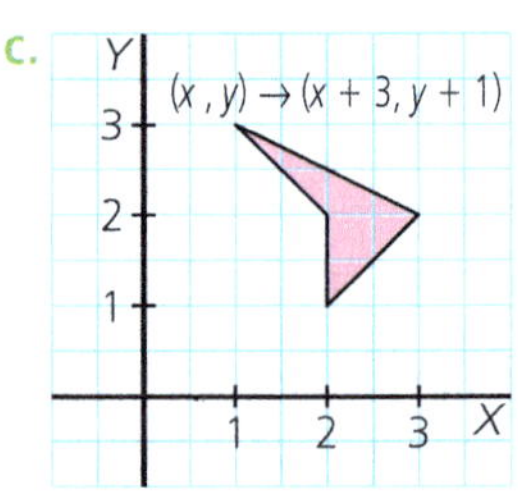

b.

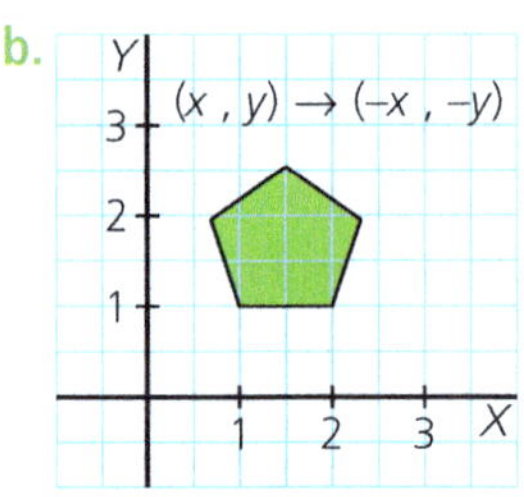

d.

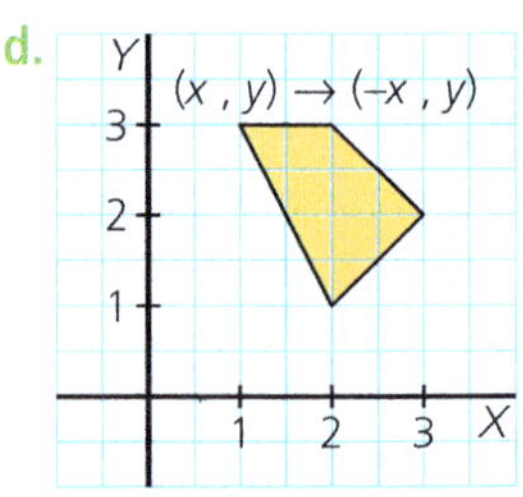

6 Representa aquests vectors i troba'n les coordenades i els mòduls:

a. $\overrightarrow{AB}$, amb A (4 , 2) i B (2 , 2)

b. $\overrightarrow{CD}$, amb C (– 1 , 3) i D (4 , – 2)

c. $\overrightarrow{EF}$, amb E (5 , – 5) i F (3 , – 2)

7 Determina les coordenades i el mòdul de cada vector.

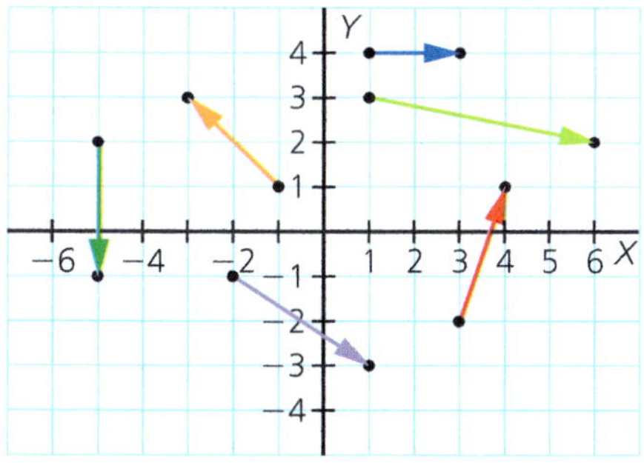

8 Copia al teu quadern aquests vectors i traça un vector equipol·lent a cadascun amb origen a A:

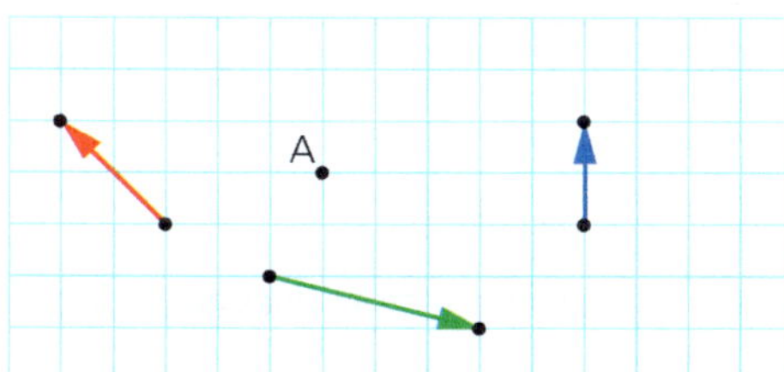

9 Considerant el vector $\overrightarrow{AB}$ (7 , – 4), amb l'origen situat al punt A (2 , –1), quines són les coordenades del punt B?

10 Donat el vector $\overrightarrow{AB}$ = (– 4 , 6), l'extrem del qual és B (5 , – 1), quines són les coordenades del punt A?

11 Donats els punts A (1 , 2), B (3 , 5), C (– 1 , 1) i D (– 2 , – 3), calcula les coordenades d'aquests vectors:

a. $\overrightarrow{AB}$ b. $\overrightarrow{DA}$ c. $\overrightarrow{CB}$ d. $\overrightarrow{BC}$

Quina relació observes entre els vectors $\overrightarrow{CB}$ i $\overrightarrow{BC}$? Comenta-ho amb els teus companys i companyes.

12 Indica quins dels vectors següents són equipol·lents entre ells:

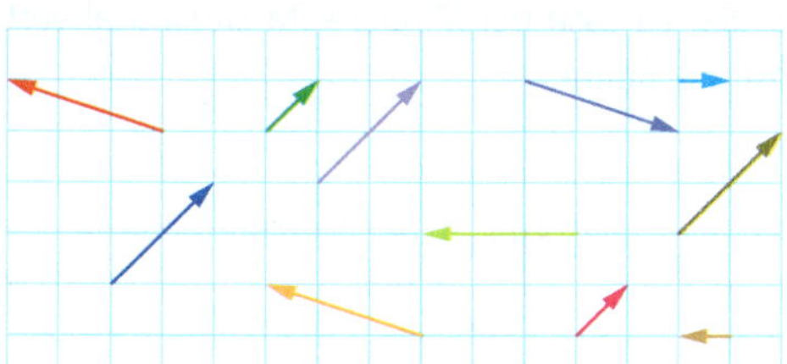

13 Siguin els punts A (– 5 , 1), B (0 , – 3), C (– 4 , – 1), D (2 , – 2), E (8 , – 2) i F (– 6 , 5):

a. Representa en uns eixos de coordenades els vectors $\overrightarrow{AB}$, $\overrightarrow{CD}$ i $\overrightarrow{EF}$.

b. Després, determina'n les coordenades i els mòduls.

14 Quin ha de ser el valor de *a* perquè el mòdul del vector $\vec{v}$ = (a , –3) sigui 5 unitats?

15 Quin ha de ser el valor de *x* perquè el mòdul del vector $\vec{v}$ = (–6 , *x*) sigui 10 unitats?

16 Donats els vectors $\vec{u}$ = (3 , –6) i $\vec{v}$ = (–4 , 5):

a. Obtingues les coordenades del vector $\vec{u} + \vec{v}$.

b. Efectua la suma gràficament i comprova que el resultat concorda amb el que has obtingut a l'apartat anterior.

17 Considera els vectors $\vec{u}$ = (– 1 , 2) i $\vec{v}$ = (3 , 4).

a. Calcula les coordenades del vector $\vec{u} - \vec{v}$.

b. Efectua'n la resta gràficament i comprova que el resultat concorda amb el que s'ha obtingut a l'apartat a.

18 Dibuixa al teu quadern els vectors $\vec{u}$, $\vec{v}$ i $\vec{w}$ i efectua gràficament les sumes $\vec{u} + \vec{v}$, $\vec{u} + \vec{w}$ i $\vec{v} + \vec{w}$.

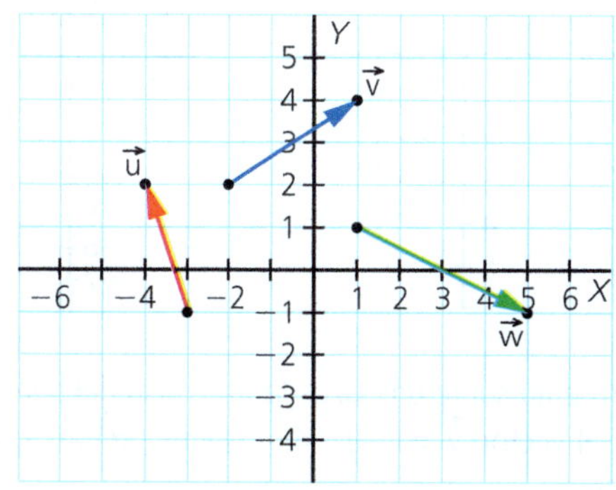

19 Determina els mòduls dels vectors següents:

a. $\vec{v}$ = (2 , 4)

b. $\vec{w}$ = (–3 , 2)

c. $\vec{u}$ = (0 , –5)

d. $\vec{x}$ = (–1 , –6)

20 Calcula la longitud dels costats d'un triangle que té els vèrtexs als punts A (– 1 , 2), B (3 , – 5) i C (– 2 , – 3).

21 Copia aquestes figures al teu quadern i trasllada-les segons el vector que s'indica:

a.

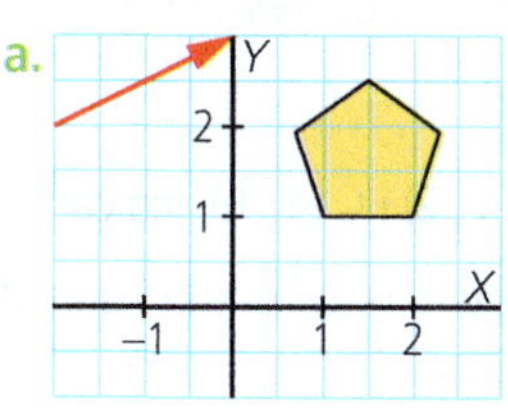

b.

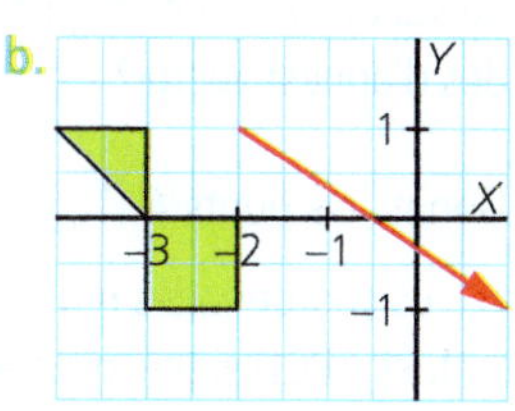

22 Copia aquest dibuix al teu quadern i aplica a la figura dues translacions successives de vectors $\vec{u}$ i $\vec{v}$, respectivament. Què passa si apliques primer la translació de vector $\vec{v}$ i després la de vector $\vec{u}$? Per què?

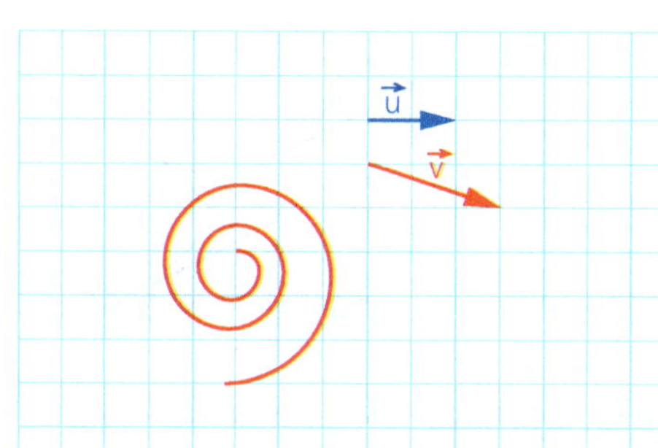

23 Calcula, en cada cas, el vector de la translació que transforma el primer punt en el segon.

a. A (– 3 , 4) en A′ (2 , 6)

b. B (5 , – 9) en B′ (0 , 3)

c. C (0 , – 1) en C′ (7 , – 3)

24 Determina, en cada cas, el vector de la translació que transforma la figura rosa en la figura taronja.

a.

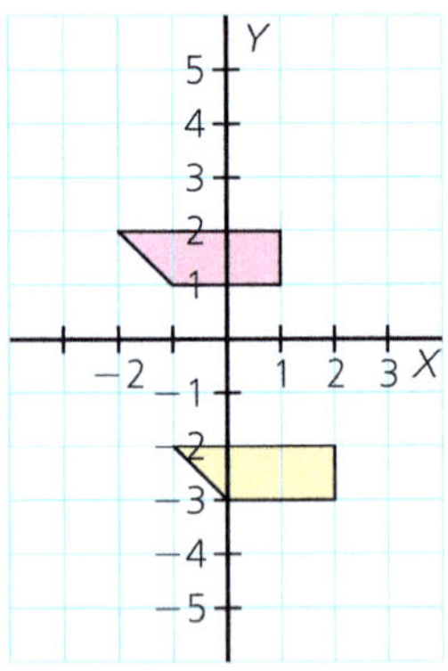

b.

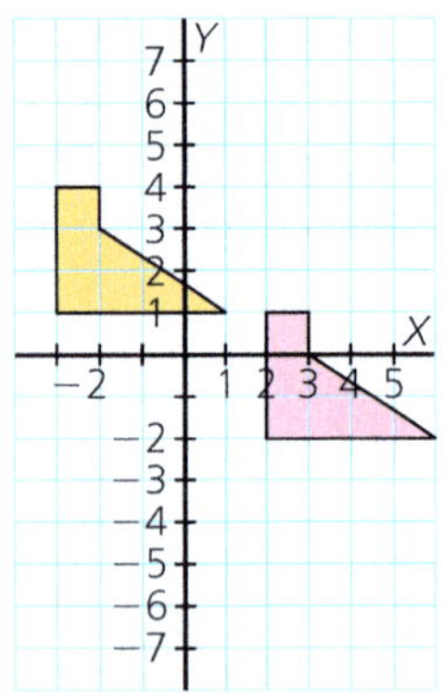

25 Representa sobre uns eixos la translació del punt (5 , 1) mitjançant el vector $\vec{v}$ = (–3 , 4). Quantes unitats has traslladat el punt?

26 Donat el punt A (4 , –5) i els vectors $\vec{u}$ = (2 , 1) i $\vec{v}$ = (–1 , 3), calcula les coordenades del punt A″, que s'obté quan s'aplica al punt A les translacions successives de vectors $\vec{u}$ i $\vec{v}$.

27 ⊞ Quines coordenades ha de tenir un punt, *A*, perquè, si s'hi apliquen dues translacions successives de vectors $\vec{v}$ = (–4 , –3) i $\vec{u}$ = (5 , –1), respectivament, s'obtingui el punt A″ (0 , 5)?

28 Quan s'apliquen al punt A (2 , 4) dues translacions successives de vector $\vec{v}$, s'obté el punt A″ (5 , 3). Quines són les coordenades d'aquest vector?

29 Donats els punts A (1 , – 1), B (3 , 2) i C (4 , 6), indica:

a. Les coordenades d'un quart punt, D, tal que la figura de vèrtexs ABCD sigui un paral·lelogram.

b. La longitud dels costats AB i BC.

30 La figura verda de la imatge següent ha estat transformada en la figura vermella duent a terme una translació:

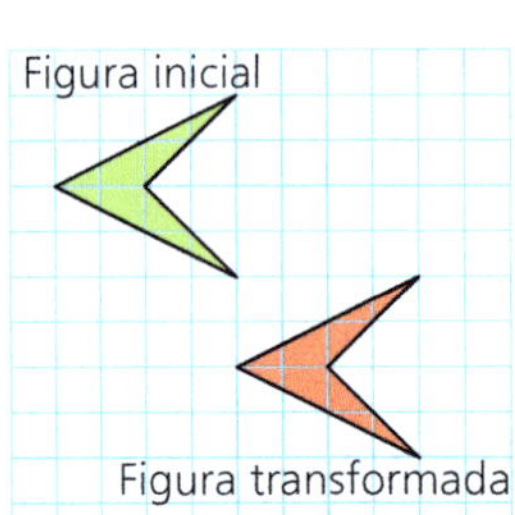

a. Indica els components del vector de translació.

b. Calcula'n el mòdul.

31 Les figures següents són traslladades l'una respecte de l'altra. Determina'n, en cada cas, el vector de translació.

a.

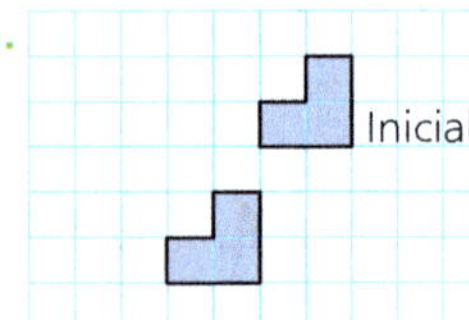

b.

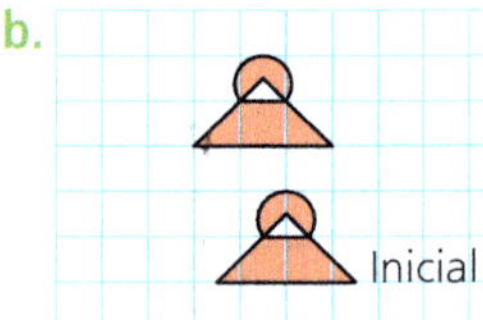

32 ⊞ Considera el paral·lelogram següent:

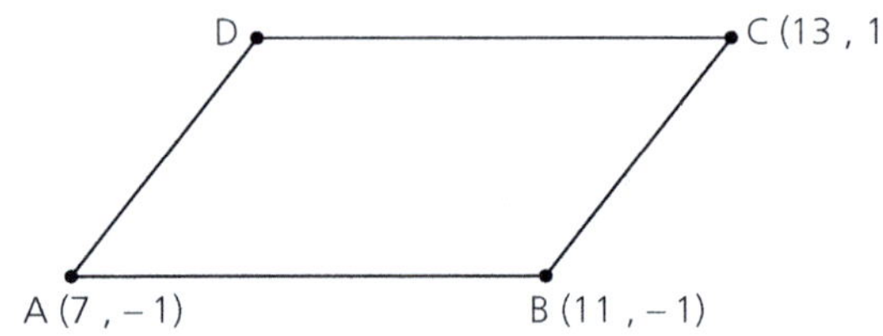

a. Calcula les coordenades del punt D.

b. Quant val el perímetre?

c. Determina la longitud de les dues diagonals.

33 Copia la figura al teu quadern i aplica-hi dues translacions successives mitjançant els vectors $\vec{u}$ i $\vec{v}$ que s'indiquen. Què passaria si s'apliqués primer la translació de vector $\vec{v}$ i després la de vector $\vec{u}$? Per què?

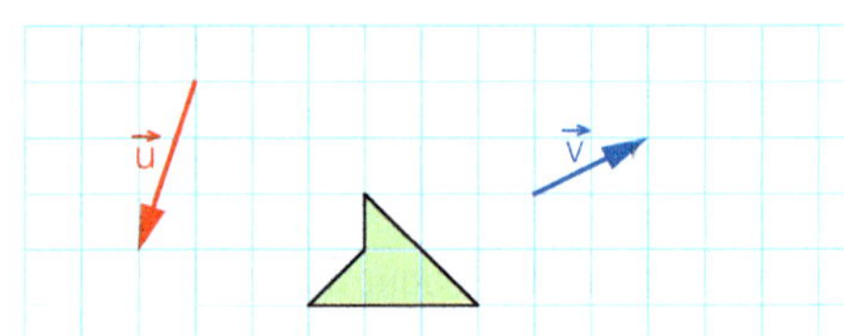

34 ⊞⊞ La plaça del poble on viu el Miquel té forma de paral·lelogram. En un dels vèrtexs, que té per coordenades A (–20 , –80), hi ha l'ajuntament; al vèrtex oposat, de coordenades C (500 , 100), el parc, i en un altre vèrtex, de coordenades B (300 , 5), l'escola. La casa del Miquel està situada al vèrtex D, tal com mostra la figura.

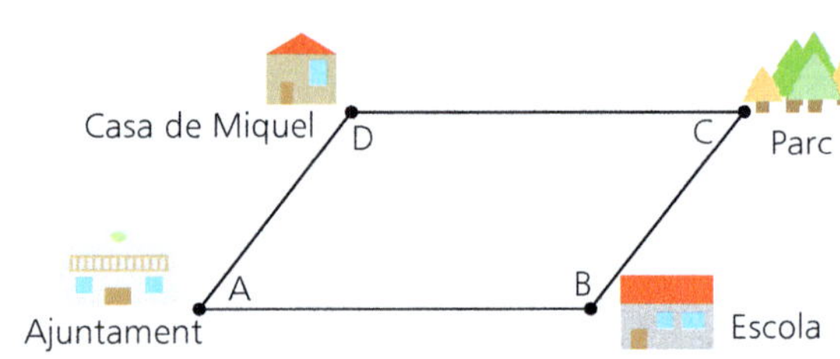

a. Determina les coordenades del vèrtex D.

b. Calcula quina és la distància en línia recta, expressant-la en metres, que separa la casa del Miquel de l'escola, l'ajuntament i el parc.

35 ⊞ Calcula quines són les coordenades del vector $\vec{v}$ perquè, si s'apliquen dues translacions successives d'aquest vector al punt A (– 1 , – 2), s'obtingui:

a. El punt A″ (1 , 5).

b. El punt A″ (– 3 , – 5).

36 Resol els apartats següents al teu quadern:

a. Dibuixa sobre uns eixos de coordenades el punt A (2 , 3).

b. Situa als mateixos eixos el punt B, resultant d'aplicar a A una translació mitjançant el vector $\vec{v} = (3 , 2)$.

c. Trasllada el punt B segons el vector $\vec{u} = (1 , -3)$ i determina les coordenades del nou punt, C.

d. Quines són les coordenades del vector que trasllada el punt A al punt C?

37 Quines coordenades ha de tenir un punt, A, perquè, en aplicar-hi dues translacions successives de vectors $\vec{v} = (2 , 1)$ i $\vec{u} = (-3 , 5)$, respectivament, s'obtingui el punt A'' (1 , – 2)?

38 El dibuix següent mostra una paret del menjador de casa de l'Arlet. Després d'una remodelació, el quadre de línies de colors ha quedat descentrat.

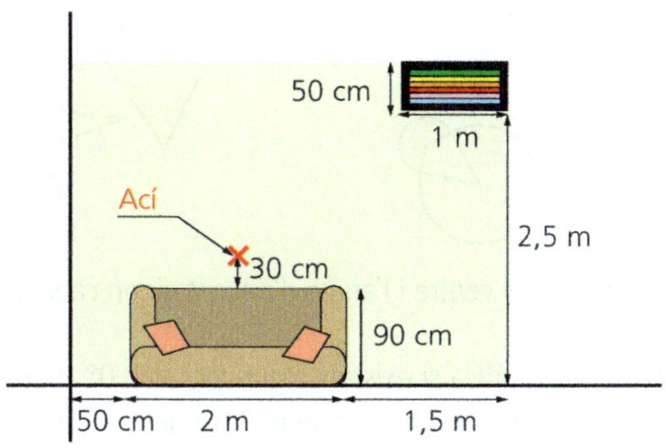

Mitjançant quin vector ha de traslladar el quadre perquè quedi centrat respecte el sofà, a 30 cm per sobre?

Nota: pren com a punt de referència, (0 , 0), la cantonada inferior esquerra de la paret.

39 Copia al teu quadern les figures següents i aplica-hi una simetria axial l'eix de la qual sigui el que s'indica:

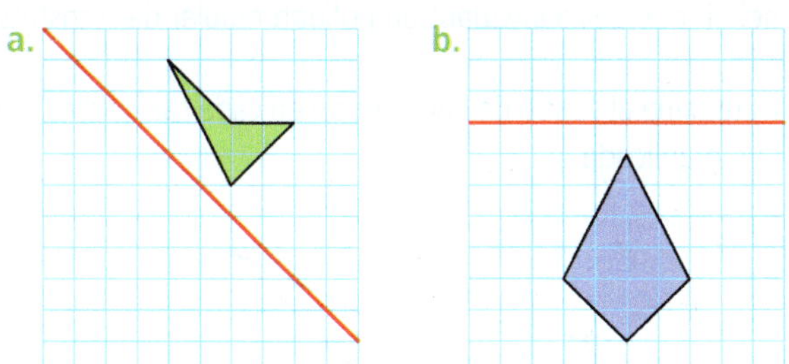

40 Indica si les afirmacions següents són veritables o falses i justifica les respostes:

a. Una simetria axial és un moviment, perquè la figura transformada conserva la forma original, però no la mida.

b. Una simetria axial és un moviment, però no ho és una simetria central.

c. En una simetria axial només queda invariant el centre de gir.

d. Una simetria central de centre O és equivalent a un gir amb centre a O i angle de 180°.

41 Els parells de figures que es reprodueixen a continuació són transformades l'una de l'altra mitjançant una simetria axial. Copia-les al teu quadern i, tot seguit, traça-hi geomètricament l'eix de simetria.

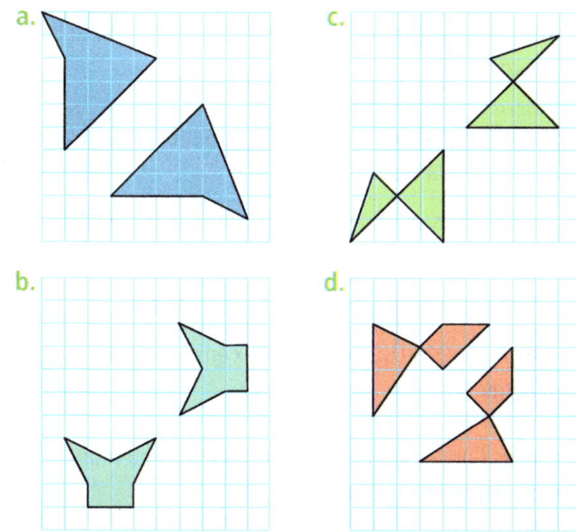

42 Copia al teu quadern les figures i aplica-hi la simetria central el centre de la qual s'indica:

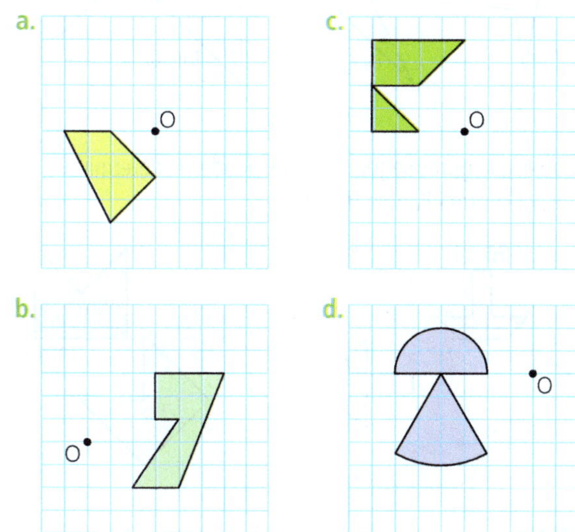

43 Escriu i representa les coordenades dels punts homòlegs de A (0 , 3), B (4 , –5), C (–2 , –1) i D (5 , 0) si es duu a terme una simetria respecte a:

a. L'eix d'abscisses

b. L'eix d'ordenades

44 Escriu les coordenades dels punts homòlegs de A (1 , 3), B (3 , 1), C (4 , 4) i D (2 , 5) després de dur a terme cadascuna d'aquestes simetries:

a. Respecte a l'eix *X*.

b. Respecte a l'eix *Y*.

Representa el quadrilàter determinat pels vèrtexs A, B, C i D, i també els quadrilàters homòlegs generats amb les simetries axials que has trobat.

45 Resol els apartats següents:

a. Representa en uns eixos de coordenades el triangle que té per vèrtexs A (1 , 1), B (4 , 2) i C (2 , 5).

b. Traça la imatge del triangle que resulta d'aplicar al triangle ABC una simetria central que tingui com a centre l'origen de coordenades.

46 Indica al teu quadern si les oracions següents són veritables o falses i raona la resposta.

a. Un gir no és un moviment, ja que la figura modificada conserva la forma original, però no la mida.

b. En un gir, l'únic punt invariant és el centre de gir.

c. Un gir és positiu quan es produeix en el sentit de les agulles del rellotge.

47 Copia les figures següents al teu quadern i determina'n, en cada cas, el centre i l'angle de gir.

a.

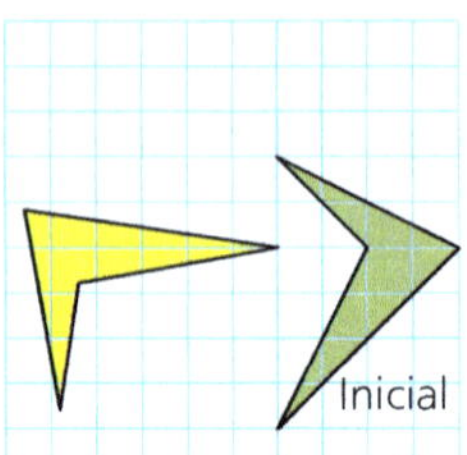

b.

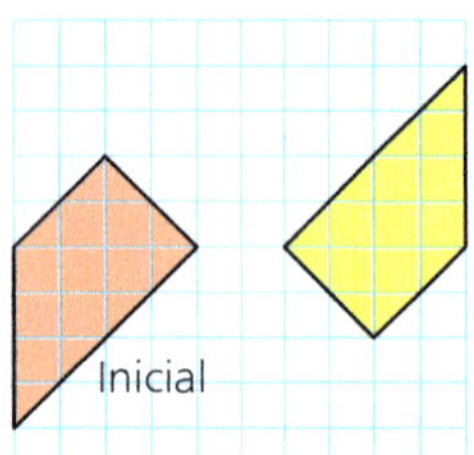

48 Copia les figures següents al teu quadern i determina'n, en cada cas, el centre i l'angle de gir.

a.

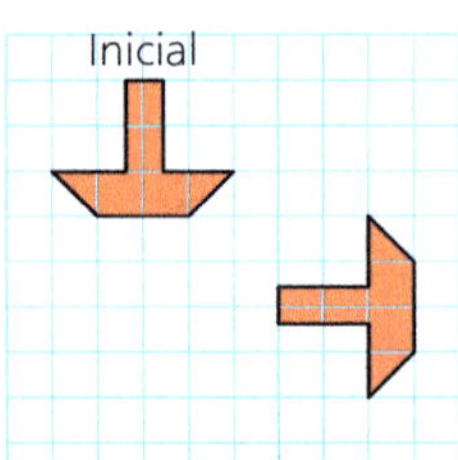

b.

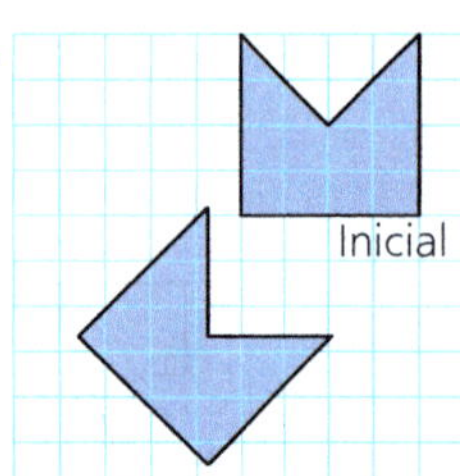

49 ⊞⊞ Investiga com s'aplica un gir de centre O i angle α a una figura. Després, copia al teu quadern les figures següents i aplica-hi el gir amb centre en el punt O i l'angle indicat en cada cas.

a.

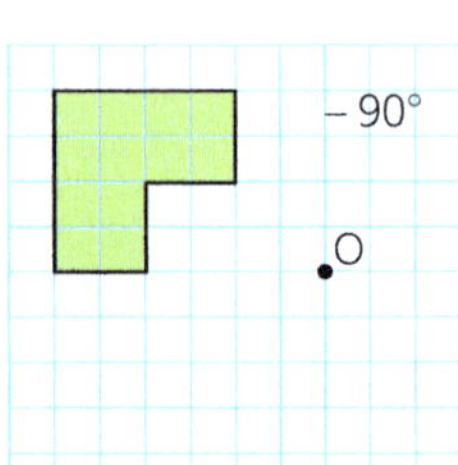

c.

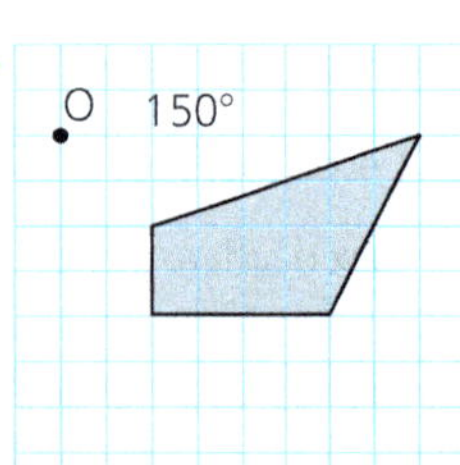

b.

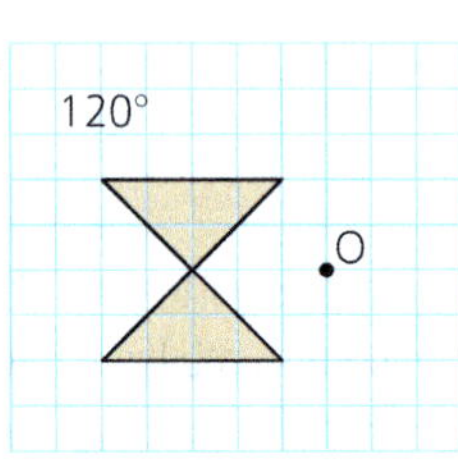

d.

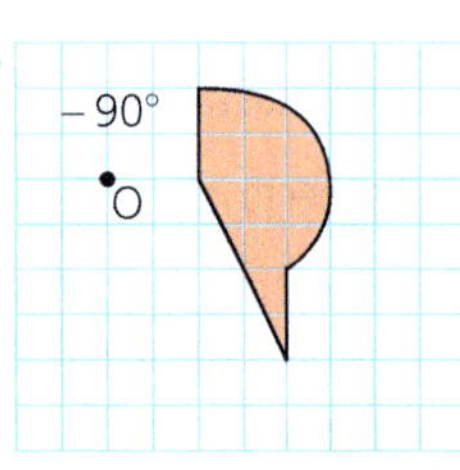

50 ⊞ Copia al teu quadern aquesta figura i aplica-hi un gir el centre del qual sigui l'origen de coordenades i que tingui com a angle 45°.

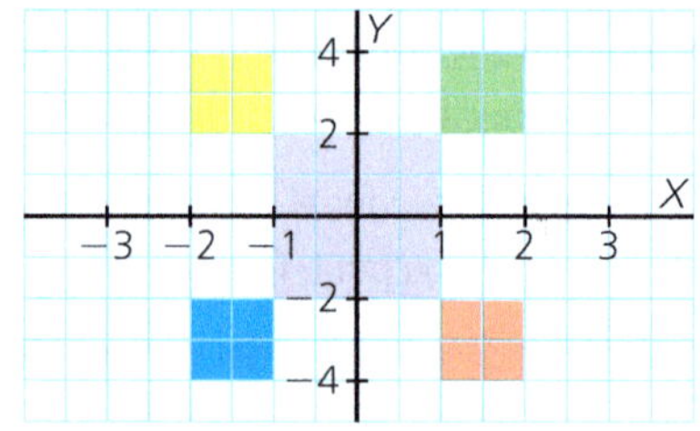

a. Quin angle ha de tenir un gir per fer coincidir el quadrat verd amb el groc?

b. I per fer coincidir el verd amb el vermell?

51 ⊞ Les figures següents són transformades l'una de l'altra mitjançant un gir.

a.

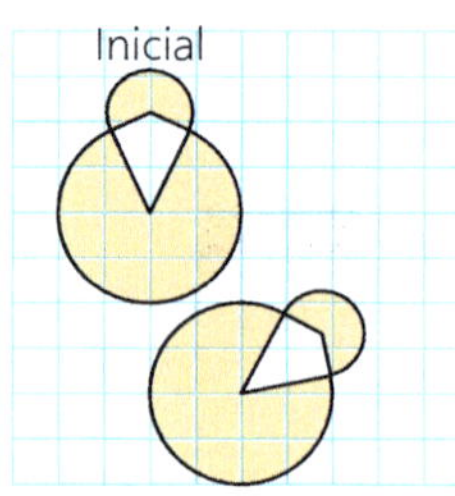

b.

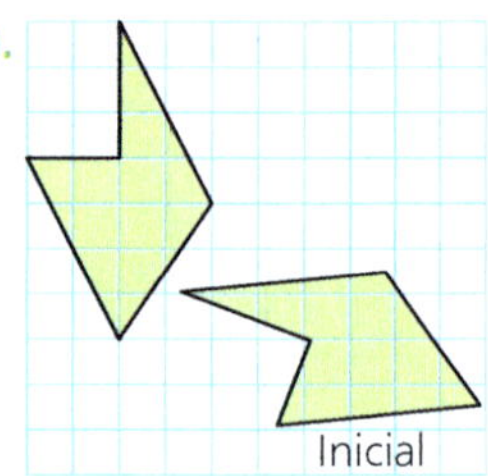

Determina el centre i l'angle d'aquest gir en cada cas.

52 ⊞ Raona i indica si existeix algun gir, amb $0° < \alpha < 360°$, que deixi invariants les figures següents i determina'n, quan correspongui, el centre i l'angle de gir:

a. Un quadrat

b. Un rectangle

c. Un rombe

d. Un romboide

e. Un triangle equilàter

f. Un triangle isòsceles

g. Un pentàgon regular

h. Un hexàgon regular

Extreu conclusions sobre la posició del centre i el valor de l'angle del gir que deixa invariant un polígon regular de n costats.

53 Determina el centre de l'homotècia en cada cas i indica quina és la raó aplicada.

a.

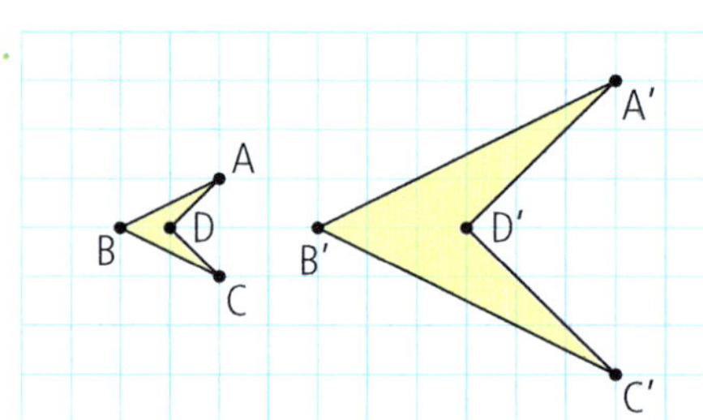

b.

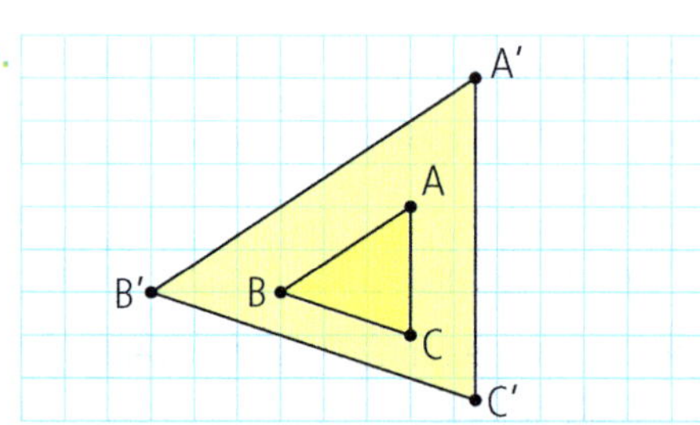

54 Copia les figures següents al teu quadern i aplica-hi una homotècia de centre O i raó 2:

a.

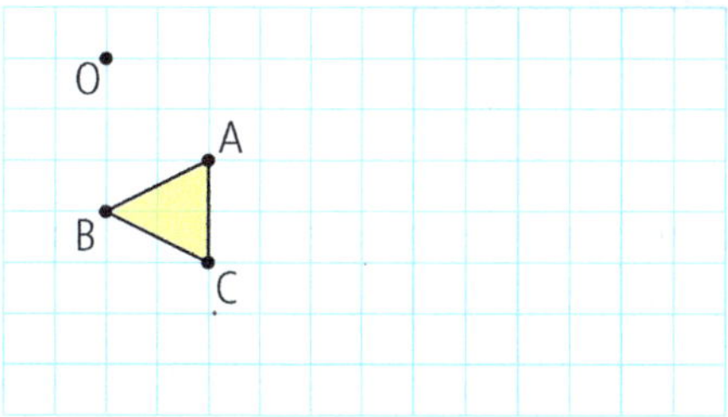

b.

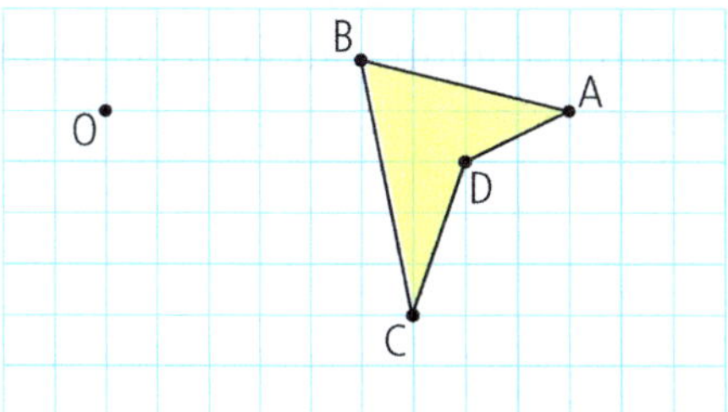

55 Dibuixa els parells de figures següents al teu quadern. A continuació, determina'n el centre d'homotècia i, així mateix, la raó de semblança:

a.

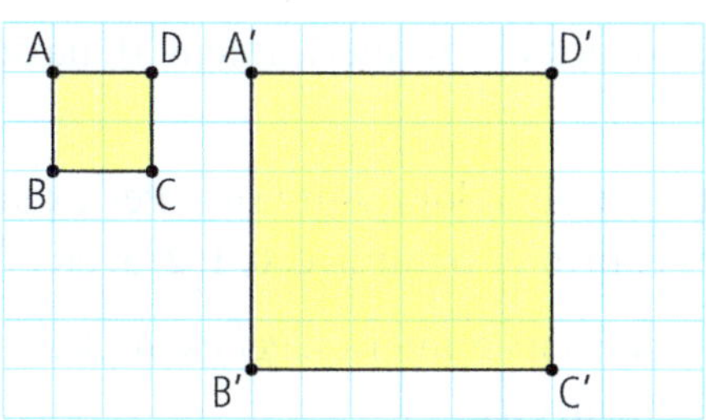

b.

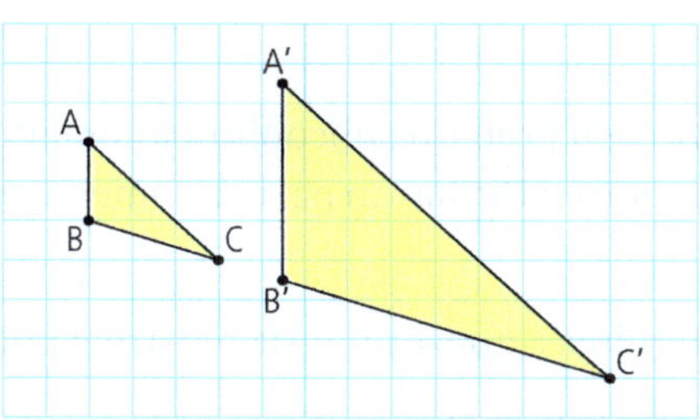

56 Dibuixa al teu quadern un quadrat el costat del qual mesuri 2 cm i aplica-hi una homotècia amb centre en un dels vèrtexs i de raó 2.

57 Dibuixa al teu quadern un cercle de 2 cm de radi i centre C i aplica-hi una homotècia de raó 2, que compleixi les condicions següents en cada cas:

a. L'origen de l'homotècia és a 4 unitats de C.

b. L'origen de l'homotècia és a 6 unitats de C.

c. L'origen de l'homotècia és a 8 unitats de C.

58 Si dos vèrtexs homòlegs de dues figures homotètiques, A i A′, es troben a 6 cm de distància l'un de l'altre, i dos dels costats homòlegs tenen unes mides de 2 cm i 3 cm, respectivament, quina és la distància a la qual es troba el centre O del vèrtex més proper, A?

59 Donat el motiu base de la figura següent, construeix un tessellat de quatre formes diferents que ocupi la regió groga del pla que es proposa. Assegura't d'aplicar-hi el màxim nombre possible de moviments.

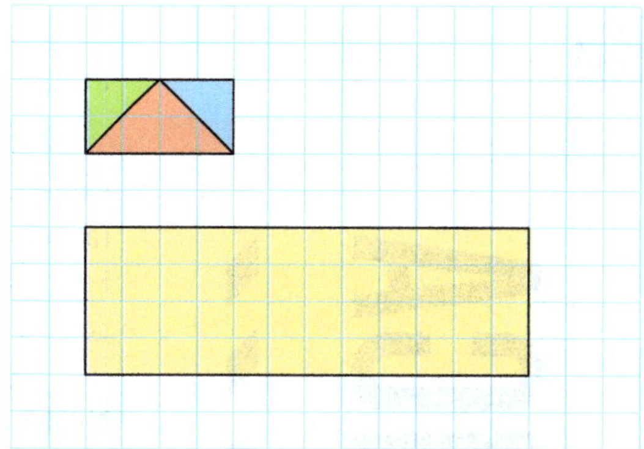

60 ⊞ Per dur a terme aquesta activitat, podeu organitzar-vos en grups de tres. Es tracta de dibuixar en cartolines de colors i retallar un nombre de peces base com les que es proposen per formar un mosaic. Heu de descriure els moviments que permeten passar d'un motiu base a un altre.

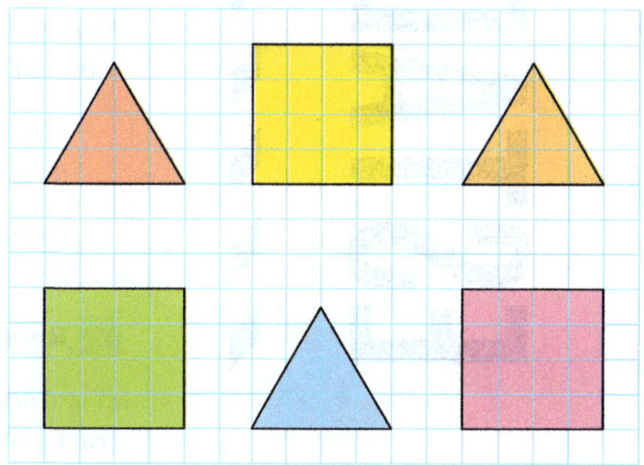

61 Fes una cerca de mosaics i frisos al teu entorn. A continuació, fotografia'ls i esbrina quins moviments s'han hagut de fer per elaborar-los.

62 Dibuixa un mosaic semiregular diferent dels exemples que s'han vist a la unitat.

63 Cerca informació sobre M. C. Escher i elabora un projecte en què analitzis alguna de les seves obres on es generen imatges per moviments o transformacions de figures.

64 Busca símbols de marques utilitzats en publicitat que s'hagin generat amb moviments simples d'objectes. Identifica-hi el moviment o la composició de moviments emprats per crear-los.

65 Elabora, en cada cas, el teu propi símbol de marca i explica quin ha estat el procés de creació:

a. Amb una figura geomètrica o amb diverses.

b. Utilitzant les lletres del teu nom o només les inicials.

11

ESTADÍSTICA

1 /// ESTADÍSTICA UNIDIMENSIONAL

Practiquem i avancem 1-4

L'estadística és la branca de les matemàtiques encarregada d'analitzar algunes característiques pròpies d'una població determinada.

Generalment, els estudis estadístics es duen a terme a partir de grans quantitats de dades. Tenen com a objectiu organitzar aquesta informació, resumir-la i extreure'n conclusions que puguin ajudar a predir comportaments futurs o a generar models per afrontar diferents situacions.

Etapes d'un estudi estadístic

1 Plantejament del problema

Es determinen les característiques que s'estudiaran sobre la **població** objecte d'estudi. Aquestes característiques poden ser:

- **Qualitatives.** No es poden expressar o mesurar numèricament. Per exemple, el país de naixement d'una persona: Espanya, Itàlia, França, Xile, etc.
- **Quantitatives.** Es poden expressar o mesurar numèricament. Hi ha dos tipus de variables quantitatives:
  - **Discretes.** Prenen un conjunt finit de valors numèrics. Per exemple, el nombre d'assignatures suspeses el primer trimestre: 0, 1, 2, 3, etc.
  - **Contínues.** Poden prendre infinits valors numèrics. Per exemple, l'estatura d'una persona: 1,72 m, 1,68 m, 1,75 m, etc.

2 Recollida de la informació

Si la mida de la població és excessiva, se'n pren un subconjunt anomenat **mostra**. La manera de triar els individus que en formaran part s'anomena *mostreig*, el qual pot ser:

- **Aleatori.** Es trien a l'atzar els individus. Aquest tipus de mostreig pot ser:
  - **Simple.** Consisteix a seleccionar a l'atzar els individus de la mostra entre el total de la població.
  - **Sistemàtic.** Es tria a l'atzar un primer individu de la població i, a partir del primer, s'escull la resta dels membres segons una regla fixada.
- **Estratificat.** Es tenen en compte les característiques de la població que poden influir en l'estudi.

3 Organització de la informació

S'elaboren taules i gràfics en els quals es mostri la informació recollida.

4 Tractament de la informació

S'opera amb les dades recollides i es calculen els paràmetres que ens permeten resumir la informació.

5 Anàlisi i interpretació de la informació

L'última etapa rep el nom d'*estadística inferencial* i tracta d'obtenir conclusions i prendre decisions d'acord amb les dades recopilades.

Activitats resoltes

1 En una localitat en què el cens electoral està compost per 5 200 persones aviat es faran eleccions municipals. Per conèixer la intenció de vot, s'ha dut a terme una enquesta telefònica a 400 persones escollides per mostreig estratificat.

a. Estableix la mida de la població i la de la mostra que s'ha triat.

b. De quin tipus és el caràcter estadístic que és objecte d'estudi?

c. Calcula el nombre d'individus de la mostra pertanyents a cadascun dels estrats de població repartits de la manera següent:

- 18-25 anys: 1 000 persones
- 26-45 anys: 600 persones
- 46-65 anys: 1 700 persones
- Més de 65 anys: 1 900 persones

a. La mida de la població és de 5 200 persones, i la de la mostra, de 400 persones.

b. El caràcter estadístic és la intenció de vot i prendrà valors d'entre els noms dels partits candidats; per tant, és un caràcter estadístic qualitatiu.

c. Per calcular el nombre d'individus, *x*, que s'ha pres de cada estrat, s'aplica una proporcionalitat directa i s'aproxima el resultat al nombre natural més proper:

- 18-25 anys: $\frac{5\,200}{400} = \frac{1000}{x} \Rightarrow x = \frac{400\,000}{5\,200} = 76{,}9 \approx 77$ individus
- 26-45 anys: $\frac{5\,200}{400} = \frac{600}{x} \Rightarrow x = \frac{240\,000}{5\,200} = 46{,}1 \approx 46$ individus
- 46-65 anys: $\frac{5\,200}{400} = \frac{1700}{x} \Rightarrow x = \frac{680\,000}{5\,200} = 130{,}8 \approx 131$ individus
- Més de 65 anys: $\frac{5\,200}{400} = \frac{1900}{x} \Rightarrow x = \frac{760\,000}{5\,200} = 146{,}1 \approx 146$ individus

Els individus concrets de cada estrat es poden triar aleatòriament.

2 Per millorar els serveis d'una universitat que té 15 000 estudiants matriculats, es farà un estudi estadístic sobre 600 d'aquests estudiants, 400 dels quals viuen a la ciutat on es localitza la universitat, mentre que la resta té el domicili fora. L'estudi analitza el tipus de transport que utilitzen i el temps que s'estan diàriament a la biblioteca.

a. Estableix la mida de la població i de la mostra. De quin tipus és el mostreig?

b. Determina quines són les variables estadístiques analitzades i els seus tipus.

a. La població són els 15 000 estudiants que estan matriculats a la universitat, i la mostra són els 600 estudiants que han estat seleccionats per fer l'estudi.

El mostreig és estratificat, ja que, a l'hora de seleccionar els individus per obtenir la mostra, es té en compte on viuen.

b. Es consideren dues variables estadístiques:

- El tipus de transport que utilitzen. Es tracta d'una variable qualitativa, perquè no es pot expressar numèricament: cotxe, bicicleta, autobús, metro, etc.
- El temps que s'estan diàriament a la biblioteca. És una variable quantitativa contínua, ja que pot prendre valors infinits: 1 h, 90 min, 50 min, etc.

Quan l'estudi estadístic se centra en una única característica, es tracta d'**estadística unidimensional**.

Als estudis en què es treballi amb diverses característiques que no tinguin cap relació entre elles, el tractament de dades es farà també des del punt de vista unidimensional.

2 /// FREQÜÈNCIES I TAULES ESTADÍSTIQUES

Practiquem i avancem 5-9

El recompte i l'organització de les dades recollides per un estudi estadístic es duu a terme en una **taula de freqüències**.

Dades	Freqüència absoluta	Freqüència absoluta acumulada	Freqüència relativa	Freqüència relativa acumulada
x_i	n_i	N_i	f_i	F_i
x_1	n_1	N_1	f_1	F_1
x_2	n_2	N_2	f_2	F_2
…	…	…	…	…
x_k	n_k	N_k	f_k	F_k
Total	N		1	

La suma de les freqüències absolutes sempre és igual a la mida de la mostra.

La suma de les freqüències relatives sempre és 1.

Dades, x_i. Són els valors obtinguts en la recollida de dades.

Freqüència absoluta, n_i. És el nombre de vegades que es repeteix cada dada.

Freqüència absoluta acumulada, N_i. És la suma de les freqüències absolutes dels valors més petits o iguals que x_i.

Freqüència relativa, f_i. És el quocient entre freqüència absoluta i nombre total de dades que es tenen, N.

Freqüència relativa acumulada, F_i. És la suma de les freqüències relatives dels valors més petits o iguals que x_i.

Taula de freqüències per a dades aïllades

Es fa servir per organitzar la informació de variables estadístiques qualitatives o quantitatives discretes que tenen un nombre reduït de valors diferents.

Activitat resolta

S'ha preguntat a trenta famílies pel nombre de compres que fan per internet al llarg de la setmana i s'han obtingut les dades següents:

0, 0, 1, 1, 0, 1, 2, 2, 3, 0, 1, 1, 3, 2, 2, 1, 2, 1, 2, 2, 2, 1, 2, 3, 1, 3, 0, 1, 0, 0

Construeix una taula de freqüències per a aquest conjunt de dades.

La variable és quantitativa discreta i pren com a possibles valors {0, 1, 2, 3}. Atès que és un nombre reduït, s'utilitza una taula de freqüències per a dades aïllades.

x_i	n_i	N_i	f_i	F_i
0	7	7	$\frac{7}{30} = 0{,}2\widehat{3}$	$0{,}2\widehat{3}$
1	10	17	$\frac{10}{30} = 0{,}\widehat{3}$	$0{,}5\widehat{6}$
2	9	26	$\frac{9}{30} = 0{,}3$	$0{,}8\widehat{6}$
3	4	30	$\frac{4}{30} = 0{,}1\widehat{3}$	1
Total	**30**		**1**	

Taula de freqüències per a dades agrupades

Es fa servir per organitzar la informació de variables estadístiques quantitatives contínues o discretes amb un nombre elevat de valors diferents.

Activitat resolta

Per conèixer les característiques d'una varietat de taronja determinada, s'ha mesurat el diàmetre (en centímetres) d'una mostra d'un total de trenta fruites seleccionades a l'atzar el dia de la collita i s'han obtingut els resultats següents:

7,37	7,21	7,34	7,88	7,17	7,77	7,59	7,61	7,01	7,06
7,27	7,35	7,48	7,57	7,62	7,7	7,84	7,38	7,38	7,46
7,39	7,54	7,25	7,71	7,08	7,36	7,37	7,24	7,96	7,31

Construeix una taula de freqüències amb les dades agrupades i indica les marques de classe de cada interval.

1 Es determina el nombre d'intervals o classes en els quals s'han d'agrupar les dades. El nombre d'intervals que se sol considerar és l'enter més proper a $\sqrt{N}$, en què N és la mida de la mostra. Es prendran, com a mínim, quatre intervals.

En aquest cas, com que $\sqrt{N} = \sqrt{30}$, s'agafen cinc intervals.

2 Es calcula el rang o recorregut (R) del conjunt de dades.

El valor màxim és 7,96 i el valor mínim és 7,01. Per tant:

Rang = 7,96 − 7,01 = 0,95

3 Es determina l'amplitud dels intervals: $\dfrac{R}{\text{nre. d'intervals}}$.

En aquest cas: $\dfrac{0{,}95}{5}$. Per comoditat, es pot prendre una amplitud de 0,2.

4 S'inclou a la taula de freqüències una columna que contingui els intervals o classes en què es divideix el conjunt de dades.

Tenint en compte l'amplitud, es consideren els intervals [7 , 7,2), [7,2 , 7,4), [7,4 , 7,6), [7,6 , 7,8) i [7,8 , 8).

5 S'afegeix una columna a la taula de freqüències amb la marca de classe (c_i).

Les marques de classe que s'obtenen són:

(7 + 7,2) : 2 = 7,1 (7,2 + 7,4) : 2 = 7,3 (7,4 + 7,6) : 2 = 7,5

(7,6 + 7,8) : 2 = 7,7 (7,8 + 8) : 2 = 7,9

Classes (x_i)	Marca de classe (c_i)	n_i	N_i	f_i	F_i
[7 , 7,2)	7,1	4	4	$\frac{4}{30} = 0{,}1\widehat{3}$	$0{,}1\widehat{3}$
[7,2 , 7,4)	7,3	13	17	$\frac{13}{30} = 0{,}4\widehat{3}$	$0{,}5\widehat{6}$
[7,4 , 7,6)	7,5	5	22	$\frac{5}{30} = 0{,}1\widehat{6}$	$0{,}7\widehat{3}$
[7,6 , 7,8)	7,7	5	27	$\frac{5}{30} = 0{,}1\widehat{6}$	0,9
[7,8 , 8)	7,9	3	30	$\frac{3}{30} = 0{,}1$	1
Total		**30**		**1**	

En aquest tipus de taules, les dades s'agrupen en intervals o classes.

- **Interval o classe.** És el conjunt de nombres compresos entre dos extrems, *a* i *b*, i es designa per mitjà de [*a* , *b*). L'**amplitud** ve donada per la diferència entre els seus extrems, *b* − *a*.
- **Marca de classe.** És el valor central de cada interval. Per exemple, si l'interval és [*a* , *b*), la marca de classe és $c_i = \dfrac{a+b}{2}$.

3 /// GRÀFICS ESTADÍSTICS

Practiquem i avancem 10-17

Si es vol visualitzar d'una manera ràpida el comportament de les variables estadístiques objecte d'estudi, la millor opció és fer-ne la representació gràfica.

Diagrama de barres

Per representar variables estadístiques qualitatives o quantitatives discretes expressades en taules de freqüències amb dades aïllades, s'utilitza el diagrama de barres. A l'hora de construir-lo, es representen les dades a l'eix d'abscisses, i les freqüències absolutes, a l'eix d'ordenades. A continuació, es dibuixen barres verticals les altures de les quals són determinades per les seves freqüències absolutes.

Activitat resolta

Representa en un diagrama de barres la informació registrada a la taula de freqüències elaborada amb el nombre de vegades que trenta famílies compren per internet al llarg de la setmana.

x_i	0	1	2	3
n_i	7	10	9	4

A l'eix d'abscisses s'indiquen els quatre valors possibles: 0, 1, 2 i 3 i, tot seguit, es dibuixen les barres amb l'altura que indica la freqüència absoluta a la taula.

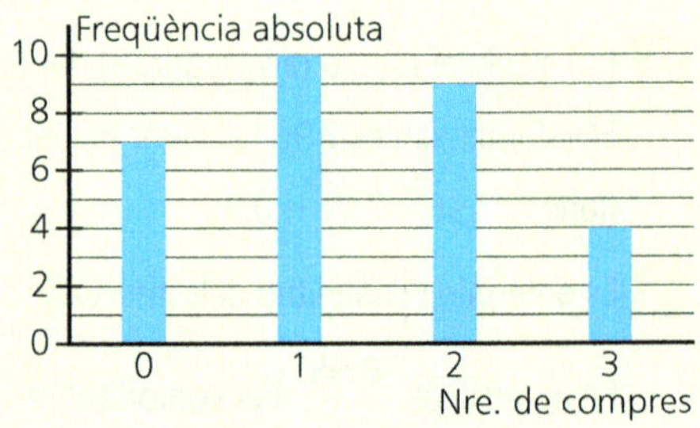

Histograma

Quan el que es vol representar són variables estadístiques quantitatives discretes amb un nombre elevat de dades o variables contínues en les quals les dades estan agrupades per intervals, s'empren els histogrames.

Per dibuixar els rectangles de l'histograma, es pren com a base d'aquests rectangles l'amplitud dels intervals en què s'hagi dividit la variable, i com a altura, les freqüències corresponents a cada interval.

Activitat resolta

Donada la taula de freqüències elaborada amb el diàmetre (en centímetres) d'una mostra de trenta taronges d'una varietat determinada el dia de la collita, representa en un histograma aquesta informació:

x_i	[7 , 7,2)	[7,2 , 7,4)	[7,4 , 7,6)	[7,6 , 7,8)	[7,8 , 8)
c_i	7,1	7,3	7,5	7,7	7,9
n_i	4	13	5	5	3

A l'eix d'abscisses s'indiquen els intervals [7 , 7,2), [7,2 , 7,4), [7,4 , 7,6), [7,6 , 7,8) i [7,8 , 8), i després es dibuixen les barres amb l'altura que indica la freqüència absoluta a la taula per a cadascun dels intervals.

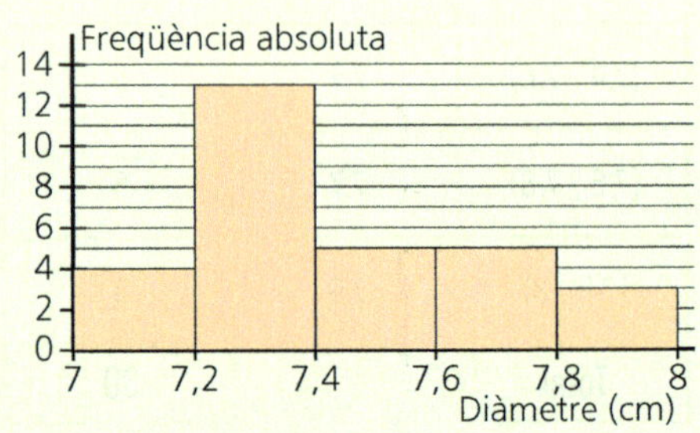

Polígons de freqüències

De manera opcional, tant als diagrames de barres com als histogrames es pot representar el polígon de freqüències que s'obté unint els punts centrals superiors de cadascuna de les barres.

Això ajuda a visualitzar la tendència de les dades representades i, en els casos en què s'estudien diversos diagrames, permet fer una comparació més clara entre els uns i els altres.

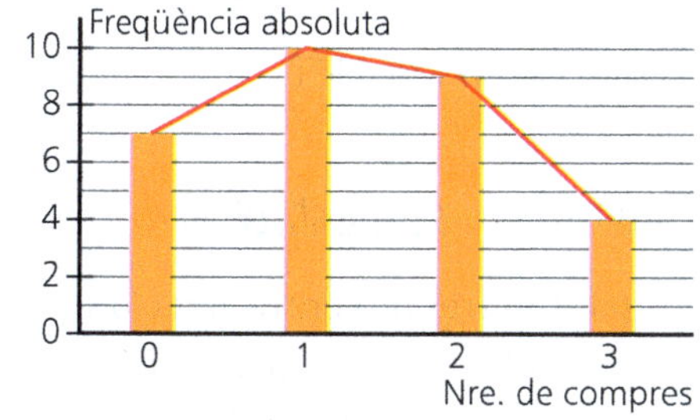

Diagrama de sectors

Amb el diagrama de sectors es poden representar tant variables qualitatives com quantitatives, discretes i contínues.

Aquests gràfics es construeixen amb un cercle que es divideix en tants sectors com dades diferents hi hagi. L'amplitud de cada sector és determinada per la proporció de cada freqüència absoluta expressada en graus. Per calcular-la, es multiplica cada freqüència relativa per 360°.

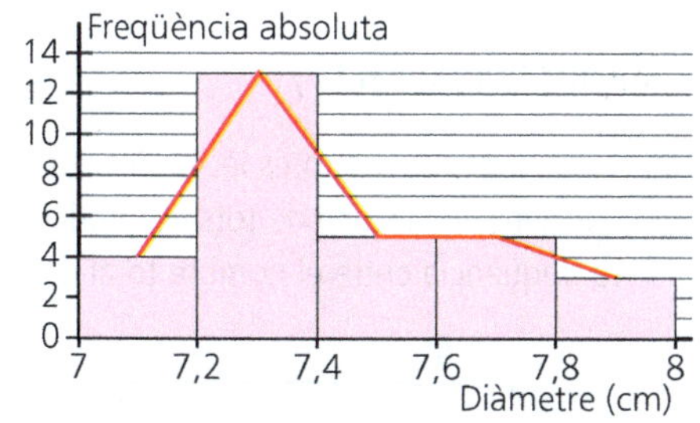

Activitats resoltes

1 **Representa en un diagrama de sectors la informació recollida a l'activitat relativa al nombre de vegades que trenta famílies compren a través d'internet (pàgina 210).**

x_i	n_i	f_i	$f_i \cdot 360°$
0	7	$\frac{7}{30} = 0{,}2\widehat{3}$	84°
1	10	$\frac{10}{30} = 0{,}\widehat{3}$	120°
2	9	$\frac{9}{30} = 0{,}3$	108°
3	4	$\frac{4}{30} = 0{,}1\widehat{3}$	48°
Total	30	$\frac{30}{30}$	360°

Cal completar la taula de freqüències amb l'amplitud de l'angle corresponent a cadascuna de les dades, amplitud que és determinada pel resultat de multiplicar la freqüència relativa de cada dada per 360°.

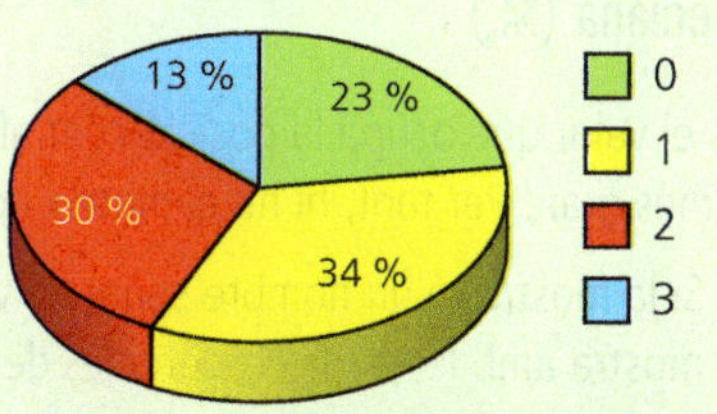

2 **Representa en un diagrama de sectors les dades següents, que indiquen el país de naixement dels assistents a un curs de medicina:**

França, Espanya, Itàlia, Espanya, Alemanya, Alemanya,
Espanya, Itàlia, França, Alemanya, França, Itàlia,
Espanya, França, Alemanya, Alemanya, Espanya, Alemanya

País (x_i)	n_i	f_i	$f_i \cdot 360°$
Espanya	5	$\frac{5}{18}$	100°
Itàlia	3	$\frac{3}{18}$	60°
França	4	$\frac{4}{18}$	120°
Alemanya	6	$\frac{6}{18}$	80°
Total	18	$\frac{18}{18}$	360°

En primer lloc, cal representar les dades en una taula de freqüències, que es completa amb la columna en la qual s'indica l'amplitud de l'angle.

Després, tenint en compte cada angle, es dibuixa el diagrama de sectors.

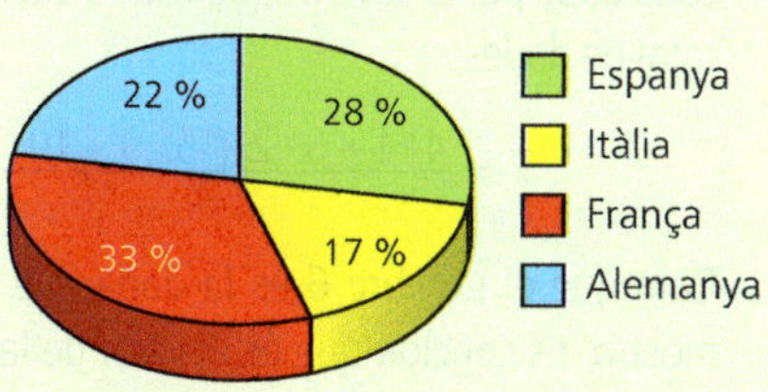

4 /// PARÀMETRES DE CENTRALITZACIÓ I POSICIÓ

Practiquem i avancem 18-28

Paràmetres de centralització

Els paràmetres de centralització són valors que representen d'una manera global les dades estadístiques d'una mostra o població. Les dades es distribueixen al voltant seu. Els més utilitzats són:

Mitjana aritmètica ($\overline{x}$)

És el valor central de totes les dades d'una mostra. Es calcula amb el quocient de la suma de tots els productes de cada dada per la seva freqüència entre el nombre total de dades:

$$\overline{x} = \frac{n_1 \cdot x_1 + n_2 \cdot x_2 + \ldots + n_n \cdot x_n}{n_1 + n_2 + \ldots + n_n} = \frac{\sum_{i=1}^{n} n_i \cdot x_i}{N}$$

Si les dades estan agrupades en intervals o classes, es prenen com a valors per al càlcul les marques de classe, c_i.

És un paràmetre que només es pot utilitzar per a característiques quantitatives.

Moda (M_0)

És el valor que es repeteix més de la mostra, és a dir, el que té la freqüència absoluta més alta. La moda no sempre és única, perquè hi pot haver més d'un valor de la variable que tingui la mateixa freqüència absoluta. Si és així, la moda s'anomena *bimodal*, *trimodal*, etc.

Si les dades estan agrupades en intervals, es pren com a valor la marca de classe de l'interval que té la freqüència absoluta més alta. Aquest interval també rep el nom d'**interval modal**.

Mediana (M_e)

És el valor que ocupa la posició central de la mostra, amb les dades ordenades de més petita a més gran. Per tant, hi ha el mateix nombre de valors per damunt de la mediana que per sota.

- Si la mostra té un nombre senar de valors, la mediana és el valor que se situa al centre de la mostra amb les dades ordenades de més petita a més gran.
- Si la mostra té un nombre parell de valors, s'efectua la mitjana aritmètica dels dos valors que se situen en la posició central de la mostra amb les dades ordenades de més petita a més gran.

Activitat resolta

Calcula la mitjana aritmètica, la moda i la mediana dels conjunts de dades següents:

a. 4, 5, 5, 6, 6, 6, 10

b. 3, 6, 1, 3, 4, 5, 4, 1, 1, 4

a. Per calcular la mitjana aritmètica, cal sumar els productes de cada dada per la seva freqüència i dividir el resultat pel nombre total de dades:

$$\overline{x} = \frac{4 \cdot 1 + 5 \cdot 2 + 6 \cdot 3 + 10 \cdot 1}{7} = \frac{42}{7} = 6$$

Com que el nombre 6 és la dada que es repeteix més de la mostra, es conclou que és el valor de la moda.

Per obtenir la mediana, s'observa que la mostra està ordenada de més petita a més gran. Com que hi ha un nombre senar de dades, el valor correspondrà a la dada que estigui en la posició central, que és la quarta, ja que deixa tres dades per damunt seu i tres per sota:

$$4, 5, 5, 6, 6, 6, 10 \Rightarrow M_e = 6$$

b. Igual que a l'apartat anterior, cal sumar els productes de cada dada per la seva freqüència i dividir el resultat pel nombre total de dades:

$$\overline{x} = \frac{1 \cdot 3 + 3 \cdot 2 + 4 \cdot 3 + 5 \cdot 1 + 6 \cdot 1}{10} = \frac{32}{10} = 3{,}2$$

La moda la constitueixen l'1 i el 4, perquè els dos nombres es repeteixen tres vegades.

Per determinar la mediana, el primer que cal fer és ordenar les dades de la mostra de més petita a més gran. A més, com que hi ha un nombre parell de dades, caldrà calcular la mitjana aritmètica dels dos valors que ocupen les posicions centrals:

$$1, 1, 1, 3, 3, 4, 4, 4, 5, 6 \Rightarrow M_e = \frac{3+4}{2} = \frac{7}{2} = 3{,}5$$

Paràmetres de posició

Els paràmetres de posició són els valors que informen sobre el lloc que ocupa una dada dins d'una distribució. Els més emprats són:

Quartils (Q_1, Q_2 i Q_3)

Es parteix d'una mostra de dades ordenades de més petita a més gran i es divideix en quatre parts iguals de manera que cadascuna tingui el mateix nombre de dades.

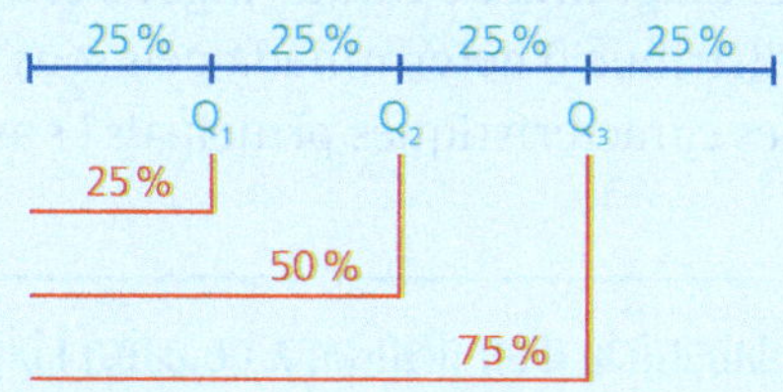

Els valors que determinen les divisions són els **quartils**:

- **Primer quartil (Q_1).** És el primer valor que deixa a la seva esquerra el 25 % de les dades.
- **Segon quartil (Q_2).** És el primer valor de la variable que deixa a la seva esquerra el 50 % de les dades. Coincideix amb la mitjana: $Q_2 = M_e$.
- **Tercer quartil (Q_3).** És el primer valor que deixa a la seva esquerra el 75 % de les dades.

El recorregut interquartílic (**R_i**) és la diferència entre el tercer quartil i el primer:

$$R_i = Q_3 - Q_1$$

Percentils o centils (P_k)

Si es divideixen les dades d'una mostra ordenades de més petita a més gran en cent parts iguals, el **percentil (o centil) *k*, P_k**, és el primer valor de la variable estadística que deixa a la seva esquerra el k % de les dades.

En una mostra que té N elements, la dada corresponent al percentil k és la que ocupa la posició $\frac{k \cdot N}{100}$.

- Si aquest valor no coincideix amb cap de les freqüències absolutes acumulades, s'agafa el primer valor de la variable la freqüència acumulada del qual superi aquesta dada.
- Si aquest valor coincideix amb una freqüència absoluta acumulada, el percentil buscat serà la mitjana aritmètica entre el valor de la variable corresponent i el següent.

Per tant, es pot afirmar que $Q_1 = P_{25}$, $Q_2 = M_e = P_{50}$ i $Q_3 = P_{75}$.

Activitat resolta

Determina el Q_1, Q_2, Q_3, P_{20} i P_{60} del conjunt següent de dades estadístiques:

3, 4, 4, 4, 5, 5, 6, 6, 6, 7, 7, 7, 7, 8, 8

Hi ha un total de quinze dades que estan ordenades de més petita a més gran.

- Q_1: el 25 % de 15 = $\frac{25 \cdot 15}{100}$ = 3,75 indica la posició del primer quartil. Així, la dada que és a la quarta posició és la que deixa el 25 % de les dades de la mostra a la seva esquerra.

  3, 4, 4, 4, 5, 5, 6, 6, 6, 7, 7, 7, 7, 8, 8

  Per tant, $Q_1 = 4$.

Tot seguit, es procedeix de manera anàloga amb la resta dels quartils i percentils:

- Q_2: 50 % de 15 = 7,5. El segon quartil és l'element que és a la vuitena posició: $Q_2 = 6 = M_e$.
- Q_3: 75 % de 15 = 11,25. El tercer quartil és l'element situat a la dotzena posició: $Q_3 = 7$.
- P_{20}: 20 % de 15 = 3. Així, P_{20} és la dada que se situa entre el tercer element i el quart. Es pren la mitjana aritmètica de tots dos: $P_{20} = \frac{4+4}{2} = 4$.
- P_{60}: 60 % de 15 = 9. Així, doncs, P_{60} és la dada localitzada entre el novè element i el desè. Es pren, doncs, la mitjana aritmètica de totes dues: $P_{60} = \frac{6+7}{2} = 6{,}5$.

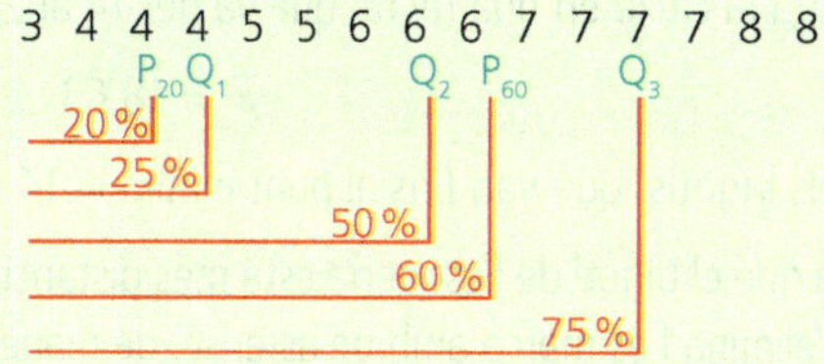

5 /// DIAGRAMA DE CAIXA I BIGOTIS

Practiquem i avancem 29-33

El **diagrama de caixa i bigotis** és la representació gràfica d'una distribució determinada pels seus quartils en la qual se'n presenten les característiques principals i s'assenyalen les dades atípiques.

Observa

Les **dades atípiques** (anomenades també *outliers*) són les observacions que presenten diferències marcades respecte a la resta d'elements d'una mostra.

Elaboració d'un diagrama de caixa i bigotis

Un diagrama de caixa i bigotis mostra d'una manera molt completa tant els elements més rellevants de centralització com els de dispersió. Cal procedir així:

1. Es calculen els quartils de la distribució: Q_1, Q_2 i Q_3.
2. Es traça la línia horitzontal amb l'escala sobre la qual es mouen els valors de la variable i s'hi col·loquen els quartils.
3. A partir dels quartils Q_1 i Q_3 es dibuixa la caixa. La longitud de la caixa és el recorregut interquartílic, R_i, que correspon a la diferència entre el tercer quartil i el primer:

$$R_i = Q_3 - Q_1$$

Després, es traça la divisió interior de la caixa mitjançant el quartil $Q_2 = M_e$.

4. Es calcula la mitjana de la distribució i es marca amb una aspa, ×.
5. Es tracen amb vermell els bigotis de la caixa, és a dir, els segments disposats a cada costat de la caixa i delimitats pel valor mínim i màxim de la mostra.
6. Si algun bigoti és més llarg, s'analitza si és degut a l'existència d'una dada atípica en la distribució. Es marca amb un asterisc aquest valor atípic i s'escurça el bigoti fins al valor mínim o màxim següent.

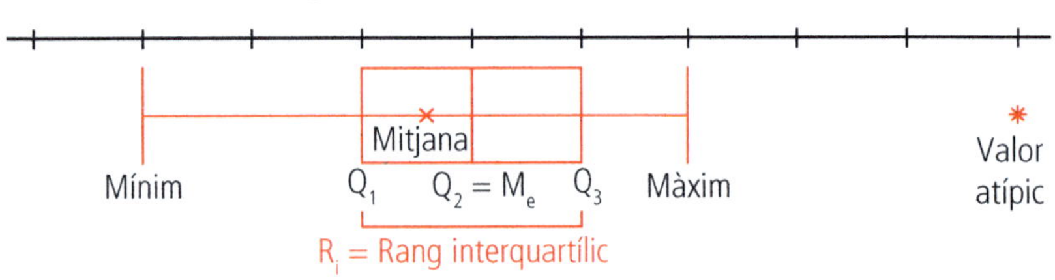

Activitat resolta

Representa el diagrama de caixa i bigotis a partir de la distribució estadística següent: 14, 17, 17, 17, 18, 18, 18, 18, 18, 19, 19, 19, 20, 20, 20, 20, 20, 21, 21.

Es calculen els quartils, considerant que la mida de la mostra és N = 19:

- Q_1: el 25 % de 19 = 4,75. Per tant, $Q_1 = 18$
- Q_2: el 50 % de 19 = 9,5. Per tant, $Q_2 = M_e = 19$
- Q_3: el 75 % de 19 = 14,25. Per tant, $Q_3 = 20$

Es representa la caixa en una recta, que va del 14 al 21, i s'hi afegeix el valor de la mitjana:

$$\bar{x} = 18{,}63$$

Es tracen els bigotis, que van fins al punt mínim = 14 i el màxim = 21.

Es constata que el bigoti de l'esquerra està més distanciat per l'existència d'un valor atípic, 14, i per això s'elimina i es marca amb un asterisc, de manera que 17 passa a ser el valor mínim.

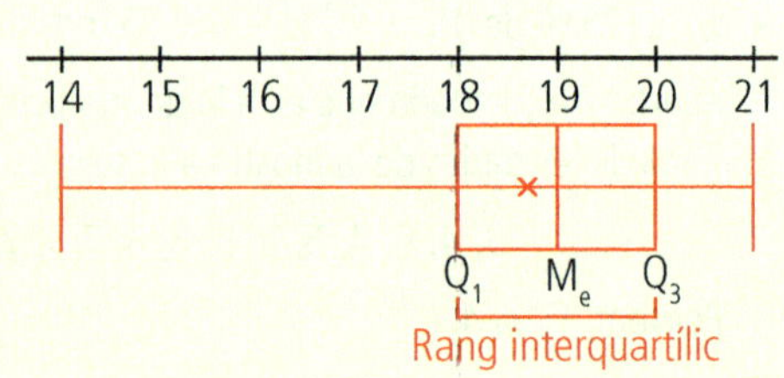

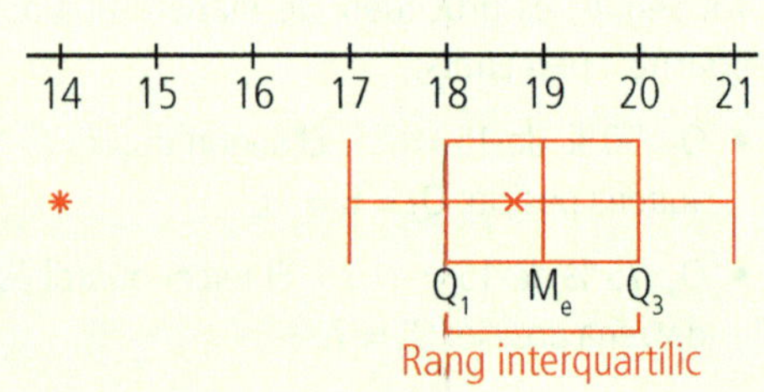

6 /// PARÀMETRES DE DISPERSIÓ

Practiquem i avancem 34-39

Els **paràmetres de dispersió** mesuren la concentració o la dispersió de valors al voltant dels paràmetres de centralització.

Hi ha diferents paràmetres per analitzar aquesta dispersió:

Rang o recorregut (R)	És la diferència entre la dada més gran i la més petita de la mostra.	$R = \text{valor}_{\text{màxim}} - \text{valor}_{\text{mínim}}$
Desviació mitjana (DM)	És la mitjana aritmètica dels valors absoluts de les diferències entre cada dada i la mitjana.	$DM = \frac{\sum_{i=1}^{n} n_i \cdot \lvert x_i - \overline{x} \rvert}{N}$
Variància (σ^2)	És la mitjana aritmètica dels quadrats de les diferències de les dades respecte al valor de la mitjana. Com més petita és la variància, menys disperses estan les dades.	$\sigma^2 = \frac{\sum_{i=1}^{n} n_i \cdot (x_i - \overline{x})^2}{N} = \frac{\sum_{i=1}^{n} n_i \cdot x_i^2}{N} - \overline{x}^2$
Desviació típica (σ)	És l'arrel quadrada positiva de la variància. Es tracta del paràmetre de dispersió més utilitzat. Mesura el grau de dispersió de les dades respecte de la mitjana aritmètica i s'expressa en les seves mateixes unitats.	$\sigma = +\sqrt{\sigma^2}$
Coeficient de variació (CV)	El coeficient de variació de Pearson és el quocient entre la desviació típica i el valor absolut de la mitjana. Indica com de disperses es troben les dades respecte a la mitjana aritmètica sense tenir en compte la unitat. Això fa que sigui molt útil per comparar mostres heterogènies. Se sol expressar en forma de percentatge, multiplicant el quocient obtingut per 100.	$CV = \frac{\sigma}{\lvert \overline{x} \rvert}$

Ús de taules per calcular paràmetres estadístics

Calcula la mitjana aritmètica, la variància i la desviació típica de les notes que ha obtingut un alumne determinat:

7, 5, 6, 6, 5, 6, 7, 6

Per calcular paràmetres estadístics, pot servir d'ajuda la taula de freqüències, a la qual es van afegint columnes en les quals de manera sistemàtica s'aniran determinant els elements necessaris per aplicar la fórmula del paràmetre que es vol calcular.

Nota	Nre. d'exàmens
5	2
6	4
7	2

→

x_i	n_i	$n_i \cdot x_i$	$n_i \cdot x_i^2$
5	2	10	50
6	4	24	144
7	2	14	98
Total	**8**	**48**	**292**

N; $\sum_{i=1}^{n} n_i \cdot x_i$; $\sum_{i=1}^{n} n_i \cdot x_i^2$

Una vegada obtinguts els valors a la taula de freqüències, es poden determinar els paràmetres que es demanen:

$$\overline{x} = \frac{\sum_{i=1}^{n} n_i \cdot x_i}{N} = \frac{48}{8} = 6$$

$$\sigma^2 = \frac{\sum_{i=1}^{n} n_i \cdot x_i^2}{N} - \overline{x}^2 = \frac{292}{8} - 6^2 = 0{,}5 \Rightarrow \sigma^2 = +\sqrt{\sigma^2} = +\sqrt{0{,}5} = 0{,}71$$

Activitats resoltes

1 Calcula els paràmetres de dispersió del conjunt de dades següent:

13 12 14 15 15 13 18 17 13 11 16 15

17 15 11 18 18 17 12 11 15 15 17 13

En primer lloc, es construeix una taula de freqüències amb les dades i s'amplia amb les columnes necessàries per facilitar els càlculs dels paràmetres de dispersió.

Tot seguit, es calculen els paràmetres:

x_i	n_i	$n_i \cdot x_i$	$\lvert x_i - \bar{x} \rvert \cdot n_i$	$n_i \cdot x_i^2$
11	3	33	10,875	363
12	2	24	5,25	288
13	4	52	6,5	676
14	1	14	0,625	196
15	6	90	2,25	1 350
16	1	16	1,375	256
17	4	68	9,5	1 156
18	3	54	10,125	972
Total	**24**	**351**	**46,5**	**5 257**

Rang: $R = 18 - 11 = 7$

Mitjana: $\bar{x} = \frac{351}{24} = 14,625$

$DM = \frac{46,5}{24} = 1,9375$

$\sigma^2 = \frac{5257}{24} - 14,625^2 = 5,15 \Rightarrow \sigma = \sqrt{5,15} = 2,27$

$CV = \frac{2,27}{14,625} = 0,1552 \Rightarrow CV = 15,52\,\%$

2 Calcula els paràmetres de dispersió de la taula de valors del marge.

Nre. de pel·lícules vistes	Nre. de persones
[0 , 10)	7
[10 , 20)	11
[20 , 30]	8

Per a freqüències amb les dades agrupades, el valor de les variables, x_i, se substitueix pel valor de la marca de classe, c_i.

S'afegeixen les columnes necessàries a la taula per poder determinar els paràmetres de dispersió:

Classes (x_i)	Marca de classe (c_i)	n_i	$n_i \cdot c_i$	$\lvert c_i - \bar{x} \rvert \cdot n_i$	$n_i \cdot c_i^2$
[0 , 10)	5	7	35	72,695	175
[10 , 20)	15	11	165	4,235	2475
[20 , 30]	25	8	200	76,92	5000
Total		**26**	**400**	**153,85**	**7650**

Es calculen els paràmetres:

Rang: $R = 30 - 0 = 30$

Mitjana: $\bar{x} = \frac{400}{26} = 15,385$

$DM = \frac{153,85}{26} = 5,92$

$\sigma^2 = \frac{7650}{26} - 15,385^2 = 57,53 \Rightarrow \sigma = \sqrt{57,53} = 7,58$

$CV = \frac{7,58}{15,385} = 0,4927 \Rightarrow CV = 49,27\,\%$

7 /// ESTADÍSTICA BIDIMENSIONAL

Practiquem i avancem 40-44

Moltes vegades, els estudis estadístics tracten d'observar dues característiques d'una població determinada amb la finalitat d'establir relacions entre elles. En aquests casos es recorre al que es coneix com a **estadística bidimensional**.

Variables bidimensionals

Una **variable estadística bidimensional** és la que expressa dues característiques de cadascun dels membres d'una població. Es representa amb el parell de valors (X, Y).

Les dues característiques d'una variable bidimensional han de ser necessàriament del mateix tipus:

Tipus	Dos caràcters qualitatius	Dos caràcters quantitatius	Un caràcter qualitatiu i un altre de quantitatiu
Variable (X, Y)	Qualitativa/qualitativa	Contínua/contínua Discreta/contínua Discreta/discreta	Qualitativa/discreta Qualitativa/contínua

Taules bidimensionals

Una **distribució bidimensional** és la taula estadística bidimensional formada per totes les freqüències absolutes de tots els valors de la variable (X, Y).

Hi ha dues maneres de representar la informació de les variables bidimensionals depenent de les característiques:

- Si el conjunt de parells de dades és molt gran, però se'n repeteixen moltes, se sol utilitzar una **taula bidimensional simple** com la que es pot veure al marge.
- Per a la resta dels casos, el més habitual és fer servir una **taula de doble entrada**. Es col·loquen els valors de la variable X a la primera columna, i els de la variable Y a la primera fila. A les caselles interiors s'indiquen les freqüències absolutes corresponents al parell que determina la fila i la columna.

Taula bidimensional simple

X	Y	n_i
x_1	y_1	n_1
x_2	y_2	n_2
...	...	...
x_n	y_n	n_n

X \ Y	y_1	y_2	...	y_n	Sumes
x_1	n_{11}	n_{12}	...	n_{1n}	$n_{11} + n_{12} + \ldots + n_{1n}$
x_2	n_{21}	n_{22}	...	n_{2n}	$n_{21} + n_{22} + \ldots + n_{2n}$
...	...	...	...	...	...
x_m	n_{m1}	n_{m2}	...	n_{mn}	$n_{m1} + n_{m2} + \ldots + n_{mn}$
Sumes	$n_{11} + n_{21} + \ldots + n_{m1}$	$n_{12} + n_{22} + \ldots + n_{m2}$	...	$n_{1n} + n_{2n} + \ldots + n_{mn}$	**N**

N: Total d'elements de la població

Distribucions marginals

Si en una taula de doble entrada només es consideren la variable X i el recompte de les seves freqüències (a l'última columna), d'una banda, i, de manera anàloga, la variable Y i el recompte de les seves freqüències (a l'última fila), de l'altra, s'obtenen les **distribucions marginals de les variables X i Y.**

Activitat resolta

S'ha estudiat el nombre de dies a la setmana que un grup de persones practica esport, X, i el nombre de dies de baixa per malaltia a la feina durant l'últim any, Y, i s'han obtingut les dades següents:

(0 , 4), (2 , 1), (2 , 2), (1 , 2), (2 , 0), (0 , 2), (0 , 3), (7 , 0), (4 , 0), (4 , 0), (7 , 1), (7 , 1),

(3 , 0), (3 , 1), (4 , 1), (4 , 2), (4 , 2), (5 , 0), (2 , 3), (3 , 0), (3 , 0), (2 , 0), (2 , 0), (2 , 1),

(2 , 1), (3 , 0), (0 , 4), (1 , 0), (3 , 0), (6 , 1), (6 , 2), (5 , 0), (5 , 1), (0 , 3), (2 , 0), (7 , 0),

(0 , 4), (0 , 4), (1 , 0), (3 , 1), (3 , 3), (4 , 0), (1 , 0), (1 , 1), (1 , 1), (1 , 2), (5 , 2), (6 , 0)

Representa la informació en una taula bidimensional simple. Utilitza-la per construir una taula de doble entrada i les taules de les distribucions marginals. Després, respon les preguntes següents:

a. Quantes persones han estat tres dies de baixa?

b. Quantes persones fan esport un dia a la setmana?

Taula bidimensional simple:

X	0	0	0	1	1	1	2	2	2	2	3	3	3	4	4	4	5	5	5	6	6	6	7	7
Y	2	3	4	0	1	2	0	1	2	3	0	1	3	0	1	2	0	1	2	0	1	2	0	1
n_i	1	2	4	3	2	2	4	3	1	1	5	2	1	3	1	2	2	1	1	1	1	1	2	2

Taula de doble entrada:

X \ Y	0	1	2	3	4	**Sumes**
0	0	0	1	2	4	7
1	3	2	2	0	0	7
2	4	3	1	1	0	9
3	5	2	0	1	0	8
4	3	1	2	0	0	6
5	2	1	1	0	0	4
6	1	1	1	0	0	3
7	2	2	0	0	0	4
Sumes	20	12	8	4	4	**48**

Distribució marginal de Y:

y_i	0	1	2	3	4
n_i	20	12	8	4	4

Distribució marginal de X:

x_i	0	1	2	3	4	5	6	7
n_i	7	7	9	8	6	4	3	4

a. Quatre persones han estat tres dies de baixa (aquesta dada s'extreu de la distribució marginal de Y).

b. Set persones fan esport un dia a la setmana (aquesta dada s'extreu de la distribució marginal de X).

8 /// DIAGRAMES DE DISPERSIÓ O NÚVOLS DE PUNTS

Practiquem i avancem 45-49

Amb la finalitat d'interpretar la informació proporcionada per les taules bidimensionals, es pot recórrer a una representació gràfica. A l'eix d'abscisses s'escriuen els valors de la variable X, mentre que a l'eix d'ordenades es registren els de la variable Y. Aquesta representació dona lloc a un conjunt de punts sobre el pla que rep la denominació de **diagrama de dispersió** o també **núvol de punts**.

8.1 DEPENDÈNCIA ALEATÒRIA I FUNCIONAL

La configuració del núvol de punts permet apreciar, de manera aproximada, el tipus de relació o dependència que hi ha entre les dues variables considerades.

Dependència funcional

Els valors s'ajusten a la gràfica d'una funció:

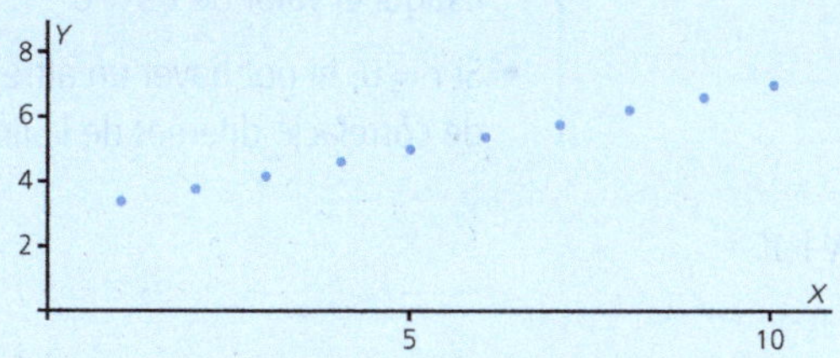

Dependència aleatòria

Els valors no s'ajusten a la gràfica d'una funció, però hi mantenen una certa relació:

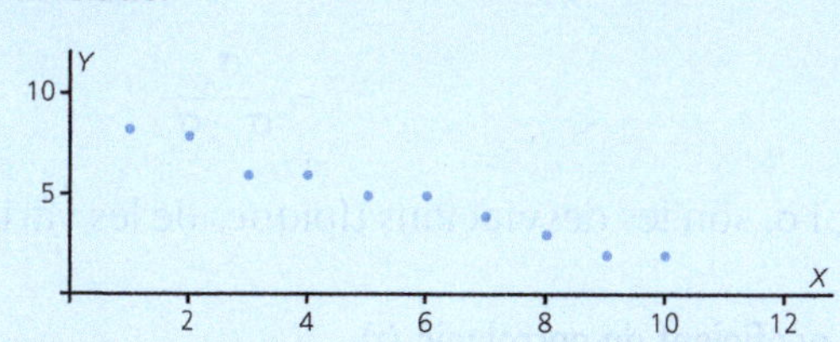

La dependència entre variables es denomina *correlació*. Se'n distingeixen diversos tipus:

Correlació lineal

El núvol de punts es condensa al voltant d'una línia recta:

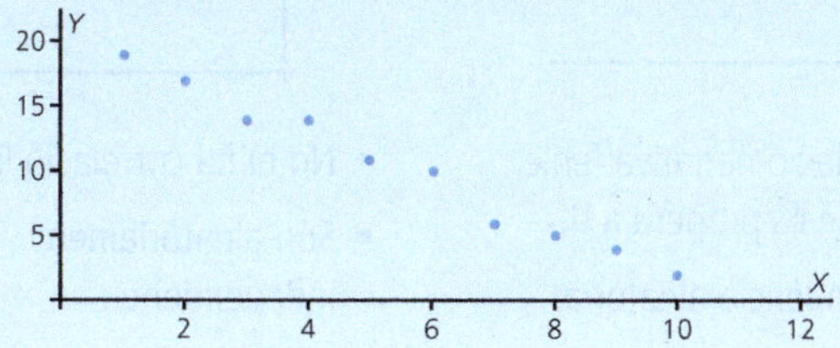

Correlació curvilínia

El núvol de punts es condensa al voltant d'una corba:

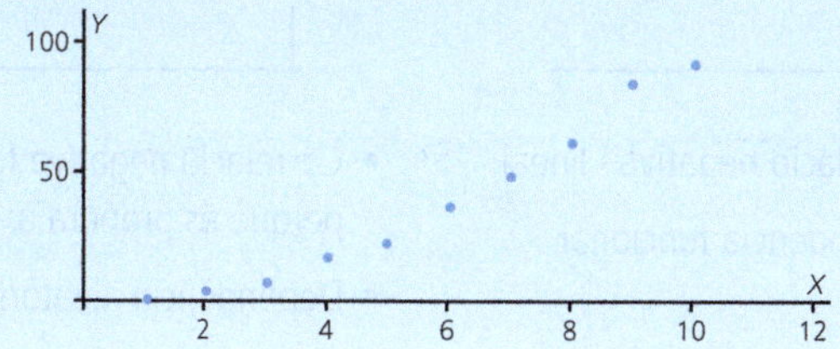

Correlació positiva

Si augmenten els valors d'una variable, s'incrementen també els de l'altra:

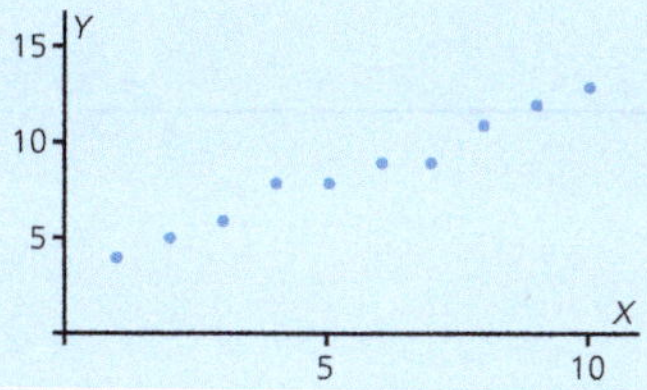

Correlació negativa

A mesura que augmenten els valors d'una variable, disminueixen els de l'altra:

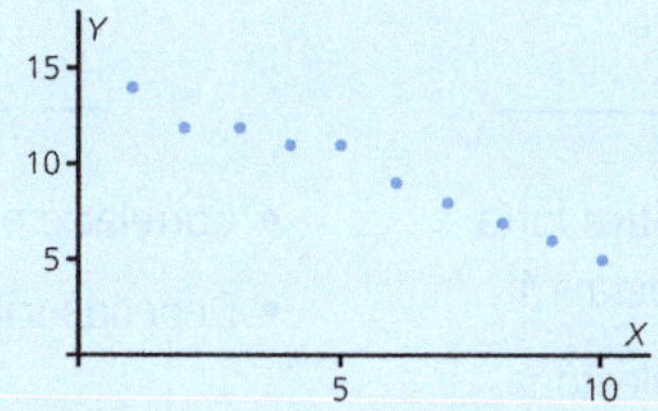

Correlació nul·la

No hi ha cap dependència entre les variables:

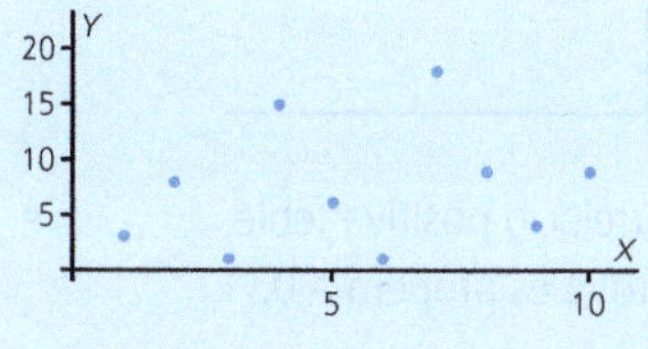

8.2 COVARIÀNCIA I COEFICIENT DE CORRELACIÓ LINEAL

Es pot analitzar algebraicament la relació que hi ha entre les variables estudiades amb el càlcul de la covariància i el coeficient de correlació lineal.

Covariància

La **covariància (o variància conjunta)** de dues variables, X i Y, σ_{xy}, indica el grau de dispersió de les variables bidimensionals respecte a les seves mitjanes, de manera conjunta, i el tipus de dependència que hi ha entre les variables. La covariància que pren els parells de valors (x_1, y_1), (x_2, y_2), ..., (x_i, y_j) és donada per:

$$\sigma_{xy} = \frac{\sum_{i=1}^{m} \sum_{j=1}^{n} n_{ij} \cdot x_i \cdot y_j}{N} - \bar{x} \cdot \bar{y}$$

en què $\bar{x}$ i $\bar{y}$ representen les mitjanes de les variables marginals X i Y.

Tingues-ho en compte

- Si $\sigma_{xy} > 0$, hi ha una dependència directa entre les variables.
- Si $\sigma_{xy} < 0$, la dependència és inversa.
- Si $\sigma_{xy} = 0$, no hi ha dependència entre les variables.

Coeficient de correlació lineal

El paràmetre que s'utilitza per indicar el grau de correlació entre les dues variables d'una distribució bidimensional (X, Y) és el **coeficient de correlació lineal de Pearson, *r***, que es defineix amb l'expressió següent:

$$r = \frac{\sigma_{xy}}{\sigma_x \cdot \sigma_y}$$

en què σ_x i σ_y són les desviacions típiques de les variables marginals X i Y.

Tingues-ho en compte

- El valor de r sempre està entre −1 i 1, i la distribució dels punts s'aproximarà tant a una recta com més proper estigui el valor de r a 1 o −1.
- Si $r = 0$, hi pot haver un altre tipus de correlació diferent de la lineal.

Valors del coeficient de correlació (r)

$r = -1$

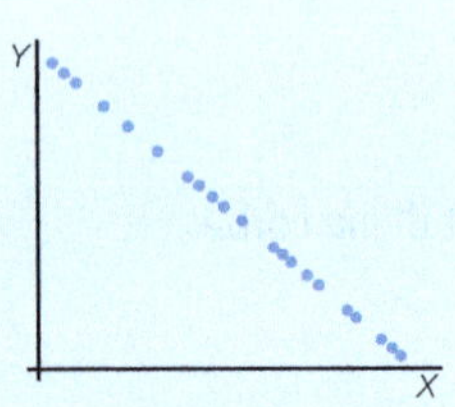

- Correlació negativa i lineal.
- Dependència funcional.

$-1 < r < 0$

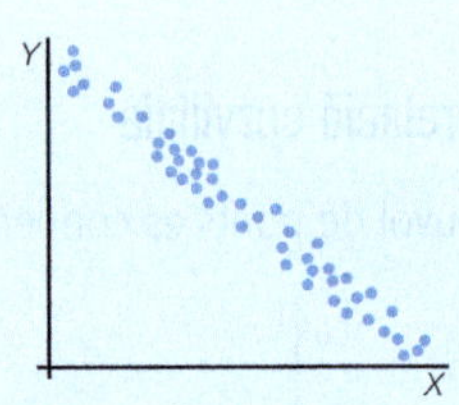

- Correlació negativa forta, perquè és propera a −1.
- Dependència aleatòria.

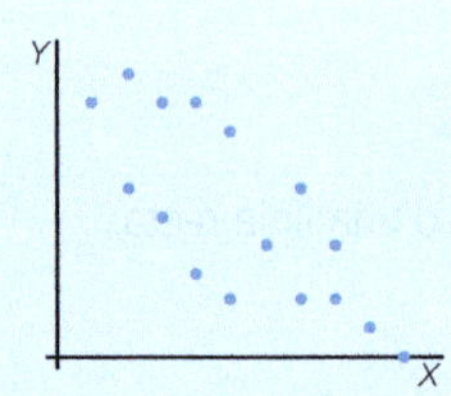

- Correlació negativa feble, perquè és propera a 0.
- Dependència aleatòria.

$r = 0$

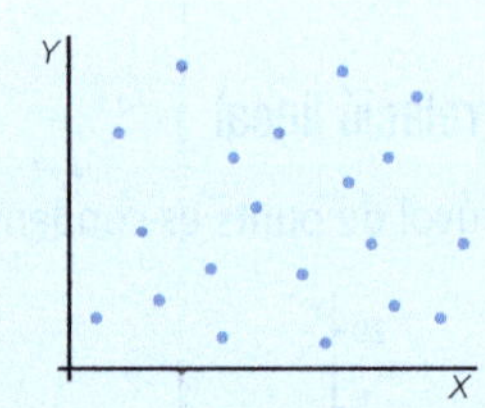

- No hi ha correlació lineal.
- Són aleatòriament independents.

$0 < r < 1$

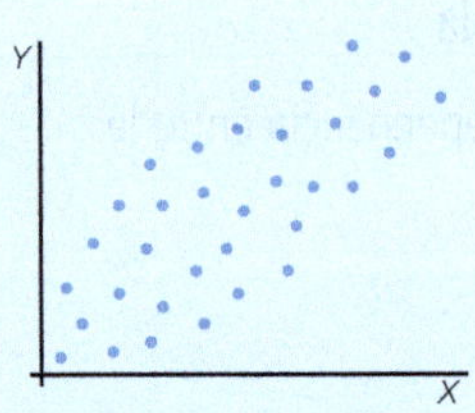

- Correlació positiva feble, perquè és propera a 0.
- Dependència aleatòria.

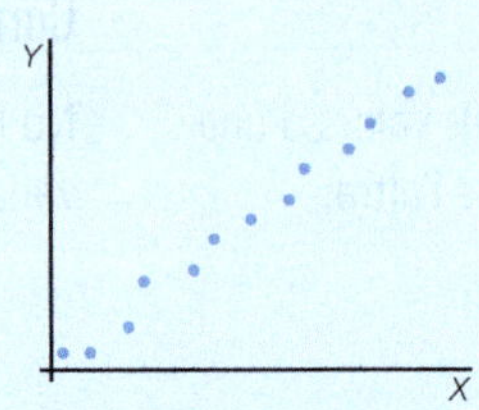

- Correlació positiva forta, perquè és propera a 1.
- Dependència aleatòria.

$r = 1$

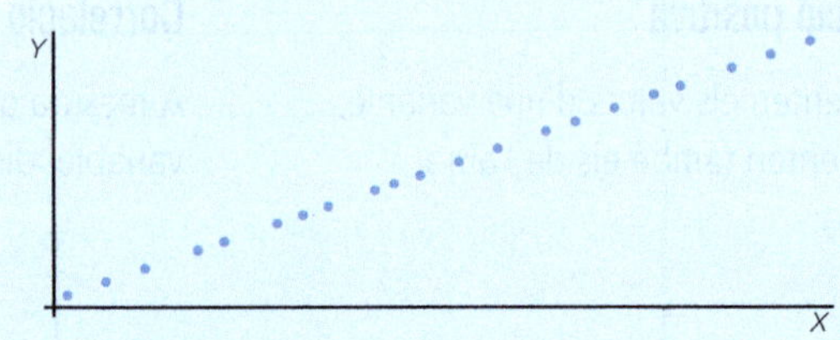

- Correlació positiva i lineal.
- Dependència funcional.

Activitats resoltes

1 Tot seguit, es mostra la informació d'una enquesta en la qual s'indica el nombre d'integrants d'una família i les vegades que han anat al cinema el darrer any:

(2 , 7), (3 , 7), (3 , 5), (5 , 3), (2 , 8), (3 , 6), (3 , 5), (6 , 2), (2 , 9), (5 , 4), (3 , 6), (2 , 6), (2 , 8), (4 , 6), (5 , 2), (3 , 6), (2 , 8), (4 , 3), (4 , 4), (5 , 2), (5 , 3), (6 , 2), (7 , 0), (5 , 1), (3 , 7), (6 , 1), (4 , 3), (3 , 5), (2 , 6) i (4 , 5)

Calcula'n la covariància i el coeficient de correlació lineal i interpreta'n el resultat.

S'assigna la variable X al nombre d'integrants de les famílies, i la variable Y a la quantitat de vegades que han anat al cinema, i es representa la informació en una taula bidimensional simple.

x_i	y_i	n_i	$n_i \cdot x_i$	$n_i \cdot y_i$	$n_i \cdot x_i \cdot y_i$	$n_i \cdot x_i^2$	$n_i \cdot y_i^2$
2	6	2	4	12	24	8	72
2	7	1	2	7	14	4	49
2	8	3	6	24	48	12	192
2	9	1	2	9	18	4	81
3	5	3	9	15	45	27	75
3	6	3	9	18	54	27	108
3	7	2	6	14	42	18	98
4	3	2	8	6	24	32	18
4	4	1	4	4	16	16	16
4	5	1	4	5	20	16	25
4	6	1	4	6	24	16	36
5	1	1	5	1	5	25	1
5	2	2	10	4	20	50	8
5	3	2	10	6	30	50	18
5	4	1	5	4	20	25	16
6	1	1	6	1	6	36	1
6	2	2	12	4	24	72	8
7	0	1	7	0	0	49	0
Total		**30**	**113**	**140**	**434**	**487**	**822**

Tot seguit, s'efectuen els càlculs per obtenir la mitjana i la desviació típica de les variables marginals X i Y:

$$\overline{x} = \frac{113}{30} = 3{,}77 \qquad \overline{y} = \frac{140}{30} = 4{,}67$$

$$\sigma_x^2 = \left[\frac{1}{N}\sum_{i=1}^{n} n_i \cdot x_i^2\right] - \overline{x}^2 = 2{,}046 \Rightarrow \sigma_x = 1{,}43$$

$$\sigma_y^2 = \left[\frac{1}{N}\sum_{i=1}^{n} n_i \cdot y_i^2\right] - \overline{y}^2 = 5{,}622 \Rightarrow \sigma_y = 2{,}37$$

Per tant:

$$\sigma_{xy} = \frac{\sum_{i=1}^{n} n_i \cdot x_i \cdot y_i}{N} - \overline{x} \cdot \overline{y} = \frac{434}{30} - 3{,}77 \cdot 4{,}67 = -3{,}11$$

$$r = \frac{\sigma_{xy}}{\sigma_x \cdot \sigma_y} = \frac{-3{,}11}{1{,}43 \cdot 2{,}37} = -0{,}92$$

El coeficient de correlació lineal és un valor molt proper a –1, i això indica que hi ha una correlació negativa forta. És a dir, el nombre de vegades que una família assisteix anualment al cinema està relacionat amb el nombre d'integrants d'aquesta família: com més integrants, menys assistència.

2 A partir de les dades següents, elabora un núvol de punts i, amb l'ajuda d'una calculadora científica, determina l'existència de dependència o no entre els valors, i també el tipus de correlació.

X	1	1	2	2	2	3	4	4	5	5	5	6	7	7	7	7	8	9	10	10
Y	2	7	3	4	6	6	4	8	10	8	16	9	12	21	15	19	10	22	34	35

Es representen els punts sobre uns eixos de coordenades, tal com es pot veure a la gràfica del marge.

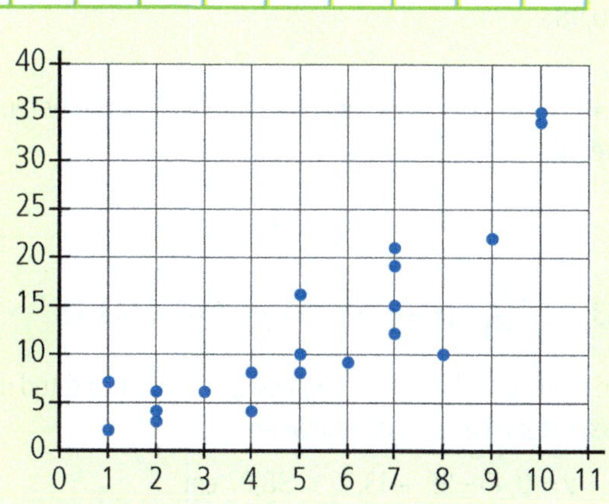

Es pot apreciar que hi ha una correlació positiva entre les dues variables, tot i que no és gaire forta.

Introduint les dades en una calculadora científica des del menú «estadística bidimensional», es pot obtenir el coeficient de correlació, r:

$$r = 0{,}841$$

Aquest valor confirma el que s'apreciava per mitjà del núvol de punts pel que fa a la correlació de les dues variables.

9 /// RECTA DE REGRESSIÓ LINEAL

Practiquem i avancem 50-52

Quan hi ha una forta correlació entre dues variables d'una distribució, (X, Y), és possible determinar la recta que s'ajusti millor al núvol de punts.

La recta de regressió de Y sobre X és donada per l'expressió:

$$y - \bar{y} = \frac{\sigma_{xy}}{\sigma_x^2} \cdot (x - \bar{x})$$

És a dir, l'equació de la recta que passa pel punt determinat per les mitjanes marginals de X i Y, $(\bar{x}, \bar{y})$, i el pendent de la qual és $m = \frac{\sigma_{xy}}{\sigma_x^2}$, quocient entre la covariància i la variància marginal de X.

Observa

Es poden intercanviar les variables X i Y, i per això, anàlogament, es podria esbrinar la recta de regressió de X sobre Y:

$$x - \bar{x} = \frac{\sigma_{xy}}{\sigma_y^2} \cdot (y - \bar{y})$$

Activitat resolta

En una protectora d'animals marins s'han recuperat sis exemplars de taurons. Abans de deixar-los en llibertat n'han mesurat la longitud i el perímetre dorsal, que serviran de referència per recuperar altres exemplars, i s'han obtingut els resultats següents:

Longitud (cm):	50	60	67	72	76	79
Perímetre (cm):	34,8	41,9	44,3	46,2	47,3	48,5

a. Determina'n el coeficient de correlació.

b. Calcula la recta de regressió de Y sobre X.

c. Es podria estimar quin hauria de ser el perímetre dorsal d'un tauró de 55 cm de longitud per considerar que s'ha recuperat?

a. Assignant X al valor de la longitud i Y al valor del perímetre dorsal, s'efectuen els càlculs necessaris per obtenir r.

x_i	y_i	x_i^2	y_i^2	$x_i \cdot y_i$
50	34,8	2 500	1 211,04	1 740
60	41,9	3 600	1 755,61	2 514
67	44,3	4 489	1 962,49	2 968,1
72	46,2	5 184	2 134,44	3 326,4
76	47,3	5 776	2 237,29	3 594,8
79	48,5	6 241	2 352,25	3 831,5
404	**263**	**27 790**	**11 653,12**	**17 974,8**

$$\bar{x} = \frac{404}{6} = 67,33 \qquad \bar{y} = \frac{263}{6} = 43,83$$

$$\sigma_x^2 = \frac{27\,790}{6} - \bar{x}^2 = 97,89 \qquad \sigma_y^2 = \frac{11653,12}{6} - \bar{y}^2 = 20,83$$

$$\sigma_{xy} = \frac{17\,974,8}{6} - \bar{x} \cdot \bar{y} = 44,36$$

$$r = \frac{\sigma_{xy}}{\sigma_x \cdot \sigma_y} = 0,98$$

b. Hi ha una correlació forta entre les variables, i per això es pot obtenir la recta de regressió:

$$y - \bar{y} = \frac{\sigma_{xy}}{\sigma_x^2} \cdot (x - \bar{x})$$

$$y - 43,83 = \frac{44,36}{97,89} \cdot (x - 67,33) \Rightarrow y = 0,45x + 13,32$$

c. Seguint el criteri marcat per la recta de regressió, per a una longitud de 55 cm el perímetre dorsal es podria estimar en:

$$y = 0,45 \cdot 55 + 13,32 = 38,07 \text{ cm}$$

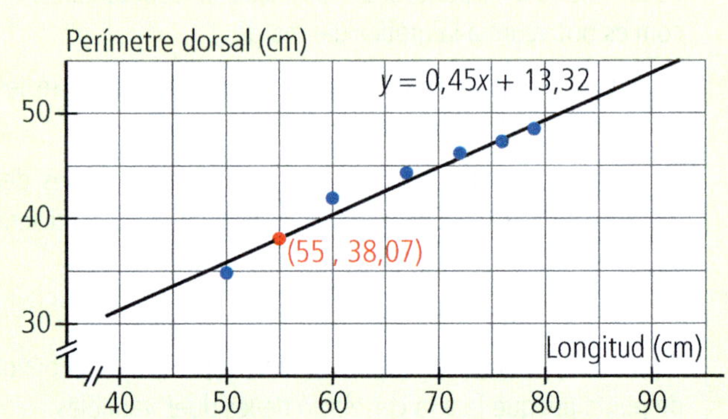

10 /// ESTADÍSTICA AMB EINES TECNOLÒGIQUES

Practiquem i avancem 53-55

Tenint en compte la gran quantitat d'informació i els nombrosos càlculs necessaris per determinar cadascun dels paràmetres estadístics, és molt habitual emprar aplicacions i eines tecnològiques per obtenir-los.

A **GeoGebra**, per accedir a càlculs estadístics, s'ha d'activar la vista de «Full de càlcul». D'aquesta manera es té accés al menú específic per introduir les dades de variables unidimensionals o bidimensionals.

Malgrat que el més recomanable és generar llistes de dades a les cel·les del full de càlcul, també es poden introduir des de la casella d'entrada, entre claus.

	A	B	C	D	E	F	G
1	12	12	13	13	14	15	15

Una vegada introduïdes les dades, es disposa de botons i comandaments que permeten calcular tot tipus de paràmetres o gràfics estadístics.

Amb el botó «Anàlisi d'una variable» s'accedeix directament a tots els resultats més rellevants:

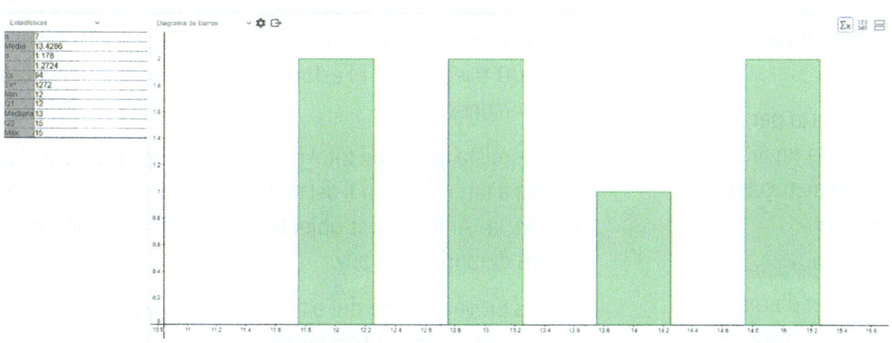

En aplicacions per treballar amb fulls de càlcul, com **Excel**, se segueixen uns passos semblants.

Inicialment, s'introdueixen les dades; a continuació s'hi opera per mitjà dels diferents comandaments.

	A	B	C	D	E	F	G	H	I
1									
2								Mitjana	1,748
3				Dades				Moda	1,75
4		1,75	1,73	1,69	1,79	1,79		Mediana	1,75
5		1,73	1,87	1,68	1,66	1,7			
6		1,82	1,76	1,74	1,78	1,62		Desviació típica	0,0502683
7		1,8	1,75	1,75	1,81	1,74		Variància	0,0025269
8		1,72	1,78	1,73	1,75	1,73			
9		1,78	1,79	1,71	1,75	1,74		Primer quartil	1,73
10								Segon quartil	1,75
11								Tercer quartil	1,78
12									

Els paràmetres calculats a partir de les dades recollides a la taula des de la cel·la B4 fins a la cel·la F9 han estat:

Mitjana	Moda	Desviació típica	Variància	Primer quartil	Segon quartil / mediana		Tercer quartil
=MITJANA(B4:F9)	=MODA(B4:F9)	=DESVESTP(B4:F9)	=VARP(B4:F9)	=QUARTI(B4:F9;1)	=QUARTI(B4:F9;2)	=MEDIANA(B4:F9)	=QUARTI(B4:F9;3)

Tingues-ho en compte

Introduint parelles de dades, també entre claus, s'obté informació de la mostra de variables bidimensionals.

PRACTIQUEM i AVANCEM

1 Determina, sempre que es pugui, la població, la mostra, la mida de la mostra, la variable estadística i el tipus de variable als estudis estadístics següents:

a. L'ajuntament d'una localitat determinada estudia les preferències esportives del jovent d'entre 15 i 26 anys a partir de les opinions de 2 000 joves de la localitat.

b. L'administrador d'una comunitat de propietaris estudia el consum d'aigua calenta que es produeix en deu habitatges de l'immoble.

c. Una empresa de telefonia mòbil vol estudiar quins dies de la setmana s'utilitza més el servei de telefonia entre tots els abonats a partir d'enquestes telefòniques que s'han fet a 300 clients.

d. Una companyia d'assegurances vol llançar una oferta per als propietaris de vehicles d'un municipi. Amb aquesta finalitat, necessita conèixer la marca dels vehicles que hi ha matriculats al municipi mitjançant un sondeig a 150 propietaris.

e. Per analitzar la intenció de vot dels habitants d'un districte de la capital de la província, s'ha fet un sondeig a peu d'urna a 1 000 de les persones que van anar a exercir el dret a vot en aquest districte.

f. Una empresa que fabrica caragols vol estudiar el percentatge d'unitats defectuoses que s'obtenen en el procés d'elaboració i, per fer-ho, analitza 500 peces.

g. Es vol estudiar l'opinió de la ciutadania sobre una reforma que té intenció d'implantar el Govern respecte a l'impost de successions i es duu a terme una enquesta telefònica a un total de 2 500 persones.

2 Formeu grups de quatre i considereu característiques de les persones que fan turisme a Catalunya que siguin susceptibles d'un estudi estadístic.

a. Enumera tres exemples de caràcters que donin lloc a variables qualitatives.

b. Indica tres exemples de caràcters que donin lloc a variables quantitatives discretes.

c. Escriu tres exemples de caràcters que donin lloc a variables quantitatives contínues.

3 Determina la mida de la població i la de la mostra als estudis estadístics següents:

a. El regidor de Salut i Sanitat d'un municipi que compta amb un total de 6 508 habitants vol fer un estudi sobre l'estatura de la població mitjançant un mostreig aleatori estratificat sobre un conjunt de 500 persones.

b. Una companyia telefònica vol conèixer l'opinió sobre el servei ofert als seus 15 000 clients per mitjà d'un sondeig telefònic a 600 dels seus abonats.

c. Una empresa demoscòpica de prestigi ha fet un estudi sobre el nivell d'acceptació de què gaudeix un determinat presentador de televisió. La cadena en què treballa el presentador té 130 000 televidents, i l'estudi s'ha fet sobre una mostra de 700 persones.

d. Una dentista que té un total de 2 000 pacients al llarg de l'any vol dur a terme un estudi del nombre de pacients tractats d'endodòncia. Amb aquest objectiu, s'analitzen 200 dels casos atesos durant aquest any.

e. En una prova que s'ha dut a terme a Catalunya, 300 000 estudiants de secundària han resolt un exercici d'habilitat numèrica. S'ha fet un mostreig aleatori estratificat amb un total de 1 000 proves.

4 Determina el tipus de variables estadístiques associades a cadascun dels estudis següents:

a. Tipus de malaltia que pateixen els nadons que assisteixen al servei d'urgències.

b. Assignatura preferida dels alumnes d'un centre educatiu.

c. Nombre de litres d'aigua que consumeixen les llars d'un municipi determinat.

d. Nombre de germans que tenen els habitants d'una ciutat.

e. Retribució mensual que ingressen els treballadors d'una multinacional francesa.

f. Nombre de persones que agafen el tren València-Barcelona un mes determinat.

g. Regal preferit dels nois i les noies d'edats entre 14 i 16 anys pel seu aniversari.

5 L'administrador d'una pàgina web ha recollit el temps (en minuts) que l'han consultat quaranta usuaris triats a l'atzar. Ha obtingut els resultats següents:

0,1	0,2	0,3	0,7	1,3	1,5	1,7	2,1	2,2	2,4
2,6	2,6	2,8	3	3,7	3,9	4,1	4,2	4,7	5,5
5,7	6,4	6,4	6,7	6,8	7,3	7,3	7,4	7,9	7,9
8,1	8,1	8,2	9,4	9,5	10,5	10,5	10,9	11,1	11,7

a. De quin tipus de variable es tracta?

b. Elabora la taula de freqüències més apropiada.

6 La llista següent recull el nombre d'exàmens que ha fet un grup d'estudiants l'última setmana:

0	1	2	0	2	2	3	2	2	2	3	1	1
4	1	3	2	4	1	1	3	4	0	1	1	2

Determina el tipus de variable estadística i elabora la taula de freqüències.

7 Construeix la taula de freqüències associada a aquesta distribució:

Nre. de components	2	3	4	5	6
Nre. de famílies	4	8	10	6	2

8 Es vol analitzar el color dels ulls dels habitants d'una població determinada. S'ha recollit una mostra de cent individus i s'han obtingut les dades següents:

Color d'ulls	Nre. d'individus
Blaus	20
Marrons	25
Mel	5
Negres	30
Verds	20

a. Determina el tipus de variable estadística.

b. Construeix una taula de freqüències.

9 + Una empresa vol analitzar el que el seu personal gasta en transport, en euros, per valorar la implementació d'un complement de transport que s'adeqüi a les necessitats mitjanes. Amb aquesta finalitat, ha fet cinquanta enquestes, de les quals ha obtingut els resultats següents:

80	81	90	255	200	120	123	124	123	127
135	91	93	87	134	123	121	105	98	103
97	104	115	234	237	225	98	250	200	198
99	220	225	230	145	241	243	231	201	200
198	195	145	87	96	99	234	200	198	156

a. Determina quin és el tipus de variable estadística.

b. Elabora la taula de freqüències adequada.

10 Amb les dades de les activitats 5, 6 i 8 elabora un diagrama de barres, un histograma i un diagrama de sectors, triant el més apropiat per a cadascuna de les situacions descrites.

11 Fixa't en la taula de freqüències següent:

x_i	4	5	8	12	15
n_i	10	6	12	23	20

Construeix el diagrama de barres, el polígon de freqüències i el diagrama de sectors que representin aquesta variable.

12 En una bossa de patates fregides s'indica que, per cada 100 g de producte, hi ha 39 g de greixos, 53 g d'hidrats de carboni, 3 g de fibra alimentària, 4 g de proteïnes i 1 g de sal. Elabora una taula de freqüències i el diagrama de sectors associat a la composició per cada 100 g de producte.

Busca informació en productes que tinguis a casa, elabora un diagrama de sectors amb la seva composició i compara els resultats obtinguts amb els del problema.

13 S'ha mesurat la temperatura d'una localitat durant cent dies i s'han registrat les dades següents:

Clases (x_i)	[0 , 5)	[5 , 10)	[10 , 15)	[15 , 20)	[20 , 25]
n_i	10	17	22	23	28

Representa les dades en el tipus de gràfic que consideris més adequat per a aquest cas.

14 Construeix les taules de freqüències associades a les variables estadístiques representades als gràfics següents:

a.

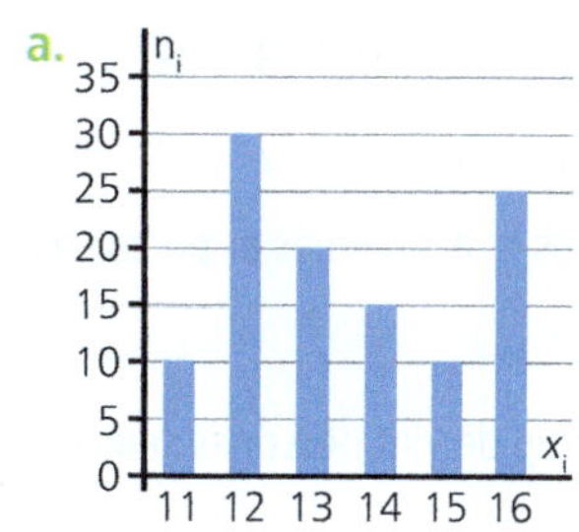

b.

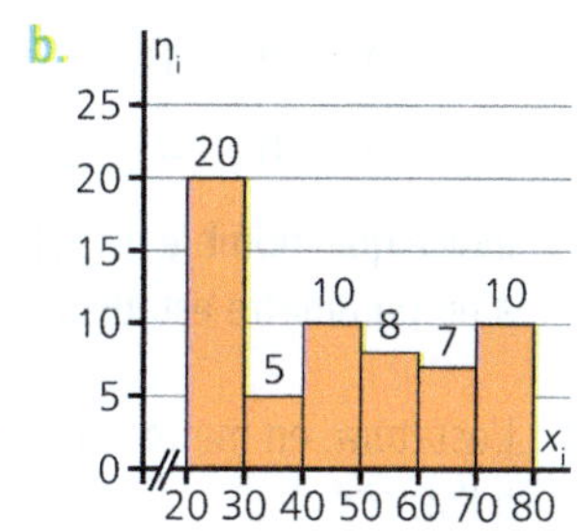

15 + El diagrama de sectors següent representa la distribució d'una variable aleatòria per a un total de cent dades:

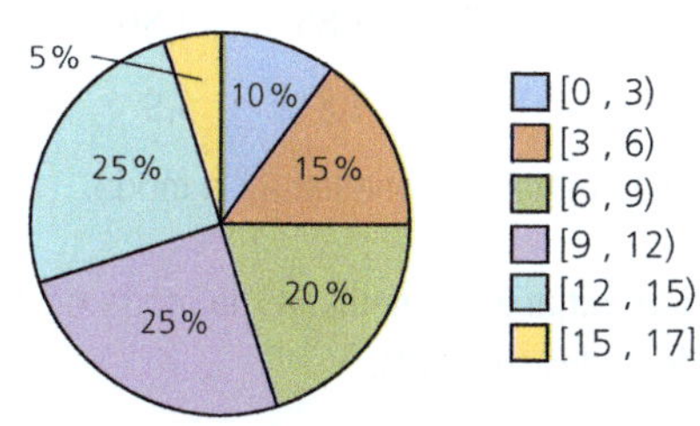

a. Representa les dades en un histograma.

b. Construeix la taula de freqüències associada amb les columnes de classes, les marques de classe, les freqüències absolutes i relatives i les freqüències acumulades absolutes i relatives.

16 Construeix el diagrama de sectors de la variable estadística que hi ha representada al gràfic següent:

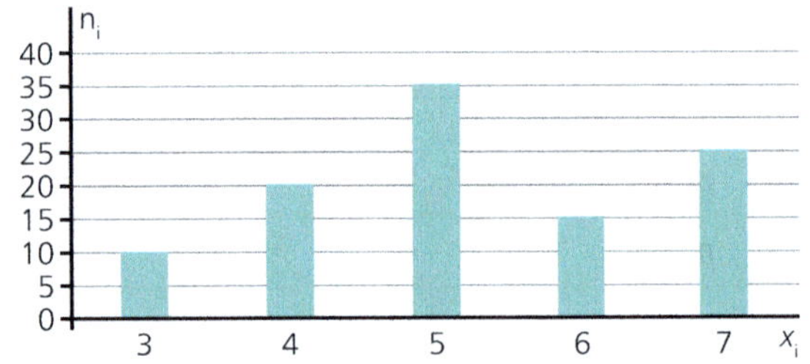

17 En aquesta taula de valors s'ha recollit informació sobre el color dels cabells de l'alumnat de 4t d'ESO d'un centre educatiu d'un barri determinat:

Color de cabells	Rossos	Morens	Castanys	Pèl-roigs
Nre. d'alumnes	20	40	18	12

Representa les dades en una gràfica adequada i construeix-ne el polígon de freqüències.

18 La Jana ha llançat sis vegades una pilota medicinal a la classe d'educació física i, en cadascun dels llançaments, ha aconseguit les distàncies següents, en metres:

7 7,3 9 8,5 9,6 7,2

Calcula la mitjana aritmètica dels seus llançaments.

19 S'ha triat a l'atzar un grup de joves i s'ha anotat el nombre de polseres que portaven posades. Els valors que s'han obtingut són els següents:

1	3	2	3	3	2	1	2	2	2
1	0	1	1	2	1	0	3	3	2
2	0	4	1	1	0	2	2	2	2

Indica quin nombre de polseres és el que més es porta i associa'l a un paràmetre estadístic.

20 L'estatura, en metres, d'un grup de vint persones seleccionades a l'atzar és:

1,68	1,67	1,67	1,89	1,89
1,72	1,74	1,78	1,87	1,68
1,66	1,69	1,85	1,86	1,89
1,74	1,82	1,8	1,9	1,85

Calcula'n la mitjana, la mediana i la moda.

21 Calcula la mitjana, la mediana i la moda de cadascuna de les sèries de dades següents:

a. 3 2 2 5 1

b. 10 11 10 11 10 9 11 10

c. 1 2 1 0 1 2 3 2 1 2 2 0 1 0 2 2

d. 41 32 21 35 21 26 31 35 21 40

22 Determina la mitjana, la moda i la mediana de les distribucions que figuren a continuació:

a.

x_i	n_i
0	12
1	9
2	7
3	6
4	3
5	3

b.

Interval	n_i
[160 , 165)	4
[165 , 170)	5
[170 , 175)	13
[175 , 180)	17
[180 , 185)	8
[185 , 190]	3

23 Donada la taula de freqüències següent, determina'n els paràmetres de centralització:

Intervals	n_i
[10 , 15)	16
[15 , 20)	20
[20 , 25)	18
[25 , 30)	24
[30 , 35]	15

24 L'edat, en anys, de trenta estudiants d'una acadèmia d'idiomes és la següent:

16	17	18	18	17	16	15	14	16	17
18	17	16	13	14	13	13	14	16	17
18	13	13	18	17	16	16	13	13	18

Construeix la taula de freqüències i calcula'n els paràmetres de centralització.

25 D'una distribució estadística que estudia l'estatura, en centímetres, de la població d'un país, s'han obtingut les dades següents:

$P_{10} = 120$, $P_{30} = 150$, $P_{60} = 170$ i $P_{75} = 185$

a. Quin percentatge de població té una estatura inferior o igual que 120 cm?

b. Quin percentatge de població té una estatura més gran o igual que 170 cm?

c. Quina estatura màxima té el 75 % de la població?

d. Quina estatura màxima té el 60 % de la població?

e. Quin percentatge de la població té una estatura superior o igual a 150 cm?

26 Calcula els quartils i els percentils P_{20}, P_{40}, P_{60} i P_{80} del conjunt de dades estadístiques següent:

1	2	2	2	2
3	4	5	6	6
7	8	8	8	8

27 ⊞ Preguntades pel nombre d'hores que passen davant del televisor al llarg d'un dia, cent persones han proporcionat les respostes següents:

1	2	3	1	1	1	2	3	1	1	3	2	3	4	5	2	2	1	3	2
3	2	1	3	2	3	5	1	2	4	5	6	1	2	3	4	5	6	5	4
4	3	2	3	4	2	3	5	3	1	3	5	4	1	1	1	2	2	2	2
4	1	1	1	1	1	3	4	4	5	6	7	6	7	2	5	5	6	3	4
5	6	8	2	1	2	1	3	3	4	3	2	2	2	2	1	3	4	3	4

Calcula'n la mitjana, la moda, els quartils i els percentils P_{10}, P_{40} i P_{60}. Interpreta els resultats obtinguts i contesta les preguntes:

a. Quin percentatge de la població s'asseu davant del televisor cinc hores al dia o menys?

b. Quin percentatge de la població passa davant del televisor sis hores al dia o més?

28 ⊞⊞ S'ha fet una enquesta a un grup de persones sobre el nombre de vegades que van al teatre al llarg d'un mes.

Les dades s'han representat al diagrama següent:

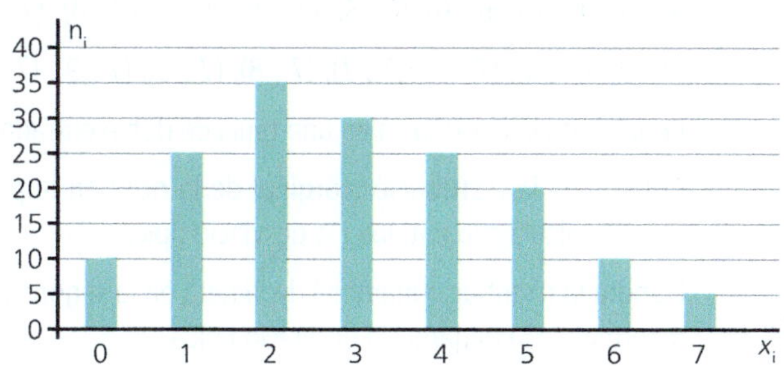

a. Elabora la taula de freqüències associada.

b. Calcula la mitjana, la moda i la mediana de les dades i interpreta'n els resultats.

c. Determina'n els quartils i interpreta els resultats obtinguts.

29 Construeix els diagrames de caixa corresponents a les distribucions següents:

a. 3, 4, 4, 5, 6, 7, 7, 8, 8, 9, 12, 14

b. 25, 22, 27, 30, 23, 22, 31, 18, 24, 25, 32, 35, 20, 28, 30

30 Interpreta el diagrama de caixa següent, que representa el nombre d'hores de son dels habitants d'una població:

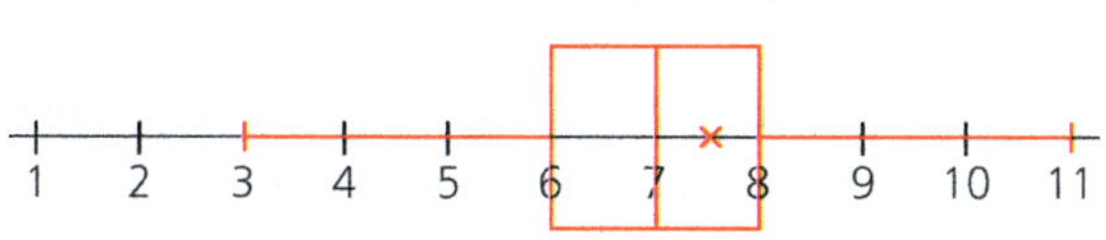

31 Tot seguit, es mostra la durada mitjana (expressada en hores) de les bombetes fabricades per nou marques de bombetes diferents:

437, 450, 456, 470, 480, 484, 490, 495, 500

a. Calcula'n els quartils, el recorregut interquartílic i la mitjana aritmètica.

b. Elabora un gràfic que indiqui la possibilitat d'alguna dada atípica.

32 La distribució de les puntuacions que han obtingut vuitanta persones en un examen té els paràmetres següents: $Q_1 = 4$; $M_e = 5{,}2$; $Q_3 = 6$. Construeix el diagrama de caixa d'aquesta distribució i determina si hi ha dades atípiques, tenint en compte que totes les puntuacions prenen valors compresos entre 0 i 9,5.

33 Els diners, expressats en euros, de què disposa setmanalment un grup d'alumnes d'una mateixa classe són:

10, 15, 12, 20, 25, 18, 12, 30, 22, 19, 18, 15, 13, 20, 24

a. Construeix la taula de freqüències de la distribució.

b. Calcula'n la mitjana aritmètica.

c. Determina'n la mediana i els quartils.

d. Elabora'n el diagrama de caixa.

34 Determina el rang, la desviació mitjana, la variància, la desviació típica i el coeficient de variació dels conjunts de dades que figuren a continuació:

a. 1 2 2 5 7 8

b. 0 0 1 2 2 8 9 10

c. 1 1 1 2 3 3 4 5 7 7 8 8

d. 2 2 3 4 5 5 6 6 7 7 7

Quina de les quatre distribucions té les dades més disperses?

35 Calcula el rang, la desviació mitjana, la variància, la desviació típica i el coeficient de variació de les distribucions representades a les taules de freqüències següents:

a.

x_i	n_i
0	10
1	7
2	6
3	2
4	1
5	4

b.

Interval	n_i
[2 , 2,5)	10
[2,5 , 3)	9
[3 , 3,5)	11
[3,5 , 4]	7

36 Les vendes d'una llibreria durant el mes passat van ser:

Preu del llibre (€)	[6 , 9)	[9 , 12)	[12 , 15)	[15 , 18]
Unitats venudes	12	16	25	14

Calcula els paràmetres de dispersió d'aquesta distribució.

37 Calcula la mitjana, la desviació mitjana, la variància, la desviació típica i el coeficient de variació de la distribució següent sobre les notes dels estudiants d'una classe de 4t d'ESO:

x_i	1	2	3	4	5	6	7	8	9	10
n_i	2	2	3	5	3	7	4	3	2	1

38 Aquests són els resultats d'un estudi estadístic sobre el nombre de pulsacions per minut de quaranta persones:

50	52	65	67	70	73	56	90	88	78
86	67	79	82	83	87	78	83	74	76
65	67	63	78	87	79	80	82	78	89
75	67	67	66	60	59	69	61	63	87

Estableix-ne els paràmetres de dispersió a partir d'una taula de freqüències per a dades agrupades en cinc intervals.

39 L'estatura mitjana dels habitants d'una localitat, A, és de 165 cm i la desviació típica és de 10 cm. D'altra banda, els habitants de la localitat veïna, B, tenen una estatura mitjana de 175 cm i la desviació típica és de 15 cm. Determina el coeficient de variació de les dues distribucions i compara la dispersió que hi ha entre les estatures dels habitants de les dues localitats.

40 Calcula les distribucions marginals de X i Y, les mitjanes i les variàncies d'aquestes dades:

X \ Y	5	6	7	**Sumes**
7	2	1	0	3
8	1	2	1	4
9	2	2	2	6
10	0	0	2	2
Sumes	5	5	5	**15**

41 La taula registra el nombre de dies que un grup de persones dedica a fer esport, X, i el temps setmanal que hi empra, Y:

X \ Y	**1 dia**	**2 dies**	**3 dies**	**4 dies**
2 hores	1	6	2	0
3 hores	0	4	7	3
4 hores	0	2	3	4

a. Construeix les taules marginals de les variables X i Y.

b. Quantes persones practiquen esport dos dies? Quantes persones fan esport quatre hores a la setmana?

c. Elabora una taula bidimensional simple a partir d'aquestes dades.

42 Considera les dades de la variable bidimensional, (X, Y), que figuren a continuació:

X	1	1	1	2	2	2	2	3	3	3	3
Y	1	1	2	1	2	3	1	2	3	2	1
n_i	2	1	2	3	1	2	1	3	1	3	3

a. Construeix la taula de doble entrada associada.

b. Calcula les distribucions marginals de X i Y. Després, calcula'n les mitjanes i les desviacions típiques.

43 Tot seguit, es mostra la informació relacionada amb la massa (X, en quilograms) i l'alçada (Y, en centímetres) de vint estudiants de l'institut de la localitat:

(70 , 170), (70 , 171), (70 , 170), (71 , 171), (72 , 170),
(72 , 170), (74 , 171), (74 , 170), (74 , 172), (74 , 172),
(75 , 170), (75 , 170), (75 , 172), (75 , 173), (75 , 175),
(75 , 175), (75 , 175), (75 , 179), (75 , 180), (75 , 180)

Representa les dades en una taula de doble entrada i esbrina les distribucions marginals de X i Y.

44 Les puntuacions obtingudes per quaranta alumnes de secundària en dues proves físiques es registren en els parells de valors següents, (X, Y), en què X és la puntuació obtinguda a la primera prova, i Y, l'aconseguida a la segona:

(3 , 3), (3 , 3), (3 , 4), (3 , 4), (3 , 5), (3 , 6), (3 , 7), (3 , 8),
(3 , 8), (3 , 9), (4 , 3), (4 , 4), (4 , 4), (4 , 4), (4 , 4), (4 , 5),
(4 , 5), (4 , 6), (5 , 3), (5 , 3), (5 , 3), (5 , 6), (5 , 8), (5 , 8),
(6 , 5), (6 , 6), (6 , 6), (6 , 8), (7 , 3), (7 , 3), (7 , 4), (7 , 4),
(7 , 4), (7 , 5), (7 , 5), (7 , 7), (7 , 8), (7 , 8), (7 , 9), (7 , 9)

a. Representa la informació en una taula de doble entrada.

b. Construeix la distribució marginal de la nota en la primera prova i calcula'n la mitjana i la desviació típica.

c. Elabora la distribució marginal de la nota en la segona prova i determina'n la mitjana i la desviació típica.

45 Indica si entre cada parell de variables hi ha una relació funcional o aleatòria. En el cas que sigui aleatòria, determina si és positiva o negativa.

a. X: temperatura a la qual s'escalfa una barra de ferro.
Y: longitud que assoleix la barra.

b. X: estatura d'una persona en centímetres.
Y: talla de calçat que utilitza.

c. X: distància recorreguda pel tren Lleida-Girona.
Y: temps emprat en el trajecte.

d. X: nombre de persones que viuen en una casa.
Y: cost, en euros, del rebut de l'electricitat.

46 En un municipi costaner s'ha agafat una mostra de vint famílies a l'atzar i se'ls ha preguntat per les despeses mensuals, en euros, i el nombre de membres de la unitat familiar. La informació obtinguda figura a continuació:

(800 , 2), (850 , 3), (700 , 3), (1 000 , 3), (950 , 2),
(1 100 , 3), (950 , 4), (1 500 , 4), (1 800 , 4), (1 750 , 4),
(950 , 3), (1 300 , 4), (1 900 , 4), (2 000 , 5), (1 900 , 0),
(1 100 , 3), (1 200 , 4), (2 000 , 4), (2 100 , 5), (1 850 , 4)

Representa la informació en un diagrama de dispersió i analitza si hi ha alguna correlació entre les variables.

47 Calcula la covariància d'aquestes distribucions bidimensionals:

a.

X	3	4	4	5	5	6	7	9
Y	2	1	3	4	5	1	3	4

b.

X	0	1	1	3	2	3	1	2
Y	8	9	7	8	8	9	7	8

48 ⊞ Fixa't en la taula de doble entrada següent:

X \ Y	**10**	**11**	**12**
1	1	0	2
2	2	0	1
3	2	1	1
4	1	2	1

Calcula'n:

a. Les freqüències absolutes marginals i les freqüències relatives marginals.

b. Les mitjanes i les desviacions típiques marginals.

c. La covariància de X i Y i el coeficient de correlació.

49 ⊞ A 40 estudiants se'ls proposa un test de càlcul (X) i un altre de lògica (Y). Obtenen aquests parells de resultats, (X , Y):

(5 , 3), (5 , 3), (5 , 3), (5 , 4), (5 , 4), (5 , 5), (5 , 6), (5 , 6), (5 , 6), (5 , 7), (5 , 7), (5 , 7), (6 , 4), (6 , 4), (6 , 4), (6 , 5), (6 , 5), (6 , 5), (6 , 6), (6 , 6), (6 , 7), (6 , 8), (7 , 4), (7 , 4), (7 , 5), (7 , 5) (7 , 5), (7 , 5), (7 , 6), (7 , 6), (7 , 7), (8 , 5), (8 , 5), (8 , 6), (8 , 6), (8 , 7), (8 , 8), (8 , 8), (8 , 8), (8 , 9)

a. Representa les dades en un diagrama de dispersió.

b. Analitza gràficament si hi pot haver alguna correlació entre les dades.

c. Construeix la taula bidimensional simple.

d. Calcula les desviacions típiques marginals de X i Y.

e. Determina'n la covariància i el coeficient de correlació.

f. Comprova els resultats obtinguts amb ajuda d'una calculadora científica i compara amb els teus companys i companyes els valors de cada paràmetre.

50 Escriu la recta de regressió de Y sobre X, si escau, tenint en compte els paràmetres següents de les dues distribucions:

a. $\bar{x} = 3{,}5$
$\bar{y} = 5{,}1$
$\sigma_x^2 = 4{,}8$
$\sigma_y^2 = 3{,}1$
$\sigma_{xy} = 2{,}7$

b. $\bar{x} = 6{,}4$
$\bar{y} = 4{,}4$
$\sigma_x^2 = 9{,}9$
$\sigma_y^2 = 2{,}4$
$\sigma_{xy} = 4{,}7$

51 Donada la taula següent d'una distribució bidimensional:

X	0	1	2	3	4	5	6	7	8	9
Y	3	3,5	4	4,5	5,5	6	7	7,8	8	8

a. Calcula r i determina la recta de regressió de Y sobre X.

b. Dibuixa el núvol de punts i la recta de regressió.

c. Analitza si hi ha correlació entre les variables.

52 Representa les dades següents en un núvol de punts i determina la recta de regressió de Y sobre X:

X	2	3	4	5	6
Y	6,4	5,9	4,7	3,7	2,4

53 S'ha fet una enquesta a trenta usuaris del metro d'una localitat determinada per conèixer les seves preferències musicals, i s'han obtingut les respostes següents:

Cl, Po, Ro, He, Cl, He, Sa, Ra, Cl, Cl, Po, He, Sa, Sa, Ra, Ra, Po, Cl, Cl, Po, Po, Ro, He, He, Cl, He, Ra, Po, Cl, Po

(Cl: música clàssica; Po: pop; Ro: rock; He: *heavy metal*; Sa: salsa; Ra: rap).

Utilitza alguna aplicació informàtica per representar aquesta informació en un diagrama de barres i en un diagrama de sectors.

54 Es vol comparar la durada de dues marques de bombetes, X i Y. Amb aquesta finalitat, es trien dues mostres de nou unitats i s'obtenen les durades següents (en dies):

X	258	298	315	305	300	299	317	320	325
Y	315	300	299	310	290	297	277	315	317

a. Quina de les dues marques és més homogènia? Comprova el teu raonament per mitjà de dos paràmetres de dispersió.

b. Introdueix les dades en alguna aplicació informàtica i obtingues els paràmetres estadístics amb els quals puguis analitzar quina de les dues marques és més homogènia.

55 Una empresa decideix estudiar la possible relació entre les despeses mensuals en telèfon i els seus ingressos també mensuals, totes dues en milers d'euros. En una mostra es recullen aquestes dades:

X	12	11	12	13	14	15	16	12
Y	800	850	950	1 010	1 200	1 500	1 800	900

Amb l'ajuda d'alguna aplicació informàtica:

a. Calcula les mitjanes i les desviacions típiques marginals.

b. Representa les dades en un núvol de punts.

c. Determina'n la covariància i el coeficient de correlació i interpreta'n els resultats.

d. Obtingues la recta de regressió de Y sobre X.

12 PROBABILITAT

1 /// TÈCNIQUES DE RECOMPTE

Practiquem i avancem 1-4

Qualsevol estratègia que ens permeti fer el recompte del nombre d'elements que té un experiment determinat és una tècnica de recompte. Totes aquestes tècniques parteixen de dos principis bàsics: el principi de multiplicació i el d'addició.

1.1 PRINCIPI DE MULTIPLICACIÓ

El **principi de multiplicació** estableix que, si un experiment pot passar de n maneres, i cadascuna, al seu torn, pot succeir de m maneres, el nombre total d'elements de què constaria aquest experiment seria $n \cdot m$.

Activitat resolta

La Paula pot escollir entre tres primers plats en un restaurant (P1, P2 o P3). Cadascun dels plats pot anar acompanyat per qualsevol de les tres guarnicions que s'ofereixen a la carta (G1, G2 o G3), a més de seleccionar una de les dues salses (S1 o S2). Quantes combinacions possibles de primers plats es podrien dissenyar?

La Paula disposa de tres plats possibles per triar, amb tres possibles eleccions de guarnició i dues possibles salses. Pel principi de multiplicació, resulta:

$$3 \cdot 3 \cdot 2 = 18 \text{ possibles combinacions}$$

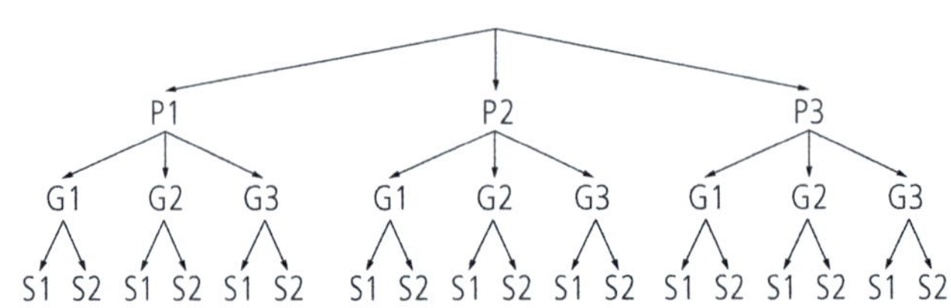

1.2 PRINCIPI D'ADDICIÓ

El **principi d'addició** estableix que, si un experiment pot passar de n maneres i un altre experiment pot succeir de m maneres, i, a més, l'ocurrència d'un és incompatible amb la de l'altre, és a dir, si passa un, no pot ocórrer l'altre, aleshores el nombre total de maneres que passi l'un o l'altre és $n + m$.

Activitat resolta

En un altre restaurant, la Paula només pot escollir un plat entre els quinze primers o entre els dotze segons de la carta. Quantes possibilitats d'elecció té la Paula?

El nombre de plats entre els quals pot triar pel principi d'addició és de:

$$15 + 12 = 27 \text{ possibles combinacions}$$

2 /// COMBINATÒRIA

Practiquem i avancem 5-15

Tenint en compte les condicions proposades en cada cas, quan calgui fer un recompte, ordenar o agrupar un seguit d'elements, s'haurà de triar una manera específica de fer-ho. La **combinatòria** és la branca de les matemàtiques que estudia aquestes diferents maneres.

Permutacions de *n* elements

S'anomena **permutacions de *n* elements** el nombre de grups diferents que es poden formar amb els *n* elements d'un conjunt:

$$P_n = n \cdot (n-1) \cdot (n-2) \cdot \ldots \cdot 2 \cdot 1 = n!$$

Si dins dels grups de *n* elements que s'han de formar hi ha un element repetit una quantitat *a* de vegades; un altre, una quantitat *b*, i així successivament, es tracta de permutacions amb repetició. En aquest cas, el recompte es fa mitjançant la fórmula:

$$P_n^{a,\,b,\,c\ldots} = \frac{n!}{a! \cdot b! \cdot c! \ldots}$$

Activitats resoltes

1 De quantes maneres es poden asseure cinc persones en cinc cadires?

S'utilitzen tots els elements:

$$P_5 = 5! = 120$$

2 Quantes paraules de cinc lletres, amb sentit o sense, es poden formar amb les lletres AABBC?

S'utilitzen tots els elements, però dos estan repetits dues vegades cadascun:

$$P_5^{2,\,2} = \frac{5!}{2! \cdot 2!} = 30$$

Variacions de *m* elements agafats de *n* en *n*

S'anomenen **variacions de *m* elements agafats de *n* en *n*** els diferents grups formats amb *n* elements, triant d'entre els *m* elements de què es disposa, diferenciats tant pels elements com per l'ordre:

$$V_{m,\,n} = \frac{m!}{(m-n)!} = m \cdot (m-1) \cdot (m-2) \cdot \ldots \cdot (m-n+1)$$

Si els elements es poguessin repetir, es tractaria d'un cas de variacions amb repetició, i el recompte es donaria amb la fórmula:

$$VR_{m,\,n} = m^n$$

Observa

El valor de *n!* es llegeix «factorial de *n*».

Tingues-ho en compte

Les permutacions de *n* elements es poden calcular com a variacions de *n* elements agafats de *n* en *n*:

$$V_{n,\,n} = n \cdot (n-1) \cdot (n-2) \cdot \ldots \cdot 2 \cdot 1 = n! = P_n$$

Activitats resoltes

1 De quantes maneres es podria escollir el delegat o la delegada i el subdelegat o la subdelegada d'una classe de vint estudiants?

Es tracta de formar grups de dos elements triant-los d'entre els vint inicials. Cada grup seleccionat es diferencia tant per les persones escollides com per l'ordre (per l'assignació del càrrec).

A més, es tracta d'una variació sense repetició, perquè una mateixa persona no pot ocupar el mateix càrrec alhora. Així, doncs:

$$V_{20,\,2} = 20 \cdot 19 = 380$$

2 Quantes paraules de tres lletres, amb sentit o sense, es poden formar amb les lletres ABCDE?

S'han de formar grups de tres elements triats d'entre els cinc possibles; es diferencien per l'ordre, però es poden repetir:

$$VR_{5,\,3} = 5^3 = 125$$

Combinacions de *m* elements agafats de *n* en *n*

Són **combinacions de *m* elements agafats de *n* en *n*** els diferents grups que es poden formar amb *n* elements triant-los d'entre els *m* elements de què es disposa, de manera que dos grups es diferencien en algun element, però no per l'ordre que ocupen.

$$C_{m,\,n} = \frac{m!}{(m-n)! \cdot n!}$$

Tingues-ho en compte

La fórmula de $C_{m,\,n}$ és equivalent a la definició de nombre combinatori, $\binom{m}{n}$, *m* sobre *n*, amb $0 \le n \le m$:

$$\binom{m}{n} = \frac{m!}{(m-n)! \cdot n!}$$

Activitat resolta

La Carla ha de triar tres llibres per llegir durant les pròximes vacances d'una llista de deu possibles títols. De quantes maneres diferents pot fer la tria?

Ha de seleccionar tres elements d'un total de deu. Si algun llibre és diferent, el grup seria diferent, però l'ordre en el qual els triï no els fa diferents. Per tant, es tracta d'una combinació de deu elements agafats de tres en tres:

$$C_{10,\,3} = C_{10,3} = \frac{10!}{(10-3)! \cdot 3!} = \frac{10!}{7! \cdot 3!} = \frac{10 \cdot 9 \cdot 8 \cdot 7!}{7! \cdot 3!} = \frac{10 \cdot 9 \cdot 8}{3!} = 120$$

A més de l'ús de la fórmula donada, els valors que prenen els nombres combinatoris es poden obtenir mitjançant el triangle de Pascal-Tartaglia:

1
1 1
1 2 1
1 3 3 1
1 4 6 4 1

$\binom{0}{0}$
$\binom{1}{0}$ $\binom{1}{1}$
$\binom{2}{0}$ $\binom{2}{1}$ $\binom{2}{2}$
$\binom{3}{0}$ $\binom{3}{1}$ $\binom{3}{2}$ $\binom{3}{3}$
$\binom{4}{0}$ $\binom{4}{1}$ $\binom{4}{2}$ $\binom{4}{3}$ $\binom{4}{4}$

Així, per exemple: $C_{4,\,3} = 4$.

Resoldre un problema de combinatòria

Per resoldre un problema de combinatòria, convé seguir aquest esquema per trobar de manera sistemàtica el tipus de combinació que s'ajusti a un problema donat.

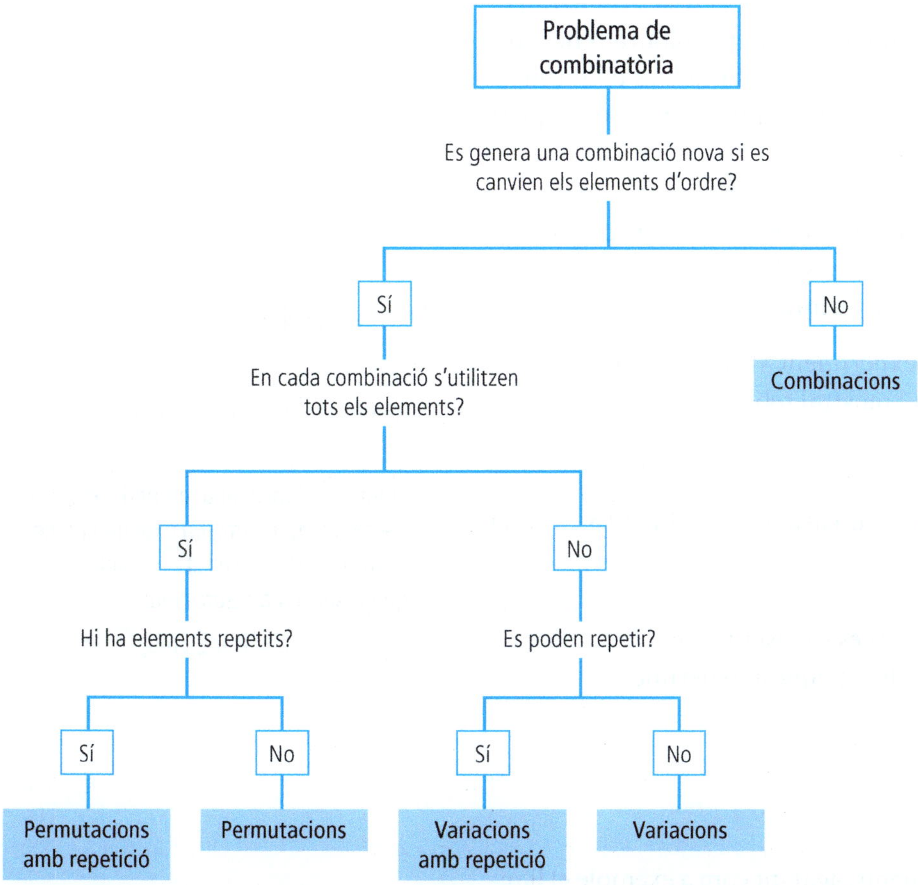

Per a les operacions descrites, les calculadores científiques disposen d'opcions específiques.

Concretament, el botó *nPr* calcula les permutacions i les variacions, i el botó *nCr*, les combinacions:

$P_5 \Rightarrow 5 \text{ nPr } 5 = 120$ $V_{20,2} \Rightarrow 20 \text{ nPr } 2 = 380$ $C_{10,2} \Rightarrow 10 \text{ nCr } 2 = 45$

Activitat resolta

De quantes maneres podria estar configurat el podi (primer, segon i tercer lloc) en una cursa en la qual participen vuit atletes?

Analitzem el diagrama per arribar al tipus de combinació de què es tracta.

Canviant els elements d'ordre es genera una combinació nova? Sí, perquè s'estaria canviant l'ordre d'arribada.

En cada combinació s'utilitzen tots els elements? No, només tres dels vuit possibles.

Es poden repetir? No, ja que un atleta només pot arribar en una posició determinada.

Es tracta, per tant, d'una variació sense repetició:

$$V_{8,3} = 8 \cdot 7 \cdot 6 = 336$$

Hi ha 336 possibilitats de configurar el podi.

3 /// ESDEVENIMENTS. OPERACIONS AMB ESDEVENIMENTS

Practiquem i avancem 16-22

Hi ha situacions de les quals no és possible conèixer-ne el desenvolupament amb antelació: el resultat de llançar una moneda, si demà plourà o no, etc., encara que sí que es pot avaluar en quina mesura pot ser que es doni cadascuna d'aquestes situacions. La branca de les matemàtiques que estudia aquest fenomen s'anomena **probabilitat**.

Es diu que un experiment és **aleatori** quan depèn de l'atzar. Per contra, si és possible predir el resultat d'un experiment sense que calgui dur-lo a terme, es diu que aquest experiment és **determinista**.

El conjunt dels resultats possibles d'un experiment aleatori s'anomena **espai mostral**, E. Els elements d'un espai mostral reben el nom d'**esdeveniments elementals**.

Per exemple, l'espai mostral de l'experiment consistent a escollir a l'atzar una de les cinc vocals és E = {a, e, i, o, u}.

Un **esdeveniment** d'un experiment aleatori és cadascun dels subconjunts de l'espai mostral determinat per aquest experiment.

Activitat resolta

Determina l'espai mostral de l'experiment que consisteix a llançar enlaire una moneda.

Quan es llança una moneda enlaire, s'està duent a terme un experiment aleatori amb dos resultats possibles, perquè o surt cara o surt creu:

E = {cara, creu}

3.1 TIPUS D'ESDEVENIMENTS

Tot seguit es mostren els tipus d'esdeveniments, agafant com a exemple el llançament d'un dau de sis cares numerades de l'1 al 6:

Esdeveniment elemental	És cadascun dels elements de l'espai mostral.	«Obtenir un 5» = {5}
Esdeveniment compost	Està format per dos esdeveniments elementals o més.	«Obtenir un nombre més gran que 3» = {4, 5, 6}
Esdeveniment impossible	És el que no pot succeir mai. No té, per tant, cap element. Es designa mitjançant el símbol del conjunt buit (∅).	«Obtenir un nombre més gran que 6» = ∅
Esdeveniment segur	Es verifica sempre que es dugui a terme l'experiment. Coincideix amb la totalitat de l'espai mostral.	«Obtenir un nombre més petit que 7» = {1, 2, 3, 4, 5, 6} = E

Segons la relació que hi hagi entre dos esdeveniments o més, aquests esdeveniments poden ser:

Esdeveniment contrari o complementari de A	És el format per tots els esdeveniments elementals de l'espai mostral que no són en l'esdeveniment A. Es representa amb $\overline{A}$ o amb A^c.	A = «obtenir un nombre parell» = {2, 4, 6} A^c = «obtenir un nombre senar» = {1, 3, 5}
Esdeveniments compatibles	Dos esdeveniments, A i B, són compatibles si tenen esdeveniments elementals en comú, és a dir, si poden passar alhora.	A = «obtenir un nombre parell» = {2, 4, 6} B = «obtenir un nombre més gran que 3» = {4, 5, 6} Els esdeveniments elementals {4} i {6} són comuns.
Esdeveniments incompatibles	Dos esdeveniments, A i B, són incompatibles si no tenen cap esdeveniment elemental en comú, això és, si no es poden verificar alhora.	A = «obtenir un 1» = {1} B = «obtenir un nombre més gran que 3» = {4, 5, 6} A i B no tenen cap esdeveniment elemental en comú.

Activitat resolta

En una capsa hi ha totes les peces d'un joc d'escacs. Se n'extreu una a l'atzar:

a. Determina'n l'espai mostral.

b. Esbrina els esdeveniments elementals que formen els esdeveniments següents: A = «extreure una peça de color negre» i B = «extreure un alfil».

c. A i B són esdeveniments compatibles?

d. Esbrina els esdeveniments contraris de A i B.

a. L'espai mostral és E = {peó blanc, torre blanca, cavall blanc, alfil blanc, reina blanca, rei blanc, peó negre, torre negra, cavall negre, alfil negre, reina negra, rei negre}.

b. Els esdeveniments són:

A = {peó negre, torre negra, cavall negre, alfil negre, reina negra, rei negre}

B = {alfil blanc, alfil negre}

c. Sí, ja que tenen en comú l'esdeveniment elemental {alfil negre}.

d. Els esdeveniments contraris són:

$\overline{A}$ = «extreure una peça de color blanc» = {peó blanc, torre blanca, cavall blanc, alfil blanc, reina blanca, rei blanc}

$\overline{B}$ = «extreure qualsevol peça menys un alfil» = {peó blanc, torre blanca, cavall blanc, reina blanca, rei blanc, peó negre, torre negra, cavall negre, reina negra, rei negre}

3.2 OPERACIONS AMB ESDEVENIMENTS

Les operacions més importants amb esdeveniments són:

Unió d'esdeveniments

Donats dos esdeveniments, A i B, d'un espai mostral, es defineix la unió de tots dos, $A \cup B$, com l'esdeveniment format pels elements de l'esdeveniment A juntament amb els elements de l'esdeveniment B. És a dir, l'esdeveniment $A \cup B$ es verifica quan passa un dels dos, A o B, o tots dos alhora:

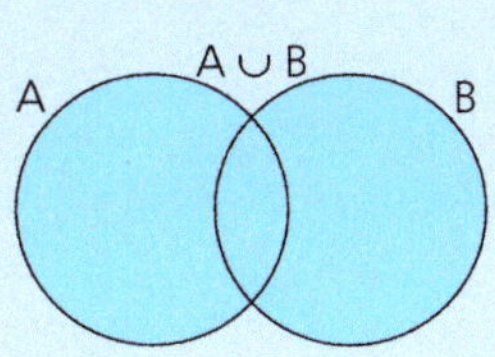

Intersecció d'esdeveniments

Donats dos esdeveniments, A i B, d'un espai mostral, es defineix la intersecció de tots dos, $A \cap B$, com el conjunt d'esdeveniments elementals que hi ha a A i a B al mateix temps. És a dir, l'esdeveniment $A \cap B$ es verifica quan passen A i B alhora:

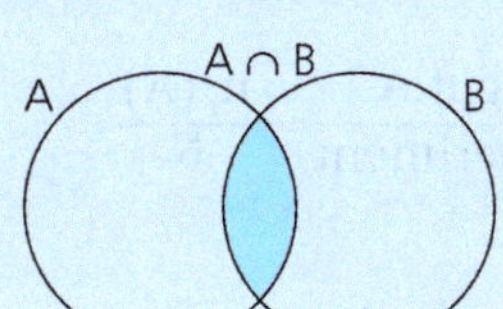

Observa

Les lleis de De Morgan compleixen que:

- $\left(\overline{A \cup B}\right) = \overline{A} \cap \overline{B}$
- $\left(\overline{A \cap B}\right) = \overline{A} \cup \overline{B}$

Activitat resolta

Es llança un dard a una diana amb deu espais iguals numerats de l'1 al 10 i es consideren els esdeveniments següents:

A = «obtenir el nombre 5», B = «obtenir un nombre senar», C = «obtenir un nombre més petit que 7» i D = «obtenir un nombre parell».

a. Descriu els esdeveniments A, B, C i D.

b. Determina $A \cap B$, $A \cap C$, $B \cap C$ i $B \cap D$.

c. Esbrina $A \cup B$, $A \cup C$, $B \cup C$ i $B \cup D$.

a. A = {5}

B = {1, 3, 5, 7, 9}

C = {1, 2, 3, 4, 5, 6}

D = {2, 4, 6, 8, 10}

b. $A \cap B$ = {5}

$A \cap C$ = {5}

$B \cap C$ = {1, 3, 5}

$B \cap D = \varnothing$

c. $A \cup B$ = {1, 3, 5, 7, 9}

$A \cup C$ = {1, 2, 3, 4, 5, 6}

$B \cup C$ = {1, 2, 3, 4, 5, 6, 7, 9}

$B \cup D$ = E

4 /// PROBABILITAT EN EXPERIMENTS SIMPLES

Practiquem i avancem 23-39

El grau de possibilitat que tinguin lloc els diferents esdeveniments que conformen un experiment aleatori es pot quantificar i rep el nom de **probabilitat**.

4.1 FREQÜÈNCIA ABSOLUTA I RELATIVA

En un bol s'han barrejat anacards, nous i festucs. Es duu a terme deu vegades l'experiment que consisteix a treure a l'atzar una fruita seca del bol i s'obtenen els resultats següents:

N A N F N F N A N F

Si es considera l'esdeveniment A = «treure un anacard», s'observa que apareix dues vegades, és a dir, la **freqüència absoluta** és 2.

> La **freqüència absoluta** d'un esdeveniment A, $n_i(A)$, és el nombre de vegades que es produeix aquest esdeveniment quan es duu a terme un experiment aleatori.

Tanmateix, és més útil conèixer la **freqüència relativa** d'un esdeveniment.

> La **freqüència relativa** d'un esdeveniment A, $f_i(A)$, és el nombre de vegades que es produeix aquest esdeveniment respecte al total de vegades que es duu a terme l'experiment aleatori. Es pot calcular per mitjà del quocient entre la freqüència absoluta de l'esdeveniment A, $n_i(A)$, i el nombre de vegades que es fa l'experiment aleatori, N:
>
> $$f_i(A) = \frac{\text{Nre. de vegades que ha ocorregut A}}{\text{Nre. de vegades que s'ha fet l'experiment}} = \frac{n_i(A)}{N}$$

Per tant, la freqüència relativa de l'esdeveniment A és $f_i(A) = \frac{2}{10} = \frac{1}{5}$.

Propietats de les freqüències relatives

Propietat 1

La freqüència relativa de qualsevol esdeveniment, A, està compresa entre 0 i 1: $0 \leq f_i(A) \leq 1$.

Com a conseqüència d'aquesta propietat, resulta:

- La freqüència relativa de l'esdeveniment impossible és 0.
- La freqüència relativa de l'esdeveniment segur és 1.

Propietat 2

La suma de les freqüències relatives de tots els esdeveniments elementals és 1.

Propietat 3

La freqüència relativa de la unió d'esdeveniments incompatibles s'expressa així:

$$f_i(A \cup B) = f_i(A) + f_i(B)$$

D'aquesta propietat es conclou que:

$$f_i(A) + f_i(A^c) = 1$$

Propietat 4

La freqüència relativa de la unió d'esdeveniments compatibles té com a expressió $f_i(A \cup B) = f_i(A) + f_i(B) - f_i(A \cap B)$.

4.2 LLEI DELS GRANS NOMBRES. DEFINICIÓ DE PROBABILITAT

La **llei dels grans nombres** afirma que, si un experiment aleatori es repeteix un nombre elevat de vegades, la freqüència relativa de cada esdeveniment elemental s'aproxima a una xifra concreta. Aquesta xifra és la probabilitat experimental de l'esdeveniment i quantifica la possibilitat que passi aquest esdeveniment.

Activitat resolta

Després de repetir 1 000 vegades l'experiment de la pàgina anterior, consistent a treure una fruita seca d'un bol, s'han obtingut els resultats de la taula del marge. Determina la probabilitat experimental d'extreure cadascuna de les fruites seques.

Nre. de fruites seques extretes	250	500	750	1 000
Nre. d'anacards	55	102	151	199
Nre. de nous	86	171	260	350
Nre. de festucs	109	227	339	451

Siguin els esdeveniments A = «treure un anacard», B = «treure una nou» i C = «treure un festuc», si s'analitza la tendència de les freqüències relatives de cadascun dels esdeveniments, es pot observar que, a mesura que augmenta el nombre de vegades que es duu a terme l'experiment, s'estabilitza al voltant dels valors següents:

$f_i\,(A) = 0{,}2$ $\qquad f_i\,(B) = 0{,}35$ $\qquad f_i\,(C) = 0{,}45$

Per tant, aquestes són les probabilitats experimentals d'aquests esdeveniments.

4.3 REGLA DE LAPLACE

La regla de Laplace permet calcular la probabilitat que passi un esdeveniment sense necessitat de dur a terme l'experiment. Per aplicar-la, els esdeveniments han de ser **equiprobables**, és a dir, tots han de tenir la mateixa probabilitat d'ocórrer.

Si els esdeveniments elementals d'un experiment aleatori són equiprobables, la **probabilitat d'un esdeveniment A, P (A)**, es pot obtenir mitjançant una expressió coneguda com a *regla de Laplace*.

Tenint en compte que els casos possibles són tots els resultats que es poden obtenir quan es duu a terme l'experiment, i que els casos favorables d'un esdeveniment són els resultats que verifiquen aquest esdeveniment, s'estableix que:

$$P\,(A) = \frac{\text{Nre. de casos favorables a l'esdeveniment A}}{\text{Nre. de casos possibles}}$$

Pierre-Simon Laplace (1739-1827)

Matemàtic, astrònom i físic francès que va establir les bases de la teoria de les probabilitats i va formular la regla que porta el seu nom.

Activitat resolta

Es llança un dau de sis cares. Calcula la probabilitat dels esdeveniments següents: A = «treure un 4», B = «treure un nombre parell» i C = «treure un nombre més petit que 3».

Per determinar aquestes probabilitats, cal descriure l'espai mostral i cadascun dels esdeveniments per conèixer quants elements el conformen:

E = {1, 2, 3, 4, 5, 6} (sis elements possibles), A = {4} (un element favorable a l'esdeveniment A), B = {2, 4, 6} (tres elements favorables a l'esdeveniment B), C = {1, 2} (dos elements favorables a l'esdeveniment C)

Per tant: $P\,(A) = \frac{1}{6} = 0{,}167$ $\qquad P\,(B) = \frac{3}{6} = 0{,}5$ $\qquad P\,(C) = \frac{2}{6} = 0{,}333$

• Propietats de la probabilitat

Propietat 1

La probabilitat d'un esdeveniment, A, és un nombre comprès entre 0 i 1, tots dos inclosos: $0 \leq P(A) \leq 1$.

En conseqüència:

- La probabilitat de l'**esdeveniment impossible** és 0: $P(\varnothing) = 0$.
- La probabilitat de l'**esdeveniment segur** és 1: $P(E) = 1$.

Propietat 2

La suma de les probabilitats de tots els esdeveniments elementals és 1:

$$P(A_1) + P(A_2) + \ldots + P(A_n) = 1$$

Propietat 3

Si A és un esdeveniment inclòs en un altre esdeveniment, B, aleshores:

$$P(A) \leq P(B)$$

Propietat 4

La probabilitat de la unió d'**esdeveniments incompatibles** és igual a la suma de les probabilitats dels esdeveniments:

$$P(A \cup B) = P(A) + P(B)$$

Propietat 5

La probabilitat de la unió d'**esdeveniments compatibles** és igual a la suma de les probabilitats dels esdeveniments menys la probabilitat de l'esdeveniment intersecció d'aquests esdeveniments:

$$P(A \cup B) = P(A) + P(B) - P(A \cap B)$$

Propietat 6

La probabilitat de l'esdeveniment contrari a A és:

$$P(\bar{A}) = 1 - P(A)$$

Activitat resolta

Una ruleta està dividida en quatre seccions iguals numerades de l'1 al 4. Es fa girar la ruleta i s'observa el nombre on apunta la fletxa. Calcula les probabilitats següents:

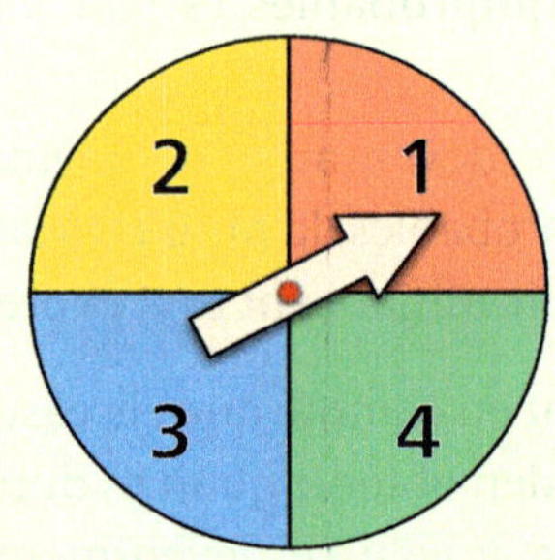

a. P (1), P (2), P (3) i P (4)

b. P (5)

c. P (obtenir un nombre més petit que 5)

d. P (no obtenir un 1)

a. Els quatre esdeveniments són equiprobables. Tots presenten un cas favorable de quatre possibles. Per tant:

$$P(1) = \frac{1}{4} \qquad P(2) = \frac{1}{4} \qquad P(3) = \frac{1}{4} \qquad P(4) = \frac{1}{4}$$

b. Obtenir un 5 quan es fa girar la ruleta és un esdeveniment impossible, ja que no hi ha cap cas favorable. En conseqüència:

$$P(5) = 0$$

c. Totes les possibilitats són valors més petits que 5; per tant, hi ha quatre esdeveniments favorables i també quatre esdeveniments possibles. Així, doncs:

$$P(\text{obtenir un nombre més petit que } 5) = \frac{4}{4} = 1$$

d. Es calcula primer la probabilitat de l'esdeveniment «obtenir un 1» per, tot seguit, esbrinar-ne el complementari.

$P(\text{obtenir un } 1) = \frac{1}{4}$, ja que hi ha un cas favorable. Aleshores:

$$P(\text{no obtenir un } 1) = 1 - P(\text{obtenir un } 1) = 1 - \frac{1}{4} = \frac{3}{4}$$

Activitats resoltes

1 Siguin els esdeveniments A i B d'un experiment aleatori, tals que:

$$P(A) = 0{,}4 \qquad P(\overline{B}) = 0{,}5 \qquad P(A \cap B) = 0{,}2$$

Calcula:

a. $P(\overline{A})$ **b.** $P(B)$ **c.** $P(A \cup B)$ **d.** $P(\overline{A \cap B})$

a. Es demana determinar la probabilitat de l'esdeveniment complementari:

$$P(\overline{A}) = 1 - P(A) = 1 - 0{,}4 = 0{,}6$$

b. Es coneix l'esdeveniment complementari de B i el que es demana és calcular la probabilitat de B:

$$P(\overline{B}) = 1 - P(B);\ P(B) = 1 - P(\overline{B}) = 1 - 0{,}5 = 0{,}5$$

c. Atès que l'enunciat proporciona la probabilitat $A \cap B$, aleshores són dos esdeveniments compatibles. Per tant:

$$P(A \cup B) = P(A) + P(B) - P(A \cap B) = 0{,}4 + 0{,}5 - 0{,}2 = 0{,}7$$

d. Com que el que es demana és calcular la probabilitat d'un esdeveniment complementari, aleshores:

$$P(\overline{A \cap B}) = 1 - P(A \cap B) = 1 - 0{,}2 = 0{,}8$$

2 Siguin els esdeveniments A i B d'un experiment aleatori, tals que:

$$P(A) = 0{,}4 \qquad P(B) = 0{,}3 \qquad P(A \cup B) = 0{,}5$$

Calcula $P(A \cap B)$. Són compatibles o incompatibles, els esdeveniments A i B?

Coneixent la probabilitat de la unió de dos esdeveniments, es pot determinar també la probabilitat de la intersecció de tots dos:

$$P(A \cup B) = P(A) + P(B) - P(A \cap B) \Rightarrow 0{,}5 = 0{,}4 + 0{,}3 - P(A \cap B) \Rightarrow$$

$$\Rightarrow P(A \cap B) = 0{,}4 + 0{,}3 - 0{,}5 = 0{,}2 \neq 0$$

Com que $P(A \cap B) \neq 0$, A i B tenen elements comuns i, per tant, són compatibles.

Simulació d'un experiment aleatori

Si es llança una moneda sense trucar, la probabilitat d'obtenir cara o creu és d'$\frac{1}{2}$, però quina és la probabilitat que, en llançar una xinxeta, caigui amb la punta cap amunt o cap avall?

Per conèixer aquesta probabilitat, s'ha de fer una simulació:

1. Deixa caure sobre la taula una xinxeta el màxim nombre de vegades possible i anota els resultats obtinguts. També es pot dur a terme l'experiment de manera simultània, buidant tot d'una el contingut d'una caixa de xinxetes i comptant el nombre de peces que queden en cada posició.
2. El nombre al qual s'aproximi la freqüència relativa que s'obtingui acumulant els llançaments es considerarà, per la llei dels grans nombres, la probabilitat de cadascun dels dos esdeveniments. Com més vegades es repeteixi l'experiment, més fiable serà el resultat obtingut.

Tingues en compte que aquest experiment varia depenent del tipus de xinxeta.

Tria algun objecte irregular i intenta dur a terme una simulació per analitzar quina és la probabilitat que caigui d'una manera determinada.

5 /// PROBABILITAT EN EXPERIMENTS COMPOSTOS

Practiquem i avancem 40-54

Triar una vocal a l'atzar o extreure una peça d'escacs de la capsa que la conté són exemples d'experiments simples. Tanmateix, si aquests experiments es repeteixen diverses vegades de manera consecutiva, es converteixen en experiments compostos.

> Un experiment aleatori és **compost** quan està format per dos o més experiments aleatoris simples efectuats de manera consecutiva.

Hi ha diferents mètodes per esbrinar els elements de l'espai mostral d'un experiment compost i assignar les probabilitats de cadascun.

Diagrames d'arbre

Els diagrames d'arbre són estructures utilitzades per obtenir l'espai mostral. Es tracen d'esquerra a dreta emulant l'ordre en el qual es pot donar cadascun dels esdeveniments. Al final de cada branca se situa l'esdeveniment descrit, i al damunt de les branques s'indica la probabilitat associada a aquest esdeveniment.

> La **probabilitat** d'un esdeveniment en un experiment compost es calcula multiplicant les probabilitats de cadascuna de les branques que conformen aquest esdeveniment.

Activitat resolta

Construeix el diagrama d'arbre de l'experiment aleatori compost que consisteix a llançar una moneda i un dau, i calcula la probabilitat d'obtenir cadascun dels esdeveniments següents: A = «treure cara i un 5» i B = «treure un 3».

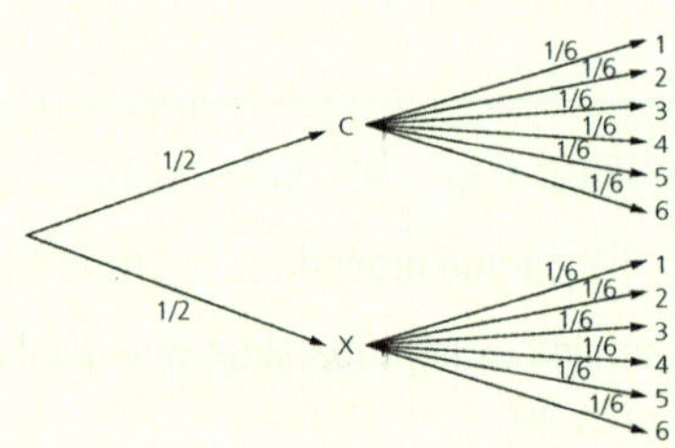

Es construeix el diagrama d'arbre, suposant que primer es llança la moneda i després el dau, encara que la probabilitat seria la mateixa si es fes en ordre invers o de manera simultània. Al damunt de cada branca s'indica la probabilitat que passi cada esdeveniment.

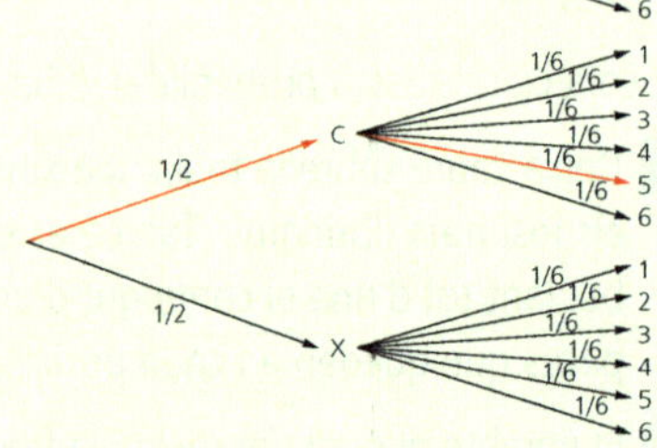

Per calcular la probabilitat de l'esdeveniment A, se segueix la línia que descriu la probabilitat de l'esdeveniment demanada i es multiplica el valor de cadascuna de les branques. La probabilitat de treure cara en el llançament de la moneda és d'$\frac{1}{2}$, i la d'obtenir un 5 en el llançament del dau, d'$\frac{1}{6}$. Per tant:

$$P(A) = \frac{1}{2} \cdot \frac{1}{6} = \frac{1}{12}$$

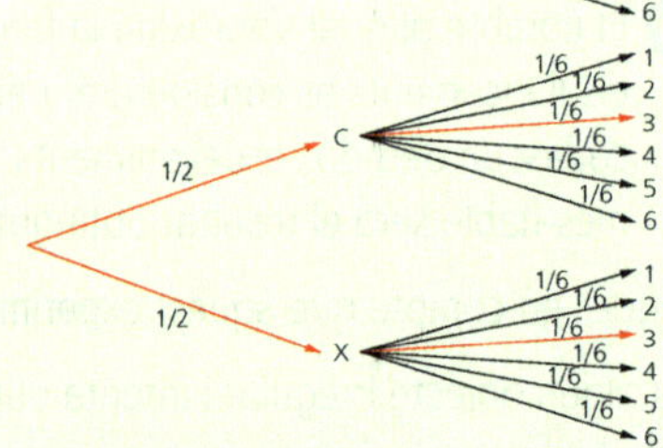

Per calcular la probabilitat de B, se segueixen les línies que acaben en l'obtenció d'un 3. Es multipliquen els valors de les dues branques i se sumen. La probabilitat d'obtenir tant una cara com una creu quan es tira la moneda és d'$\frac{1}{2}$, i la de treure un 3 quan es llança el dau, d'$\frac{1}{6}$. Per tant, observant les dues branques en aquest cas:

$$P(B) = \frac{1}{2} \cdot \frac{1}{6} + \frac{1}{2} \cdot \frac{1}{6} = \frac{2}{12} = \frac{1}{6}$$

Diagrames d'arbre amb les branques necessàries

Es llança un dau tres vegades consecutives. Calcula:

a. La probabilitat que surti el nombre 6 als tres llançaments.

b. La probabilitat d'obtenir el mateix nombre als tres llançaments.

Si es dibuixés l'arbre amb les possibilitats que hi ha quan es llança tres cops un dau, s'obtindria un total de 216 branques: sis possibilitats per al primer llançament, multiplicades per sis possibilitats per al segon i multiplicades per sis possibilitats per al tercer: $6 \cdot 6 \cdot 6 = 216$.

En aquests casos només cal dibuixar les branques dels casos favorables.

a. Com que es demana la probabilitat que surti el nombre 6 a cada llançament, es dibuixen les branques associades a aquests elements:

$$\xrightarrow{\frac{1}{6}} 6 \xrightarrow{\frac{1}{6}} 6 \xrightarrow{\frac{1}{6}} 6$$

Per tant: P (obtenir un 6 als tres llançaments) $= \frac{1}{6} \cdot \frac{1}{6} \cdot \frac{1}{6} = \frac{1}{216}$

b. En aquest cas, es dibuixen les branques del segon llançament i del tercer de manera que coincideixin amb el nombre obtingut al primer llançament.

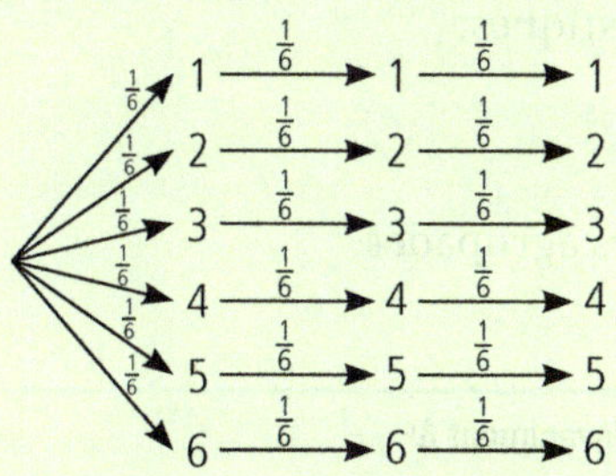

Així, com que hi ha 6 maneres d'obtenir el mateix nombre, amb una probabilitat de $\frac{1}{126}$ cadascuna, resulta: P (obtenir el mateix nombre) $= 6 \cdot \frac{1}{6} \cdot \frac{1}{6} \cdot \frac{1}{6} = \frac{6}{216} = \frac{1}{36}$.

Taula de doble entrada

Una altra tècnica és la construcció de **taules de doble entrada.** Es fan servir en experiments compostos formats per dos experiments simples. A la fila superior de la taula es col·loquen els esdeveniments elementals del primer experiment, i a la columna de l'esquerra, els del segon, o viceversa.

Activitat resolta

Calcula la probabilitat que, si es llancen dos daus de sis cares numerades de l'1 al 6, s'obtinguin dos nombres la suma dels quals sigui més gran que 7.

En primer lloc, es construeix una taula de doble entrada. A la primera fila se situen els resultats possibles del primer dau, i a la primera columna, els del segon. Després, a cada casella s'inclou el resultat de sumar els dos valors corresponents de la fila i la columna principals.

Es constata que hi ha 15 cel·les on es compleix la condició donada, és a dir, 15 casos favorables, respecte de 36 casos possibles. Per tant:

$$\text{P (suma més gran que 7)} = \frac{15}{36} = \frac{5}{12}$$

+	1	2	3	4	5	6
1	2	3	4	5	6	7
2	3	4	5	6	7	**8**
3	4	5	6	7	**8**	**9**
4	5	6	7	**8**	**9**	**10**
5	6	7	**8**	**9**	**10**	**11**
6	7	**8**	**9**	**10**	**11**	**12**

Activitat resolta

Es llança un dau de sis cares numerades amb els primers nombres parells i un altre de sis cares numerades amb els primers nombres senars. Calcula la probabilitat que, sumant-ne les cares, s'obtingui un nombre primer.

Es construeix una taula de doble entrada i s'anoten a la primera columna i la primera fila els resultats possibles dels daus.

A la taula s'observa que hi ha 25 nombres primers a l'espai mostral, que són els casos favorables, i 36 casos possibles. Per tant:

$$P\text{ (obtenir nombre primer)} = \frac{25}{36}$$

+	2	4	6	8	10	12
1	**3**	**5**	**7**	9	**11**	**13**
3	**5**	**7**	9	**11**	**13**	15
5	**7**	9	**11**	**13**	15	**17**
7	9	**11**	**13**	15	**17**	**19**
9	**11**	**13**	15	**17**	**19**	21
11	**13**	15	**17**	**19**	21	**23**

Taules de contingència

Una manera pràctica de registrar les dades que presenten dues característiques o més és agrupar-les en una **taula de contingència**.

> Una **taula de contingència** és una taula de doble entrada que organitza la informació d'un grup d'individus al voltant de dues característiques, que, al seu torn, es divideixen en diverses modalitats.

Si la taula de contingència és de 2 × 2, és a dir, dues característiques agrupades en dos tipus, la seva estructura s'ajusta a l'esquema següent:

	Esdeveniment A	Esdeveniment A^c	Total
Esdeveniment B	$A \cap B$	$A^c \cap B$	Nre. de dades de l'esdeveniment B
Esdeveniment B^c	$A \cap B^c$	$A^c \cap B^c$	Nre. de dades de l'esdeveniment B^c
Total	Nre. de dades de l'esdeveniment A	Nre. de dades de l'esdeveniment A^c	Nre. total de dades

Els **casos possibles** es recullen a la cel·la on es registra el nombre total de dades, mentre que els **casos favorables** a cadascun dels esdeveniments s'anoten a les files o les columnes marginals, i els casos favorables a les interseccions s'inclouen a cadascuna de les caselles.

Activitat resolta

A un acte social determinat només està permès assistir-hi amb una camisa blanca o blau cel i amb uns pantalons negres o marrons. Un total de 14 persones han combinat la camisa blanca amb els pantalons negres, mentre que la blau cel amb els pantalons marrons l'han conjuntat 11 assistents. En total hi ha hagut 20 persones que hi han anat vestides amb camisa blanca i 25 amb camisa blau cel. Quantes persones hi han assistit amb pantalons negres? I amb pantalons marrons?

En primer lloc, es construeix la taula de contingència. A la primera fila s'anoten les possibles opcions d'elecció dels pantalons, i a la primera columna, les opcions possibles d'elecció de la camisa. Després, s'emplenen les caselles de la taula el contingut de les quals es dona a l'enunciat per, finalment, completar la taula.

Cal concloure, en conseqüència, que 28 persones han assistit a l'acte amb pantalons negres, i 17, amb pantalons marrons.

	Negres	Marrons	Total
Blanca	14	**6**	20
Blau cel	**14**	11	25
Total	**28**	**17**	**45**

Activitat resolta

En un festival de música s'han trobat 200 membres de diversos grups musicals, dels quals 58 toquen la guitarra i 92 són cantants. Hi ha un total de 103 dones, de les quals 43 són cantants i 22 toquen el piano. Es consideren els esdeveniments següents:

A = «ser dona», B = «ser home», C = «ser cantant»,
D = «ser guitarrista», E = «ser pianista»

Si es tria a una persona a l'atzar, calcula les probabilitats següents:

a. Seleccionar un home.

b. Seleccionar una persona que toqui el piano.

c. Seleccionar una dona que toqui la guitarra.

d. Seleccionar una persona que no canti.

e. Seleccionar una dona que toqui la guitarra o un home que canti.

En primer lloc, es completa la taula de contingència per treballar amb més facilitat. S'emplena la taula primer amb les dades de l'enunciat per després afegir-hi les dades que falten.

A la primera columna es col·loquen els possibles rols que desenvolupen els assistents al festival dintre dels grups de música, i a la primera fila, si es tracta de dones o d'homes.

	Dones (A)	Homes (B)	Total
Cantants (C)	43	**49**	92
Guitarristes (D)	**38**	**20**	58
Pianistes (E)	22	**28**	**50**
Total	103	**97**	200

a. A l'hora de calcular aquesta probabilitat es considera, per als casos favorables, el total a la columna d'homes. Per tant:

$$P(B) = \frac{97}{200} = 0{,}485$$

b. En aquest cas es té en compte, per als casos favorables, el total a la fila de pianistes. Així, doncs:

$$P(E) = \frac{50}{200} = 0{,}25$$

c. Ara es considera, per als casos favorables, la casella d'intersecció de la fila dels guitarristes i la columna de les dones:

$$P(A \cap D) = \frac{38}{200} = 0{,}19$$

d. Aquesta probabilitat es pot determinar mitjançant esdeveniments complementaris, ja que és més senzill calcular la probabilitat de triar una persona que canti. Així, doncs, es considera, per als casos favorables, el total a la fila dels cantants. En conseqüència:

$$P(\overline{C}) = 1 - P(C) = 1 - \frac{92}{200} = 0{,}54$$

e. Finalment, per determinar aquesta probabilitat, es considera, per als casos favorables, la suma de la casella d'intersecció de la fila dels cantants i la columna dels homes i la probabilitat obtinguda a l'apartat c, referida a les dones guitarristes. Per tant:

$$P(A \cap D) + P(B \cap C) = \frac{38}{200} + \frac{49}{200} = \frac{87}{200} = 0{,}435$$

5.1 EXPERIMENTS COMPOSTOS INDEPENDENTS I DEPENDENTS

Quan es treballa amb experiments compostos, s'ha de tenir en compte si el resultat d'un dels experiments simples pot influir en el resultat dels altres.

Si es llança un dau dues vegades, el resultat obtingut al primer llançament no influeix sobre el que s'obtingui al segon. Però, si s'extreuen dues cartes d'una baralla, el resultat de la primera extracció influirà en la segona, perquè l'espai mostral haurà canviat, ja que hi ha una carta menys.

Quan es duen a terme experiments compostos i el resultat d'un experiment no influeix en el resultat dels altres, es diu que els experiments són **independents**. Si, per contra, el resultat del primer influeix en el dels altres, els experiments són **dependents**.

Activitat resolta

En un bol hi ha sis gerds i vuit mores. Es fan dues extraccions consecutives i s'observa el tipus de fruita seleccionada.

a. Calcula la probabilitat que les dues fruites triades siguin gerds, si es reemplaça la primera fruita extreta abans de treure la segona. Es tracta d'un experiment dependent o independent?

b. Calcula la probabilitat que les dues fruites triades siguin gerds, sense reemplaçar la primera fruita després de fer-ne l'extracció. Es tracta d'un experiment dependent o independent?

En primer lloc, es construeix un diagrama d'arbre per a cadascun dels casos. S'observa que l'estructura és la mateixa, excepte per als valors de les probabilitats:

Amb reemplaçament

1a fruita 2a fruita

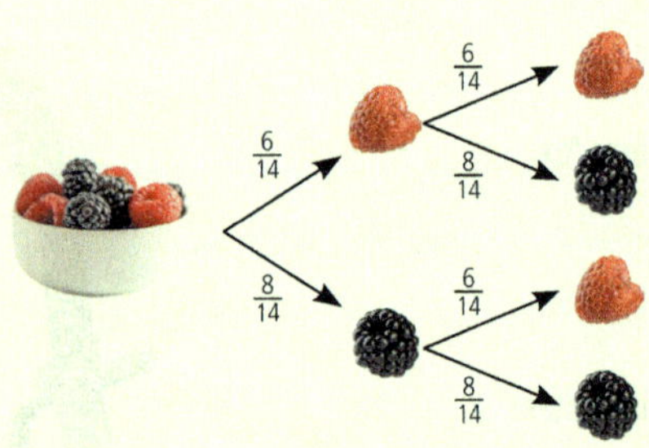

Sense reemplaçament

1a fruita 2a fruita

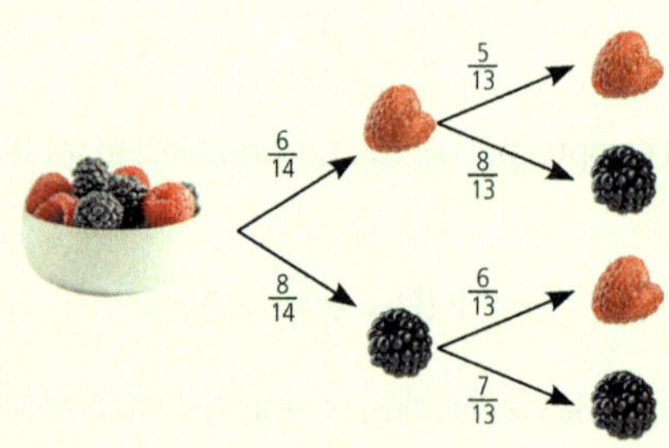

a. Com que és amb reemplaçament, cal tenir en compte el primer diagrama d'arbre. El càlcul de la probabilitat s'obté multiplicant les probabilitats de cadascuna de les branques:

$$P\text{ (extreure dos gerds)} = \frac{6}{14} \cdot \frac{6}{14} = \frac{36}{196} = \frac{9}{49} = 0{,}184$$

Les probabilitats de cada fruita a la segona extracció no resulten afectades per l'extracció de la primera, i per això es tracta d'un experiment independent.

b. En aquest cas, no hi ha reemplaçament, així que cal considerar el segon diagrama:

$$P\text{ (extreure dos gerds)} = \frac{6}{14} \cdot \frac{5}{13} = \frac{30}{182} = \frac{15}{91} = 0{,}165$$

L'extracció de la primera fruita influeix en les probabilitats d'extracció de la segona, i per això es tracta d'un experiment dependent.

6 /// PROBABILITAT CONDICIONADA

Practiquem i avancem 55-60

Als experiments compostos dependents, un experiment depèn del resultat de l'anterior; per tant, la probabilitat està condicionada pel resultat d'esdeveniments anteriors.

Siguin dos esdeveniments, A i B, d'un experiment aleatori compost; s'anomena **probabilitat de A condicionada a B, P (A/B)**, sempre que B no sigui un esdeveniment impossible, la probabilitat que tingui lloc l'esdeveniment A si prèviament ha succeït l'esdeveniment B, i es calcula mitjançant l'expressió:

$$P(A/B) = \frac{P(A \cap B)}{P(B)}$$

D'aquesta definició, es pot deduir l'expressió següent:

$$P(A \cap B) = P(B) \cdot P(A/B)$$

Activitat resolta

En una classe hi ha deu nois i dotze noies. Dels deu nois, vuit viuen a prop de l'escola i hi van cada dia a peu, mentre que la resta utilitza el transport públic. De les dotze noies, set hi van caminant i cinc en transport públic. Contesta les preguntes següents:

a. Quina és la probabilitat que, si es tria un estudiant a l'atzar, vagi a l'escola en transport públic? I la probabilitat que hi vagi caminant?

b. Quina és la probabilitat que hi vagi caminant si és un noi?

c. Quina és la probabilitat que sigui noia si utilitza el transport púbic?

En primer lloc, es construeix la taula amb les dades de l'enunciat i es completa per després obtenir la informació d'una manera més senzilla. També es poden designar els esdeveniments mitjançant lletres: A = «anar-hi caminant», B = «anar-hi en transport públic», C = «ser un noi» i D = «ser una noia».

	Caminant (A)	Transport (B)	Total
Nois (C)	8	**2**	10
Noies (D)	7	5	12
Total	**15**	**7**	**22**

a. Els casos favorables són set, tenint en compte la columna on es registra el transport públic, mentre que els possibles són el total d'estudiants, és a dir, 22. Per tant:

$$P(B) = \frac{7}{22}$$

Per calcular la probabilitat que la persona triada vagi caminant a l'escola, es consideren «anar-hi en transport públic» i «anar-hi caminant» com a esdeveniments complementaris:

$$P(A) = 1 - P(B) = 1 - \frac{7}{22} = \frac{15}{22}$$

b. Es tracta d'una probabilitat condicionada. Com que se sap que és noi i es demana calcular la probabilitat que hi vagi caminant, el plantejament serà:

$$P(A/C) = \frac{P(A \cap C)}{P(C)} = \frac{8/22}{10/22} = \frac{8}{10} = \frac{4}{5}$$

c. En aquest apartat es demana una altra probabilitat condicionada. Se sap que la persona triada va en transport públic i es demana calcular la probabilitat que sigui noia. Així:

$$P(D/B) = \frac{P(D \cap B)}{P(B)} = \frac{5/22}{7/22} = \frac{5}{7}$$

7 /// ESDEVENIMENTS DEPENDENTS I INDEPENDENTS

Practiquem i avancem 61-68

Quan entre dos esdeveniments no hi ha cap relació i el fet que passi un no depèn de l'altre, es diu que els esdeveniments són **independents.** Per contra, si el resultat obtingut per un dels dos influeix en el possible resultat de l'altre, es diu que els esdeveniments són **dependents**.

Esdeveniments independents

Utilitzant la probabilitat condicionada, es pot afirmar que, si dos esdeveniments són independents, aleshores es verifica que $P(A/B) = P(A)$ o $P(B/A) = P(B)$.

La probabilitat que passi A havent ocorregut B coincideix amb la probabilitat de A, és a dir, l'esdeveniment A no depèn del fet que hagi tingut lloc B:

$$P(A/B) = \frac{P(A \cap B)}{P(B)} \Rightarrow P(A) = \frac{P(A \cap B)}{P(B)} \Rightarrow P(A \cap B) = P(A) \cdot P(B)$$

Aquesta condició és la que es fa servir per comprovar la independència de dos esdeveniments.

Esdeveniments dependents

Si dos esdeveniments són dependents, aleshores $P(A/B) \neq P(A)$ o $P(B/A) \neq P(B)$.

La probabilitat que passi A havent ocorregut B no coincideix amb la probabilitat de A, ja que l'esdeveniment A depèn de si s'ha produït l'esdeveniment B o no:

$$P(A \cap B) = P(A) \cdot P(B/A) \text{ o } P(A \cap B) = P(B) \cdot P(A/B)$$

Observa

Els conceptes d'esdeveniments incompatibles i esdeveniments independents no són equivalents: el primer es refereix a conjunts, i el segon, a probabilitats.

- Dos esdeveniments són independents si:

$$P(A \cap B) = P(A) \cdot P(B)$$

- Dos esdeveniments són incompatibles si:

$$A \cap B = \varnothing \Rightarrow P(A \cap B) = 0$$

Activitat resolta

A la taula següent es mostren les dades recollides en dues classes de 4t d'ESO en relació amb el fet de si l'alumnat té germans o no.

Es tria un alumne o una alumna a l'atzar.

a. Calcula la probabilitat dels esdeveniments següents:

- A = «triar un alumne o una alumna que tingui germans»
- B = «escollir un alumne o una alumna de 4t d'ESO A»
- $A \cap B$ = «elegir un alumne o una alumna de 4t d'ESO A i que tingui germans»
- A/B = «triar un alumne o alumna que tingui germans si és de 4t d'ESO A»

	Té germans	No té germans	Total
4t d'ESO A	21	6	27
4t d'ESO B	18	8	26
Total	39	14	53

b. Basant-te en els càlculs anteriors, A i B són dos esdeveniments independents?

a. Es calculen les probabilitats mitjançant la regla de Laplace: els casos favorables són els que apareixen indicats a les cel·les de la taula de l'enunciat, i els casos possibles són 53, el nombre total d'alumnes.

$$P(A) = \frac{39}{53} \quad P(B) = \frac{27}{53} \quad P(A \cap B) = \frac{21}{53} \quad P(A/B) = \frac{P(A \cap B)}{P(B)} = \frac{21/53}{27/53} = \frac{21}{27} = \frac{7}{9}$$

b. Es pot constatar que són esdeveniments dependents, ja que $P(A \cap B) \neq P(A) \cdot P(B)$ i, a més: $P(A/B) \neq P(A)$.

Activitats resoltes

1 **En una urbanització de cent habitatges, seixanta tenen alarma a l'interior, vint disposen de càmeres a l'exterior, i en dotze s'han instal·lat els dos sistemes. Es tria un habitatge a l'atzar i es consideren els esdeveniments A = «té una alarma interior» i B = «té una càmera exterior».**

a. Calcula les probabilitats dels esdeveniments A i B.

b. A i B són compatibles? A i B són independents?

a. Els casos totals són el nombre d'habitatges de la urbanització, és a dir, 100. Els casos possibles per als esdeveniments A i B són, respectivament, 60 i 20. Per tant:

$$P(A) = \frac{60}{100} = \frac{3}{5} \qquad P(B) = \frac{20}{100} = \frac{1}{5}$$

b. Per constatar si són incompatibles, caldria veure si la probabilitat de la intersecció dels dos esdeveniments és igual a 0. Per l'enunciat, sabem que:

$$P(A \cap B) = \frac{12}{100} \neq 0 \Rightarrow \text{No són incompatibles.}$$

Per veure si són independents, s'hauria de complir $P(A \cap B) = P(A) \cdot P(B)$.

$$P(A \cap B) = \frac{12}{100} = \frac{3}{25} \qquad P(A) \cdot P(B) = \frac{3}{5} \cdot \frac{1}{5} = \frac{3}{25}$$

Per tant, sí que són independents.

2 **En un recipient hi ha sis boles vermelles i quatre boles blaves. Se n'extreuen dues boles sense reemplaçament i se n'anota el color.**

a. Construeix el diagrama d'arbre d'aquest experiment aleatori.

b. Quina és la probabilitat que la segona bola sigui vermella?

c. Quina és la probabilitat que la primera i la segona bola siguin vermelles?

d. Determina la probabilitat que la primera bola hagi estat vermella si la segona també ho és. Són independents, aquests esdeveniments?

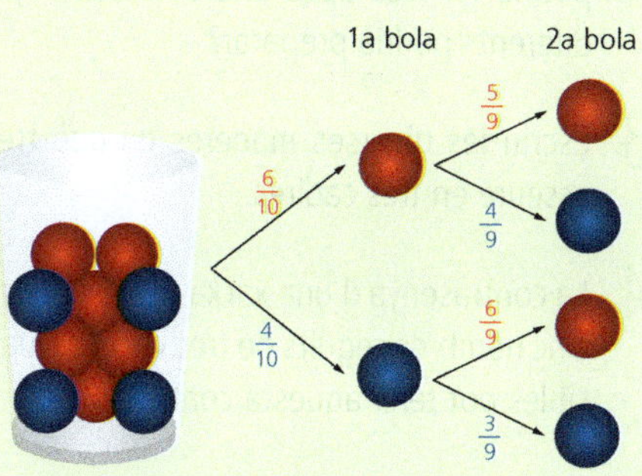

a. Com que no hi ha reemplaçament, després de la primera extracció quedaran nou boles al recipient. El diagrama d'arbre representa aquest experiment aleatori.

b. Es localitzen les dues línies que porten al fet que la segona bola sigui vermella i se sumen les dues, per després multiplicar les probabilitats de cada branca:

$$P(2a\,R) = \frac{6}{10} \cdot \frac{5}{9} + \frac{4}{10} \cdot \frac{6}{9} = \frac{3}{5}$$

c. Aquest apartat es pot resoldre mitjançant la regla del producte:

$$P(1a\,R \cap 2a\,R) = \frac{6}{10} \cdot \frac{5}{9} = \frac{1}{3}$$

d. La probabilitat que es planteja és condicionada i, atès que es coneixen tots els valors gràcies als apartats anteriors, es pot plantejar l'expressió següent:

$$P(1a\,R / 2a\,R) = \frac{P(1a\,R \cap 2a\,R)}{P(2a\,R)} = \frac{1/3}{3/5} = \frac{5}{9}$$

$$\left.\begin{array}{l} P(1a\,R \cap 2a\,R) = \dfrac{1}{3} \\ P(1a\,R) \cdot P(2a\,R) = \dfrac{6}{10} \cdot \dfrac{3}{5} = \dfrac{18}{50} = \dfrac{9}{25} \end{array}\right\} P(1a\,R \cap 2a\,R) \neq P(1a\,R) \cdot P(2a\,R)$$

Per tant, els esdeveniments no són independents.

PRACTIQUEM i AVANCEM

1 Una empresa tèxtil disposa de tres colors per tenyir els quatre models de pantalons que confecciona, que estan disponibles en cinc talles diferents.

a. Quants models diferents de pantalons ha de confeccionar?

b. Si decideix retirar tots els pantalons de la talla més petita i substituir-los per pantalons curts de talla única confeccionats en dos possibles colors i tres possibles tipus de tela, quants models diferents de pantalons curts hi haurà?

2 La Carla vol menjar-se cada dia per esmorzar una peça de fruita i un entrepà o un iogurt d'un dels quatre gustos que té a la nevera. Sabent que pot escollir entre quatre fruites diferents i podria fer tres tipus diferents d'entrepans, quants esmorzars diferents podria preparar?

3 Escriu les diverses maneres en què tres persones es podrien asseure en tres cadires.

4 La contrasenya d'una xarxa wifi està formada per vuit caràcters: cinc nombres seguits de tres vocals. Quantes combinacions possibles pot tenir aquesta contrasenya?

5 Estudia les maneres de fer recomptes que existeixen a la branca de la combinatòria i contesta les qüestions que et plantegem tot seguit:

a. Quines diferències i quines semblances hi ha entre variacions i combinacions?

b. I entre variacions i permutacions?

Pots ajudar-te d'exemples per a la teva explicació.

6 A partir d'una urna plena de boles, inventa situacions en què es pugui aplicar cadascuna de les maneres de fer recomptes que hi ha en combinatòria, amb repetició i sense.

7 Calcula:

a. P_4

b. $PR_6^{2,3}$

c. $V_{7,3}$

d. $VR_{6,2}$

e. $C_{5,3}$

f. $\binom{9}{7}$

8 L'Aleix té deu blocs de construcció diferents per fer una torre; de quantes maneres la podria fer? I si d'aquests deu blocs n'hi hagués tres d'iguals?

9 Quantes paraules diferents es poden formar, amb sentit o sense, amb totes les lletres de la paraula PROBLEMA? I amb les de PROFESSOR?

10 De quantes maneres podrien estacionar dos vehicles en sis places d'aparcament disponibles?

11 Es demana a un grup de deu persones que diguin un nombre a l'atzar entre l'1 i el 5. Quantes combinacions possibles es podrien obtenir?

12 De quantes maneres diferents es poden triar dues cançons en una llista musical de quaranta temes?

13 Per al rodatge d'una pel·lícula cal seleccionar tres actors o actrius d'un total de vint persones candidates. De quantes maneres diferents es podria fer aquesta elecció? I si els papers fossin per figurar com a extres?

14 El Pere s'ha apuntat al gimnàs i té intenció d'anar-hi tres dies per setmana. De quantes maneres diferents podria escollir aquests tres dies?

15 Si en un joc d'atzar el premi s'obté encertant sis nombres d'entre un total de 49, quantes combinacions possibles hi podria haver?

Analitza el resultat obtingut, reflexiona sobre el problema de les addiccions als jocs i debateu a classe sobre aquest problema.

16 Classifica els experiments següents en deterministes o aleatoris:

a. El resultat d'un partit d'handbol.

b. Extreure una carta d'una baralla espanyola i observar de quina es tracta.

c. Calcular la longitud d'una circumferència de 2 cm de radi.

d. Constatar el color d'una bola extreta d'una urna que conté cent boles blanques.

17 S'efectua l'experiment aleatori consistent a extreure una bola d'una bossa que conté quatre boles blanques, tres boles vermelles, dues boles grogues i una bola blava i es considera l'esdeveniment A = «extreure una bola vermella o groga». Descriu:

a. Un esdeveniment impossible i un altre de segur.

b. Dos esdeveniments que siguin compatibles.

c. Dos esdeveniments que siguin incompatibles.

d. L'esdeveniment contrari de l'esdeveniment A.

18 Es duu a terme l'experiment aleatori «llançar un dau» i es tenen en compte els esdeveniments associats següents: A = {1, 2, 3}, B = {4, 5, 6} i C = {2, 4, 6}. Calcula:

a. $A \cup B$

b. $A \cup C$

c. $B \cup C$

d. $A \cap B$

e. $A \cap C$

f. $B \cap C$

g. $\overline{A} \cup \overline{B}$

h. $B \cap \overline{C}$

i. $\overline{B} \cup \overline{C}$

19 Determina l'espai mostral dels experiments aleatoris següents:

a. Extreure una carta d'una baralla espanyola i constatar el pal al qual pertany.

b. Triar a l'atzar un tema d'una oposició en què el temari està format per cinquanta unitats.

c. Llançar un dodecaedre amb les cares numerades i anotar el nombre que surti.

20 En un espectacle de màgia es demana a un dels assistents que pensi en un nombre a l'atzar de l'1 al 40. Considera els esdeveniments següents:

- A = «pensar en un nombre parell»
- B = «pensar en un nombre múltiple de 5»
- C = «pensar en un nombre múltiple d'11»
- D = «pensar en un nombre múltiple de 3»

a. Enumera els esdeveniments elementals de què consten cadascun dels esdeveniments anteriors.

b. Calcula $A \cup B$, $(A \cap B) \cup C$, $\overline{A} \cap C$, $A \cup (C \cap D)$, $B \cap C \cap D$ i $B \cap \overline{B}$.

21 En una bossa hi ha cent boles numerades de l'1 al 100. Se n'extreu una bola a l'atzar.

a. Determina l'espai mostral.

b. Esbrina els esdeveniments elementals que formen els esdeveniments següents:

- A = «extreure un múltiple de 3»
- B = «extreure un nombre més gran que 200»
- C = «extreure un nombre més petit o igual que 100»

c. A i B són esdeveniments compatibles?

d. Calcula $A \cap B$, $A \cup B$ i $A \cap C$.

e. Determina els esdeveniments contraris a A, B i C.

22 ⊞ Considerant els esdeveniments A = {1, 3, 5, 7}, B = {1, 2} i C = {2, 4, 6}, i l'espai mostral E = {1, 2, 3, 4, 5, 6, 7, 8}, calcula:

a. $A \cup B$, $A \cup C$ i $B \cup C$

b. $A \cap B$, $A \cap C$ i $B \cap C$

c. $\overline{A}$, $\overline{B}$ i $\overline{C}$

d. $\overline{A} \cup B$, $A \cap \overline{C}$ i $B \cap \overline{C}$

e. $\overline{A \cup B}$, $\overline{A} \cap \overline{B}$, $\overline{A \cap B}$, $\overline{A} \cup \overline{B}$

23 En fer un control de qualitat en una fàbrica d'articles d'il·luminació, s'han seleccionat a l'atzar conjunts de cinquanta bombetes i s'ha anotat quantes eren defectuoses. Els resultats han estat els següents:

Nre. de bombetes	50	100	150	200	250	300
Nre. de bombetes defectuoses	2	2	4	5	5	6

Podries determinar la probabilitat que, si es tria una bombeta a l'atzar, sigui defectuosa?

24 Una ruleta pentagonal té cadascun dels cinc sectors d'un color: vermell, blanc, groc, blau i verd. Es fa girar la ruleta cent vegades i s'obtenen els resultats següents:

Color	Vermell	Blanc	Groc	Blau	Verd
Freqüència	21	22	18	19	20

Considera aquests esdeveniments:

- A = «treure color vermell o blanc»
- B = «no treure color blau»
- C = «treure un color que no sigui ni verd ni vermell»

a. Determina l'espai mostral d'aquest experiment i calcula les freqüències relatives de cada esdeveniment elemental. Quant sumen totes les freqüències relatives?

b. Determina la freqüència relativa dels esdeveniments A, B i C.

c. Calcula la freqüència relativa de l'esdeveniment $\overline{A}$.

d. Determina quina és la suma de les freqüències dels esdeveniments A i $\overline{A}$.

25 S'observa durant vuit dies els cent primers vehicles que passen per un túnel determinat, s'anota quants són de color vermell i s'obté el resultat següent:

Dia	1r	2n	3r	4t	5è	6è	7è	8è
Nre. de vehicles	7	9	7	8	9	9	8	8

a. Calcula la freqüència relativa del nombre de vehicles vermells que circulen pel túnel cada dia.

b. Podries determinar la probabilitat d'aquest esdeveniment?

c. L'endemà i al mateix lloc, es podria predir quants vehicles dels cinquanta primers seran de color vermell?

26 Una bossa té boles de diferents colors: verdes, vermelles, blaves i grogues. Se n'extreuen cinquanta boles en cinc sèries. El nombre de boles verdes i blaves obtingudes en cada sèrie es recull a la taula següent:

Sèrie	1a	2a	3a	4a	5a
Nre. de boles verdes	6	6	5	4	5
Nre. de boles blaves	17	19	21	19	20

a. Calcula la freqüència relativa dels esdeveniments «treure bola verda» i «treure bola blava» en cadascuna de les sèries.

b. Determina la freqüència relativa de l'esdeveniment «treure bola verda o bola blava» en cadascuna de les sèries.

c. Si es duu a terme una altra sèrie més, quantes boles verdes et sembla que sortiran? I blaves?

27 Una classe de 3r d'ESO està formada per vint nois i dotze noies. Si es tria un membre de la classe a l'atzar, quina és la probabilitat que sigui un noi? I que sigui una noia?

28 El despertador de la Maria s'avança i s'endarrereix de manera impredictible. L'últim any va sonar a l'hora correcta 348 dies, es va retardar un minut quinze vegades i es va avançar dos minuts dues vegades. Calcula la probabilitat experimental que:

a. Demà soni a l'hora correcta.

b. Demà soni amb un minut de retard.

c. Demà soni amb dos minuts d'avançament.

29 Un llibre de 525 pàgines s'obre per una pàgina a l'atzar. Calcula la probabilitat que la pàgina:

a. Sigui la 324 o la 325.

b. Sigui una pàgina parella.

c. Sigui una pàgina anterior a la 186.

30 L'Aina ha creat una llista musical amb set cançons de rock, nou de rap, tres de *reggaeton* i quatre de trap. Es reprodueix una cançó a l'atzar; calcula la probabilitat d'aquests esdeveniments:

a. Reproduir una cançó de rock.

b. No reproduir una cançó de trap.

c. Reproduir una cançó de rap o de *reggaeton*.

d. Reproduir una cançó de trap o de rock.

31 Es fa girar una ruleta amb vint-i-cinc compartiments numerats de l'1 al 25 i s'anota el nombre on cau la bola. Calcula la probabilitat dels esdeveniments següents:

a. A = «treure un nombre que no sigui múltiple de 5»

b. B = «treure un nombre més gran que 25»

c. C = «treure un nombre múltiple de 2»

d. $B \cap C$

e. $A \cup C$

32 Indica si és possible aplicar la regla de Laplace per determinar la probabilitat en les situacions següents i, en cas afirmatiu, calcula-la:

a. D'una bossa amb cent boles numerades de l'1 al 100, calcula la probabilitat d'obtenir la bola amb el 34 si les boles acabades en 0 tenen més probabilitat de sortir que la resta.

b. Esbrina la probabilitat d'extreure a l'atzar el 6 doble d'una capsa que conté totes les fitxes de dòmino.

c. Calcula la probabilitat d'obtenir una bola vermella quan s'extreu una bola d'una urna que conté quatre boles vermelles, quatre boles blanques i dues boles blaves, sabent que totes tenen la mateixa probabilitat de sortir.

33 Un jugador de futbol marca habitualment el 7 % de les faltes que llança; quina és la probabilitat que no marqui en un llançament de falta?

34 S'ha fet un control de qualitat en una fàbrica de rosques i s'ha conclòs que, de cada mil rosques, quinze són defectuoses. Es tria una rosca a l'atzar. Calcula la probabilitat que no sigui defectuosa.

35 Una urna conté vuit boles numerades de l'1 al 8. Se n'extreu una a l'atzar i es consideren els esdeveniments següents: A = «treure nombre parell», B = «treure múltiple de 5» i C = «treure múltiple de 3».

a. Descriu els elements de cada esdeveniment.

b. Calcula P (A), P (B) i P (C).

c. Determina $A \cap B$ i $P(A \cap B)$. Com són A i B: compatibles o incompatibles?

d. Esbrina $A \cap C$ i $P(A \cap C)$. Com són els esdeveniments A i C: compatibles o incompatibles?

e. Dedueix de les dades anteriors $P(A \cup B)$ i $P(A \cup C)$.

36 La probabilitat que surti un nombre o un altre quan es llança un dau mil vegades es recull a la taula següent:

Resultat	1	2	3	4	5	6
Probabilitat	0,16	0,16	0,17	0,17	0,17	0,17

Tenint en compte els esdeveniments A = {1, 2}, B = {2, 3, 4} i C = {1, 5, 6}, calcula aquestes probabilitats:

a. $P(A \cup B)$ b. $P(A \cup C)$ c. $P(B \cup C)$

37 Els esdeveniments A i B són incompatibles. Tenint en compte que P (A) = 0,2 i P (B) = 0,5, calcula:

a. $P(A \cap B)$ b. $P(A \cup B)$ c. $P(\overline{A})$ d. $P(\overline{B})$

38 Els esdeveniments A i B són compatibles. Tenint en compte que P (A) = 0,25, P (B) = 0,55 i $P(A \cap B) = 0,2$, calcula $P(A \cup B)$.

39 ⊞ Siguin A i B dos esdeveniments d'un experiment aleatori tals que P (A) = 0,45, P (B) = 0,75 i $P(A \cup B) = 0,88$.

a. Calcula la probabilitat de l'esdeveniment $A \cap B$ i determina si els esdeveniments són compatibles.

b. Determina la probabilitat de $\overline{A}$ i de $\overline{A \cup B}$.

40 Construeix un diagrama d'arbre per a l'experiment aleatori consistent a llançar tres monedes i calcula la probabilitat d'obtenir:

a. Tres cares

b. Dues creus i una cara

c. Dues cares i una creu

41 Es llança una moneda i s'extreu una bola d'una bossa que té cinc boles blanques i tres de negres. Són experiments independents? Quina és la probabilitat que surti cara i la bola sigui negra?

42 En una bossa hi ha sis boles blanques, cinc boles blaves, tres boles grogues, quatre boles verdes i dues boles negres. Se n'extreu una, se n'anota el color, s'introdueix a la bossa i es torna a extreure una segona bola. Calcula la probabilitat que:

a. Les dues boles hagin estat blaves.

b. La primera bola sigui blanca, i la segona, groga.

c. S'hagi obtingut una bola blava i una altra de verda en qualsevol ordre.

43 S'ha fet una enquesta en la qual es pregunta si existeix manipulació informativa o no als mitjans de comunicació. La informació obtinguda queda recollida a la taula següent:

	Sí	No	No ho sap / no contesta
Homes	205	53	30
Dones	185	43	21

Es tria un enquestat a l'atzar. Calcula la probabilitat dels esdeveniments següents:

a. Que hagi dit que sí.

b. Que hagi dit que no ho sap o que no contesti.

c. Que sigui home i hagi dit que no.

d. Que sigui dona.

Per grups, investigueu sobre alguna notícia publicada en diversos mitjans de comunicació i analitzeu-ne els diferents punts de vista. Debateu sobre l'objectivitat als mitjans de comunicació.

44 Una urna conté sis boles blanques i quatre de negres. S'extreuen dues boles de l'urna amb devolució.

a. Elabora el diagrama d'arbre de l'experiment aleatori.

b. Calcula la probabilitat que surti la primera bola blanca, i la segona, negra.

c. Esbrina la probabilitat que surtin dues boles negres.

d. Determina la probabilitat que surti almenys una bola blanca.

45 Construeix una taula de doble entrada per a l'experiment aleatori que consisteix a llançar dues monedes i comptar el nombre de cares. Calcula la probabilitat que:

a. El nombre de cares sigui 2.

b. El nombre de cares sigui 0.

c. El nombre de cares sigui 1.

46 Es llancen una moneda i un dau dodecaèdric amb les cares numerades de l'1 al 12.

a. Construeix una taula de doble entrada en la qual es descrigui l'espai mostral.

b. Esbrina la probabilitat que surti cara i un nombre parell.

c. Determina la probabilitat que surti creu i un nombre múltiple de 3.

d. Calcula la probabilitat d'obtenir en el dau un nombre múltiple de 4.

47 + En un congrés es reuneixen cinquanta matemàtiques i cinquanta físiques de tres nacionalitats: entre elles, hi ha deu matemàtiques argentines, quinze matemàtiques alemanyes, dotze físiques alemanyes i vint físiques índies. Construeix una taula de contingència i completa les dades que hi falten. Si se selecciona una científica a l'atzar, calcula la probabilitat que sigui:

a. Una física argentina

b. Una matemàtica índia

c. Una física índia

d. Alemanya

e. Argentina o índia

48 Siguin dos esdeveniments aleatoris, A i B, tals que $P(A) = 0{,}7$; $P(B) = 0{,}2$ i $P(A \cap B) = 0{,}1$, calcula les probabilitats que es proposen a continuació:

a. $P(A \cup B)$

b. $P\left(\overline{A \cap B}\right)$

49 D'una enquesta feta a 300 persones sobre la inclusió de la quinoa i el cuscús en la seva dieta, es dedueix que 210 consumeixen quinoa; 150, cuscús, i 92, els dos aliments.

a. Quantes persones consumeixen només quinoa?

b. Si es tria un enquestat o enquestada a l'atzar, calcula la probabilitat que consumeixi algun dels dos productes.

50 L'alumnat d'un centre educatiu està distribuït per cursos de la manera següent:

	1r d'ESO	2n d'ESO	3r d'ESO	4t d'ESO
Noies	55	45	40	25
Nois	65	55	40	35

Si se selecciona un alumne o una alumna a l'atzar, calcula les probabilitats següents:

a. Triar un alumne de 3r d'ESO.

b. Escollir una alumna de 1r o 2n d'ESO.

c. Elegir un alumne o alumna de 4t d'ESO.

d. Triar un alumne o alumna de 1r d'ESO o 3r d'ESO.

51 A divuit dels trenta estudiants d'una classe de 4t d'ESO els agrada el grup musical A, i a setze, el grup musical B, mentre que a deu els encanten els dos grups. S'escull un estudiant a l'atzar. Calcula les probabilitats següents:

a. Li agrada el grup A.

b. Li agrada el grup B.

c. Li agrada el grup A i el grup B.

d. Li agrada el grup A o el grup B.

e. Li agrada el grup A, però no el B.

f. No li agrada ni el grup A ni el grup B.

52 ⊞ El vestuari del Jan està format per dos pantalons texans de color blau, tres pantalons texans de color marró, uns pantalons de color verd i uns pantalons de color beix. A més, té tres camises blanques, dues camises blaves, una de color vermell i dues de verdes. Es considera l'experiment que consisteix a triar a l'atzar uns pantalons i una camisa.

a. Construeix un diagrama d'arbre en el qual es mostrin les indumentàries possibles del Jan únicament considerant el color dels pantalons i les camises.

b. Es tracta d'un experiment compost? Enumera els experiments simples i determina si són dependents o independents.

c. Calcula la probabilitat que hagi triat uns pantalons texans blaus i una camisa vermella.

53 ⊞ Determina la probabilitat que, si es llancen tres daus:

a. Surti només un 1.

b. No surti cap 6.

c. Surtin dos 5.

d. Surtin tres 5.

e. No surti cap 5.

f. Surti almenys un 6.

54 ⊞⊞ S'extreuen tres boles amb reemplaçament d'una urna que conté sis boles vermelles, cinc boles blanques i quatre de blaves. Calcula la probabilitat dels esdeveniments següents:

a. Treure dues boles vermelles.

b. Treure tres boles blaves.

c. Treure dues boles blanques i una de blava.

d. Treure almenys dues boles blaves.

e. No treure cap bola vermella.

55 S'extreuen dues peces d'escacs d'una capsa. Tenint en compte que no hi ha d'haver reemplaçament, calcula les probabilitats següents:

a. La primera és un rei, i la segona, un cavall.

b. Les dues són blanques.

c. La segona és un alfil, i la primera també ho ha estat.

56 Una capsa de llaços de pasta conté trenta llaços verds, quinze llaços blancs i deu de vermells. Se n'extreuen dos llaços a l'atzar sense reemplaçament.

a. Construeix el diagrama d'arbre de l'experiment.

b. Determina la probabilitat que els dos llaços siguin del mateix color.

c. Calcula la probabilitat que el segon sigui verd si el primer ha estat blanc.

57 Es tenen dues urnes que contenen boles blanques i negres. A la primera urna hi ha tres boles blanques i set de negres, i a la segona, set boles blanques i tres de negres. Es llança una moneda enlaire: si surt cara, s'extreu una bola de la primera urna, i si surt creu, la bola s'extreu de la segona. Construeix el diagrama d'arbre de l'experiment aleatori.

a. Determina la probabilitat d'obtenir una bola blanca.

b. Esbrina la probabilitat d'obtenir cara i una bola blanca.

c. Calcula la probabilitat d'haver obtingut cara si ha sortit una bola blanca.

58 ⊞ L'entrenadora d'un equip de futbol reparteix a l'atzar els dorsals, de l'1 al 32, per a la temporada següent. Les dues primeres jugadores que reben el dorsal són les capitanes, que no poden tenir ni l'1 ni el 13, perquè estan reservats per a les porteres.

a. Quina és la probabilitat que a les dues capitanes els correspongui un nombre múltiple de 3?

b. Quina és la probabilitat que la segona capitana rebi un dorsal que sigui múltiple de 5?

c. Quina és la probabilitat que a la primera capitana se li hagi assignat un nombre parell, si la segona ha rebut un nombre parell?

59 La taula següent mostra el nombre d'alumnes, familiars i professors que han anat a la festa de final de curs de dos centres d'ensenyament, A i B:

	Alumnes	Familiars	Professors
Centre A	260	100	30
Centre B	140	80	20

Es tria una persona a l'atzar. Calcula la probabilitat:

a. Que sigui familiar.

b. Que pertanyi al centre A si és alumne.

c. Que sigui familiar si pertany al centre B.

d. Que sigui professor si pertany al centre A.

60 El lloc de procedència i el sexe dels visitants de la catedral de Barcelona un dia determinat es recullen a la taula següent:

	Andalusia	Galícia	País Basc
Home	125	80	45
Dona	250	40	34

Es tria una persona a l'atzar. Calcula les probabilitats que:

a. Sigui d'Andalusia.

b. Sigui home.

c. Sigui d'Andalusia i home.

d. Sigui d'Andalusia si és home.

e. Sigui home si és d'Andalusia.

f. Sigui dona de Galícia o dona del País Basc.

g. Sigui de Galícia si és dona.

h. Sigui del País Basc si és dona.

61 S'ha estudiat el color dels ulls d'una població d'adolescents composta per 200 nois i 300 noies. Hi ha 30 nois i 70 noies amb els ulls blaus, 50 nois i 60 noies amb els ulls verds, i la resta amb els ulls negres.

Construeix una taula de contingència que descrigui aquest estudi.

Tenint en compte els esdeveniments A = «tenir els ulls blaus», B = «ser noia» i C = «tenir els ulls negres», determina si són dependents o independents:

a. Els esdeveniments A i B, calculant $P(A/B)$ i $P(B/A)$.

b. Els esdeveniments B i C, calculant $P(B/C)$ i $P(C/B)$.

62 Un jugador de bàsquet disposa de tres tirs lliures per encistellar. Si el seu percentatge d'encert és del 65 %:

a. Quina és la probabilitat que el jugador encistelli els dos primers llançaments?

b. Quina és la probabilitat que falli el primer llançament i encerti els altres dos?

63 La probabilitat que un estudiant aprovi anglès és 0,6 i la que aprovi matemàtiques és 0,4. Quina és la probabilitat que aprovi les dues matèries?

64 Un producte se sotmet a tres controls de qualitat. La probabilitat de passar aquests controls és de 0,99, 0,98 i 0,95, respectivament. Suposant que els resultats de les proves de control són independents:

a. Quina és la probabilitat que un article nou passi els dos primers controls?

b. Calcula la probabilitat que un article nou no passi el primer control i sí els dos següents.

65 Siguin dos esdeveniments aleatoris, A i B, tals que $P(A) = 0{,}4$; $P(B) = 0{,}5$ i $P(A \cap B) = 0{,}2$. Són independents?

66 Siguin dos esdeveniments aleatoris, A i B, tals que $P(A) = 0{,}8$; $P(B) = 0{,}3$ i $P(A \cup B) = 1$. Són independents?

67 S'extreuen dues cartes d'una baralla espanyola i es consideren els esdeveniments següents:

- A = «treure una carta d'oros a la primera extracció»
- B = «treure un as a la segona extracció»

a. Estableix la probabilitat dels esdeveniments A i B quan hi ha reemplaçament i determina si són esdeveniments dependents o independents.

b. Determina la probabilitat dels esdeveniments A i B quan no hi ha reemplaçament i conclou si són esdeveniments dependents o independents.

68 S'extreuen dues croquetes d'una bossa que en conté deu de pernil, cinc de cep i vuit de gamba. Es consideren els esdeveniments següents:

- A = «treure una croqueta de pernil a la primera extracció»
- B = «treure una croqueta de ceps a la segona extracció»

a. Determina la probabilitat dels esdeveniments A i B quan hi ha reemplaçament i conclou si són dependents o independents.

b. Calcula la probabilitat dels esdeveniments A i B quan no hi ha reemplaçament i dedueix si són dependents o independents.

ANNEX 1. HISTÒRIA DE LES MATEMÀTIQUES

1 EL TRIANGLE DE PASCAL O DE TARTAGLIA

El triangle de Pascal, també anomenat *triangle de Tartaglia*, rep el nom de dos importants matemàtics europeus, l'italià Niccolò Tartaglia (1499-1557) i el francès Blaise Pascal (1623-1662). No obstant això, el matemàtic xinès Yang Hui havia descrit una construcció matemàtica similar ja al segle XIII.

Aquesta famosa composició presenta files de nombres en disposició triangular, cada una amb un nombre més que la fila superior. Cada nombre, menys el primer de tots, s'obté sumant dels dos superiors entre els quals està situat.

Entre els segles XVIII i XIX, el matemàtic francès Pierre-Simon Laplace (1749-1827) va vincular el triangle de Pascal amb la teoria de probabilitats, amb la qual cosa va establir una connexió entre la combinatòria i la probabilitat.

Una fractal és una construcció geomètrica que es genera a partir de la repetició d'un patró en diferents escales. Els nombres del triangle de Pascal-Tartaglia s'han fet servir com a base per contruir-ne de diferents tipus.

Ja al segle XIX, el matemàtic alemany Carl Friedrich Gauss (1777-1855) va explorar la relació entre el triangle de Pascal i la distribució binomial. Això va ser fonamental per al desenvolupament de l'estadística i la teoria de probabilitats, i es va aplicar en àrees com ara la genètica i la teoria de jocs.

Al segle XX, el triangle de Pascal va trobar aplicacions en el camp de les ciències de la computació. Es va fer servir per desenvolupar algorismes eficients en la resolució de problemes combinatoris i per optimitzar operacions matemàtiques en programació. També es va aplicar a resoldre problemes d'àlgebra, probabilitat, estadístiques i combinatòria. A més, la seva estructura es va explorar en la teoria de nombres i fractals.

La versatilitat que presenta i les diferents aplicacions que ha tingut al llarg de la història ressalten la importància que demostra en el desenvolupament i la comprensió de diversos camps matemàtics i científics.

2 LES APROXIMACIONS DEL NOMBRE PI

La idea que la relació entre la longitud d'una circumferència i el radi del cercle que la defineix és un nombre fix i immutable, independent del radi del cercle, és molt antiga. La recerca d'aproximacions per al nombre π (pi) ha estat una tasca continuada al llarg de la història, fet que reflecteix l'interès de diferents civilitzacions per la precisió matemàtica i la geometria.

Els savis mesopotàmics van aproximar el valor de π a 3,125 ja al pas del tercer al segon mil·lenni abans de Crist, tot i que un temps més tard, ja entrat el segon mil·lenni aC, els egipcis van emprar el valor 3,16 en les seves construccions.

Els matemàtics grecs van posar el punt de vista a aconseguir una aproximació numèrica a través de la geometria. Així, Arquimedes de Siracusa (287 aC – 212 aC) va utilitzar polígons inscrits i circumscrits per establir límits més precisos. D'aquesta manera, en va aproximar el valor entre 3,14 i 3,15.

A l'edat mitjana, el coneixement grec es va preservar en textos àrabs. El matemàtic persa Al-Hwarizmi (ca. 780 – ca. 850) va afinar les aproximacions a π amb mètodes similars als d'Arquimedes, amb la construcció de polígons de fins a 384 costats.

Actualment coneixem el valor del nombre pi amb bilions de nombres decimals.

Ja durant el Renaixement, el matemàtic francès François Viète (1540–1603) va desenvolupar una sèrie algebraica que permetia aproximar el valors del nombre π, la qual cosa va representar un salt important. Addicionalment, Ludolf van Ceulen (1540–1610) va calcular π amb una gran precisió, inscrivint i circumscrivint polígons de fins a 262 costats.

John Wallis (1616–1703) va introduir la notació de π i va desenvolupar la fórmula que porta el seu nom, que consisteix en una sèrie que convergeix a $\pi/2$. Leonhard Euler (1707–1783) va fer-hi una contribució significativa amb el desenvolupament de la fórmula que porta el seu nom, $e^{i\pi} + 1 = 0$, que relaciona π i la funció exponencial complexa.

ENIAC va ser un dels primers ordinadors que es va construir. Per fer càlculs, els seus component s'havien de connectar manualment.

L'adveniment dels ordinadors va permetre càlculs més ràpids i precisos. La computadora ENIAC (1949) va calcular, el 1949, el nombre π amb més de 2000 dígits decimals. Amb tot, ha estat el desenvolupament d'algorismes de càlcul més avançats, juntament amb l'augment de la capacitat de càlcul dels ordinadors, el que ha permès calcular π amb bilions de dígits.

3 L'EVOLUCIÓ DE LA TRIGONOMETRIA

La trigonometria és una branca de les matemàtiques que estudia les relacions i les propietats dels triangles i les seves funcions.

Tot i que el concepte sembla complicat, els primers documents que parlen de trigonometria tenen arrels que arriben a les civilitzacions mesopotàmica i egípcia. Els babilonis van utilitzar conceptes trigonomètrics en astronomia, mentre que els egipcis (1650 aC) van aplicar tècniques trigonomètriques a procediments de construcció.

No obstant això, el desenvolupament formal de la trigonometria es va produir a l'antiga Grècia, amb els astrònoms Hiparc de Nicea (ca. 190 – ca. 120 aC) i Claudi Ptolemeu (ca. 100 – ca. 170 dC), que van utilitzar funcions trigonomètriques en astronomia i cartografia.

Els matemàtics de l'Índia i del món musulmà també van fer aportacions importants al camp de la trigonometria durant l'edat mitjana europea. Però no va ser fins a l'arribada del Renaixement europeu que aquesta branca de la matemàtica va rebre un procediment formal sòlid, quan el ja mencionat François Viète (1540–1603) va introduir la notació algebraica en trigonometria. D'altra banda, John Napier (1550–1617) va desenvolupar els logaritmes que duen el seu nom, mentre que un altre matemàtic anglès, William Oughtred (1574–1660), va inventar la regla de càlcul, una eina que va facilitar els càlculs trigonomètrics.

Tradicionalment, la cartografia s'ha beneficiat dels avenços en les matemàtiques trigonomètriques. Fins i tot amb l'ús de satèl·lits per traçar mapes, es continua utilitzat la trigonometria per fixar els càlculs necessaris.

Aquests primers desenvolupaments europeus moderns es van consolidar a partir del segle XVII, tant en la variant teòrica com en la pràctica. Així, la trigonometria es va utilitzar per mesurar distàncies astronòmiques.

El desenvolupament de la trigonometria esfèrica, que estudia les regles geomètriques de les esferes, esdevingué essencial en astronomia i navegació, ja que va permetre calcular distàncies en funció d'angles observats des de diferents ubicacions de la Terra. És el que s'anomena *mètode del paral·laxi*, que s'ha fet servir amb èxit per calcular la distància d'estrelles properes a la Terra.

Així, per calcular la distància Terra-Sol, es va fer servir la triangulació i el mesurament d'angles, un procediment que ja havien fet servir els matemàtics grecs. El 1672, Giovanni Cassini (1625-1712) va mesurar l'angle paral·làctic del Sol i, el 1769, James Cook (1728-1779) va utilitzar el trànsit de Venus per calcular aquesta distància.

De la mateixa manera, la trigonometria també va ser fonamental per mesurar la distància Terra-Lluna. Durant el segle XIX, es van dur a terme observacions precises de la posició lunar per determinar-ne la longitud geogràfica.

L'arribada de la tecnologia espacial, al segle XX, i els avenços en l'observació astronòmica van permetre fer mesures més precises. Els mètodes radar i làser mesuren distàncies Terra-Lluna amb una gran precisió, utilitzant encara conceptes trigonomètrics.

El desenvolupament de la trigonometria esfèrica va dotar els navegants de la base teòrica i matemàtica per millorar les eines de navegació.

Els telescopis actuals continuen utilitzant tècniques trigonomètriques per calcular la distància de cossos celestes a la Terra.

4 L'ÚS DE L'ÀLGEBRA COM A LLENGUATGE DE LA CIÈNCIA

L'evolució històrica del concepte de *variable* i de l'ús de l'àlgebra simbòlica com a llenguatge científic representen una narrativa que ha transformat la manera com comprenem i modelem el món.

A l'antiguitat, matemàtics com Diofant (ca. 200 – ca. 284 dC) utilitzaven paraules per descriure quantitats variables, però no van poder-ne formalitzar el concepte. De la mateixa manera, al llarg de l'edat mitjana, la solució d'equacions era verbal, i la notació algebraica, rudimentària. Per tant, com en els casos anteriors, el desenvolupament formal de l'àlgebra era llastat per la inadequació i la manca de desenvolupament d'un llenguatge matemàtic específic i adequat.

Aquesta situació va començar a canviar a partir del segle XVI. El repetidament mencionat François Viète va introduir l'ús de lletres per representar quantitats variables; d'aquesta manera, va ajudar a establir la base per formalitzar el concepte de *variable*.

A pesar d'aquest important avenç, l'àlgebra va continuar descrivint-se principalment de manera verbal, i no amb un llenguatge matemàtic apropiat. Això no obstant, el segle XVII va ser testimoni d'avenços significatius en aquest sentit. John Wallis va introduir una notació matemàtica més simbòlica que no pas la que s'havia utilitzat fins llavors, mentre que el matemàtic francès René Descartes va integrar la geometria i l'àlgebra amb la creació de les coordenades cartesianes.

Leonhard Euler va consolidar la notació exponencial i la notació de funcions, ja al segle XVIII. Un segle més tard, es va produir la formalització de l'àlgebra simbòlica. El britànic George Boole (1815-1864) va desenvolupar l'àlgebra que duu el seu nom i que representa variables com a símbols algebraics; va establir així les bases per a la lògica matemàtica. D'altra banda, Augustin-Louis Cauchy (1789-1857) i Évariste Galois (1811-1832) van treballar en la teoria de grups, amb què van contribuir a formalitzar les operacions algebraiques.

El matemàtic britànic George Peacock (1791-1858) i el matemàtic francès François-Joseph Servois (1767-1847) van advocar per la manipulació simbòlica en l'àlgebra. L'àlgebra simbòlica esdevingué el llenguatge de la ciència en el període a cavall entre la fi del segle XIX i l'inici del XX. El matemàtic alemany David Hilbert (1862-1943) va formalitzar l'àlgebra d'una manera més rigorosa, encara que no cal oblidar la contribució fonamental d'altres matemàtics, com ara Hermann Grassmann (1809-1877) i Giuseppe Peano (1858-1932).

L'àlgebra simbòlica, amb l'ajuda de la informàtica, és essencial en matemàtiques, física, enginyeria i en la major part de les disciplines científiques modernes. La capacitat de manipular símbols algebraics ha impulsat la resolució de problemes complexos i la formulació de teories fonamentals en la ciència. Per tant, l'evolució del concepte de *variable* i l'àlgebra simbòlica han estat essencials per a l'expressió matemàtica i la comprensió profunda dels fenòmens naturals.

L'àlgebra de Boole és la base lògica de l'electrònica moderna. Les operacions aritmètiques de l'àlgebra de Boole adquireixen significat físic a través de les anomenades *portes lògiques*, que per cada senyal d'entrada o parell de senyals donen un senyal de sortida determinat.

5 L'APLICACIÓ DE L'ESTADÍSTICA A LES CIÈNCIES SOCIALS

L'aplicació de l'estadística a les ciències socials ha transformat la manera com analitzem i comprenem els fenòmens socials. Fem-ne un petit repàs històric.

L'estadístic francès Adolphe Quételet (1796-1874) és considerat un pioner en l'aplicació de l'estadística a les ciències socials. A ell es deu el desenvolupament de mètodes per analitzar dades demogràfiques i socials, així com la introducció de la idea de normalitat en la distribució de les variables.

A la primera meitat del segle XX, l'estadística es va consolidar com una eina crucial en les ciències socials. Francis Galton (1822-1911) va explorar l'ús de la correlació i la regressió, mentre que Karl Pearson (1857-1936) va contribuir al desenvolupament d'estadístiques descriptives i coeficients de correlació.

Durant la Segona Guerra Mundial, l'estadística va ser fonamental en la investigació social i l'anàlisi de dades per informar de decisions polítiques i militars. El creixement de la psicometria i l'enquesta social també va destacar la importància de l'estadística en la comprensió de la psicologia i l'opinió pública.

Amb l'adveniment de la informàtica, l'estadística va experimentar una revolució. La capacitat de processar grans conjunts de dades va permetre avenços significatius. Així, l'estadístic britànic Ronald Fisher (1890-1962) va aplicar mètodes estadístics a la investigació social, però també a l'agrícola.

Actualment, la mineria de dades, l'aprenentatge automàtic i la intel·ligència artificial s'han integrat a la investigació social, fet que ha permès fer anàlisis més complexes i prediccions precises. D'altra banda, això ha plantejat desafiaments ètics en termes de privadesa i ús de grans conjunts de dades.

L'enquesta és una eina fonamental en les ciències socials actuals. Amb la digitalització de les enquestes, els científics socials poden obtenir dades de primera mà i en gran quantitat, susceptibles d'anàlisi, sobre una gran quantitat de temes.

ANNEX 2. PROGRAMACIÓ

1 CONCEPTES FONAMENTALS D'ALGORÍSMIA

Com s'ha vist en cursos anteriors, l'algorísmia és la disciplina que s'ocupa de l'estudi i el disseny d'algorismes, que es defineixen com a seqüències de passos o regles ben definides utilitzades per dur a terme una tasca o resoldre un problema específic. L'algorísmia inclou la identificació, l'anàlisi i la creació d'algorismes, amb especial atenció a l'eficiència, la claredat i la capacitat de resolució de problemes.

L'aplicació de l'algorísmia s'estén a multitud d'àrees diferents, des de l'optimització de processos computacionals fins a la resolució de problemes complexos en matemàtiques, ciències de la computació i enginyeria. Per tant, els algorismes són essencials en informàtica i programació, ja que guien l'execució de programes i processos.

El procés de convertir un algorisme en un programa implica diverses etapes:

- Comprendre la finalitat de l'algorisme i entendre la seqüència de passos i la lògica subjacent.
- Identificar-ne variables, estructures de control i operacions. Per aconseguir-ho, s'han de traduir les variables de l'algorisme a variables del programa, i definir-ne el tipus i l'abast. Pel que fa a les estructures de control, cal emprar condicionals i bucles segons la lògica de l'algorisme, que garanteixin la coherència amb les instruccions de l'algorisme.
- Traduir les operacions matemàtiques i lògiques de l'algorisme al codi del programa, i assegurar la precisió i el maneig adequat de dades. Així mateix, cal incorporar instruccions per a l'entrada i la sortida de dades per garantir la interacció adequada amb l'usuari.
- Revisar el codi un cop creat per millorar-ne l'eficiència. Cal identificar les oportunitats d'optimització sense comprometre la claredat del codi, i fer proves exhaustives amb dades d'entrada diverses per verificar que el programa produeix resultats correctes i maneja situacions límit.

Estructures de control

Ara veurem dos tipus d'estructures de control: els bucles i els condicionals.

Bucles

Són estructures de control que permeten executar un conjunt d'instruccions repetidament mentre es compleixi una condició específica. En aquest sentit, permeten automatitzar tasques repetitives, alhora que brinden flexibilitat i control a l'execució de programes. N'hi ha de dos tipus principals: for i while.

Bucle *for*

Aquest tipus de bucle es fa servir quan es coneix per endavant el nombre d'iteracions que cal fer. La seva sintaxi típica en un llenguatge de programació d'alt nivell, com ara Python, seria la següent:

```

# Bucle for per imprimir els nombres de l'1 al 5
for i range (1, 6):
    print(i)
```

Bucle *while*

El bucle *while* es fa servir quan la condició de repetició no es coneix per endavant i depèn d'una expressió booleana. La seva estructura en un llenguatge de programació d'alt nivell seria del tipus que es mostra a la imatge.

```

# Bucle while per comptar fins a 3
comptador = 1
while comptador <=3:
    print(comptador)
    comptador +=1
```

És important assegurar-se que la condició eventualment es torni falsa, per evitar bucles infinits.

Quan es fa servir un bucle, cal tenir en compte els consells següents:

- Buscar eficiència en evitar bucles infinitis i cicles innecesaris.
- Utilitzar bucles de manera equilibrada per facilitar la llegibilitat del codi.

Condicionals

Els condicionals són estructures que permeten executar diferents blocs de codi segons una condició avaluada com a certa o falsa. Així doncs, són essencials donat que permeten que el codi respongui de manera dinàmica a diferents situacions segons unes condicions definides. Els més comuns són *if*, *else* i *elif* (*else if*).

if

Executa un bloc de codi si la condició és certa.

else

Proporciona un bloc de codi alternatiu si la condició a l'*if* és falsa.

elif

Permet avaluar múltiples condicions en ordre, i s'atura a la primera que sigui certa.

Entre les aplicacions habituals dels condicionals trobem les següents:

and

És cert si les dues condicions són certes.

or

És cert si almenys una condició és certa.

not

Nega la condició.

Podem veure'n un exemple a la imatge del lateral.

```
# Bucle amb un condicional

edat = 25

if edat < 18:
    print("Ets menor d'edat")
elif 18 <= edat < 65:
    print("Ets major d'edat")
else:
    print("Ets una persona de la tercera edat")
```

Algunes aplicacions habituals dels condicionals són les següents:

- La validació de dades.
- El control de flux en algorismes.

Cal tenir en compte els consells següents quan es fa servir un condicional:

- Mantenir condicions clares i comprensibles.
- Evitar niar massa nivells de condicionals, per millorar la llegibilitat.
- Utilitzar operadors lògics per combinar condicions de manera efectiva.

Estructures niades

Les estructures niades fan referència a la inclusió d'una estructura dins l'altra. S'utilitzen per crear lògica més complexa i flexible.

Dues formes comunes de niar són les següents:

Bucles niats

Consisteix a incloure un bucle dins un altre. Es fa servir per processar dades en dues dimensions, com ara matrius. En aquest exemple s'imprimiran les combinacions de valors de *i* i de *j* a cada iteració.

```
for i in range(3):
for j in range(3):
    print(i, j)
```

Condicionals niats

Implica col·locar estructures condicionals dins d'altres. Permet manejar múltiples casos i condicions més complexes. Aquest codi avalua tant la possibilitat de *x* com la paritat de *x*, si és positiu.

```
x = 10

if x > 0:
    print("x és positiu")
    if x % 2 == 0:
        print("y és parell")
    else:
        print("y és senar")
else:
    print("x és negatiu o zero")
```

Algunes aplicacions comunes de les estructures niades són les següents:

- En matrius i estructures de dades multidimensionals. Niar bucles és essencial per recórrer elements en matrius o tensors.
- Lògica condicionada complexa. Utilitzar condicionals niats per manejar diferents situacions i casos específics.

Cal tenir presents certes consideracions a l'hora d'usar estructures niades:

- Llegibilitat. Cal mantenir la claredat del codi evitant l'ús massa extens d'estructures niades, cosa que pot complicar la lectura.
- Eficiència. Massa estructures niades poden afectar el rendiment.
- Sagnat. Quan s'escriu una estructura niada, les línies de codi se sagnen. Cal garantir un sagnat correcte per reflectir adequadament la jerarquia de les estructures niades.

Arduino UNBO és un placa microcontroladora que pot fer-se servir com a base per construir una àmplia varietat de dispositius.

2 ARDUINO

Arduino és una plataforma de prototip electrònic de codi obert que permet crear projectes interactius. Consisteix en una combinació de maquinari i programari, dissenyada per usuaris, interessats en l'electrònica i la programació.

El sistema Arduino té tres components principals:

Plaques Arduino

Són plaques de circuit imprès que actuen com a cervell dels projectes. La més comuna és Arduino UNO, però n'hi ha diverses variants per a necessitats específiques.

Entorn de Desenvolupament Integrat (IDE)

L'IDE és un programari que permet escriure, carregar i executar programes a les plaques Arduino. Utilitza un dialecte simplificat de C/C++.

Llenguatge de programació

Arduino utilitza un conjunt d'instruccions de programació basades en els llenguatges C/C++. És relativament senzill per a principiants, però prou flexible per a projectes avançats.

Els principals avantatges de fer servir Arduino són els següents:

- Facilitat d'ús. Arduino està dissenyat perquè sigui accessible a persones amb poca experiència en programació o electrònica.
- Versatilitat. Es fa servir per a una àmplia varietat d'aplicacions, des de projectes simples, com ara llums intermitents, fins a sistemes més complexos, com ara robots i dispositius d'internet de les coses (IdC).
- Comunitat activa. Arduino compta amb una comunitat activa a escala global. Els usuaris comparteixen projectes, codis i solucionen problemes en fòrums i plataformes en línia.
- Codi obert. El maquinari i el programari són de codi obert, cosa que significa que els usuaris poden accedir, modificar i compartir tant el disseny físic com el codi font.

Un dels grans avantatges del sistema Arduino és la facilitat d'ús, que permet que fins i tot els infants el puguin fer servir per desenvolupar projectes de robòtica.

Aquest avantatge fa que Arduino s'utilitzi habitualment en projectes d'electrònica (des de sistemes de control fins a instruments musicals), en entorns educatius (per ensenyar conceptes de programació i electrònica de manera pràctica, per exemple), en el desenvolupament de prototips i, fins i tot, com a entreteniment.

Propostes de resolució de problemes

Sistema de reg automàtic

Plantejament

És fàcil oblidar-se de regar les plantes d'interior o fer-ho massa sovint, cosa que pot portar a un reg insuficient o excessiu. Aquest problema es pot resoldre amb la creació d'un sistema de reg automàtic per a plantes d'interior mitjançant Arduino.

Components

1. Placa Arduino UNO. Controla el sistema i executa el programa.
2. Sensor d'humitat del sòl. Mesura la humitat de la terra.
3. Bomba d'aigua. Subministra aigua a les plantes.
4. Vàlvula solenoide. Controla el flux d'aigua.
5. Dipòsit d'aigua. Emmagatzema l'aigua.

Funcionament

1. El sensor d'humitat mesura la humitat de la terra.
2. Si la humitat està per sota un llindar establert, Arduino activa la bomba i la vàlvula solenoide.
3. La bomba extreu aigua del dipòsit i la vàlvula solenoide permet que l'aigua flueixi cap a les plantes.
4. Arduino monitoritza contínuament la humitat i desactiva el sistema quan s'assoleix un nivell òptim.

Beneficis del projecte

- Estalvi d'aigua. Evita el reg excessiu, ja que proporciona aigua només quan cal.
- Control automàtic. És ideal per a persones enfeinades o propietaris de plantes que s'obliden de regar.

Control d'accés

Plantejament

Cada vegada és més habitual trobar-se un sistema de control d'accés a una porta mitjançant un teclat numèric en cases privades. Això es pot aconseguir desenvolupant amb Arduino un sistema de control d'accés.

Components

1. Arduino UNO. Controla el sistema i gestiona la lògica d'accés.
2. Teclat numèric. Permet als usuaris ingressar codis d'accés.
3. Mecanisme de tancament elèctric. Controla l'obertura i el tancament de la porta.
4. Font d'alimentació. Proporciona energia al sistema.

Funcionament

1. Ingrés de codi. Els usuaris introdueixen un codi d'accés utilitzant el teclat numèric.
2. Verificació de codi. La placa Arduino compara el codi introduït amb codis predefinits a la seva programació.
3. Obertura de la porta. Si el codi és correcte, Arduino activa el mecanisme de tancament elèctric per obrir la porta.
4. Registre d'accés. Es pot afegir funcionalitat per registrar l'hora i la data de cada accés.

Beneficis del projecte

Aquest projecte ofereix una solució pràctica per controlar l'accés a casa, oficina o qualsevol lloc que requereixi un sistema de seguretat personalitzat.

Monitoratge de la qualitat de l'aire

Plantejament

Es pot fer servir Arduino per crear un sistema de monitoratge i alerta de la qualitat de l'aire en interiors. Per aconseguir-ho cal dissenyar un sistema de monitorització, acompanyat de sensors de la qualitat de l'aire i d'un sistema d'alerta.

Components

1. Arduino UNO. Controla el sistema i processa dades del sensor.
2. Sensor de qualitat de l'aire. Mesura nivells de contaminants com ara CO_2, CO o partícules a l'aire.
3. Llums indicadors o pantalla. Mostra l'estat de qualitat de l'aire.
4. Altaveu o mòdul de comunicació. Emet alertes sonores o envia notificacions.

Funcionament

1. Mesurament continu. El sensor de qualitat de l'aire mesura constantment els nivells de contaminants.
2. Processament de dades. Arduino processa les dades i determina la qualitat de l'aire.
3. Indicació visual. Els llums indicadors mostren l'estat de l'aire.
4. Alertes i notificacions. En cas de condicions adverses, el sistema emet alertes sonores o envia notificacions mitjançant una aplicació.

Beneficis del projecte

Aquest projecte ofereix una solució per a la monitorització proactiva de la qualitat de l'aire, especialment útil en entorns tancats on la qualitat de l'aire pot afectar la salut i el benestar. A més, es poden afegir millores com ara el registre de dades a llarg termini o la integració amb sistemes de ventilació automàtics.